✽ 보건교사 임용고시 대비서
✽ 간호사 국가시험 대비서

제5판

새로운 학교보건

황승숙 · 한명화 · 김지미 · 김미혜
최선하 · 이정애 · 전미영 · 유인영
조정민 · 이선혜 · 김영미 · 이영미
공저

계축문화사

PREFACE

제5판 머리말

우리나라 사람들이 생각하는 최고의 가치는 무엇일까? 이 질문에 대한 답이 '건강'이라고 주저 없이 나올 수 있는 지금, 우리 사회는 GDP가 2만 4천 달러를 넘고 국민건강증진종합계획2020이 시작되고 있다.

행정조직이 교과부로 바뀌고, 학교보건법(2014)과 학교건강검사규칙(2014)과 같은 일련의 법규도 개정되면서, '복부밀쳐내기'처럼 한글 용어가 도입되고 있다. 이 책의 개정도 이러한 목표에 발맞추어 제5판을 발행하기에 이르렀다. 본 교재는 학교보건관리에 대한 교과부의 지침 내용에 충실히 따르며 제1편 학교보건의 이해, 제2편 학교보건사업, 제3편 학교보건행정, 제4편 학교간호과정으로 구성하였다. 특히, 4편의 학교간호과정은 학교현장 실습사례를 서술하여 그 현장의 학습 효율을 높이고자 하였다. 또한, 부록의 보건교육 수업계획서도 역시 현장감을 높이는 같은 뜻을 담고 있다.

우리사회 학교에서 필요로 하는 보건간호수요에 따라서 건강에 웰빙과 행복의 개념을 심고, 친환경을 공유하여 가꾸며 성장한 건강한 학생들이 세계와 소통하기를 기대한다.

우리의 꿈나무인 간호학 전공 학생들과 보건교사 임용고시 수험생들을 각별히 고려하여 사회변화에 부응하는 수업과 실습으로 구성하였으므로 이 책은 꽤 유용할 것이다. 현직에 있는 보건교사를 포함하여 학교보건에 관심을 가진 보건의료분야 종사자 모두에게 이 교재가 있음으로써 이 분야 버팀목이 되도록 최선을 다하고 꾸준히 노력할 것이다.

이 책의 개정에 정성을 다해 저자들과 동행해준 계축문화사 직원 여러분께도 깊은 감사를 드린다.

2015년 2월

저자 대표 황 승 숙

PREFACE

머리말

현대사회의 건강증진이 강조되고 있는 추세에 발맞추어 학교보건사업도 변화의 시대를 맞이하고 있다. 교육인적자원부의 학교보건사업의 기본방침은, 첫째, 학생들이 안전하고 건강한 학교생활을 영위할 수 있도록 학교보건요원의 활동을 강화하고, 보건위생 시설을 확충 · 개선하여 깨끗하고 명랑한 교육환경 조성을 하는 것이고, 둘째, 보건 및 건강에 대한 정확하고 풍부한 지식을 제공하고, 건강한 생활을 할 수 있도록 자기건강관리 능력을 길러 주며, 신체적 · 정신적 · 사회적으로 건강하고 성숙한 민주시민을 육성하는 것이다. 또한, 조직적이고 체계적인 보건교육 · 보건관리, 쾌적한 교육환경 조성을 위한 학교환경위생 정화활동 전개, 교육적 효과를 제고할 수 있는 학교급식 실시 등을 통하여 학생 개개인이 바른 생활태도를 갖고 건강하게 자랄 수 있도록 지도하는 것이다.

이렇게 새로이 변하는 학교보건 기본방침을 바탕으로 이 책은 다음과 같은 특색을 살렸다. 교직원이 경험하는 건강문제, 다양한 전염성질환과 실제 학교현장에서 보건교사가 수행하는 전염성 질환 관리, 다각도로 깊이 있게 다룬 학생들의 건강문제와 응급처치, 성폭력 예방과 관리에 대한 깊이 있는 내용을 서술하였다.

그리고 실제 활용가능한 학교건강증진 프로그램, 지난 4월 새롭게 제정된 학교보건법 시행규칙의 보건실 시설 및 기구, 환경위생 및 식품위생의 유지관리에 대한 내용 학교보건교육의 중요성이 강조된 구체적인 학습내용 및 보건교육 지도안 등 포괄적이면서 심도 있는 내용을 다루고자 하였고, 학습자 입장에서 보다 편안하게 학습할 수 있도록 간단명료하게 서술하고자 노력하였다.

지금까지 기존교재로 학교보건을 배우고 현장인 학교에 투입되면 학생들은 실제현장의 학교보건사업 흐름을 구체적으로 파악하는 데 상당한 한계를 호소하였던 바, 이를 극복하고 강의와 실습이 사회변화와 더불어 조화로운 학습을 도모할 수 있는 교재를 요구하였다.

따라서, 본서는 이러한 내용을 보완하여 간호학과나 간호대학의 학생에게는 물론 보건교사를 희망하는 임용고시 수험생과 학교보건사업을 제공하는 현직 보건교사에게, 그리고 지역사회 보건분야에 종사하는 모든 사람들에게 실제적인 도움이 되는 참고자료가 될 것으로 기대한다.

끝으로, 이 책이 출판되기까지 저자들과 고락을 함께 한 계축문화사 직원 여러분께 깊은 감사를 드린다.

2002년 8월 10일

저자 대표 정 문 희

CONTENTS

차 례

제4편 학교간호과정

제 1 편 NEW SCHOOL HEALTH

학교보건의 이해

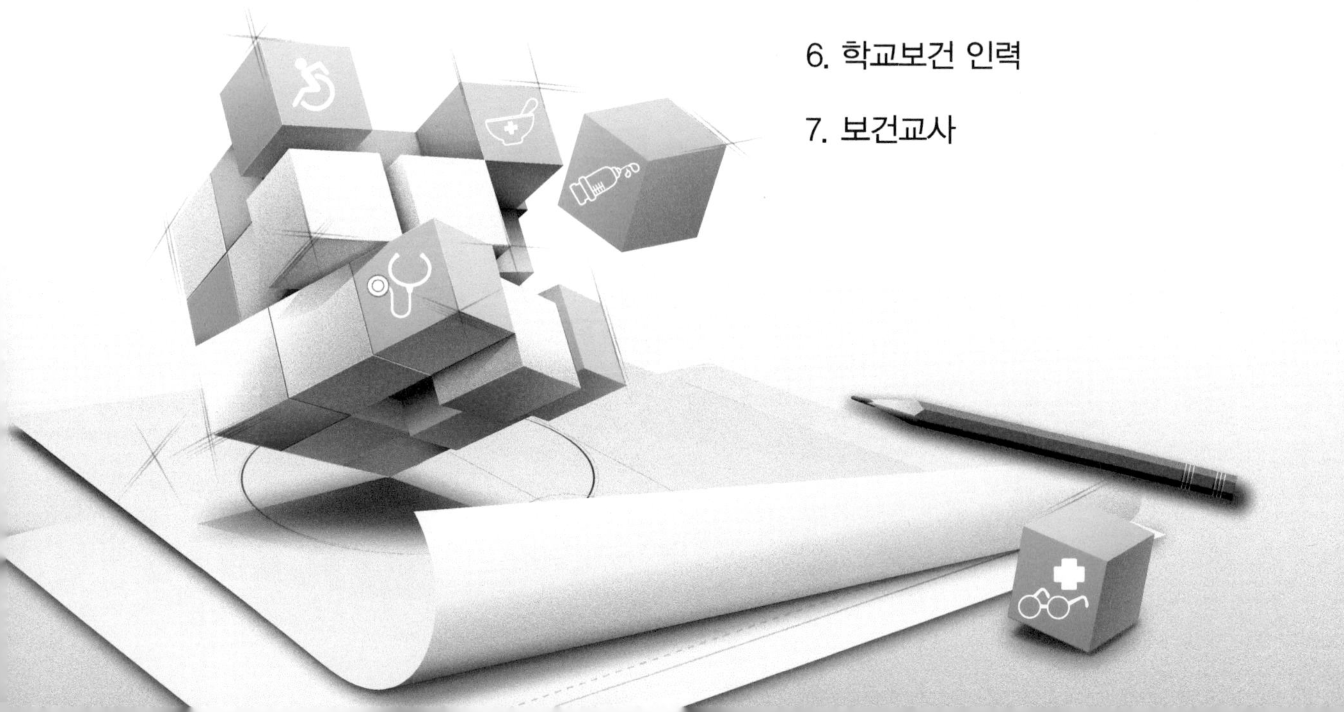

SCHOOL HEALTH

제 1 편

학교보건의 이해

1. 학교보건 및 학교간호의 개념

우리나라의 교육기본법에 제2조에는 “교육은 홍익인간의 이념 아래 모든 국민으로 하여금 인격을 도야하고 자주적 생활능력과 민주시민으로서 필요한 자질을 갖추게 함으로써 인간다운 삶을 영위하게 하고 민주국가의 발전과 인류공영의 이상을 실현하는데에 이바지하게 함을 목적으로 한다.”고 규정되어 있으며 이 목적을 달성하기 위해서는 신체의 건전한 발육과 유지에 필요한 지식과 습성을 기르는 것이 중요하다.

신체적 · 정신적 · 사회적으로 건강하지 않은 학생은 스스로 노력할 수 없을 뿐 아니라 교육 본래의 목적을 달성할 수 없을 것이다. 건강을 무시한 채 학업성취도를 향상시키려는 노력 역시 교육을 무시한 채 건강향상을 꾀하는 것처럼 잘못된 발상이다. 이러한 교육과 학교보건의 관계 속에서 학교보건의 당위성이 대두되는데, 학교보건이란 “학교를 중심으로 지역사회의 공동노력을 통하여 학생 및 교직원의 건강을 보호, 증진하는 것”이라고 할 수 있다.

학교보건법 제1조에 밝히고 있는 바와 같이, 학교보건의 목적은 학교의 보건관리와 환경위생정화에 필요한 사항을 규정하여 학생 및 교직원의 건강을 보호 · 증진한다.

미국 학교보건협회(American School Health Association, 1977)가 발표한 자료를 살펴보면 좀 더 구체적으로 학교보건의 개념을 파악할 수 있다.

① 학교보건은 포괄적인 건강사업으로, 교육, 서비스, 환경관리를 포함한다.

② 학생, 교직원, 가족, 더 나아가 지역사회를 대상으로 한다.

③ 참여하는 인력은 교직원, 가족, 그리고 보건의료 전문가 등이다.

④ 학교보건의 목표 달성을 위해서는 예방활동이 중요하다.

⑤ 학교보건의 대상자가 신체적 · 정신적 · 사회적으로 자신이 할 수 있는 최고수준의 기능을 발휘하도록 돕는 데에 그 목표가 있다고 할 수 있다.

여기에서 학교보건과 학교간호의 개념을 정리할 필요가 있다. 학교는 교육을 목적으로 형성된 일종의 지역사회이므로 학교간호에는 지역사회간호의 원리와 방법을 적용한다. 이는 곧 학교라는 지역사회에서 학생 및 교직원을 대상으로 간호를 제공한다는 뜻이다. 보건의 전체적인 틀에서 보면 학교간호는 학교보건의 구성요소이며, 간호의 체계에서 파악할 때에는 지역사회 간호의 한 분과이다.

현재 간호의 개념이 '자가간호의 능력을 향상시키는 데' 초점을 두며, 전문직의 방법론으로 '간호과정'을 적용하는 점을 고려할 때에, 학교간호란 "학생과 교직원의 건강을 보호 · 증진하기 위하여 간호과정을 적용하는 보건교사의 간호활동으로서, 학생 및 교직원이 스스로 자신의 건강을 관리할 수 있는 능력을 갖추도록 하는 데 목표를 두는 실천적 학문"이라고 정의할 수 있다.

2. 학교보건의 중요성

학교보건이 현재의 사회에서 중요하게 다루어지는 이유는 다음과 같은 관점에서 설명할 수 있다.

① 학교보건의 대상인 학생은 한 나라 전체 인구의 1/4~1/5을 차지하는 계층이다. 여기에 가족을 포함한다면 학교보건의 대상 인구는 더욱 커지게 된다. 그러므로 학교인구의 건강을 증진시키는 것이 국민 전체의 건강수준을 향상시키는 것과 연결된다.

② 학생의 건강을 효율적으로 관리할 수 있다. 학생은 성장발달 시기에 있으므로 학교보건에서 실시하는 건강관리를 통하여 질병을 조기발견하면 적은 비용으로 큰 성과를 얻을 수 있으며 불구도 예방할 수 있다.

③ 보건교육의 대상자로 학생은 가장 능률적이다. 학교교육을 통하여 습득한 보건교육은 일생 지속되므로 건강생활을 습관화하고 생활화하는 데 용이하다. 또한, 학생이 포함된 가족에게 학생을 통한 보건지식을 전달하는 파급효과를 기대할 수 있다.

④ 교직원은 지역사회에서 지도자로서의 위상을 갖는다. 교사는 학부모와 늘 접촉하고 있으므로 솔선수범하는 교사의 역할은 학생과 학부모의 모범이 될 수 있으며, 지역사회 건강의 시범이 된다.

⑤ 학교는 지역사회의 중심 역할을 한다. 지역사회의 보건문제를 다룬다면 학교의 보건문제를 먼저 해결해야 하며, 지역사회 조직의 장은 대부분 가정에 자녀를 두고 있으므로 학교활동은 지역사회의 관심대상이다.

⑥ 보건사업을 추진함에 있어서 학교는 여러모로 유리한 조건을 내포하고 있다. 학교인구는 집단을 이루며 관리가 가능하므로 학교보건을 발전시켜 학생의 건강이 증진되면 국민 전체의 건강증진도 기대할 수 있다.

⑦ 학교는 건강증진사업을 펼치기에 효율적인 장이다. 한국인의 사망 원인은 암, 뇌혈관질환, 심장질환, 간 질환, 고혈압성질환, 당뇨병 등으로 관련요인을 살펴보면

[표 1-1] 한국 청소년 건강행태(2013)

	남자	여자
조사대상	2012년 4월 기준 전국 중 · 고등학교	
응답률	96.4%	
현재흡연율	14.4%	4.6%
현재음주율	19.4%	12.8%
신체활동 실천율*	47.3%	23.4%
아침식사결식률	26.7%	26.2%
비만율	13.1%	6.2%
스트레스인지율	34.3%	49.3%
자살사고(思考)율	13.1%	20.4%
우울감경험률	25.2%	37.1%
안전벨트미착용률	34.1%	34.0%
학교안전교육경험률**	37.2%	30.7%
성관계경험률/피임실천율	7.4%/38.5%	3.1%/40.5%

자료 : 질병관리본부(2013). 제9차(2013) 청소년건강행태온라인조사 통계

* 주3일 이상 격렬한 신체활동 실천율 : 최근 7일동안 격렬한 신체활동(조깅, 농구, 태권도, 등산, 빠른 속도의 자전거타기, 빠른 수영, 무거운 물건나르기 등)을 20분 이상 한 날이 3일 이상인 사람의 분율

** 최근 12개월 동안 학교 안에서 다치는 상황에 대한 안전교육을 받은 적이 있는 사람의 분율

흡연, 음주, 운동, 영양과 같은 건강생활 실천의 영역임을 알 수 있다. 그러므로 학령기부터 바람직한 건강행위를 형성하기 위한 학교건강증진사업이 투입될 필요가 있다. 참고로 현재 학생인구의 건강행위의 상태를 제시하면 [표 1-1]과 같다.

3. 학교보건의 범위

학교보건관리는 학교 · 가정 · 지역사회의 보건기관이 상호 유기적인 협력체제를 이루며 문제해결에 접근하고 그 중심에 보건교사가 있다.

학교보건의 범위, 곧 내용을 분류하는 것은 인위적인 일로 편의상 구분한 것이며, 관심의 초점을 맞추기 위함이다. 실제로 학교보건사업을 추진함에 있어서는 여러 영역이 상호 관련되며 중복되는 경우가 대부분이다. 즉, 건강한 학교생활을 위하여 보건서비스를 제공하면서 보건교육을 함께 실시한다. 또한, 학교인구의 사고를 예방하고 물리적 · 정서적 환경을 건전하게 조성하는 일은 보건교육의 한 분야이면서 동시에 보건서비스의 결과로 나타난다.

이상으로부터 활동내용에 따라 학교보건을 구분하면 다음과 같다.

① 학교보건서비스

② 학교환경위생안전 관리

[표 1-2] 학교보건의 범위 비교

한국	미국*
학교보건서비스	보건서비스
	영양지원
	상담, 심리적 · 사회적 서비스
	교직원 건강증진
학교환경위생관리	건강한 학교환경
학교보건교육	보건교육
	체육교육
학교와 지역사회와의 연결	학부모/지역사회 참여

*www.cdc.gov/HealthyYouth/CSHP/

③ 학교보건교육

④ 학교와 지역사회와의 연결

한편 미국의 경우를 보면 1990년대 중반 이후 전 지역의 학교보건 관계기구들이 국가적인 노력을 통해 학교보건 프로그램 개발에 힘을 모았다. 이를 통해 개발된 학교보건의 내용은 8가지로 학교보건서비스의 경우, 구체적으로 세분화되어 있다. 이 역시 요소간 상호 겹치는 부분이 있지만 본 학교보건의 범위와 비교를 통해 참고해 볼 만하다(표 1-2).

4. 학교보건의 역사

1) 학교보건의 역사

우리나라 학교보건의 역사를 2000년대까지 연대별로 요약하여 제시한다.

(1) 광복 전

현대적 학교법규인 한성사범학교 규칙이 우리나라에서 처음으로 1895년 7월 23일 학부령 제1호로 공포되었다. 여기에서는 교육목표의 하나로서 다음과 같은 내용을 발표하였는데, "신체의 건강은 성업의 기본이므로 평소 위생에 유의하고 체조에 힘써 건강을 증진시킴을 요한다."고 하여 위생과 체육교육을 강조하였음을 알 수 있다.

이후 1930년에는 이화학당에 학교간호사가 배치되어 학생의 건강관리를 담당했다는 기록을 찾을 수 있다.

(2) 1940년대

학교보건사업의 실시와 양호시설에 관한 규정이 1949년 교육법 제89조에 제시됨으로써 대한민국 정부수립 이후 학교보건사업이 시작되었다.

(3) 1950년대

학교신체검사규정이 1951년 문교부령 제15호로 제정되어 체격 · 체질 · 체능검사를 하도록 하였으나, 체격과 체질검사는 1955년부터, 체능검사는 1959년부터 전반적으로 실시하게 된다.

1953년 양호교사를 처음으로 제도화하여 교사의 자격을 부여한 내용이 교육공무원법 제4조에 명시되었다(1953. 4. 18, 법률 제285호). 같은 해에 학교급식의 효시로 볼 수 있는 무상급식이 국제연합아동기구(UNICEF)의 도움으로 제공되었다.

1954년 학교보건교육 실시를 알리는 교과과정 시간배정 기준령이 문교부령 제35호로 제정되었다. 여기에서는 건강교육을 초등학교에서는 보건과로 중등학교에서는 체육보건과로 제시하고 있다. 또한, 문교부의 장학지침에는 체위체질 향상, 위생교육, 보건위생 철저, 신체검사 적정과 계속적인 평가, 위생시설 강화, 보건지도 철저 등 학교보건관련 내용이 포함되어 있어서 보건교육과 보건사업에 깊은 관심을 보여 주고 있다.

한편, 1956년에는 문교부장관에 의하여 양호교사 자격증이 처음으로 발행된 바 있으며, 1959년에 양호실이 설치되었다.

(4) 1960년대

학교간호사가 고용직에서 교사직인 양호교사로 국가로부터 발령받아 처음으로 배치된 것은 1961년의 일이다. 1963년에는 초등학교의 보건과목과 중등학교의 체육보건과목을 통일하여 체육과목으로 하여 오늘에 이르고 있다.

학교보건법은 1967년 3월 30일 제정되어 학교환경위생정화구역이 설정되었고, 양호교사 등의 학교보건관리자에 대한 배치기준이 정해졌다. 학교보건법 시행령은 1968년 제정되었다.

(5) 1970년대

1970년 건강기록부 운영지침이 마련되었다. 1971년 표본학교 신체검사가 시작되고 건강기록부를 작성하기에 이른다.

1973년 문교부에 체육국을 설치하고 그 안에 국민체육과, 학교체육과, 그리고 학교급식과를 두어 일반 보건업무와 학교급식 업무를 달리 담당하게 하였다.

1977년 9월 16일 학교급식 식중독 사건이 발생하여 빵과 우유를 급식한 53개교 5,575명이 식중독을 일으켰고, 9월 22일 유상급식이 폐지되었다. 이를 계기로 1978년 5월부터 학교급식과에서 학교보건업무를 담당하게 되었다.

1979년 문교부 직제개편 시 학교보건을 총괄하는 '학교보건과'가 체육국 안에 처음으로 탄생하였다. 이로써 보건과 체육이 구분되었으며, 사무관급에서 학교보건업무를 전담하게 되었다.

(6) 1980년대

1981년 1월 학교급식법이 제정되었다. 1981년 11월 2일 정부기구 축소방침에 따라 사회국제교육국과 체육국이 통폐합되면서 학교보건과는 폐지되고, 신설된 체육국의 '학교체육과'에서 학교보건업무를 관장하게 되었다.

1982년 정부조직법이 개정되어 문교부 체육국을 근간으로 체육부가 만들어졌다. 이는 1986년 아시안게임과 1988년 올림픽 유치에 따른 체육업무의 확대에 의한 것이다. 따라서, 일반학교 '보건'은 문교부 보통교육국 '의무교육과'에서 '학교급식'은 체육부 체육진흥국 '학교체육과'에서 담당하였다. 결국 1986년 직제개정 시 '의무교육과'에서 학교보건업무를 총괄하게 되었다. 또한, 같은 해인 1986년 전국 규모의 '양호교사회'가 창설된 바 있다.

(7) 1990년대

학교급식업무는 1990년 체육부에서 문교부로 이관하여, 의무교육과에서 학교보건의 일환으로 추진하게 된다. 1993년 학교보건법 시행령이 개정되어 양호교사가 법이 허용하는 범위 내에서 의료행위를 할 수 있도록 직무에 보장되었다.

1994년에는 교육부에 '학교보건과'가 다시 만들어져 학교보건의 발전에 전성기를 맞는다. 1995년 양호교사를 양호교사 1급 · 2급으로 분류하여, 양호교사 자체 승급이 가능하게 되었으며, 1998년 2월에는 초 · 중등교육법 시행령 제33조에 의하여 보직교사(부장교사) 임용이 가능하게 되었다. 한편, 1998년 '양호실'에서 '보건실'로 명칭이 변경되었다.

1998년 대대적인 정부조직 개편에 의하여 교육부 교육환경개선국 '학교보건환경과'로 개편하였다. 이는 업무기능별 조직체계로의 전환으로써, 학교환경위생 개선을 강화하고 학생 약물 오 · 남용 예방에 관한 사항을 추가하여 관장하도록 개편한 것이다. 또한 1998년부터 고등학교 1학년의 신체검사는 의료기관에서 종합건강진단으로 실시하게 되었다.

(8) 2000년대

'보건교사'란 새로운 명칭으로 '양호교사'의 이름이 바뀐 것은 2002년이다(초 · 중등교육법 제21조 2항의 개정). 또한 2005년 3월 24일 학교보건법이 일부 개정 · 공포되어 '학교신체검사'가 '학교건강검사'란 새로운 명칭으로 변경되었다. 학교건강검사에는 신체의 발달상황 및 능력, 건강조사, 건강검진으로 구분하고, 건강검진은 취학 후 매3년(초1, 초4, 중1, 고1)마다 국민건강보험법상 검진기관에서 실시하는 제도를 도입하여 2006년 1월 1일부터 실시하기에 이른다.

2005년부터 보건실 현대화사업이 추진되어 보건실 시설 · 기구의 확충 및 효율적인 관리를 하고 있다(학교보건법 시행규칙 기준).

2002년부터 창의적 재량활동 시간을 이용하여 보건교육이 실시된 이후, 2007년 12월 초중고 모든 학생을 대상으로 체계적인 보건교육을 실시하도록 법제화되었다. 2008년 9월 11일자로 보건과목이 신설, 고시되어(「초 · 중등교육과정」 부분 수정고시) 초등학교 5, 6학년 대상 재량활동시간으로 연간 17시간 이상 실시하도록 하였으나 2009년 개정 교육과정에서는 초등학교 1, 2학년 대상으로 변경 축소되었다. 최근 보건교육 내용으로 응급처치를 포함하고, 교직원 대상으로 한 응급처치교육 시행, 학생의 정신건강관리 등에 관한 법제화로 학교보건에서 안전과 정신건강교육이 강조되었다. 2015년 현재 학교보건 직제는 교육부 학교정책실 내 학생복지정책관 소속의 학생건강정책과로 개편되었다.

2) 학교보건사업의 시대적 변화

우리나라 학교보건사업의 변화과정은 전염병 관리중심, 신체검사강조, 포괄적 건강관리 중시, 그리고 보건교육 위주로 구분하여 설명할 수 있다(김화중, 윤순녕, 전경자, 1999).

초기 단계의 학교보건사업은 전염병을 관리하면서 시작하였다. 뿐만 아니라, 사고예방과 응급처치, 신체장애아 관리 등으로 그 내용이 확대되어 가는데, 이 시기의 학교보건서비스는 학교라는 장소에서 보건사업을 제공하는 것이었다. 이후 의학 및 보건학의 발전으로 항생제가 만들어졌고 예방접종약이 개발되었으며, 공중보건사업이 활발하게 진행된 결과 전염병은 감소하고 학교보건에서 전염병관리사업의 중요성도 줄어들게 되었다.

그후 학생의 건강관리를 적극적으로 실시하기 위하여 신체검사를 강조하기에 이른다. 이 시기에 제공된 신체검사의 결과가 부정확하며 형식적이라는 문제가 제기되기는 하였으나, 신체검사와 각종 검사 위주의 학교보건서비스는 계속되었다. 한편, 효과적으로 학교보건서비스를 수행하기 위하여 보건교육의 중요성이 대두되기 시작하였다.

한편, 신체검사와 각종 검사 위주의 서비스는 신체적인 면만을 강조하므로 학생 및 교직원의 건강관리를 포괄적으로 수행하는 데 미흡하였다. 즉, 신체적 · 정신적 · 사회적 측면의 건강관리를 함께 추구하는 포괄적인 건강관리의 형태로 학교보건서비스가 전환하기에 이른다. 이는 곧 학생 및 교직원의 건강관리, 환경위생관리, 보건교육을 포함한 서비스를 학교 전체의 건강관리라는 차원에서 제공한다는 것을 의미한다.

최근 학교보건서비스는 학생을 수동적인 위치에 두고 건강전문직이 포괄적인 건강관리를 제공하는 것이 아니라, 학생이 능동적으로 참여하여 자기건강관리 능력을 개발할 수 있도록 수행되어야 한다고 보았다. 이러한 시각은 학교보건사업의 전개를 교육학적 배경에서 설명하고자 하며, 학교보건서비스는 자기건강관리 능력을 향상시키는 것을 골자로 학교교육과정 속에서 보건교육 중심으로 이루어져야 함을 뜻한다.

5. 학교보건 조직

학교보건의 조직은, 첫째, 전문기술적인 측면에서 지원 · 협조하는 보건소 등과 같은 기관과, 둘째, 정책적 · 행정적으로 지원 · 관장하는 중앙의 교육부 및 지방의 시 · 도 교육청이 있다.

우리나라의 학교보건사업은 교육부 소속 사업으로 되어 있으며, 각 시 · 도별 교육청의 담당부서가 주무부서로 활동하고 있다. 2015년 1월 현재 교육부의 조직은 [그림 1-1]과 같다.

교육부 내에서 학교보건 관련 업무는 '학교복지정책관 학생건강정책과'에서 관할한다. 주요업무로는 학교보건, 학교급식, 교육환경 보호제도를 담당하며, 학교급식 위생 및 안전관리 대책수립을 총괄하고, 보건교육과 정신건강 업무도 관장한다. 지방 지역교육청의 조직은 [그림 1-2]부터 [그림 1-4]에 제시하였다. 학교보건을 담당하는 부서는 각 시 · 도별로 다소 차이가 있다. 이러한 조직을 살펴볼 때 학교보건업무를 전담하는 중앙 및 지방행정조직이 강화되고, 학교보건 전문인력이 배치될 때 학교보건사업이 더욱 활성화될 것으로 기대할 수 있다.

서울특별시 교육청 직속기관으로 '학교보건진흥원'이라는 보건기구가 있으며, 학교보

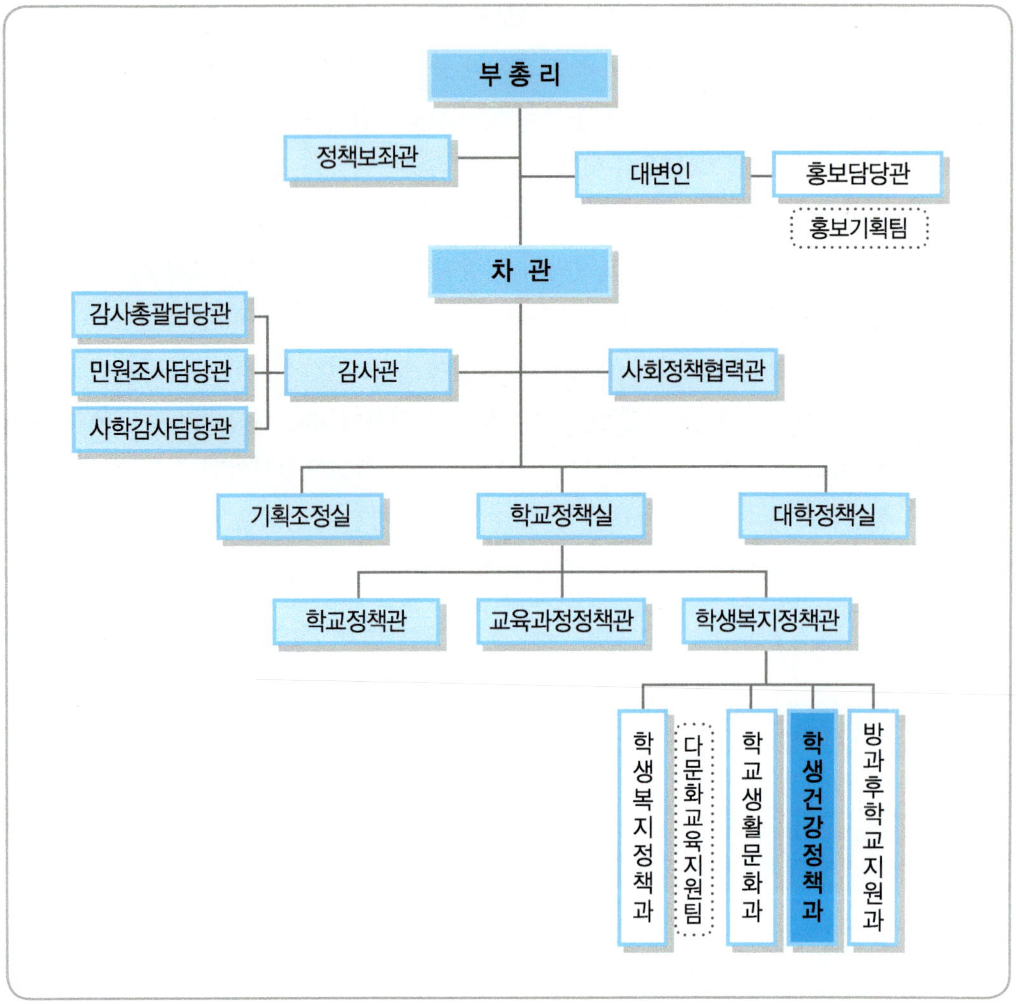

[그림 1-1] 교육부 조직구성(2015. 1 현재)

건법 제16조에 설치근거가 제시되어 있다. 그런데 이 기관이 의미 있는 것은 학교보건, 환경위생, 학교급식에 관한 정보를 제공하고, 조사와 연구를 통하여 학생과 교직원의 건강 및 복지 증진을 꾀하는 유일한 학교보건관리기구라는 점이다.

이 밖에 민간조직으로서 대한간호협회산하 보건교사회가 있으며, 한국학교보건학회도 활동 중이다. 학생들의 건강관리에 관련된 보건단체로서 한국건강관리협회, 대한결핵협회, 질병관리본부, 대한가족보건복지협회 등이 있다.

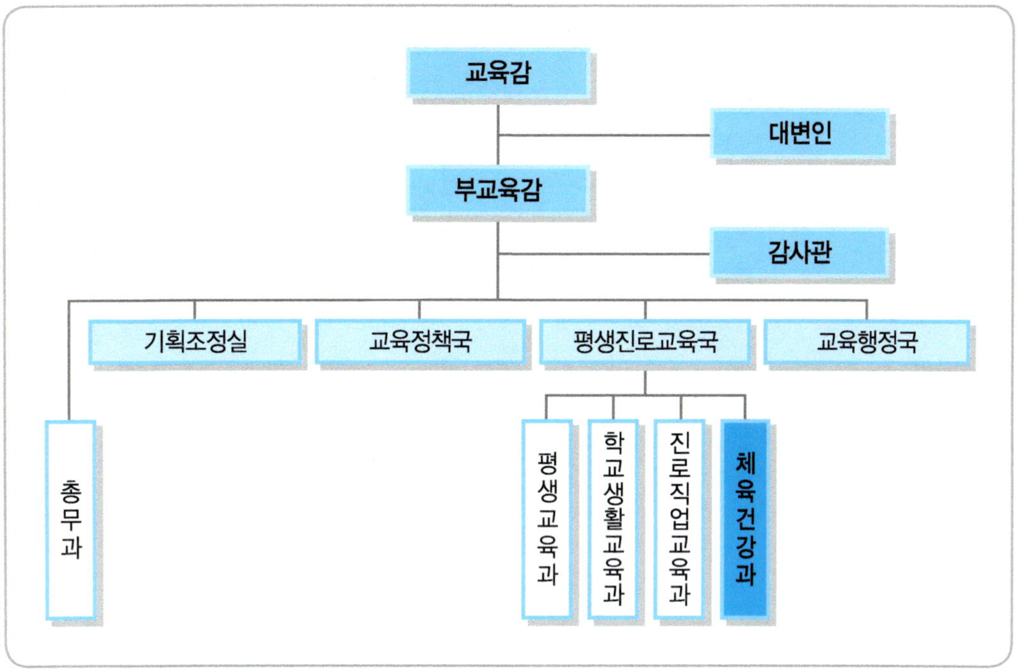

[그림 1-2] 서울특별시 교육청 조직구성(2015. 1 현재)

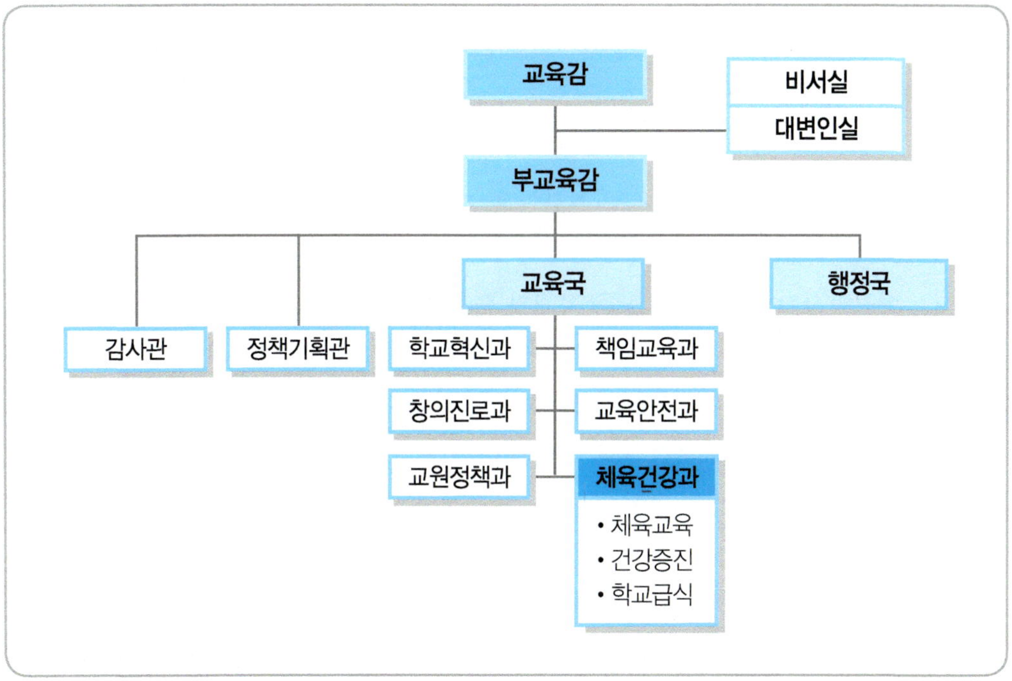

[그림 1-3] 강원도 교육청 조직구성(2015. 1 현재)

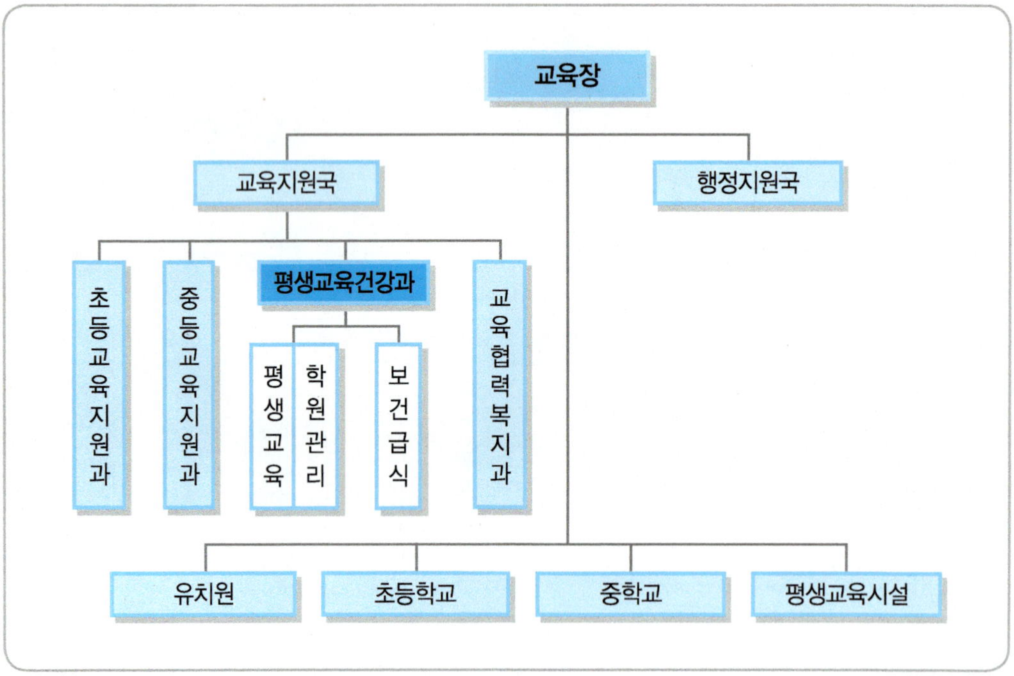

[그림 1-4] 서울특별시 북부교육지원청 조직구성(2015. 1 현재)

6. 학교보건 인력

보건관리 인력을 학교보건법에 의거하여 살펴보면, 학생 및 교직원의 건강관리 책임자로서 학교장이 있으며, 전문 인력으로는 보건교사, 학교의사(치과의사, 한의사를 포함한다), 학교약사가 있다. 학교장은 학교가 속한 지역사회에서 개업하고 있는 의사, 치과의사, 한의사, 약사를 촉탁하여 위촉하며, 이들은 필요에 따라 학교보건사업에 참여한다. 보건교사는 교육법에 의한 교사로서 일반간호사와 구별하여 별도의 자격과 보건교사라는 명칭을 주어 학교보건을 관리하게 하며 학교에 상주한다.

학교보건법 시행령 제23조 1항에서 학교보건 인력의 배치기준을 다음과 같이 정하고 있다.

① 18학급 이상의 초등학교에는 학교의사 1명, 학교약사 1명 및 보건교사 1명을 두고, 18학급 미만의 초등학교에는 학교의사 또는 학교약사 중 1명을 두고, 보건교사 1명을 둘 수 있다.

② 9학급 이상인 중학교와 고등학교에는 학교의사 1명, 학교약사 1명 및 보건교사 1명을 두고, 9학급 미만인 중학교와 고등학교에는 학교의사 또는 학교약사 중 1명과 보건교사 1명을 둔다.

③ 대학(3개 이상의 단과대학을 두는 대학에 있어서는 단과대학), 사범대학, 교육대학, 전문대학에는 학교의사 1명 및 학교약사 1명을 둔다.

④ 고등기술학교, 공민학교, 고등공민학교, 특수학교, 유치원 및 각종 학교에는 ①부터 ③에 규정된 해당 학교에 준하여 학교의사, 학교약사 및 보건교사를 둔다.

학교보건 인력의 직무내용을 학교보건법을 중심으로 다음에 서술한다.

(1) 시 · 도 교육감

① 학교환경위생 정화구역의 설정(제5조)

② 감염병 예방과 학교보건을 위한 휴업 명령(제14조)

③ 학생의 신체 및 정신 건강증진을 위한 학생건강증진계획의 수립 · 시행(제7조의 2)

(2) 특별시장, 광역시장, 특별자치시장, 도지사, 특별자치도지사, 관계행정기관의 장

학교환경위생 정화구역 내에 금지행위 및 금지시설이 들어오지 못하도록 하며 필요한 조치사항을 시행(제6조)

(3) 시장, 군수, 구청장

① 학생 또는 교직원에게 정기 또는 임시 예방접종을 실시할 수 있음(제14조의 2)

② 학교환경위생 정화구역 내에 금지행위 및 금지시설이 들어오지 못하도록 하며 필요한 조치사항을 시행(제6조)

(4) 학교설립자 · 경영자

보건실 설치 및 학교보건에 필요한 시설 및 기구 구비(제3조)

(5) 학교의 장

① 학교의 환경위생 및 식품위생의 유지 · 관리(제4조)

② 건강검사 실시(제7조)

③ 학생건강증진계획의 수립 · 시행(제7조의 2)

④ 건강검사 기록의 작성 · 관리(제7조의 3)

⑤ 등교중지(제8조)

⑥ 학생 및 교직원의 보건관리 · 보건교육 · 예방접종 완료 여부 검사 · 질병의 치료 및 예방 조치 · 안전관리(제9조~제13조)

⑦ 질병의 예방을 위한 휴업(제14조)

(6) 학교의사

학교의사의 직무는 학교보건법 시행령 제23조 3항 2호에 명시되어 있다.

① 학교보건계획의 수립 · 학교환경위생의 유지관리 및 개선에 관한 자문

② 학생과 교직원의 건강진단과 건강평가

③ 질병의 예방처치 및 보건지도

④ 학생과 교직원의 건강상담

⑤ 그 밖에 학교보건관리에 관한 지도

(7) 학교약사

학교보건법 시행령 제23조 3항 3호에 열거된 학교약사의 직무는 다음과 같다.

① 학교보건계획의 수립 · 학교환경위생의 유지 관리 및 개선 · 학교에서 사용하는 의약품 및 독극물의 관리에 관한 자문

② 학교에서 사용하는 의약품 및 독극물의 실험 · 검사

③ 그 밖에 학교보건관리에 관한 지도

(8) 보건교사

보건교사의 직무는 학교보건법 시행령 제23조 3항 1호에 구체적으로 제시되어 있으며, 학생 및 교직원의 건강관리, 보건교육, 환경관리, 보건실 관리, 그리고 1차보건의료 행위를 포함하는데 다음과 같다.

① 학교보건계획의 수립

② 학교 환경위생의 유지관리 및 개선에 관한 사항

③ 학생과 교직원에 대한 건강진단의 준비와 실시에 관한 협조

④ 각종 질병의 예방처치 및 보건지도
⑤ 학생과 교직원의 건강관찰과 학교의사의 건강상담, 건강평가 등의 실시에 관한 협조
⑥ 신체가 허약한 학생에 대한 보건지도
⑦ 보건지도를 위한 학생가정 방문
⑧ 교사의 보건교육 협조와 필요시의 보건교육
⑨ 보건실의 시설 · 설비 및 약품 등의 관리
⑩ 보건교육자료의 수집 · 관리
⑪ 학생건강기록부의 관리
⑫ 다음의 의료행위(간호사 면허를 가진 사람만 해당)
  ㉠ 외상 등 흔히 볼 수 있는 환자의 치료
  ㉡ 응급을 요하는 자에 대한 응급처치
  ㉢ 부상과 질병의 악화를 방지하기 위한 처치
  ㉣ 건강진단결과 발견된 질병자의 요양지도 및 관리
  ㉤ ㉠부터 ㉣까지의 의료행위에 따르는 의약품의 투여
⑬ 그 밖에 학교의 보건관리

7. 보건교사

우리나라의 초 · 중 · 고등학교 및 특수학교의 수는 총 11,612개(2014년, 교육부)이며, 보건교사 배치율은 전체 학교의 약 65.2%에 이른다(교과부, 2008. 4. 기준).

보건교사는 1953년 교육공무원법에 의하여 제도화되었으며, 1956년 문교부장관에 의하여 양호교사 자격증이 처음으로 발급되었고, 고용직으로 있다가 1961년 교사직인 양호교사로 발령받게 되었다. 1995년에 이르러 보건교사를 1, 2급으로 구분하였는데, 보건교사 2급으로 발령받은 후 3년 이상의 경력을 소유하고 1급 자격연수를 받은 자에게 보건교사 1급의 자격을 부여하여 그 위상이 진일보하게 되었다. 현재 교육법이 인정하고 있는 교사의 종류는 정교사, 준교사, 전문상담교사, 사서교사, 실기교사, 보건교사 그리고 영양교사이다.

1) 보건교사의 준비

(1) 자질

보건교사는 다음과 같은 준비가 되어 있어야 한다.

① 보건교사가 되고자 하는 사람은 학생을 이해하고 좋아할 수 있어야 한다.

② 학부모와 같이 학생의 건강을 논의하고 건설적인 해결책을 강구할 수 있는 능력을 갖추어야 한다.

③ 학교교육의 목적을 이해하고 학교의 다른 학습활동 안에서 함께 일하면서 이에 대한 통찰력을 갖도록 노력한다.

④ 건강관리 측면에서 교사들의 자문가가 되어야 한다.

⑤ 전문직에 대한 긍지를 가지고 간호전문직과 교직간의 융화가 잘 이루어지도록 노력해야 한다.

(2) 자격

보건교사의 자격기준은 간호대학(3년제 및 4년제) 졸업자로서, 재학 중 소정의 교직학점(22학점)을 취득하고, 간호사 면허증을 소지한 자이며, 비사범계열인 간호학 전공자에게는 매 학년 입학정원의 10%에 대하여 교직과정을 이수할 수 있도록 허용하고 있다.

보건교사는 국 · 공립 초 · 중 · 고등학교의 경우 각 시 · 도 교육청에서 주관하는 교원임용 공개채용시험을 통하여 임용된다. 이 시험은 '초등'과 '중등'으로 구분하여 그 해에 필요한 인원을 산출한 후, 시험 실시 1개월 전에 공고하고, 한국사(한국사능력의 검정으로 대체) 필기시험(간호학 80점, 교육학 20점), 면접으로 치러진다.

(3) 보건교사가 알아야 할 학교보건의 개념

보건교사가 기억해야 할 학교보건의 개념을 이선자, 정문희, 이명숙(1990)의 견해를 통하여 알아본다.

① 교육적인 개념

학교의 기본목표는 학생의 교육이 최우선 순위에 있다는 점을 명심하여 자신의 전문직만을 고집하지 않도록 주의한다.

② 팀 개념

학교보건사업의 중추는 사업추진 인력이다. 모든 사업을 이끌고 나가는 가장 중요한 힘은 그 사업을 이끌고 나가는 사람들의 힘에 있다. 그러므로 공동목표를 향하여 힘을 모을 때만 사업이 성공할 수 있음을 아는 'People concept'에 대한 이해가 있어야 한다. 아무리 훌륭한 여건이 된다 하더라도 이 모든 것을 집행하는 입장의 상호 이해 없이는 질적인 사업이 이루어질 수 없다.

③ 시간개념

명작은 하루아침에 만들어지지 않는다는 말과 같이 어떤 사업을 시작해서 그 사업이 학교와 지역사회에 알맞은 훌륭한 목표에 도달하기 위해서는 상당한 시간이 필요하다는 것을 알고 꾸준하게 추진할 수 있어야 한다.

④ 범위개념

학교보건사업은 단순한 치료사업이 아니다. 건강이라는 것은 광범위한 현상이며 유동적인 것이어서, 어느 한 시점과 어느 한 측면의 관리만으로 해결될 수 있는 것은 아니다. 한 개인의 건강문제를 해결했다고 해서 완전한 사업이 될 수 없다. 개인 · 가족 · 지역사회 전체의 건강관리가 자신의 학교보건사업의 범위임을 재고해야 한다.

⑤ 지역사회 개념

우리나라의 학교보건 전문가(행정가)와 보건교사에게 좀 더 필요한 개념이 바로 지역사회에 대한 개념이다. 학교는 지역사회에 속해 있으며, 학생들이 생활하고 있는 가정이 지역사회의 구성요소임을 고려할 때, 지역사회의 건강문제를 제외한 학교보건사업은 완전한 사업이 될 수 없다는데 근거한다.

즉, 학교의 건강문제는 바로 지역사회의 건강문제가 되며, 지역사회에 건강문제가 있을 때 학교건강문제는 자동적으로 생겨나는 것이다. 그러므로 학교보건사업의 목표인구는 학생 · 교사 · 학부모 · 지역사회임을 재인식하여야 한다. 보건교사는 지역사회의 자원인 의사 · 간호사 · 치과의사 · 기타 자원봉사자 등과 긴밀한 유대관계를 이루면서 이들 자원을 잘 활용할 수 있어야 한다.

⑥ 사업의 질에 대한 개념

사업의 질은 사업의 생명이다. 거대한 계획으로 광범위한 접근을 시도하고 여러 가지 다양한 학교보건사업을 시도하였다 하더라도, 그 문제의 해결을 위한 계속관리와 완전한 지도가 회복될 때까지 또는 문제가 완전히 해결될 때까지 이루어지지 않는다면, 이것은 모든 계획에 동원된 시간 · 인력 · 경제적인 낭비이며, '하나의 쇼' 즉 전시사업에 불과한 것이 된다.

⑦ 기타

㉠ 학교 전체 사업에 대한 이해와 이에 관련된 지식을 가지고 있어야 한다.
㉡ 보건교사의 책임분야에 대한 지식과 이해를 가져야 한다.
㉢ 학습에 영향을 미치는 요소와 학습과정에 대한 이해와 지식을 가져야 한다.
㉣ 지역사회보건에 대한 지식을 갖추도록 한다.

2) 보건교사의 역할

보건교사는 '학교보건 관리자 · 조정자', '보건교육자'로서의 역할을 담당한다.

보건교사는 학교보건사업을 수행하고 관리하는 기능을 담당한다. 간호방법으로서 간호과정을 사용하고, 수단으로서 보건실 활동 · 방문 · 의뢰 · 집단지도 · 면접 및 상담 · 감독 · 매체를 활용한다. '학교보건사업'의 내용에는 건강증진, 보건서비스, 보건교육이 포함된다. '관리'의 기능으로는 환경위생안전 관련 교육과 보건행정을 수행한다.

또한 '보건교육자'로서의 역할을 수행하는데 이는 학교 교육과정 안에서 보건교과를 담당하는 기능이다. 이상의 내용은 [그림 1-5]에 도식한다.

향후 보건교사의 역할은 앞서 제시한 학교보건의 범위 즉, '보건서비스', '영양지원', '상담, 심리적 · 사회적 서비스', '교직원 건강증진', '건강한 학교환경', '보건교육', '체육교육', '학부모/지역사회참여'의 8개 영역을 통합 연계할 수 있는 '조정자(Coordinator)'로서의 기능이 강조될 것이다. 이러한 기능을 잘 감당하기 위해서는 보건교사의 전문성을 확장하고 역량을 강화하는 일이 무엇보다 중요하다. 구체적으로는 학생의 건강관리와 보건교육을 능력껏 수행하는 일로서, 보건전문지식을 끊임없이 배양하고, 정신건강 상담활동을 제공하며, 학교안전에 관심을 가지고 문제점의 해결방안을 지도하고, 학부모 및 지역사회와의 연계를 통해 학교보건의 성과를 극대화하도록 노력하는 일이다. 미래의 학교보건은 건강증진학교모델로서, 지역사회와 각 학교에 적합한 모형을 스스로 개발하여 적용하는 건강한 학교를 지향할 것으로 생각한다.

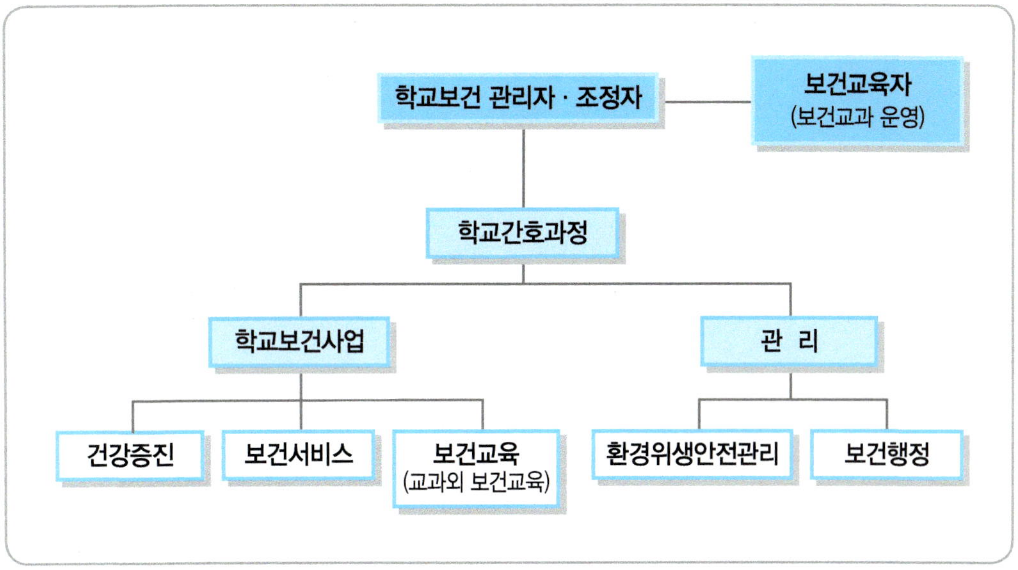

[그림 1-5] 보건교사의 역할과 기능모형

제 2 편 NEW SCHOOL HEALTH

학교보건사업

제1장 학교보건교육

제2장 학교건강증진

제3장 학교보건서비스

제4장 학교 안전관리 및 환경위생관리

SCHOOL HEALTH

제 1 장

학교보건교육

1. 학교보건교육의 개요

1) 학교보건교육의 정의

미국의 학교보건교육용어제정위원회(A joint committee on terminology in school health education)는 "보건교육이란 개인이나 집단의 건강과 관련된 지식(knowledge), 태도(attitude), 행위(practice or behavior)에 영향을 미칠 목적으로 학습경험을 제공하는 과정"이라고 하였다.

학교보건교육의 정의는 학생들의 건강을 질병이 없는 상태로 보는지 혹은 건강을 최적의 안녕상태로 보는지에 따라 다소 달라질 수 있다. 첫 번째 정의는 Bruess와 Gay가 1978년에 기술한 것이다. "학교보건교육이란 학생 개인과 집단의 흥미와 요구에 따라 그들의 지식과 태도에 영향을 주기 위하여 학습경험을 제공하는 과정이다." 이 정의에 의하면 학교보건교육의 목적은 학생 개인이나 집단의 건강과 관련된 지식, 태도, 행위에 영향을 주기 위한 것이다. 그런데 이 정의는 어떤 방향으로 학생이나 집단에게 영향을 주어야 하는지와 과정의 결과에 대한 진술이 포함되어 있지 않다. 두 번째 정의는 Kaplan이 1972년에 내린 정의이다. "학교보건교육이란 학생 개인이나 학교 전체의 건강과 관련된 지식, 태도, 그리고 행위에 바람직한 영향을 주도록 학습경험을 제공하는 것이다." Kaplan의 정의는 Bruess 등의 정의에 비해 학교보건교육이 긍정적인 영향을 준다는 내용이 포함되어 있다. 그러나 Bruess 등의 정의와 같이 학교보건교육으로부터 올 수 있는 결과에 대한 기술이 빠져 있다.

미니애폴리스 지역사회 보건교육연구위원회(Minneapolis community health education study committee)는 위의 두 정의에서 부족된 부분을 보완한 학교보건교육을 정의하였다(Wold, 1981). “학교보건교육은 학생들이 긍정적인 건강행위를 채택하고 적용하도록 돕는 과정들과 경험들의 집합이다. 이 건강행위는 개인들이 건강관련문제들을 효과적으로 다루도록 돕고, 현재의 기능수준을 유지하도록 하며 더 나은 안녕상태로 나아가도록 한다.” 이 정의는 학교보건교육으로 인하여 학생들이 긍정적인 건강행위를 채택하도록 하는 결과가 포함되어 있다.

2) 학교보건교육의 목표

학교보건교육의 목표는 학생들이 스스로의 행동으로 최대의 건강상태를 증진시키도록 돕는 것이다. 그러므로 학생들의 건강지식을 높이기 위한 활동이나 단지 정보를 제공하는 것보다는 스스로 결정을 내리고 문제를 해결할 수 있도록 단계적으로 도와주어야 한다.

학교보건교육의 목표를 구체적으로 제시하면 다음과 같다.

(1) 건강의 본질을 파악한다.

보건교육의 가장 큰 목적은 학습자에게 건강의 본질을 이해하고 그것을 파악하도록 하는 데 있다. 건강이란 개인적 차원을 넘어 그를 둘러싼 환경이나 집단에 의해 크게 영향을 받는 동시에 집단의 건강에도 관계한다.

자기 한 사람의 건강은 분명 자신의 것이지만 그것은 한 사람만이 이루어 낸 것은 아니다. 주위사람들에 의해 영향을 받기도 하고 환경에 따라서 병에 걸리기 쉬운 체질로 바뀌기도 한다. 따라서 건강은 “다른 사람과의 협조에 의해 성립된 것” 또는 “개인의 건강은 사람의 권리인 동시에 국가사회의 의무”로 통용되고 있다.

1986년 ‘Ottawa 헌장’에서는 “건강이란 삶의 목적이 아니라 일상생활을 위한 자원”으로 파악하고 있다. 1990년대에는 건강은 전인적 모형의 자기중심적인 활동에 초점이 주어졌다. 현대적 의미에서 인간의 최고안녕은 인간이 할 수 있는 잠재력을 극대화하는 방향으로 여러 요인을 고려하여 건강개념화가 이루어지고 있다.

학교보건교육에서 뒷받침하고 있는 건강개념은 전인적 모형으로, 질병보다는 건강에 초점을 두고 건강을 개인이 가지고 있는 신체적, 정서적, 사회적, 지적, 영적 차원의 능력을 인정하고 강화하는 데 있다고 보는 것이다.

(2) 건강지식을 개발한다.

우리의 지적 능력은 신체의 성숙과 정신의 발육에 따라서 점차 증대하고 있다. 그리고 여러 가지 체험을 더하여 사람은 건강에 대한 지식을 자연스럽게 체득해 간다.

보건교육이라는 것은 학생의 연령, 성, 능력에 따라서 건강지식을 체계적으로 가르쳐 가는 것이고, 보건지도라는 것은 학생들이 건강문제를 그때그때 해결해 나가는 것이다.

학생의 건강지식을 개발하려고 할 때에는 이 보건교육과 보건지도가 혼연일체가 되어 추진되어야 한다. 보건교육은 계통적으로 구성된 건강지식을 일정한 순서에 따라 학생들에게 학습시키는 것으로서 지식체계를 이해하고 습득하는 데 있어서 매우 합리적이고 유효한 수단이다.

때때로 보건교육은 이론이 중점적이 되기 때문에 건강활동의 실천과는 연결이 잘 되지 않을 수 있는데 반해, 보건지도의 경우 학생에게 계통적인 학습을 시키는 것은 곤란하지만 어떠한 의문이 있을 때는 개인과 소수의 사람을 대상으로 하여 그 문제를 중심으로 신속하게 해결, 정정을 하는 것이 용이하고 문제해결 학습의 형태를 취할 수 있다. 따라서 학생들은 보건교육과 보건지도를 통해서 학습과 실천을 반복함으로써 그 지식을 개발 · 축적하여 갈 수 있다.

(3) 건강생활 설계 능력을 배양한다.

학교보건은 어린 시절부터 아동 및 학생의 성장 시기를 통해 충실한 학교생활을 지내게 함과 동시에 장래의 건강생활을 설계할 수 있는 능력을 기르는 것을 하나의 사명으로 한다. 로마가 하루아침에 이루어진 것이 아닌 것처럼, 생애를 통한 건강행동은 어린 시절부터 오랜 세월 동안 축적되고 습관화된 것으로 하루아침에 이루어지지는 않는다.

학교에서 습득한 건강지식은 성인이 된 후에도 크게 영향을 주고 그 건강지식은 때때로 인생을 좌우하기도 한다. 보건교육과 보건지도라는 것은 결코 빨리 효과가 나타나는 것은 아니다. 오랫동안 축적되어 장래에 도움을 주는 것이다. 즉, 사람의 생활을 올바른 궤도에 오르도록 하는 사고방식을 양육하는 것이 보건교육과 보건지도의 목적이다.

(4) 건강생활을 실천한다.

건강생활을 설계하게 하고 각자의 연령, 성, 환경에 따라 힘차게 실천하는 의지와 능력을 양성하게 하는 것도 학교보건교육 목적의 하나이다.

오늘날은 기술 혁신에 따른 산업구조의 개혁을 비롯하여 공해, 교통문제, 안전사고,

학교폭력, 입학시험 등 건강생활을 해치는 조건이 학교 내외에 매우 많으며, 이것들로 인해 나타나는 신체적, 정신적, 사회적 스트레스는 가중되고 있다. 진정한 건강생활은 풍부한 지식과 목적의식을 가진 활력 있는 생활을 실천하는 것이다.

3) 학교보건교육의 필요성 및 중요성

학교라는 집단에서는 비록 구성원 개인이 서로 다른 특성을 가지고 있으나, 나만이 아닌 '우리'라는 인간관계의 질서를 배우게 된다. 특히, 보건학적 측면에서는 개인의 건강이 아닌 학교집단 전체의 건강목표, 건강관리 등의 새로운 집단관계 개념을 갖게 된다. 즉, 질병의 전파가 쉽고, 공동목표에 의한 건강관리가 요구되는 특수 사회조직으로 보건사업에 대해 사회정책의 초점이 된다. 이에 학교보건교육 강화의 필요성 및 중요성을 열거하면 다음과 같다.

(1) 학교보건교육 강화의 필요성

① 학생들의 상병구조가 불의의 사고와 만성질환 중심으로 변화하고 있어 개인의 건강생활습관 실천이 건강증진의 중요한 요인으로 대두되고 있다.

② 청소년 음주 · 흡연 및 약물 오 · 남용, 성폭력과 10대 미혼모의 증가, 집단 따돌림, 자살 등의 사회병리적 현상으로 인한 다양한 정신적 · 신체적 건강문제가 증가하고 있다.

③ 21세기 평균수명의 연장, 만성질환의 급증, 의료비 증가, 웰빙 추구 등의 보건 · 사회경제적 변화에 따른 학생과 학부모의 건강요구가 증가하고 있다.

(2) 학교보건교육의 중요성

① 학생인구는 전체 인구의 약 1/4을 차지하는 인구집단이므로 국민전체의 건강증진을 위한 중요한 통로가 된다.

② 학생들은 어린이에서 성인으로의 이행기인 청소년기의 과정에서 신체적, 정신적, 사회적 변화를 맞는 시기로 평생 건강에 영향을 미치는 시기에 놓여있다.

③ 학령기는 만성퇴행성질환 발병에 영향을 미치는 생활양식이 형성되는 시기이므로 건강한 생활양식을 습관화 할 수 있는 능력을 기를 수 있는 시기이다.

④ 초 · 중 · 고등학교의 정규교육과정은 건강과 건강행위에 관하여 체계적이며 과학적인 지식, 태도, 실천능력을 기르는 학습의 장으로 활용할 수 있다.

⑤ 학생들은 학교라는 한 장소에 모여 있으므로 보건교육의 효율성을 높여준다.

⑥ 학생을 대상으로 한 보건교육의 효과가 가정에까지 파급될 수 있으므로 지역주민 다수에게도 교육의 효과가 미칠 수 있다.

따라서 초등학교에서부터 체계적으로 보건교육이 이루어질 때 그 효과는 더욱 커질 수 있다.

4) 학교보건교육의 문제점

학교보건교육의 필요성 및 중요성에 비추어 볼 때, 실제 학교현장에서 이루어지고 있는 보건교육 현황을 살펴보면 여러 측면에서 미흡한 실정에 있으며, 구체적인 내용은 다음과 같다.

① 보건에 관한 내용이 여러 관련 교과에 분산되어 있어 보건교육의 목표달성에 미흡하다.

② 초등학교는 담임교사, 중등학교는 보건 관련 교과 담당교사가 해당 교과에 필요한 지식체계로 건강관련 내용을 지도하고 있다.

③ 보건 전담교사 및 시수가 확보되지 않아 자기 건강관리 능력 배양을 위한 보건교육이 체계적으로 실시되지 못하고 있다.

④ 재량활동 시간 등을 통하여 보건교사가 정규, 비정규직으로 보건 수업을 실시하고 있으나 학교별로 차이가 크다.

⑤ 학부모와 학생들의 주요 관심사인 비만, 성교육, 흡연 및 약물의 폐해, 시력저하, 구강관리, 안전과 응급처치 등에 대하여 학교급별로 체계적이고 일관성 있는 보건교육이 실시되지 못하고 있다.

5) 보건교육과정 운영방안(학교보건법, 2009)

학교보건교육의 내실화를 위하여 2008년도에 개정된 학교보건법의 주요 내용을 소개하면 다음과 같다.

(1) 모든 학교, 모든 학생을 대상으로 보건교육이 의무화되었다

(2) 보건교육을 위한 시수, 도서 등을 교과부장관이 정하도록 한 것은 국가 수준의 교육

과정의 고시를 의미하며 국정, 검정 또는 인정 교과서 이상의 사용원칙을 밝혔다.

(3) 보건교사의 업무가 '학생 및 교직원의 보건관리'에서 '보건교육 및 학생들의 건강관리'로 바뀌어 교직원의 보건관리가 제외되었다.

(4) 2009학년도부터 모든 초 · 중 · 고교는 지난해 개정된 학교보건법에 따라 보건교육을 한 학기 정도 수업시수인 17시간 이상을 교육해야 한다. 대상 학년은 초등학교는 5, 6학년, 중학교는 1~3학년 중 한 학년 선택, 고교는 1학년이며 체계적인 보건교육을 위해서는 반드시 인정도서 이상의 교과서를 사용해야 한다.

[표 1-1] 국민 공통 기본 교육 과정

구분 \ 학교		초등학교						중학교			고등학교		
구분 \ 학년		1	2	3	4	5	6	7	8	9	10	11	12
교과	국어	국어 210	238	238	204	204	204	170	136	136	136	선택과목	
	도덕			34	34	34	34	68	68	34	34		
	사회	수학 120	136	102	102	102	102	102	102	136	170 (국사68)		
	수학			136	136	136	136	136	136	102	136		
	과학	바른 생활 60	68	102	102	102	102	102	102	136	102		
	실과	슬기로운 생활 90	68	–	–	68	68	68	기술가정 102	102	102		
	체육			102	102	102	102	102	102	68	68		
	음악	즐거운 생활 180	204	68	68	68	68	68	34	34	34		
	미술			68	68	68	68	34	34	68	34		
	외국어(영어)	우리들은 1학년 80	–	34	34	68	68	102	102	136	136		
재량 활동		60	68	68	68	68	68	136	136	136	204		
특별 활동		30	34	34	68	68	68	68	68	68	68	8 단위	
연간 수업 시간 수		830	850	986	986	1,088	1,088	1,156	1,156	1,156	1,224	144 단위	

[자료원 : 교육과학기술부 고시 제2009-41호]

[표 1-2] 보건교육 내용(중고등학교 보건교과 해설서)

영역	중학교	고등학교
일상생활과 건강	• 건강과 이해 • 생애 주기와 건강 • 청소년과 건강 • 비만 예방과 건강한 습관 • 식품 선택과 건강 • 건강 정보의 선택	• 건강과 삶의 질 • 건강관리를 위한 건강 검사 • 비만 예방과 건강 • 혈압, 맥박 등 활력 징후와 이상 증상
질병 예방과 관리	• 질병의 발생과 예방 • 신체 기관별 건강관리 • 생활습관병 예방 • 감염성 질환 예방	• 신체 기관별 건강관리 • 고혈압, 당뇨병, 뇌졸중, 암의 예방과 관리 • 감염병 예방과 관리
약물 오 · 남용 및 흡연 · 음주 예방	• 약물의 이해 • 의약품의 올바른 사용 • 니코틴 중독과 흡연 예방 • 알코올 중독 예방	• 약물 오 · 남용과 중독 예방 • 의약품의 관리와 사용법 • 흡연의 폐해와 금연의 이득 • 음주의 폐해와 절주의 이득
성과 건강	• 신체 변화와 성 욕구 조절 • 성 심리의 차이와 이성 교제 • 건강한 성역할 • 건강한 임신과 피임 • 성폭력과 성매매 예방 • 에이즈와 성인성(性因性) 질환	• 신체 변화와 성 욕구 조절 • 성역할과 성적 자기결정권 • 사랑과 책임 • 성폭력과 성매매 예방 • 성인성(性因性) 질환과 사회 문화 이해
정신 건강	• 정신 건강의 이해 • 스트레스, 우울, 불안 관리 • 학교 폭력, 분노와 갈등 조절 • 행위 중독 예방 • 의사소통과 건강한 삶	• 자아존중감 높이기 • 의사소통과 건강한 삶 • 감정의 표현과 폭력 예방 • 신경증, 반사회적 성격장애 등 정신질환의 이해 • 신체상(body image)과 섭식 장애
사회와 건강	• 또래 집단과 건강 • 소수자 · 사회적 약자와 건강 • 의료기관과 의료 소비자의 권리 • 건강과 환경	• 가족과 공동체 건강관리 • 헌혈, 골수장기 기증 등 나누는 건강 • 보건의료제도와 의료서비스 • 생활환경과 건강
사고 예방과 응급 처치	• 응급 처치의 의미와 일반 원칙 • 간단한 응급 처치 • 복부 밀쳐 올리기법(하임리히법) • 구조 호흡과 심폐 소생술	• 사고 · 손상 예방과 관리 • 응급 처치와 심폐 소생술 • 환자 운반법

[자료원 : 인천광역시 교육청, 2013]

[표 1-3] 성교육 및 성폭력예방교육 프로그램 내용(08.2보급)

영역 \ 학급	학습 내용 요소		
	초등 저학년(1~2학년)	초등 중학년(3~4학년)	초등 고학년(5~6학년)
인간관계와 성심리	• 친구의 소중함 • 친구간의 지켜야 할 예절	• 인간존중 • 친구간의 의사소통 • 성예절	• 이성친구와 동성친구 (교제법과 예절) • 사춘기의 심리적 특성
신체 발달과 성건강	• 나의 탄생과 성장 과정 • 나의 몸과 친구 몸 • 생식기의 역할과 보호 (올바른 옷차림)	• 여성과 남성의 몸 • 생명창조 • 태아성장	• 생리와 배란①(몽정, 포경수술, 생리대, 심리상태, 주의할 점) • 사랑과 임신(다양한 사랑의 표현, 임신할 수 있는 신체적, 심리적 성숙도, 성관계)
사회적 환경과 양성평등	• 성폭력 인지(구분) • 상황에 따른 성폭력 대처방법(생활속에서, 문제상황에 따라서) • 동화속 성 고정 관념, 성차별, 성폭력	• 성폭력의 의미, 대처방법 (효과적인 자기표현) • 성 고정 관념, 성차별	• 성폭력의 유형과 성폭력 대처방법 (성희롱, 성추행, 성폭력 모두 포괄) • 성 상품화 • 직업세계에서 양성평등 • 성희롱, 성추행, 성폭력 관련 법령 이해
결혼과 건강한 가정	• 가정의 소중함 • 가족간의 지켜야 할 예절 • 가정 폭력의 개념 (아동 방치 등)	• 가족 구성원과 역할 • 가정 폭력(아동 학대) • 출산 후의 부모의 역할	• 다양한 가정의 형태 • 가족간의 의사소통 • 가정 폭력 개념과 대처법 (부모와 자녀, 형제와 형제간의 폭력)
영역 \ 학급	중 1	중 2	중 3
인간관계와 성심리	• 사춘기의 심리적 변화 • 사춘기의 사회적 변화	• 성과 이성교재(성적 의사 결정) • 자기 조절(성적 욕구의 조절, 성윤리, 인간존중, 건강한 신체발육을 위한 체조, 자위행위)	• 성정체성(소수의 성) • 성과 정서 장애(이상 성행동)
신체 발달과 성건강	• 사춘기의 성적 발달 • 월경과 배란 · 임신 · 출산	• 성병과 에이즈 피임 • 인공임신중절(찬/반)①	• 출산 • 임신 • 성예절(생식 기관 관련)
사회적 환경과 양성평등	• 성폭력 예방 및 대처방안 • 사이버 시대의 성의식 • 가정에서의 양성평등	• 성폭력(피해자와 가해자 입장) • 청소년 성매매 예방 • 학교에서의 양성평등	• 올바른 성정보 수용 • 청소년 성매매 예방 • 성과 외모지상주의 • 직장에서의 양성평등 • 성희롱, 성추행, 성폭력 관련 법령 이해
결혼과 건강한 가정	• 다양한 가족(미혼모, 입양아, 다문화가정, 이혼, 재혼) • 가정폭력(원인과 유형, 대처방안)	• 가족간의 의사소통(가족간 예절, 부모의 자격, 책임감) • 가정 내 성폭력	• 건강한 임신을 위한 준비 (책임의식, 부모역할) • 가정 폭력(청소년 중심)

영역 \ 학급	고 1
인간관계와 성심리	• 성과 문화(성을 바라보는 시각) • 인간발달과 성(아래에서 올라옴) • 성적 자기결정권
신체 발달과 성건강	• 성관련 정보 제공 • 인공임신중절② (위험성과 후유증) • 성관련 질환의 예방과 대처방법(성인성 질환)
사회적 환경과 양성평등	• 성폭력 예방 및 피해 후 대처법 • 청소년 성매매관련법(가해자중심) • 성 상품화와 소비 • 역사속의 양성평등, 성희롱, 성추행, 성폭력 관련 법령 이해
결혼과 건강한 가정	• 배우자 선택과 결혼 • 남녀가 협력하는 가정생활(육아와 가사분담) • 가정폭력의 후유증(부부폭력)

[자료원 : 인천광역시 교육청 2013]

2. 학교보건교육의 계획

1) 보건교육 계획과정

학교보건교육의 계획은 [그림 1-1]의 절차에 따라 단계적으로 수행한다.

(1) 교육요구 사정

교육을 계획하는 첫 단계로서 대상자들이 가지고 있는 건강문제가 무엇이며 잘못 알고 있는 건강과 관련된 지식, 태도, 생활습관 등이 무엇인지를 찾아내는 단계이다.

교육요구 사정단계를 4단계로 분류하면 다음과 같다. 1단계, 과거에 어떠한 문제가 있었는지 확인하여 기준과 표준을 정한다. 2단계, 어떠한 자료가 수집되어야 하는지, 어떠한 내용으로 어디에서 수집할 수 있는지, 어떻게 수집하는 것이 가장 좋은지를 결정한다. 3단계, 자료수집과 분석을 한다. 4단계, 문제의 본질과 내용을 기술한다.

교육요구를 사정하는 방법은 설문지 이용, 직접관찰, 면담, 각종 기록고찰, 지역사회 진단 등을 이용할 수 있다.

[그림 1-1] 교육계획 과정

(2) 학습목표 설정

① 학습목표의 개념

학습목표란, 학습결과로서 대상자에게 나타날 바람직한 지식, 태도, 행위의 변화를 말한다. 학습목표는 그 자체로서 학습자가 도달해야 할 수준을 제시해 주는 것 외에도 교육의 방향을 결정해 주고, 교육내용 선정의 준거가 되며, 평가기준이 되는 기능이 있다. 구체적인 학습목표가 뚜렷이 설정되어 있지 않다면 교육자는 대상자에게 무엇을 어떻게 얼마만큼 가르쳐야 할지, 어떤 방법으로 평가해야 할지에 대해서 아무런 기준도 없는 것이기 때문에 학습목표를 설정하는 것은 매우 중요하다.

② 학습목표의 분류

교육을 통하여 인간이 변화할 수 있는 영역을 Bloom(1956)은 인지적 영역(cognitive

domain), 정의적 영역(affective domain), 심동적 영역(psychomotor domain)으로 분류하였다.

인지적 영역이란 암기(knowledge)하고, 이해(comprehension)하고, 적용(application)하고, 분석(analysis)하고, 종합(synthesis)하고, 평가(evaluation)하는 6단계의 인간의 지적 능력을 증진시키는 부분을 의미한다.

정의적 영역이란 인간의 태도, 느낌, 감정 등을 변화시키는 부분이며, 내면화의 수준에 따라 감수(receiving or attending), 반응(responding), 가치화(valuing), 조직화(organization), 가치체계에 의한 성격화(characterization by a value system)의 5단계로 분류한다.

심동적 영역이란 인간의 기술적 능력을 변화시키는 부분을 의미한다. 지각(perception), 태세(set), 안내에 따른 반응(guided response), 기계화(mechanism), 복합 외적 반응(complex overt response), 적응(adaptation), 창조(origination)의 7단계로 분류할 수 있으며, 복합성의 수준이 증가함에 따라 신체적인 기술을 수행할 수 있는 수준도 증가한다.

각 영역별 학습목표의 행동용어는 [표 1-4]와 같다.

[표 1-4] 학습목표의 영역별 행동용어

학습목표의 영역	인지적 영역						정의적 영역	심동적 영역
	지식(암기)	이해	적용	분석	종합	평가		
행동용어	정의하다 반복하다 기록하다 나열하다 기억하다 지명하다 연관하다 밑줄치다	번역하다 다시쓰다 토의하다 묘사하다 설명하다 표현하다 판명하다 찾다 보고하다 검토하다 말하다	해석하다 응용하다 채택하다 이용하다 시범하다 극화하다 연습하다 예시하다 운영하다 개략하다	분류하다 분석하다 구별하다 계산하다 시험하다 검증하다 대조하다 비판하다 검사하다 토론하다 조사하다 질문하다 관련하다 해결하다	구성하다 계획하다 제외하다 설계하다 형성하다 정리하다 조립하다 수집하다 건립하다 창조하다 관리하다 조직하다 준비하다	판단하다 사정하다 평가하다 채점하다 비교하다 값을 정하다 개정하다 등급을 매기다 선정하다 감정하다 견적하다	수용하다 가입하다 선택하다 솔선하다 요청하다 완성하다 해결하다 변경하다 고수하다 조력하다	조립하다 짓다 측정하다 연결하다 고정시키다 조정하다 분해하다 깨끗이하다 시작하다 실시하다

③ 학습목표의 구성요소

학습목표는 보건교육을 실시한 결과로 학습자들이 지녀야 할 지식, 태도 및 취하여야 할 행위에 대하여 기술한다. 즉, 학습내용과 기대되는 행동을 진술함으로써 목표의 타당성을 확보할 수 있다. 학습목표는 학습자인 대상(client), 학습할 교육내용(content), 학습자의 변화를 알 수 있는 기준(criteria)이나 조건(condition), 교육 후 학습자에게 기대하는 행동(action)의 요소로 구성되는 것이 원칙이나, 일부 요소(대상, 조건, 기준)는 생략할 수도 있다.

예를 들면, "학생들은(대상) 주어진 시간 내에(조건) 정확히(기준) 응급처치법을(내용) 시범할 수 있다(행동)."와 같다.

④ 학습목표의 분류 및 작성요령

학습목표에는 일반적 학습목표(GBO : general behavioral objectives)와 구체적 학습목표(SBO : specific behavioral objectives)가 있는데, 일반적 학습목표는 구체적 학습목표에 대한 상위목표로서 구체적 학습목표를 포괄할 수 있어야 한다. 하나의 일반적 학습목표를 위하여 여러 개의 구체적 학습목표가 설정된다.
예를 들어 '금연'에 관한 일반적 학습목표와 구체적 학습목표는 다음과 같다.

㉠ **일반적 학습목표(GBO)**

금연의 중요성을 알고 적절한 금연방법을 선택하여 활용할 수 있다.

㉡ **구체적 학습목표(SBO)**

- 금연의 중요성을 설명할 수 있다.
- 금연방법의 종류를 열거할 수 있다.
- 금연방법의 종류별 장단점 및 유의점을 설명할 수 있다.
- 적절한 금연방법을 선택하여 올바로 활용할 수 있다.

학습목표는 상위목표와의 관련성, 논리성, 실현 가능성, 관찰 가능성, 측정 가능성의 다섯 가지 일반원칙을 가지고 서술해야 하며, 구체적인 작성요령은 다음과 같다.

- 행동용어로 서술한다.
- 학습자 위주로 작성한다.

- 학습 후의 결과로 최종행위를 서술한다.
- 한 문장 안에는 단일성과만을 서술한다.
- 구체적 학습목표는 일반적 학습목표의 범위 내에서 서술하며 일관성이 있어야 한다.

(3) 학습내용 선정

학습목표에 맞는 학습내용을 선정한다. 특히 보건사업을 주관하는 공급자 중심의 일방적인 학습내용을 선택해서는 안 된다. 학습내용 선정 시 방향을 제시해 주며 선정된 학습내용을 평가할 수 있게 하는 준거는 다음과 같다.

① **타당성** : 대상자의 건강향상에 반드시 필요하고 중요한 내용이어야 한다.

② **영속성** : 다양한 상황에 활용될 수 있어야 한다.

③ **넓이와 깊이의 균형** : 너무 광범위하거나 피상적이어서는 안 되며, 일부 제한된 내용만을 깊게 다루어서도 안 된다.

④ **학습목표와의 관련성** : 학습목표를 달성하기 위한 것이어야 하므로 학습목표와 관련된 내용이어야 한다.

⑤ **참신성** : 내용이 새롭고 참신해야 한다. 누구나 알고 있어 진부한 내용이 되면 좋지 않다. 문헌고찰을 충실히 하여 가장 최신의 이론이나 정보를 선정함이 좋다.

⑥ **유용성** : 대상자의 건강관리를 위하여 기여하는 내용이어야 한다.

⑦ **사회적 현실에의 적절성** : 대상자가 살고 있는 현실적 여건에 적합한 내용이어야 한다.

(4) 교육방법 선정

설정된 학습목표에 따라 적절한 교육방법을 선정하여야 보다 효과적인 학습을 유도할 수 있다.

(5) 교육시간 배정

학습목표에 도달하기 위해서는 이에 요구되는 적절한 시간이 배정되도록 계획해야 한다. 예를 들어서, 시범할 경우 학습이 이루어졌는지를 확인하기 위하여 학생들이 재시범을 실시할 시간계획을 고려해야 한다.

(6) 교육매체 선정

교육방법이나 학습내용에 따라 효과적인 교육매체를 선정한다.

(7) 평가기준 설정

계획한 교육에 대하여 어떤 기준에 의해서 평가할 것인지 평가의 목적, 내용, 범주, 방법, 시기 등을 교육계획 시에 설정해야 한다.

2) 보건교육 계획서

(1) 보건교육 계획서 작성 시 고려사항

교육 계획서는 교육계획안(교안), 학습지도안 또는 교수-학습 계획서(안)이라고도 하며, 교사가 설정된 학습목표 도달을 위하여 제한된 시간 내에 꼭 필요한 내용을 빠트리지 않고, 학생들을 목표한 변화에 도달하게 하기 위한 도구이다. 교육 계획서를 작성할 때에는 다음과 같은 점을 고려하여야 한다.

① 반드시 교사 자신이 작성해야 한다.

② 교육시간, 교육매체, 평가방법 등을 현실에 맞고 실천 가능하게 작성해야 한다.

③ 학습자가 고학년인 경우에는 교육 계획서를 교육 전에 제시하여 구체적인 목표를 제시해 줌으로써 학습효과를 더욱 높일 수 있다.

④ 교육 계획서에 명시된 구체적인 학습내용의 요약서를 계획서 뒤에 첨부한다.

(2) 보건교육 계획서 작성

교육 계획서는 교사의 자유재량권에 속하기 때문에 교사에 따라, 학습내용에 따라 얼마든지 창의적이고 개성적으로 작성할 수 있다. 그러나 기본적으로 교육 계획서에 포함되어야 할 내용은 교육주제, 교육대상, 교육장소, 전체 학습진행 과정과 시간, 방법 등이 일목요연하게 제시되어야 한다.

① 교육주제

보건교육 계획서의 맨 처음에 보건교육을 통하여 전달하고자 하는 보건교육명(주제)을 기재한다. 보건교육의 주제는 '제목식', '방법식', '문제식'의 3가지 형태가 있으며, 교육대상과 주제의 특성에 따라 가장 적합한 형태를 선택한다.

[표 1-5] 보건교육 계획서 양식

보건교육 계획안

제　목 :
일　시 :
장　소 :
대　상 : 　　학년　　반
지도교사 :

Ⅰ. 단원명
대단원 :
소단원 :

Ⅱ. 단원 개관(단원 설정의 이유)

Ⅲ. 단원의 학습 목표

Ⅳ. 학습지도상의 유의점

Ⅴ. 학습지도계획(차시별 학습주제 및 내용)

Ⅵ. 지도과정

1. 본시의 주안점(목표)

2. 지도내용

학습 단계	학습내용	학습활동		학습의 흐름	시간	자료 및 유의점
		교사	학생			
도입	• 인사 • 전시 학습내용 확인 • 학습동기 유발 • 본시 학습목표 제시					
전개	• 본시 학습내용					
정리	• 요약 • 평가 • 차시예고 • 인사					

참고문헌 :

㉠ **주제식** : 보건교육의 주제를 명사 그대로 사용하는 방법이다.
예) 운동과 건강

㉡ **방법식** : 능동적으로 무엇을 하자는 식으로 기재하는 방법이다.
예) 운동을 생활화합시다.

㉢ **문제식** : 의문 또는 질문식으로 기재하는 방법이다.
예) 운동이 건강에 미치는 영향은 무엇인가?

② 교육대상

보건교육 대상자의 특성을 자세히 기록한다. 즉, 집단의 성격, 집단구성원의 수, 성별 등을 기록하고 보건교육 요구 사정단계에서 조사한 내용을 참조한다.

③ 교육장소 및 일시

보건교육을 실시할 건물명, 층수, 교실명을 기록하고, 교육을 실시하는 년, 월, 일, 요일, 교시를 기록한다.

보건교육 수업활동 시 많이 활용되는 교육 계획서 양식은 [표 1-5]와 같으며, 이를 활용하여 작성한 보건교육 계획서 예시 내용은 부록에 수록되어 있다. 기타 다양한 보건교육 계획서 양식 및 활용은 정문희 등(2006)의 「신개념 보건교육」을 참조하기 바란다.

3. 학교보건교육 수업활동

보건교육자는 대상자가 평생 자신의 건강문제에 관심을 가지고, 건강하고 안전하게 살아가기 위하여 필요한 지식이나 기능의 습득과 그것을 실천하는 태도나 능력의 형성을 지향하고 행하도록 하는 안내자이다. 그러므로 보건교육 수업에서 얻은 지식을 일상생활에서 어떻게 활용할 것인가에 대한 사고가 수반된 행동을 하게 하는 것이 필요하다.

보건교육 수업활동은 도입, 전개, 정리의 3단계로 진행하는 것이 바람직하며, 각 단계별 학습지도 내용은 다음과 같다.

1) 도입단계

도입단계는 본 수업을 전개하려는 시작단계로, 학습자들이 스스로 다음 단계로 이행할 수 있도록 학습의욕을 환기시키고 충분한 계획과 준비를 시키고 과거의 학습내용들을 관련지어 준다. 비교적 짧은 시간 안에 이루어지므로 대개 5~10분 정도가 적절하다. 보통 이 단계에서는 보건교육을 하고자 하는 주제, 내용, 목적에 대하여 설명하거나 보건교육의 중요성 등이 제시된다.

(1) 학습자의 동기유발

학습효과에 커다란 영향을 끼치는 것은 학습자의 동기이므로 교사는 수업에 대한 학습자의 동기유발에 대해 다양한 방법들을 알고 이용하도록 해야 한다.

① 교사는 학습자로 하여금 교육 후 주어진 수업목표를 달성했을 때 그들에게 주어지는 이익 등을 설명함으로써 동기를 갖게 할 수 있다.

② 교사는 보건교육 주제를 일상생활에서 흔히 볼 수 있는 현상과 연결시켜 설명하고 특히 교사의 경험담을 얘기하는 것은 학습자에게 커다란 관심을 유발시킨다.

③ 교사는 학습과제를 설명하거나 표현해 주는 시청각 자료를 통해 보여주어 학습자의 호기심을 유발시킨다.

(2) 학습목표의 제시

교사는 교육 후 학습자들이 성취해야 할 지식, 태도, 그리고 행위에 대한 학습목표들을 알려 주어 학습자에게 목표지향적인 활동을 하도록 한다. 학습목표를 행동적 용어로 진술하면 교사에게는 가르칠 내용, 방법, 학습자료를 선택하는 데 도움이 된다.

① 교사는 학습자에게 구체적으로 학습목표를 설명해 준다.

② 교사는 진술된 학습목표를 칠판에 쓰거나 OHP를 이용해 보여 주거나 읽어 주면서 구두로 설명해 주어 교사와 학습자 모두 학습목표를 분명하게 정리하게 된다.

(3) 과거 학습경험과 연결하기

보건교육은 학습자의 건강습관이 개인마다 다르므로, 과거 개인경험이 매우 중요하다. 그러므로 과거 학습경험과 현 학습과제를 연결시켜 줌으로써 그 관계를 분명하게 이해하면 새로운 학습과제의 해결이 용이해질 수 있다.

① 교사는 학습자에게 교육주제와 관련된 경험을 이야기하도록 한다.

2) 전개단계

전개단계는 학습의 중심적 단계로서 전체학습의 65~70%를 차지한다. 학습주제와 관련된 건강지식을 습득하고 필요한 기술을 익혀서 건강행위의 기틀을 마련하는 본격적인 학습활동이 이루어진다. 이 단계에서는 여러 가지 학습활동을 교육내용에 따라 효과적으로 구성하고 효과적인 학습을 위해 다양한 교육매체를 사용하도록 한다.

(1) 학습내용의 제시

교사가 학습자에게 효율적으로 교육내용을 제시하기 위해서 다음과 같은 방법을 알아두어야 한다.

① 교사는 학습내용을 제시할 경우 학습자들이 꼭 알아야 할 기본개념부터 시작하는 것이 좋다. 즉, 학습과제의 분석표를 기초로 가장 기본적인 학습과제로부터 시작하여 점차 일반적인 학습과제에 이르기까지 순차적으로 제시하는 것이다.

② 교사는 간단하고 단순한 학습내용을 먼저 소개하고, 점차 복잡한 학습내용을 소개하도록 한다.

③ 교사는 한 시간에 가르칠 학습내용을 학습자의 수준과 특성, 수업의 조건과 활동상황 등을 고려하여 적당한 범위의 교육내용을 선정한다.

(2) 학습자의 참여유도

수업은 교사 혼자 일방적으로 운영하는 것이 아니므로 학습자의 적극적인 참여를 끌어내야 한다. 집단이나 개인별로 학습자의 참여를 유도해야 하며, 참여할 수 있는 충분한 시간을 할애해 주어야 한다. 학습자들이 능동적으로 수업에 참여하도록 하는 방법은 알고 이용하도록 해야 한다.

① 교사는 학습자의 선수학습 정도와 학습내용에 대해 학습자의 생각과 의견을 표현하도록 질문한다.

② 교사는 교육 도중에 학습자들에게 조금 전에 배운 지식이나, 태도, 행동 등에 대해 표현하도록 질문을 한다.

③ 교사는 학습할 내용에 대해 토론할 기회를 제공하고 모둠별로 간단한 문제를 해결

하고 발표할 기회를 제공한다.

④ 교사는 학습내용을 다양한 형태로 반복설명하여 학습자들이 쉽게 내용을 잘 연결시키도록 도와준다.

(3) 다양한 학습방법 및 매체 사용

교사는 학습목표를 효율적으로 달성하기 위해서 다양한 수업방법을 알고 이용할 수 있어야 한다.

① 교사는 가르칠 수업목표, 수업상황, 수업자료의 특성, 학습자의 수준에 따라 다양한 학습방법을 선택한다.

② 교사는 적절히 학습방법을 변화시켜 가면서 효율적인 교육을 하도록 한다.

③ 교사는 학습내용을 정확하고 재미있게 전달하기 위해서 다양한 교육매체를 사용한다.

3) 정리단계

정리단계는 앞의 단계에서 학습한 것을 종합하고, 조직하고, 결론짓는 총괄적인 단계로서, 학습목표가 달성되는 단계라고 볼 수 있다.

이 단계에서는 그동안 강의한 내용의 줄거리를 요약하고 학습자에게 중요한 부분을 질문하거나 심화학습을 하도록 보충자료를 제시하며 학습전반에 대한 평가를 실시하기도 한다.

(1) 학습내용에 대한 요약정리

정리단계에서 요약 · 정리해 줌으로써 학습자가 부분적으로 파악하고 있는 학습내용을 전체적인 맥락에서 이해시켜 하나의 완성과제로서 수행해 보는 기회를 마련해 준다.

① 교사는 전체적으로 무엇이 중요한지, 그리고 필수적으로 알아두어야 할 내용이 무엇인지 요약 정리한다.

(2) 연습을 통한 강화와 학습과제에 대한 설명

① 교사는 학습한 내용을 학습자가 실제상황이나 이와 유사한 상황에서 적용시킬 수 있도록 연습의 기회를 제공해야 한다.

② 교사는 학습한 내용과 관련하여 혼자서 계속적으로 교육해 나가야 할 내용에 대해 설명한다.

(3) 보충자료 제시

교사는 수업시간 동안 충분히 다루지 못했던 학습내용과 학습자가 더 알고자 하는 주제에 대한 보충자료나 참고도서들을 언급해 준다.

(4) 학습 전반에 대한 평가

수업과 관련한 전반적인 평가를 실시한다. 교육내용, 학습목표 성취여부, 교육환경과 효율성 여부 등을 평가한다. 평가는 다음 학습을 위해 중요하므로 교사는 전체 교육시간을 조절하여 평가하는 시간을 갖도록 하는 것이 바람직하다.

(5) 차시 학습 예고

차시 학습 주제 및 내용에 대해 간략히 언급함으로써 수업이 연계성을 가지고 이루어질 수 있도록 하며, 학습자로 하여금 학습의욕을 유발시킨다.

4. 학교보건교육의 평가

보건교육 평가는 교육 후, 학습자에게 기대했던 행위변화가 어느 정도 이루어졌는가를 측정하는 활동을 말한다. 또한 보건교육평가는 계속적인 과정으로서 보건교육의 효과와 효율성을 높이기 위해서 평가결과를 보건교육의 재계획, 재실천 과정에 반드시 반영시켜야 한다. 이러한 계속적인 과정을 통하여 보건교육계획을 포함한 전체 보건교육활동은 향상될 수 있다.

1) 평가목적 확인

평가를 실시하는 목적에 따라 평가내용과 방법이 달라지므로 무엇을 확인 또는 점검하기 위한 평가이며 평가결과를 어디에 사용하려고 하는지 명확하게 해야 한다.

2) 평가목표 진술

실제로 평가활동이 이루어질 수 있도록 학습 또는 평가목표를 진술하는 여러 방식 중에 가장 적합한 진술방식을 선정하여 보다 구체적인 평가목표를 확인하고 진술한 다음, 진술한 평가목표를 검토 · 평가하고, 평가목표의 이원분류표(교육목표를 내용-행동으로 작성한 도표)를 작성하는 단계이다. 이원분류표의 작성 및 활용은 정문희 등(2006)의「신개념 보건교육」을 참조하기 바란다.

3) 평가설계 선정

평가를 통해 얻고자 하는 정보를 평가실시 목적에 맞게 수집 · 분석 · 비교할 구체적인 방안을 설계하는 것을 의미하며, 실험 및 통제집단의 구성 · 평가시기 · 평가횟수 · 평가결과의 비교기준 등을 설정하는 단계이다.

4) 평가도구 제작

평가목적과 내용에 비추어 여러 가지 평가방법 또는 측정도구 중에서 어느 것을 이용하여 필요한 정보 및 자료를 수집할 것인가를 검토 · 선정한 후, 가장 적합한 평가도구를 선정 또는 제작하는 단계이다.

5) 평가자료 수집

평가도구를 선택 또는 제작한 다음 필요한 인력, 시설, 예산, 시간을 확보하고 제반 여건을 점검, 개선해서 실질적으로 정보 또는 자료를 수집하는 단계이다.

6) 평가결과 분석

수집된 자료를 정리하여 채점해서 평균과 표준편차, 석차 등을 구하는 일련의 작업으로, 수집된 자료를 평가목적에 맞게 양적으로 또는 질적으로 분석하는 단계이다.

7) 평가결과 보고

평가결과를 분석하여 학습자나 관계자에게 보고하고 그에 대한 반응을 체크하는 단계이다.

8) 평가결과 활용

평가결과를 토대로 학습방법을 개선하거나 학습동기를 유발하고 다각적으로 활용하고 그 결과를 점검하는 단계이다.

이러한 단계별 평가계획을 통한 보건교육평가는 보건교육목표에 대한 타당성 점검에서 보건교육과정이나 수업활동의 적절성 판단, 그리고 교육의 제반 여건이나 학교 내의 인간관계에 이르기까지 모든 측면이 보건교육평가의 대상이 되며, 또한 평가는 가치판단활동으로 결과에 따른 만족스럽든가 혹은 부족하다든가 등의 판단이 이루어져 보건교육활동에 도움을 준다. 그리고 학생이나 교사에게 끊임없는 자기성찰과 반성이 이루어지게 한다. 그러므로 보건교육평가는 보건교육활동의 일부이며, 교육의 전 과정 속에서 이루어져야 한다.

5. 보건교육방법 및 매체

1) 보건교육방법 및 매체의 선정

(1) 보건교육방법 선정 시 고려사항

보건교육방법이란, 개인이나 집단의 건강과 관련된 지식(knowledge), 태도(attitude), 행위(practice)에 영향을 미칠 목적으로 고안된 학습내용을 제시하는 방법을 말한다.

교육방법은 다양하지만 각각의 교육방법별로 독특한 장단점이 있다. 이 장단점들이 다음의 요소와 어떻게 조화될 것인지를 고려하여 선택한다면 이루고자 하는 학습목표에 도달하기는 더 쉬워진다.

① 교육대상자의 크기

② 학습목표의 내용과 수준

③ 대상자의 교육정도

④ 교육장소 및 시설

⑤ 교육자의 학습지도 기술

⑥ 교육시간과 시기

(2) 보건교육매체 선정 시 고려사항

교육매체(instructionalmedia)란, 학습목표 도달을 용이하게 하는 모든 교육기계나 자료를 말한다. 이는 학습자의 감각적인 경험을 확대하며, 학습에 대한 흥미와 동기를 유발하고, 교육내용에 있어서 구체적인 의미를 더해 주며, 복잡하고 어려운 내용을 이해하기 쉽게 전달함으로써 학습효과를 극대화하는 데 그 목적이 있다.

다양한 보건교육 현장에서 각각 어떠한 교육매체를 사용하는가에 따라 교육효과가 달라질 수 있으므로, 교육매체 선정에 영향을 미치는 요인을 고려하여 다음과 같은 일반적인 기준에 따라 적절한 교육매체를 사용해야 한다.

① 학습목표에 맞게 선택하여 단계별로 제시되어야 한다.

② 매체의 준비에 따른 비용, 노력, 시간 등을 고려하여 모든 조건에 합당하다고 생각되는 경제적인 것이어야 한다.

③ 매체에 담긴 내용이 충분한 연구의 결과이며 최근의 정보로 구성되어 있는지를 구별해서 선정해야 한다.

④ 학습자의 성숙도, 흥미 정도, 배경, 경험 등을 이해하여 이에 알맞은 매체를 선택해야 한다.

⑤ 매체활용에 소요되는 시간을 측정하고 교육계획 시 시간의 배정을 고려하여 학습자 전체가 다 듣고 볼 수 있는 것으로 선택한다.

2) 보건교육방법의 종류

최근에 많이 활용되고 있는 보건교육방법의 종류를 대상자의 수에 따라 개별보건교육과 집단보건교육으로 분류하여 각각의 장단점 및 유의점을 살펴보고자 한다.

(1) 개별보건교육

개별보건교육은 개인의 능력을 이해하고 각자에 알맞은 적절한 지도와 도움을 주고자 하는 교육방법이다. 두 사람이 상호작용하는 가운데 변화를 유도함으로써 인지결과에 초점을 둔다. 개인적인 비밀이 요구되는 특별한 보건문제가 있을 때 주로 사용하며, 인간적이고 친밀한 관계 및 분위기가 조성되어야 하는 보다 직접적인 보건교육 방법이다.

① 면접(Interview)

면접이란 면접자와 피면접자 사이에 특정한 목표를 가지고, 언어를 도구로 하여 기술적으로 이루어지는 전문직업적 대화를 말한다(표 1-6). 면접자는 특정분야의 학문과 기술을 가지고 면접을 진행해야 하기 때문에 '전문적인 대화자'라고 할 수 있으며, 다음과 같은 면접자로서의 자질이 요구된다.

㉠ 피면접자의 인격을 존중하는 태도와 도움이 되고자 하는 마음의 자세를 갖는다.
㉡ 타인으로부터 신뢰받을 수 있어야 한다.
㉢ 좋은 청취자가 되어야 한다.
㉣ 관찰력, 이해력, 융통성, 적응력이 요구된다.
㉤ 효과적인 의사소통 능력이 있어야 한다.
㉥ 인간 및 사회현상에 대한 통찰력이 있어야 한다.
㉦ 전문영역에 대한 충분한 지식과 자원에 대한 폭넓은 이해가 있어야 한다.
㉧ 피면접자의 개인적 비밀을 보장해 주어야 한다.

[표 1-6] 면접의 장단점과 유의점 및 진행과정

장 점	단 점
• 시간과 장소에 구애받지 않고 자연스럽게 유도할 수 있다. • 피면접자에 대해 심리적 부담이나 준비에 따르는 번거로움을 주지 않는다.	• 많은 인원과 시간이 소요되므로 비경제적이다. • 집단 상호작용 및 지지를 제공할 수 없다.

유의점 및 진행과정
ⓐ 면접의 목적을 확인한 후 구체적인 면접계획을 세운다. ⓑ 피면접자의 의견을 존중하여 면접장소와 시간을 약속한다. ⓒ 면접자의 자질을 갖추어 면접의 기본원칙을 준수한다. ⓓ 면접의 계속성을 위해 기록이나 녹음을 해야 하는 경우, 기록이나 녹음의 용도와 비밀보장이 된다는 사실을 미리 설명하고 동의를 구함으로써 대상자로 하여금 불안감을 느끼거나 피해가 되지 않도록 한다.

② 상담(Counseling)

상담은 대화를 통하여 피상담자로 하여금 자신의 문제를 인식하고 문제의 원인을 탐색하여 스스로 문제해결 방안을 찾도록 돕는 방법이다. 보건사업 현장에서 가장 많이 활용되고 있는 방법이며, 특히 개인의 비밀에 속하는 건강문제의 해결에 효과적이다(표 1-7).

[표 1-7] 상담의 장단점과 유의점 및 진행과정

장 점	단 점
• 병원, 학교, 산업장, 가정, 지역사회 등 보건사업 현장 어디에서나 적용 가능하다. • 개인의 비밀에 속하는 건강문제 해결에 효과적이다. • 한 사람만을 상대로 정확한 문제의식을 가지고 상담하므로 집단교육에 비해 교육효과가 높다. • 각자에 알맞은 실천 가능한 변화유도가 용이하다. • 대상자 스스로 문제해결 방안을 모색하게 된다. • 모이는 시간을 할애하는 행정적인 노력이 필요 없다.	• 많은 인원과 시간이 소요되므로 경제성이 없다. • 집단 상호작용 및 지지를 제공할 수 없다. • 상담을 위한 특별한 공간이 필요하다.
유의점 및 진행과정	
ⓐ 피상담자가 믿고 마음을 열 수 있도록 수평적이며 신뢰적인 관계를 형성한다. ⓑ 피상담자에 대한 긍정적 태도를 가진다. ⓒ 현재의 문제점만을 가지고 공감대를 형성하도록 노력한다. ⓓ 피상담자가 자유롭게 의사를 표시할 수 있도록 부드럽고 조용한 상담분위기를 조성한다. ⓔ 개방형 질문과 경청을 통해 대상자 스스로 문제를 확인하도록 돕는다. ⓕ 피상담자의 감정을 잘 수용한다. ⓖ 변화의 주체는 피상담자이므로 문제해결을 위해 도와주는 역할 이외에 지시나 강요 등을 피함으로써 문제해결에 있어서 대상자의 참여를 유도한다. ⓗ 상담 중 알게 된 사실에 대해서는 비밀을 엄수한다. ⓘ 상담의 단계 • 1단계 : 대상자가 스스로 문제를 인식하도록 돕는다. • 2단계 : 대상자가 문제의 원인을 파악하도록 유도한다. • 3단계 : 대상자가 가능한 많은 해결책을 찾도록 격려한다. • 4단계 : 대상자가 적절한 해결책을 선택하도록 돕는다.	

③ 개별학습(Individually Prescribed Instruction : IPI)

교육현장에서 학습자의 학습속도를 극복하기 위해 학습자들에게 부족된 학습을 개별적으로 선택하여 실시하도록 하는 방법이다. 개별학습방법에 속하는 프로그램 학습법(PI : Programmed Instruction)과 컴퓨터 보조학습(CAI : Computer Assisted Instruction)은 같은 원리에 의한 학습방법이나 매체를 책이나 소책자를 이용하는 경우 이를 프로그램 학습법이라 하고, 컴퓨터라는 매체를 통한 학습을 컴퓨터 보조학습이라 한다. 이러한 학습방법은 책, 소책자, 컴퓨터 프로그램을 통해 어떤 정보를 체계적으로 배우는 데 필요한 모든 단계들이 논리적인 방식으로 제시된다(표 1-8).

[표 1-8] 개별학습의 장단점과 유의점 및 진행과정

장 점	단 점
• 학습자 자신의 학습속도대로 반복해서 자율적으로 실시할 수 있다. • 단계적인 학습을 통해서 능동적으로 제시된 학습목표 도달을 위한 자신의 학습방향을 모색할 수 있다. • 자율학습을 실시하는 동안 문제해결능력이 향상되며, 이에 대한 평가능력이 개발된다. • 컴퓨터는 학습자가 실수를 두려워하지 않고 새로운 것들을 시도해 보도록 안내한다.	• 학습자의 능력수준 평가가 제대로 이루어지지 않은 상태에서 실시할 경우 효과성이 떨어진다. • 의존적이고 수동적인 학습에 익숙한 학생은 이 방법에 대한 흥미와 동기유발이 잘 안 될 수도 있다. • 컴퓨터 보조학습의 경우 재정적 투자와 프로그램 개발을 위한 전문가의 연구가 필요하다. • 비인간적이고 비교육적이 될 수 있다.

유의점 및 진행과정

ⓐ 제시되는 자율학습 자료는 교사의 도움 없이도 해석하고 스스로 학습할 수 있도록 준비되어야 한다.
ⓑ 개별학습이 학생중심의 자율학습이기는 하나, 교사의 계속적이고 주기적인 점검이 필수적이다.
ⓒ 학습 전 능력평가나 학습 후의 평가도구는 타당도와 신뢰도에 기준하여 학습목표의 도달유무를 측정해야 한다.
ⓓ 단계
- 1단계 : 학습해야 할 내용을 작은 단계로 나눈 후, 질문 또는 문제가 학생에게 제시된다.
- 2단계 : 중간 중간에 대상자의 반응을 요구한다.
- 3단계 : 대상자의 반응이 맞는가 혹은 정확한가에 대해 즉각적인 회환을 준다.

(2) 집단보건교육

보건교육에 있어서 집단을 대상으로 한 접근방식은 대상자간에 바람직한 행위를 촉진 · 유지시키는 데 필요한 지지와 격려를 유도하며, 경험과 기술을 상호 교환할 수 있으므로 매우 중요한 가치가 있다.

① 강의(Lecture)

가장 원시적인 교육방법으로서 대부분의 경우 대상자가 교육내용에 관하여 기본적인 지식이 없을 때나 많은 청중을 대상으로 다른 교육방법을 적용하기 어려울 때 이용한다. 강의는 많은 양의 지식을 주입하는 데 유용하고, 대상자의 적극적인 참여 없이도 이루어질 수 있지만 교육자의 인격이 학습자에게 전달되는 것이 가장 이상적이다. 강의는 매우 흔하게 사용되는 교육방법이지만 이를 잘 해 내기 위해서는 준비와 조직, 전달을 잘 해야 한다(표 1-9).

[표 1-9] 강의의 장단점과 유의점 및 진행과정

장 점	단 점
• 많은 정보를 조직하고 전달하기 쉽다. • 많은 집단에 빨리 효율적으로 전달할 수 있다. • 교육대상자가 기본지식이 없을 때 이용하기 적합하다. • 교육자가 자신이 준비한 자료를 조절할 수 있다.	• 대상자가 수동적이다. • 대상자로부터의 회환이 부족하다. • 정보량이 많아지는 경향이 있다. • 흥미를 지속시키기가 어렵다. • 집단에 맞는 자료를 준비하기가 어렵다.
유의점 및 진행과정	
ⓐ 교육자는 사전에 강의를 철저히 계획하고 준비해야 한다. ⓑ 강의 중에 언어교육이 가지는 한계를 극복하기 위하여 다양한 교육매체를 적극 활용해야 한다. ⓒ 강의도중 질문을 하여 학습자의 주의를 환기시키고 참여를 조장한다. ⓓ 최신의 정확한 정보와 내용을 준비한다. ⓔ 강의 진행과정 • 1단계 : 전체과정에 대한 소개 및 진행요령 • 2단계 : 주제의 전개 및 발전 • 3단계 : 결론 요약	

② 집단토의(Group discussion)

집단 내의 참가자들이 어떤 특정주제에 대하여 자유로운 입장에서 상호의견을 교환하고 정리하고, 부족한 부분이나 요약을 교육자가 지원해 줌으로써 결론을 내리는 토론방법이다. 참가자 모두는 토론의 목적을 이해하고 시작해야 하고, 참가자의 수가 클수록 참가자의 토론 참여기회는 적어지므로 5~10명이 적당하다(표 1-10).

[표 1-10] 집단토의의 장단점과 유의점 및 진행과정

장 점	단 점
• 학습목표도달에 능동적으로 참여할 수 있는 기회가 제공되며, 이로 인해 사회성과 학습의욕이 향상된다. • 타인의 의견을 경청하게 되고 의사전달 능력이 배양된다. • 민주적 회의 능력과 반성적 사고능력이 배양된다. • 적은 수의 대상에게 적합하다.	• 교육자 및 좌장의 토론 유도기술이 부족하면 초점을 벗어나는 경우가 많다. • 지배적인 참여자와 소극적인 참여자가 있을 수 있다. • 시간이 많이 소요된다. • 많은 대상자가 참석할 수 없어 경제적이지 못하다.
유의점 및 진행과정	
ⓐ 토의 계획 전 • 먼저 공통요구와 흥미를 발견하고, 대상자가 한자리에 모이도록 해야 하며, 장소와 시간 등을 세밀하게 계획한다. ⓑ 토의시작 전 • 토의를 진행할 좌장과 토의내용을 기록할 서기를 정한다. • 참석자들을 서로 소개하여 관계형성을 돕는다(ice-breaking* 방법). • 토의를 통해 도달해야 할 목표를 정확히 제시한다. ⓒ 토의진행 중 • 그룹구성원 전원이 골고루 발언할 수 있도록 발언기회를 제공한다. • 토의도중 발언자가 주제에서 이탈한 경우 빨리 원래의 주제로 돌아올 수 있도록 조정한다. ⓓ 토의결과 발표 후 • 교육자는 부족된 부분이나 변화를 요구하는 부분을 보충해 줌으로서 목표에 도달할 수 있도록 한다.	

※ Ice-breaking이란 글자 그대로 얼음을 깬다는 뜻으로, 그룹토의나 어떤 집단이 처음으로 만났을 때 어색한 분위기를 'icc'로 표현하고, 이 어색한 분위기를 깨기 전에 서로가 가지고 있는 의견들을 자유로이 발표할 수 없기 때문에 이 분위기를 부드럽게 하는 것을 'breaking'이라고 표현한 것이다. 즉, 처음 만난 사람끼리 빨리 상호 친숙하게 한다는 뜻이다.

③ 분단토의(Buzz session)

학습에 흥미를 높여 주고 능동적인 학습태도를 기르며, 전체 학습자의 참여를 통해 타인을 이해하고 협동하여 창조적인 생각을 이끌어내기 위해 사용한다. 일명 '와글와글 학습법'으로, 전체 참가자를 제한된 시간 내에 소그룹으로 나누어 토론하게 한 뒤, 다시 전체 토의시간을 가져 의견을 상호 교환하는 방법이다. 각 분단은 6~8명이 가장 알맞으며, 보통 6개 분단으로 나누어 토의를 진행한다(표 1-11).

[표 1-11] 분단토의의 장단점과 유의점 및 진행과정

장 점	단 점
• 참석인원이 많아도 진행이 잘 되며, 의견을 모두 교환할 수 있다. • 어떤 문제에 관하여 협동해서 해결하려는 것으로 문제를 다각적으로 해결할 수 있다. • 참가자들이 집단사고, 협동작업 등에 의해 문제를 발견하고 해결할 수 있다. • 다른 그룹과 비교가 가능하므로 반성적 사고능력과 사회성이 함양된다.	• 학습자들이 준비가 없을 때는 전혀 무익하다. • 토론이 조절되지 않을 경우 관계없는 문제가 다루어질 수 있다.
유의점 및 진행과정	
ⓐ 각 분단에는 분단 좌장과 기록자를 선정한다. ⓑ 분단 좌장은 전체를 지도하는 교육자로부터 지시사항과 토의자료를 받아서 자기 집단의 토의를 진행시킨다. ⓒ 전체를 지도하는 교육자는 분단 좌장의 요청이나 필요에 따라 각 분단을 순회하면서 지도한다. ⓓ 토의가 끝나면 분단 좌장은 각기 자기분단에서 토의된 내용을 서기를 통하여 전체 회의에서 발표하도록 한다. ⓔ 교육자는 각 분단의 보고가 끝난 후 전체의견을 통합하여 전체 서기가 보고하도록 한다. 만약 시간관계상 전체 보고가 불가능한 경우 문자화하여 추후 전달해 줄 것을 약속한다.	

④ 브레인스토밍(Brainstorming)

'묘안착상법' 또는 '팝콘회의'라고도 부르며, 번개처럼 떠오르는 기발한 생각을 잘 포착해 낸다는 뜻을 내포하고 있다. 즉, 특별한 문제를 해결하기 위한 단체의 협동적인 토의로 어떠한 문제의 여러 면을 검토하는 방법이다. 이때 12명 내지 15명이 한 그룹을 이루어 10분에서 15분 정도 단기 토의를 하는 것을 원칙으로 한다(표 1-12).

[표 1-12] 브레인스토밍의 장단점과 유의점 및 진행과정

장 점	단 점
• 재미있고 어떤 문제든지 토론의 주제로 삼을 수 있다.	• 시간낭비로 끝날 수 있기 때문에 토론을 성공적으로 이끌기 위해서는 고도의 기술이 필요하다.
유의점 및 진행과정	
ⓐ 사회자와 서기를 선정한다. ⓑ 사회자는 모든 구성원이 자유롭게 다양한 의견을 말할 수 있도록 유도해야 한다.	

⑤ 배심토의(Panel discussion)

토의할 문제에 대해 사전에 충분한 지식을 가진 소수의 대표자들(배심원)이 다수의 청중 앞에서 그룹토의를 하는 방법이다. 이 배심토의는 사회자 외에 4~7명으로 구성된 전문가(배심원)가 토의될 주제에 대해서 각기 다른 의견을 발표하도록 하고, 사회자는 문제의 소개 및 대립의견을 청중에게 설명하여 토의를 유도시키며, 또한 적당한 때에 청중을 토의에 참가시켜 질문이나 발언의 기회를 준다.

이 방법은 사고활동을 자극하는 문제일 때, 문제해결을 위한 최선의 방법을 찾고자 할 때, 문제를 정리 정돈하고자 할 때 사용한다(표 1-13).

[표 1-13] 배심토의의 장단점과 유의점 및 진행과정

장 점	단 점
• 연사나 청중이 서로 마음을 털어놓고 친밀히 토의함으로서 문제의 해결책을 제시할 수 있다. • 참가자는 비교적 높은 수준의 토론을 경험하고 타인의 의견을 듣고 비판하는 능력이 배양된다. • 어떤 주제에 대하여 다각도로 분석하고 앞으로도 예측할 수 있게 된다.	• 일정한 시간 안에 많은 수의 전문가를 초빙하므로 경제적 부담이 있다. • 주제에 맞는 전문가의 위촉이 힘들며, 각기 다른 분야의 토의를 진행하더라도 중복되는 이야기나 통상적인 발표가 되기 쉽다. • 청중이 기존지식이 없을 경우는 토론의 이해속도를 따르지 못한다.

유의점 및 진행과정
ⓐ 배심토의가 성공적으로 이루어지기 위해서는 전문가들은 사전에 토의계획을 면밀히 세워야 한다. ⓑ 각자 토의내용이 중복되지 않도록 하고, 한 주제에 대해서 다양한 측면에서 다루어야 한다.

⑥ 심포지엄(Symposium)

설정된 주제에 대한 적절한 전문가 2~3명을 선정하여 10~15분 발표하게 한 후, 사회자의 진행에 따라 청중들과 질의·응답을 통해서 공개 토론하는 방법이다. 패널토의와 달리 심포지엄에서는 발표자나 사회자 및 청중 모두가 주제에 대한 전문가들이라는 점이다. 이때 사회자는 이 분야의 최고 전문가가 하는 것이 좋다.

심포지엄은 어떤 분야에 문제가 있다고 생각될 때, 해결방법을 분석하고자 할 때, 정책이나 제도의 변화를 시도할 때에 주로 사용한다(표 1-14).

[표 1-14] 심포지엄의 장단점과 유의점 및 진행과정

장 점	단 점
• 의사전달능력 여하에 따라서 다채롭고 창조적이며 변화 있게 진행할 수 있다. • 청중은 알고자 하는 문제의 전체적인 파악은 물론 각 부분까지 이해할 수 있게 된다. • 특별한 주제에 대하여 밀도 있는 접근이 가능해진다.	• 연사의 발표내용이 중복되기 쉽고 청중의 질문시간이 3~4분으로 제한되어 극히 한정된 수의 청중만이 참가할 수 있다. • 교육대상자가 주제에 대한 정확한 윤곽이 형성되지 못했을 때는 비효과적이다.
유의점 및 진행과정	
사회자는 연사 전원의 강연이 끝나면 내용을 짧게 요약해서 질문, 답변, 또는 토론이 적당히 진행되도록 한다.	

⑦ 시범(Demonstration)

이론과 더불어 시각적으로 볼 수 있는 실물을 사용하든지 실제장면을 만들어 내어 지도하는 방법이다. 즉, 실제로 적용을 해 보이든지 나타내 보이는 활동으로, 시범을 하는 동안 교육자는 전시나 작동 혹은 설명을 한다. 보건사업에서 가장 많이 쓰이는 방법 중의 하나로서 현실적으로 실천을 가능하게 하는 효과적인 방법이다(표 1-15).

[표 1-15] 시범의 장단점과 유의점 및 진행과정

장 점	단 점
• 눈앞에 이루어지는 상황을 직접 볼 수 있으므로 동기유발이 용이하다. • 집단의 요구나 문제에 따라 다양하게 적용시킬 수 있다. • 흥미유발, 주의집중 및 동기유발이 용이하고 배운 내용을 쉽게 적용할 수 있다.	• 소수에게만 적용이 가능하므로 경제성이 없다. • 교육자의 준비에 의해 좌우되며 많은 시간을 소모한다.
유의점 및 진행과정	
ⓐ 시범이 그 집단의 요구에 부응하는지를 확인한다. ⓑ 수행을 어떻게 할 것인지를 결정한다. ⓒ 주제에 대한 시범자료를 최대한 수집한다. ⓓ 소재와 요약을 포함하여 단계적인 시범을 계획한다. ⓔ 자료를 알기 쉽게 정리 · 준비하고 필요한 것만으로 제한한다. ⓕ 강의와 시범을 연결하여 실시한다. ⓖ 청중이 잘 볼 수 있도록 시범대를 준비한다. ⓗ 시범 후 참가자 스스로 실시해 보도록 하여 잘못된 점은 정정시키고, 노력하도록 격려한다. ⓘ 시범수업의 효과를 위해 시범장면을 비디오나 필름으로 녹화한 후 재생시켜 여러 번 반복하여 보여 주면 학습자에게 도움이 된다.	

⑧ 견학(Field visit)

교육장소를 실제현장으로 옮겨 직접관찰을 통하여 목표한 학습을 유도하려는 교육방법이다. 이는 관찰을 매개로 하는 교육활동으로 일정한 목적과 관점에 의해 현장을 해석하고 구조화할 수 있도록 만들어 준다(표 1-16).

[표 1-16] 견학의 장단점과 유의점 및 진행과정

장 점	단 점
• 직접 관찰함으로써 사물을 관찰하는 능력이 배양된다. • 풍부한 경험을 갖게 되면서 태도변화가 용이하고 배운 내용을 실제에 적용할 수 있는 능력을 갖게 된다.	• 시간과 경비가 많이 요구되고, 경비의 투입에 비해 목적한 전체 상황을 볼 수 없는 경우가 많다. • 사전에 잘 계획하고 견학장소와의 협조가 잘 이루어지지 않는 한 노력에 비해 효과가 적다.
유의점 및 진행과정	
ⓐ 대상자들에게 반드시 견학 전에 견학목적을 명확히 알려 준다. ⓑ 한꺼번에 많은 인원이 견학장소에 들어가지 않도록 한다. ⓒ 견학 후에는 반드시 견학목적이 달성되었는지를 평가하는 시간을 갖고, 부족된 부분은 교육자가 보충 설명해 주어야 한다. ⓓ 대상자 자신의 관찰내용을 정리한 보고서를 작성하도록 한다.	

⑨ 역할극(Role play)

일상생활에서 경험하는 갈등상황을 집단 참가자들이 함께 즉흥적으로 연기해 보는 방법이다. 직접 실제상황 중의 한 인물로 등장하여 연극을 하면서 건강문제나 어떤 상황을 분석하고 해결방안을 모색하면서 흥미 있게 학습목표에 도달할 수 있다.

갈등문제를 좀 더 객관화시키고 보다 분명하게 인식함으로써 자신이 미처 발견하지 못했던 자기의 언어나 행동을 보고 또한 타인의 것을 보면서 새롭게 다짐하게 된다. 즉흥적으로 만들어지는 연극은 주제설정이나 내용구성은 물론 각 배역들이 연기를 통해 다른 사람과 함께 역동적 과정을 경험하는 하나의 종합적인 완성 작업이다. 따라서 공동체 의식이 향상되는 것을 경험하게 된다.

역할극은 보통 강의나 그룹토의 방법과 병행하여 활용되는 것이 보통이다. 또한, 소집단으로 행하는 것이 좋다. 즉 1~2명의 교육자와 4~5명의 학습자가 참여하는 것이 좋으며, 출연자가 많으면 극의 초점이 흐려지고 시간제약으로 인하여 깊이 있는 내용을 연출할 수 없게 된다(표 1-17).

[표 1-17] 역할극의 장단점과 유의점 및 진행과정

장 점	단 점
• 서로의 비슷한 갈등에 공감하고 친근감이 생긴다. • 문제에 대한 객관적인 관점이 넓어지고 해결 방안 선택이 명료해진다. • 서로 간에 상호작용이 높아 공동체 의식을 형성하는 법을 배운다. • 관중을 의식하며 행동할 수 있는 극복력이 생긴다. • 극중의 역할을 통해 심리적 정화를 경험한다. • 진정한 대화와 만남은 상대방의 처지를 경험함으로써 가능하다.	• 다른 교육방법 선택 시 보다 많은 준비 시간이 요구된다. • 갑자기 교육대상자 중에서 극중 인물을 선택하기란 용이하지 않은 경우가 많다. • 역할극을 시행하는 인물이나 보조 및 주위 환경이 사실과 거리감이 있을 때 문제 속으로 대상자를 흡수하지 못하므로 교육목표에 도달하지 못하고 시간낭비만을 가져오게 된다.

유의점 및 진행과정
ⓐ 진행절차 : 주제의 제시 → 사전계획 → 교육대상자들 중에서 역할선택 → 준비(대상 및 보조자료 준비) → 시행 → 평가 및 토의 → 결론도출 → 교육자의 최종요약 ⓑ 역할극을 실시할 주제와 문제의 줄거리를 교육대상자에게 명확히 제시해야 한다. ⓒ 역할극이 끝난 다음에는 반드시 평가하는 시간을 가짐으로써 전체가 참여하며 해결하고자 하는 문제의 결론을 찾아내도록 교사가 유도해야 한다. 　• 맡은 역할에 대해 어떻게 느꼈는가? 　• 맡은 역할은 일어났던 상황에서 만족스러웠는가? 　• 설정된 상황에서 보다 바람직한 결과를 가져오기 위해서 어떻게 하는 것이 좋겠는가? ⓓ 역할극을 보다 효율적으로 실시하기 위해서는 실제상황과 유사하게 모든 환경이나 기구가 준비되어야 하므로 간단한 실제의 시각적 보조자료를 준비하면 효과적이다. ⓔ 출연하지 않겠다는 사람을 억지로 출연시키거나 맡지 않겠다는 역할을 강제로 맡기는 것을 피해야 한다.

⑩ 인형극(Puppets)

드라마의 이야기처럼 인형들의 행동을 통해서 사람들이 실생활에서 어떻게 행동할 수 있는지를 보여 주고, 옳고 그른 것이 무엇인가를 보여 주는 방법이다.

인형극의 종류에는 꼭두각시와 줄 인형, 장갑이나 손 인형, 그림자 인형, 종이주머니 인형 등이 활용된다(표 1-18).

[표 1-18] 인형극의 장단점과 유의점 및 진행과정

장 점	단 점
• 인형극의 내용은 모든 연령층에 따라 다양한 주제로 다루어질 수 있다. • 인형의 움직임을 통해 청중은 인형과 일체가 되어 즉각적으로 반응하고 상상력을 갖게 된다. • 논쟁적이고 민감한 주제를 다루어도 인형극은 풍자적이고 과장된 표현에 의해 효과를 기대할 수 있다.	• 인형들이 작기 때문에 움직이는 배우처럼 쉽게 보여줄 수 없으므로 청중 수를 제한할 필요가 있으며 주의해서 의자를 배치해야 한다.

유의점 및 진행과정
ⓐ 교육주제에 알맞은 특징 있는 인형을 준비하고 무대를 만들어야 한다. ⓑ 인형극의 내용은 너무 많은 것을 포함시키지 말아야 하며, 이야기 내용은 학습내용이 담겨져 있어야 한다. ⓒ 인형을 생명력 있게 사용하기 위해 충분한 연습이 필요하다. ⓓ 극을 하는 동안 인형은 청중 쪽을 향하여 많은 대화를 할 수 있도록 한다. 청중과 인형의 관계를 강화시킴으로써 사람들은 내용을 이해하고 많은 메시지를 얻게 된다.

⑪ 모의실험극(Simulation)

실제상황에서 일어날 수 있는 대응반응을 유발할 수 있도록 인위적으로 고안된 상황을 통한 교육방법으로, 있을 수 있는 위험부담 없이 학습을 할 수 있는 환경을 의미한다. 실제의 문제 상황을 단순 명료화시킨 모의상황 속에서 가장 기본적이고 중요한 요소만을 선택하여 그 요소에 한정하여 교수상황을 설정한다(표 1-19).

[표 1-19] 모의실험극의 장단점과 유의점 및 진행과정

장 점	단 점
• 발견학습이나 태도, 기술 훈련에 유용하다. • 실제의 현장과 거의 같은 여건 하에서 안전하고 빠르게 현실을 경험할 수 있다. • 학습자의 참여를 조장하고 즉각적인 회환을 줌으로써 수업을 활기 있게 만든다.	• 학습진행에 시간과 비용이 많이 소요된다. • 수업의 준비가 잘못될 경우, 학습자가 교육목적을 인지하지 못하여 흥밋거리로 끝날 위험성이 있다.
유의점 및 진행과정	
ⓐ 중간에 교육목적을 일깨우고 평가하기 위한 토의시간을 가짐으로써 흥미와 함께 의미발견과 교육목적을 달성하도록 한다. ⓑ 학습을 설계할 때 중요한 점은 사실과의 유사성 정도이다. 사실성에 너무 치우치면 학습자체가 너무 복잡해져서 학습자는 중요한 것이 무엇인지 파악하지 못하며, 사실성이 너무 떨어지면 배우고 나서 실제상황에 적용하기 힘들다.	

⑫ 프로젝트법(Project methods)

'구안법'이라고도 하며, 기존의 교실중심 · 강의중심의 주입식 교육을 배격하고, 학습자 중심으로 각자 스스로 연구 · 구상 · 추정 등을 통하여 자발적으로 지식, 기술, 적응능력을 습득하는 방법을 의미한다. 이 방법은 개인이나 소집단으로 이루어진 대상자들에게 학습목적을 제시하고 지침을 주면 이들은 시간을 내어 자료를 수집하고 계

획 · 시행함으로써 어떤 문제를 해결하는 데 필요한 지식, 태도, 기술을 포괄적으로 습득하게 된다. 따라서 현장실습으로 학습목적을 달성할 수 있거나 심층적인 연구가 요구되는 과제인 경우에 적합하다(표 1-20).

[표 1-20] 프로젝트법의 장단점과 유의점 및 진행과정

장 점	단 점
• 실제상황에서 학습함으로써 건강교육 후 즉시 활용 가능한 능력을 획득할 수 있다. • 실제조사나 자료수집 과정에서 의사결정 능력과 관찰능력이 함양된다. • 개인의 노력, 창의성, 탐구능력 등에 따라 그 결과가 빨리, 포괄적으로 도달될 수도 있으며, 학습동기와 인내심이 함양되어 결과를 얻었을 경우 성취감을 갖게 된다.	• 능력이 부족한 대상자는 시간과 노력만 낭비하는 경향이 있다. • 자료수집이 불가능할 경우 결과가 미비하게 된다. • 기본이론을 무시하고 가시적인 접근만 시도하는 경우가 있을 수 있으며, 평가의 표준설정이 어려워 평가의 신뢰도 및 객관성이 결여될 우려가 있다.
유의점 및 진행과정	
ⓐ 목적설정단계에서는 흥미 있고 중요한 과제를 선정하고 문제해결을 위한 기본지식 및 기술을 제고해야 한다. 또한, 자료수집 과정과 방법 등에 대한 지도가 선행되어야 한다. ⓑ 계획단계에서는 올바르고 치밀한 계획을 수립해야 한다. ⓒ 실행단계는 계획내용을 단계별로 직접 교육하고, 자료수집 후 해결방안을 창안해 내는 단계로 학습자들이 가장 의욕적이고 흥미가 집중되는 단계이다. ⓓ 학습자 자신의 자가평가, 학습자 상호간의 평가, 교사의 평가 순으로 평가가 이루어져야 하나, 가능하면 그들 스스로가 자신들의 취약점을 모두 찾아낼 수 있도록 교사는 평가를 지원해 주어야 한다.	

⑬ **웹기반 교육(Web Based Instruction, WBI)**

오늘날 인터넷에 접속할 수 있는 가장 쉽고, 그리고 가장 인기 있는 방법인 World Wide Web의 등장과 함께 인터넷은 가장 중요한 교수도구로서 교사들에게 인식되고 있으며, Web을 이용한 새로운 교수모형에 대한 시각이 나타나고 있다. 새롭게 출현하고 있는 이 교수모형을 웹기반 교육이라고 부르고 있는데, 이는 특정한, 그리고 미리 계획된 방법으로서 학습자의 지식이나 능력을 육성하기 위한 의도적인 상호작용을 Web을 통해 전달하는 활동으로서 다음과 같은 방법이 있다(표 1-21).

㉠ **현장검색형 방법**

Web을 이용한 정보활용 수업으로서, 학습자가 제시된 학습과제를 해결하기 위하여 인터넷 웹사이트를 검색하면서 필요한 자료를 찾아 학습과제를 해결하는 방법이다. 다양하고도 생생한 자료를 직접 추출하여 즉시 활용하기 때문에 교수-학습활동의 흥미를 극대화하고 자기주도적으로 학습할 수 있는 능력을 기를 수 있다.

㉡ **저장자료형 방법**

교사가 수업에 필요한 내용을 학습 사이트에서 검색 · 추출하여 학습자의 수준에 맞게 재구성하고 이것을 학교단위의 서버(Server)에 저장해 두면, 학습자가 서버에 접근하여 필요한 자료를 찾아 쓰게 하는 방법이다.

㉢ **교사제시형 방법**

교사용 컴퓨터와 대형 모니터가 설치된 일반교실에서 이루어지는 교수-학습 형태로서, 교사가 학습목표 달성을 위하여 필요한 사이트나 웹 문서를 편집하여 보조기억장치에 저장해 두었다가 교수-학습 과정 중에 제시해 주는 방법이다. 교실에서 학습자들이 조작할 수 있는 컴퓨터가 부족하거나 접속기능이 낮아 단

[표 1-21] 웹기반 교육의 장단점과 유의점

장 점	단 점
• 흥미 있는 인터넷 자료를 적시적소에 제공함으로써 학생들의 흥미를 돋우고 감정을 몰입시킴으로써 사고력이 발달하도록 돕는다. • 전달되는 정보들의 역동성과 상호작용성을 들 수 있다. 즉, 서적을 통해서는 불가능했던 동영상, 음성 자료들을 전달할 수 있으며, 일반 비디오테이프를 통한 자료보다 훨씬 더 상호작용성이 강하고, CD-ROM과는 달리 전 세계인들을 즉석에서 연결시킬 수 있다. • 체계적인 균형이 이루어지도록 인터넷에서 제공하는 다양한 자료를 교사의 재편집 과정을 통하여 투입함으로써 창의력 형성을 돕는다.	• 정보의 전달속도가 비디오테이프나 TV, CD-ROM보다 빠르지 못하다. • 실시자간 상호작용이 가능하기는 하지만, 전화나 화상회의 수준만큼의 상호작용을 기대할 수는 없다. • Web상의 정보들이 대부분 텍스트라고 볼 수 있지만, 그 유용성은 책이나 잡지에 미치지 못한다.
유의점 및 진행과정	
ⓐ 교사는 웹자료를 통한 간접경험이 실제경험의 효과를 거두기 위한 구체적 방안을 마련한다. ⓑ 교사가 통신망을 이용하기 위한 기획과 설계에 보다 많은 노력을 하면서 수업의 다른 부분과의 연계성을 고려해야 한다.	

위시간 내에 필요한 사이트에 접근할 수 없을 때 또는 학습 사이트에 들어있는 정보가 빈약할 때 사용되는 수업형태이다.

⑭ 원격학습

비디오 기법이나 녹음방법을 통해 건강교육 내용을 대상자에게 전달하는 교육방법으로서 최첨단 텔레커뮤니케이션 접근방법이다. 이 방법은 직원교육, 보수교육, 학교건강교육에 적당하다. 이 방법을 건강교육에 도입할 때는 수요자의 요구에 따라 적절한 건강정보나 상담 프로그램을 개발하여 많은 사람들이 이용할 수 있게 한다(표 1-22).

[표 1-22] 원격학습의 장단점

장 점	단 점
• 서로 멀리 떨어져 있는 사람끼리 정보를 얻을 수 있다. 즉, 서로 만나기 위해 드는 비용과 시간의 낭비 없이 현재의 정보를 전달할 수 있다. • 대단위 청중에게 정보를 전달하기 때문에 상대적으로 저렴하다. • 다양한 지역에 있는 사람들에게 최신의 정보를 무료로 제공하고 필요에 따라 직접 만날 수 있는 기회도 만들 수 있다.	• 교육자와 대상자가 멀리 떨어져 있다. • 질의응답은 가능하지만 질문과 응답을 상호교환할 수 있는 전화를 사용할 수 없다면 강의방법일 수도 있고 일방적인 방법이다.

⑮ 전시(Exhibition)

전시는 건강과 관련된 내용을 대상자들에게 알리고자 할 때, 대상자들이 주의를 집중할 수 있도록 일정한 장소에 시각적 자료를 전시하는 것이다. 전시효과를 통해 대상자들의 관심과 주의를 자극함으로써 건강교육이 목표한 변화에 도달하고자 하는 방법이다(표 1-23).

[표 1-23] 전시의 장단점과 유의점 및 진행과정

장 점	단 점
• 주의집중을 통한 흥미유발을 용이하게 해준다. • 전달하고자 하는 핵심을 함축해서 보여 줄 수 있어 학습자가 이해하기 쉽게 해 준다. • 시간을 과다하게 투입하지 않아도 수시로 볼 수 있기 때문에 필요한 정보의 축적을 통해 보건교육 목적을 달성할 수 있다.	• 전시물을 시선을 끌도록 잘 계획해서 진열해 놓지 않으면 대상자들에게 전시를 통한 교육내용을 전달하지 못한다. • 연중 동일한 전시물을 전시할 경우 대상자가 관심을 두지 않아 비효과적이다.

유의점 및 진행과정
ⓐ 대상자의 주의를 집중할 수 있는 적절한 전시장소를 선정해야 한다. ⓑ 연중 동일한 것을 전시하기보다는 계절별 혹은 월별로 전달하고자 하는 정보를 변화시켜 전시함으로써 계속 주의를 환기시켜야 한다.

⑯ 캠페인(Campaign)

건강 캠페인은 비교적 짧은 기간 내에 건강에 관한 상식과 기술을 증진시키거나, 특별한 문제에 대한 태도나 가치관을 증진시키기 위하여 집중적 반복과정을 통해 많은 사람들이 교육내용을 알도록 하는 데 활용되는 방법이다.

캠페인을 활용하는 기간은 수일에서부터 한 달까지를 많이 활용하고 있으며, 교육매체는 포스터, 팸플릿, 라디오, 텔레비전 등을 활용한다. 일반적으로, 캠페인 방법은 국가적인 차원에서만 활용되는 건강교육 방법으로 생각하기 쉬우나, 이는 보건교육 실시에 있어 학교, 산업장, 지역사회 어디에서나 활용하면 좋은 교육방법이다.

예를 들어, 학교에서 '손 씻기'에 대한 캠페인을 학생들에게 실시하려고 할 경우, 표어를 공모하고 포스터를 제작하며 교내방송을 통하여 집중적으로 교육을 실시할 수 있고 학생들의 인식을 높일 수 있다(표 1-24).

[표 1-24] 캠페인의 장단점과 유의점 및 진행과정

장 점	단 점
• 새로운 지식과 정보를 가장 빠른 시일 내에 많은 사람들에게 전달할 수 있다. • 전달하는 정보의 내용은 지식의 축적작용에 의해 그 효과(snow ball effect)를 나타낸다. • 보건에 대한 경각심을 심어줄 수 있다.	• 일방식 전달방법(one way communication)으로 대상자들은 자기에게 유리한 쪽으로 해석하려는 경향이 있기 때문에 본래의 의미와는 전혀 다른 각도에서 오해 또는 그릇되게 인식할 수 있다.
유의점 및 진행과정	
전달하고자 하는 정보의 양이 많으면 많을수록 오히려 과실이 생길 소지가 많으므로 되도록 정보의 양을 줄인다.	

3) 보건교육매체의 종류

보건교육 현장에서 주로 활용할 수 있는 교육매체의 종류는 [표 1-25]와 같이 분류할 수 있다.

[표 1-25] 교육매체의 종류

구 분		종 류
비영사 매체 (non-projected media)		실물 및 실제상황, 모형, 칠판, 융판, 게시판, 그림과 사진, 포스터, 전단, 팸플릿, 소책자, 괘도
영사 매체 (projected media)		슬라이드 환등기, 투시환등기, 실물환등기, 실물화상기, 영화
오디오 매체 (audio visual media).		녹음기, 비디오(VTR)
대중매체 (mass media)	인쇄 매체 (printed media)	신문, 잡지
	전파 매체 (broadcasting media)	라디오 방송, 텔레비전 방송
컴퓨터(computer)		컴퓨터 프리젠테이션

(1) 실물(Real thing) 및 실제상황(Real situation)

보건교육 시 가능하다면 실물이나 실제상황을 활용하는 것이 가장 효과적이다. 이때 교육자는 실물을 가지고 혹은 실제상황에서 시범을 통하여 대상자의 학습에 도움을 줄 수 있다(표 1-26).

[표 1-26] 실물 및 실제상황의 장단점

장 점	단 점
• 가상 상황이나 모형이 아닌 실체를 배울 수 있어 교육자와 학습자간에 의사소통이 잘되고, 교육 후 실생활에서 즉시 활용할 수 있다. • 모든 감각기관을 통하여 입체적인 학습을 할 수 있기 때문에 동기유발이 잘 되고 학습목표에 도달하기 쉽다.	• 구입이나 활용이 용이하지 않은 경우가 많다. • 소수에게 적합하며 시간, 계절, 비용 등 여러 면에서 제한이 있다. • 사용 시 쉽게 파손될 수 있고 보관이 어렵다.

(2) 모형(Model)

실물이나 실제상황이 가장 좋은 교육매체이나, 실제적으로 많은 제한점과 단점을 내포하고 있으므로 이를 해결하기 위한 방편으로 활용할 수 있다. 교육장소의 곳곳에 배치해 놓고 모형이 배치된 위치마다 교육자가 가서 설명을 하는 것이 효과적이다(표 1-27).

[표 1-27] 모형의 장단점

장 점	단 점
• 실물이나 실제상황의 활용과 거의 비슷한 효과를 얻을 수 있다. • 실물을 확대, 축소, 단면화시킬 수 있으므로 실물이나 실제상황으로는 불가능한 세부적인 부분까지 관찰할 수 있다. • 교육목적에 맞게 직접 제작하여 사용할 수 있다. • 학습자가 실제로 보고 들으며 만져볼 수 있으므로 개념 및 기술습득이 용이하며 반복해서 활용할 수 있다.	• 대부분의 모형은 값이 비싸고 가상 상황을 설정하는 데 비용이 많이 소용되며, 교육대상자가 소수일 때만 적용이 가능하므로 경제성이 없다. • 파손되기 쉬우며 보관할 공간이 필요하고 운반하기에 불편하다. • 실생활에 적용할 수 있는 완전한 기술습득은 불가능하며 실제상황에서도 별 주의 없이 실시해도 괜찮을 것이라는 잘못된 견해를 가져올 수 있다.

(3) 칠판(Board)

전통적인 학교교육에서 오랫동안 필수적으로 사용해 오고 있는 교육매체로서 오늘날까지도 교육현장에서 가장 기본적으로 활용되고 있다. 장소에 따라 부착식과 이동식 칠판을 사용할 수 있다. 최근에는 분필가루로 인한 위생상의 문제점을 고려하여 특수 펜을 사용하는 화이트보드(white board)를 많이 사용하고 있으며, 컴퓨터에 연결하여 사용하는 전자칠판도 있다(표 1-28).

[표 1-28] 칠판의 장단점

장 점	단 점
• 가격이 저렴하고 손쉽게 구할 수 있으며 관리와 유지가 용이하다. • 사용을 위한 별도의 기술이 요구되지 않아 교육자나 학습자 모두 부담 없이 활용할 수 있다. • 언어적 의사소통을 증진시킨다. • 칠판의 종류에 따라 게시판, 스크린 등을 대신해서 다목적으로 사용할 수 있다.	• 많은 양의 자료는 한꺼번에 취급할 수 없고 다시 지워야 하므로 시간낭비를 가져온다. • 세부적이고 복잡한 그림을 그리려면 어느 정도의 기술이 요구되므로 초보자로서는 다소 어렵다. • 너무 많이 사용하면 학습자들의 흥미나 주의집중이 어렵다. • 영구적인 기록이 필요한 상황에서는 부적당하며 학습자들 스스로가 기록을 하지 않는다면 동일한 자료에 대한 복사판을 얻을 수 없다.

(4) 융판(Flannel board)

사용목적에 따라 적당한 크기의 합판이나 두꺼운 종이의 표면에 털이 나있는 천을 붙여 사용하는 판으로, 그 위에 각종 학습자료를 부착 또는 제거하면서 교육한다. 기계와 전기장치를 필요로 하지 않으며, 학습내용의 진행을 교육자가 임의로 조절할 수 있으므로 특히 유치원이나 초등학교 저학년 아동들을 대상으로 실시하는 교육에 적합하다(표 1-29).

[표 1-29] 융판의 장단점

장 점	단 점
• 자료의 제작이 용이하고 특별한 조작기술이 필요 없다. • 교육실시 전후의 변화과정을 쉽게 표현할 수 있으며 반복해서 사용할 수 있다. • 자료가 단계적으로 제시됨으로써 대상자들의 이해가 용이하며 주의집중이 잘 되어 학습효과를 높일 수 있다. • 학습자의 반응을 살펴가며 학습속도를 조절할 수 있고 생략할 수도 있으며, 순서를 바꾸어 보여줄 수도 있는 융통성이 있다.	• 섬세한 설명이 불가능하다. • 뒷면의 사포가 낡으면 융판에서 그림이 떨어지기 쉽다. • 교육대상 집단이 소수일 경우에만 적용이 가능하므로 경제성이 떨어진다.

(5) 게시판(Bulletin board)

알리고자 하는 내용의 유인물, 포스터, 팸플릿, 리플릿, 만화, 사진 등을 게시하는 데 사용되며 비교적 장시간 알릴 수 있다는 이점이 있다. 단, 게시된 내용은 매력적이어야 하고 종종 교체함으로써 생동감 있게 유지되어야 하며, 최소한의 메시지를 포함하도록 하여 주의집중이 용이하게 해야 한다(표 1-30).

[표 1-30] 게시판의 장단점

장 점	단 점
• 계속적으로 알리고자 하는 내용을 많은 사람에게 알릴 수 있다. • 특정한 정보나 지식에 대해 대상자의 흥미를 유발시킬 수 있다. • 교육자 없이도 게시된 내용이 대상자에게 전달되며, 대상자를 모집할 필요가 없으므로 경제적이다. • 정보교환 역할도 할 수 있다.	• 길거나 복잡한 내용의 전달에는 부적합하다. • 대상자의 흥미와 주의집중을 유도하기가 쉽지 않다. • 학습효과를 확인할 수 없다. • 게시물을 지나치게 오래 게시하거나 구성이 좋지 않을 경우, 교육적 효과가 떨어진다.

(6) 그림(Picture) 및 사진(Photograph)

주변의 신문, 잡지, 책, 포스터, 인터넷 등에서 쉽게 구할 수 있기 때문에 다양한 형태로 학습에 활용할 수 있다. 보건교육자는 평상시에 교육에 활용할 가치가 있는 그림이나 사진 등을 수집해 두는 것이 좋으며, 요점을 잘 전달할 수 있는 것이어야 한다(표 1-31).

[표 1-31] 그림 및 사진의 장단점

장 점	단 점
• 실물이나 실제상황을 간접적으로 볼 수 있어 현장감을 갖게 된다. • 어떠한 상황이나 모양을 압축하여 간결하게 표현할 수 있다. • 구하기 쉽고 비용이 적게 들며 기계적 장치를 필요로 하지 않으므로 손쉽게 이용할 수 있다. • 필요시에는 복사하고 여러 장을 만들어 학습자에게 배부할 수 있다. • 학습자들로 하여금 스스로 의미를 부여하도록 함으로써 창의력이 배양되고 자율학습 자료로도 활용할 수 있다.	• 평면적이며 정적이어서 입체성과 움직임을 표현할 수 없다. • 자료의 크기가 작아 집단을 대상으로 사용하기에는 제한이 있다. • 교육자와 학습자의 시선이 일치하지 않아 주의집중이 약화된다.

(7) 포스터(Poster)

전달하고자 하는 내용을 글, 그림, 상징 등으로 표시한 것으로, 대상자들에게 인상적인 감동을 줌으로써 정보나 일의 방향을 제시하고 중요한 행사를 알리기 위해 사용된다. 너무 많은 색상의 사용을 피하고 여백을 많이 활용하며 글씨는 되도록 적게 사용하는 것이 좋다(표 1-32).

[표 1-32] 포스터의 장단점

장 점	단 점
• 보관이 용이하며, 한 번 만들어지면 여러 장을 재생할 수 있다. • 쉽게 제작할 수 있고 장기간 부착할 수 있어 경제성이 있다. • 이동이 용이하고 매력적이며 관심을 끌 수 있다.	• 제작 시 전문적 기술이 요구된다. • 교실에서의 강의 보조 자료로써는 소수에게만 적용이 가능하며 학습자의 주의집중에 크게 도움을 주지 못한다.

(8) 전단(Leaflet), 팸플릿(Pamphlet), 소책자(Booklet)

한 장으로 된 전단과 여러 장으로 된 팸플릿 및 소책자는 알리고자 하는 정보를 간결하고 명확하게 그림이나 사진 등과 함께 요약하여 많은 사람들이 읽도록 하는 데 도움을 준다. 이때 인쇄물의 내용이 학습자의 독해수준에 맞아야 한다(표 1-33).

[표 1-33] 전단, 팸플릿, 소책자의 장단점

장 점	단 점
• 관련 있는 그림을 효과적으로 사용할 때 이해가 빠르며 쉽게 기억할 수 있다. • 쉽게 제작할 수 있고 사용이 용이하다. • 필요시 언제나 학습내용을 확인할 수 있다.	• 기존에 만들어진 자료를 활용할 경우, 교육자의 학습목표와 동일하지 않은 경우가 많아 정보의 제공에 제한이 있다. • 너무 보편화되어 있어 학습자의 흥미를 끌기가 어렵고 주의집중이 잘 안 된다.

(9) 괘도(Chart)

복잡한 진행과정이나 개념간의 상호관계 등을 선이나 기호를 이용해서 조직적으로 시각화하여 대상자들이 말로만 듣는 것보다 이해를 빠르게 하는 데 사용한다(표 1-34).

[표 1-34] 괘도의 장단점

장 점	단 점
• 제작비용이 저렴하며 비교적 쉽게 제작할 수 있고, 특별한 기기가 필요 없어 언제, 어디서든지 수시로 만들어 사용할 수 있다. • 내용이 복잡하거나 너무 작아서 잘 볼 수 없는 것, 이해가 곤란한 것 등을 간단하게 그림이나 글로 요약, 확대하여 제시함으로써 학습자의 이해를 도울 수 있다. • 다양한 기법을 사용하여 제작하면 주의집중 및 흥미유발을 촉진하여 학습효과를 높일 수 있다.	• 평면적이고 정적인 자료이므로 장시간 사용시 지루함을 느끼게 된다. • 크기가 제한되어 있기 때문에 많은 내용을 한꺼번에 다룰 수 없으며, 다수의 집단에게 사용할 수 없다. • 정밀하고 복잡한 그림을 그리기가 어려울 뿐 아니라 제작에도 많은 시간이 소요된다. • 오랫동안 사용할 경우 종이가 훼손되므로 반영구적인 자료로 볼 수 없다.

(10) 슬라이드 환등기(Slide projector)

실제로 보기 어려운 실제상황이나 구하기 어려운 실물을 슬라이드로 만들어 환등기를 통하여 확대투영함으로써 시각적으로 보고 배울 수 있다. 근래에는 녹음기와 모니터가 내장된 형태의 개선된 제품이 나오고 있다(표 1-35).

[표 1-35] 슬라이드 환등기의 장단점

장 점	단 점
• 다수의 대상자에게 실제로 보기 어려운 내용의 동일한 시각적 경험을 제공할 수 있다. • 정지된 화면을 반복해서 볼 수 있으므로 학습자의 개인차를 극복할 수 있으며 학습효과가 크다. • 슬라이드는 기초적인 지식만 있으면 손쉽게 제작할 수 있으며, 제작비가 적게 들고 관리와 보관 및 이용이 간편하다. • 학습목적에 따라 슬라이드의 순서를 바꾸어 재편집할 수 있으며 각 장면을 제거 또는 첨가할 수 있어 내용의 전개에 융통성이 있다.	• 전기와 암막시설이 요구된다. • 정지된 상태만을 보여 주므로 연속적인 과정을 배워야 할 경우에는 제한점이 있다. • 암막을 이용하므로 주의집중이 잘 안 되고 졸음이 올 수 있다.

(11) 투시환등기(Over Head Projecter : OHP)

별도의 암막장치 없이 투시자료(tansparency : TP)를 통해 스크린에 크고 선명한 상을 비춤으로써 소규모 학습에서 대단위 학습에 이르기까지 광범위하게 사용된다. TP는 직접 그리기법, 컴퓨터 제작법, 복사법 등을 통하여 제작할 수 있다(표 1-36).

[표 1-36] 투시환등기의 장단점

장 점	단 점
• 조명을 끄지 않고도 선명한 상을 볼 수 있어 주의가 산만해지거나 필기하는 데 방해를 받지 않는다. • 학습자와 시선을 마주보고 사용할 수 있으므로 학습의 반응을 관찰하면서 수업을 진행할 수 있다. • 조작이 간편하고 특별한 기술이 없어도 자료(TP)의 제작이 용이하다. • 색체표현을 다양하게 할 수 있으므로 학습효과를 높일 수 있다. • 필요시 TP를 칠판대용으로 활용하거나, 여러 장을 겹쳐서 사용하거나, 필요한 부분만을 남기고 가려서 사용하는 등 다양한 기법을 활용하여 사용할 수 있다.	• 정적이고 평면적인 상만을 제시한다. • 교육자가 준비한 자료를 일방적으로 제시하는 단조로운 교육이 되기 쉽다. • 기기가 커서 운반이 불편하다.

(12) 실물환등기(Opaque projecter)

빛을 통과하지 않는 불투명한 자료를 스크린에 확대투사시키는 장치로서 평면적인 제시물은 물론 입체물도 투사할 수 있다(표 1–37).

[표 1–37] 실물환등기의 장단점

장 점	단 점
• 실물을 그대로 이용하므로 자료준비에 소요되는 시간을 절약할 수 있다. • 실제 그림이나 도표, 물건 등을 사실 그대로 투사할 수 있기 때문에 TP나 괘도보다 정확한 내용을 쉽고 빠르게 제시할 수 있다. • 확대와 축소가 자유로우며 실제물건을 보다 크고 선명하게 볼 수 있다.	• 반사광선에 의존하기 때문에 암막장치가 요구된다. • 내장된 전구에서 발생하는 열로 인하여 기기를 장시간 사용할 경우 자료가 훼손될 수 있다. • 투영하는 자료가 자료대의 크기보다 클 경우 투영할 수 없다. • 기기가 크고 무거워 운반이 불편하다.

(13) 실물화상기(Video presenter)

다양한 시청각 기기와 연결하여 인쇄물, 입체자료, 슬라이드 필름 등의 모든 시청각 자료와 교재를 TV 화면에 보여 준다(표 1–38).

[표 1–38] 실물화상기의 장단점

장 점	단 점
• 암막장치가 필요 없다. • 화면의 확대가 가능하고 간편하게 조작할 수 있다. • 마이크를 연결하여 사용할 수 있으며, 여러 가지 시청각 기기(TV모니터, 프로젝터, VTR, DVD 플레이어, 컴퓨터, 프린터 등)와 연결하여 사용할 수 있다.	• 기기가 커서 운반이 불편하다. • 값이 비싸다.

(14) 영화(Moving picture)

움직임, 색깔, 음향을 제공하는 풍부한 매체로서 최신의 자료일수록 커다란 흥미를 불러일으킬 수 있다(표 1–39).

[표 1-39] 영화의 장단점

장 점	단 점
• 움직이는 전 과정을 대화와 함께 보여 주므로 사실과 가장 가깝게 접근할 수 있다. • 시간과 공간을 초월하여 다른 곳의 상황을 교육장소에 옮길 수 있다. • 학습자의 주의집중을 지속시키는 것이 용이하며 학습자의 정의적 반응을 유발시키고 토의를 자극할 수 있다. • 대상집단의 크기에 관계없이 학습에 이용할 수 있다.	• 필름이 파손되기 쉬우며, 값이 고가임에도 불구하고 재생할 수 없으므로 비경제적이다. • 필요한 장면을 다시 보기 위해서는 처음부터 돌려야 하므로 불편하다. • 실제 교육현장에서 제작하여 활용하기 어렵다. • 암막장치가 요구된다.

(15) 녹음기(Cassette tape recorder)

녹음테이프와 녹음기는 쉽게 구할 수 있으며, 학습해야 할 기술이 청각적인 것일 때 특별히 효과적이다(표 1-40).

[표 1-40] 녹음기의 장단점

장 점	단 점
• 소리의 재생과 녹음이 용이하며 반복하여 여러 번 들을 수 있다. • 녹음테이프는 가격이 저렴하여 여러 개로 복제할 수 있고 보관이 용이하므로 경제성이 있다. • 녹음하는 데 특별한 기술이 요구되지 않으므로 누구나 사용할 수 있으며, 자가학습이 용이하다. • 많은 인원을 대상으로 교육이 가능하다.	• 녹음기술이 부족할 경우 잡음이 삽입되어 학습자의 주의가 산만해지기 쉽다. • 청각자극만으로는 집중이 어려워 교육의 효과가 떨어질 수 있다.

(16) 비디오(Video Tape Recorder : VTR)

실제로 접하기 어려운 환경, 학습내용 등을 영상, 그래픽, 애니메이션 등으로 처리하여 음성과 함께 비디오테이프에 담아 수업에 활용하는 자료로서 학습내용에 대한 전반적인 이해에 도움을 줄 수 있다. 시각과 청각을 동시에 자극하므로 실제경험과 가장 가까운 경험을 할 수 있는 방법으로 강한 정서와 상상을 불러일으킬 수 있다(표 1-41).

[표 1-41] 비디오의 장단점

장 점	단 점
• 영화와 유사한 많은 장점을 가지고 있다. • 필요한 장면을 보기 위해 화면을 정지시킬 수도 있고 교육목적에 맞게 재구성할 수도 있다.	• 비디오테이프를 제작하는 데는 어느 정도의 예산과 기술이 요구되므로, 실제 교육현장에서 교육목적에 맞게 제작하여 사용하기가 용이하지 않다. • 시설과 기구를 갖추어야 하는 제한이 있다.

(17) 대중매체(Mass media)

대중매체는 크게 인쇄매체와 전파매체로 구분할 수 있다. 인쇄매체에는 신문과 잡지 등이 속하며, 전파매체로는 TV와 라디오를 들 수 있다(표 1-42).

[표 1-42] 대중매체의 장단점

장 점	단 점
• 다수의 사람에게 많은 정보를 동시에 신속하게 전달할 수 있다. • 주의집중이 용이하여 동기부여가 강하게 유발된다. • 시간적인 동시성과 공간적인 문제를 초월하여 구체적인 면까지 전달할 수 있다. • 반복적인 축적으로 교육자가 따로 없어도 행동변화가 용이하다. • 인쇄매체는 경제성이 높으면서도 광범위한 파급효과를 가져올 수 있다. • 사회적 여론을 조성하는 힘이 강하다. • 대상자가 현재 형성하고 있는 가치관이나 규범에 대한 강화효과가 있다.	• 일방적인 정보의 전달로 학습자의 창의성과 독창성이 무시되기 쉽다. • 태도와 행동의 변화가 느리다. • 정보에 대한 선택성이 높기 때문에 이를 기피하는 경우, 허실이 많다. • 정보전달에 대한 효과 및 내용에 대한 이해 등 결과에 대한 평가가 느리다. 즉, 정보전달에 대한 회환 체계의 기능이 떨어진다.

(18) 컴퓨터 프리젠테이션(Computer presentation)

최근 컴퓨터의 사용이 급증하면서 컴퓨터의 프리젠테이션용 소프트웨어를 활용하여 자료를 제시하는 경우가 많다. 컴퓨터로 자료를 제시하려면 컴퓨터 자료파일과 프로젝터가 있어야 하는데, 자료를 만드는 프로그램이 다양하게 개발되어 있으며, 그 중 파워포인트(power point:PPT)가 가장 널리 사용되고 있다(표 1-43).

[표 1-43] 컴퓨터 프리젠테이션의 장단점

장 점	단 점
• 다양한 문자배열, 음향, 영상, 애니메이션 효과 등으로 인해 학습자의 흥미유발이 용이하며 이로 인해 학습효과를 높일 수 있다. • 학습자 개개인의 속도대로 조절하여 학습할 수 있다. • 자료파일을 웹페이지에 링크시켜 정보를 공유할 수 있다.	• 컴퓨터 시스템 및 프로젝터의 구입과 유지에 드는 비용이 고가이다. • 매력적인 자료파일을 제작하기 위해서는 이에 따른 지식 및 기술과 시간, 노력이 필요하다.

제 2 장

학교건강증진

1. 학교건강증진의 원칙

1) 건강증진의 개념

건강증진의 개념에는 여러 가지가 사용되고 있지만, 그 중 1986년 오타와에서 열린 '건강증진 제1차 국제회의'에서 발표된 "건강증진이란, 사람들로 하여금 자신의 건강을 개선하며 관리할 수 있는 역량을 강화시키는 과정"이라는 정의(Health promotion is the process of enabling people to increase control over, and to improve their health)가 가장 널리 받아들여지고 있다.

건강증진 개념이 발달하면서 건강에 대한 개념도 몇 가지 변화가 있어 왔다. 가장 중요한 특징으로는, 질병과 악화를 막으려는 소극적 입장의 예방에서 건강을 더욱 증진시켜 보려는 적극적인 입장으로 전환되기 시작했고, 안녕(well-being)에 대한 재해석과 적성(fitness) 개념이 발전되어 왔다.

안녕은 육체적으로 정신적으로 기분좋고 상쾌하여 스스로 건강하다는 느낌을 갖는 것과 관련된 것이다. 그러나 이것은 객관적인 건강여부와는 관계없이 주로 주관적인 느낌에 의하여 지배될 수도 있기 때문에, 이러한 주관적 느낌을 제외한 느낌을 진정한 안녕(true well-being)이라고 한다.

적성은, 정신적으로 육체적으로 어떤 생활기능과의 적합성 여부와 관련된 개념이다. 적성은 상대적인 개념으로 최저수준에서 기능수준, 그리고 최고수준에 이르는 범주로 본다. 예를 들어, 등산을 지속적으로 하면 등반능력이 향상되며 조깅을 정기적으로 하면 그 사람의 조깅능력은 물론 심폐기능이 증가하여 육체기능이 전보다 훨씬 향상되는 것과 같다. 일반적으로 적성수준이 향상되면 사람들은 전보다 더 건강해졌다는 느낌을 갖게 되고 또한 전보다 건강에 더 자신감을 갖게 된다.

우리나라의 경우 흡연, 운동부족, 비만 등 건강위험요인으로 인한 연간 의료비용이 약 2조 3천억원으로서 총 진료비의 26.7%에 달하는 것으로 추산되고 있다. 특히 흡연자의 경우 병원 재원일수는 비흡연자보다 44% 길고, 병원의료비도 비흡연자의 병원의료비보다 36% 더 소비되는 것으로 보고되고 있다. 또한, 최근에는 한정된 보건의료재정에 비해 날로 증가하는 의료수요 문제를 해결하기 위한 효과적인 대안으로서 건강증진사업의 필요성은 커지고 있다.

학교건강증진의 대상이 되는 우리나라의 유치원에서 고등학교까지의 학령인구로 볼 때 2014년 7,735명에서 2020년 6,805명으로 출산율 저하로 점차 감소추세에 있다(통계청, 2014). 그러나 학령기 아동 · 청소년기는 일생을 통해 영향을 미치는 건강행동과 건강생활유지에 필요한 생활습관들을 습득하는데 가장 중요한 시기이므로 학교차원의 건강증진 중재를 기획하고 수행하는 것이 중요하다.

2) 건강증진사업의 접근전략

(1) 의료적 · 예방적 접근

의료적 접근은 전체 인구집단이나 질병위험군을 대상으로 질병과 사망을 감소시키는 것을 목적으로 의료사업을 수행하는 것을 추구한다. 이러한 접근은 흔히 1차예방, 2차예방, 3차예방 등 세 단계의 사업으로 분류될 수 있다.

(2) 행태변화적 접근

행태변화적 접근법은 개인들이 자신의 건강에 책임지는 것을 강조한다. 그러므로 더 건강한 생활양식을 선택하도록 해야 할 책임이 있는 것이다. 이 접근법은 사람들이 자기 생활양식의 변화를 선택함으로써 자신의 건강에 진정한 향상을 가져올 수 있다는 점을 가정하고 있다.

(3) 교육적 접근

이 접근법의 목적은 개인이 자신의 건강행태에 대한 정보화된 선택을 할 수 있도록 지식과 정보를 제공하고 필요한 기술들을 개발하는 것이다. 교육적 접근은 특정한 방향으로 설득시키거나 변화를 자극하지 않는다는 점에서 행태변화 접근법과는 구별된다.

(4) 역량강화

역량강화에 대해서는 개인역량강화(self-empowerment)와 지역사회 역량강화(community empowerment)로 구별할 수 있다.

① **개인역량강화** : 사람들에게 정보와 기술을 제공함으로써 근거중심의 선택을 할 수 있도록 지원하고 실천할 수 있도록 하는 것이다. 부모역할 프로그램, 문제음주자를 위한 주량훈련 등을 통해 사람들은 여러 가지 실제적인 상황을 설명하고 적절한 선택을 할 수 있다.

② **지역사회역량 강화** : 지역사회 주민들이 그들의 건강에 영향을 미치는 교육훈련 프로그램, 주민모임 등을 통해 지역의 보건문제에 대하여 결정을 내릴 수 있도록 지원하는 것을 의미한다.

(5) 사회변화

사회변화 접근법은 건강결정에 있어서 사회 · 경제적 환경의 중요성에 염두를 두고 있다. 이 접근법의 초점은 정책이나 환경수준에 맞추어져 있으며, 그 목적은 건강증진 효과를 가져다 줄 물리적 · 사회적 · 경제적 환경의 변화들을 불러오는 것이다. 따라서, 대부분의 사람들에게 현실적인 선택이 되기 위해서는 비용, 유용성, 접근성에서의 변화가 요구된다.

3) 건강증진 관련 정책

건강증진사업의 대상은 질병을 앓고 있는 사람의 건강증진뿐만 아니라 병이 없는 사람도 더욱 건강할 수 있도록 지원하는 것이 건강증진정책이며, 건강증진의 영역이 신체적인 건강뿐만 아니라 정신적 · 사회적 영역까지 건강증진의 영역임을 나타내고 있다.

(1) 국민건강증진종합계획(Health Plan 2020)

국민건강증진사업은 포괄적 건강의 정의를 적용하며, 건강증진의 기본 이념인 '스스로의 건강관리' 및 '기본권으로서의 건강'개념을 적용한다. 이를 바탕으로 국민 모두가 활기찬 건강과 장수를 누리는 사회의 구축을 향해서 건강수명의 연장과 건강형평성의 제고를 목표로 하고있다.

이들 목표를 달성하기 위한 주된 과제는 건강결정요인에 근거하여 구성하여 건강생활 실천의 확산, 예방 중심의 상병 관리, 안전 환경보건, 인구집단 건강관리, 사업체계관리이다. 국민건강증진종합계획 2020(HP2020)의 기본틀은 [그림 2-1]과 같다.

HP2020의 비전은 건강의 포괄적인 개념인 신체적, 정신적, 사회적, 영적 건강개념을 추구하며, 건강증진의 정의에서 중시하는 각 구성원의 적극적인 자기건강관리 참여와 기본권으로서 평등하게 건강을 누릴 수 있다는 개념을 적용하여 '온 국민이 함께 만들고 누리는 건강세상'으로 목표는 건강수명연장과 건강형평성 제고이다.

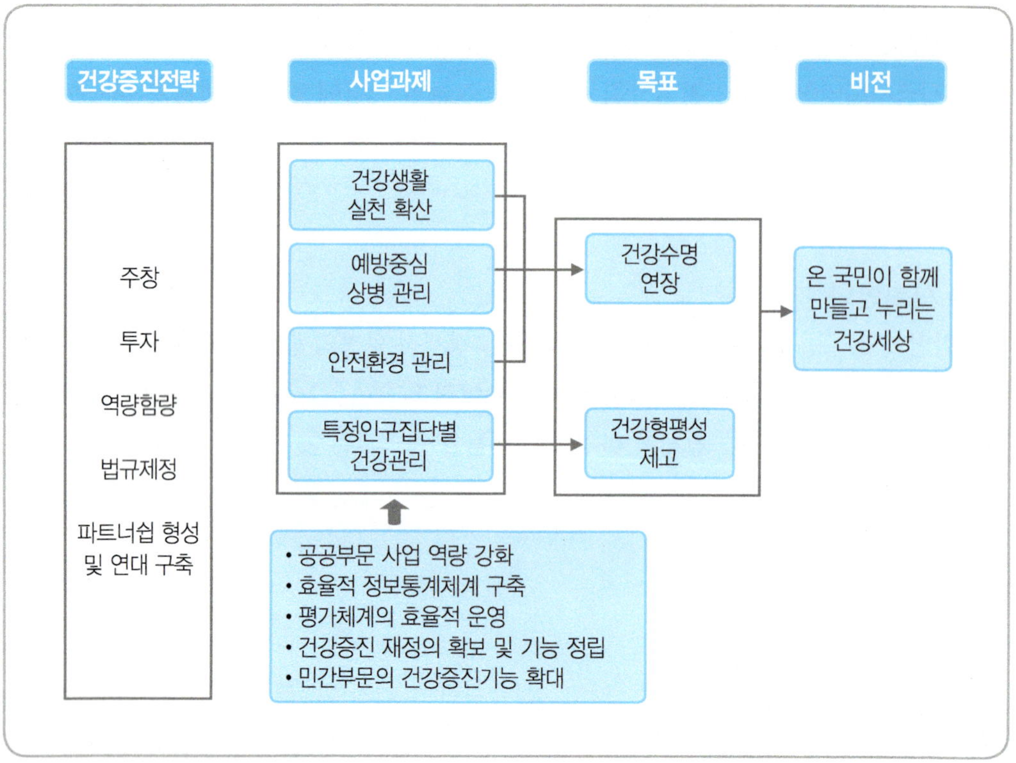

[그림 2-1] 국민건강증진종합계획 2020 기본틀

① 사업분야

㉠ 건강생활 실천 확산 분야

생활습관이 만성퇴행성 질환의 발병 및 경과와 밀접한 연관이 있으므로 건강의 가장 중요한 근원적 결정요인이라고 할 수 있다. 건강생활습관 중에서 만성질환과 관련성이 높은 금연, 절주, 운동(신체적 활동) 및 영양(적절한 식생활)이 중점과제로 선정되었다.

ⓛ 예방 중심의 상병 관리 분야

현재 유병률이 높거나, 조기사망의 원인이면서 예방관리를 통하여 유병률을 낮추고 조기사망을 낮출 수 있는 질환에 대한 예방적 관리 분야이다. 중점과제로서 각종 악성신생물, 뇌혈관 질환, 심장질환, 고혈압, 고지혈증, 당뇨, 비만 등(주요만성질환 발생의 위험요인으로 관리가 가능함)이 선정되었다.

또한 신종전염병 발생에 따른 예방접종, 방역대책 등의 체계를 갖추는 것이 필요하며, 지속적으로 유병률이 높으면서 전염이 우려되는 결핵과 에이즈도 중점과제로 선정되었다.

ⓒ 환경보건 관리

사회적 · 물질적 환경관리 분야로서 건강영향평가의 수행은 범부처적인 연계와 협력이 필요한 사업이고 교통사고 등 사고예방환경관리, 식중독, 수입식품 안전관리 등도 포함되었다.

ⓡ 인구집단별 건강관리 분야

생애주기별 구분 또는 비교적 공통적 건강문제를 갖고 있으며, 접근이 용이한 대상집단(근로자, 학생 등)으로 구분되었고 총괄 목표인 '형평성 제고' 달성을 위해서 저소득층, 다문화가정 등 취약계층이 포함되었다.

ⓜ 건강증진사업 추진체계의 확충 및 효과적 관리

여러 가지 건강관리사업의 추진을 위한 수단의 효과적 시행을 위한 계획으로서 조직, 인력, 재원, 정보 체계, 평가 재정 등이 포함되었다.

이상의 중점과제를 정리하면 [표 2-1]과 같다.

[표 2-1] 국민건강증진종합계획 2020 분야별 중점과제

분야		중점과제	(참고) 2010 중점과제
건강생활 실천 확산		금연	금연
		절주	절주
		신체활동	운동
		영양	영양
예방 중심의 상병 관리	만성퇴행성 질환과 발병위험 요인 관리	건강검진	
		암	암관리
		관절염	관절염
		심뇌혈관질환	심 · 뇌혈관 질환
		–	고혈압
		–	당뇨병
		비만	과체중과 비만
		정신보건	정신보건
		구강보건	구강보건
	감염질환 관리	예방접종	예방접종 대상 전염병관리
		비상방역체계	매개체 전염병관리 식품매개 전염병관리 신종 전염병관리
		의료관련감염	
		결핵	결핵 · 호흡기질환 및 약제 내성관리
		에이즈	에이즈 · 성병 및 혈액매개 전염병관리
안전 · 환경보건		식품정책	
		손상예방	
		건강영향평가	
인구집단별 건강관리		모성건강	모성보건
		영유아건강	영유아보건
		노인건강	노인보건
		근로자건강증진/군인건강증진	근로자 건강증진
		학교보건	학교보건
		다문화가족건강	
		취약가정방문건강	
		장애인건강	
			형평성 확보
사업체계의 확충과 효과적 관리		기반(인프라)	
		평가	
		정보 및 통계	
		재원	

[자료원 : 제3차 국민건강증진종합계획(2011–2020), 보건복지부, 2011]

(2) 아동 · 청소년 건강증진과 관련된 국가정책

건강증진 정책 중 아동 · 청소년대상의 건강증진과 관련된 정책 및 계획은 [표 2-2]와 같다. 아동 · 청소년 건강증진 관련 정책은 '국민건강증진 종합계획 2010', '학생건강증진 종합대책', '학교급식종합대책', '어린이 건강대책'의 여러 국가정책 계획에 포함되어 있으나 각각의 정책과의 연계나 조정은 거의 없는 실정이며 내용에 있어서도 일관성 부족과 중복이 많다. 현재 아동 · 청소년에 대한 건강관리 프로그램 운영에서 가장 중요한 것은 교육과 보건의 연계이다. 우리나라는 교육부처와 보건부처의 협력과 명확한 역할분담이 미진하고 교육현장의 특성으로 인하여 학생의 건강증진을 도모하기 위한 건강증진 프로그램을 적극적으로 수행하여 건강행위 실천을 유도하기에는 매우 미흡한 실정이다.

[표 2-2] 아동 · 청소년 건강증진 관련 국가정책 및 계획

국가 대책 및 계획	주관 기관	내용
학생건강증진 종합대책 (2007~2011)	교육과학 기술부	• 비만학생 예방프로그램 운영. 정착:2011년까지 학생비만율 15%로 감소 • 학교급식 영양표시제 운영, 학교 내 탄산음료 판매 금지 • 신체활동 강화 프로그램 운영. '웰빙 건강체조 실시' • 학교 스포츠 클럽 운영 • 학생 건강체력 평가시스템 도입 • 학교 건강환경 평가제 도입
학교급식 개선 종합대책 (2007~2011)	교육과학 기술부	• 학교급식 영양관리기준, 학교급식 영양표시제 • 학교급식 품질관리 및 안전성 강화 • 영양관리 및 식생활 지도 강화 • 지역거점 학교급식 지원센터 설치운영
어린이 건강대책 (2007)	대통령자문 국가지속가능 발전위원회	• 비만 · 체력관리를 위한 학교중심 건강관리체계구축 • 학교 및 사회체육 활성화 등 어린이 체력증진 대책 수립 • 식품영양 관리를 통한 어린이 비만관리 강화 • 저소득층 아동지원 강화

[자료원 : 김혜련(2008). 아동 · 청소년 건강증진사업의 과제와 발전방향. 보건복지포럼]

4) 건강증진사업의 발전과 흐름

(1) 라론드 보고서(Lalonde's report)와 알마아타 선언(Declaration of Alma-Ata)

제2차 세계대전 이후 임상의학은 눈부신 발전을 거듭하여 질병 퇴치에 공헌해 왔다.

1970년대에 들어서면서 지속적으로 새로운 기기와 치료법이 개발되면서 의료비 증가에 의한 경제적 부담, 치료중심의 의료제도에 대한 반성이 일기 시작했다. 이런 와중에 1974년 캐나다에서 당시 보건복지부장관이었던 라론드(Marc Lalonde) 명의의 보고서가 발표되었다.

『라론드 보고서』의 기본철학은 기존의 질병예방에서 건강증진으로 초점을 맞추고 숙주와 병원체, 환경으로 대별되는 기존 병인론에서 장기에 걸친 다수요인에 기초한 병인론으로 재구축하는 것이었다.

즉 건강, 질병, 그리고 사망을 결정하는 요인을 유전, 물리적 환경, 생활방식, 그리고 의료의 네 가지로 분류하고, 각각이 건강에 미치는 영향의 비중을 정하였다. 이 중 생활방식이 건강에 미치는 영향이 60% 이상을 차지한다고 함으로써 건강의 결정요인으로서 올바른 생활방식이 중요함을 강조하였다. 이 보고서를 기폭제로 하여 전세계적으로 새로운 건강증진운동이 확산되어 나가기 시작했다.

또, 당시 병인의 역학적 규명, 시민운동과 인권운동 등에 주민참여가 확대되면서 질병예방의 중요성이 재인식되면서 건강증진운동이 범세계적 조류를 타게 되었다. 즉, 예방사업은 보건의료관계자들뿐만 아니라 다수의 사람들이 유기적으로 참여해야 한다는 새로운 요구가 제시된 것이다.

『라론드 보고서』의 영향을 받은 WHO에서는 1978년 소련의 알마아타에서 치료중심의 의료에서 예방을 강조하는 1차보건의료(Primary Health Care, PHC) 개념을 제창한 알마아타 선언을 채택한다.

(2) Health for All by 2000 전략과 Healthy people

Health for All by(the year) 2000 전략은 1977년 처음 제안되어 이듬해(1978. 9. 12) 알마아타 회의에서 그 이념이 채택되었다. 이어 1995년도에 21세기를 겨냥한 새로운 전략으로 사업을 진행하고 있다.

한편, 미국에서는 캐나다에서 『라론드 보고서』가 나온 지 5년 뒤인 1979년 기존과는 다른 새로운 국민보건정책인 'Healthy People'을 제안했다. 이 정책의 특징은, 역학과 건강에 대한 위험요소를 중시하고 개인의 생활습관을 개선하여 건강을 실현하는 것에 초점을 맞춘 것이었다. 1990년에 전개된 'Healthy People 2000'을 필두로 2000년에는 'Healthy People 2010'을 통해 과학적으로 입증된 수치목표를 생애주기 등 계층별로 설정하여 목표를 달성하는 전략을 구사하고 있다. 지금 현재 우리나라와 일본에서 전개되고 있는 건강증진사업 국가전략은 미국 방식을 대폭 수용하고 있다.

(3) 건강도시와 오타와 헌장(Ottawa charter)

1980년대 후반이 되면서 개인의 노력에 기초한 예방활동에 대한 비판이 널리 일어나기 시작했다. 예방은 개인의 노력만으로는 한계가 있고 사회환경의 정비, 자원개발 등이 필요하다고 보고, 질병에 걸린 혹은 바람직하지 않은 습관에 노출된 사람들에 대한 비판이 자제되기 시작했다. 이 무렵 1986년 도시 전체의 환경을 건강증진에 기여하는 쪽으로 개선시키고자 하는 새로운 흐름인 'healthy city 운동'이 유럽을 중심으로 제창되어 현재 2차 사업기(1998~2002)를 맞고 있다.

같은 해(1986) 11월 캐나다 오타와에서는 최초로 세계 건강증진대회가 열려 건강증진을 개인의 생활개선에 한정시키지 않고 사회적 환경의 개선을 포함하는 것을 재확인하는 '오타와 헌장'을 채택했다.

(4) 세계건강증진대회(2000년 5차 대회까지)

제1차 세계대회는 1986년 11월 『라론드 보고서』로 시발점을 연 캐나다 오타와에서 열렸다. 오타와 대회에서는 WHO에서 천명한 바 있는 '모든 이의 건강'(Health for All)이라는 기본전략을 재확인하면서 건강증진 개념을 적극 수용했다.

오타와 헌장에서는 건강의 전제조건으로서 평화, 환경, 사회정의와 평등, 교육, 식량과 소득 등과 같은 재원을 명시하고, 나아가 적절한 공공정책, 건전한 환경 조성, 지역사회 역량 함양, 자기건강 돌보기 육성, 보건서비스 개혁 등이 필요하다고 강조한다. 즉, 자기건강 돌보기에서 한 걸음 더 나아가 조직적 · 체계적으로 지역사회를 통해서 접근하는 것이 중요하다는 것이다.

적절한 공공정책 수립에 관해서는 지난 1988년 호주 Adelaide에서 열렸던 제2차 대회에서 심도 깊게 논의된 바 있다. 모든 공공정책은 보건의료서비스 등에 대한 주민의 접근도를 높여 건강을 위협하는 경제적 · 사회적 불평등을 해소시켜 나가야 한다고 지적하면서 정치적 결단을 요구하고 있다. 비단 관련부처뿐만 아니라 모든 방면의 정책결정자들은 자신이 만든 정책이 보건에 미칠 영향을 깊이 고려해야 하고 또한 보건복지에 대한 투자를 확대시켜 나가야 한다는 것이다.

제2차 대회에서는 ① 여성건강증진, ② 식품안전 사고예방과 영양, ③ 금연 및 절주, ④ 건강한 환경 조성 등 4대 주제를 다루었다.

특히 마지막 주제인 건강한 환경조성은 1991년에 스웨덴 Sundsvall에서 열린 제3차 대회에서 다시 집중적으로 다루었다. 세계적으로 무력충돌, 인구급증, 불량식품, 자기 건강 돌보기 수단 결여, 자연파괴 등 건강에 위협적인 환경요소가 만연하고 있는 현실에서, 제3차 대회에서는 지속가능한 개발과 주민이 참여하는 지역사회 실천의 중요성을 강조했다. 이 주제는 이듬해(1992) 리오데자이네로에서 열린 리우회의에서 '아젠다 21'로 계승 · 발전되었다.

1997년 개발도상국에서는 처음 열렸던 자카르타 제4차 대회에서는 오타와 헌장의 영향을 재검토하고, 범지구적 도전에 따른 새로운 팀웍(New Players to meet global challenges)이라는 주제로 처음 건강증진사업에 민간부문의 참여를 논의했다. 또한, 지난 10년간 세계에서 보건향상을 위해 추진되었던 건강증진사업에서 얻어진 근거와 경험이 논의되었다.

이러한 논의는 사업의 적절성을 제고하고 접근방법을 세련되게 다듬는 핵심전략을 도출하게 해 주었다. 자카르타 회의에서는 5대 주제가 정해졌다. 이들 주제는 이듬해(1998) 5월 개최된 세계보건총회에서 채택되었다. 이는 다음과 같다.

① 건강에 대한 사회적 책임 제고
(Promoting Social Responsibility for Health)

② 지역사회 역량과 자기건강돌보기 역량 함양
(Increasing Community Capacity and Empowering the Individual)

③ 연대를 통한 동반자관계 제고
(Expanding and Consolidating Partnerships for Health)

④ 보건부문 투자확대
(Increasing Investment for Health Development)

⑤ 건강증진을 위한 인프라 구축
(Securing and Infrastructure for Health Promotion)

새로운 21세기에 접어들면서, 첫째는 과연 건강증진정책 개입이 건강과 삶의 질을 높여 줄 수 있는가 하는 것이고, 둘째는 정책개입이 건강에 대한 형평성을 향상시킬 수 있는가 하는데 대한 중요성이 부각되고 있다.

형평성은 건강증진 개념에서 핵심이 되고 있다. 우리는 불평등 요소가 현저하게 개선되어 왔다고 생각한다. 하지만, 사회적 · 경제적 불평등 요소는 여전히 확대되고 있고 건강에 영향을 미치는 환경을 위협하고 있다. 이런 연유에서 이번 제5차 대회에서는 국가적 · 세계적 불평등을 해소하는 방안에 초점을 맞추었다.

제5차 대회에서는 열악한 환경에 처해 있는 사람들의 건강과 삶의 질을 향상시키기 위한 건강증진 정책개발과 확산이 주제였다. 대회 주최는 WHO, PAHO(범미주보건기구), 멕시코 보건복지부가 맡았다. 대회 목적은 다음과 같았다.

① 건강증진정책을 통해 인류의 건강과 삶의 질을 어떻게 높여 줄 수 있는지 규명해야 한다(특히 열악한 환경에 처해 있는 경우에 고려).

② 지역적 · 국가적 · 세계적 개발의제에 보건을 우선순위로 고려하게 한다.

③ 부문간 연대를 통해 협력해 나가야 한다.

5) 학교건강증진

우리나라에서는 1995년 국민건강증진법, 시행령 및 시행규칙을 제정하였으며, 제정취지를 "급성전염병 발생감소와 만성 퇴행성 질환 만연에 따른 국민생활의 질적 저하와 국민의료비 급증"에서 "상병의 조기발견 및 치료중심의 소극적 방법에서 보건교육, 영양개선 및 건강생활의 실천 등의 적극적 방법으로의 전환"이라고 밝힌 바 있다.

건강증진을 위한 활동영역은 개인, 지역사회의 활동, 건강증진에 바람직한 환경구성, 건전한 공공정책의 수립, 보건의료제도의 방향 재조정 등 몇 가지로 나누어 볼 수 있는데, 결국 보건의료계 전 분야에 걸친 노력이 필요함을 알 수 있다.

만성 퇴행성 질환의 발병과 깊은 연관성이 있는 생활습관에는 흡연, 음주, 수면을 포함한 신체활동 및 운동습관, 식습관, 스트레스에 대한 대처 등이 포함될 것이다. 생활습관과 관련된 건강증진에 대한 관심은 극히 최근에 시작되어 아직까지 그 연구나 실천방안은 체계적으로 마련되어 있지 않으며, 지역에서 18세 이상 성인 혹은 전 주민을 대상으로 하는 지역중심의 건강증진사업은 대부분의 보건소 중심의 건강증진사업으로 시도되고 있는 데 반하여 실제 건강증진의 주요 대상이 되어야 할 18세 미만의 유아, 아동 및 청소년에 대한 학교 중심의 접근은 극히 최근에 열악한 조건에서 시도하고 있는 실정이다.

미국 질병관리국에서는 미국 청소년의 건강관련 위험행동 요인을 흡연, 식행동, 부적절한 육체활동, 음주와 약물남용, 성행동, 사고의 여섯 가지로 보고, 청소년 건강위험행동 요인 감시체계(The Youth Behavior Surveillance System)를 구축하여 2년마다 학교단위의 조사연구를 실시하고, 위험요인의 유병률 감소를 위한 교육프로그램의 개발과 실시를 지원하고 있다.

청소년 건강위험행동 요인 감시체계는 5세에서 24세의 어린이와 청소년의 건강위험도를 파악하고, 이들 위험요인의 실태를 지속적으로 분석하며 예방할 수 있는 국가적 교육 프로그램을 개발하여 적용하기 위한 것이다.

또한, 미국의 질병관리국(CDC)에서는 이러한 프로그램의 평가와 개선을 위해서 학교보건과(Divison of School Health)를 설치하여 운영하고 있으며 포괄적 학교보건 교육의 필요성을 강조하고 있다.

포괄적 학교보건 교육(comprehensive school health education)의 주요 요소는,

① 유치원부터 단계적인 교육의 마련

② 성장에 따른 인지도를 고려한 교육범위

③ 건강 위험요인을 감소시킬 수 있는 기술을 개발할 수 있는 활동으로 구성

④ 학년별 적절한 시간을 배치

⑤ 교육받은 전문인이 관리

⑥ 각 주제를 교육할 수 있도록 교육받은 교사로부터 지도

⑦ 부모와 건강전문가, 다른 지역사회 구성원들이 함께 참여

⑧ 정기적으로 평가하고 개선

선진국에서 지금까지 진행되었던 건강증진 프로그램으로 가장 잘 알려진 Stanford Five City Project와 North Karelia Program, Minnesota community based health promotion program 등은 학교중심 건강증진사업을 전체 지역중심 건강증진사업의 일부로 활성화하여, 가장 성공적인 교육프로그램으로 지칭된다.

최근 어린이와 청소년들이 만성질환 예방을 위한 건강증진에 주요 대상으로 주목받고 있는 이유를 Perry 등(1985)은 다음의 몇 가지로 설명하고 있다.

① 건강과 관련된 행동양식은 어린 시절에 학습되며 청소년기를 거쳐 성인기까지 지속된다. 음식에 대한 기호, 신체활동의 수준, 흡연의 시작이 그 예라고 할 수 있으며, 어린 연령에 문화 속에서 혹은 가족이나 동년배들에게서 배우고 유지한다. 따라서 어린이와 청소년들을 대상으로 하는 개입이 필요하다.

② 당뇨 및 심혈관 질환 같은 만성질환의 위험요인이 이미 어린이와 청소년기에 시작된다는 분명한 생리학적 연구결과들이 보고되었고, 이러한 높은 위험률은 유전적

요인과 행동요인 모두와 상관성이 있기 때문에 고위험군인 어린이를 찾아내어 행동수정을 시작하는 것이 바람직하다.

③ 어린이와 청소년은 학교에서 습득한 새로운 정보와 문화적 변화 등을 다른 가족 구성원에 전달하며, 그들의 변화를 유발시킬 수 있는 영향력을 가진 독특한 특성의 인구집단이기 때문이다.

학교중심의 교육프로그램은 금연교육 프로그램, 비만아들을 대상으로 하는 체중조절 프로그램 등 고위험군에 대한 중재 프로그램과 위험군을 구분하지 않고 학생 전체를 대상으로 하는 건강행동 수정 프로그램으로 구분할 수 있다.

이미 서구에서는 비만을 비롯하여 금연 프로그램, 활동교육 프로그램, 식생활 교육 프로그램 각각에 대한 평가와 학교중심의 포괄적 건강증진사업에 대한 연구들이 많이 있다. 학교중심의 식생활, 활동성 향상을 위한 다양한 교육 프로그램이 지역 내에서 지역 건강증진사업과 연계하여 실시하거나 지역에서 혹은 국가차원에서 지원되어 개발 및 평가가 이루어졌으며, 이를 토대로 학교에서 실태를 정확히 파악하고 포괄적 건강증진 사업을 기획할 수 있도록 활용지침서를 제공하고 있다.

한편, 우리나라는 입시위주의 교육현실로 인하여 학생들의 건강증진을 꾀하기보다는 오히려 건강에 유익하지 않은 생활이 습관화될 수밖에 없는 환경에 놓여 있다. 즉, 주변에서 쉽게 구매할 수 있는 패스트 푸드의 섭취빈도가 높아지고, 부족한 활동수준으로 만성질환에 대한 유병률이 높아지고 있다. 따라서, 생활습관을 형성하는 과정으로서 교정의 여지가 남아 있고 또한 교육효과가 뛰어난 학교에서의 건강증진이 필요하다.

2. 건강증진 프로그램

2.1 시력관리

산업화로 인한 물질문명의 발달로 인해 학생들의 텔레비전 시청, 컴퓨터 사용, 학습시간의 증가로 인해 학년이 올라갈수록 시력이 떨어지는 경향을 나타내고 있다. 학생들이 정상시력으로 성장하기도 전에 시력을 해친다는 것은 아동 개인의 문제만이 아닌 국민건강의 문제이며, 특히 초등학교 학교보건의 역할이 중요함을 인식시킨다.

눈은 몸의 성장과 마찬가지로 청소년기에도 계속 성장하고 있으므로 충분한 휴식, 영양섭취가 필요하며, 눈 관리가 소홀하면 균형적 성장이 장애를 받아 근시가 발생한다. 학생의 시력문제 중 대부분은 근시안으로서 이는 학업시간 중 그릇된 습성과 주위 환경, 그중에도 학업시간이 장시간 계속하는 경우에 근시로 될 가능성은 더욱 높다. 만약 근시가 있거나 이것이 점차 진행되는 경우 1년에 2회 주기적으로 안과 전문의의 진찰 및 처방이 필요하다. 초등학생 시력장애의 대부분인 근시안의 발생요인에 관하여서는 아직 확실한 정설이 없는 상태이나, 최근에는 개개인이 처해 있는 사회적 · 문화적 · 경제적 환경요인에 의해 시력변화를 가져올 수 있다고 보고, 선천적 요인보다 후천적 요인을 더 중요시하는 경향이 있다.

각급학교 교정학생 · 교정대상 학생 증가에 따른 서울시 교육청(2010)의 학생의 시력관리에 대한 기본방향은 다음과 같다.

① 각급학교 학생들의 시력 저하에 따른 예방교육 강화로 학생 및 교직원의 시력 보호 및 쾌적한 학습 환경 조성

② 시력보호를 위한 조도기준(300Lux) 확보 및 조명환경(채광, 조도) 유지 관리로 적정 학습 환경 조성

③ 유아의 건강한 시력발달을 위한 바른생활 습관 고취 및 학부모들이 자녀의 시력관리를 스스로 할 수 있는 능력 배양

1) 학생 시력저하 관련요인

눈의 기능조절에 중요한 것은 각막의 굴절력, 수정체의 굴절력과 위치, 안구의 길이 등 세 가지이다. 이 세 가지 상호작용에 의해 정시, 근시, 원시의 구별이 생기고 난시가 생긴다. 이러한 굴절이상 중 초등학생들에게 가장 빈번한 문제가 되는 근시는 약 25~35%를 차지하며 그 정도에 따라 경도, 중등도, 고도근시로 분류된다. 근시는 눈의 조절력이 기능하지 않는 상태에서 물체로부터 오는 광선이 굴절하여 망막보다 전방에 상이 맺히는 상태를 말한다.

근시의 원인에 대해서 아직 확실한 정설은 없다. 후천성 근시가 장기간 근거리 작업으로 인해 초래된다고 보고하고 있고(김승명, 안병무, 1998), 그 기전에 대해서는 아직도 규명되지 않고 있다. 그러나 근거리 작업과 독서는 일찍이 근시의 진행에 있어 위험요소로 간주되어 왔다(Sorsby, Leary and Fraser, 1966).

시력저하의 원인은 다음과 같다.

① **개인적 요인** : 유전, 생활습관, 영양상태 등

② 근거리 작업이나 독서, TV, 컴퓨터, 오락기 사용

③ 조명 불량

④ 나쁜 자세

⑤ 눈에 적당한 휴식을 주지 않는 것

2) 학생 시력저하 증상

(1) 잘 안 보이며 흔히 눈을 찌푸리고 보는 경향이 있다.

(2) 안정피로(눈과 머리가 아프며 경우에 따라 오심)를 호소한다.

(3) 눈이 쉽게 피로하고 두통이 생긴다.

3) 학생 시력저하 예방교육 강화

(1) 학교와 가정에서 근시 예방을 위한 생활습관 교육 실시(독서법 · 컴퓨터 · TV시청 지도, 올바른 안경사용 방법, 컴퓨터 스크린 전자파로 인한 VDT증후군 예방대책 등)한다.

(2) 각급학교별 시력저하 예방 관련 행사실시(예: 매년 11.11일 '눈의 날' 행사, 시력보호 포스터 · 글짓기 등 개최)한다.

(3) 시력보호를 위한 일정한 휴식 및 영양 교육 실시(비타민이나 칼슘 부족시 근시가 생길 수 있으므로 균형잡힌 영양공급 필요)한다.

① **음식물**

㉠ 아침식사를 꼭 한다.

㉡ 음식물의 편식을 피한다.

㉢ 가공식품, 단음식, 탄산음료를 피한다.

㉣ 비타민 A, 무기질, 단백질을 충분히 섭취한다(홍당무, 시금치, 호박, 버터, 우유, 콩, 해초, 계란 노른자 등).

② 안정

㉠ 바른 자세로 항상 마음의 안정을 유지한다.

㉡ 충분한 수면을 취한다.

㉢ 긍정적인 마음의 태도를 갖는다.

㉣ 목과 눈 혈점을 수시로 지압하고 가벼운 안구운동을 자주 실시한다.

4) 학교 건강검사 결과 시력관리 강화

(1) 학생 시력저하 예방교육 강화

올바른 독서법, 컴퓨터 · TV 시청 지도, 올바른 안경사용 방법, 컴퓨터 전자파로 인한 VDT증후군[1] 예방대책 등 학교와 가정에서 근시예방을 위한 생활습관 교육 실시

(2) 학교건강검사 결과, 시력 교정대상 · 교정학생 시력 관리강화

① 고도근시 · 저시력 · 기타 안과 질환이 있는 학생에 대하여 연 1회 이상 안과 전문의에게 정밀검사를 받을 수 있도록 가정에 안내

② 고도근시 학생의 경우 과중한 운동금지(망막박리로 인한 실명의 원인 제공)

③ 저시력 학생(교정시력 0.04~0.3)에 대한 학습지도 대책 및 특수교육 연계

(3) 유치원 유아 시력보호 사업 추진(실명예방재단 협력사업, 학교보건진흥원)

5) 각급학교 조도 관리

(1) **채광**(자연조명) : 직사광선을 포함하지 않고 최대 · 최소 비율이 10:1 이내 유지 및 교실 밖 반사물로부터 눈부심 발생을 억제한다.

(2) **조도**(인공조명) : 교실 책상면이 300Lux 이상이고 최대 · 최소 비율이 3:1 이내 유지 및 인공조명에 의한 눈부심 발생을 억제한다.

(3) 실내 마감(창 면적 변경, 유리교체, 차양설치 등) 유지 관리, 조명설비 청소, 형광

---

1) VDT증후군(Visual Display Terminal Syndrome) : 컴퓨터 단말기 증후군이라고도 하며, TV, 비디오 게임기, 컴퓨터 등을 장기간 사용, 반복적 키보드사용, 적절치 않은 조명, 좋지 않은 자세 등에 의해서 발생하는 눈의 장애, 두통, 목, 어깨, 손, 허리의 통증을 유발하는 복합적 증후군

등 · 안정기 교환 등을 실시한다.

6) 올바른 눈 관리

(1) 학습에서의 눈 보호

① 독서할 때 올바른 자세 유지(올바른 자세가 무너지고 가슴을 압박한다든지 등을 구부리는 좋지 않은 자세가 근시의 원인이 될 수 있음)

② 책은 눈에서 30cm 떨어져서 봐야 하며 엎드리거나 누워서 책을 보거나, 흔들리는 차 속에서 독서 지양

③ 독서 후 주기적인 눈의 휴식이 필요(1시간 독서 후 5~10분 휴식)하다.

④ 책상이 너무 높거나 낮아서 책을 지나치게 가까이 보지 않도록 일정 거리 유지

⑤ 독서할 때 조명은 너무 어둡거나 너무 밝은 것은 좋지 않으며, 광원은 왼쪽 위에서 비추게 해서 글을 쓸 때 손의 그림자가 생기지 않도록 유지

⑥ 스탠드나 실내 전등은 매월 1회 이상 청소

(2) 정기적인 시력검사

① 누구나 1년에 한 번 이상 안과전문의에게 시력검사를 받는 것이 좋으며, 알맞은 안경 및 콘텍트렌즈 착용

② 고도 근시 학생은 특히 과중한 노동 또는 과격한 운동 삼가(망막 박리 발생)

(3) TV, 컴퓨터, 오락기와 눈 보호

① TV화면, 컴퓨터, 전자오락기 같은 시각물에 의한 시력저하, 눈의 피로, 눈의 건조감, 아물거리는 희미한 시력 및 색각의 이상현상 등을 유발하며, 특히 컴퓨터로 인한 VDT증후군(Visual Display Terminal Syndrome)질환 발병

② 컴퓨터 작업 및 작업환경에 따른 눈 이상 예방대책

③ 눈의 적절한 휴식 유지(방법 : 휴식 시간에 눈을 이용해서 다른 시각물을 보지 않고 가만히 눈을 감고 있거나, 먼 곳을 주시)

④ 작업환경 개선(방법 : 작업높이는 눈높이 보다 낮게, 실내조명은 균일하고 어둡지 않게, 자세는 바르게, 실내 환기를 자주 하여 온도와 습도의 조절 필요)

(4) 영양 관리

① 편식으로 신체발육에 필요한 영양소나 비타민류가 부족하게 되어 근시의 원인이 되므로 비타민류나 칼슘이 충분한 균형있는 영양식 필요

② 눈에 좋은 영양소인 비타민 A가 풍부한 달걀노른자, 버터, 치즈, 당근, 시금치, 비타민 B가 풍부한 감귤, 딸기 등과 단백질 섭취

7) 안경 및 콘택트렌즈 관리

(1) 안경 관리

① 안경 선택할 때 1.2와 같은 완전 교정시력보다는 1.0~0.8 정도의 교정시력이면 눈의 피로도 없애고 시력이 떨어지는 것도 어느 정도 늦추는 데 도움

② 교정시력을 그대로 유지하기 위해서는 원래의 모양을 유지

③ 정기적으로 도수를 조정(안경을 사용하다 보면 렌즈 중심과 눈동자 중심이 서로 일치하지 않아 쉽게 피로를 느끼거나 시력 저하 우려)

④ 안경은 전용 헝겊이나 부드러운 헝겊으로 닦고 코 받침 뒤쪽은 낡은 칫솔을 이용

⑤ 안경을 끼고 벗을 때는 꼭 양손을 사용

⑥ 안경을 벗어 놓을 때는 아래와 위를 반대로 위치

⑦ 눈의 초점과 안경렌즈 초점이 일치할 수 있도록 눈에 밀착 착용

(2) 콘택트렌즈 관리

① 세척과 소독 철저 관리

② 매일 자기 전에 렌즈를 빼서 세척한 후 렌즈 보관통에 깨끗이 보관하였다가, 다음날 아침에 착용(연속 착용렌즈라도 특별한 경우가 아니면 매일 빼고 취침)

③ 콘택트렌즈 착용 후 즉시 안과로 가야 하는 경우

㉠ 눈이 심하게 충혈된 경우

㉡ 눈이 아픈 경우

㉢ 눈이 뿌옇게 보이는 경우

㉣ 시력이 떨어진 경우

㉤ 검은 눈동자에 혼탁이 생긴 경우

2.2 구강보건 관리

현재 우리나라 구강건강수준은 다른 선진국과 같이 국민생활수준이 향상됨에 따라 치아우식증(충치) 유병률이 점차 낮아져야 하는데, 반대로 우리나라 사람의 치아우식증은 다른 나라에 비해 유병률이 낮아지지 않고 있다. 일단 치아우식증과 치주병(잇몸질환)은 발병하면 원상회복이 어렵고, 치료를 하지 않고 방치했을 때는 결국 치아를 뽑아야 하므로 이 시기에 구강건강증진을 위한 노력이 필요하다. 따라서 치아우식증이 높은 점을 감안하여 학교구강보건사업은 학교 학생을 대상으로 사전 예방 구강보건교육을 실시하고 있으며 학생들이 점심식사 후 잇솔질을 생활화 할 수 있도록 하여야 한다. 또한 학령기 때 학교장, 학부모의 관심과 보건교사의 지도가 협력되어야만 치아우식증 예방효과를 크게 기대할 수 있다.

초등학교에서는 학생들을 대상으로 불소용액 양치사업으로 0.2% 불화소다 용액을 사용하여 주 1회 양치사업(매일 1회 양치사업의 경우는 0.05% 사용)을 하여 치아우식증을 예방하고 학생 스스로 구강 건강관리를 습관화하도록 지도하고 있다.

학교구강건강관리로는 구강보건교육, 집단잇솔질, 불소용액 양치사업, 이동치과 예방사업 등을 실시하여 학생들의 구강건강증진 및 구강질환 예방을 도모할 수 있다.

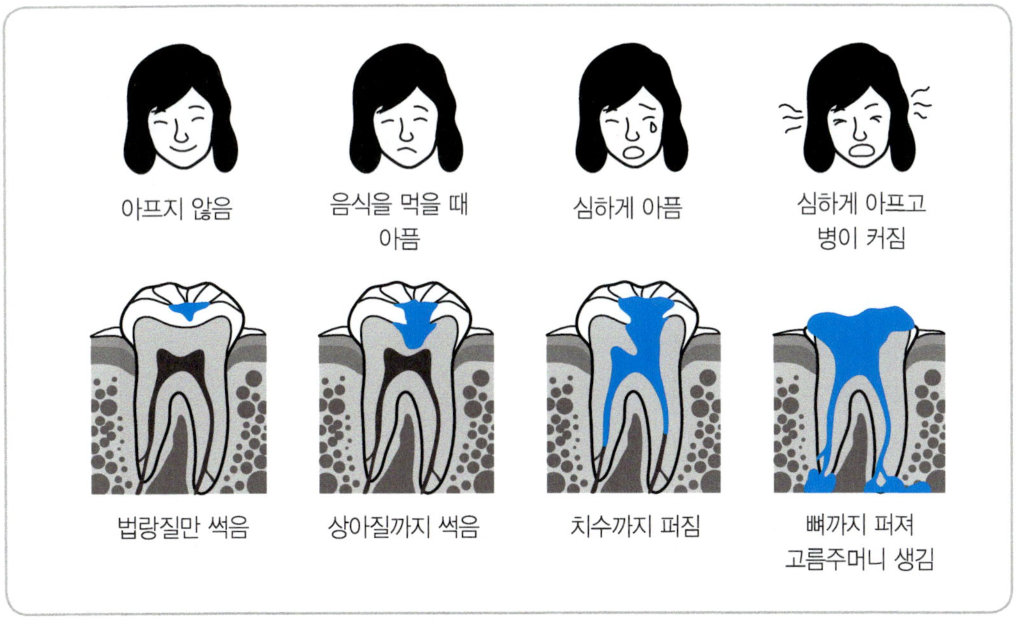

[그림 2-2] 치아우식증

1) 치아우식증 예방

(1) 올바른 잇솔질로 매 식사 후와 잠자기 전에 이를 닦아 구강을 항상 깨끗이 한다(하루 3번 이상, 식후 3분 이내, 3분 동안).

(2) 치아에 해로운 탄수화물과 달고 끈적이는 음식 섭취를 제한하고, 치아건강에 좋은 식품인 우유, 두부, 생선, 과일, 야채, 미역 등을 섭취한다.

(3) 6개월에 한 번씩 정기적으로 구강검진을 받는다.

(4) 치아 홈메우기를 실시한다. 이는 어금니 표면에 있는 가느다란 틈새를 플라스틱 계통의 복합레진으로 메꾸어 세균이나 음식 찌꺼기가 끼이지 못하게 하는 방법이다.

(5) 불소도포 및 불소용액으로 양치한다. 불소도포는 충치이완율에 따라 1년에 1~4회 정도 정기적으로 시행한다. 치과용 불소겔을 담은 틀을 4분 정도 물고 있다가 30분 정도 아무것도 먹거나 입을 헹구지 않도록 하는 방법이다. 불소양치법은 이를 닦고 0.05%(주 1회는 0.2%) 불화소다액(NaF, sodium Fluoride)으로 1인당 10㎖를 입에 머금고 1분 동안 함수하다 뱉는다. 이때 삼키지 않도록 하고, 가급적 양치 후 30분 동안은 음식을 먹지 않는다.

학교 불소용액 양치사업의 장점은 다음과 같다.

① 단시간 내 도포가 가능하다.
② 구강보건 전문기술이 필요하지 않다.
③ 학업에 지장을 주지 않는다.
④ 학동들이 쉽게 할 수 있다.
⑤ 특수기구 · 장비가 필요하지 않다.
⑥ 불소도포용액을 쉽게 만들 수 있다.
⑦ 약간의 훈련받은 비전문가가 관리할 수 있다.
⑧ 학동들의 책임감을 불러일으킬 수 있다.

그러나 불소용액을 1.5ppm 이상 사용하면 치아가 검게 착색되거나 부서지는 반상치를 초래할 수 있으므로 주의해야 한다.

2.3 비만관리

경제적 수준의 향상과 서구적 식생활의 보편화 등으로 인한 성인의 비만 유병률 증가와 이에 따른 비만관련 질환 증가 등이 보건학적 문제로 제기되고 있다. 성인과 마찬가지로 소아 및 청소년에서의 비만 유병률도 세계적으로 증가하고 있다.

특히 비만아동의 경우 정서불안, 욕구불만뿐 아니라 인내력이 약하고 자기도피, 열등감을 지니며 집단참여도 및 사회적응력의 저하 등의 심리적 특성을 가진다. 또한, 대부분의 운동능력에서 뒤지며, 학업성적이나 지능의 둔화와도 관련이 있다.

더욱 중요한 것은 비만아동의 70%가 성인비만으로 진행되어 성인병의 온상이 되고 있다는 점이다. 소아 및 청소년 시기는 지방세포가 수적으로 증가되는 시기이며, 호르몬의 작용에 의해 체형변화가 일어나는 시기이므로 생리적으로도 이 시기의 비만관리가 성인기의 관리보다 용이하고 효과적일 수 있다. 일단 성인비만이 되면 지방세포의 수가 증가된 상태이므로 정상체중으로의 전환이 어렵게 된다.

비만은 이러한 성인병과 밀접한 관계가 있을 뿐 아니라 그 수가 급증하고 있는 추세이다. 선진국의 경우 고혈압과 관상동맥질환의 유병률은 감소하는 반면, 비만은 아직도 증가하는 경향을 보이고 있는데, 이러한 추세로 미루어 볼 때, 우리나라의 비만 관련 국민보건의 중요성은 실로 크다고 하겠다. 서울시 학교보건진흥원은 초등학생을 대상으로 한 비만관련 자료에서 전체 학년에서 비만지수(BMI: Body Mass Index)가 증가하였다고 보고하였다.

한편, 고도비만아의 경우 많은 합병증을 가지는데, 우리나라의 고도비만아의 62%는 고지혈증, 39%는 지방간, 7%는 고혈압, 0.3%는 당뇨병을 가지며, 상기 합병증 중 한 가지의 합병증을 고도비만아의 79%에서 보인다고 보고되고 있다.

그러므로 아동 및 청소년 시기에 올바른 생활습관과 건강지식의 습득을 통해 비만 및 순환기 질환을 관리 · 예방하는 건강증진사업은 필수적이라 하겠다. 이러한 건강증진사업이 성공적으로 진행되기 위해서는 학생 자신뿐만 아니라 가족지역 사회학교에서의 공조(共助)가 매우 중요한데, 특히 학교(교사, 敎師)의 중요성은 매우 크다고 하겠다. 왜냐하면, 학생들은 활동시간 및 지식의 습득과정의 대부분을 학교에서 보내며, 동료학생들과의 건전한 학교생활을 통하여 지식과 사회성을 함께 습득하기 때문이다. 즉, 학교단위로 교사들이 적극 참여하고, 학생들에게 실질적인 도움이 되는 건강증진 프로그램이 학생들의 실정에 맞게 개발되고 검토되는 지속적인 작업이 필요하다.

1) 비만의 원인

(1) 과식

비만의 원인은 여러 가지가 있으나 그중 첫 번째로 꼽히는 것이 과식이다. 지나치게 많이 먹으면 섭취 칼로리가 소비 칼로리를 웃돌아 당연히 몸에 쌓이게 되고, 이것은 지방세포에 중성지방이 축적되는 것이며, 결과적으로 살이 찌게 되는 것이다.

식욕은 인간의 대뇌 밑에 있는 시상하부에는 만복중추와 섭식중추가 있어 배가 부르면 만복중추가 그만 먹자고 명령을 내리고, 배가 고프면 섭식중추가 무언가 먹으라는 명령을 하게 된다.

비만한 사람은 충분히 먹고도 만복감을 느끼지 못하여 만복감을 느낄 때까지 계속 먹게 되는 것이다. 이렇게 계속 먹게 되면 배가 부른데도 자꾸 습관적으로 더 먹게 되고, 그렇게 계속 더 먹게 되면 만복감의 범위도 상승하여 악순환이 계속적으로 반복되게 되는 것이다.

(2) 잘못된 식사방법

불규칙적인 식사로 인한 폭식, 간식과 야식을 주식보다 더 과다섭취를 한다든가, 스트레스가 쌓이면 먹는 것으로 해결하는 경향 등이 비만을 일으킨다.

그러면 어떻게 하는 것이 표준체중을 지켜 나가는 방법일까? 살찐 사람들 중에는 식사량을 줄이기 위해 끼니를 거르는 사람들이 많다. 그러나 바로 이런 식습관이 비만의 원인이 된다. 끼니를 거르면 다음 식사까지 공복감이 심해져 평소보다 많이 먹게 되고 혈당치도 높아지고, 이에 따라 인슐린 분비도 촉진되어 지방세포의 지방합성이 늘어나게 된다.

또, 같은 양의 칼로리를 섭취하더라도 한꺼번에 많이 먹는 사람보다 여러 번 나누어 먹는 것이 살찌지 않는다. 같은 양의 칼로리일지라도 한 번에 많이 먹으면 저장 칼로리가 늘어 지방이 증가하기 때문이다.

그러나 여기서 잘못 생각하지 말아야 할 것은, 음식이나 간식은 여러 번 나누어 먹으면 살찌지 않는다는 생각으로 시시때때로 입에 먹을 것을 가져가는 것은 금물이다. 살을 빼려면 지방의 양을 줄여야 하는 데, 몸을 움직일 때는 맨 먼저 혈액 중의 포도당이 에너지원으로 이용되고 그 후에 근육이나 간에 있는 글리코겐이 포도당으로 되어 이용되고, 그 다음에는 지방이 분해되어 에너지로 사용된다. 이렇듯 지방이 분해되어 포도당으로 이용되기 위해서는 우선 앞에 있는 것들이 소모되어야 한다.

결국, 1회 먹는 양이 적으면 포도당으로 바로 소비되어 에너지 부족을 보충하기 위해 몸에 축적되어 있는 지방을 분해해서 사용하게 되는 까닭에 바로 살이 빠지는 것이다. 따라서 하루의 식사량을 세 끼의 식사에 고루 나누어 일정한 식사시간에 섭취해서 지방을 규칙적으로 소모시키는 것이 이상적인 방법이고, 만약 그 리듬이 무너지게 되면 체내의 지방이 급격히 늘었다 줄었다 하여 체중이 안정되지 않게 된다.

(3) 운동부족

운동이 부족하면 인슐린 분비가 지나치게 왕성해져 식욕의 증진과 지방을 축적시키는 작용을 한다. 운동을 통해 에너지 소비작용이 활발해지면 포도당이 에너지로 쓰이게 되고 인슐린의 분비가 억제된다. 인슐린 분비가 억제되는 만큼 지방이 축적되지 않게 되는 것이다.

(4) 유전

날씬한 부모를 둔 자녀보다 비만인 부모를 둔 자녀에서 비만이 될 확률이 높다. 비만은 현재의 자신에게만 국한된 것이 아니라 미래의 자녀에게도 그 영향을 미칠 수 있다. 비만이 부모를 둔 자녀는 부모의 식습관이 그대로 자녀에게 영향을 주기 때문이다.

2) 비만의 측정

소아비만이 가장 많이 나타나는 시기는 영아기, 5~6세, 사춘기이다. 1/3 이상은 유아기에 나타나며 반 수 이상은 6세 이전에 나타나는데, 신생아 및 영아기에 발생한 비만의 경우는 주로 지방 세포수가 증가하여 생기고, 이후 사춘기까지는 주로 세포의 크기가 커져 생긴다.

비만측정방법은 다음과 같은 방법으로 하여 평가할 수 있다.

(1) BMI(Body Mass Index)

BMI는 신장(m)제곱값에 대한 체중(kg)의 비를 계산한 것이다.

BMI = 체중(kg)/신장(m)^2

성인인 경우 BMI가 25 이상인 경우를 비만으로 판정한다.

(2) Broca 지수

표준체중(kg) = (신장−100)×0.9

비만도 = (실제체중−표준체중)/표준체중×100(%)

판정 : 20% 미만(정상)

20% 이상~30% 미만(경도비만)

30% 이상~50% 미만(중등도비만)

50% 이상(고도비만)

(3) Rohrer 지수

학령기(6~12세) 아동의 영양상태를 나타내는 신체충실 지수

Rohrer 지수 = (체중 kg/신장 cm^3)×10^7

학령기에는 비만을 정의하는 제시된 명확한 기준이 없기 때문에 체중을 기준으로 하는 경우에는 같은 연령, 같은 성, 같은 신장의 소아의 표준체중보다 20% 이상 더 나갈 때 비만증이라고 한다.

3) 소아비만의 신체적 특징

(1) 같은 나이의 정상아보다 체중과 키가 더 크고 골연령이 증가되어 있으면서, 사춘기는 일찍 나타날 수도 있고 조기에 성장판이 폐쇄되어 결과적으로 천천히 성숙되는 아이들보다 최종 키가 작을 수 있다.

(2) 사춘기 여자아이는 둔부, 남자아이는 몸통에 지방이 쌓이고, 그 양이 많아지면 팔, 다리에 축적되고 심하면 배도 튀어나온다.

(3) 유선 부분의 지방축적으로 남아에게서 유방이 커져 있고, 남아의 성기가 비정상적으로 작아 보이지만 실제로는 흔히 보통 크기이고, 음경도 살 속에 파묻혀 있지만 실제 크기는 정상이다.

(4) 여자의 성기는 정상적으로 발육하고 초경은 늦어지지 않고 오히려 빨라질 수 있으며, 배나 허벅지의 피부에 백색 또는 자색의 줄무늬(살 트임)가 나타나기도 하고 피부겹침에 의한 종기와 부스럼이 잘 생긴다.

(5) 사지는 상박과 대퇴부의 비만이 흔하고 손은 상대적으로 작고 가늘며 외반슬이 흔

하다.

4) 소아비만으로 인한 건강상의 문제

이 시기의 비만의 80~85%가 성인비만으로 이행되며, 고지혈증, 지방간, 고혈압, 동맥경화, 당뇨병, 심근경색, 뇌출혈 등의 성인병이 조기에 나타날 뿐 아니라 심하면 어릴 때부터 이러한 성인병의 합병을 유발시키기도 한다.

또한, 비만은 심장에도 부담을 주게 되고 편도비대증으로 기도가 살에 눌려 호흡장애를 일으키는 원인이 되기도 하며 신체발육에도 영향을 미친다. 무거운 몸무게를 지탱하느라 무릎관절이나 척추 등의 통증을 호소하기도 한다. 또한, 신체적 열등감이나 정서적 불안정으로 인해 학업에 열중하지 못해 성적이 부진해지기도 한다.

5) 비만의 관리

비만학생 건강관리 강화로는 각급학교장은 비만학생을 대상으로 학교보건교육과 학교급식을 연계한 비만예방 및 관리에 대한 교육을 강화하고, 비만학생 상담관리 등 특별 프로그램을 운영한다. 또한 비만학생에 대한 운동처방이 효과적으로 운영될 수 있도록 체육 또는 특별활동시간을 활용한 운동프로그램을 적극 운영한다.

소아비만의 치료목적은 체중감소뿐만 아니라 적절한 식품섭취 방법과 운동을 습관화하여 평생 표준체중을 유지하는 행동수정요법이 중요하다. 그러므로 식사요법과 함께 운동요법, 행동요법의 다각적 관리가 가장 효과적인 체중조절방법이다.

(1) 식사요법

식사요법 시 중요한 것은 체중조절을 위한 적절한 식사량과 열량의 결정이다. 소아비만은 성인비만과는 달라서 성장이 빠른 아동의 경우 심한 열량제한(하루 1,200 kcal 이하)을 할 경우 단백질, 무기질, 비타민 등 필수적 영양소가 부족해져 성장과 발육을 저해할 수 있다.

또한, 사춘기 시기에는 성장을 위한 충분한 영양공급이 필요한 시기이므로 체중유지를 목표로 영양관리를 하도록 하고 청소년 후반기에는 1주일에 500mg 정도의 체중감량을 목표로 하루에 500kcal 정도의 열량섭취를 줄이려는 노력이 필요하다. 10~14세

비만아의 식사 칼로리는 보통 어린이의 3분의 2 정도, 즉 1,100~1,300kcal 정도로 유지한다.

① 식사요법의 원칙

㉠ **식습관을 파악한다** : 소아비만을 관리하기 위해서는 체중유지나 점차적인 체중감소가 권장된다. 따라서, 무리한 체중감량보다는 잘못된 식사량과 음식의 선택 방법 조절과 잘못된 식습관을 고치는 것이 중요하다.

㉡ **총 섭취량을 줄인다** : 체중유지를 위해 하루에 필요로 하는 열량에서 500kcal씩 줄여서 섭취한다. 하루에 500kcal씩 식사섭취량을 줄이면 한 달에 2kg씩 체중을 줄일 수 있다.

㉢ **계획된 열량 내에서 골고루 영양을 섭취한다** : 무조건 식사량을 줄이거나 좋아하는 음식만 먹지 말고 영양소를 골고루 섭취하여 영양의 균형을 이루도록 한다, 특히 탄수화물은 체내에서 기본적으로 필요로 하는 양이 있으므로 하루에 100g 이상 섭취하도록 해야 한다.

㉣ 꾸준히 계속 식사조절을 한다.

(2) 운동요법

규칙적인 운동은 체중조절에 필수적인 방법으로 비만은 단기적인 감량은 쉬워도 장기적인 재발이 문제가 되는데, 운동은 장기적인 체중조절에 효과가 있다.

소아비만 관리에 운동이 특히 중요한 것은 신체발육과 성장에 지장을 주지 않기 위해 적극적인 열량제한을 할 수 없으므로 운동의 역할이 상대적으로 중요해진다.

운동 후에는 공복감 때문에 고칼로리 음식이나 청량음료 등 단 음료수를 많이 먹을 수 있는데, 이를 특히 주의해야 한다.

자칫하면 운동으로 에너지를 소모한 것보다 더 많은 열량을 섭취하게 되는데, 음식은 적어도 운동 후 30분 후에 먹고, 탄수화물이나 지방보다는 우유나 과일 등 수분이 함유된 음식을 먹이도록 하는 것이 좋다.

① 운동의 종류

걷기, 자전거타기, 계단 오르기, 에어로빅, 탁구, 배드민턴, 수영, 조깅, 줄넘기, 등산, 농구와 같은 유산소 운동과 지구력을 요하는 운동이 좋다. 요즘 아이들은 바빠서

운동할 시간이 없다고 하지만, 일상생활에 일어나는 활동들을 이용해서 천천히 시작하는 것이 좋다.

가까운 거리는 걸어 다니고, 이전 버스정류장에서 내려 걸어가기, 승강기 대신 계단 오르기 등의 방법이 있다. 그리고 엄마가 자주 밖으로 데리고 나가 산책을 시킨다거나 다른 아이들과 실외에서 뛰어 놀게 해 주면 좋다.

또한, TV와 비디오시청시간, 컴퓨터 게임시간을 하루 한두 시간으로 제한하고 심부름을 시키고 가사를 돕도록 하는 등 신체를 부지런히 움직이도록 유도하는 것도 바람직한 방법이다. 이러한 일상생활을 통한 운동 프로그램이 정형화된 유산소운동 프로그램보다 효과적이다.

(3) 행동요법

식사요법, 운동요법과 함께 잘못된 식습관 및 생활습관의 교정을 위한 행동요법의 시행이 보다 효과적인 체중감량 방법으로 아동 스스로 먹는 행위와 운동에 대한 자각을 높일 수 있는 방법을 마련하도록 한다.

예를 들면, 나쁜 식사습관을 초래하는 요인을 찾아내기 위해 자신이 먹은 음식의 종류, 양, 장소, 시간, 감정상태에 대한 식사일기를 적도록 하고 운동일기를 쓰도록 하며, 그 후 부모와 아이가 함께 운동 · 식사일기를 분석한다.

그 외 행동수정에 도움이 되는 방법으로, 아이들에게 비만이 무엇이 중요한 문제인지를 깨닫게 하고, 부모가 자신을 사랑하고 있으며 체중과는 관계없이 자신을 받아준다는 것을 믿도록 하고, 모든 가족구성원들의 노력과 친구, 이웃의 배려, 더 나아가서는 정부차원에서의 지속적인 소아비만 예방을 위한 교육을 통해서 효과적으로 소아비만을 예방하고 치료할 수 있다.

6) 소아비만 예방적 관리 중재 프로그램 〔자료원 : 박경희(2004)〕

(1) Nebraska school study

네브라스카의 초등학교 어린이들을 대상으로 신체활동을 증가시키고 학교급식을 개선한 후 2년간 추적관찰을 한 결과, 급식의 질이 개선되었고 학교 내에서의 신체활동이 대조군 아이들에 비해 6% 정도 늘어났으나 학교 밖에서의 신체활동은 16% 정도 떨어짐을 관찰할 수 있었다. 체중, 체지방, 콜레스테롤, 인슐린, 혈당치에는 큰 변화가 없었으나 HDL콜레스테롤이 유의하게 감소하였음을 관찰할 수 있어 운동의 효과를 일부분에서 보였다.

(2) Trim and Fit(TAF) 프로그램

1992년 싱가포르에서 비만, 신체활동 감소, 흡연 등의 만성질환 위험인자에 대한 생활습관 개선을 강조하면서 시작된 국가적 프로그램이다. 학령기 아동에 대해서 교육부와 보건성이 함께 진행한 프로젝트 중 초등학교에서 대학입학 전 아이들까지를 대상으로 교육부에서 시행한 것이 "trim and fit"(TAF) 프로그램이다. 이 프로그램은 아이들이 체력을 향상시키고 비만을 감소시키는 것을 목적으로 체중이 많이 나가는 아이들뿐만 아니라 학부모, 교사, 학교주변 환경을 주된 대상으로 하여 다각적 접근법을 시도하였다. 이 프로그램에는 매주 운동시간, 건강과 체력에 관한 토론, 전시, 기념일(예: 야채, 과일 먹는날), 모든 아이들이 함께 운동하는 날과 같은 전국적 행사, 연 2회의 신체계측, 연 1회의 체력측정, 건강증진위원회의 자료개발 및 지원, 교내매점 자동판매기의 신선한 과일 판매와 건강에 좋은 조리법 권고, 튀긴 음식 판매 횟수 제한, 청량음료 판매 제한, 냉수기 정비, 학생들을 위한 운동장비와 시설제공 등의 내용이 포함되어 있다. 이 프로그램을 통해 비만 유병률은 초등학교 6학년인 11~12세 어린이에서는 16.6%에서 14.6%로 중등학생인 15-16세 어린이에서는 15.5%에서 13.1%로 감소하였다. 이 프로그램은 싱가포르 정부에 의해 시행된 학령기 아동의 국가적 건강증진 프로그램의 일환으로 세계보건기구로부터 어린이 건강증진에 가장 효율적이고 효과적인 방법 중의 하나로 선정되었다.

(3) Pathways

미국계 인디언 학령기 아동을 대상으로 식이습관의 변화, 신체활동의 증가, 건강한 식습관과 생활습관에 중점을 둔 교과과정, 가족 참여 프로그램 등의 4가지 구성요소를 바탕으로 한 학교중재프로그램이다. 대상은 Arizona, New Mexico, South Takota 소재 41개 학교의 1,704명의 미국계 인디언 3학년 어린이 이며 무작위 대조군 연구로 3년간 진행되었다. 일차적 결과지표는 중재 전후 체지방률의 차이로 평가하였고 기타 결과지표로는 식이섭취, 신체활동, 지식, 태도, 행동의 변화를 측정하였다.

중재 결과 체지방률은 두 군 모두 7% 정도의 증가를 보여 중재군의 유의한 감소는 관찰되지 않았지만 급식 시 직접 측정한 지방으로부터 섭취하는 칼로리 비율은 중재군이 대조군에 비해 낮게 나타났다. 동작 감지장치에 의한 신체활동은 중재군과 대조군간의 활동은 유사했으나 지식, 태도, 행동은 중재에 의해 긍정적 변화를 보였다. 이 중재를 통해 비만 예방을 위한 포괄적이고 다면적인 중재프로그램의 적용 가능성과 향후 비만 유병률 감소에 보다 강도가 높고 장기적인 중재의 필요성을 시사하였다.

(4) APPLES(Active Programme Promoting Lifestyle Education in Schools)

학생, 부모, 교사, 급식 관계자, 학교 주변 환경을 대상으로 영국에서 시행된 프로그램으로 단순한 지식의 습득만을 목표로 하는 것이 아니라 식습관과 신체활동에 직접적으로 영향을 주려고 하는 의도로 기획되었다. 10개 초등학교의 7~11세 어린이 634명을 대상으로 신체 크기, 인종, 생활수준 등으로 짝짓기를 한 후 중재군과 대조군으로 무작위 할당하였다. 중재에는 영양교육, 건강한 점심급식, 체력단련 프로그램, 운동장의 체육시설 개선, 교과 외 활동 등이 포함되었다. 중재 후 채소 섭취량이 증가하긴 했으나 목표로 한 행동수정이나 체질량지수 변화에서는 두드러진 좋은 효과를 관찰하지 못했다.

(5) CATCH(Child and Adolescent Trial for Cardiovascular Health)

아이들에게서 신체활동, 영양 등의 중재를 통한 대규모의 위험인자 중재 프로그램이다. 비만만을 예방하기 위한 목적으로 계획된 중재는 아니고 전반적으로 지방섭취의 감소, 신체활동의 증가를 목표로 하는 프로그램이다. 캘리포니아, 미네소타, 루이지애나, 텍사스 등지의 96개 초등학교를 대상으로 56개의 중재군과 40개의 대조군을 선정하여 학교 급식개선, 체육시간을 통한 신체활동의 증가, 수업 중 영양교육과 체육교육을 실시하였고 20개 학교에서는 가족이 함께 중재대상에 포함되었다. 3년간의 중재 후 체질량지수의 변화에는 두 군이 별 차이가 없었지만 다른 중재 프로그램과 마찬가지로 학교를 기반으로 한 중재프로그램의 실행 가능성과 학교 내 환경의 변화가 가능하다는 것을 보여주었다.

(6) GEMS(Girl's health Enrichment Multi-site Studies)

아프리카계 미국인 여자아이들이 사춘기를 거치면서 체중이 과다하게 증가하는 것을 예방하기 위한 중재 연구들을 종합한 것으로 900명 이상의 아프리카계 미국인 여자아이들을 대상으로 1999년에서 2006년까지 진행된 프로그램이다. Baylor의대,

Minnesota 대학, Stanford 대학, Memphis 대학 각각 4곳에서 유사한 연구 대상 집단, 추적관찰 일정, 평가과정을 사용하지만 각 연구들이 각자의 중재를 독립적으로 평가하였다는 점에서 일반적 개념의 다기관 공동임상연구의 개념과는 약간 차이가 있다. 서로 각자의 독립된 연구를 진행하지만 주요 측정, 결과, 주요 분석방법을 표준화하였고 조지워싱턴 대학이 통제 및 조정을 주관하여 진행하였다. Phase 1에서는 지역사회에서의 적용가능성, 효과 예측 등을 위한 파일럿 연구가 시행되었다. 각 센터별로 식이조절, 신체활동, 정신사회 및 가족적 영향 등을 강조하는 여러 개의 중재 방법이 개발되었는데 일차적 결과 변수는 체질량지수였다. 방과 후 댄스 프로그램, 텔레비전이나 비디오 시청시간, 비디오 게임 시간 등을 줄이기 위한 가정학습 등이 포함된 파일럿 연구에서는 일부 지표들의 개선을 관찰할 수 있었으며 적용 가능한 모델이란 결론이 내려졌다. Phase 2 중재는 완전한 규모의 무작위 대조군 연구 형태로 24개월간 진행되며 일차적 관찰기준은 체질량지수이며 이차적 관찰기준은 허리둘레 등의 신체측정치, 신체활동량, 식이 및 영양 평가, 신체 및 정신적 사회학적 평가이다.

(7) Hip-Hop to Health Jr. 프로그램

NHLBI(National Heart, Lung, and Blood Institute)의 기금을 받아 소외계층의 학령전기 아동을 대상으로 시행한 비만예방 프로그램이다. 심혈관 위험인자 감소를 위해 6~10세 아프리카계 미국 어린이와 가족을 대상으로 시행되었던 지역사회 기반 프로그램인 Hip-Hop to Health 프로그램을 모델로 한 것이다. 일차적 목적은 아프리카계 미국인과 라틴계 학령기 전 아동들이 과체중 혹은 비만으로 가는 방향을 돌리기 위한 것으로, 5년간 진행되었고 24곳 중 12곳은 강도 높은 중재를, 12곳은 일반적 중재로 무작위 할당하여 시행하였다. 일차적으로 시행한 파일럿 연구에서는 신호등 식사요법, 아이들 교육내용과 병행하는 부모교육(매주 30분간의 영양교육과 일주일에 2회 30분간의 에어로빅 강좌)을 시행하였다. 강도 높은 중재법은 14주간 주 3회 45분간의 수업을 통해 영양교육과 신체활동을 높이는 활동을 시행하였다. 부모에게는 매주간 뉴스레터와 숙제를 할당하였고 주당 2회 에어로빅 강좌를 받게 했다. 일반적 중재군은 14주간 주 1회 20분간의 교육을 실시하였다. 20분간은 일반적인 건강행위에 대한 보건교육을 실시하였고 부모에게 매주 발송하는 뉴스레터에도 구강보건, 응급대처, 예방접종 등에 대한 내용이 포함되었다.

(8) LEAP(Lifestyle Education Activity Program)

총체적인 신체활동 프로그램이 신체활동에 대한 10대 소녀들의 태도뿐만 아니라 실제 신체활동과 체력 등에 영향을 미치는지를 보기 위해 1998년에 시작된 4년간의 프로그램으로 NIH 기금을 받아 진행되었다. 24개 학교의 2,800명의 고등학교 연령대의 여학생들을 대상으로 체육 및 보건교육, 학교보건 서비스 및 환경의 변화가 신체 활동을 증강시키는지를 확인하기 위한 목적이다. CDC의 학교 및 지역사회의 신체활동에 관련된 지침과 Kolbe의 학교보건 모형에 기초를 두고 있다. 소녀들을 위한 체육교육, 신체활동 증가 및 행동수정을 내용으로 하는 보건교육, 교사 및 교직원 건강증진 프로그램, 학교보건 서비스, 학교 행정의 변화와 지역사회의 참여 등을 통한 학교 환경의 건강한 변화에 중점을 둔다.

(9) TAAG(Trial of Activity for Adolescent Girls)

1997년 CDC와 1996년 Surgeon General Report에서 여자 청소년들이 남자 아이들에 비해 권장 신체활동량 만큼 활동하는 비율이 낮다고 지적한 이후 지역사회 기관과 학교중재가 조화롭게 연계되는 프로그램의 필요성이 제기되었다. 이에 따라 TAAG는 12~14세 여자 청소년 3,600명 정도를 대상으로 신체활동 정도와 체력의 감소를 예방하기 위한 목적으로 2000년부터 2006년까지 진행되는 다요인 학교-지역사회 연계 무작위 연구이다. 비만을 예방하는 데 있어 잘 활용되지 않는 사회적 자원 등의 이용가능성 등을 평가하기 위한 목적으로 내포하고 있으며 향후 24개월간의 프로토콜을 따른 파일럿 연구인 phase 1 연구, phase 2, 3 연구로 진행된다.

7) 비만 및 생활습관 예방에 대한 학교보건 기본방향(서울시 교육청)

(1) 기본방침

성장기의 학생들에게 조기에 나타날 수 있는 비만 · 고지혈 · 고혈압 · 당뇨 · 동맥경화증 등에 대하여 학교 보건교육을 통한 예방관리 및 비만관리 건강교실을 운영하여 생활습관병으로의 이행을 사전에 차단하는 것이다.

(2) 추진방향

① 건강행위를 형성하는 시기인 학령기에 올바른 건강 생활습관 형성

㉠ 학생들에게 건강에 대한 지식 · 태도 · 개인 기술 등의 주기적인 자기 건강관리

교육 실시

㉡ 각급학교장은 학생건강검사 결과 이상자에 대해 담임, 보건교사, 관련교사 및 가정과 연계한 비만 예방교육 및 비만학생 집중관리 대책 강구

㉢ 당뇨병, 고혈압, 고지혈증, 동맥경화 등을 조기발견, 조기치료 하고 건강이상자에 대한 상담과 건강한 생활습관 교정을 위한 교육 및 지도

㉣ 비만 유발 식품 섭취금지 지도 및 탄산음료 및 패스트푸드 줄이기 캠페인 전개 (보건교육 및 학교 홈페이지 자료 탑재 등)

② 비만학생 건강관리 강화

㉠ 학급담임 등을 통한 유소견자 파악 후 중등도 이상 학생건강관리 생활카드를 작성하여 보건교사가 중심이 되어 집중관리

㉡ **비만예방 홍보강화** : 가정통신문, 홍보물을 가정에 배부하여 학부모의 인식도 제고

㉢ 담임교사, 체육교사, 영양교사 등과 협의하여 학교별 실정에 맞는 학생 비만예방 프로그램 운영과 집중관리 대상학생의 개별상담 관리

㉣ 보건소 및 교의, 타기관(보건복지부, 국민건강보험공단) 등 유관기관의 협조를 통한 효율적 관리

㉤ **서울시교육청 및 학교보건진흥원에서 제공하는 각종 관련자료 적극 활용**

- 서울시교육청 홈페이지 전자책 e-book : http://ebook.sen.go.kr -진학/진로/적성-보건
- 학교보건진흥원 홈페이지 비만예방 퀵메뉴 : http://www.bogun.seoul.kr/ 오른쪽

㉥ **초 · 중 · 고등학교 비만관리 건강교실 운영 매뉴얼 개발 · 보급** : 매뉴얼 활용

- 초 · 중학교 자치구별 2개교씩 선정, 총 100개교 비만집중관리 건강교실 운영 확대

③ 학생 비만예방 추진 실적 (1~4)분기 보고(교육부 보고 서식)

- 미 운영 학교에 대한 담임 장학지도

2.4 흡연 · 음주 등의 약물 예방

흡연 · 음주 등 약물 오 · 남용 예방에 대한 교육부(2014)의 학교보건 기본방향은 최근 저연령화 · 다양화 · 확산추세에 있고, 이로 인한 비행도 증가하는 청소년 흡연 · 음주 등 약물 오 · 남용이 더 이상 확산되기 전에 학교 교육을 통한 체계적인 예방교육을 실시하여 사전에 접근을 차단하는 대책을 마련하고 시행하는 것이다.

청소년들은 술이나 담배 등을 남용하고 있으며, 일부에서는 본드, 부탄가스, 신나 등 유해물질과 진통제, 진해거담제 등 일반의약품의 오 · 남용으로 인한 건강상 부작용이 발생하고 있다. 또한 약물남용은 성장기 청소년들에게 정신적 · 신체적 폐해가 심각하다. 따라서 각종 교원연수 과정에 약물 오 · 남용 예방 관련 과목 편성 및 관련교과에 약물 오 · 남용 예방교육 내용을 구성하였고, 학교보건법 제9조의 규정에 의하여 학교장은 학생 약물남용의 예방을 위한 필요한 지도를 하도록 하였다.

흡연 · 음주 등 약물남용 예방을 위한 교육부(2014)의 추진방향은 다음과 같다.

① 학교에서의 체계적인 약물 오 · 남용 예방교육 실시

㉠ 초등학생 연 2회 이상, 중 · 고등학생 연 1회 이상 모든 학생을 대상으로 의무적 교육 실시

- 현행 교육과정 내에서의 정규수업 및 학교장 재량시간 등을 이용한 특별교육 강화
- 중 · 고등학교의 음주 예방교육 실시 여부를 집중 점검하고, 교내 주류 반입금지(술을 연상시키는 무알콜 음료 포함) 등에 대한 내용이 포함될 수 있도록 추진

㉡ 유치원 및 초 · 중 · 고등학교 운동장을 포함한 학교 전체에 대한 금연구역 지정 · 운영(「국민건강증진법」 제9조제4항)

- 교직원의 교내 흡연이 학생들에게 목격되어 학생들에게 부정적인 영향을 끼치지 않도록 할 것

㉢ 약물 오 · 남용 예방교육을 위한 교육자료 공유

- 약물남용 교육자료 및 프로그램 개발 시 학생건강정보센터를 통한 공유
- 학생건강정보센터(www.schoolhealth.kr)에 탑재된 약물남용 교육자료 적극 활용

② 교원 연수를 통한 지도능력 배양 및 흡연학생 관리

㉠ 교원연수기관에서는 자격연수 등 교원연수 시 흡연 등 약물남용 예방내용을 포

함토록 하고, 필요한 경우 전문지도자 과정 운영

㉡ 흡연 등에 중독 된 학생은 보다 적극적으로 개입하여 금연할 수 있도록 관련 전문기관 등과 긴밀한 협력체계 구축

1) 흡연관리

2012년 청소년 통계(통계청)에 의하면, 중 · 고등학생의 흡연율은 2005년 11.8%였던 것이 2007년 13.3%로 상승하였다가 서서히 감소추세를 보여, 2011년 12.1%로 10명 중 1명은 흡연을 하는 것으로 나타났다. 또한 최근 연도별 추이에서 보면 남학생은 비슷한 수준을 보이나 여학생은 감소하는 경향을 보였다.

[표 2-3] 청소년의 연도별 흡연율 및 담배구매율(%)

연도	흡연율	담배구매율
2005	11.8	42.9
2006	12.8	52.2
2007	13.3	48.1
2008	12.8	50.2
2009	12.8	48.2
2010	12.1	50.1
2011	12.1	50.4

[자료원 : 한국금연운동협의회(2012)]

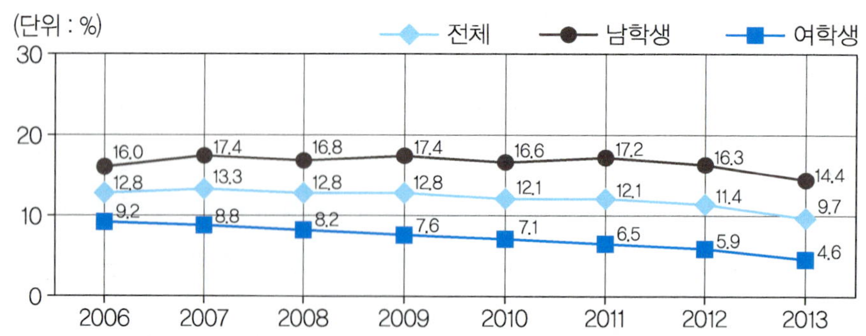

[그림 2-3] 남녀 청소년의 흡연율 추이(2006-2013) [자료원 : 한국금연운동협의회(2014)]

(1) 우리나라의 학교흡연예방교육사업

우리나라의 학교흡연예방정책은 청소년의 흡연율 및 흡연 경험률을 낮추기 위해 어릴 때부터 적극적이고 효과적인 흡연예방사업을 실시하여, 청소년의 신체적 · 사회적 · 정신적 건강을 도모하는 것이다(보건복지부, 2014). 그리고 이러한 목표를 달성하기 위해 다음과 같은 정책을 추진하여 왔다(박순우, 2007).

① 학교흡연예방교육사업 체계 및 역할

㉠ **보건복지부**

ⓐ 국가 흡연예방 및 금연정책의 종합계획 수립 · 연계 · 조정

- 타 부처와의 국가금연정책의 조율
- 청소년 흡연예방사업의 우선순위 설정

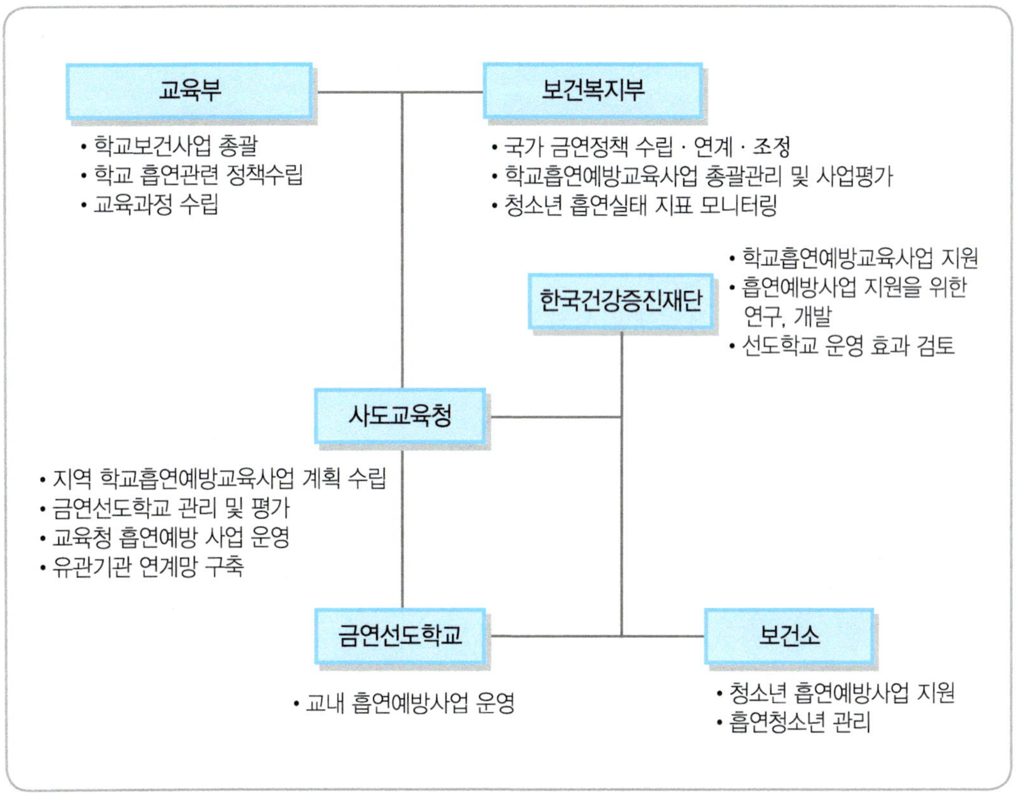

[그림 2-4] 학교흡연예방교육사업 체계도

- 민간단체와의 협력체계 유지

ⓑ 학교흡연예방교육사업 총괄 관리 및 사업평가

ⓒ 청소년 흡연실태 지표 모니터링

ⓓ 우수사례 발굴 및 포상

㉡ **교육부**

ⓐ 학교보건사업의 총괄적 조율

ⓑ **학교 흡연예방 및 금연정책의 종합적 수립 · 연계 · 조정**

- 타 부처와의 학생을 대상으로 하는 흡연예방 및 금연정책 조율
- 학교 흡연예방사업의 우선순위 결정

ⓒ 학교의 흡연예방교육을 위한 연구, 개발

ⓓ **청소년 흡연실태 지표 모니터링**

- 보건복지부와 공동으로 실시하는 청소년 건강행태 온라인조사를 통해 청소년 건강행태 온라인 조사를 통해 청소년 흡연관련 지표 모니터링

㉢ **시 · 도 교육청**

ⓐ 학교보건사업의 총괄적 조율기능 활성화

ⓑ **시 · 도교육청 자체적인 학교흡연예방교육사업 계획 수립 및 시행**

- 사업계획 수립 및 결과보고
- 관내 학교 대상 흡연예방 사업 추진 및 홍보
- 선도학교 학교장 및 흡연예방담당교사 연수 프로그램 운영
- 청소년 금연프로그램 운영 지원
- 사업추진 우수학교 및 교사에 대한 포상
- 금연선도학교 현판 제작 및 보급

ⓒ 시 · 도청, 보건소 및 유관기관과의 연계망 구축

㉣ **학교**

ⓐ **학교흡연예방교육사업을 위한 제도적 장치 마련**

- 학부모 및 교사와 연계한 흡연예방 사업팀 구성
- 지역사회 보건소와 상시 연계망 구축

• 학교장 주도하에 전 교직원 참여유도

ⓑ **금연선도학교 운영**

• 연간 사업계획 수립 및 결과보고

• 교육방안 마련

• 교육프로그램 운영

• 흡연예방 담당교수 연수 참여

• 학부모 교육

• 흡연교직원 연수

• 상 · 하반기 온라인 조사 참여

㉤ **한국건강증진재단**

ⓐ **학교흡연예방교육사업 지원**

• 보건복지부 기술지원

• 선도학교 운영 효과 검토

ⓑ 학교흡연예방교육사업 지원을 위한 연구, 개발

ⓒ **생애주기별 프로그램 개발 및 보급**

• 청소년 금연프로그램(END)

• 초등학생 대상 흡연예방 및 금연프로그램(Junior END)

② 학교흡연예방교육사업의 흐름

㉠ **사업을 총괄할 책임자를 선정하고 '사업 책임자'를 중심으로 사업을 수행할 실무 위원회(협의회)를 반드시 구성**

• 실무위원회(협의회)는 전반적인 사업을 계획, 사업의 내용과 우선순위 및 목표를 설정하기 위한 근거를 확보하기 위해 설문조사 등을 통한 '요구도 조사'와 사업의 효과를 평가하기 위한 '기초 조사'를 동시 실시

㉡ **사업 계획에 따라 사업의 내용을 선정하고 추진 전략을 수립**

• 교사와 학생뿐만 아니라 학부모의 참여를 유도할 수 있는 방안을 수립하고, 지역사회 및 외부 기관과의 연계망 및 협력 체계 구축

㉢ **교사에 의한 흡연예방교육 및 학생의 흡연예방을 위한 다양한 활동 수행**

• 학생을 위한 활동

- 학생에 영향을 미치는 활동
- 학생이 참여하는 활동
- 학생을 통한 활동
- 흡연학생의 금연을 위한 활동
- 흡연교직원을 위한 금연 활동 등

㉣ **사업 종료 시 사후조사를 실시하여 사업 효과 평가**

- 목표 중심으로 결과평가를 실시하고 사업에 투여된 인력, 예산, 시설, 장비 등

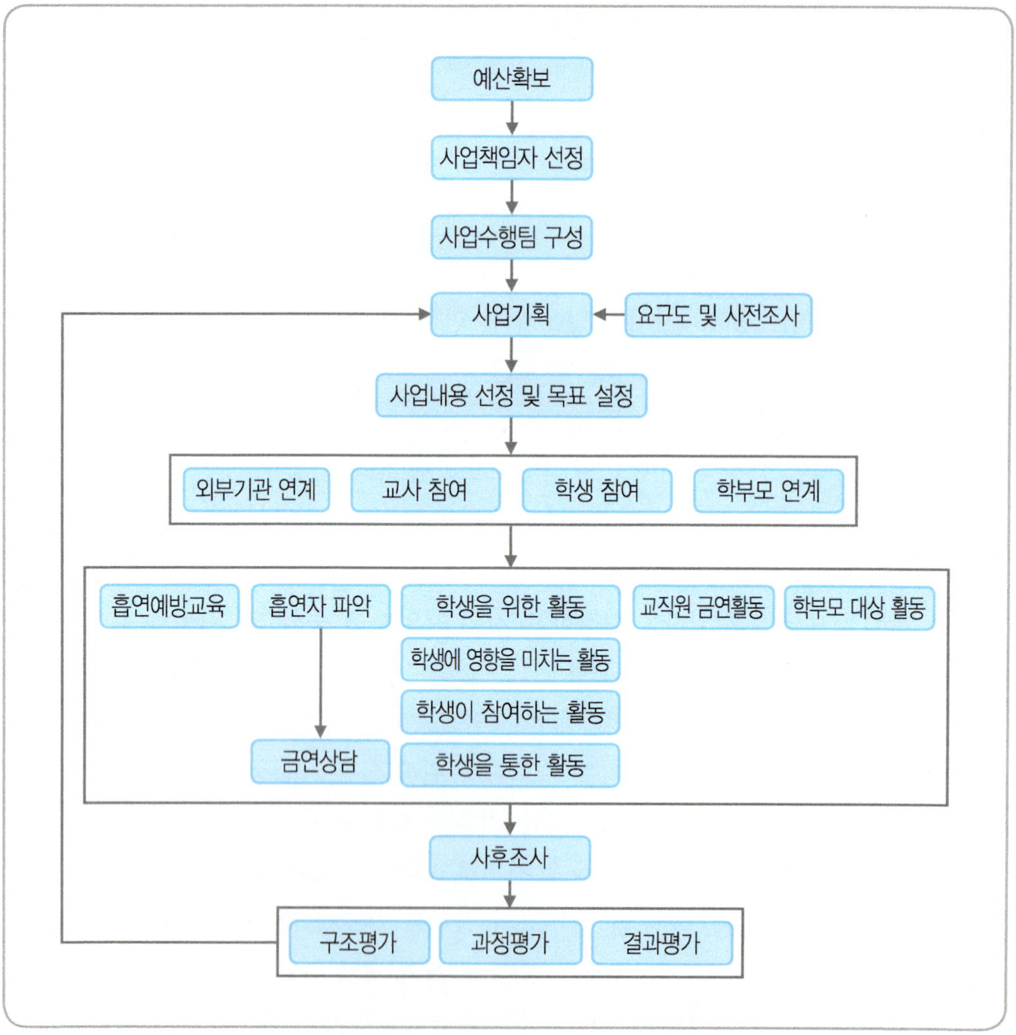

[그림 2-5] 학교흡연예방교육사업의 흐름도

의 적절성에 대한 구조평가, 그리고 사업 수행 과정 중에 있었던 제반 문제 및 개선 방안에 대한 과정평가 실시

- 평가결과를 차기 연도의 사업에 반영하여 사업의 개선이 이루어지도록 활용

(2) 외국의 학교금연 및 흡연예방 프로그램

흡연율 감소전략의 일환으로 실시되고 있는 금연 및 흡연예방(교육, 홍보) 프로그램은 모든 나라에서 관심을 갖고 있을 뿐만 아니라 교육 프로그램 적용시 프로그램의 내용 및 적용기간, 대상에 따라 다소의 차이는 있지만, 낮게는 5%(Gohlke 등, 1989), 그리고 높게는 10% 이상(Cameron et al, 1999 ; Focarile and Scaffino, 1994 ; Tell et al, 1984) 흡연율 감소효과가 있다.

금연을 위한 프로그램 적용기간을 보면 6개월이나 1년 정도의 단기교육(Nishika et al, 1996)을 시키는 경우와 3년 이상 길게는 7년(초등학교 6학년부터 고등학교 3학년)까지 수년에 걸친 반복된 장기교육(Elder et al, 1993 ; Vartiainen et al, 1998)을 실시하는 경우가 있는데, 금연 및 흡연예방에 관한 교육 프로그램은 장기교육이 보다 효과적이며, 특히 장기교육 프로그램은 지역사회 및 대중매체 광고를 동시에 병행하는 방법을 사용했을 때 흡연율 감소효과가 큰 것으로 보고하고 있다.

교육내용을 보면 흡연이 인체에 미치는 영향과 같은 건강에 관한 지식과 동료 등 주위의 흡연에 대한 압력으로부터 저항하는 방법, 그리고 상업적 광고의 의도를 이해하는 데에 초점을 맞추어 교육을 실시하기도 하며, 건강교육에 금연하는 방법을 함께 교육하는 것이 효과적이다.

교육 프로그램의 효과는 대상별 혹은 성별로 차이가 있을 수 있다. Altman(1999)은 여학생의 경우 프로그램 실시 후 담배의 사용이 크게 감소하였다고 하였고, 노르웨이의 Svoen과 Schei(1999)의 연구에서도 여학생의 경우 개입이 남학생보다 효과적이었다고 하였으나, 12~13세 어린이를 대상으로 한 Focarile와 Scaffino(1994)의 연구에 의하면 프로그램의 효과에 있어서 남학생과 여학생간에 통계학적으로 유의한 차이를 보이지 않았다고 보고하고 있다.

미국의 질병통제센터(CDC ; Center for Disease Control)에서는 보건교육, 보건서비스, 체육교육, 학교급식 및 보건정책을 포함하는 전국단위의 주기적 조사인 학교보건정책 및 프로그램 연구(SHPPS : School Health Policies and Programs Study)를 1994년에 처음으로 시작하였다.

SHPPS의 기본적인 목적은,

첫째, 사고를 유발시키는 보건행태, 흡연, 음주 및 약물사용, 성문제, 불건강한 식습관, 부적절한 신체적 활동의 6개 부분에 걸친 중요한 학교보건문제와 이러한 문제를 감소시키기 위한 학교보건정책과 프로그램을 확인하고 모니터하며,

둘째, 학교보건 지침서의 개발, 청소년 보건행태 연구의 등록 및 청소년의 위험한 보건 행태를 효과적으로 감소시킨 교과과정의 발굴을 통하여 학교보건정책과 프로그램의 종합적 적용,

셋째, 학교보건정책과 프로그램을 실행하기 위한 여러 가지 노력들이 가능하도록 지원하고,

넷째, 효과적인 학교보건정책, 교사교육 및 교과과정의 질과 효과를 평가함이다.

미국의 질병통제센터에서는 보건교육, 체육교육, 보건서비스, 학교급식, 지원을 위한 건강증진, 상담 및 정신건강 서비스, 건강한 학교환경, 학부모/지역사회 참여의 8개 모듈을 포함하는 포괄적인 학교보건 프로그램을 개발하였다(장창곡, 2000).

2) 음주예방

신체적 · 정신적으로 미성숙한 청소년의 음주는 성인에서보다 강력한 영향을 미치며, 합리적 사고와 판단을 저해하여 많은 사고, 비행이나 범죄, 사망과 같은 비극적 결말을 부르기도 한다. 구체적으로 청소년기의 음주는 음주자의 나이가 어릴수록 독성화(intoxication)가 쉽게 일어나고 다른 약물(담배, 본드, 부탄가스, 마약)의 사용가능성을

[표 2-4] 청소년의 연도별 음주율 및 주류구매율(%)

연도	음주율	주류 구매율
2005	27.0	42.1
2006	28.6	33.8
2007	27.8	31.2
2008	24.5	29.7
2009	21.1	27.5
2010	21.1	28.3
2011	20.6	31.1

[자료원 : 한국금연운동협의회(2012)]

증가시키며, 이후의 음주행동의 변화를 가져오기 어렵게 한다고 지적되고 있다.

질병관리본부와 교육과학기술부(2012)가 시행한 청소년건강행태온라인 조사에서 최근 1달이내 술을 마셔본 경험이 있는지를 묻는 질문을 바탕으로 청소년 음주자료를 분석한 결과, 2005년 27.0%였던 음주율은 감소추세를 보여 2011년에는 20.6%를 나타냈다. 그러나 이는 아직도 10명중에 2명이 음주하는 것으로 나타나 흡연보다 음주가 더 확산되어 있음을 시사한다.

(1) 술이 인체에 미치는 영향

① 단기적으로 미치는 영향

알코올은 중추신경계의 활동을 저하시킨다. 약간의 알코올을 섭취하여도 뇌의 일부 기능이 저하되어 자제감을 잃게 된다. 그 결과는 사람마다 조금씩 다르기는 하지만, 대체로 어느 정도의 다행감, 친근감, 평소보다 말이 많아짐, 또는 공격적이고 난폭해지기도 한다.

어느 정도의 알코올이 신체에 섭취되면 그로 인해 심장박동이 빨라지거나, 혈관확장, 약간의 혈압하강이 있을 수 있고, 식욕을 증대시킨다든지 위액분비를 자극하고 소변을 자주 보게 된다.

② 장기적으로 미치는 영향

알코올의 만성효과는 내성과 의존성이다. 내성은 소위 "술이 는다"는 것으로, 술을 마신 후에 경험하게 되는 여러 가지 효과를 계속 얻으려면 알코올의 양이 늘어나야 하는 것을 말한다. 한 잔이면 취하던 사람이 어느 정도 기간이 지난 후에는 똑같은 정도로 취하려면 두 잔을 마셔야 되는 것을 의미한다. 이러한 식으로 알코올에 대한 내성이 강화되다 보면 결국은 알코올에 의존하게 된다.

알코올에 대한 의존을 흔히 알코올중독이라고 한다. 알코올 의존은 갑자기 알코올을 끊을 경우 금단증상이 나타나게 된다. 금단증상이란 신체에 어느 정도의 알코올이 남아 있지 않으면 '손을 떨거나' '진땀을 흘리거나' '헛것을 보는 것'과 같은 증상을 겪는 것을 말한다.

(2) 음주예방 프로그램

① 우리나라의 청소년 음주예방 프로그램

환경적으로 음주에 노출된 대다수 청소년들을 위한 음주예방 프로그램은 음주시작 연령을 지연시키거나, 알코올을 성년이 되기까지 사용하지 않도록 격려하는 프로그램이 예방적 차원에서는 더 중요할 수 있다.

② 외국의 청소년 음주예방 프로그램

청소년의 알코올 사용은 대부분 국가에서 음주 허용연령을 정해 두고 특정한 연령에 이를 때까지(미국 : 21세, 캐나다 : 19세, 영국 : 18세, 일본 20세 등) 청소년의 알코올 사용을 법으로 제한하고 있다.

일반적으로 말해 북미지역이 유럽지역보다 청소년의 알코올 사용이나 오 · 남용에 대해 더 엄격한 자세를 취하고 있어 음주허용 연령도 높고, 예방 프로그램을 국가적 차원에서 실시하는 경우가 더 많다(한국대학생 알코올문제 예방협회, 1998).

미국의 경우 음주개시 연령의 연소화와 여성화 경향이 뚜렷이 눈에 띄지만 전체적으로 보면 다양하고 집중적인 예방교육으로 증가비율이 많이 낮아졌다. 특히 미성년자의 금주를 계도하기 위해 제3자 책임법과 연령제한에 관련된 법집행을 엄격히 하며, 위험요인 감소 접근법에 근거한 다양한 예방 프로그램을 학교 제도교육을 통해 전달하고 있다.

즉, K-12라고 불리는 유치원부터 고등학교의 공교육기간 동안 연령에 적합하게 체계적인 약물남용(알코올 포함) 예방 커리큘럼을 교육과정의 정규교과로, 또는 타 과목 내 흡수된 형태로 교육하고 있다.

또, 1970년대 후반부터 NIAAA(National Institute on Alcohol Abuse and Alcoholism)가 알코올 예방연구에 초점을 두고 기금을 제공하여 많은 예방 프로젝트들이 개발되었다(Dielman, 1992).

캐나다의 경우에는 전반적으로 알코올 문제는 감소하고 있는 것으로 보고 되고 있는데, 미국과 달리 법정 허용연령 이하의 청소년 음주를 위해 캐나다 중독연구재단(ARF : Addiction Research Foundation)이 중심이 되어 금주보다는 위험요인 감소에 초점을 둔 예방 프로그램을 개발해 왔다.

영국의 예방 프로그램은 보건성을 통해 학교 교육과정에 알코올 오 · 남용 예방을 포함하도록 하고 있으며, 주로 PSE(Personal and social education) 시간을 통해 교육이 이루어진다. 일본의 경우에는 미성년자 음주가 증가하고 음주개시 연령의 저연령화 현상이 심각하나, 학교에서 제도적으로 예방교육을 실시하지는 않는 것으로 나타났다.

3) 청소년의 음주 · 흡연의 대처방법

(1) 음주 · 흡연 – 건전한 취미생활

담배흡연 동기를 보면, 가장 흔한 동기가 호기심, 친구권유, 심심해서, 마음 속의 갈등이나 스트레스 해소 등이었다. 가정에서 부모들이 술 · 담배를 하면 청소년 자녀들은 자신도 모르게 부모의 음주 · 흡연하는 습성을 적대적인 감정상태에서 모방하게 된다. 물론 부모들이 자녀 앞에서 음주 · 흡연하는 행동을 보이지 않는 것이 첫째로 중요한 일이지만, 부모에 대한 적대적 감정발생을 순화시킬 수 있는 방법을 만들어 주어야 한다.

스트레스나 부모에 대한 반항, 적대감정을 건설적인 방향으로 발산시키고 승화시켜 창조적인 에너지로 쓰도록 유도해야 한다. 술 · 담배에 손대게 되는 중요한 원인 중의 하나가 술 · 담배로 인한 의식의 변화인데, 학생들에게 술 · 담배 이외의 방법으로도 자연스럽고 좋은 기분을 느낄 수 있는 방법을 가르쳐 주는 것이 좋은 예방법이자 치료법이 된다.

이에 해당하는 것으로 근육이완 기법, 즉 좌선이나 명상 등과 같은 방법으로서 정신적인 평온함 및 잔잔한 기쁨을 맛볼 수 있으며, 건전한 육체노동으로도 땀 흘린 뒤의 보람이나 쾌적한 느낌을 얻을 수 있고, 축구 · 야구 · 배구 · 테니스 · 수영 · 등산 등의 건전한 스포츠를 통해서도 아주 좋은 유쾌한 느낌을 얻을 수 있다.

그 외, 음악 · 미술 · 서예 등도 사람들에게 상당한 기쁨과 정신적 만족을 주는 기법이기 때문에 각 학생이 자기에게 적합한 취미를 개발하게 하여 이러한 공인된 방법이 술 · 담배로 인한 순간적 쾌락보다 강렬하지는 않지만 지속적일 수 있고 죄책감도 없는 좋은 방법임을 알려 주도록 한다.

대부분 음주, 흡연 및 약물 오남용과 관련된 환자들은 대개가 이렇다 할 아무런 취미나 특기가 없는 사람들이며 따라서 술 · 담배나 약물에 의해서만 말초적인 흥미를 느끼게끔 잘못 길들여진 경우가 많다. 그러므로 운동을 포함한 건전한 취미생활은 꼭 갖도록 지도하는 것이 바람직하다.

(2) 음주 · 흡연 – 역할 찾아주기

청소년들이 술, 담배, 약물 문제를 비롯한 비행으로 빠져드는 경우에 그 원인의 제일 큰 부분은 자기역할의 상실에서 비롯된다. 자기의 역할을 수행해 낸다는 것은 모든 사람에게 중요하다. 청소년에게도 마찬가지다. 학교에 가서는 학생으로서 역할이 주어져야 할 것이고, 가정에서는 가족의 일원으로서의 역할이 주어져야 할 것이다. 그럴 때에 비로소 청소년은 자기주체성을 갖게 된다.

그러나 불행하게도 학교와 가정에서의 여건은 그렇지 않은 경우가 많다. 즉, 학교에서도 가정에서도 입시위주의 교육을 강조하다 보면 성적이 우수한 일부학생을 제외하고는 자기의 역할을 찾지 못해 방황하게 된다. 공부를 못 하는 학생일수록 공부할 수 있는 기회가 적어지게 되고, 가정에서는 학교성적에 대한 집착으로 가족의 한 사람으로서의 역할이 주어지지 않아 이중으로 고통을 겪게 되는 경우도 생긴다.

술 · 담배의 사용이나 비행으로서 취약성이 있는 학생일수록 보호받는 환경이 되어야 할 텐데, 실제로는 술 · 담배를 비롯한 약물이나 비행으로는 빠져들기 쉽게 환경이 조성되어 사소한 여건에서도 곧 탐닉하기 쉽다.

정서적으로 불안정하고 학업성적이 불량한 학생일수록 바로 그 이유 때문에 보호 및 지도를 받게 하여 학생으로서의 역할을 빼앗기는 일이 없도록 해야 할 것이다. 결국 학교와 가정의 꾸준하고 관심 있는 노력만이 취약점이 많은 학생들을 구해 줄 수 있다.

(3) 음주 · 흡연 – 또래집단의 활용

청소년기에는 또래집단에 순응하는 힘이 아주 높다. 자신에게 영향을 주는 사람, 즉 부모에서 동료집단으로 관심이 전환되고 친구들을 매우 중요시하게 된다. 따라서, 청소년의 음주 및 흡연도 또래집단, 즉 친구들의 영향을 받아 호기심 내지는 교우관계를 유지하기 위하여 시작하는 경우가 흔하다.

또래집단과 어울려 술과 담배를 하는 경우 또래집단 전체를 치료대상으로 삼아 또래집단 전체가 술과 담배에서 벗어나도록 함께 행동하도록 한다. 즉, 자신들의 건전한 집단회의를 열어 술과 담배의 악영향에 대해 토론하게 하는 것도 효과적이다. 개인적인 면담보다 집단이라는 특수한 상황 때문에 훨씬 효과적인 경우들을 열거해 보면 다음과 같다.

① 부끄러움이 많거나 고독한 학생은 집단의 공통성을 통해 자기만이 그런 것이 아니었다는 것을 이해함으로써 도움을 받는다.

② 자기중심적이기 때문에 대인관계가 어려운 학생은 다른 학생이 이를 지적해 주어 고치게 한다.

③ 부끄러운 행동을 했던 학생들끼리의 집단은 자기들끼리 격려해 줌으로써 도움이 된다.

④ 지나치게 선생님에게 의존적인 학생은 집단에서 의존심이 확산되어 여유가 생긴다.

⑤ 형제간의 관계가 좋지 않거나 아예 혼자인 학생

⑥ 권위에 도전하는 경향이 강한 학생은 집단에서 감정표현이 쉽게 되어 긴장을 줄일 수 있다.

2.5 청력관리

학령기 때 감기나 홍역을 앓고 난 뒤 중이염이 잘 생기며, 이 때문에 청력에 이상이 생겨 학교생활에 지장을 줄 수 있다. TV를 크게 틀어 보거나 가까이 다가가서 보고, 여러 번 불렀을 경우 반응이 없는 때는 전문의를 찾아 청력검사를 받는 것이 좋다.

1) 난청의 원인

난청에는 전음계(외이, 중이 등) 장해에 의한 것과 감음계(내이, 청신경계 등) 장해에 의한 것이 있으며, 전음계 장해는 중이염, 이경화증, 이관협착 등으로 생기며, 감음계 장해는 내이염, 청신경염 등으로 생긴다.

2) 난청의 증상

(1) 주의가 산만하고 엉뚱한 답을 한다.

(2) 큰소리로 이야기 하고 듣는 자세가 특이하다.

(3) 통증, 이명을 호소한다.

(4) 귀 주위에 발적, 부종, 분비물이 있다.

(5) 언어에 이상이 있거나, 청력장애의 소인을 보인다.

3) 청력검사 후 이상이 있는 학생의 관리

(1) 원인을 파악하여 조기에 교정함을 원칙으로 한다.
(2) 청력장애의 정도에 따라 보청기의 사용 및 기타의 방법을 제시하고, 이 방법에 적응하도록 교육한다.

4) 예방적 보건교육

(1) 난청의 원인이 되는 이비인후과 질환, 특히 중이염에 걸리지 않도록 주의한다.
(2) 귀지를 파내는 데 예리한 기구보다는 면봉을 사용한다.
(3) 소음이 너무 큰 곳에 가지 않는다.
(4) 이어폰의 사용을 자제한다.
(5) 귀에 더러운 물이 들어가지 않도록 주의하고 청결하게 관리한다.
(6) 코를 너무 세게 푼다거나 귀에 압력을 가하지 않는다.
(7) 정기적으로 청력검사를 하며 청력장해가 있는 경우에는 그 원인을 밝혀 즉시 치료하도록 한다.

2.6 척추측만증 관리

정상적인 척추는 앞이나 뒤에서 보았을 때 일직선을 이룬다. 그러나 측만증은 척추가 옆으로 굽고 휘어지는 병으로서 몸의 중심에서 틀어진 상태이다. 흔히 자세가 좋지 않거나 한 어깨로 무거운 가방을 오랫동안 들고 다녀서 척추가 휘어진다고 생각하는 측만증은 기능성 측만증이라고 하여 자세만 바로잡는 등 원인을 바로잡으면 교정이 가능하다.

그러나 기능성 측만증과는 달리 척추의 구조 자체에 문제가 있는 척추측만증을 구조성 측만증이라고 한다. 실제로 측만증의 대부분은 구조성 측만증이며 기능성 측만증과는 달리 휘어짐이 악화되는 경우가 적지 않고, 치료하지 않고 방치할 경우 척추의 휘어짐이 심해져 심폐기능이 저하될 수 있으며, 심하면 수명이 단축될 수도 있기 때문에 조기진단 및 전문적인 상담과 치료가 무엇보다 중요하다.

1) 척추측만증의 원인

(1) 80~90%는 원인을 정확히 알 수 없다.

(2) 키가 갑자기 커지는 때에 자세가 나쁘거나 운동부족으로 등뼈 주변에 있는 근육의 힘이 없어져서 척추가 휘게 된다. 자세이상 외에도 다리 길이가 달라서, 고관절이 굳어서, 허리디스크(추간판 질환)나 척추의 양성종양으로 인해서 발생할 수도 있다. 충수염이 있을 때에도 한쪽의 복부근육이 경직되어 생길 수 있고, 정신적 히스테리로 인해 발생할 수도 있다. 이러한 기능성(비구조성) 측만증의 경우는 그 원인을 제거하면 측만증은 사라지게 되고 악화되는 경우도 거의 없다.

(3) 구조성 측만증의 원인으로는 신경섬유종, 뇌성마비, 소아마비, 척추 신경손상으로 인한 신경성 척추측만증, 근육이영양증 등으로 인한 근육성 척추측만증이 있다.

2) 척추측만증의 증상

(1) 어깨, 등, 허리가 불편하고 아프다.

(2) 등과 가슴 양쪽의 균형이 안 맞아 보기 흉하다.

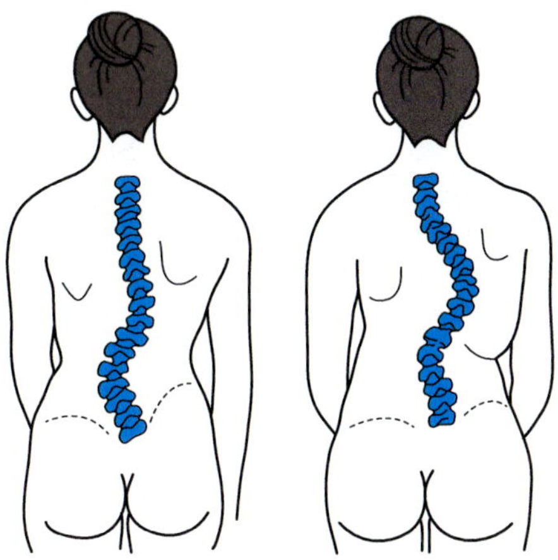

[그림 2-4] 척추가 휘어진 모양

(3) 등이 휘어져 디스크와 같은 병에 걸릴 확률이 높다.
(4) 심하면 장기의 위치 변화로 기능을 제대로 할 수 없게 된다.
(5) 공부하기 싫어하고 게을러진다.

3) 등심대 검사

등심대 검사란 몸통의 휘어짐 여부를 검사하는 것이다. 가장 적절한 시기는 성장발육이 가장 빠른 시기인 초등학교 5~6학년 정도의 시기이다. 보건교사가 특별한 기구 없이 척추측만증을 진단할 수 있는 방법은 다음과 같다.

(1) 두 다리를 약간 벌리고 똑바로 서게 한다.
① 뒤에서 보면 척추가 옆으로 휘어져 있는 것을 발견할 수 있는데, 이 때 좌우 어깨높이가 다르고, 견갑골의 높이가 다르고 견갑골이 돌출되어 있다.
② 앞에서 보면 좌우 어깨, 유방, 골반의 높이가 다른 것을 알 수 있다.
(2) 다리를 모으고 선 자세에서 무릎을 펴고 앉으고 허리를 구부리게 한다.
① 70° 구부리게 하면 좌우 등 높이가 다름을 알 수 있다.
② 90° 구부리게 하면 좌우 허리부 높이가 다름을 발견할 수 있다.
(3) 심해지면 요통, 심폐기능의 장애, 소화기 장애를 동반한다.
(4) 측만이 심해지면 양쪽 다리의 길이가 달라진다.

4) 예방적 보건교육

(1) 척추측만증의 예방목적은 측만정도를 줄여서 측만이 진행되는 것을 방지하고 외견상 상태는 물론 측만으로 인한 내부장기의 기능저하도 함께 개선시키는 것으로, 초등학교 고학년부터 정기적인 신체검사를 실시하여 조기발견하는 것이 중요하다.
(2) 가방무게를 줄이도록 한다.
(3) 근육의 힘을 키울 수 있는 줄넘기, 달리기, 턱걸이, 수영, 훌라후프 등 규칙적인 운동을 한다.
(4) 바른 자세를 갖는다.
① 앉을 때는 등 전체를 받쳐 줄 수 있는 높이의 등받이가 있으며, 똑바르고 딱딱

한 의자를 이용하는 것이 바람직하다. 의자높이는 무릎이 대퇴보다 10° 정도 높은 것이 좋다. 의자에 앉을 때는 엉덩이를 뒤로 바짝 붙이고 머리를 쳐들며, 턱을 안으로 잡아당기어 허리가 똑바로 되게 하고 복부근육에 힘을 주고 가슴을 편다.

② 공부할 때는 목과 허리를 반듯하게 가지도록 어릴 때부터 습관을 들이도록 한다. 한 시간 수업 후 쉬는 시간에 일어나 허리운동을 하는 것이 바람직하다.

③ 누울 때는 침요가 너무 딱딱하거나 너무 푹신한 것은 좋지 않다. 베개높이는 너무 높거나 낮지 않게 한다. 잠 잘 때 바로 누워 무릎 밑에 베개를 대어 무릎과 엉덩이 관절을 굽히면 좋다.

④ 서 있을 때는 발뒤꿈치가 벽에서 5cm 떨어지고 뒷머리와 엉덩이가 벽에 닿는 자세가 좋다. 장시간 서서 일할 때는 한쪽 다리를 발판 위에 올려놓고 일한다.

⑤ 허리를 구부릴 경우에는 무릎을 구부린다.

제 3 장

학교보건서비스

1. 학생 및 교직원의 건강특성

인간은 어머니의 태에서부터 생명의 시작을 경험하고 세상에 태어난 후에는 일정한 자연적 과정에 의해 움직이고 활동하기 시작하여 전생애를 통해서 끊임없이 변화한다. 학교보건사업은 건강을 보호 · 증진하여 안전한 학교생활을 하는 것으로 1차예방 중심의 보건사업의 일환으로, 치료사업 중심의 2차예방 사업이 아니다.

따라서, 학교보건사업의 대상자인 학생과 교직원의 건강을 보호, 향상시키기 위해서는 정상적인 성장과 발달단계, 그리고 발달과업을 이해하는 것이 우선이라 하겠다. 이 장에서는 학령기 아동과 청소년 및 교직원의 성장발달과 건강관련특성에 따른 건강문제와 그 관리에 대해 간단히 기술하고자 한다.

1) 학생의 건강특성

(1) 학령기 아동의 성장발달

① 신체적 성장과 발달

학령기 아동의 신체적 변화는 지방질분포의 변화로 성인과 같은 모습을 닮게 되고 팔, 다리의 길이가 길어지며, 체중은 2.5~3kg/년, 신장은 5.5~6cm/년의 증가를 보인다. 여학생의 경우 10세 전후, 남학생은 12세 전후에 신체적으로 많이 성장하며 이 시기에 대부분의 신체기관의 기능이 완성되나 개인차가 심하다.

임파조직은 빠른 성장으로 사춘기가 되기 전에 최대크기로 성인의 2배에 달하며, 자란 후 성호르몬의 영향으로 작아지기 시작한다. 시력발달은 3세 정도에서 75% 완성되며, 눈의 후분절(posterior segment)은 15세까지 서서히 꾸준한 속도로 진행된다. 수정체는 전생애 동안 성장이 지속되며 시력에 중요한 의미를 갖는다. 어린 아동의 정상적인 원시는 안구의 후분절(posterior segment) 성장으로 인해 서서히 감소하나 안축이 평균보다 더 길게 성장하면 근시가 된다.

학령기의 신경근육발달은 기술이 정교화(refinement)되고 확대된다. 전체 운동발달(gross motor skills)은 8세 아동은 계속적으로 움직이며 집단활동에 참여하고, 9세 아동은 운동기술과 내구력을 보이는 활동과 경쟁적인 팀놀이에서 개인차를 보인다.

10세에서 12세에는 모든 전체 운동영역에서 근육조절과 기술이 확립되며 산발적이지만 신체적으로 매우 활동적이다. 미세운동발달(fine motor skills)은 9세 아동까지는 크고 작은 운동과제에 대해 양손을 동시에 잘 사용하지만, 오른손이나 왼손 중 한 쪽을 더 선호하여 확립되는 시기는 학령전기나 초기학령기이다.

② 사회 · 정서적 발달

이 시기에는 음악에 대한 기호가 강하고, 변덕스러운 정서변화를 보인다. 또한, 개인성의 보장을 원하며 남을 돕는 것을 즐긴다. 과제를 완수하려고 하고, 옳고 그른 것에 대한 확고함이 발달된다. 아동연령에 따른 집단놀이를 하고 또래관계가 매우 중요하다. 그리고 자신의 몸에 대한 수줍음이 증가하고 성을 의식하며 자위행위가 증가한다. 따라서, 이 시기에 성교육이 중요하다.

발달과정에 따른 학령기의 공포로는 어둠, 지하실, 다락, 도둑, 보이지 않는 창 밖이나 침대 밑에 있을 것으로 상상되는 사람, 사랑받지 못함, 설명될 수 없거나 실제로 존재하지 않는 것들에 대한 공포, 학교성적이나 체육에서의 낮은 성취도, 이성으로부터의 거절, 질병과 엄마의 상실 등 여러 가지요인에 의해 공포가 발생되나, 점차 공포와 아동의 근심이 줄어든다.

에릭슨(Erikson)에 의하면 이 시기는 자신의 풍부한 상상력을 구체적이고 실제적인 일과 사물을 배우는 일에 전념하며, 스스로 무엇을 만들어 내거나 생산하는 것을 배워 가면서 자신의 능력을 인정받기를 바란다. 그리고 자체의 성취와 실패를 통해서 새로운 문화를 형성해 가는 분위기에서 근면성과 협동의식을 개발한다.

다른 반면, 아동이 자신의 능력과 재능을 발휘하지 못하거나 자신의 도구와 기술에 절망하고 자신감을 가지지 못하게 되면 또래들과 동반자들 속에서 스스로 '어설프고 서투른 사람' 혹은 '부적절한 사람'으로 낙인찍히게 되고, 부적절함과 열등감을 의식하게 된다. 이 시기에 아동은 자신을 한계 짓고 자신의 영역을 제한하게 되며, 이것이 심각하게 발전될 때에는 지나친 자기중심적 의식이나 자기숭배의식이 고착되어 폐쇄적인 인격으로 발전할 가능성이 있다.

③ 인지발달

피아제(Piaget)에 의하면, 인간의 인지발달은 15세 정도에 이르면 대체로 완결된다고 하며 인지발달단계를 감각운동기, 전조작기, 구체적 조작기, 형식적 조작기의 4 단계로 구분하고 있다. 각 단계는 상호관계를 가지며 상위단계들은 하위단계들보다 더욱 발전적 특징을 나타내고, 이것은 각 개인마다 동일한 순서의 단계를 거쳐야 하는 연속적 관계를 가진다. 학령기 시기에는 구체적 조작단계로서 사고가 구체적인 대상들, 상황들의 표현들에 관한 정신적 작용을 수행하며 원인과 결과사이의 합리적 관계를 파악할 수 있게 된다.

그러므로 처음에 경험하였던 것을 그 이후에 모든 전체가 바뀌어도 본래의 것을 기억할 수 있는 보전(conservation)과, 전체를 구성하고 있는 부분들을 동시에 기억할 수 있는 전환능력(reversibility)을 가진다. 또한, 이 시기의 아동들은 또래들에 관심을 가지고 대화하기를 즐기며 속어, 은어, 음란한 말을 많이 사용하고 자주 다른 사람의 행동을 그대로 따라한다.

(2) 청소년기의 성장발달

① 신체적 성장과 발달

청소년기의 신체적 변화는 호르몬 작용에 의해 일어나며, 이 시기에는 몇 년 사이에 체중과 신장이 급성장하는 변화를 보인다. 이 기간에 체중은 7~25kg, 신장은 10~30cm 가량 성장하며, 성장의 특징으로 팔, 다리와 목의 성장이 다른 부분보다 먼저 일어난다. 여성은 9~10세 전후에, 남성은 10~11세 전후에 시작하여 12~16세 정도에 성적 발달과 생식기의 성숙이 이루어지고 사춘기가 끝나게 되나 초경연령, 정도, 성장의 기간 등은 개인에 따라 차이가 심하다.

그리고 후두점막이 비대해져 후두와 성대의 증대로 목소리를 변화시키는데, 여성은 목소리가 약간 더 굵어지고 풍부해지나 남성은 변성이 두드러지게 나타나 저음에서 고음으로 걷잡을 수 없게 변화한다.

청소년기의 두드러진 2차 성징으로는 여성은 유방이 나오고 골반이 발달하며 음모와 체모가 자란다. 질분비물의 변화와 평균 12세 정도에 초경을 시작하며, 피부는 두꺼워지고 거칠어지며, 피지선과 땀샘의 왕성한 활동과 체지방의 분포가 성인과 같아지면서 어른의 체형으로 변화한다. 남성은 성기가 커지고 가슴이 넓어지며 치부, 액와, 얼굴, 가슴에 체모가 나기 시작하며 정자를 생산한다.

그리고 이 시기는 빠르게 성장 · 발달하는 시기이므로 많은 열량과 여러 가지 영양소가 필요하며 균형 잡힌 식이가 필수적이다.

② 사회 · 정서적 발달

이 시기는 자신의 신체적 변화에 순응하면서 발달하는 정신능력을 활용하는 방법을 배우고 자존감(self-esteem)을 형성하는 시기로서 논리적으로 설명하고 사정하고 평가하는 능력과 미래에 대해 생각하기 시작하며, 새로운 개념에 맞추기 위하여 생각을 달리하는 능력이 발달한다.

그러나 옳은 판단을 하기 위한 사고능력과 실행능력 사이에 한계가 있고, 문제를 해결하기 위한 시각을 가지기에는 지식과 경험이 미약한 시기이다. 그러므로 감정의 기복이 심하며, 신체나 감정변화에 관한 불안과 걱정이 정서적인 스트레스를 일으키고, 하찮은 문제에 속상해 하며, 이성에 대해 관심이 높아진다.

에릭슨(Erikson)은 청소년시기에 발달위기가 자아정체감(identity)을 형성시킨다고 하였다. 이 시기에 청소년은 자신을 다른 모든 사람들과 구별되고 유일한 개인으로 자신을 보게 되며, 가족으로부터 자율성을 획득하길 희망하며 개인정체감(identity)을 발달시킨다.

그러나 자아정체감이 형성되지 못할 때 역할혼동(role diffusion)을 일으키며 가족이나 동료, 타인과의 갈등과 이것을 해결하기 위해 음주, 흡연, 마약 및 약물중독, 자살, 10대 임신 등의 문제를 야기시킬 수 있다.

③ 인지발달

이 시기는 피아제(Piaget)의 인지발달 단계의 마지막 형식적 조작기로 자신의 지각이나 경험보다는 과학적 추리와 형식적 논리에 근거한 사고를 한다. 또한, 다른 사람들이 자신에 관해 어떤 견해를 갖는지에 관심을 가지며, 타인과 자신의 사고를 구분할 줄 알게 되고 자신과 세계를 객관적으로 볼 수 있게 된다.

그리고 청소년기에는 다른 사람의 역할을 쉽게 받아들이고 타인의 상호 권리에 기초한 의무와 책임을 이해하며 잘못된 행동을 수정하고 정의의 개념을 이해한다. 그러나 기성세대의 규칙을 받아들이면서도 지키지 않는 것을 보고 확립된 도덕성에 진지한 의문을 제기하기도 한다.

2) 교직원의 건강특성

(1) 성인기의 특성

① 신체적 특성

성인기는 20~39세인 청장년기와 40~64세인 중년기로 나눌 수 있으며, 이 시기는 신체적 · 심리적으로 성숙된 시기로 신체 · 정서 · 인지발달에 많은 변화를 가진다. 또한, 일생에서 가장 활력이 넘치고 활동적 시기이다. 청장년기는 균형잡힌 체형과 정력적이며 활기에 넘친다.

그러나 30대 후반부터는 신체기능의 정교성 · 민첩성이 떨어지기 시작하며 근육조직이 감소하고 지방조직이 증가하여 체중이 증가하는 경향을 보인다. 또한, 감각기능은 청장년기 때 최적상태에서 시각과 청각의 기능이 원활하고 오감의 기능은 50세 전후까지 계속된다.

그리고 40세가 넘으면 수정체의 조절력 감퇴로 노안이 오며, 정밀한 일을 할 때 머리가 아프거나 메스꺼워지는 증상이 있을 수 있다. 청력장애는 시력장애보다 좀 늦게 온다. 중년기에 들면서 여성의 경우 호르몬의 감소로 생식기가 위축되며 배란과 생리가 정지된다. 남성의 경우 성욕감소 외는 별다른 갱년기 증상이 없으나, 여성의 경우 생식력을 잃는 데 대한 심리적 타격이 클 수 있다.

② 사회 · 정서적 발달

청장년기의 중요한 발달과업은 자율성과 자립으로 자신의 일을 가지고 배우자를 선택하여 가정을 이루며, 자녀를 양육하고 직장에서 동료들과 원만한 인간관계를 맺고 만족스럽게 일을 수행하면서 자신을 관리해야 한다.

또한, 중년기는 시민으로서 사회적 책임을 다하고 자녀의 성장발달을 돕고 적극적으로 자녀의 독립을 도와야 하며, 노부모에 대한 책임과 지원을 다하여야 한다. 그러나 발달과업을 이루지 못할 때 무력감과 가정에 대한 무책임, 배우자 학대, 알코올중독, 이혼, 불안정된 직업 등 사회적 부적응을 초래하며, 자신을 부정적으로 생각하고 정신적 허약감을 갖게 된다.

③ 인지발달

지능에 있어서 50세까지는 일반적으로 유지되나 50세 이후부터는 쇠퇴가 뚜렷하게 나타난다. 획득한 지식이나 경험, 학습과 관계없는 정신능력은 감소하지만, 교육이나 훈련을 통해서 획득된 지식과 능력은 연령증가에 따라 증가한다. 그러나 속도검사와 능력검사에서도 연령에 따른 능력의 쇠퇴를 보인다. 또한, 기억한 자료를 인출해 내는 회상검사에서 기억감소가 나타나며, 개인검사에서는 청장년기에 비해 많은 차이는 없다.

2. 학생건강검사

건강검사라 함은 신체의 발달상황 및 능력, 정신건강 상태, 생활습관, 질병의 유무 등에 대하여 조사 또는 검사하는 것을 말하며(학교보건법 제2조), 이것은 학생과 교직원이 자신의 건강상태를 알 수 있게 하고, 신체적 성장과 발달에 관심을 갖게 하여 자기건강관리능력을 배양하는데 도움이 된다.

이전의 학교건강검사는 학교신체검사 규칙에 따른 신체검사라는 용어로 체격검사, 체질검사, 체력검사를 일컫는다. 체격검사는 키, 몸무게, 가슴둘레, 앉은키를 측정하고, 체질검사는 영양상태, 척추형태, 가슴통의 모양과 눈, 귀, 코와 목과 피부질환과 정신, 언어장애 및 알레르기 질환, 비만도와 기타 질환에 대하여 집단검진의 형태로 연 1회 실시하고 있다. 이러한 체격검사와 체질검사는 학생들의 성장발달을 감시하고 건강이상자를 조기에 발견하는 데 목적을 두며 체력검사결과와 통합하여 총체적인 건강수준을 사정하는데 유용하였다. 현재 우리나라는 학교보건법 개정(2005. 3. 24)과 학교건강검사규칙의 개정(2006. 1. 10)으로 학교의 장은 학생과 교직원에 대하여 건강검사를 실시하고(학교보건법 제7조), 국민건강보험법 제52조(개정 2011. 12. 31) 규정에 의한 건강검진을 병 · 의원(검진기관)에 내원하여 학교건강검사규칙이 정하는 항목에 대하여 검사를 받는 건강검사제도로 변경되었다.

실제 이러한 결과들이 학교에서 어떻게 활용되고 있는가? 건강검사의 정확도와 신뢰도는 어떠한가? 이를 위한 재원의 확보는 적절한가? 등의 질문을 통해 현실의 문제점과 대처방안에 대한 실제적인 검토가 신중하게 이루어져야 할 시점이다.

1) 건강검사의 목적

학교건강검사의 궁극적 목적은 학생 및 교직원의 건강을 유지, 증진하는데 있으며 구체적 목적은 다음과 같다.

첫째, 건강증진을 위한 생활을 할 수 있는 기초를 제공한다. 성장기에 있는 학생은 최대발육연령에 있으며 평생의 건강을 좌우할 수 있는 건강습관을 형성하는 시기이기도 하다. 특히 청소년기에 속하는 중 · 고등학교 시절은 신체적 · 정신적으로 급격하게 성장발육하고 여러 가지 체질적 변화를 가져온다. 이 시기의 성장 · 발육 및 각종 변화는 평생의 건강에 대한 기초가 된다. 그러므로 그때의 성장발육과정을 평가하고 바른 방향으로 교정함은 학생 개인 건강의 기반을 튼튼히 하게 된다

둘째, 학생개인이 정기적으로 건강상태를 이해하고 관심을 가지도록 하기 위해서 학생의 건강검사가 필요하다. 학교보건사업이 학교교육의 능률화를 위한 부수적인 업무를 벗어나 학생의 건강관리능력 개발을 도모해야 한다. 이를 위한 학생의 건강검사는 학생 자신의 건강상태를 파악하는 능력을 개발하는 시범교육이라 할 수 있다. 이때의 건강검사는 교육적이어야 하므로 학생의 건강검사는 가장 바람직한 방향으로 실시되어야 한다.

그러므로 계획된 교육과정 속에서 건강형태의 좋은 습관형성을 꾀하고, 전체적이고도 포괄적인 건강관리가 가능하도록 해야 할뿐만 아니라 일평생을 통한 건강상태 평가법 및 관리법을 이 시기에 터득할 수 있도록 학생의 건강검사는 이루어져야 한다.

셋째, 학교의 교육을 능률적으로 실시하기 위하여 학생건강검사를 해야 한다. 학생들의 질병이나 허약 등 결함을 조기 발견하여 이를 예방하고 치료하도록 함으로써 학교사회의 건강을 유지 · 증진하여 교육을 정상적으로 받을 수 있도록 해야 한다. 건강검사를 통해 신체적 · 정신적 · 정서적 · 사회적인 측면에서 얻어지는 자료는 학교보건사업의 여러 측면에서 환류 시킬 수 있다. 이러한 정보들은 학생개개인을 위한 건강상담 및 추후관리는 물론이고, 보건교육의 내용 및 교육방법의 개선에 기초 자료가 되기도 한다.

넷째, 국민의 건강수준 향상을 위하여 학생건강검사를 해야 한다. 우리나라에서 학생인구는 전체인구의 26%를 차지하므로, 학생인구의 건강은 우리나라 국민의 건강수준에 크게 영향을 미친다. 학생들의 정확한 건강상태 평가와 함께 철저한 보건관리로 인한 체질의 증강과 우수한 정신력의 육성은 민족의 자질을 향상시키고 장래 생산성인구의 질적 향상도 도모하게 된다.

다섯째, 학부모들이 자녀들의 건강상태를 이해할 수 있도록 돕는다. 건강검사는 학생들의 건강유지 · 증진을 위해 필수적인데, 이것은 학부모 · 교사에게 건강상태에 대한 정보를 줄 수 있다. 그러므로 건강상태가 불량할 때는 조기 발견하여 교정할 수 있도록 하고, 앞으로 가능한 위험에 대해 경고도 줄 수 있다.

2) 건강검사의 내용

건강검사내용은 신체발달상황 및 능력, 건강조사, 건강검진으로 교직원의 건강검사는 국민건강보험법 제52조 규정에 따른 건강검진으로 대신하고, 학생은 취학 후 3년마다 검진기관에 방문하여 건강검진을 받도록 규정하고 있다. 이에 검진 대상학년은 초등학교 1, 4학년, 중학교 1학년, 고등학교 1학년(특수 및 기타 학교도 동일학년 적용)으로 검진비용은 학교가 부담하게 된다. 그러나 초2~3, 5~6, 중2~3, 고2~3학년 때는 당해 학교자체에서 신체발달상황과 건강조사를 학교건강검사규칙 제4조의 2 제2항에 의거하여 실시하고 있다.

[표 3-1] 건강검사내용 및 실시방법

검사항목	대상학년	실시기관	실시방법
신체 발달상황	초1,4/중1/고1	검진기관	키, 몸무게 측정 후 비만도 산출
	초2~3, 5~6/ 중2~3/고2~3	당해학교 (교직원)	
건강조사	초1,4/중1/고1	검진기관	문진표에 의한 조사로 대신
	초2~3, 5~6/ 중2~3/고2~3	학교자체 (교직원)	건강조사 설문지 의한 조사
건강검진	초1,4/중1/고1	검진기관	학생들이 연중 방문검진

3) 건강검사의 실무

(1) 신체발달상황

신체발달상황은 키, 몸무게 측정 후 비만도를 산출하여 파악한다.

① 신체발달상황 검사의 목적

㉠ 아동들 자신의 성장과 안녕에 관심을 가지도록 한다.

㉡ 아동들을 정상기준과 비교하거나 다른 아동과 비교하는 것이 아니라 자신의 상태에 관심을 가지도록 하는 것에 중점을 둔다.

㉢ 각 아동은 개인차가 있음을 알게 한다.

㉣ 각 아동이 자신의 상태와 각 개인에게 가장 좋은 과정에 관심을 가지도록 노력한다.

② 신체발달상황 검사 측정의 객관성과 신뢰성을 높이기 위한 방법

㉠ 측정기구의 지정 및 점검

- 신장계, 체중계는 표준화된 것으로 규격정품이어야 한다.
- 학교보건 행정가는 측정기구를 매년 같은 종류의 것을 사용한다.
- 검사기구는 검사 실시 전에 이상 유무를 점검한다.

㉡ 측정자 및 측정 장소 지정

- 정 · 부 책임자의 명단을 비치한다.
- 측정 장소는 교실이나 강당을 이용한다.
- 측정기구를 한곳에 고정시키고(측정기구의 이동은 정확성을 낮출 수 있음) 학생들이 이동하여 측정을 받도록 한다.

③ 주의사항

㉠ 측정자에게 정확한 측정기술을 교육한다.

㉡ 모든 검사는 3회 실시한 후 중간치를 채택한다.

㉢ 검사측정치 기록을 학생에게 맡기지 말고 반드시 기록담당자가 기록토록 한다.

㉣ 학급별로 담임교사가 입회하여 담임의 지도하에 검사에 임하도록 한다.

㉤ 측정내용(키, 몸무게)별로 동일인이 동일방법으로 측정하게 한다.

④ 신체발달상황 검사 실시 전 준비사항

㉠ 소요예산을 확보한다(검사기구 수리 및 교체비용).

㉡ 검사용 기구를 점검 확인한다 : 1차는 보건교사가, 2차는 학교장이 점검한다.

㉢ 측정자 및 측정 장소를 지정한다 : 각 종목별 정 · 부 책임자(검사자와 검사보조자, 기록자를 정한다).

㉣ 측정기구는 한곳에 고정 배치하여 빈번한 이동으로 인한 부정확성을 예방한다.

㉤ 검사 받을 대상자 수를 확인한다.

㉥ 검사 일정표를 작성하여 검사표 등 소정양식을 준비한다.

㉦ 가정통신문을 발송하여 보호자에게 연락한다.

⑤ 신체발달상황 검사의 실시내용 및 방법

㉠ 키

- 신을 벗고 신장계의 디딤대 위의 중앙에 선다.

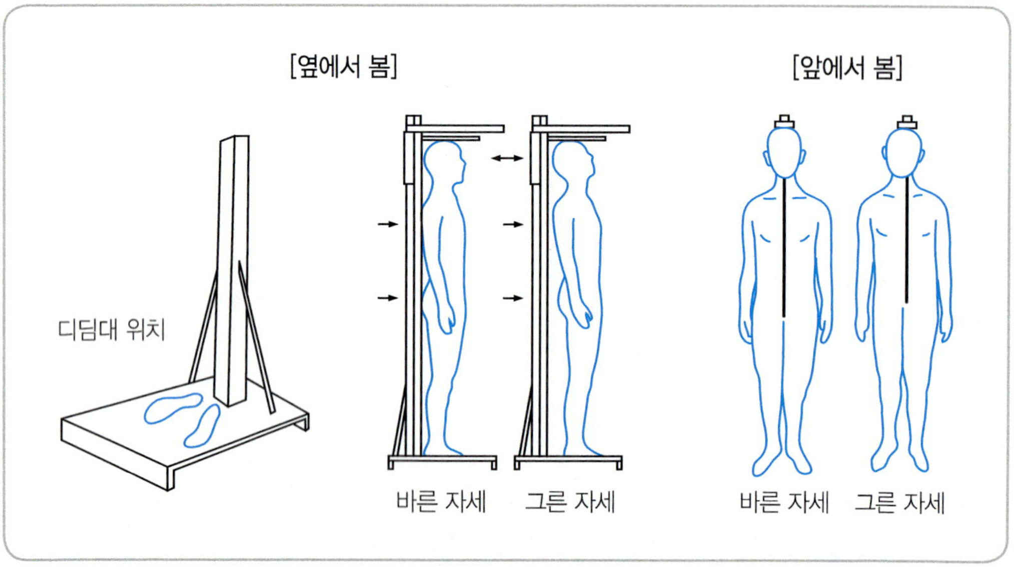

[그림 3-1] 키 측정

- 두 발꿈치를 붙이고 등, 엉덩이, 발꿈치 부위를 측정대에 꼭 대고 똑바로 선다.
- 양팔을 자연스럽게 떨어뜨린다. – 머리부위를 바르게 측정한다(머리부위의 위치는 후두부와 잣대 사이에 손이 들어갈 정도로 띠고 머리를 반듯하게 놓는다).
- 측정단위는 센티미터로 하되, 소수 첫째자리까지 나타낸다.

㉡ **몸무게**

- 피검사자는 옷을 벗도록 한다(여자의 경우는 검사용 옷을 준비해 두고, 이것을 착용시키고 그 중량만큼 제외시킨다).
- 체중계의 디딤대 중앙에 발바닥의 그림을 그려놓고, 그곳에 세우도록 한다.
- 체중계의 디딤대에 피검사자를 세우며 몸을 움직이지 않도록 하여 눈금을 읽는다.
- 측정단위는 킬로그램으로 한다.

[주의사항]

- 체중계의 정확성을 사전에 점검한다.
- 체중을 측정할 때에는 용변 후에 측정한다.
- 식사 후 또는 과격한 운동 직후에는 측정하지 않는 것이 좋다.

⑥ 검사결과의 활용

㉠ 검사결과 다른 아동보다 키가 작거나 체중이 적은 것은 별로 중요하지 않다. 그러나 건강상태가 좋다면 지난해보다 신장과 체중이 줄어들지는 않으므로 지난해와 비교해 보는 것이 좋으며, 신장과 체중의 측정은 전체의 일부로서도 건강검사에 도움을 준다.

㉡ 극도의 체중미달, 비만상태 등을 발견함으로써 아동의 건강상태를 재확인해 보는 좋은 기회가 된다.

㉢ 검사결과는 학생 개인의 건강관리와 학교보건사업계획을 위한 기초자료가 되므로 한 눈에 볼 수 있도록 통계 처리하여 건강문제가 도출되도록 하고 모든 검사에 의해 진단된 문제 학생들은 지속적인 상담 및 건강관찰을 해야 한다.

[통계처리의 중요성]

- 신체발육 통계치는 그 집단의 건강을 평가하는 지표로 사용한다.
- 학교보건에서 학생의 연령별, 성별, 신체발육 통계는 학교 지역사회의 건강수준을 나타내는 하나의 지표이다.
- 이 측정은 학생신체의 형태를 수치로 표현하는 작업으로 학생의 신체 형태를 알 수 있으며, 이를 통하여 학생의 건강수준을 파악한다.

(2) 건강조사

건강조사는 예방접종 및 병력, 식생활 및 비만, 위생관리, 신체활동, 학교생활 및 가정생활, 텔레비전 · 인터넷 및 음란물의 이용, 안전의식, 학교폭력, 흡연 · 음주 및 약물의 사용, 성의식, 사회성 및 정신건강, 건강상담 등에 대해 실시하며(학교건강검사규칙 제4조의 2), 검진기관에서 문진표에 의한 조사로 대신한다. 그리고 초2~3, 5~6, 중2~3, 고2~3학년은 위 항목이 포함한 구조화된 설문지를 마련하고 시 · 도교육감은 학교의 장을 통하여 학교 자체 교직원에 의해 조사할 수 있도록 한다(표 3-3, 4, 5).

건강조사의 목적은 학생들의 건강상태를 평가하거나 건강에 저해되는 특수상태를 조기발견하기 위한 목적으로 실시하고 있고 구체적인 목표는 아래와 같다.

① 아동의 상태를 포괄적이고 신중하게 평가한다.

② 부모와 학교당국에 가치 있는 충분한 건강정보를 제공한다.

③ 결함을 발견한다.

④ 일탈에 대한 전문적 상담을 해 준다.

⑤ 아동에게 가치 있는 건강경험을 제공한다.

⑥ 아동이 학교의 각종 프로그램에 참여토록 하는 의식을 고취시킨다.

⑦ 의학적 감독과 교정을 실시한다.

(3) 건강검진

건강검진은 근 · 골격 및 척추, 눈 · 귀, 콧병 · 목병 · 피부병, 구강, 기관능력, 병리검사 등에 대하여 검사 또는 검진(학교건강검사규칙 제5조)하는 것으로 국민건강보험법 제52조 규정에 의한 적합한 2개 이상 기관을 선정, 체결한 후 실시하며, 검진기간은 당해 3월 1일부터 12월 31일까지의 기간 중에 실시한다. 단, 표본건강검사학교 중 표본학

[표 3-2] 신체발달상황 검사 내용 및 방법

검사 항목	측정 단위	검 사 방 법
키	센티미터 (㎝)	1. 검사대상자의 자세 가. 신발을 벗은 상태에서 발꿈치를 붙일 것 나. 등 · 엉덩이 및 발꿈치를 측정대에 붙일 것 다. 똑바로 서서 두 팔을 몸옆에 자연스럽게 붙일 것 라. 눈과 귀는 수평인 상태를 유지할 것 2. 검사자는 검사대상자의 발바닥부터 머리끝까지의 높이를 측정
몸무게	킬로그램 (㎏)	1. 옷을 입고 측정한 경우 옷의 무게를 뺄 것
비만도	-	1. 비만도는 체질량지수(BMI, Body Mass Index:㎏/㎡)와 표준체중에 의한 상대 체중으로 각각 산출한다. 2. 표기방법 가. 체질량지수로 산출된 비만도를 '표준성장곡선'에 대비하여 다음과 같이 판정하여 표기한다. 1) 나이별 성장기준과 비교하여 85~95백분위수 미만인 경우 : "비만위험군" 2) 나이별 성장기준과 비교하여 95백분위수 이상인 경우 : "비만" 3) 1) 및 2)에 해당되지 않는 경우 : "정상" 나. 표준체중에 의한 상대체중으로 산출된 비만도는 다음과 같이 판정하여 표기한다. 1) 몸무게가 키에 대한 표준체중보다 20퍼센트 이상 30퍼센트 미만 무거운 경우 : "경도비만" 2) 몸무게가 키에 대한 표준체중보다 30퍼센트 이상 50퍼센트 미만 무거운 경우 : "중등도비만" 3) 몸무게가 키에 대한 표준체중보다 50퍼센트 이상 무거운 경우 : "고도비만"

[자료원 : 학교건강검사규칙 제4조 제2항 별표 1]

생은 가급적 4~6월중에 실시를 권장한다. 이에 대한 것은 학교기본운영비로 지원한다.

검진항목 중 색각검사는 초등학교 4학년 및 중학교 1학년에 한하여 실시하며, 혈액검사는 초등학교 4학년과 중학교 1학년 및 고등학교 1학년 중 '경도비만' 이상의 학생을 대상으로 실시하고 고등학교 1학년 여학생은 혈색소검사를 따로 실시한다. 혈액형 검사는 초등학교 1학년 학생에 한해서만 실시하며, 흉부X선 검사는 중학교 1학년과 고등학교 1학년 학생에게만, 간염검사는 중학교 1학년 학생에 한하여 실시한다(표 3-6, 7, 8, 9).

[표 3-3] 건강조사 항목 및 내용

조사항목	조 사 내 용
1. 예방접종/병력	가. 전염병 예방접종 나. 가족병력 다. 개인병력
2. 식생활/비만	가. 식습관 나. 인스턴트 및 그 밖에 식품의 섭취형태 다. 다이어트 행태
3. 위생관리	가. 손 씻기 나. 양치질
4. 신체활동	가. 근지구력 향상을 위한 운동 나. 심폐기능 향상을 위한 운동 다. 수면
5. 학교생활/가정생활	가. 가족 내 지지 정도 나. 학교생활 적응 정도 다. 교우관계
6. 텔레비전/인터넷/음란물의 이용	가. 텔레비전 시청 나. 인터넷 이용 다. 음란물에의 노출 여부 및 정도
7. 안전의식	가. 안전에 대한 인식 나. 안전사고의 발생
8. 학교폭력	가. 학교폭력에의 노출 여부 및 정도
9. 흡연/음주/약물의 사용	가. 흡연 나. 음주 다. 흡입제의 사용 여부 및 약물의 오 · 남용 여부 등
10. 성 의식	가. 성문제 나. 성에 대한 인식
11. 사회성/정신건강	가. 사회성(자긍심, 적응력 등) 나. 정신적 건강(우울, 자살, 불안증, 주의력 결핍 등)
12. 건강상담	가. 건강에 대한 상담의 요구 등

[자료원 : 학교건강검사규칙 제4조2의 제2항 별표 1의2]

[표 3-4] 건강조사 문진표(초등학생용)

(초등학생용)

이 설문조사는 건강검사에 앞서 학생들의 건강상태를 미리 알아보고 진찰을 반을 때 참고하기 위한 것입니다. 비밀이 보장되므로 설문내용에 솔직하고 성실하게 답변해서 학생의 건강보호 및 향상에 도움이 되도록 합시다. 초등학교 1학년은 부모님(보호자)이, 초등학교 4학년은 본인 또는 부모님(보호자)과 상의하여 기재하기 바랍니다.

1. 학생의 가족 중 다음과 같은 질환을 치료받거나 진단받은 사람이 있으면 해당 질환에 'V'표시를 하여 주십시오.

가족의 의학적 병력	있음	누가	질병명
고혈압이나 뇌졸중(중풍)			
협심증, 심근경색, 심부전 등 심장질환			
당뇨병			
암			
간질환			
결핵			
정신질환			

2. 학생이 최근 1년 동안 다음과 같은 질병을 앓은 적이 있으면 모두 'V'표시를 하고 구체적인 질병명을 써 주십시오.

질병의 과거력		있음	질병명
소화기계	위염, 소화성궤양		
	변비		
	장염		
호흡기계	천식		
	축농증		
	알레르기성비염, 만성 비염		
	편도선비대		
	만성기관지염, 폐기종		
눈·귀	눈병, 사시, 소아백내장 등		
	중이염		
	청력장애		
	그 밖의 귀 질환(이명 등)		
피부	아토피 피부병		
	그 밖의 피부질환		
순환기계	선천성심장질환(어려서부터)		
	빈혈		
근골격계	척추측만증		
	디스크나 요통		
	사지 운동의 장애		
	외상이나 사고		
그 밖의 질환 등	소아정신과 질환		
	약물 알레르기		
	소아당뇨병		
	결핵		
	경련이나 발작(경기)		
	언어장애 나 발달장애		
	간염 (어려서부터)		
	수술한 경험(어려서부터)		
	입원한 경험(어려서부터)		
	그 밖의 질환(중독, 백일해, 홍역, 수두 등 포함)		

문 진 표
(초등학생용)

3. 최근 한 달간 학생이 경험한 증상에 모두 'V'표시를 하여 주십시오.

항목	나타나는 증상	예	아니오
전신 상태	감기에 잘 걸린다.		
	온 몸에 힘이 없고 쉽게 피로하다.		
	건강하지 않다고 생각한다.		
호흡기	재채기와 함께 맑은 콧물이 흐를 때가 있다.		
	숨쉴 때 소리가 난다.		
	기침과 함께 누런 가래가 올라온다.		
	열이 많이 나면서 목이 따가울 때가 자주 있다		
	평소 코로 숨쉬기가 불편하고 코가 자주 막힌다.		
순환기	가만히 있어도 심장이 두근거린다.		
	운동을 할 때 몹시 숨이 차다.		
소화기	배가 자주 아프고 소화가 안 된다.		
	속이 답답하다.		
	배가 팽팽하거나 가스가 찬 듯한 느낌이 있다.		
	설사를 자주 한다.		
정신 건강	전에 재미있던 공부나 놀이에 흥미가 없다.		
	항상 외롭다고 느낀다.		
	화가 나면 난폭한 행동을 한다.		
	차분하지 못하고 지나치게 활동적이다.		
	학교를 가고 싶지 않을 때가 자주 있다.		
혈액	코피가 자주 나고 다치면 피가 잘 멈추지 않는다.		
	몸에 멍이 잘 든다.		
그 밖의 증상	머리가 자주 아프다.		
	귓속이 아프거나 귀에서 진물이 나온다.		
	귀에서 소리가 난다.		
	입이 잘 벌어지지 않는다.		
	목이나 허리가 아프다.		
	무릎이 쑤시거나 아프다.		
특별히 의사선생님께 하고 싶은 말			

(초등학생용)

수검자 인적 사항	학 교 명	초등학교	
	학년/ 반/ 번호	학년 반 번	
	성 명		
	성 별 / 남 여	생년월일	

4. 다음은 여러분의 건강생활행동에 대한 질문입니다. 자신에게 해당되는 질문에 'V'표시를 하여 주십시오.

건 강 생 활 행 동		예	아니오
식생활	아침은 규칙적으로 먹는 편이다.		
	매일 우유나 떠먹는 요구르트를 먹는다.		
	매일 채소와 과일을 먹는다.		
	콜라음료수 또는 과자를 하루에 두 번 이상 먹는다.		
	햄버거피자 또는 라면을 일주일에 두 번 이상 먹는다.		
개인위생	밥을 먹기 전이나 밖에서 놀다 돌아와서 비누로 손을 씻는다.		
	하루에 두 번 이상 이를 닦는다.		
안전	자동차를 탈 때 안전벨트를 맨다.		
	인라인스케이트·롤러블레이드·스케이트보드 또는 자전거 등을 탈 때 헬멧을 쓰고 보호대를 착용한다.		
TV, 인터넷	텔레비전을 하루에 2시간 이상 본다.		
	인터넷이나 게임을 하루에 2시간 이상 한다.		
가정 및 학교 생활	지난 1년 동안 친구들에게 괴롭힘이나 따돌림을 당한 적이 있다.		
	돈을 빼앗는 친구가 있다.		
	내 몸을 자주 만지는 사람이 있다.		
	집을 나가고 싶을 때가 자주 있다.		
	우리 가족은 나의 이야기를 잘 들어주고 나의 감정을 존중해 준다.		
	자주 매를 맞는 편이다.		
약물	같이 사는 사람 중에 담배를 피우는 사람이 있다.		
	같이 사는 사람 중에 술을 너무 많이 마셔서 걱정되는 사람이 있다.		
정서	모든 것이 귀찮고 희망이 없는 것 같처럼 느껴진다.		
	공부시간에 선생님께 자주 혼난다.		
부모님란	귀하의 자녀가 만 5세 이후 가만히 앉아 있지 못하고 항상 뛰어다니거나 말을 많이 합니까? (1학년만)		
	귀하의 자녀는 주의력이 없고 주의가 산만합니까? (1학년만)		
※ 고민이나 괴로운 일로 상담을 받고 싶다.			
(학교 재량란)			

[자료원 : 학교건강검사규칙 제5조의 2, 별지 제1호의 2 서식]

[표 3-5] 건강조사 문진표(중고등학생용) – 학교건강검사규칙(2006. 1. 10)

(중 · 고등학생용)

이 설문조사는 건강검사에 앞서 여러분의 건강상태를 미리 알아보고 진찰을 받을 때 참고하기 위한 것입니다. 비밀이 보장되므로 설문내용에 솔직하고 성실하게 답변해서 여러분 자신의 건강보호 및 향상에 도움이 되도록 합시다. 본인이 작성하되 잘 모르는 문항은 부모님(보호자)과 상의하여 기재하기 바랍니다.

1. 가족 중 다음과 같은 질환을 치료받거나 진단받은 사람이 있으면 해당 질환에 'V'표시를 하여 주십시오.

가족의 의학적 병력	있음	누가	질병명
고혈압이나 뇌졸증(중풍)			
협심증·심근경색·심부전 등 심장질환			
당뇨병			
암			
간질환			
결핵			
정신질환			

2. 최근 1년 동안 다음과 같은 질병을 앓은 적이 있으면 모두 'V' 표시를 하고 구체적인 질병명을 써 주십시오.

질병의 과거력		있음	질병명
소화기계	위염 또는 소화성궤양		
	변비		
	장염		
호흡기계	천식		
	축농증		
	알레르기성비염 또는 만성비염		
	편도선비대		
눈·귀	안질환·사시 등		
	중이염		
	청력장애		
	그 밖의 귀 질환(이명 등)		
피부	아토피피부병		
	그 밖의 피부질환		
순환기계	빈혈		
	고혈압		
근골격계	척추측만증		
	디스크나 요통		
	사지운동의 장애		
	외상이나 사고		
그 밖의 질환 등	소아정신과 질환		
	결핵		
	약물알레르기		
	당뇨병		
	두통(편두통 제외)		
	경련이나 발작(경기)		
	언어장애(말더듬 포함)		
	간염 (어려서부터)		
	수술한 경험(어려서부터)		
	입원한 경험(어려서부터)		
	그 밖의 질환(중독·자살기도 등)		

문 진 표
(중·고등학생용)

3. 최근 한 달간 경험한 증상에 모두 'V'표시를 하여 주십시오.

항목	나타나는 증상	예	아니오
전신 상태	감기에 잘 걸린다.		
	온 몸에 힘이 없고 쉽게 피로하다.		
	건강하지 않다고 생각한다.		
호흡기	재채기와 함께 코와 눈이 가렵고 맑은 콧물이 흐를 때가 있다.		
	숨쉴 때 숨이 가쁘면서 가슴에서 쌕쌕하는 소리나 휘파람 소리가 들릴 때가 많다.		
	기침과 함께 누런 가래가 올라온다.		
	평소 코로 숨쉬기가 불편하고 코가 막힌다.		
	코를 심하게 곤다는 말을 듣는다.		
	열이 많이 나면서 목이 따가울 때가 자주 있다.		
	목에서 몽우리가 만져진다.		
순환기	운동을 조금만 해도 다른 사람보다 숨이 심하게 차다.		
	혈색이 안 좋고 가만히 있어도 심장이 두근거린다.		
소화기	속이 쓰리거나 아플 때가 있다.		
	속이 답답하거나 가득 찬 듯한 느낌이 있다.		
	아랫배가 살살 아프거나 설사를 자주 한다.		
	배가 팽팽하거나 가스가 찬 것 같다.		
정신 건강	기분이 처지거나 우울해서 희망이 없다는 느낌이 든다.		
	학교를 가고 싶지 않을 때가 자주 있다		
	자살을 심각하게 생각하거나 자살을 시도한 적이 있다.		
	미칠 것 같은 불안을 자주 느낀다.		
	차분하지 않고 지나치게 활동적이라 다른 아이에게 방해가 되는 경우가 있다.		
혈액	코피가 자주 나고 다치면 피가 잘 멈추지 않는다.		
	몸에 멍이 잘 든다.		
그 밖의 증상	두통이나 편두통이 심하다.		
	귓속이 아프거나 귀에서 분비물이 나온다.		
	귀에서 매미우는 소리나 윙하는 소리가 들린다.		
	턱관절이 아프거나 입이 잘 벌어지지 않는다.		
	목·허리·무릎 등이 쑤시거나 아프다.		
	(여학생) 생리통이 심하다.		
특별히 의사선생님께 하고 싶은 말			

(중 · 고등학생용)

수검자 인적 사항	학 교 명		학교
	학년/ 반/ 번호		학년 반 번
	성 명		
	성 별	남 여	생년월일

4. 다음은 여러분의 건강생활과 관련된 행동에 대한 질문입니다. 자신에게 해당되는 질문에 'V'표시를 하여 주십시오.

건 강 생 활 행 동		예	아니오
식생활	아침은 규칙적으로 먹는 편이다.		
	매일 우유나 유제품을 먹는다.		
	매일 채소와 과일을 먹는다.		
	단음식이나 짠 음식을 거의 먹지 않는다.		
	청량음료·햄버거·피자 또는 과자를 거의 매일 먹는다.		
	체중을 줄이기 위해 굶거나 약을 먹는다.		
개인위생	식사하기 전이나 외출 후 돌아와서 비누로 손을 씻는다.		
	하루에 두 번 이상 이를 닦는다.		
운동	주 3회 이상 땀이 나거나 숨이 찰 정도로 운동을 하거나 일을 한다.		
	공부와 운동을 잘 안배하여 자고 나면 개운하다.		
안전	자동차를 탈 때 안전벨트를 맨다.		
	인라인스케이트, 롤러블레이드, 스케이트보드, 자전거 등을 탈 때 헬멧이나 보호구를 착용한다.		
인터넷	인터넷이나 게임을 하루에 2시간 이상 한다.		
	음란물을 보거나 성인사이트에서 채팅을 자주 한다.		
가정 및 학교생활	지난 1년 동안 친구들에게 괴롭힘이나 따돌림을 당한 적이 있다.		
	고민이 있거나 괴로울 때 의논할 수 있는 사람이 있다.		
	가정(가족)내의 문제에 대해 걱정이 된다.		
	지난 1년 동안 가출하는 것을 심각하게 생각해 본 적이 있다.		
	가정이나 학교에서 폭력으로 인해 자신의 안전이 위협을 받고 있다.		
	무기로 사용할 목적으로 칼·몽둥이·쌍절곤 등을 가지고 다닌 적이 있다.		
약물	지난 1개월 동안 담배를 피운 적이 있다.		
	지난 1개월 동안 술을 마신 적이 있다.		
	환각을 목적으로 불법으로 대마초나 향정신성 약물을 사용한 적이 있다.		
성	성문제에 대해서 고민이 된다.		
	육체적·정신적·성적으로 학대를 당한 적이 있다.		
※ 고민이나 괴로운 일에 대해 상담을 받고 싶다.			
(학교 재량란)			

[자료원 : 학교건강검사규칙 제5조의 2, 별지 제1호의 3 서식]

(3) 건강검진

건강검진은 근 · 골격 및 척추, 눈 · 귀, 콧병 · 목병 · 피부병, 구강, 기관능력, 병리검사 등에 대하여 검사 또는 검진(학교건강검사규칙 제5조)하는 것으로 국민건강보험법 제52조 규정에 의한 적합한 2개 이상 기관을 선정, 체결한 후 실시하며, 검진기간은 당해 3월 1일부터 12월 31일까지의 기간 중에 실시한다. 단, 표본건강검사학교 중 표본학생은 가급적 4~6월중에 실시를 권장한다. 이에 대한 것은 학교기본운영비로 지원한다.

검진항목 중 색각검사는 초등학교 4학년 및 중학교 1학년에 한하여 실시하며, 혈액검사는 초등학교 4학년과 중학교 1학년 및 고등학교 1학년 중 '경도비만' 이상의 학생을 대상으로 실시하고 고등학교 1학년 여학생은 혈색소검사를 따로 실시한다. 혈액형 검사는 초등학교 1학년 학생에 한해서만 실시하며, 흉부X선 검사는 중학교 1학년과 고등학교 1학년 학생에게만, 간염검사는 중학교 1학년 학생에 한하여 실시한다(표 3-6, 7, 8, 9).

[표 3-6] 검진항목 및 검사방법

검진항목		검진방법(세부항목)
1. 근 · 골격 및 척추		근 · 골격 및 척추의 형태 및 질병 검사
2. 눈	2-1. 시력측정	가. 공인시력표에 의한 검사 나. 오른쪽과 왼쪽의 눈을 각각 구별하여 검사 다. 안경 등으로 시력을 교정한 경우에는 교정시력을 검사
	2-2. 색각이상유무	공인색각표에 의한 검사
	2-3. 안질환	결막염, 눈썹찔림증, 사시 등 검사
3. 귀	3-1. 청력	가. 청력계 등에 의한 검사 나. 오른쪽과 왼쪽의 귀를 각각 구별하여 검사
	3-2. 귓병	중이염, 외이도염 등 검사
4. 콧병		부비동염, 비염 등 검사
5. 목병		편도선비대 · 경부림프절종대 및 갑상선비대 등 검사
6. 피부병		아토피성피부염, 전염성피부염 등 검사
7. 구강	7-1. 치아상태	우식치아, 우식발생위험치아, 결손치아 검사
	7-2. 구강상태	구내염 및 연조직질환, 부정교합, 구강위생상태 등 검사
8. 기관능력		호흡기(알레르기성 천식포함) · 순환기 · 비뇨기 · 소화기 및 신경계통 검사
9. 병리 검사 등	9-1. 소변	요컵 또는 시험관 등을 이용하여 신선한 요를 채취하며, 시험지를 사용하여 측정(요단백 · 요잠혈 검사)
	9-2. 혈액	1회용 주사기나 진공시험관으로 채혈하여 다음의 검사 가. 비만학생 : 혈당 · 총콜레스테롤 · AST · ALT 나. 여고학생 : 혈색소
	9-3. 혈액형	ABO 및 RH식

	9-4. 결핵	흉부 X-선 촬영 및 판독
	9-5. 간염	B형간염 항원
	9-6. 혈압	혈압계에 의한 수축기 및 이완기 혈압
10. 그 밖의 사항		검사항목 제1호부터 제8호까지의 검진항목 외에 담당의사가 필요하다고 판단하여 추가하는 항목(검진비용이 추가되지 않는 경우에 한한다)

※ 적용범위 및 판정기준

1. 학교급에 따라 다음과 같이 일부항목을 제외하고 적용한다.
   가. 2-2 "색각검사"는 초등학교 4학년 및 중학교 1학년 학생에 한하여 실시한다.
   나. 9-2 "혈액검사"는 초등학교 4학년과 중학교 1학년 및 고등학교 1학년 학생 중 비만도가 "경도비만" 이상의 학생을 대상으로 실시한다. 다만, 고등학교 1학년 여학생에 대하여는 혈색소 검사를 따로 실시 한다.
   다. 9-3 "혈액형 검사"는 초등학교 1학년 학생에 한하여 실시한다.
   라. 9-4 "흉부X선 검사"는 중학교 1학년 및 고등학교 1학년 학생에 한하여 실시한다.
   마. 9-5 "간염검사"는 중학교 1학년 학생에 한하여 실시한다.
2. 건강검진 결과의 판정기준은 교육부장관이 정하는 '검진결과 판정기준'을 따른다.
3. 제1호부터 제10호까지에서 정한 검진항목 외의 검진항목에 대한 검진방법 및 건강검진 결과의 판정기준은 「국민건강보험법」 제47조 및 같은 법 시행령 제26조에 따라 보건복지가족부장관이 정하여 고시하는 기준에 따른다.

[자료원 : 학교건강검사규칙 제5조 제2항 별표 2 (개정 2013. 3. 23)]

[표 3-7] 검사항목별 판정구분 참고치

질환별	검진항목	단위	1차 검진		
			정상A	정상B	질환의심
폐결핵 및 기타 흉부질환	흉부방사선 촬영		정 상 비활동성		정상 및 비활동성이외의자 (사진불량, 미촬영 등은 제외)
고혈압	혈압 - 수축기 - 이완기	mmHg	120 미만 80 미만	120~139 80~89	140 이상 90 이상
고지혈증	총콜레스테롤	mg/dL	200 이하	200~239	240 이상
간장질환	AST(SGPT) ALT(SGPT)	U/L	40 이하 35 이하	41~50 36~45	51 이상 46 이상
신장질환	요단백 요잠혈		음성(-) 음성(-)	약양성(±) 약양성(±)	양성(+1) 이상 양성(+1) 이상
빈혈증질환	혈색소 - 여	g/dL	12.0~15.5	10.0~11.9/ 15.6~16.5	10.0 미만
당뇨질환	혈당	mg/dL	100 미만(식전)	100~125(식전)	126 이상(식전)

[자료원 : 보건복지부 고시 제2007-129호(2007. 12. 26) 건강검진실시기준 관련]

[표 3-8] 종합판정기준

판정구분(1차검진)		판정기준	비고
정상	정상A	검진 결과 건강이 양호한 자	
	정상B	검진 결과 건강에 이상이 없으나 식생활습관, 환경 개선 등 자기관리 및 예방 조치가 필요한 자	
질환의심(R)		검진 결과 정밀검진이 필요한 자 ※ 해당질환별로 판정	

[자료원 : 보건복지부 고시 제2007-129호(2007. 12. 26) 건강검진실시기준 관련]

최종 종합판정은 문진표, 진찰, 상담, 검사결과를 합하여 검진의사가 한다.

[표 3-9] 구강검진 문진표

<table>
<tr><td colspan="3" rowspan="5">이 설문조사는 구강검진에 앞서 여러분의 구강증상과 구강건강행태에 대하여 미리 알아보고자 실시하는 것입니다. 설문 결과는 여러분이 진찰을 받을 때 참고하도록 할 것이며, 그 내용에 대하여는 비밀이 보장됩니다. 여러분의 솔직하고 성실한 답변은 여러분 자신에게 큰 도움이 될 것입니다. 본인이 작성하되 모르는 사항은 부모님(보호자)과 상의하여 정확하게 기재하여 주시기 바랍니다.</td><td colspan="4">수검자 인적사항</td></tr>
<tr><td>학교명</td><td colspan="3">학교</td></tr>
<tr><td>학년/반/번호</td><td colspan="3"></td></tr>
<tr><td>성 명</td><td colspan="3"></td></tr>
<tr><td>성 별</td><td>남 여</td><td>생년월일</td><td></td></tr>
<tr><td colspan="3">구강 증상에 대한 물음</td><td colspan="4">구강건강행태에 대한 물음</td></tr>
<tr><td colspan="3">※ 최근 1년 동안 학생이 경험한 증상에 모두 “V” 표시를 해 주십시오.</td><td colspan="4">※ 학생의 구강건강행태에 해당하는 번호에 “V” 표시를 하여 주십시오.</td></tr>
<tr><td>증상</td><td>①있다</td><td>②없다</td><td colspan="4" rowspan="7">7. 지난 1년간 치과병(의)원에 간 적이 있습니까?
① 있다 ② 없다 ③ 모르겠다.

8. 어제 하루 동안 이를 닦은 때를 모두 표시해 주세요.
① 아침식사 전 ② 아침식사 후
③ 점심식사 후 ④ 저녁식사 후
⑤ 잠자기 직전 ⑥ 간식섭취 후

9. 과자 등 단음식이나 콜라 등 청량음료를 즐겨 먹습니까?
① 그렇다 ② 보통이다 ③ 아니다

10. 현재 사용 중인 치약에 불소가 들어있습니까?
① 예 ② 아니오 ③ 불소치약이 무엇인지 모름</td></tr>
<tr><td>1. 치아가 깨지거나 부러짐</td><td></td><td></td></tr>
<tr><td>2. 차갑고 뜨거운 음료 혹은 음식을 마시거나 먹을 때 치아가 아픔</td><td></td><td></td></tr>
<tr><td>3. 치아가 쑤시고 욱신거리고 아픔</td><td></td><td></td></tr>
<tr><td>4. 잇몸이 아프거나 피가 남</td><td></td><td></td></tr>
<tr><td>5. 혀 또는 입 안쪽 뺨이 욱신거리며 아픔</td><td></td><td></td></tr>
<tr><td>6. 불쾌한 입 냄새가 남</td><td></td><td></td></tr>
<tr><td colspan="7">※ 특별히 치과의사 선생님께 하고 싶은 말을 쓰십시오.</td></tr>
</table>

[자료원 : 학교건강검사규칙 제3조 제3항 별지 제1호의4서식]

(4) 별도 검사

학교의 장은 교육감이 지정하는 학년의 학생에 대하여 별도의 검사(학교건강검사규칙 제6조, 개정 2009. 5.22)를 실시하여야 한다. 별도 검사 중 소변검사 및 시력검사는 초등·중등 및 고등학교의 학생이, 결핵검사는 고등학교의 학생 중에서 실시하며, 구강검사는 중등 및 고등학교 학생 중에서 실시한다. 검사시기와 방법 등은 교육감이 정한다.

[표 3-10] 별도검사 대상 및 실시방법

구분	소변검사	시력검사	결핵검사
대상	전학년 (단, 건강검진학년 제외)	초등학교 전학년 (단, 건강검진학년 제외)	고등학교 전학년 (단, 건강검진학년 제외)
내용	뇨단백, 뇨당 뇨잠혈	시력측정	X-선 검사
방법	한국학교보건협회 학교방문 검진	교직원 실시	대한결핵협회 학교방문 검진

[자료원 : 서울시 교육청, 2014학년도 학교보건업무안내]

① 시력검사

㉠ 시력검사의 목적

최근 다양한 시청각 자료와 TV, computer 등의 장시간 사용 등으로 시력장애를 가진 학생들의 수가 증가하고 있어 시력장애의 조기발견이 무엇보다 중요하다. 초등학교 입학 전 시력의 이상 유 무를 검사하는 것이 바람직하며 약시의 조기규명이 필요하다.

초·중·고등학교에서 건강한 모든 학생에게 시력검사를 실시하여 전문적인 시력검진을 요하는 학생을 규명하여 시력장애의 악화를 예방하는 데 있다. 시력검사를 실시하기 전에도 학생들의 행동을 관찰하여 조기 검진자를 발견해 내는 것도 중요하다.

따라서, 시력검사를 필요로 하는 학생들에서 관찰되는 행동은,

- 눈을 지나치게 문지른다.
- 한 눈을 감거나 가리고 머리를 기울이거나 앞쪽으로 내민다.
- 양 눈꺼풀을 가늘게 뜨거나 눈살을 찌프린다.
- 칠판을 보지 않고 옆 사람의 필기내용을 본다.

- 정밀한 일을 할 때 필요 이상으로 눈을 깜박인다.
- 작은 물체에 걸려 넘어진다.
- 책을 눈 가까이에 가져간다.
- 거리감각을 요하는 게임에 참여할 수 없다.
- 가정에서는 TV 앞으로 가까이 간다.

증상으로 관찰할 수 있는 내용은,

- 흐릿하게 보이거나 겹쳐 보인다.
- 각막에 출혈이 있거나 눈 주위에 외피를 형성하거나 눈꺼풀이 붓는다.
- 염증이 있거나 눈물이 자주 난다.
- 눈을 이용한 정밀한 작업 후 현기증, 두통, 오심 등이 있다.
- 사시이거나 눈부심이 심하여 물체를 보기 힘들다.

㉡ **검사방법**

- 아동들에게 집단별로 시력검사표(우리나라의 경우 '한천석 시력표'나 '청산시력표'를 사용)를 보여주고 검사의 목적을 잘 이해하도록 한다.
- 교실에 있는 아동들에게 검사의 목적을 설명한다.
- 검사받지 않을 눈은 차안기를 보여 주며 가리는 방법을 시범한다.
- 주의가 산만하지 않는 방에서 검사해야 하므로 교실은 부적당하다.
- 편평한 공간에 수직으로 깨끗한 검사표를 건다(모든 가능한 섬광 제거).
- 검사받는 아동의 측방, 후방, 머리위쪽에서 빛이 오도록 한다(얼굴 정면으로 오지 않게 한다).
- 시력검사표는 형광등이 내장되어 있는 것을 사용해야 하며, 시력표 위의 빛의 강도는 500Lux 촉광이 되어야 한다.
- 시력검사표 위에 있는 시력 1.0선이 아동이 섰을 때의 눈높이로 한다.
- 아동의 눈에서 5m선에 대고 양 눈을 뜨게 한다.
- 시력검사용 위의 시력 0.4선에서 시작, 왼쪽에서 오른쪽으로 검사한다.
- 안경을 쓴 아동은 교정시력을 한 번만 검사한다.
- 머리를 기울이거나, 눈을 깜박이거나, 얼굴을 찌푸리거나, 눈을 가늘게 뜨고 보는 등의 비정상적 행동을 주의 깊게 관찰한다.

- 한 쌍의 볼록렌즈를 사용하여 원시의 가능성을 체크한다.

㉢ 추후관리

- 건강기록부에 기록한다.
- 좀 더 정확한 시력검진을 받아야 하는 아동의 명단을 작성한다.
- 보건교사에 의해 체크되어야 하는 아동의 명단을 작성한다.
- 보건교사는 담임교사와 협의를 거쳐 좌석을 조정하도록 한다.
- 협의회 결과를 기록한다.
- 특정양식을 이용해 부모에게 의뢰한다.
- 만일 부모가 의뢰에 따른 추후관리를 하지 않는 경우 보건교사나 담임교사에 의한 추후관리 방문을 계획한다.
- 시력저하 예방법과 안경관리 등을 주제로 한 보건교육을 실시한다.

② 구강검사

㉠ 구강검진의 목적

학생들의 구강보건에 관한 문제는 매우 심각한 상황이라고 볼 수 있다. 초등학생들의 치아우식 경험률은 60% 이상이 되기 때문에 학생들이 영구장애와 결손을 갖지 않기 위해서는 조기치료를 해야 한다.

학생들의 치아나 구강상태의 검진은 학교 보건교사나 치과 위생사가 실시할 수 있으나, 이상상태의 조기발견이나 조기치료를 위해 치과의사에게 받는 것이 가장 이상적이다. 학교보건에서는 치아검진결과를 구강보건교육에 통합시키는 기회로 이용하여 구강검진 및 관찰의 유용한 목적을 제공할 수 있다.

㉡ 구강검진 방법

문진표를 미리 작성해 검진 전에 학생과 보호자가 작성해 오도록 한다. 작성된 문진표를 검진자 혹은 보건교사가 검토 후 문항에 대한 자세한 문진을 실시해 선별해 내는 방법도 있다(표 3-9).

치료할 치아, 빼야 할 치아, 치료된 치아, 빠진 치아의 개수를 통한 치아질환의 파악, 구강위생상태, 치주질환 유 · 무를 통한 잇몸상태, 구강청결도 파악, 부정교합의 유 · 무를 통한 치아배열 및 악골 성장상태 등을 평가한다.

ⓒ **추후관리**

구강검진 후 가정통신문을 발송하여 질환의 상태를 설명하고, 적절한 시기에 처치를 받을 수 있도록 한다. 학부모와 치료기관은 치료 후 치료결과를 학교에 통보하여 다음 체질검사에 반영하도록 한다.

예방방법을 통한 질환발생감소를 위한 사업을 계획하고 구강보건교육에 참고자료로 활용할 수 있도록 한다.

③ 결핵검사

결핵은 신체 거의 모든 부분에 침범할 수 있는 감염병으로, 특히 폐에 많이 감염되는 세균성 만성감염병이다. 결핵균에 의한 1차 감염은 대부분의 경우 증상을 유발하지 않으며, 흉부 방사선에서도 정상소견을 보이는 경우가 많으므로 결핵검사에 신중을 기해야 한다. 흉부 X-선 간접촬영(70mm 또는 10mm 축소사진)을 대한결핵협회, 학교건강관리소, 보건소 등에 의뢰하여 실시한다. 검진기관에서 통보하는 것은 이상여부에 따라 다음과 같이 판정된 것이다. 즉 검진이상자에 대하여 경증, 중등증, 중증, 진단보류, 기타 등으로 구분하고, 판정결과는 요정밀검사, 요재활, 조치불필요로 소견을 나타내는데 이 결과를 학부모에게 알려 주어야 한다.

④ 소변검사

40세 이후에 발생하는 병으로 알려진 성인병이 근래에는 유년기부터 시작되는 추세이다. 학교에서 실시하는 소변검사는 뇨단백과 뇨잠혈 검사로 시험스틱에 의해 간단하게 한다.

㉠ **요단백검사(urinary protein)(정상치 : 음성)**

소변 속의 단백질의 유무와 그 양을 조사한다. 양성일 때는 신장이나 방광요도의 병을 생각할 수 있다. 만성신염이나 신증후군, 당뇨병성 신증에서는 병태가 무거울수록 소변의 단백량이 증가한다. 그러나 신장이나 요로에 이상이 없어도 장기간 서서 일을 한 뒤에는 양성이 나타날 수도 있으므로(기립성 단백뇨) 양성인 경우에는 기상 직후의 소변으로 재검사를 할 필요가 있다.

㉡ **뇨잠혈검사**

뇨잠혈은 소변으로 혈액이 배설되는 것을 의미하는 것으로 소변색에 이상이 없더라도 현미경 시야 당 적혈구수가 남자의 경우 3개 미만, 여자의 경우 5개 미만 이다. 혈뇨의 발생부위는 방광이 31% 정도로 가장 많으나 방광염, 요도염 등을 제외하면 신장, 요관에서 발생하며, 대표적인 질환으로는 사구체신염, 간질성신염, 낭종성 신질환 등 비뇨기계 질환이외에도 혈액응고장애 질환이나 혈관질환의 초기증상일 수 있다. 따라서 이상이 있는 자는 추후검사에 따라 정기적으로 정밀검사를 받아야 한다.

(5) 신체능력검사

신체능력검사는 체력요소를 평가하여 신체 능력등급을 판정하는 필수평가와 신체활동에 대한 인식정도 등 필수 평가에 대한 심층평가를 하는 선택평가로 구분되며, 초등학교 5학년과 6학년 중 · 고등학생을 대상으로 실시하나 심장질환 등으로 인한 신체허약자와 지체부자유자는 그 대상에서 제외할 수 있다.

[표 3-11] 신체능력검사항목 및 방법

1. 필수평가

체력요인	검사항목	검사방법
심폐지구력	1. 왕복오래달리기	가. 거리 1) 초등학교 학생 : 남 · 녀 구분 없이 15미터 2) 중 · 고등학교 학생 : 남 · 녀 구분 없이 20미터 나. 측정 1) 일정한 거리를 시간간격이 정해진 신호음에 맞추어 왕복하여 달리기를 반복 실시 2) 오디오 테이프의 신호음이 울리기 전까지 검사대상자의 양 발이 20m(15m) 선을 완전히 통과할 것 3) 검사대상자가 맞은편으로 이동 중일 때 신호음이 울린 경우 그 지점에서 신속히 뒤로 돌아 뛰도록 하며 기록횟수에 '△'표시 4) 3)의 규칙은 처음 한 번만 적용되며 신호가 울리기 전에 1회 이동을 마치지 못한 횟수가 두 번째인 경우 측정을 종료하며 기록횟수에 'X'표시를 하고 'X'표시의 직전 횟수를 측정 횟수로 기록

체력요인	검사항목	검사방법
	2. 오래달리기-걷기	가. 거리 1) 초등학교 5~6학년 학생 : 남 · 녀 구분 없이 1,000미터 2) 중 · 고등학교 학생 : 여학생은 1,200미터, 남학생은 1,600미터 나. 측정 1) 정해진 트랙을 벗어나지 않으면서 정해진 거리를 완주 2) 달리는 도중에 걷는 것도 허용 3) 잘못된 주행이 확인되면 매 회마다 파울로 기록 4) 분 · 초 단위까지 기록하되, 0.1초단위에서 버림하여 기록(다만, 파울 1회당 5초씩 추가하여 기록)
	3. 스텝검사	가. 스텝박스 높이 1) 초등학교 5~6학년 학생 : 20.3센티미터 2) 중학교 남 · 여 학생, 고등학교 여학생 : 45.7센티미터 3) 고등학교 남학생 : 50.8센티미터 나. 반복횟수 1) 초등학교 5~6학년, 중학교 남 · 여 학생, 고등학교 여학생 : 24회/분 2) 고등학교 남학생 : 30회/분 다. 측정 1) 시간 간격이 정해진 신호음에 맞추어 스텝박스를 올라갔다 다시 내려오는 동작을 3분 동안 반복 실시한 후 안정시 심박수를 3회 측정하여 기록지에 기록 – 심박수 측정기가 없는 경우(촉진법) : 1회(1분~1분 30초), 2회(2분~2분 30초), 3회(3분~3분 30초) – 심박수 측정기가 있는 경우: 1회(1분), 2회(2분), 3회(3분) 2) 평가는 신체효율지수(PEI*)공식으로 계산된 점수로 하며 0.1점 단위까지 기록하되, 0.01점 단위에서 올림하여 기록 – 교육정보시스템(NEIS)의 학생건강체력평가시스템(PAPS)에서 자동으로 점수가 산출됨 **※ 심박수 측정기가 없는 경우(촉진법)** – 초등학생, 중학생, 고등학생(여)의 경우 $PEI = D/(2 \times P) \times 100$ D : 스텝운동 지속시간(초) P : 1회(1분~1분30초) 심박수 + 2회(2분~2분30초) 심박수 + 3회(3분~3분30초) 심박수 – 고등학생(남)의 경우 $PEI = D \times 100/\{5.5 \times p\} + \{0.22 \times (300-D)\}$ D : 스텝운동 지속시간(초) p : 1회(1분~1분30초) 심박수

체력요인	검사항목	검사방법
		※ 심박수 측정기가 있는 경우 – 초등학생, 중학생, 고등학생(여)의 경우 PEI = D/(P)×100 D : 스텝운동 지속시간(초) P : 1회(1분) 심박수 + 2회(2분) 심박수 + 3회(3분) 심박수 – 고등학생(남)의 경우 PEI = D×100/{5.5×p/2} + {0.22×(300–D)} D : 스텝운동 지속시간(초) p : 1회(1분) 심박수 *PEI(Physical Efficiency Index : 신체효율지수)
유연성	4. 앉아윗몸 앞으로 굽히기	가. 자세 1) 신발을 벗고 실시자의 두 발 사이가 5센티미터를 넘지 않게 두 발바닥이 측정기 전면에 완전히 닿도록 무릎을 펴고 앉을 것 2) 한 손을 다른 한 손 위에 올려 양 손이 겹치게 하고 윗몸을 앞으로 굽히면서 고개를 숙이고 측정기 위의 눈금 쪽으로 뻗을 것 나. 측정 1) 검사대상자가 무릎이 올라오지 않게 굽힌 자세를 2초 이상 유지 할 것 2) 양 손의 손가락 끝이 멈춘 지점의 눈금을 측정 3) 2회 실시하여 0.1센티미터 단위까지 기록하며, 평가는 높은 기록으로 함
	5. 종합유연성 검사	가. 어깨, 몸통, 옆구리, 하체 4부분으로 나누어 검사 1) 어깨 : 몸 뒤쪽으로 한손은 어깨 위에서 아래 방향으로 다른 한 손은 아래에서 위 방향으로 하여 닿을 수 있는가를 검사 2) 몸통 : 상체를 좌우로 회전시켜 발뒤꿈치에 위치한 숫자카드를 읽을 수 있는 지 검사 3) 옆구리 : 바르게 선 자세에서 척추가 좌우로 충분히 굽혀져서 손이 무릎 뒤 오금에 닿는가를 검사 4) 하체 : 앉은 자세에서 좌우 한 발씩 곧게 뻗고 한손바닥을 다른 쪽 손의 손등에 나란히 올려놓은 상태에서 양 손이 발끝에 닿을 수 있는가를 검사 나. 오른쪽과 왼쪽 한 번씩 시행하게 되며, 오른쪽 왼쪽 모두 성공하면 2점, 한 쪽만 성공하면 1점, 모두 실패하면 0점을 얻게 되며 측정된 점수를 모두 합산하여 기록
근력, 근지구력	6–1. 팔굽혀 펴기 (남)	가. 팔굽혀펴기 봉 높이 및 넓이 1) 높이 : 30센티미터 2) 넓이 : 110센티미터 이상 나. 자세 양 발은 모으고 양 손을 어깨너비로 벌린 후 30센티미터 높이의 봉을 잡고 몸은 머리에서부터 어깨, 등, 허리, 발끝까지는 일직선으로 할 것

체력요인	검사항목	검사방법
		다. 측정 1) 팔을 굽혀 몸이 내려가 있는 동작에서는 가슴과 봉 사이의 거리가 10센티미터 이하이어야 하며 팔꿈치의 각도는 90도가 되도록 할 것 2) 더 이상 반복하지 못 할 때까지의 횟수를 측정
	6-2. 무릎 대고 팔굽혀 펴기(여)	가. 자세 1) 무릎을 꿇고 양 손을 어깨너비로 벌려 엎드린 상태에서, 상체는 반듯하게 유지하고 발끝은 세워 발등이 지면에 닿지 않도록 할 것 2) 어깨너비의 손 위치를 손 하나 크기의 간격으로 앞으로 옮기고, 다시 손 하나 크기의 간격을 바깥 방향으로 2번 옮겨 양 팔의 간격을 넓힐 것 나. 측정 1) 팔을 굽혀 몸이 내려가 있는 동작에서는 가슴과 지면 사이의 거리가 15센티미터 이하이어야 하며 팔꿈치의 각도는 90도가 되도록 할 것 2) 더 이상 반복하지 못 할 때까지의 횟수를 측정
	7. 윗몸말아 올리기	가. 자세 1) 매트 위에 머리와 등을 대고 누운 자세에서 무릎을 90도 정도의 각도가 이루어지도록 굽혀 세울 것 2) 발바닥은 바닥에 평평하게 되도록 붙이고 발과 무릎 사이가 주먹 하나 크기의 간격으로 띄어 놓을 것 3) 팔은 곧게 뻗고 손바닥을 넓적다리 위에 올려놓을 것 나. 측정 1) 3초에 1번씩 울리는 신호음에 맞추어 손이 넓적다리 위를 타고 올라가 손바닥으로 무릎을 감쌀 수 있도록 상체를 말아 올릴 것 2) 손바닥으로 무릎을 감싼 후 바로 준비자세로 돌아올 것 3) 1회/3초 실시간격을 지키지 못할 때는 처음 한 번은 계수만 하지 않고 측정은 계속하되, 두 번째 지키지 못하면 계수를 종료하고 실시자의 총 횟수를 기록
	8. 악력	가. 측정도구 : 악력계 나. 자세 1) 편안한 자세로 발을 바닥에 편평하게 붙이고 양 다리는 어깨너비 만큼 벌려서 직립자세를 취할 것 2) 검사대상자는 악력계를 자신의 손에 맞도록 폭을 조절하고, 손가락 제2관절이 직각이 되도록 악력계를 잡을 것 다. 측정 1) 오른쪽, 왼쪽 각각 2회 측정하고 기록지에 기록 2) 오른쪽-왼쪽-오른쪽-왼쪽 순서로 측정하여 0.1킬로그램 단위까지 기록하되, 0.01킬로그램 단위에서 올림하여 기록하며, 평가는 최고 높은 기록으로 함

체력요인	검사항목	검사방법
순발력	9. 50미터 달리기	가. 거리 : 50미터 나. 측정 1) 코스는 반드시 직선주로가 되어야 하며, 부정출발을 한 경우 주의를 주고 다시 출발할 것 2) 0.01초 단위까지 기록
	10. 제자리 멀리뛰기	가. 자세 1) 구름판이 설치된 모래터 또는 측정장비 위에 출발선을 밟지 않고 올라설 것 2) 발을 한번만 굴러서 공중자세는 자유로이 하여 될 것 나. 측정 1) 도약하는 순간 두 발 중 한쪽 발이라도 출발선을 넘어서지 말아야 하며 반드시 모둠발로 뛸 것 2) 2회 실시하여 0.1센티미터 단위까지 기록하며, 평가는 높은 기록으로 함
비만	11. 체질량 지수 (BMI)	가. 측정 1) 체질량지수는(BMI, Body Mass Index : kg/㎡) 키와 체중 값으로 계산할 것 2) 0.1kg/㎡ 단위까지 기록하되, 0.01kg/㎡ 단위에서 올림하여 기록

2. 선택평가

검사항목	검사방법
1. 심폐지구력 정밀평가	가. 측정도구 심박수 측정기 세트(가슴벨트, 송신기, 수신기, 소프트웨어 등) 나. 측정 1) 심폐지구력정밀평가는 필수평가의 심폐지구력 측정 종목 측정 시 심박수 측정기를 착용하여 측정하는 것으로 검사방법은 심폐지구력 종목 측정과 동일함 2) 장비를 통해 자동으로 측정되어진 심박수를 분석하여 최대 심박수(220–나이), 운동 중 최고 심박수, 운동 중 평균 심박수, 운동 중 평균 운동강도, 운동 중 총 칼로리 소모량 및 운동강도 구간분석을 표로 제공하며, 운동강도 범위와 칼로리 소모량 기준은 다음과 같음

구간	최대심박수%	칼로리 소모량(10분기준)
1구간	90% 이상~100%	15kcal
2구간	80% 이상~90% 미만	15kcal
3구간	70% 이상~80% 미만	12kcal
4구간	60% 이상~70% 미만	10kcal
5구간	50% 이상~60% 미만	6kcal

<table>
<tr><th>검사항목</th><th>검사방법</th></tr>
<tr><td>2. 비만평가</td><td>가. 측정도구 : 체지방측정기
나. 자세
1) 공복상태를 유지하고 신체에 금속성 물질을 제거할 것
2) 양말을 벗고 체지방측정기의 양 발과 양 손의 측정 위치에 맞게 정확히 위치시킬 것(체지방측정기의 사용지침을 따름)
다. 측정
1) 체지방률이 측정되는 동안 최대한 몸을 움직이지 않고 전방을 주시할 것
2) 장비를 통해 자동으로 측정되어진 체지방률을 분석하여 근육량과 지방량을 계산하고, 체중에 대한 체지방률 정상범위(남자 : 12～14.9%, 여자 : 15～26.9%)를 기준으로 최소 근육 조절량과 조절 체지방량을 계산하여 제공

근육량(%) = 0.85 × 체중 – (체중 × 체지방률) / 100
지방량(%) = 체중 × 체지방률</td></tr>
<tr><td>3. 자기신체평가</td><td>가. 측정도구 : 자기기입식 기록지
나. 세부항목
10개 항목[심폐지구력, 유연성, 근력 · 근지구력, 체지방(날씬함), 신체활동, 스포츠자신감, 외모, 건강상태, 신체전반, 자기존중감]별 2개 문항으로 구성(총 20문항)
다. 측정
1) 6점 척도(1점 : 전혀 아니다, 6점 : 매우 그렇다) 중 자신의 생각과 일치하는 번호를 찾아 'ㅇ'표시
2) 항목별 2문항의 평균을 계산하여 10개 요인별 점수의 합계를 구하고 1.67을 곱하여 산출
※ ★표시문항은 역으로 채점(1점은 6점, 2점은 5점)

· 심폐지구력 : (8번 + 18번) ÷ 2 = ①
· 유연성 : (7번 + 17번) ÷ 2 = ②
· 근력 · 근지구력 : (9번 + 19번) ÷ 2 = ③
· 체지방 : (★ 2번+★12번) ÷ 2 = ④
· 신체활동 : (5번 + 15번) ÷ 2 = ⑤
· 스포츠자신감 : (1번 + 11번) ÷ 2 = ⑥
· 외모 : (3번 + 13번) ÷ 2 = ⑦
· 건강상태 : (★ 4번 +★14번) ÷ 2 =⑧
· 신체전반 : (10번 + 20번) ÷ 2 = ⑨
· 자기존중감 : (★ 6번 +★16번) ÷ 2 = ⑩
(① + ② + ③ + ④ + ⑤ + ⑥ + ⑦ + ⑧ + ⑨ + ⑩)
= 합계×1.67 =

3) 항목별로 자기 점수에 해당하는 위치를 찾아 '●'표시를 하여 그래프를 작성</td></tr>
</table>

검사항목	검사방법
4. 자세평가	가. 측정도구 : 자세평가 보조도구 나. 세부항목 문진 2문항, 시진(어깨기울기, 골반기울기, 다리굴곡, 경추기울기, 상체기울기, 골반전후기울기, 척추 휨 정도) 7문항 다. 측정 문진은 2점 척도(예/아니오), 시진은 3점 척도(정상/경미/심각)로 측정하여 기록 1) 어깨 기울기 : 어깨가 좌우 평형을 이루는지 여부를 검사(양쪽어깨가 같은 위치에 있으면 정상) 2) 골반 기울기 : 골반의 좌우가 평형을 이루는지 여부를 검사(양쪽 고관절의 높이가 동일선상에 있으면 정상) 3) 다리굴곡 : 다리의 바깥이나 안쪽으로 휘어있는지 또는 틀어져 있는가를 검사(무릎뼈가 전면을 향하면 정상) 4) 척추 휨 정도 : 척추가 곧지 않고 휘어 있는지 여부를 검사(척추 뼈의 정렬상태가 일직선상에 있으면 정상) 5) 경추기울기 : 경추의 모양이 바르게 서 있는가를 검사(귓바퀴와 어깨점이 일직선상에 있으면 정상) 6) 상체기울기 : 등의 굽은 정도의 여부를 검사(견갑골 사이의 능형근 부위가 보이지 않으면 정상) 7) 골반전후기울기 : 골반이 전후로 기울어졌는지 여부를 검사(양쪽 상장골극과 치골의 삼각형 모양이 바닥과 수직을 이루면 정상)

[자료원 : 학교건강검사규칙 제7조 제3항 별표3 (개정 2014. 3. 3.)]

3. 신체능력검사(필수평가) 항목별 등급 및 점수 기준표(제8조제2항 관련)

등급	5등급				4등급				3등급				2등급				1등급				
점수	0점	1	2	3	4	5	6	7	8	9	10	11	12	13	14	15	16	17	18	19	20점
		← 최소범위																최대범위 →			

[자료원 : 학교건강검사규칙 제8조 제2항 별표5(개정 2009. 5. 22)]

※ 비 고

1. 항목별 등급 및 점수의 산출은 교육정보시스템(NEIS)의 자동산출기능에 따라 자동 처리되며, 등급별로 등분되는 점수는 교육정보시스템(NEIS)의 항목별 세부점수 기준을 참고한다.
2. 신체의 능력점수는 항목별 20점 만점인 5개 요인의 점수를 합하여 100점 만점으로 산출한다.
3. 항목별 점수는 별표 4의 등급별 범위를 위의 표와 같이 최소범위 값에서 최대범위 값까지 각 등급별로 등분하여 산출한다(다만, 종합유연성은 20점 만점으로 등급 간 4점 간격으로 산출되어 1등급: 20점, 2등급: 16점, 3등급: 12점, 4등급: 8점, 5등급: 4점으로 한다). 체질량지수는 정상이 20점이며 마름과 비만

으로 갈수록 점수가 내려가도록 산출한다). 이 경우 최소범위 값 이하는 0점으로 최대범위 값 이상은 20점으로 정해지고 이에 따라서 5등급은 3등분으로, 1등급부터 4등급까지는 4등분으로 정한다.
(예 : 초등학교 5학년 남자 왕복오래달리기 5등급의 범위인 22~28은 위 표에서 보는 바와 같이 최소범위 값인 22이하는 0점이고 23~28까지를 3등분하여 1점: 23~24, 2점: 25~26, 3점: 27~28로 하며, 4등급의 범위인 29~49는 4등분하여 4점: 29~33, 5점: 34~39, 6점: 40~44, 7점: 45~49로 함. 1등급의 범위인 100~107은 최대범위 값인 107이상은 20점이고 100~106을 4등분하여 16점: 100~101, 17점: 102~103, 18점: 104, 19점: 105~106으로 산정함. 등급별 등분 시에 소수점자리는 반올림으로 계산함)

4. 신체의 능력등급 판정표(제8조제1항 관련)

등급구분	1등급	2등급	3등급	4등급	5등급
신체의 능력점수	80~100	60~79	40~59	20~39	0~19

[자료원 : 학교건강검사규칙 제8조 제1항 별표6 (개정 2009. 5. 22)]

3. 건강관찰

학생에 대한 관찰은 학교의사, 보호자, 교사, 보건교사, 체육교사, 영양사 등에 의하여 정기적으로 또는 수시로 이루어진다. 특히 담임교사는 학생의 보호자 다음으로 학생과 친근하게 빈번히 접촉하기 때문에 매일의 일상생활을 통하여 지속적으로 질적인 관찰을 수행할 수 있는 인적 자원이다.

따라서, 교의나 보건교사는 담임교사에게 짜임새 있는 계획을 세워 교육시키고 조력을 아끼지 않아야 한다. 담임교사는 아동의 정상적인 성장발달, 아동에게 발생할 수 있는 보편적인 주요 건강문제의 제 증상을 알고 있어야 한다. 교사는 학교보건의 성패를 좌우하는 중심인물이라는 인식을 가지고 스스로의 건강관리를 통하여 건강습관의 실제를 보일 수 있어야 한다.

담임교사가 활용할 수 있는 기본 자료는 학생의 출석부로 결석, 지각, 조퇴의 빈도와 사유를 중심으로 학생의 건강문제를 판별할 수 있다. 담임교사는 학교생활 전체를 통하여 실시될 수 있는데, 주로 아침 조회시간을 최대한 활용하여 관찰하도록 한다. 교사 혹은 보건교사가 발견한 이상학생에 대해서는 교사-보건교사간의 모임을 통하여 함께 문제점을 검토하고 문제를 해결할 수 있도록 노력해야 한다.

학생 중 요양호대상자 또는 판정결과 관리가 필요한 학생은 주의 깊은 관심과 관찰, 정기 또는 수시 상담을 통하여 지도할 수 있어야 한다.

(1) 담임교사가 관찰해야 할 건강관련 업무내용

① 개인위생과 건강실천 지도
② 전염병의 징후
③ 정신적, 정서적, 사회적 적응상태
④ 정상에서 벗어난 용모, 언행의 관찰
⑤ 보건교육
⑥ 건강하고 안전한 학급환경위생 관리
⑦ 학교보건 인력의 일원으로 활동
⑧ 건강문제를 가진 학생에 대한 조치 및 감독
⑨ 적절한 응급조치
⑩ 건강문제 학생보고
⑪ 건강기록부 활용

(2) 건강관찰의 결과처리

① 교사가 건강관찰에서 건강이상자를 발견했을 때는 보건교사에게 보낸다.
② 보건교사는 상세히 관찰하여 자신이 처리가 가능하다면 조치를 취한다.
③ 학생의 건강상태에 따라서 교의, 치과교의의 건강진단을 받도록 한다.
④ 가정에 돌려보내서 진료를 받게 한다.

4. 학교감염병

4.1 학교감염병 관리

1) 학교감염병 개요

소아 및 학령기의 아동들은 여러 가지 감염병에 이환될 위험성이 매우 높다. 국가 경제의 발전으로 인한 학교 환경위생의 개선, 학령기 아동들의 전반적인 영양 상태 및 예방접종률 향상 등으로 이전에 비해 감염병 이환율 및 사망률은 비약적으로 감소되었지만, 어전히 여러 가지 감염병의 위험이 소아 및 학령기 아동에게 남아 있다. 국가예방접종대상 호흡기 감염병들은 주로 학령기 아동들에게 호발하고 증상이 나타나기 전에 가장 높은 전염력을 갖기 때문에 학교라는 집단 내에서 급속한 전파로 인한 대규모 유행의 가능성이 있다. 식품매개 및 수인성 감염병은 학교급식의 급속한 확대 과정에서 그 발생이 계속되고 있는 상황이다. 게다가 최근에는 신종 및 재출현 감염병(emerging and reemerging infectious diseases) 등 새로운 위험들이 생겨나 학교감염병에 대한 철저한 관리의 필요성은 점점 더 커지고 있다.

2) 학교감염병 최근 발생양상

국내 학령기 소아 및 학교를 중심으로 발생하는 감염병은 수인성 식품매개성 설사질환, 예방접종 대상 호흡기 감염병과 눈병 등이 있다. 수인성 식품매개성 질환은 2000년 이후에도 지속적으로 발생하고 있다. 최근에는 고도 항생제 내성을 가진 이질균에 의한 집단발병이 생기는가 하면, 용혈성 요독증후군과 같은 치명적 합병증을 유발하는 장출혈성대장균 감염증의 유행까지 보고되고 있다. 2000년에는 홍역과 수두의 대유행으로 전년도 대비 10배 이상 감염자의 폭발적인 증가를 보였다. 이 때문에 2001년 홍역 및 풍진 일제예방접종 사업을 시행하여 홍역과 풍진의 발생은 급격하게 감소되었다. 2004년 수두가 유아 및 초등학교 저학년 학생을 중심으로 크게 유행하였고, 2005년 7월 새로이 제2종 법정감염병으로 지정되었다. 법정감염병 이외에도 2002년에는 유행성 결막염이 100만 명 이상의 학생에서 발생하여 1,518개교가 임시휴교하기도 하였다.

이러한 학령기 학생에 주로 나타나는 질환들 외에도 2003년 전반기 홍콩과 중국에서 시발된 중증급성호흡기증후군(SARS : Severe Acute Respiratory Syndrome)과 2003년 후반부터 동남아시아를 중심으로 유행한 조류독감 등 신종감염병의 창궐은 학교보건의 새로운 위협으로 대두되고 있다.

질병관리본부에서는 학교 내의 감염병 발생과 유행 양상을 신속히 파악하여 초동대처 및 확산 차단 뿐만 아니라 효과적으로 관리하기 위하여 2001년 10월부터 전국적인 학교감염병 표본감시체계(http://www.cdc.go.kr)를 구축하여 운영해 오고 있으며, 2013년 현재 전국의 409개 표본학교가 참여하고 있다. 수집된 학교감염병 발생 정보는 1주 단위로 신속히 분석되어 관련 당국을 비롯하여 일선 학교보건교사들에게 온라인으로 다시 보내져 학교보건관리에 활용될 뿐만 아니라 국가 감염병관리 정책수립의 중요한 자료원으로 활용되고 있다. 학교감염병 표본감시체계 참여 409개 학교(초등학교 242개, 중학교 104개, 고등학교 60개, 특수학교 3개)를 대상으로 집계한 통계를 보면 전체적으로 학생들에게 가장 흔한 감염병은 감기로 학생 1,000명당 발생률이 39.81명으로 나타났으며 다음으로는 수두(4.59명), 유행성 이하선염(3.79명), 결막염(3.69명), 뇌막염(0.34명), 폐렴(0.33명) 순으로 발생하였다. 또한 학교별로는 초등학교에서는 감기, 수두, 결막염, 유행성 이하선염의 발생이 높은 것으로 나타났고, 중학교에서는 감기, 결막염이, 고등학교에서는 감기, 유행성 이하선염이 높은 발생률을 보였다(표 3-12, 표 3-13 참조). 질병관리본부는 앞으로도 교육당국 및 보건교사회 등과 신속한 정보 공유 뿐만 아니라 협력체계 강화를 통해 향후 학교감염병 표본감시체계 기반을 더욱 확고히 다져나갈 예정이다.

3) 학교감염병 관리체계 개요 및 관계 법령

학교감염병 관리체계는 크게 학교감염병 감시체계와 유행 발생 시 역학조사 및 방역체계로 나눌 수 있다.

학교감염병의 감시는 기존의 질병관리본부의 법정감염병 감시체계 뿐 아니라 일선 학교에서 실시되는 학교감염병 감시체계를 통해 이루어지고 있다.

감염병 증상이 있는 학생이 일선 의료기관을 방문한 경우 진료한 의사는 보건소에 신

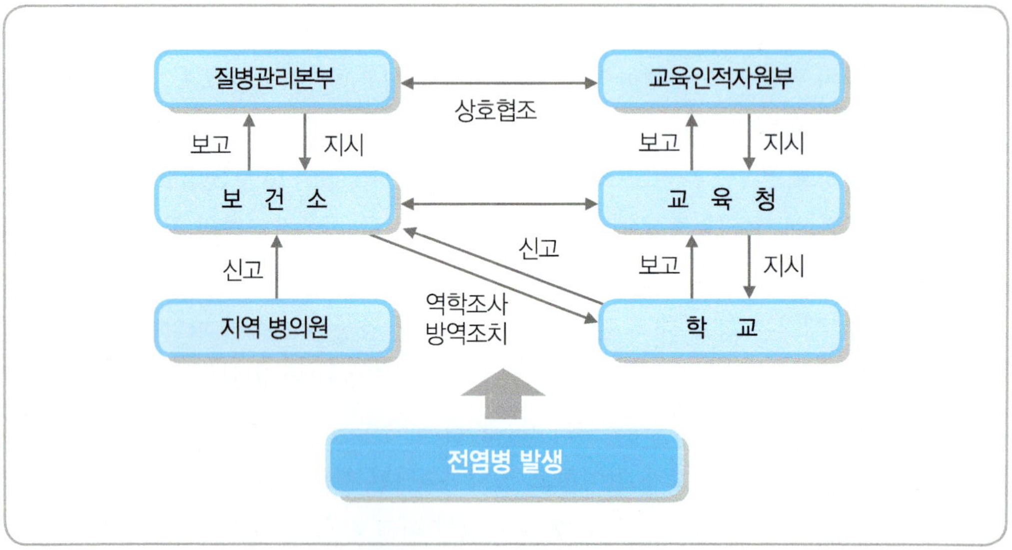

[그림 3-2] 학교감염병 관리체계

[자료원 : 학교감염병관리, 질병관리본부, 2006]

고하게 되고, 이를 종합하여 학교 내 유행이 의심되는 경우 보건소에서는 역학조사 및 방역조치에 나서게 된다. 이와는 별도로 평상시 일선 학교에서는 결석 또는 조퇴학생, 보건실 이용 학생들의 증감여부나 증상을 면밀히 관찰하여, 감염병 유행의 조기인지를 위한 모니터링을 실시한다. 이러한 감시체계를 통해 학교감염병 유행이 의심되면 보건소에 질환의 확진과 유행역학조사를 의뢰하고, 관할 교육청에 보고한다. 보건소에는 학교 내 유행의 원인을 찾기 위한 역학조사와 방역조치를 취하게 된다(그림 3-2).

현재 학교감염병 관리는 감염병예방법, 학교보건법, 초중등교육법 등의 법령에 적용을 받고 있다.

학교에서 제1군 법정감염병 환자나 의사환자 등이 발생하였을 때 학교장은 감염병예방법 제5조에 의거 보건소에 신고하여야 한다. 감염병이 대규모로 유행하거나, 급격한 전파로 정상적인 교육이 불가능하다고 판단되는 경우 학교보건법 제8조, 제14조 및 초

[표 3-12] 연도별 학교내 감염성 질환 발생 현황

구분	2008년		2009년		2010년		2011년		2012년		2013년	
	발생수 (1,000명당)		발생수 (1,000명당)		발생수 (1,000명당)		발생수 (1,000명당)		발생수 (1,000명당)		발생수 (1,000명당)	
감 기	9,281	(54.3)	63,618	(380.63)	12,508	(112.73)	9,561	(53.13)	6,366	(58.45)	9,937	(39.8)
수 두	1,060	(6.2)	1,066	(6.38)	608	(5.48)	1,632	(9.07)	415	(3.81)	1,147	(4.59)
결막염	1,093	(6.4)	635	(3.80)	1,117	(10.07)	1,036	(5.76)	794	(7.29)	922	(3.69)
유행성이하선염	322	(1.9)	351	(2.10)	411	(3.70)	361	(2.01)	452	(4.16)	947	(3.79)
폐 렴	73	(0.4)	157	(0.94)	63	(0.57)	379	(2.11)	73	(0.67)	83	(0.33)
뇌막염	223	(1.3)	42	(0.25)	16	(0.14)	48	(0.27)	27	(0.25)	85	(0.34)
홍 역	1	(0.01)	1	(0.01)	0	(0.00)	0	(0.00)	0	(0)	0	(0)

※발생률(‰) : 표본감시에 참여하는 전체 학교의 학생 1,000명당 결석자 수(천분율)

[표 3-13] 학교별 질병 발생 현황(2013년)

환자 수(‰)

학교 유형	대상 학생수	감기	수두	뇌막염	유행성 이하선염	결막염	폐렴	홍역
누계	249,633	9,937(39.81)	1,147(4.59)	85(0.34)	947(3.79)	922(3.69)	83(0.33)	0(0)
초등학교	127,487	6,682(52.41)	1043(8.18)	57(0.45)	230(1.80)	533(4.18)	51(0.40)	0(0)
중학교	71,403	2,136(29.91)	96(1.34)	26(0.36)	243(3.40)	287(4.02)	28(0.39)	0(0)
고등학교	50,189	1,059(21.10)	6(0.12)	2(0.04)	474(9.44)	97(1.93)	4(0.06)	0(0)
특수학교	554	60(108.30)	2(3.61)	0(0)	0(0)	5(9.03)	0(0)	0(0)

※‰: 학생수 1,000명당 환자 수[자료원 : 질병관리본부]

중등교육법 제64조 등에 의거하여 등교중지나 휴교 등의 조치를 취할 수 있다.

4) 학교감염병 감시체계

(1) 학교감염병 감시체계

학교감염병 감시체계는 표본학교로 지정된 학교를 중심으로 감염병 발생에 대한 자료를 지속적으로 수집하여 학생들의 감염병 발생 현황과 유행을 파악하기 위하여 만들어진 감시체계이다.

일상적으로 담임교사는 결석자 및 조퇴자를 중심으로 감염성 질환 발병 여부를 확인하기 위해 질병으로 인한 결석, 조퇴 및 지각한 학생 파악 및 사유를 꼼꼼히 확인한다. 보건교사는 전 학년을 대상으로 한 질병 모니터 자료를 수집하여 학급별, 학년별, 전체 집계를 한다. 또한 보건실을 방문하는 학생 중 감염병 증상 여부를 면밀히 관찰하고, 보건실을 이용하는 환자에 대해서는 일별, 주별, 월별 변동 상황을 파악하여 유행여부를 조기 인지할 수 있도록 한다. 이러한 감시체계를 통해 이상 징후가 파악되면 즉시 교육청에 보고하고 보건소에도 협조를 구한다. 보건교사와 담임교사는 평소 보건교육을 통해 학생들에게 위장관 증상, 호흡기 증상 등 감염병이 의심되면 즉시 담임교사나 보건교사에게 알릴 수 있도록 교육한다.

이러한 일선학교들의 감염병 모니터 자료들은 해당교육청에서 종합 분석하고, 주기적으로 일선학교로 환류된다. 특히 유행이 발생되면 일선학교에서 감시체계를 즉시 강화시켜 질병확산을 방지하여야 한다.

유행의 조기 감지 및 조기 역학조사는 유행의 원인을 밝히는데 가장 중요한 역할을 한다. 유행 인지가 늦어지거나, 인지가 되더라도 대응이 늦어지게 되면, 원인규명이 어렵게 되고 결과적으로 방역이 늦어져 유행이 확산되는 악순환이 이어진다.

(2) 학교감염병 표본감시 체계

학교감염병 표본감시는 학령기 아동과 청소년에게 흔한 감기/인플루엔자, 수두, 수막염, 결막염, 유행성이하선염(볼거리), 폐렴, 홍역, 각종 설사질환 등 집단생활로 인해 전파력이 빠른 학교에서의 감염병 발생추이를 관찰하고 유행을 예측하기 위하여 학교보건을 담당하고 있는 보건교사를 중심으로 운영되는 표본감시체계이다. 학교에서 발생하는 감염병의 발생 추이를 면밀히 관찰하여 유행을 예측하고, 조기에 대처할 수 있도록 하며,

이러한 일련의 자료를 분석하여 감염병 관리정책의 효과를 평가한다. 법정감염병으로 지정된 감염병 이외에 학생들에게 흔한 눈병 등의 감염병 발생현황까지 파악한다. 2013년 현재 전국의 409개 학교가 참여하고 있다. 해당 학교 보건교사는 감염병으로 결석한 학생의 명단, 질병명, 감염병으로 보건실을 방문한 학생의 수를 주 1회(결석자가 없어도 주간 단위로 Zero report) 질병관리본부 감염병감시팀으로 보고하여야 하며 질병관리본부에서는 매주 보고 자료를 정리, 분석하여 주간발생현황 자료를 인터넷을 통하여 제공하고 매월 '학교감염병 감시체계 소식지'를 발행하여 시도 교육청 및 참여 학교 등에 제공하고 있으며 이러한 감염병 감시체계 결과를 감염병 관리정책에 반영하고 있다.

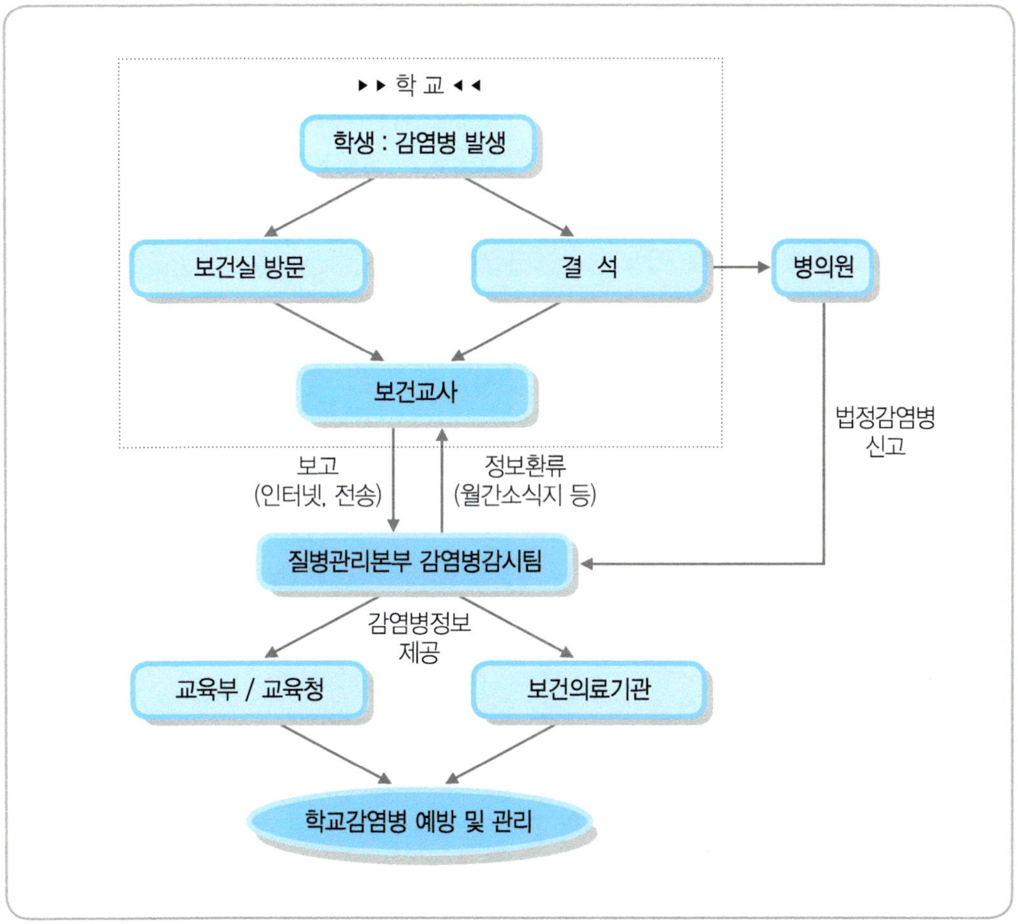

[그림 3-3] 학교감염병 표본감시체계

[자료원 : 질병관리본부, 2010]

5) 학교감염병 역학조사 및 방역활동

감시체계에서 단기간에 동일증상을 갖거나, 연관성을 보이는 환자가 집단으로 발생하면 감염병 유행을 의심해야 한다. 감염병 유행은 명백한 양상으로 나타나기도 하지만 여러 가지 정황을 통해 종합적인 판단을 요하는 경우도 많다. 이를 판단하는 데는 보건복지부, 질병관리본부, 교육청 등의 감염병 관련 공지사항이나 주변학교의 상황을 참고하는 것이 도움이 된다. 또한 감염병에 대한 정보들은 보건소 방역담당자나 여러 가지 인터넷 사이트를 통해 손쉽게 얻을 수 있다. 이러한 정보들을 기반으로 보건교사는 질병에 대한 임상지식을 가진 전문가로서 각 감염병의 증상과 환자들의 증상을 비교하여 감염병 유행을 조기에 발견하는 1차적인 현장전문가의 역할을 하여야 한다.

교내 감염병 유행을 인지할 때는 즉각적으로 대상 및 규모를 파악하고, 그 원인을 밝혀 필요한 방역조치를 수행하여, 향후 재발 방지를 위한 대책 수립에 활용하기 위한 일련의 조치를 취해야 한다. 이러한 활동을 능동적으로 진행하기 위해서는 보건기관과의 유기적인 협조를 하며, 학교 내에서도 효율적인 대책반을 구성하는 것이 중요하다.

(1) 학교감염병 유행 상황 대처 방안

① 학교장의 교내 조치사항

㉠ **감염병 환아의 등교중지**

- 신체검사 경로가 감염병으로 감지되거나 감염의 우려가 있는 학생 및 교직원에 대해 등교를 중지시킬 수 있다(학교보건법 제8조). 다만, 의사가 감염병의 예방상 지장이 없다고 인정한 경우는 제외한다. 이 경우 그 사유와 기간을 명시해야 한다.
- 감염병 질환으로 결석할 경우 출석으로 처리해야 한다.

㉡ 환자발생 모니터링 및 지속적인 정보수집

㉢ **환자 발생시 정확한 진단** : 병원 의원/보건소로 진단 및 치료 의뢰(진단서 확인)

㉣ **확진 시 신고 및 보고** : 보건소, 교육청

㉤ **환자관리**

- 적절한 치료(병의원/보건소 의뢰) 및 환자교육(자가간호, 격리)
- 필요시 역학조사실시(설문지 작성, 보건소 의뢰)

② 접촉자 관리

㉠ 접촉자를 관찰하여 2차 발병시 적절한 조치

㉡ 감수성자는 예방접종 실시

③ 교내외 환경에 대한 방역소독을 실시하여 더욱 철저한 환경관리를 유지한다.

㉠ 교내소독(화장실, 쓰레기장)을 철저히 하고 양호실 기구 자불소독을 철저히 한다.

㉡ 식수는 끓여서 보급하고 급수시설의 오염을 방지한다.

㉢ 파리와 쥐의 구제

㉣ 화장실 소독을 철저히 하고 비누를 비치한다.

㉤ 공동으로 쓰는 수건을 폐지한다.

㉥ 숙직용, 기타 공동용구 사용 시 일광소독을 철저히 한다.

㉦ 환기를 자주 시킨다.

④ 학생들에 대한 개인위생 보건교육을 강화하고,

⑤ 담임교사에게 질병 발생에 관한 것을 알리고 협력을 강구하여 조기발견을 도모한다.

⑥ 가정통신문을 발송하여 학부모에게 학교 내 감염병 유행 사실을 통보하고, 가정에서 발병 시 보건소 또는 인근 의료기관의 진료를 받도록 지도한다.

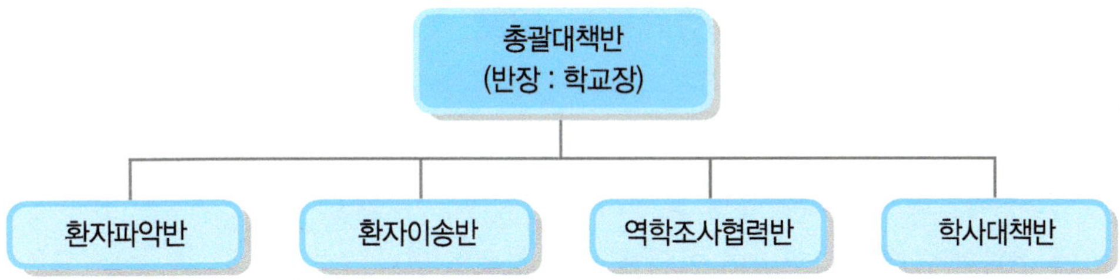

- 총괄대책반 : 각 대책반의 지휘 · 감독, 학교운영위원회 소집 및 대책 논의, 언론보도에 대응, 치료 및 보상대책, 급식재개 결정 등
- 환자파악반 : 기 발생환자 및 유증상자 등 추가 발생현황 파악
- 환자이송반 : 환자의 후송, 입원학생 관리 등
- 역학조사 협력반 : 보건당국의 역학조사, 검체채취, 소독 등 업무협조
- 학사대책반 : 가정통신문 발송 등 학부모 협조유도 및 수업결손 대책 마련 등

[그림 3-4] 학교 식중독 대책반 구성도

[자료원 : 교육인적자원부, 학교급식 위생관리 지침서, 2004]

⑦ 많은 학생들이 방과 후 학원 등 사교육기관에서 교육받기 때문에 학교 외부에서의 감염병 전파 가능성에 대한 관리도 필요하다. 이를 위해 학부모와의 유기적인 연계를 위해 가정통신문이나 전화통화를 통해 감염병 예방을 위한 교외 생활 및 위생 지도에 대한 협조도 구해야 한다.

☞ 수인성 감염병이나 식품매개 감염병 유행이 의심되는 상황에서는 보건당국의 역학조사가 이루어 질 때까지 반드시 조리현장이 보존될 수 있도록 해야 한다. 급식과 관련된 설사 질환의 유행 시에는 보존식을 확인하고, 식수에 대해서도 검체를 채취 전까지 염소소독을 해서는 안 된다. 또한 조리 시설 역시 환경검체를 채취할 때까지 절대 소독을 해서는 안 된다.

(2) 보건교사의 교내 감염병 유행 시 역할

① 교내 감염병 대책반의 한 구성원으로 활동하는 동시에 보건의료에 대한 전문가로서 역학조사와 방역대책의 전 과정을 파악하여 능동적으로 참여해야 한다.

② 평상시의 유사 증상 환자수를 보건실 기록과 비교하여 보건실 통계 기록을 통해 실제 유행여부를 확인해야 한다.

③ 증상이 있는 사람과 면담을 통해서 정확한 환례를 찾는데 중요한 역할을 해야 한다. – 실제로 학교감염병이 발생한 경우 학생들 중 군중심리에 휩쓸려 유행과 상관없는 증상으로 환자에 포함되거나, 증상을 과장할 가능성도 염두에 두어야 한다. 반면 교직원이나 조리 종사자들의 경우는 증상을 숨길 수도 있다.

④ 유행의 원인을 밝히기 위한 학교구성원 전체를 대상으로 설문조사와 검체 채취에 협조한다. – 대규모의 유행 발생시에는 학생들이 설문조사에 무성의하게 답변하여 정확한 유행원인 파악이 어렵게 되는 경우도 있다.

⑤ 원인이 구체적으로 밝혀지면 먼저 환자, 의사환자 및 접촉자에 대해 치료 및 격리를 시켜야 한다.

⑥ 증상이 있는 사람에 대해서는 보건소나 병의원에 정확한 진단과 치료를 의뢰한다. 위험 집단 또는 공동폭로 집단을 명확히 파악하여 빠짐없이 조사를 통해 환자를 발견하고 치료 격리해야 한다.

⑦ 보건교사는 유행이 종식될 때까지 대장을 작성하여 감염환자에 대해서는 적절한 치료를 받는지 확인해야 하고, 접촉자에 대해서는 질환의 최대 잠복기까지 발병여부를 면밀히 관찰해야 한다.

⑧ 유행의 전파를 막는 가장 중요한 방법은 전염력이 소실될 때가지 등교를 금지하고, 병원 또는 가정에서 격리하여 다른 학생과 접촉을 막는 것이다.

(3) 감염병 발생 시 업무분담

① **학교장** : 각종 질병발생 감시책임
  ㉠ 학교담당자 : 보건교사, 영양사, 담임교사
  ㉡ 관찰대상 : 병결학생에 대한 결석사유 파악, 현재 증상이 있는 학생(보건실 이용자 등)

② **의사와 학교장** : 진단확인, 보고, 신고
  ㉠ 인근 보건소 또는 학교의사, 병의원에 진단 및 진료의뢰
  ㉡ 의사진단서 확인
  ㉢ 감염병 확인시 교육청보고 및 보건소 신고(제1군, 2군, 4군 감염병과 제3군의 탄저는 즉시 보건소장에게 신고, 탄저병을 제외한 제3군감염병, 지정감염병은 7일 이내 보건소장에게 신고)

③ **보건소장** : 감염성 여부 및 유행규모 파악하고 역학조사와 확산방지를 위한 조치를 동시에 실시

[표 3-14] 감염병 환아의 등교중지

병 명	등교정지 기간 기준
백일해	특유한 기침이 멈춘 후
유행성 이하선염	이하선 종창이 없어질 때까지(약 7~10일)
인플렌자(독감)	해열된 후 2일을 경과할 때까지
홍역	해열되고 3일이 지난 후
풍진	발진이 없어질 때까지(발진 후 5일)
수두	모든 발진이 가피화(딱지)될 때까지(발진 후 7일간)
소아마비	급성기 주요 증상의 소실 후
성홍열	치료를 시작하고 낙설기가 지날 때까지(모든 증상이 없어진 후)
디프테리아	위막이 소실하고 완전히 치유되고 나서
일본뇌염	급성증상이 완전히 낫고 나서
유행성결막염	주요증상이 사라진 후 2일이 경과할 때까지
수막구균성수막염	완쾌 3일 후

[자료원 : 학교감염병관리, 질병관리본부, 2013]

6) 예방접종

초등학교의 장은 학생이 새로 입학한 날부터 90일 이내에 시장 · 군수 · 구청장에게 예방접종의 완료여부를 검사하여야 한다. 초등학교의 장은 예방접종 검사결과 예방접종을 완료하지 못한 입학생에 대하여는 필요한 예방접종을 받도록 지도하여야 하며, 필요한 경우 관할보건소장에게 예방접종지원 등의 협조요청을 할 수 있다(학교보건법 제10조, 감염병예방법 제21조의 3).

보건교사는 감염성 질환의 초기증상을 알아 감염성 질환을 앓고 있는 경우가 발견되면 즉시 격리하고, 감염가능성이 사라질 때까지 재등교하지 않도록 조처해야 한다. 또한 인플루엔자, 일본뇌염 등 계절에 따라 발생할 수 있는 감염병인 경우는 예방접종 프로그램이 필요하다.

학교는 많은 학생들이 집단적으로 생활하는 밀집장소이기 때문에 효과적인 예방접종 프로그램은 학교와 학생, 학부모의 자발적인 참여에 의해 가능하다. 즉, 학교는 학생과 학부모가 예방접종을 해야 하는 질환에 대해 충분히 이해할 수 있도록 도와야 하며, 어떤 예방접종을 언제, 어떻게, 왜, 실시할 것에 대해 알리고, 서면으로 동의 및 협조를 받아야 한다. 또한, 학교는 모든 학생에게 예방접종의 기회를 제공해야 하며, 예방접종의 중요성, 금기사항, 부작용 등의 부가적인 설명을 반드시 해야 한다. 특히 학부모의 동의서를 받아 접종하되 접종 전 면밀한 예진을 통해 부작용이 최소화되도록 각별히 유의해야 된다. 학부모가 동의한 학생이라 할지라도 담당교사나 보건교사의 관찰에 의해 접종이 어렵겠다고 인정이 되는 학생은 접종대상에서 제외시켜야 한다.

예방접종은 감염병예방법 제11조, 12조 규정에 의거하여 실시하며, 보건교사의 예방접종 실시는 학교보건법 제14조 2의 규정에 의거 위촉받은 경우에 한하여 실시할 수 있다.

(1) 예방접종 종류

정기예방접종(감염병예방법 제11조)과 임시예방접종(감염병예방법 제12조)이 있다. 정기 예방접종으로는 디프테리아, 백일해, 파상풍, 폴리오, 홍역, 결핵, B형간염, 유행성 이하선염, 풍진 및 보건복지부장관이 감염병예방을 위해 필요하다고 인정하는 감염병이다.

임시 예방접종은 예방접종에 관하여 보건복지부장관의 명령이 있거나 감염병 예방상 필요하다고 인정하는 감염병에 대해 실시한다.

(2) 예방접종명과 방법

① 영아기

[표 3-15] 영아기 예방접종명과 접종시기

접종명	접종시기
DPT & TD (디프테리아, 파상풍, 백일해)	기본접종 : 생후 2, 4, 6개월 접종 추가접종 : DPT로 생후 15~18개월과 4~6세에 접종하고 이후 10년마다 성인용 TD로 추가접종
MMR (홍역, 볼거리, 풍진)	2회접종 : 1차는 만 12~15개월 2차는 만 4~6세에 접종(그러나 홍역의 유행이 있을 때는 생후 6개월부터 홍역 단독 백신을 접종한다) 그외 예방접종을 하지 않았거나 홍역에 걸린 적이 없는 성인에게도 접종
일본 뇌염	생후 13~24개월 내에 1주 간격으로 2회 접종 1년 뒤 1회 접종 추가접종 만 6, 12세
B형간염	1회접종 1개월 후에 2차접종, 3차접종은 2차접종 5개월 후에 한다. 헤팍신이나 3차접종이 일정에 맞추기 어려울 때는 2차접종 후 1개월에 하기도 한다.
폴리오(소아마비)	TD와 동시접종
B.C.G	생후 4주 이내 접종

[자료원 : 학교감염병관리, 질병관리본부, 2013]

② 초 · 중 · 고등학교 예방접종

[표 3-16] 초 · 중 · 고등학교 예방접종

구 분	접종시기	투여량	투여방법	비 고
장티푸스	• 기본접종 후 3년 후 재접종(경구5년)	• 기본면역 : 0.5mℓ씩 7일 간격으로 • 추가면역 : 0.5mℓ 또는 0.1mℓ 1회	• 피하주사	
일본뇌염	• 12~13개월 1회 • 1년 후 1회 • 만 6세 1회 • 만 12세 1회	• 기본면역 : 1mℓ씩 7일 간격으로 2회 • 추가면역 : 1mℓ 1회	• 피하, 근육주사	• 3~15세
수두	• 수두 기왕력이 없는 자	0.5mℓ 1회	• 피하주사	

구 분	접종시기	투여량	투여방법	비 고
유행성독감	• 매년	• 10세 이하 : 0.25㎖ 2회(1~4주 간격) • 11세 이상 : 0.5㎖ 1회	• 피하, 근육주사	
B형 간염	• 기본면역 완료 후 매 5년마다 • 14~16세	• 1~4학년 : 0.5㎖ • 5~6학년 : 1㎖	• 근육주사	• 기본면역 : 1개월 간격으로 3회 근육주사하고 첫 접종 후 6개월째 접종 가능
풍진	• 여고 1년생	• 0.5㎖	• 피하주사	• 미열, 발진, 림프절 종창, 상기도 감염, 관절통 등의 부작용을 일으킬 수도 있다. • neomycin에 알레르기가 있는 자는 접종을 금한다.

[자료원 : 학교감염병관리, 질병관리본부, 2013]

③ 접종자의 자격

접종자는 학생 및 교직원에게 감염병의 정기 또는 임시예방접종을 실시함에 있어 보건교사(학교보건법 제14조의 규정에 의거 위촉을 받은 자)와 보건소 접종요원에 의한 단체접종시 학교 의사나 의사(공중보건의사 포함)의 입회하에 문진 등을 실시한 후 접종토록 하여야 한다.

④ 접종자의 준수사항

- 접종은 가능하면 오전에 실시하는 것이 좋으며 체온을 측정하여 열이 없음을 확인한다.
- 접종자는 접종 전에 자신의 손을 소독물에 깨끗이 씻는다.
- 접종시 한 사람 한 사람의 건강상태를 주의깊게 관찰하고 접종한다.
- 백신을 주사할 때에는 접종시마다 1회용 주사기와 주사침을 사용해서 오염을 방지하도록 주의해야 한다.
- 1회용 주사기는 사용 후 철저히 수거 분리토록 한다.
- 접종을 실시하기 전에 반드시 백신을 다시 확인하여 제조회사의 주의사항을 읽어

보고 유효기간을 확인한다.

- 주사하기 전에 눈금을 확인하고 정량을 접종한다.
- 주사 전에 피접종자의 주사 부위를 충분히 소독한다(알코올 솜은 1인 1회 원칙을 준수한다).
- 주사 전 피접종자에게 금기사항 또는 접종 후 준수사항을 사전교육 실시한다.
  - 접종 전후 일정기간 과로한 행동 또는 운동 등을 금하고 안정 필요
  - 목욕 또는 수영 등의 금지
  - 접종 전후 고열, 두통이 있거나 몸이 불편할 경우에는 의사의 진찰 실시
- 피접종자의 팔을 한 손으로 꽉 잡고 접종해야 하며, 주사부위는 접종할 때마다 바꾸어 놓아야 한다.
- 주사기는 서서히 주입한다.
- 주사액이 혈관으로 주입되지 않았나 확인하고 백신을 주입한다.
- 만일 주사기에 혈액이 흡입되면 다른 부위에 주사해야 한다.
- 주사기로 예방접종을 뽑을 때마다 주사침과 접종약병에 고무마개 부위를 알코올로 소독한다. 이때 주사기 내에 이물이 있나 주의한다.
- 주사약은 주사 전에 충분히 흔들어서 이상 유무를 육안으로 확인한다.
- 집단접종시는 자동 주사기를 사용하되 부득이 주사기를 사용할 경우에는 1인 1침을 원칙으로 한다(특히, 혈액형 검사시 1인 1침 사용토록 한다).

⑤ 접종 전 예진사항

- 열이 있는 급성질환자(단, 열이 없는 감기와 같은 가벼운 감염증일 때는 금기가 되지 않는다)
- 현재 병을 앓고 있거나 병후 쇠약자 및 영양장애자
- 결핵, 심장병, 당뇨병, 위장병, 간장 질환, 각기증 및 설사 환자, 특이체질자(알레르기 및 경련성 체질자)
- 면역억제치료(스테로이드 및 방사선 치료 포함)를 받은 자
- 임산부, 최근 3개월 이내에 감마글로블린 또는 혈청주사를 맞았거나 수혈을 받은 자
- 홍역, 볼거리, 수두 등은 이환 후에 뇌염을 일으킬 가능성이 있는 병이기 때문에 1개월 이상 지난 후 예방접종을 하는 것이 바람직하다.
- 과거 예방주사를 맞고 상태가 나빴던 일이 있는 자

- 기타 접종자가 부적합하다고 인정하는 자
- 학교 건강관리카드를 활용하고 담임교사 및 가정통신, 보건교사의 관찰을 통하여 개인건강 상태 및 병력을 파악한 후 접종을 실시한다.

⑥ 피접종자의 주의사항

- 주사 전후 과도한 일 또는 운동을 금하고 안정을 취한다(약 2일간).
- 주사 후 목욕 또는 수영 등을 금한다.
- 접종 부위를 긁거나 손을 대지 않도록 한다.
- 접종 후 음주를 금한다.
- 접종 전 몸이 불편한 자는 의사의 진단을 받는다.
- 접종 후 고열 또는 구토 등 부작용이 발생할 경우 즉시 의사의 진단을 받는다.

⑦ 접종 부작용 및 처리방법

- 대부분의 백신은 국소적 반응과 전신적인 반응 두 가지가 있다.
- 국소반응으로는 주로 주사부위에 가벼운 발적이나 진통이 나타나는 수가 있다.
- 전신적 반응으로는 발열, 발진, 관절통, 실신, 알레르기 반응 등이 있다.
- 대개는 고열이 나는 것이 통상이지만 두통, 권태감, 오한 등의 반응을 동반하는 수가 있다.
- 경한 반응은 대증치료로 48시간 내에 회복된다.
- 생백신을 접종한 지 1주일~수주 후에 발열, 발진, 관절통이 일어나는 수도 있다.
- 드물게 예방접종 후 알레르기 반응이나 과민반응을 나타내는 경우가 있는데 이런 경우는 맥박이 느리고 호흡곤란이 오며 실신을 일으키는 수도 있다.

☞ 이러한 반응이 일어날 수 있는 원인

- 달걀에 대한 알레르기 반응(인플루엔자 백신, 황열 백신, 오리태에서 배양한 광견병 백신)
- 수은에 대한 과민반응(감마글로불린), 항생제에 대한 알레르기 반응(홍역, 볼거리, 풍진 백신에는 극소량이 포함되어 있다)
- 백신에 포함된 균의 어떤 성분에 대한 특이 전 과민반응 등이 있을 수 있다.

7) 일반적인 학교감염병 예방활동

대부분의 감염질환은 증상의 시작 직전이나 시작할 무렵 가장 높은 감염성을 보인다. 따라서 증상이 있는 학생을 교실환경에서 격리시키는 것이 매우 중요하다. 설사, 구토, 발열, 기침, 인후통, 발진 등 감염성 질환의 명백한 증상을 보이는 학생은 즉시 귀가시키고 학부모와 연락하여 반드시 병원에서 정확한 진단 및 치료를 받도록 한다. 이후 감염병으로 확진된 경우 접촉한 학생들의 부모에게 정보를 제공하여 조기에 발병여부를 확인할 수 있도록 해야 한다.

일반적으로 위장관 감염질환(설사, 구토)이 발생한 경우 증상소실 후 48시간까지 등교를 중지할 것으로 권장한다. 기타 질환의 경우 증상이 소실되어 일상 활동에 지장이 없다고 느낄 때 다시 등교를 하는 것이 좋다.

손씻기는 모든 감염병 예방에 있어 가장 중요하기 때문에 반복적으로 손씻기의 중요성을 강조하여야 한다. 또한 호흡기 분비물(콧물, 가래)이 공기 중으로 비산되는 것을 막기 위해 반드시 손수건이나 휴지를 사용하는 것이 호흡기 감염병의 전파를 막는데 큰 도움이 된다.

이러한 보건위생에 관한 교육은 학생뿐만 아니라 비정규직을 포함한 전교직원을 대상으로 시행해야 한다. 특히 학교급식을 담당하는 조리 종사자에 대한 교육이 매우 중요하다. 교육은 평상시 일반적인 개인위생에 대한 교육뿐만 아니라 과거 질병 발생시기, 주의보 · 경보 발표, 시기 · 계절별 홍보사항 등을 바탕으로 월별 추진계획을 세워 유행 가능한 감염병에 대해 적절히 교육해야 한다. 뿐만 아니라 수학여행, 소풍 등 야외활동, 운동회 등 학교의 행사별로도 적절한 교육이 필요할 것이다.

(1) 손 씻기

손 씻기는 감염전파를 막는 가장 효과적인 방법이다. 따라서 반복적으로 올바른 손 씻기 습관을 교육하고 장려해야 한다.

① 손 씻기를 해야 할 때

㉠ 음식물 조리 전후, 식탁 차리기 또는 식사하기 전

㉡ 환자와 접촉 전후, 환자의 옷을 만진 후

㉢ 동물과 접촉한 후, 동물의 분비물과 접촉한 후, 애완동물 집을 청소한 후

㉣ 화장실 사용 후, 기저귀 교환 후
㉤ 코를 비비거나, 기침, 재채기 한 후
㉥ 쓰레기 처리 후

② 손 씻기 습관을 높이는 방법

㉠ 온수, 액체비누, 일회용 타월이 모든 화장실에 구비되어 있어야 한다.
㉡ 학생들에게 손 씻기의 중요성에 대해 교육하고 화장실에 다녀온 후에는 반드시 손을 씻도록 한다.
㉢ 학생들이 개인용 수건을 집에서 가져오는 것은 권장하지 않는다.

③ 효과적인 손 씻기 방법

㉠ **물과 비누를 이용한 손 씻기**(그림 3-5)

- 비누를 사용하기 전에 흐르는 온수에 손을 충분히 적신다.
- 충분한 시간(약 15~30초) 동안 깨끗하게 손을 씻는다. (손을 씻는 동안 부를 수 있는 노래를 가르치는 것이 도움이 된다.)
- 특히 엄지손가락, 손톱 밑, 손가락 사이 등을 철저히 씻는다. [그림 3-6]은 일반적으로 잘 씻기지 않는 손 부분을 보여주고 있다.
- 손을 씻은 후에는 일회용 타월로 닦은 후 완전히 손을 말린다.

㉡ **손소독제를 이용한 손 씻기**

- 물과 비누의 사용이 어렵고 눈에 보일 정도의 오염물이 묻어 있지 않으면 알코올 성분이 포함된 손소독제를 사용할 수 있다.
- 소독제의 알코올 농도가 60~90%일 때 최적의 살균력을 보인다.
- 한손바닥에 적정량(보통 1~3cc)의 손소독제를 던다.
- 손과 손가락 표면 전체에 골고루 바르고 소독제가 마를 때까지 문지른다.

④ 주의사항

㉠ 너무 많은 양의 비누를 쓰지 않는다.
㉡ 너무 차거나 뜨거운 물을 사용하지 않는다.

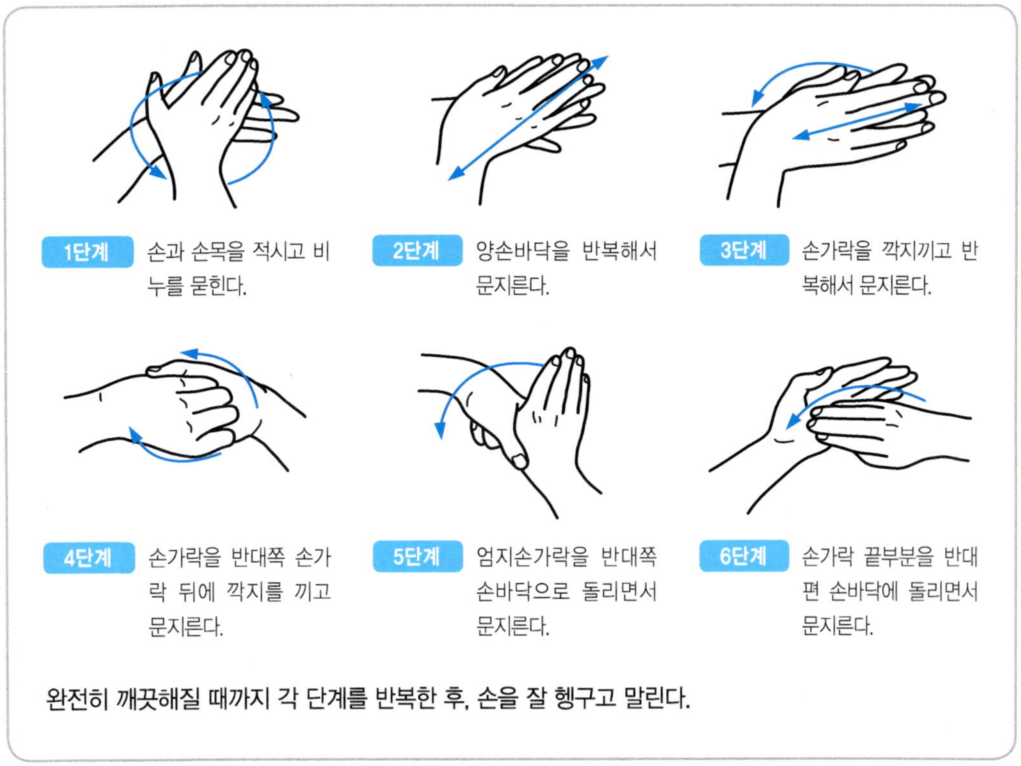

[그림 3-5] 손씻기 6단계 방법[자료원 : WHO]

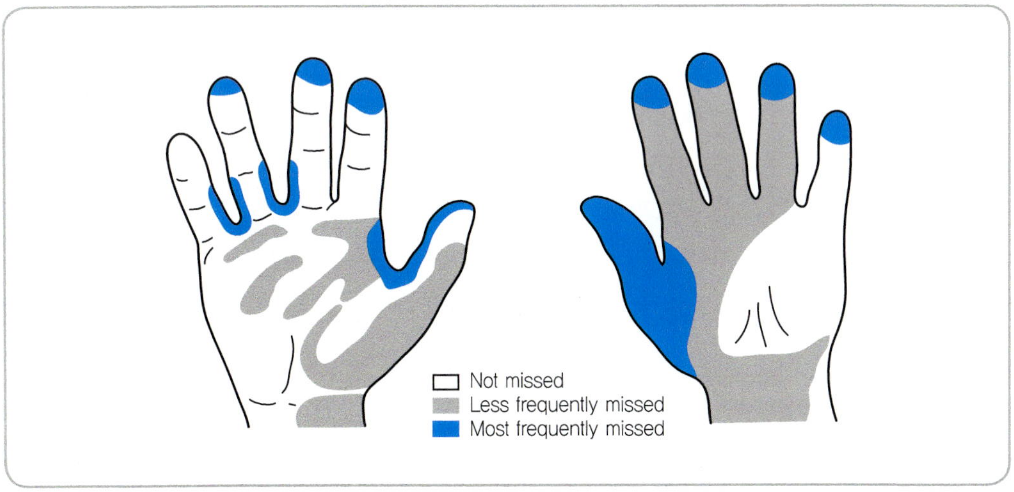

[그림 3-6] 손을 씻을 때 잘 씻기지 않는 부분[자료원 : WHO]

㉢ 너무 긴 시간(1분 이상) 동안 손을 씻지 않는다.

(2) 감염병 예방을 위한 보건교육

한편, 학교는 성장하는 학생들을 교육하는 곳으로 사회의 어느 집단보다 교육을 시행할 수 있는 인력과 여건이 잘 준비되어 있는 곳이며, 학생들은 교육효과가 가장 높은 집단이다. 학생들이 건강생활습관을 갖도록 평상시에 감염병 예방을 위한 보건 및 위생교육을 시행하는 것은 학교보건의 중요한 부분 중 하나이다.

8) 학교감염병 관리의 문제점 및 개선방향

현재 우리나라의 학교감염병 관리는 감염병의 유행이 발생한 경우 사후대책에 치우쳐 있다. 학교감염병의 관리에 있어서 더 중요한 부분은 유행의 발생을 미연에 방지하는 예방대책의 중요성이 더욱 크다. 교육과정에서 보건 및 위생교육을 강화함으로써 어릴 때부터 위생에 대한 철저한 개념을 심어주는 노력이 필요하다. 또한 학교 내에서 뿐만 아니라 학교 외의 환경에서의 감염병관리의 노력도 필요하다. 이를 위해서는 학교는 물론 학부모, 보건소와 의료기관 간의 유기적인 협조체계의 구축으로 감염병에 이환된 학생들이 학교환경에 유입되는 것을 미연에 차단하는 것이 필요하다. 감염병의 증상이 있음에도 학교에 등교하는 것은 학교 내에 감염병을 전파시키는 매우 위험한 행위이다. 그러나 감염병에 이환되더라도 증상이 경미하거나 이환기간이 짧은 경우 감염자는 병원에서 진단이나 치료도 받지 않고 학교에 계속 등교하여 학교 내 전파가 가능해진다. 따라서 구토, 발열, 기침, 발진 등의 급성 증상이 있는 경우는 반드시 학교에 등교하지 말고 병원에서 정확한 진단과 치료를 받아야 한다.

감염병 유행의 조기발견은 효과적인 감염병 관리를 위해 매우 중요하다. 이를 통해 보건당국이 조기에 역학조사를 시행하고 효과적으로 유행을 통제할 수 있다. 학교별 또는 보건기관 수준에서의 학교감염병 감시체계가 가동되고 있지만, 유행의 조기발견이 현실적으로 어려운 경우가 많다. 또한 감염병 유행의 조짐이 있더라도 일선 학교에서는 보고를 미루는 경우가 많아 원인규명이 어렵고 제대로 된 방역대책을 세울 수도 없다. 감염병 유행의 조기 보고가 이루어지기 위해서는 학교의 인식전환 뿐만 아니라, 학교 내에서 감염병이 유행할 경우 모든 책임을 학교나 학교장의 관리소홀로 치부하는 사회적 고정관념도 바뀌어야 할 것이다. 학교 내 감염병 유행은 관리를 통해 예방이 가능한 면도

[표 3-17] 법정감염병의 종류

구분		내용
제1군 감염병 (6종)	정의	마시는 물 또는 식품을 매개로 발생하고 집단 발생의 우려가 커서 발생 또는 유행 즉시 방역대책을 수립하여야 하는 감염병
	질환	콜레라 · 장티푸스 · A형간염 파라티푸스 · 세균성이질 · 장출혈성대장균감염증
제2군 감염병 (12종)	정의	예방접종을 통하여 예방 및 관리가 가능하여 국가예방접종사업의 대상이 되는 감염병
	질환	디프테리아 · 백일해 · 파상풍 · 홍역 · 유행성이하선염 풍진 · 폴리오 · B형간염 · 일본뇌염, 수두, b형헤모필루스인플루엔자, 폐렴구균
제3군 감염병 (19종)	정의	간헐적으로 유행할 가능성이 있어 지속적으로 발생을 감시, 방역대책수립이 필요한 감염병
	질환	말라리아 · 결핵 · 한센병 · 성홍열 · 수막구균성수막염 레지오넬라증 · 비브리오패혈증 · 발진티푸스 · 발진열 쯔쯔가무시증 · 렙토스피라증 · 브루셀라증 · 탄저 · 공수병 · 신증후군출혈열(유행출혈열) · 인플루엔자 · 후천성면역결핍증(AIDS) · 매독 · 크로이츠펠트-야콥병(CJD) 및 변종 크로이츠펠트-야콥병(VCJD)
제4군 감염병 (18종)	정의	국내에서 새롭게 발생하였거나 발생할 우려가 있는 감염병 또는 국내 유입이 우려되는 해외 유행 감염병으로서 보건복지부령으로 정하는 감염병
	질환	페스트, 황열, 뎅기열, 바이러스성 출혈열, 두창, 보툴리눔독소증, 중증 급성호흡기 증후 군(SARS), 동물인플루엔자 인체감염증, 신종인플루엔자, 야토병, 큐열(Q熱), 웨스트 나일열, 신종감염병증후군, 라임병, 진드기매개뇌염, 유비저(類鼻疽), 치쿤구니야열, 중증열성혈소판감소증후군(SFTS)
제5군 감염병 (6종)	정의	기생충에 감염되어 발생하는 감염병으로 정기적인 조사를 통한 감시가 필요하여 보건복지부령으로 정하는 감염병
	질환	회충증, 편충증, 요충증, 간흡충증, 폐흡충증, 장흡충증
지정 감염병 (17종)	정의	유행여부 조사 위하여 감시활동 필요한 감염병으로 보건복지부장관이 지정
	질환	C형 간염, 수족구병, 임질, 클라미디아 감염증, 연성하감, 성기단순포진, 첨규콘딜롬, 반코마이신내성황색포도알균(VRSA) 감염증, 반코마이신내성장알균(VRE) 감염증, 메티실린내성황색포도알균(MRSA) 감염증, 다제내성녹농균(MRPA) 감염증, 다제내성아시네토박터바우마니균(MRAB) 감염증, 카바페넴내성장내세균속균종(CRE) 감염증, 장관감염증, 급성호흡기감염증, 해외유입기생충감염증, 엔테로바이러스 감염증
생물테러 감염병	정의	고의 또는 테러 등을 목적으로 이용된 병원체에 의하여 발생된 감염병
성매개 감염병	정의	성 접촉을 통하여 전파되는 감염병 중 보건복지부장관이 고시하는 감염병
인수공통 감염병	정의	동물과 사람 간에 서로 전파되는 병원체에 의하여 발생되는 감염병 중 보건복지부장관이 고시하는 감염병
의료관련 감염병	정의	환자나 임산부 등이 의료행위를 적용받는 과정에서 발생한 감염병으로서 감시활동이 필요하여 보건복지부장관이 고시하는 감염병

[자료원 : 감염병의 예방 및 관리에 관한 법률, 법제처 2014]

[표 3-18] 주요 감염병의 잠복기, 전염가능 기간 및 격리기간

질환명	전염가능기간	격리기간	잠복기
세균성이질	발병 후 4주 이내	항생제 치료 종료 48시간 후부터 24시간 간격으로 2회 대변배양검사 음성일 때까지	1~3일
장출혈성대장균	발병 후 1주(최대 3주)	항생제 치료 종료 48시간 후부터 24시간 간격으로 2회 대변배양검사 음성일 때까지	2~8일
유행성각결막염	잠복기 이후부터 발병 후 2주까지	주요 증상이 사라진 후 2일 경과할 때까지	5~12일
급성출혈성결막염	발병 후 최소 4일~1주	활동성 병변이 있는 동안	8~48시간
성홍열	2~5일	항생제 치료 시작 후 24시간까지	1~3일
인플루엔자	증상 발현 1일 전부터 발병 후 5일	현실적으로 격리 어려움	1~3일
홍 역	전구증상이 나타나기 직전부터 발진 발생 2~4일 후	발진 후 5일까지	8~12일
풍 진	발진 발생 7일 전부터 발진 소실 4일 후	발진 후 5일까지	16~18일
유행성이하선염	발병 6~7일 전부터 발병 9일 후	종창이 가라앉거나 발병 후 9일까지	16~18일
수 두	발진 1~2일 전부터 발진 5일 후	처음 피부병변이 생긴 후 5일까지 또는 모든 발진이 딱지가 앉을 때까지	13~17일

[자료원 : 학교감염병 표본감시 연간보고서, 질병관리본부, 2014]

있지만, 불가항력적인 경우도 적지 않다는 사실을 인정해야 할 것이다. 또한 감염병은 학교 내에서 자연 발생할 수도 있지만 지역사회에서 유입될 수 있다. 따라서 학교 내에서 감염병이 유행한 경우 적절한 방역조치로 유행을 조기에 종식시키고, 향후 유행이 다시 발생하지 않도록 만전의 조치를 취하는 건설적인 계기로 발전시켜야 할 것이다.

학교감염병은 교육기관, 보건기관 및 지방자치단체까지 연관된 다원화된 관리체계가 얽혀 있다. 따라서 더욱 효과적인 학교감염병 관리를 위해서는 일원화된 관리체제가 필요하다. 이와는 별도로 학교와 보건소는 감염병 유행 시 조속한 대응이 가능할 수 있도록 정기적인 회의나 정보 교류 등의 일상적인 연계활동이 필요하다.

학교감염병 중 수인성 및 식품매개성 질환은 해마다 발생이 끊이지 않고 있다. 특히 급식의 급격한 확대 과정에서 급식업 종사자에 대한 관리가 미비했고, 급식업체들의 영

세성 등의 문제점들이 여전히 남아있다. 이러한 문제점들이 국가차원에서 관리 및 개선되어야만 학교감염병의 관리가 효율적으로 이루어질 수 있을 것이다.

4.2 감염병 종류와 특징

1) 호흡기를 통해 옮는 질환

결핵, 수두, 디프테리아, 백일해, 유행성 이하선염(볼거리), 홍역, 풍진, 성홍열, 인플루엔자

(1) 결핵

① 병원체

마이코박테리움 튜버큘로시스(mycobacterium tuberculosis)

② 감염원 : 활동성 결핵환자

③ 특징

환자의 객담에 있던 결핵균이 공기 중에 날라다니다 다른 사람을 감염시킨다. 우리나라의 국민 70% 이상이 결핵균에 노출된 경험이 있고, 튜베르큘린 피부반응 검사에서 양성을 나타낸다. 첫 감염은 자각증세가 없이 지나는 것이 보통이며, 튜베르큘린 반응은 감염 2~3주 후 양성으로 나타난다. 이때 병소는 치료 없이도 폐나 기관지 림프절의 석회화 이외에는 다른 흔적 없이 사라진다.

첫 감염이 직접 폐결핵으로 진행될 수도 있고, 세균의 림프 및 혈액을 통한 파종에 의한 속립성, 뇌막성 침범이 일어나기도 한다. 적절한 화학요법으로 치료하면 거의 모두 치유된다. 임상상태는 객담 내의 결핵균 유무와 흉부 X-ray 변화의 특징에 따라 주로 판정한다.

피로감, 열, 체중감소 등이 초기에 발생하는 반면 기침, 흉통, 객혈 등과 같은 증세는 상당히 감염이 진행된 뒤에 두드러지게 나타난다.

④ 결핵의 임상적 활동상태에 의한 분류

㉠ **활동성 폐결핵** : X-선 검사 시 단독검사에서 6개월 이내의 간격으로 찍은 X-선 필름에서 변화의 가능성이 있는 활동성 상태이거나, 객담검사로도 균을 발견할 수 있는 상태

㉡ **정지성 폐결핵** : 미생물 객담검사에서 음성이고, X-선 검사에 공동은 있으나 안정되거나 개선된 경우

㉢ **비활동성 폐결핵** : 6개월간 매월 미생물 검사에서 음성이 나오고 X-선 검사에는 안정되고 줄어드는 것이 보이며, 적어도 6개월간 공동의 징후를 보이는 것을 말함.

㉣ **폐결핵 확진** : 튜버크린 양성이고 X-선 감염부위의 출현되고, 객담배양에서 결핵균이 확인된 경우

⑤ 결핵 약물요법 원칙

㉠ 약물투여 전에 객담으로 미생물검사를 하여 약물 내성검사를 한다.

㉡ 약물을 병행하여 치료한다.

㉢ 충분한 기간을 두고 지속적으로 복용해야 한다(특히 활동성 결핵시 18~24개월 꾸준히 치료한다).

㉣ 충분한 양을 충분한 농도로 투여한다.

㉤ 규칙적으로 약을 복용한다.

㉥ 공복시 한 번에 약물복용이 효과적이다.

㉦ 약물복용 후 1시간 후에 주사약 투여하면 약의 농도를 최대화할 수 있다.

⑥ 항결핵제 투여원칙

㉠ **병행요법** : 약의 효과를 증진시키고 내성을 감소시킨다

㉡ 충분한 약의 용량을 사용한다.

㉢ 규칙적으로 약을 복용한다.

㉣ 충분한 기간 동안 약을 복용한다.

㉤ 공복시 복용

⑦ 결핵에 대한 1차 예방간호

㉠ **결핵관리**

- 결핵의 1차적 예방관리 → BCG 접종
- 결핵의 2차적 예방관리 → 결핵을 조기진단하고 치료하는 것을 의미함

㉡ 결핵에 걸리지 않도록 하며, 현재의 건강을 유지 · 증진하도록 한다.

- 결핵의 중요성, 감염방법 및 증상과 증후, 예방법에 대한 교육
- B.C.G. 접종
- 우유를 소독한다.

- 발병예방 목적으로 활동성 결핵환자의 가족, 결핵요양소 근무자 등 위험성이 높은 경우 INH를 투여한다.
- 결핵환자에게 가깝게 노출되지 않도록 한다.

⑧ **결핵에 대한 2차 예방간호**

결핵의 조기진단, 조기치료를 도모하여 약화를 방지한다.

㉠ 제3군 감염병이므로 관할 보건소, 학교라면 관할 교육청에도 보고한다.

㉡ 조기진단을 위해 집단검사를 실시하고, 결핵약을 복용시켜 더 이상 균이 배출되지 않게 한다.

㉢ 활동성인 경우 격리 · 입원시킨다.

㉣ 가래나 오염된 물건을 소독한다.

㉤ 가족이나 친근자를 모두 검사한다.

㉥ 힘든 일을 피하고, 충분한 휴식, 균형잡힌 식사를 제공한다.

(2) 수두

① **원인균** : 바리셀라 조스타(Varicella-Zoster) 바이러스

② **감염경로** : 기도분비물, 대상포진 환자의 수포액과 직접 접촉, 환자가 말하거나 기침, 재채기할 때, 환자의 분비물에 오염된 물건을 통해 옮겨진다.

③ **잠복기** : 10~20일(2~3주)

④ **전염시기** : 최초의 발진 발현 나타나기 24시간(혹은 5일전) 전부터 발현 후 6일 이내(딱지가 될 때까지) 기간 감염성이 있다. 수포 안의 바이러스는 딱지가 되면 없어진다.

⑤ **임상증상**

㉠ 2~8세(5~9세) 호발

㉡ 미열(경우에 따라 어린이는 2~3일간 38~40℃의 고열이 나타나면서 전신에 수포가 생기지만 오한, 근육통, 관절통 등의 전구증세가 1~2일간 지속된 다음 수포가 나타날 수도 있음)

㉢ **발진** : 가슴과 배, 얼굴, 팔, 다리, 입 안의 점막에도 나타남(1~5일간 볼 수 있음), 반점, 수포, 가피 순으로 진행됨

㉣ 시기가 다른 여러 형태의 발진과 수포가 동시에 나타남

㉤ 대상포진 환자는 수포 농포성 병변이 나타난 후 1주일 동안 감염원이 될 수 있음

⑥ 예방대책

㉠ 면역이 안 된 신생아 및 면역결핍자 등은 위험에 노출되지 않도록 각별히 주의한다.

㉡ 첫번째 발진 후 1주일 동안은 수포가 건조해질 때까지 격리하고, 감수성자와의 접촉을 피한다.

㉢ 환자의 분비물에 오염된 물건은 소독한다.

㉣ 의심나는 증상을 보일 때에는 즉시 의사의 치료를 받는다.

㉤ 의사의 진단에 의해 전염성이 강한 기간 동안은 학생을 등교 중지시켜 가정학습토록 조치하고 확산을 막는다.

⑦ 간호

㉠ 합병증이 없는 한 예후는 좋다. 약 1주일 후면 회복되며 특별한 치료법은 없다.

㉡ 열이 정상이 될 때까지 안정을 취한다.

㉢ 격리는 감염력이 있는 시기에만 한다 : 오염된 물품 소독, 휴지는 소각 처리

㉣ **2차감염 예방** : 발진부위를 긁지 않게 장갑이나 억제대를 한다. 손톱을 짧게 한다.

㉤ **소양증 완화** : 비누사용 금지, calamine lotion(항히스타민제제) 도포, 전분목욕

㉥ 수분과 전해질 균형유지, 구강간호 등

(3) 풍진

홍역과 비슷하나, 홍역보다 증상이 경하고 전염력은 강하다. 생명에 지장 없으며, 한 번 걸리면 평생면역이 생긴다.

① **원인균** : 풍진(rubella) 바이러스에 의한 열성 질환, 주로 봄과 초여름에 잘 걸린다.

② **감염경로** : 바이러스 보유자의 분비물 접촉, 비말감염, 선천적 감염

③ **잠복기** : 2~3주

④ **전염시기** : 발진이 나오기 1주일 전부터 발진 후 4일간(열과 발진이 있을 때 격리요함)

⑤ 임상적 특징

㉠ 목이 아프고 기침이 나고 콧물이 생김

㉡ 귀 뒤, 목 뒤, 후두부의 임파절이 붓고 아프며 2~7일간 계속된다.

㉢ 두통, 근육통과 열

㉣ 발진이 얼굴과 목에 생기기 시작하여 다음날 희미해지면서 가슴, 등, 팔에 나타남

㉤ 결막은 충혈되고 편도선이나 연구개가 발적되어 있음

㉥ 12주 이내의 임산부가 풍진에 걸리면 기형아를 출산

⑥ **예방대책 및 치료**

특별한 치료는 없으며 환자와 접촉을 피하고 열이 날 때에는 안정과 휴식을 취하도록 하고 병원치료를 받는다.

(4) 홍역

① **원인균** : 홍역(measles) 바이러스

② **전파경로** : 환자의 인후비강 분비물로 오염된 물건에 의해 전염, 비말감염되며 주로 4~6월에 많고, 3~5세에 가장 호발한다. 그러나 학동기에도 유행을 보이는 경우가 있다.

③ **잠복기** : 전구기에서 발병해서 발열까지 약 10일간부터 발진이 나오기까지 약 14일간

④ **전염시기** : 보통 발진 나기 4일 전부터 병변에 딱지가 앉을 때까지 감염가능성이 있다.

⑤ **임상적 특징**

㉠ **전구기**(발병부터 발진이 나타날 때까지 2~4일간)

- 고열, 두통, 근육통, 결막충혈, 콧물, 재채기 등
- Koplick반점(구강 내 병변 : 구치의 맞은편 볼의 점막에 흰 반점이 충혈된 점막이 나타나는 것으로 홍역의 특징적 증상이며, 발진 나타나기 2~3일 전에 나타남)
- 백혈구 감소, 호중구 감소

㉡ **발진기**

- 발진이 귀 뒤, 목, 앞이마에 나타나 차차 아래로 퍼지고 마지막에 팔, 다리에 생김
- 3~5일이 지나면 발진이 수그러들고 껍질이 벗겨지면서 없어진다.

㉢ **해열기** : 발진 후 4~5일이 지나면서 열이 떨어지고 모든 증세가 차차 없어진다.

㉣ **합병증** : 폐렴은 가장 중요한 사망원인이며, 중이염은 가장 흔한 합병증이다.

⑥ 예방대책 및 치료

㉠ **감마글로블린** : 홍역에 감염된 지 6일 이내. 효과는 3주간 유지, 쇠약자나 접촉자에게 주사, 후에 약독화된 생백신을 주사한다.

㉡ **약독생백신** : 생후 12~15개월 1회 접종, 유행시는 생후 6~12개월 1회 접종, 그 후 15개월에 1회 추가접종한다.

㉢ 제2군 법정감염병이므로 보고, 발진이 나타난 다음 약 1주간 격리. 환자와 접촉했거나 체온이 오르는 사람은 일단 격리한다. 환자와 접촉한 감수성 높은 어린이는 감마글로블린을 주사할 수 있다.

㉣ **증상에 따른 치료** : 충분한 수분섭취와 유동식, 안정, 기침분비물 소각, 결막염 증상 완화를 위해 2% 붕산수로 눈 세척을 하거나, 어린이 손톱을 짧게 깎도록 하고 눈에 손을 대지 말 것 등을 교육한다.

(5) 유행성이하선염(볼거리)

① 원인균 : mumps virus

② 감염경로 : 주로 겨울철과 봄철에 많고, 5~15세에 잘 걸리며 환자와의 접촉을 통한 비말 감염, 직접접촉 및 타액으로 오염된 물건의 간접 접촉에 의해 전파

③ 잠복기 : 14~24일, 대부분 18일 정도

④ 전염시기 : 확실한 증상(이하선 종창)을 나타내기 6일 전부터 발병 후 9일간(종창이 사라진 뒤 3일간 전염성 있음). 종창이 있기 48시간 전이 가장 강한 감염력이 있고 발병 후 10일간 격리한다. 불현성 감염자도 전염력이 있다.

⑤ 임상적 특징

㉠ 타액선을 침범하여 종창, 오환, 미열, 두통이 1~2일간 계속되다가 한쪽 또는 양쪽 이하선이 커진다.

㉡ 피부는 정상이나 팽팽하고 국소에 압통이 있다.

㉢ 입을 벌리거나 침을 삼킬 때 몹시 아프고 난청이 생기고 귀도 아플 수 있다.

㉣ 열은 이하선이 부을 때 올라가서 2~3일째에 최고(39~40℃)에 달한 후 2~3일 지나면 열이 떨어지고 타액선도 가라앉기 시작한다.

㉤ **합병증** – 고환염, 수막뇌염(mumps virus는 무균성 수막염을 일으키는 가장 중요한 병원체이다)

⑥ 예방대책 및 치료

㉠ **환자관리** : 환자격리는 이하선염이 붓기 시작한 날로부터 9일간(3주 혹은 그 이상 격리시킴(등교중지 9일간), 코나 목에서 나오는 분비물로 더렵혀진 물품들을 소독한다.

㉡ **접촉자 관리** : 폭로 후 면역글로블린은 방어효과가 없다. 폭로위험에 놓인 감수성자를 예방접종한다(발생 후 예방 어려움)

㉢ **환경소독** : 환경소독은 할 필요없다. 다른 학교나 지역사회에 유해성이하선염 유행을 알려 감수성이 있는 소아들이 예방접종을 받을 수 있도록 홍보한다.

㉣ **예방접종** : 생후 15개월 MMR백신 접종, 유행시 4~6세 MMR백신 재접종한다.

㉤ **치료 및 추후관리** : 자연치유되며 대중요법으로 충분하다. 동통이 심할 때는 아스피린 등 진통제를 사용하며, 신것을 먹으면 동통이 더 심해지므로 신 음식은 피하도록 하고, 국소에 냉 또는 온습포를 한다. 수막뇌염이나 췌장염으로 구취가 심하여 탈수가 있을 때에는 수분 및 전해질 공급이 필요하다.

㉥ 학교에서는 유행성 이하선염에 대한 보건교육을 실시한다.

(6) 인플루엔자(독감)

① 원인균

인플루엔자 바이러스(influenza virus A, B, C)에 의해 발생하는 급성 호흡기질환이다.

② 전염경로

환자의 기관이나 기관지에 있던 바이러스가 환자의 기침, 재채기 등에 의해 침방울에 함께 묻어 나와 공기 중에 있다가 다른 사람의 호흡시 침범한다.

③ 증상

초기에는 콧물, 재채기, 코막힘, 기침, 발열, 두통, 관절통 등이 나타난다. 일반적인 감기보다 증세가 심해져 38~39℃ 이상의 고열, 심한 두통, 관절통 등이 나타나고 강한 전염성뿐만 아니라 기관지염, 폐렴 등의 합병증 위험이 높다.

④ 예방법

㉠ 환자와의 접촉을 피한다.

㉡ 환자는 마스크를 하고 기침, 가래, 재채기를 할 때는 손수건, 휴지 등을 사용한다.

㉢ 과로를 피하고 충분한 영양과 휴식을 취한다.

㉣ 외출 후 귀가하면 반드시 손과 이를 닦는다.

ⓜ 가습기 등을 이용해 실내습도를 높혀 준다.

ⓑ 어린이나 노약자 등은 예방접종으로 면역력을 길러 준다.

ⓢ 사람이 밀집하는 장소를 가급적 피한다.

ⓞ 신선한 과일과 야채를 많이 섭취하고 특히 편식이나 다이어트 등의 이유로 몸에 무리가 생기지 않도록 주의한다.

2) 절족동물 매개질환

일본뇌염, 말라리아, 쯔쯔가무시, 유행성출혈열 등이 있다.

(1) 일본뇌염

① 원인균

Flaviviridae과에 속하는 일본뇌염 바이러스에 의한 급성 중추신경계 감염증이다.

② 전파경로

일본 뇌염모기가 산란기에 감염된 돼지를 흡혈 후 사람을 흡혈하여 발생하며 15세 이하에서 주로 발생하지만 전 연령층에서 걸릴 수 있다. 잠복기는 4~14일이고, 8~9월에 모기에게 물려 발생한다.

③ 특징

초기 : 두통, 발열, 구토, 및 설사 등 소화기 증상이 나타나며, 전구기, 급성기, 아급성기, 회복기의 4기로 진행하고 두통 · 현기증 · 구토 · 복통 · 지각이상 등이 특징적인 증세이다. 병이 진행되면 의식장애 · 고열 · 혼수 · 신경마비를 일으키고 사망할 수 있으며, 치사율은 5~10%이다.

④ 예방

모기에 물리지 않는 것이 최선의 방법이다. 불활성화된 백신으로 예방접종을 한다(만 6세, 만 12세). 백신의 효과는 91%이며, 매년 접종한다.

(2) 말라리아

① 원인균

Plasmodium속에 속하는 원충(열대열원충)이 적혈구와 간세포를 침범하여 생기는 급성 열성질환이다.

② 전파경로

최근 우리나라 토속 말라리아인 삼일열 말라리아가 휴전선 부근에서 집중적으로 발생한다. 중국 얼룩무늬 날개모기(Anopheles sinensis)가 환자를 흡혈할 때 감염이 되고 감염된 모기가 다른 사람을 물 때 새로운 유행을 일으킨다. 7월부터 환자가 발생하며 장마끝 2주 후부터 환자가 증가한다.

③ 특징

규칙적인 오한, 고열, 두통이 있다가 말끔히 낫는듯 하다가 하루 후 다시 발열, 오한이 나타나는 하루걸이 열의 형태이다. 주로 72시간마다 열이 나며, 심한 고열이나 혼수, 전신발작, 악성빈혈 등이 발생하여 사망할 수도 있다.

④ 예방법

모기향, 방충망을 사용하고 모기에 물리지 않도록 한다. 야간외출시에 가급적 긴바지, 긴팔 옷, 흰색 옷을 입는다(모기는 검정색과 고동색 옷을 좋아하는 경향이 있다). 특히 야영이나 낚시 중에는 모기에 물리지 않도록 주의한다. 모기가 생길 수 있는 웅덩이나 습지 등의 장소를 없애거나 소독한다.

3) 수인성 감염병

상하거나 오염된 물이나 음식물을 통해 전파되는 감염병으로 후진국형 감염병이라고도 한다. 콜레라, 장티푸스, 이질, 식중독, 장출혈성 대장균 등이 있으며 음식물과 물의 위생상태를 개선하는 것이 가장 중요한 예방법이다.

(1) 학교에서 수인성 감염병 관리

① 설사환자의 조기발견과 조기 대처

② 역학조사 실시(보건소와 협조)

③ 환자관리 :

㉠ 설사환자 역학조사서 작성 및 가검물 채취(보건소 의뢰)

㉡ 확진 또는 의심되는 환자는 격리, 격리기간에는 음식조리, 육아를 금지

㉢ 적절한 항생제 투여

㉣ 충분한 수분 및 전해질 섭취

㉤ **격리해제 기준** : 항생제 치료 후 48시간 후부터 24시간 간격으로 2회 대변검사

에서 음성으로 나타날 때

ⓑ 장내 배설물(대변, 구토물)에 대한 관리를 철저하게 한다.

ⓢ **고위험군 집중관리**(조리사 등) : 음식준비 금지 등

④ **접촉자/공동폭로자 관리** : 예방적으로 항생제 투여하지 않음

⑤ 세균성 이질에 대한 예방보건교육 실시

⑥ **환경 및 식품 위생관리**

㉠ 손을 씻을 수 있는 환경여건 제공

㉡ 철저한 급식관리, 안전식수 공급, 살균, 살충소독

(2) 장티푸스

① **원인균** : Samonella typhi

② **전파방법**

㉠ 환자나 보균자의 토물, 대소변에 오염된 물 또는 음식물이 매개한다.

㉡ 대부분 간접전파, 접촉감염도 될 수 있다.

㉢ 적은 양의 균에 의해서도 발병한다.

③ **잠복기** : 5~14일(10~14일)

④ **임상증상**

지속되는 열, 심한 두통, 팔다리기 쑤시고 심한 복통과 설사, 피부에 붉은 발진이 나고 합병증으로 장출혈과 장천공이 생김

⑤ **예방대책**

㉠ **발생 전 대책** : 환경위생 개선과 만성보균자 감시에 중점. 상수원 보호, 분뇨의 위생적인 폐기, 우유, 우유제품의 위생적인 관리, 어패류나 기타 식품의 처리와 판매의 위생관리, 방충망, 수세식 설비, 보균자의 식품취급과 식품조리를 금함

㉡ **유행시 대책** : 감염원인 환자 및 보균자를 철저히 조사하고, 감염이 의심되는 식품을 없앤다. 상수공급과 정화수 염소소독을 철저히 하고 음료수는 반드시 끓여야 한다. 야채를 위생적으로 세척하여 조리하고, 도마는 육류와 채소류를 써는 도마를 따로 사용하고, 끓이거나 햇볕에 말려 사용한다. 반드시 끓여서 식힌 물로 세척하는 것이 좋으며, 유행지역은 반드시 예방접종을 하고 환경을 청결히 하며 보건교육을 강화해야 한다.

(3) 세균성이질

① 원인균

Shigella균속(혈청형 네 가지 : A,B,C,D 그룹) 우리나라에서는 B그룹의 발병이 80% 이상 차지한다.

② 전파방법

㉠ 균에 오염된 식품이나 음료수 섭취

㉡ 환자나 보균자의 대변으로 오염된 물건이 손을 거치거나 파리나 바퀴 등에 의해 입으로 전파(경구감염)

㉢ 여름철에 많이 발생하나 집단 급식에 의해 발생하는 경우도 있음

㉣ 대변에서 병원균이 소멸될 때까지는 감염성이 있다.

③ 잠복기 : 1일~7일(보통 4일)

④ 임상적 특징

㉠ **설사** : 수회의 물설사, 대변에 고름이나 피가 섞이기도 하지만 가벼운 설사나 묽은 변만 보는 경우도 많음

㉡ **뒤무직** : '후중기'라고도 하며, 변을 보아도 시원하지 않은 느낌

㉢ **발열, 오한** : 어린이들의 경우 고열 때문에 경련을 일으키기도 한다.

㉣ 요즘 유행하는 이질균은 과거의 '곱똥'이라 불렸던 전형적 이질과는 달리, 증상이 가벼운 것이 특징이며, 이로 인해 발견이 안 되는 경우가 많다.

㉤ 특히 발열을 동반한 설사, 혈변, 설사환자와의 접촉력이 있었던 경우는 수인성 감염병의 가능성이 높으므로 보건소로 즉시 의뢰하여 정확한 진단을 받게 한다.

⑤ 치료방법

㉠ **경증** : 휴식과 안정, 수분공급

㉡ **중증** : 항생제 치료 및 휴식과 안정, 수분공급

⑥ 예방대책

㉠ 예방접종약은 없음

㉡ 위생적인 분뇨처리 및 식품 위생관리 철저

㉢ 위생적인 음료수 관리

㉣ 정상보균자의 대변관리 철저

㉤ 유행시 제1군 법정감염병으로 보건당국에 보고

(4) 콜레라

① **원인균** : gram 음성균인 vibrio cholerae, 주로 늦은 여름과 초가을에 발생한다.

② **전파방법** : 환자와 보균자의 대소변에 오염된 물과 음식물을 통해 감염

③ **잠복기** : 1~5일

④ **임상적 특징**

㉠ 급성설사를 하는데, 냄새가 없고 색깔이 없으며 쌀뜨물 같은 대변을 본다. 심할 경우 24시간 내에 15~20l이다.

㉡ 심한 설사로 인한 탈수로 몸이 차가와지고, 갈증, 핍뇨, 발한, 손, 발가락에 경련, 복부경련, 빈맥 등

㉢ 정신상태는 불안하며 의식이 흐려지고 혈압이 떨어지며, 청색증, 쇼크, 사망가능

㉣ 초기에는 구토, 복통, 근육통이 있으나, 열은 없는 것이 보통이다.

㉤ 수분보충이 안 되면 급성신부전에 빠져 요독증이 온다.

㉥ 혈청 내에 Na, Cl은 증가되고 K는 부족하다.

⑤ **예방대책**

㉠ **발생 전 대책** : 대변을 위생적 처리, 물은 오염되지 않도록, 식품가공, 조리 및 식사준비시 오염되지 않도록, 예방접종

㉡ **유행시 대책** : 보고(제1군감염병), 접촉한 사람은 5일간 감시기간이 필요, 오염된 식품이나 물을 발견 즉시 제거, 음료수는 염소소독을 하고 소독하지 않은 물

[표 3-19] 수인성 감염병 비교표

종 류	콜 레 라	장티푸스	세균성 이질
병 원 체	비브리오 콜레라균	살모넬라 장티푸스균	이질균
전파방법	환자 · 보균자의 대소변에 오염된 물 또는 음식물로 전파	환자 · 보균자의 대소변에 오염된 물 또는 음식물로 전파	대변 오염물에 의한 경구 전염 환자의 배변한 손, 타올, 문고리, 파리, 바퀴벌레 등으로 전파
잠 복 기	6시간~5일	6일~14일	1일~5일
증 상	쌀뜨물과 같은 설사 계속됨 갈증 일어나고 소변 나오지 않음 초기에는 토하고 복통은 있으나 열이 없는 것이 특징	지속적 발열, 권태감, 식욕부진, 느린 맥박, 설사 후 변비 허리부분의 장미와 같은 발진 등의 증상이 보이는 열성 전신 질환	심한 복통과 함께 오한과 고열이 나며 점액과 혈액이 섞인 설사를 하고 출혈을 할 때도 있다.

은 끓여 먹고, 보균자는 격리한다.

4) 기타 감염병

(1) 간염

① **원인균** : 간을 주로 침범하는 B형 간염바이러스(Hapatitis B virus)에 의한 감염

② **전파경로** : 혈액을 통해 감염되며 모자간 수직감염 또는 성접촉에 의해 감염된다. A형인 경우는 음식물을 통해 감염되며, B형이나 C형인 경우는 혈액이나 타액, 체액 등에 의한 감염성 질환임을 교육해야 한다.

③ 만성간염으로 진행될 염려가 있으며 재발위험 가능성이 있으므로 적절한 휴식을 인식시키는 것이 중요하다.

④ **적절한 영양식이**

㉠ 식욕부진은 아침보다 낮에 심해지므로 영양이 많은 아침식사를 하도록 한다.

㉡ 양이 많고 기름진 음식은 오심을 일으킬 수 있으므로 피하도록 한다.

㉢ 간세포의 회복을 위해 고단백, 고탄수화물, 보통량의 지방을 섭취한다.

㉣ 소량의 식사를 자주 한다.

㉤ 술은 절대 안 되고, 진정제 혹은 아스피린 복용도 안된다.

⑤ 정서적 지지

⑥ 소양증에 의한 피부상처 방지

(2) 유행성결막염

① **원인균**

Adenovirus가 다량 함유된 환자의 분비물(눈물, 눈꼽 등)과 직접 닿거나 그 분비물이 묻은 물건을 만지고 자신의 눈을 만지거나 비볐을 때 감염되는 병으로, 잠복기는 1주일 정도이며, 감염력이 매우 강하므로 발병 후 10일 정도는 격리치료를 해야 한다.

② **특징적 증상**

결막충혈, 눈꼽, 눈물, 눈꺼풀이 부어 있음, 이물감, 몹시 가려움, 열이 나면서 임파선이 붓고 아플 수 있음, 후유증으로 시력저하를 가져올 수 있음. 며칠 후 반대쪽 눈에도 증세가 나타난다.

③ 예방 및 대책

㉠ 손은 흐르는 물에 수시로 닦는다, 청결하지 못한 다른 사람의 손은 물론, 내 손으로도 눈을 만지지 않도록 한다.

㉡ 수건이나 손수건 등은 남에게 빌리지 말고, 빌려 주지도 않는다.

㉢ 눈병환자가 사용했던 수건은 꼭 삶고, 눈병이 유행할 때에는 수건이나 세수대야 등은 개별적으로 사용한다.

㉣ 외출 후 또는 수영장이나 목욕탕 이용 후에는 샤워를 하고, 깨끗한 물이나 생리식염수로 눈을 세척한다.

㉤ 음식점에서 주는 물수건으로 눈을 닦지 않는다.

㉥ 환자는 눈의 휴식과 안정, 바이러스의 전파를 막기 위하여 안대를 착용하도록 한다.

㉦ 안약은 혼자만 사용하며, 눈병이 의심되면 즉시 안과를 방문하도록 한다.

㉧ 눈병이 유행할 때나 본인이 눈병에 이환되었을 때에는 목욕탕이나 수영장의 사용을 금한다.

(3) 후천성면역결핍증(AIDS)

① 원인균

인간면역결핍 바이러스(Human Imunodeficiency Virus)

② 잠복기

급성감염기, 무증상기, 에이즈 관련 증후군 및 초기증상기, 에이즈 증상기 등의 시기로 나눌 수 있으며, 면역기능이 떨어지는 정도에 따라 증세가 발현한다.

③ 특징

감염된 사람과 직접적인 성접촉이 가장 많으며, 특히 동성애자에게 많다. 혈액제제의 잦은 수혈을 했거나 정맥주사용 마약을 사용한 경험이 있는 사람에게 많다. 모체로부터 태반감염도 가능하다. 최근 코카인(흡인)을 복용하는 사람에게도 많다.

④ 후천성면역결핍증(AIDS)의 1차 예방간호

㉠ **에이즈 예방을 위해 청소년들이 지켜야 할 일**

- 남녀 모두 순결 지키기
- 불가피한 경우 피임기구 이용
- 칫솔, 면도기, 손톱깍기 등의 공동사용 금지
- 문신 새기지 않기

- 귀를 함부로 뚫지 않기
- 약물남용하지 않기
- 청소년 출입금지 구역에 절대 가지 않기

㉡ **에이즈 예방을 위해 현재의 건강을 유지 · 증진하는 것**

- 지각 있고 책임 있는 성행위를 한다.
- 부부 중 한 사람, 양쪽 다 감염되어 있을 때에는 아이를 가지려 할 때 반드시 의사의 자문을 받는다.
- 모든 혈액액, 공혈 혈장에 대해 검사를 하고 감염위험요인이 있는 사람은 헌혈을 하지 않도록 하여 수혈자 및 혈액제제 사용자를 보호한다.
- 빈혈이 진전되지 않도록 적절한 치료를 받고, 가능하면 수혈을 피한다. 수혈시 되도록 미리 채혈한자가 혈액을 수혈받도록 한다.
- 혈우병 환자는 가열처리된 농축응고 제제를 이용한다.
- 의료기구는 소독이 잘 된 것을 사용한다.
- 수혈을 피할 수 없을 때에는 수혈하려는 피가 에이즈 항체검사를 받았는지 확인한다.

5. 건강문제 관리

5.1 학생의 건강문제와 건강관리

이 장에서는 학교보건실에서 보건교사가 실제로 간호진단하며 응급간호를 수행할 때 반드시 알아야 할 내용인 (1) 흔한 증상과 처치, (2) 응급상황에 따른 처치, (3) 외상에 대한 응급처치, (4) 열 · 냉손상에 대한 응급처치, (5) 출혈에 대한 응급처치, (6) 중독에 대한 응급처치, (7) 눈에 대한 응급처치, (8) 귀 · 코 · 목 부위에 대한 응급처치, (9) 구강에 대한 응급처치, (10) 학교 부적응 문제와 (11) 희귀 · 난치성 질환 학생 관리에 대한 내용을 다룬다.

1) 흔한 증상과 처치

학교 보건실에 흔하게 내소하는 건강문제인 비출혈, 두통, 복통, 생리통, 발열, 설사,

구토, 현기증, 청소년시기의 피부(여드름), 찰과상, 타박상, 관절염좌 관리에 대해 다루고자 한다.

(1) 비출혈(epistaxis)

비출혈 시는 출혈부위를 발견하는 것이 가장 중요하며, 확실히 비출혈인가를 확인해야 한다. 각혈이나 토혈이 비강에 역류해서 비출혈로 오인되는 수도 있다.

【원인】

① **국소적 원인** : 비염이나 신생물의 유무, 외부적인 자극 유무, 외상, 비중격 만곡증

② **전신적 원인** : 혈액 질환(백혈병, 혈우병, 괴혈병 등), 순환기 질환, 전신 질환(매독, 결핵 등)

【일반적인 응급처치】

① **체위** : 앉은 자세로 두부를 약간 낮게 하는 것이 혈액이 인두에 적게 흘러들어가서 좋다. 이상적 체위는 반좌위(fowler's position)로서, 이는 전비공에서 혈액의 흐름이 어느 정도 억제됨과 동시에, 목으로 넘어온 혈액을 토해내는 데도 용이하며, 출혈부위도 심장보다 높게 유지되는 자세이다.

② 출혈이 소량인 경우, 면구를 비전정(nasal vestible)에 삽입하고 가볍게 압박하면 지혈된다.

③ 인두나 구강 내의 혈액은 삼키지 말고 뱉도록 지도한다.

[그림 3-7] 비출혈시 자세

④ 코 부위를 냉찜질하는 것도 도움이 된다.

⑤ 출혈량이 많을 때는 에피네프린 등을 적신 솜을 출혈부위에 5~10분 정도 압박한다.

⑥ 30분 정도 경과해도 출혈상태가 여전하면 의료기관으로 보낸다.

⑦ 비출혈이 금방 멈추었다 해도 당일은 심한 운동을 삼가도록 지도하고 코를 풀지 않도록 한다.

⑧ 매일 반복될 경우에는 원인질환의 존재가 의심되므로 코의 질환이나 혈액질환의 유무를 조사해서 원인질환을 치료한다.

(2) 두통(headache)

머리에 느끼는 통증이나 여러 질환과 증후군의 한 증상인 경우가 많으며, 두통 그 자체가 객관적으로 측정될 수 없는 주관적인 호소라는 점과, 그 원인이 되는 질병이나 상황의 다양성 때문에 그 어느 증상보다도 조심스런 판단이 요구된다.

【원인】

① **긴장성 두통** : 가장 일반적인 것으로 얼굴, 목, 두개근육의 긴장으로 유발되며, 이마, 측두, 뒷골 주변에 압박감을 느끼게 된다.

② **편두통** : 주기적으로 나타나며 2~3시간 지속된다. 일측성, 양측성 모두 머리에 있는 혈관이 수축과 이완을 반복하면서 유발되어 맥박이 느껴진다. 20~30분간 전에 전구증상(오심, 구토, 이명, 창백, 식은땀 등)이 발생할 수 있다.

③ 감염성 두통, 두개 내 원인 두통, 안(eye)성 두통, 비(nose)성 두통, 간질성 두통, 심인성 두통이 있으며, 약물 등의 원인으로 두통이 유발될 수 있다.

【간호사정】

① **두통 시기** : 언제 시작되는가?(아침기상 직후, 외상 후 두통, 등교직전, 월경, 초경, 사춘기)

② **두통 기간** : 만성, 급성

③ **두통 강도** : 점점 증가하는가?

④ **두통 부위** : 머리 한쪽, 후두, 전두

⑤ **관련된 질환 및 증상** : 발열 유무, 오심, 구토, 이명, 의식장애, 경련, 현기증, 식은땀, 창백, 두부외상후, 가족력, 시력문제, 축농증, 비염, 비폴립, 뇌종양, 뇌막염, 감염

【일반적 응급처치】

① **안정** : 본인이 편안하다고 하는 자세로 눕히되 편두통이 있을 때에는 아픈 쪽을 위로 하여 눕는 것이 대체로 편하며, 더울 때는 서늘한 곳에, 추울 때는 따뜻한 곳에서 쉬게 하는 것이 좋다.

② 의복과 목둘레를 느슨하게 해 준다. 이는 뇌의 순환을 잘 되게 하고 뇌압을 내리기 위해 필요하다.

③ 환기를 잘 시켜 준다(특히 가스중독 등에서는 중요하다).

④ **두부냉각** : 두통이 심할 경우에는 전두부, 후두부, 후경부 등에 차가운 타월을 대고 식혀 준다. 특히 혈관의 확장이 원인이 되는 혈관성 두통시에는 효과가 있다.

⑤ 진통제의 투여는 통상 유효하기는 하나 알레르기 또는 부작용이 있을 수도 있고, 약물로 인한 증상의 은폐로 의사진찰시 감별이 어려워지는 경우도 있으므로 유의해서 사용한다.

⑥ 구토가 있을 때는 토물이 기관 내 흡입되지 않도록 얼굴을 옆으로 향하게 하는 등의 주의가 필요하다

⑦ 정서적 문제로 인한 두통의 경우에는 여러번 같은 두통으로 보건실 방문이 있으며 가정환경, 성격, 상담 등을 통하여 알아내고, 정신치료 및 놀이치료로서 신체증상이 소실되도록 정신과 전문의에게 의뢰한다.

⑧ 규명할 수 없는 원인으로 인한 두통의 경우에는 반듯이 눕힌 상태에서 발만 약간 높여 주고 보건실에서 안정시키며 관찰한 후, 상태에 따라 서신을 동봉하거나 전화를 이용하여 학부모와 의사소통한 후 집으로 보낸다. 반복되는 원인불명의 두통인 경우 학부모 면담을 통하여 전문의의 진찰을 받아보도록 한다(신경내과, 신경외과, 정신과, 안과, 이비인후과, 치과, 내과 등).

【즉시 의료기관에 의뢰해야 할 경우】

① 뒷목이 뻣뻣해지면서 의식을 잃을 정도의 두통인 경우

② 만성 두통인데도 과거와 달리 통증이 심하고 발작적이면서 구토가 일어나는 경우

③ 구토를 동반하거나 머리를 움직일 때, 기침이나 재채기를 하면 더욱 심해지는 경우

④ 시력이 나빠지고 체중이 줄거나 또는 마비증상이 나타나는 경우

⑤ 심한 고열과 경련이 수반되는 경우

⑥ 칼로 베이거나 감전된 듯 한 짜릿한 통증이 수초 또는 수분간 계속되는 경우

(3) 복통(abdominal pain)

복통은 누구나 체험할 정도의 흔한 증상이며, 대개의 경우 과음과식 혹은 경한 식체 등 그다지 중대하지 않은 경우가 대부분이다. 그러나 곧 외과적으로 수술하지 않으면 생명에 위험을 줄 수도 있는 복부의 질환이 있는데, 이를 급성복증(acute abdomen)이라 하며, 일반 복통과는 구별하고 있다.

장천공, 천공성 복막염, 충수염, 장폐색, 자궁외 임신의 파열 및 복부 내 출혈, 장간막동맥 폐색, 급성췌장염, 담낭염, 담석증, 신뇨관결석 등이 이에 속한다.

【급성복통의 증상】

① 심한 복통 때문에 앙와위로 눕지 못하고, 진땀을 흘리면서 뒹굴고 혹은 새우처럼 몸을 굽혀 웅크리고, 마약 이외의 일반 진통제로는 통증이 완화되지 않는다.

② 심한 동통 때문에 의식이 몽롱해지고, 얼굴이 창백하며 식은땀을 흘리고, 맥박이 약해서 쇼크 상태로 된다.

③ 복부가 복근의 긴장 때문에(일종의 내장운동반사) 판자처럼 단단해진다. 급성복막염시 복부 전체에, 충수염시 우하복부에 복근의 긴장이 생긴다.

④ 일반적으로 잦은 구토가 있고, 대변이 안 나오는 상태인 경우가 많다(잦은 설사를 동반하는 복통으로 긴급수술을 요하는 경우는 오히려 없다).

이상의 급성복통의 경우는 일반적인 구급처치는 거의 의미가 없고 지체 없이 시설이 갖추어진 병원으로 보내는 것이 중요하며, 24시간 이상 방치하는 것은 위험하다.

【복통의 원인】

① 위장관계 장애가 있는 경우

② 위장관계 장애 이외의 다른 문제가 있는 경우

- 정서적 문제로서 주의를 끌고자 하는 욕구가 강한 경우
- 수업에 부담을 가지는 경우
- 학교공포감, 불안증 등
- 기타 산부인과 관계, 비뇨기계, 혈관계 등의 이상
- 아침식사를 하지 않은 채 학교에서 찬 우유를 마신 경우
- 공복과 복통을 구별하지 못하는 경우

【간호사정】

① **복통의 특성** : 수축성, 지속성, 찌르는 듯함, 베는 듯함 등

② **복통의 위치** : 사분원을 기준으로 해서

③ **관련증상** : 구토, 설사, 열, 변비, 가스팽만, 트림, 황달, 허탈, 복부둘레의 변화, 학교공포증, 부모의 애정변화, 긴장, 복성간질, 기생충증, 수면장애, 식사문제, 불안, 학교공부 장애, 가족력 등

【일반적인 응급처치】

① 금식시킨다.

② 의복을 느슨하게 해 주고, 무릎을 구부려 복압을 감소시킨다. 통증이 있는 때에는 여러 자극에 민감하므로 조용한 실내에서 안정을 유지하도록 한다.

③ 복통의 원인과 이에 따른 대처

변비로 인한 복통	• 배꼽 주위 전체를 시계방향으로 손바닥으로 마사지를 해서 배변을 촉진한다. • 습관성인 경우는 식사내용을 검토해서 장의 연동을 촉진하는 섬유소가 많은 음식을 섭취하도록 지도한다. • 다이어트 등으로 음식물 섭취가 극히 소량이었는지 주의한다.
기질적 혹은 기능적 복통	학부모에게 연락을 해서 병원에서의 검진을 받도록 조처한다.
정서적인 문제로 인한 복통	담임교사, 학부모, 정신과 의사의 도움을 받아 상담 및 심리검사를 받도록 한다.
공복으로 인한 복통	• 속이 쓰리거나 배가 뒤틀린다는 표현을 주로 한다. • 따뜻한 물을 마시게 하거나 미지근한 우유를 마시게 한다.
식후에 오는 복통	• 체했을 경우가 많으며, 오심, 구토를 동반하는 경우가 대부분이다. • 구토가 있으면 토하게 하고 소화제를 복용시킨 후 안정시킨다.
식후 갑자기 운동을 한 경우의 복통	• 공기흡입으로 인한 복부팽창이나 과대 연동운동 긴장으로 인한 것이 대부분이다. • 반듯이 눕게 한 후에 복부에 더운물 주머니를 대어 주면 가스가 나오면서 복통이 해소된다.
식중독으로 인한 복통	빨리 판단하여 병원에서 진찰 · 치료받도록 담임교사 및 학부모에게 통지한다.

④ 강한 진통제나 진정제를 자주 투여해서는 안 되며, 장시간 계속되는 격통시는 위험한 복통이 많으므로 서둘러 전문의의 진찰을 받게 하는 것이 현명하다.

⑤ 구토나 배변으로 복통완화를 도모할 수 있으나 억지로 유도하지 않도록 한다(지사제를 함부로 투여해서는 안 된다).

⑥ 발열의 유무, 맥박 · 호흡상태, 병력 등을 확인해 두는 것은 의사의 진단에 도움이 된다.

⑦ 학교에서의 관리

• 반복되는 복통은 원인질환을 알아내기 위해 진료를 받도록 권고한다.

- 일상생활 상태, 식사나 배변 등 규칙적인 생활을 할 것을 지도한다.
- 체중감소는 없는가 관찰한다.

(4) 생리통(월경통, menorrhalgia)

여성에게 있어서 월경은 지극히 자연적인 현상이지만, 월경이 있을 때에 여성의 몸 안에서는 호르몬, 신경, 혈액 등 여러 가지 생리적인 변화가 일어나기 때문에 정신적으로나 육체적으로 어느 정도의 불편감이 따른다. 10대 여학생들의 경우에는 생리 때가 가까우면 신경이 예민해져서 쉽게 흥분하거나 화를 잘 내며, 정서적으로 민감할 뿐만 아니라 학업문제나 입시 등 환경적 요인이 복합적으로 작용하여 스트레스가 가중된다.

특히 사춘기 이후 성숙기에 이르는 10대 여성은 생리적으로 난소나 자궁이 발육과정에 있고 생식기능이 미숙한 단계에 있기 때문에 월경곤란증, 즉 월경통을 일으키는 경우가 많다. 통계적으로도 월경통은 초경 이후 18세 전후까지의 기간에 많고 그후로는 점차 가벼워지며, 결혼하여 임신과 분만을 겪으면 대부분 소실되는 것으로 알려져 있다.

【증상】

보통 월경의 시작과 동시에 혹은 하루 전에 아랫배가 아픈 하복통, 불쾌감, 피로감, 요통, 식욕부진, 소화불량, 두통, 유방통, 변비와 설사 등 다양하다. 신체적 증상과 더불어 노이로제, 우울증 등의 정서장애를 동반하기도 한다.

【일반적인 응급처치】

① 잠을 충분히 자서 심신이 피곤해지지 않도록 하고 아랫배를 따뜻하게 해 준다.

② 가벼운 체조 등을 통해 근육을 잘 풀어주면서 가벼운 음악을 통해 마음을 밝게 해 주면 한결 통증이 완화될 수 있다.

③ 생리 시작 1주일 전부터는 소금이 많이 든 음식을 피하는 것이 좋으며, 생리기간에는 카페인 성분이 우울함을 강화시키는 역할을 하기 때문에 커피와 녹차, 코코아 등의 음료를 덜 마시는 게 좋다. 대신 생과일 쥬스와 비타민 B와 C가 포함되어 있는 비타민제를 먹어 주는 것이 좋다.

④ 통증이 심한 경우에는 진통제를 투여한다.

(5) 발열(fever)

각종 원인에 의해 체온이 정상범위 이상으로 상승한 경우로 안정된 상태에서 구강온도가 37.5℃ 이상이면 열(fever)이라고 정의한다. 건강인의 구강온도 평균치는 37℃

(36~37.4℃)이며, 액와온도와 직장온도 정상치는 36.5℃와 37.5℃이다. 건강인의 체온은 생리적 요인(운동, 소화, 흥분, 배란, 환경온도)에 의해 변동이 있을 수 있고 1차 변동도 있다.

【원인】

① **감염증** : 세균, 바이러스를 포함하는 모든 미생물 감염증

② **조직손상** : 외상, 화상, 혈관장애(심근경색, 뇌경색, 폐경색 등), 급성용혈 등

③ **종양** : 종양의 합병증이 아닌 종양 자체에 의하여 열이 발생할 수 있다.

④ **면역성 질환** : 결체조직 질환, 혈청병, 약물 등

⑤ **급성대사이상** : 갑상선 기능항진증, 통풍 등

⑥ **체온조절 중추를 침범하는 질환** : 뇌종양, 뇌출혈, 뇌혈전 및 열사병 등

【일반적 응급처치】

① 발열을 동반한 의식장애, 경련, 순환장애(창백한 안색, 청색증), 심한 두통, 심한 복통, 호흡곤란은 응급상황으로 판단하여야 한다.

② 안정을 취하도록 한다. 특히 오한이 심할 때에는 신체에 급격한 변화가 있음을 나타내는 것이므로 안정을 취할 필요가 있고, 운동, 입욕, 음주 등은 좋지 않다.

③ 발열 외의 증상(기침, 가래, 흉통, 설사, 복통, 구토 등)에 유의하며 정확한 체온, 맥박, 호흡수를 측정하여 두면 진단에 도움이 된다.

④ 38℃ 이상일 때는 물, 냉수, 알코올 등으로 체표면을 찜질해 주기도 하나, 대상자가 한기를 느끼거나 싫어하면 이를 중단해야 한다.

⑤ 오한(한기)을 수반할 경우에는 모포 등으로 보온해 주고, 열이 더 이상 오르지 않으면 식혀 주기 시작한다.

⑥ 끓여서 식힌 물, 보리차 등을 먹여 수분을 보충한다.

⑦ 열이 지속되면 해열제를 경구 투여할 수 있으나, 발열만으로 생명이 위험하게 되는 일은 없으므로 함부로 해열제를 써서 원인 감별진단에 혼돈이 되지 않도록 유의해야 한다. 해열제는 여러 종류가 있는데 아세트아미노펜(타이레놀), 아세트아미노펜 좌약(서스펜), 아스피린은 인플루엔자나 수두 감염시에 사용하면 급성 뇌증의 발생이 증가된다는 보고가 있으므로 가능한 한 삼가하는 것이 좋다.

(6) 설사(diarrhea)

설사는 일반적으로 무형변을 하루에 여러 번 배출하는 것을 말하며, 대부분은 음식물

섭취와 관련해 나타나나, 심인성 원인으로 발생하기도 한다. 점액이나 혈액이 혼입된 경우도 있다(3~4회 이상).

【일반적인 응급처치】

① 문진을 통해 대변의 양상을 유의해서 관찰한다.

② 심한 설사로 탈수에 빠지는 경우 염분이 있는 음식과 수분을 먹이거나 포도당, 식염수 용액을 마시게 한다.

③ 복통이 심한 경우 진경성 진통제(항콜린제:부스코판)를 사용할 수 있다.

④ 심한 설사가 잘 멎지 않으면 마약성 지사제(코데인, 로페린 등)를 사용할 수 있으나 습관성을 일으킬 수 있으므로 조심해야 한다.

⑤ 복부에 온찜질을 한다.

⑥ 원인이 무엇이든 첫날은 금식이나 유동식을 주고 경과에 따라 죽이나 밥으로 바꾸도록 한다.

⑦ 당분간 자극적 음식, 섬유질이 많은 음식(과일, 튀김, 김치, 향신료, 커피, 알코올, 설탕, 밀가루 음식)은 피한다.

⑧ 장관에 한냉자극을 주지 않도록 찬음식, 한기 등은 피하도록 한다.

⑨ 세균성 이질, 아메바성 이질의 경우에는 항생제를 사용하나 일반적 식중독의 경우 항생제를 오래 사용하면 위막성 대장염 등과 같은 합병증을 유발할 수 있음을 유의한다.

⑩ 심한 갈증을 호소하고, 늘어지거나, 쇠약감 등을 보이는 경우 병원으로 보내 진료받도록 한다.

(7) 구토(vomiting)

구역질, 구토는 위 · 장 · 간장 등의 소화기 질환에는 물론이고, 뇌의 질환, 혹은 약물의 부작용, 입덧, 멀미 등 여러 가지 원인으로 생긴다.

【원인】

과식, 식중독, 약의 부작용, 멀미 등과 같이 원인이 뚜렷한 것 외에도 급성복증이나 뇌출혈, 뇌종양, 뇌막염 등의 위험한 질환도 있다. 구토가 오래 계속될 때에는 위장질환인 것이라고 안이하게 생각하지 말고, 반드시 의사의 진단을 받도록 한다.

【일반적인 응급처치】

① 식사와의 관계, 복통이나 설사의 유무, 발열, 두통의 유무 등을 관찰해 둔다.

② 토물은 반드시 받아 두었다가 의사의 진단에 도움이 되도록 한다.

③ 의복을 느슨하게 해주고, 얼굴을 옆으로 돌려서 토물이 흡입되지 않도록 주의시킨다. 대상자가 편안해 하는 자세를 취하게 한다.

④ 등을 문지르거나 입 안을 닦아 주는 일도 안심시키는 데 도움이 된다.

⑤ 토물은 대상자 주위에 방치해 두지 말고, 구토 후 입 안의 양치질을 시키고 얼음조각을 머금도록 한다. 입 안이나 주위의 토물 때문에 다시 구역질이나 구토를 유발할 수 있기 때문이다.

⑥ 위부에 얼음주머니 등을 대주면 구역질이나 구토를 진정시키는데 좋다.

⑧ 구토가 심한 대상자는 탈수 증상에 주의하며, 수분과 전해질을 보급해 주기도 한다.

【구토로 인한 탈수 증상】

갈증 및 구강점막 건조, 피부긴장도 감소, 소변량 감소 및 요농축, 체중감소, 빈맥, 저혈압, 경련, 기력이 떨어지고 활동이 저하된다.

(8) 현기증(dizziness, vertigo)

【원인】

① **말초성 현기증** : 미로염, 미로 약물중독(barbiturate, salicylic acid, quinine, S-M 등), 메니에르 증후군 등

② **중추성 현기증** : 대뇌질환(종양, 외상, 출혈, 뇌염, 거미막하 출혈, 수막염, 간질, 편두통 등), 순환장애(뇌출혈, 고혈압, 저혈압, 뇌빈혈, 동맥경화, 심기능 부전 등)

③ **기타** : 멀미, 중독, 위장질환, 내분비계 질환, 비성(鼻性) 현기, 안성(眼性) 현기

【일반적 응급처치】

① 원인이 명백한 현기증의 경우에는 원인질환을 치료한다.

- 화농성 내이질환(진주종, 미로누공, 미로염 등)을 방치해 두면 뇌막, 뇌에 파급될 수도 있으므로 중이 근치술을 요한다.
- 기립에 의한 현기(기립성 뇌빈혈 등)는 대개 뇌간혈관의 장애에 의한 것으로 머리의 위치, 자세의 갑작스러운 변화나 뜨거운 입욕 등을 피하는 것이 중요하다.
- 중추성 현기의 원인요법은 보통 어렵지만, 그 중에서 빈혈, 저혈압, 고혈압 갑상선 기능저하, 저혈당 등에 의한 현기는 비교적 완화하기 쉬운 것이다.

② 급성발작시에는 외상의 위험성을 예방하기 위해서 눕는 자세가 절대 필요하다.

③ 만성 지속성, 반복성 현기시에는
- 음주 · 흡연을 금하게 한다.
- 변비시에는 하제를 사용 조절한다.
- 직업적으로 흡입하는 약물 등이 원인일 수도 있으므로 피하도록 권한다.
- 여자인 경우 월경 전이나 월경 중에 현기를 일으키는 수도 있다.

(9) 피부관리 : 여드름

사춘기 때는 안드로겐의 자극에 의해 피지선이 성숙되면서 여드름이 생기지만, 성인이 된 후 수면부족 등에 의해 부신피질 호르몬이 증가하면서 피지선을 자극하여 여드름이 발생하며, 그밖에 유전적 요인, 생리와 임신, 기후 등도 관여하는 것으로 생각되나 원인은 정확히 알려져 있지 않다.

그러나 악화요인으로 음식물, 술, 스트레스, 수면, 머리카락이나 헤어스타일링 제품 등 유분이 많은 화장품 사용 등이 여드름과 관련된다고 한다. 그러므로 피부관리시 어떤 음식물을 섭취한 후 나빠진 것이 확실하면 그 음식물을 피하는 것이 좋으며, 과음은 삼가는 것이 좋다.

스트레스가 쌓이면 부신피질호르몬이 과량 분비되어 여드름이 악화될 수 있으므로 잠을 충분히 자고 과로를 피하는 것이 좋으며, 따뜻한 물로 부드럽게 하루 2회 정도 세안하는 것이 좋다. 또한, 습관적으로 여드름을 짜게 되면 흉터가 생기므로 화농성 여드름은 약물치료와 병행하여 흉터가 남지 않도록 관리하는 것이 좋다.

(10) 찰과상

찰과상은 표피만의 가벼운 상처이다.

【일반적 응급처치】

① 상처의 더러움을 닦고 소독한다.

② 청결한 거즈를 대고 붕대를 감는다.

③ 만일, 찰과상의 하부조직이 많이 부어서 통증이 심하고 타박, 피하출혈, 골절 등의 합병증이 의심스러우면 의사의 진찰을 받도록 한다.

(11) 타박상

둔탁한 힘에 의해 연조직이 손상을 입은 것으로 국소출혈, 피하출혈이 있다. 손상 후

2~3일이 지나면 멍이 보이고 때로는 혈종이 나타나며, 특별한 치료 없이도 저절로 흡수되는 경우가 대부분이다. 압통, 부종, 혈종이 주된 증상이다.

【일반적 응급처치】

① 손상 후 첫 24시간 동안 손상부위를 상승시킨다.

② 출혈과 부종의 감소를 위해서 20~30분 이내로 냉찜질을 적용한다.

③ 부종이 줄어든 후 1회 20분간 습열을 적용한다.

④ 탄력붕대로 감아 환부를 고정하고 출혈을 조정, 부종을 감소시킨다.

(12) 관절염좌

관절에 생리적인 운동범위를 넘는 외력이 가해져서 관절막과 인대가 손상된 것이다. 발목, 무릎, 손가락에 많이 발생하며, 관절 운동시 통증, 종창, 국소 출혈, 근육경련 등의 증상이 나타나고 손상 몇 시간 후에 더 통증부위가 넓어진다.

【일반적 응급처치】

① 부상된 관절의 운동을 제한하고, 관절낭이나 관절주위 조직의 손상이 회복될 때까지는 안정을 유지한다.

② 경한 염좌라도 7~10일간은 부목이나 탄력붕대로 고정(심하면 석고붕대)하고 냉찜질을 실시한다.

③ 손상부위를 심장보다 높게 유지를 하는 것이 좋으며, 종창과 동통이 심하거나 동요가 되는 경우는 수주일간의 고정을 요하며, 의사의 진찰을 받을 필요가 있다.

2) 응급상황에 따른 처치

(1) 의식장애

실신(syncope)은 잠시 동안 의식을 잃는 상태를 말하는데, 뇌혈류의 범발적이고 일시적인 감소에 의해 의식소실이 일어나는 현상이다. 혼수 혹은 심한 의식장애는 모든 정신기능의 탈락이라 할 수 있으므로 이는 중요한 원인질환이 있다고 생각해야 한다.

【응급처치】

① 기도확보의 체위를 취해 준다.

② 구토시에는 머리 또는 몸 전체를 옆으로 향하게 해 준다.

③ 점액이나 토물 등이 입에 괴어 호흡할 때마다 소리가 날 경우에는 소독저에 탈지

면 또는 거즈를 감아서 입 안을 닦아내 준다.

④ 신속히 병원으로 이송하여 진단 및 치료를 받도록 한다.

[그림 3-8] 의식장애 환자의 기도확보

(2) 호흡곤란

호흡곤란을 호소하는 경우는 일단 위급한 상태에 있다고 판단한다. 고도의 의식장애, 청색증, 경련 등을 동반할 경우 매우 위험하며, 호흡이 정지되면 곧 인공호흡을 실시해야 한다.

【응급처치】

의식이 없는 경우	의식이 있는 경우
• 머리가 굴곡되어 상기도가 막히는 자세를 취하고 있는 경우, 상기도에 공기 유통이 잘되는 자세로 머리를 신전시켜 주어 기도를 확보해 주는 것이 중요하다. • 신속히 병원으로 이송하여 진단 및 치료를 받도록 한다.	• 일반적으로 상체를 15~45° 가량 일으킨 Fowler's position을 취해 준다. 심부전이 있으면 Semi-fowler's position을 취해 준다. • 무기폐, 폐렴 등 한쪽 폐에 국한된 질환이면서 저산소증이 심할 때는 정상폐가 아래쪽으로 되도록 옆으로 눕힌다. • 천식으로 인한 호흡곤란시는 기좌위(sitting position) 즉, 앉아 있게 해 준다.

(3) 간질(epilepsy)

돌발적 의식장애와 심한 경련현상이 절박한 인상을 주기도 하지만, 합병증이 없는 경우 1회의 발작으로 인해 사망하거나 급성쇠약에 빠지는 일은 거의 없다.

【응급처치】

① 처치자는 침착하게 행동한다.

② 우발적으로 생길 수 있는 외상으로부터 대상자를 보호하기 위하여 주위의 위험물을 치운다.
③ 안전한 곳으로 대상자를 옮기고 요 위에 눕힌다. 불필요한 자극을 제거해 준다.
④ 베개는 베어 주지 말고, 호흡을 편히 할 수 있도록 의복의 단추를 풀어 준다.
⑤ 대상자를 옆으로 눕혀서, 입에서 점액과 타액이 쉽게 흘러나올 수 있도록 머리를 움직인다.
⑥ 혀나 볼을 깨물지 않도록 설압자에 솜과 거즈를 말은 것을 어금니 깊숙히 넣어 주는 것이 좋지만, 경련 초기에, 더욱이 강직기나 간대기에 무리해서 넣으려고 해서는 안 된다.
⑦ 움직이지 못하도록 붙잡거나 주무르기 또는 손가락을 따는 행동 등은 하지 않는다.
⑧ 입에 음료수 등의 음식물은 발작 중에는 절대 주지 않는다.
⑨ 발작이 끝나면 극심한 피로로 대개 잠을 자게 되는데, 그대로 조용히 재우는 것이 좋다.

(4) 쇼크(shock)

쇼크는 급성 순환장애에 의하여 조직혈류가 감소하여 조직세포의 정상기능 및 생존에 필요한 여러 가지 물질이 공급되지 못하고 세포의 각종 대사산물이 제거되지 못하는 상태를 말하는데, 이러한 상태가 오래 지속되면 결국 세포가 파괴되므로 신속한 처치를 필요로 한다.

【증상】

① 저혈압(수축기혈압 90mmHg 이하)
② 과호흡(hyperventilation)
③ 차고 끈적끈적한 피부(cold, clammy skin)
④ 약하고 빠른 맥박
⑤ 불안으로부터 혼수까지 여러 가지 정도의 의식장애
⑥ 핍뇨(시간당 20ml 이하의 소변량)

【응급처치】

① **체위관리**

- **modified trendelenburg's position** : 베개 없이 수평으로 눕히고, 두부외상이 있

는 경우 외에는 발을 10~30cm 높여 주거나 무릎을 굽히게 하여, 뇌혈류를 증가시켜 뇌손상과 의식장애를 최소한으로 억제하도록 한다.

(Trendelenburg position은 대사적 반사작용으로 인한 혈관수축이 일어나고 내장이 횡격막 쪽으로 밀려 호흡이 곤란해지므로 적용하지 않는다.)

② **체온조절**

- 더 이상의 쇼크진행을 막기 위하여 보온한다. 특히 손발의 보온에 유의하며, 모포나 시트로 전신을 싸 주는 것도 좋다.
  (국소열은 말초혈관 이완으로 혈류의 정체가 일어나고 열로 인한 대사촉진으로 산소소모량이 증가하므로 적용하지 않는다.)

③ **호흡간호**

- 적절한 기도유지가 중요하다. 호흡기능이 저하된 때는 필요하면 구강으로 인공호흡을 한다.

④ **심리적 지지**

- 심한 불안은 상태를 더 악화시킬 수 있으므로 꼭 맞는 옷은 풀어 주고, 대상자를 안심시키고, 조용히 쉬게 해 준다.

⑤ 갈증을 호소하더라도 목을 축이게 하는 정도 외에는 금식시키는 것이 좋은데, 이는 구토로 인하여 질식 또는 흡인성 폐렴(aspiration pneumonia)이 발생하는 것을 예방하기 위함이다.

⑥ 활력증후, 의식상태 여부를 확인하며 병원 응급실로 후송한다.

(5) 흉통(chest pain)

흉통은 흉벽 혹은 흉강내장의 질환으로 생긴다.

【일반적인 응급처치】

① 의복을 편안히 하여 따뜻하고 조용한 방으로 옮겨 절대 안정시킨다.

② 보온에 유의하며, 쇼크증상 유무에 유의한다.

③ 호흡곤란이 있으면 기좌위를 취해 주되 쇼크상태인 경우는 예외이다.

④ 기침을 수반할 때는 이로서 흉통이 증강되는 수가 많으므로, 구역질만 하지 않는다면 설탕물이나 진해제를 투여하기도 한다.

⑤ 돌발성 동통시에는 대중요법으로 진통제를 투여하나 돌발성인 경우에는 신속한 응급조치가 필요한 중후한 질환인 경우가 많으므로 유의하여 전문의의 진단을 받도

록 한다. 그러나 동통보다는 불안감이 더욱 심할 때가 있으므로 대상자를 안심시키고 진정제 등으로 불안감을 덜어 주는 방법도 고려해야 한다.

⑥ 흉통시에는 온찜질 또는 냉찜질을 해 준다.

⑦ 외과나 정형외과 영역인지도 잘 판단하여 신속히 대처해야 한다.

3) 외상에 대한 응급처치

(1) 두부손상(head injury)

【일반적 응급처치】

① 의식장애가 없는 경우

- 의식장애를 동반하지 않는 정도의 경한 두부외상의 경우 위험한 상태로 진전되는 일은 거의 없다.
- 외상 후 1~2시간 정도 수평으로 안전하게 눕혀 둔다.
- 1~2일간은 의식상태, 운동마비 등에 유의하고 구토, 오심, 현기증 등의 증상이 계속되면 의사의 진찰을 받도록 한다.

② 의식장애를 수반하는 경우

- 가능한 움직이지 말고, 곧 수평으로 안정되게 눕힌다. 베개는 베지 않는다.
- 불가피하게 부상 장소에서 옮겨야 할 경우에는 두부를 잘 유지하여 진동하지 않도록 한다.
- 목둘레, 흉부, 복부의 단추, 벨트를 느슨하게 해 주고, 함부로 흔들거나 불러보는 것은 피해야 한다(대상자의 안정을 방해해서는 안 된다).
- 다소라도 의식장애가 있는 경우는 반드시 의사의 긴급진찰을 요한다.
- 의식이 완전히 회복되기 까지는 입으로 수분을 공급해서는 안 되며, 의식이 회복되어 물을 요구할 경우에도 구토나 기도로 넘어가는 것을 방지하기 위해 조금씩 주의하면서 주고 대량의 물을 한꺼번에 마시게 해서는 안 된다.
- 의식장애가 심하면 혀가 기도를 막아 호흡이 곤란해지므로, 기도유지를 위해 어깨 밑에 낮은 베개를 받쳐 턱이 위로 향하도록 해 준다.
- 침을 흡입하여 호흡이 방해되는 경우, 설압자에 솜이나 거즈를 감아 입 안을 닦아 침이나 가래 등을 제거한다.

- 두부외상 후에 자연히 잠드는 경우도 있으므로, 수면과 혼수를 주의해서 구분해야 한다.

③ **코, 귀, 인두, 구강에서 출혈 및 뇌척수액이 누출되는 경우**
- 두개저 골절의 징후이므로 중증이며, 신속히 의사의 진찰을 요한다.
- 출혈 그 자체에 대하여서는 특별한 처치를 요하지 않지만 의식장애와 구토 등에 처치와 주의가 필요하다.
- 대상자를 수평으로 유지하며 머리를 높게 하거나 기립시켜서는 절대 안 된다.
- 출혈 또는 수액이 누출되는 쪽을 아래로 하여 눕힌다.

④ **두피의 상처, 혈종이 있는 경우**
- 두피의 상처나 출혈 자체는 위험하지 않으나 뇌가 노출된 개방성 손상의 경우는 긴급히 봉합하는 처치가 필요하므로 소독된 거즈를 두껍게 대고, 의사의 처치를 받게 한다.
- 체위는 수평을 유지하는 것이 좋다.
- 피하혈종은 냉찜질을 해 주고 큰 혈종시에는 천자하는 경우도 있다.

⑤ **함몰, 골절**
- 함몰, 골절 자체가 생명에 직접 영향되는 일은 없지만 오랜 기간 방치하면 그 부분의 뇌가 언제나 압박받기 때문에 점차로 뇌 위축을 일으켜, 기능장애나 간질의 원인이 될 수 있으므로 의사의 처치를 받게 한다.

⑥ **경련** : 경련은 좋지 않은 징후의 하나이며, 경련시 혀를 깨물지 않도록 부드러운 천, 설압자 등을 끼워 준다.

⑦ **흥분, 불안 등** : 필요 이상의 자극은 주지 말고, 실내를 너무 밝지 않게 조용하게 해 준다.

⑧ **의사에게 인계시의 참고사항**
- 머리의 어느 부분을 어느 방향에서 다쳤는가?
- 의식장애의 추이 및 시간경과
- 귀, 코 등에서의 출혈 여부 및 수액의 누출 여부
- 수족은 좌우 같이 움직였는지?
- 경련 여부 및 부위, 목은 어느 쪽으로 향했는지?
- 구토 및 토혈 여부 등

(2) 경부손상(neck injury)

【일반적 응급처치】

① 경부의 절대안정이 필요하며, 솜, 면붕대 등을 너무 거북하지 않고 턱이 그 위에 얹힐 정도로만 목에 감아 고정시켜 안정을 취하게 한다.

② 경부에 냉찜질 등을 해 준다.

③ 부상 후 3일 정도는 손상부위의 출혈이나 부종이 증감되므로, 초기부터 경추의 안정을 유지하는 것이 긴요하다.

④ 인대 손상이나 염좌의 회복에는 2~3주를 요하므로, 통상 2~3주일은 코르셋이나 면붕대를 해서 고정치료를 해야 한다.

(3) 흉부손상

흉부손상은 외부의 힘에 의해 흉부에 가해진 상해로 심장과 호흡기능에 위험한 장애를 초래하므로 잠재적으로 생명에 위험을 줄 수 있다.

【일반적 응급처치】

① 기도를 유지한다.

② 민첩하게 흉부 및 내장의 손상이 있는지 신체검진을 수행한다. 흉부손상 환자의 2/3는 다른 심한 손상을 가지고 있다.

③ 대상자가 쇼크 상태가 아니라면 머리와 흉부를 상승시킨다.

(4) 복부손상

【일반적 응급처치】

① 상당한 외력이 작용했다고 생각될 경우에는 음식물을 금한다.

② 장관의 절단이나 내출혈을 고려하여 무리한 자세나 보행을 시켜서는 안 된다.

③ 복벽 좌상에 의한 원발성 쇼크의 처치는 일반 쇼크의 처치와 같다.

④ 비개방성 복부내장 손상시에는 쇼크 증상이 반드시 나타나므로 수족을 높게, 머리를 낮게 하는 자가수혈의 체위를 유지한다.

(5) 관절 탈구

탈구는 관절이 정상위치에서 이탈된 상태로 주변조직의 손상을 동반할 수 있다. 이탈구는 관절이 불완전하게 탈구된 경우이다. 탈구가 복귀되면 운동장애 없이 둔한 통증과 부종, 심하면 관절낭과 인대가 파열, 관절이 분열, 관절면에 골절이 동반된다.

【일반적 응급처치】

① 골절로 오인하기 쉽고, 골절을 합병하는 경우가 있으므로 함부로 정복을 시도하는 일은 피한다.

② 반드시 X선 진단을 받아서 마취하여 정복하는 것이 원칙이다.

③ 견관절, 주관절에서 생기기 쉽고 정복한 후에 치료는 염좌에 준한다.

(6) 골절

골절이란, 외력에 의하여 골조직의 연속성이 파괴된 상태이다.

【골절이 의심되는 증상】

① 국소증상

- 환부에 통증을 호소하고, 몸의 일부가 닿거나 움직이면 싫어한다.
- 환부에 발적, 종창, 열감이 있고, 환부의 변형, 기능장애, 이상 등의 가능성이 있다.
- 장관골에서 삐걱거리는 소리가 들리기도 한다.

② 전신증상

- 골절 직후에 쇼크 증상을 일으키기도 한다.
- 골절 후 얼마 지나서 발열, 오한 등이 보일 때가 있다.

【일반적 응급처치】

① 환부는 부목을 대기 전에 절대 움직이지 않는 것을 원칙으로 한다.

② 활력증후, 의식상태 등 전신상태를 관찰하고, 쇼크예방과 치료에 중점을 둔다.

③ 복합골절시 감염에 유의하여 상처를 처치하고, 출혈시 지혈한 후 멸균 드레싱하여 부목으로 고정한다.

④ 개방성 골절인 경우 외부로 드러난 뼈는 그대로 두고 무균거즈나 깨끗한 헝겊으로 가볍게 덮는다. 이때 골절치료보다 세균감염 예방에 역점을 두어야 한다.

⑤ 부목은 관절보다 긴 것을 사용하고 부목이 없으면 즉제부목을 사용한다. 지팡이, 우산, 나무판자, 신문, 잡지 등을 이용할 수 있으며, 단단하고 평평하며 가벼운 것으로 넓이와 길이가 충분한 것을 사용한다.

⑥ 동통과 부종의 경감을 위하여 환부는 냉찜질하고 대상자는 적당히 보온시킨다.

⑦ 출혈이 없고 의식이 있다면 따뜻한 음료수를 공급한다.

⑧ 부목으로 고정 후 환부를 몸체보다 상승시키고 신속히 병원으로 후송한다.

⑨ 운송시 손상부위가 움직이지 않게 하고 손상 후 6시간 내에는 깨끗하게 봉합되나 24시간 이상 지연되면 개방 치료해야 하므로 유의한다.

⑩ 부목 고정시 유의사항은 다음과 같다.

- 대상자가 취한 자세로 고정
- 체간과 함께 또는 가까운 관절 포함
- 골절부위보다 넓고 긴 것 사용
- 천으로 부목을 감싸서 피부보호

【골절부위별 응급처치】

① **두개골 골절**

의식불명이 올 수 있으며, 심한 경우에는 귀, 코, 입으로부터 출혈이 나타날 수도 있다. 양쪽 동공의 크기가 같지 않으며 반신불수 상태가 나타난다. 처음에는 이러한 여러 증세가 나타나지 않을 수 있으나 뇌출혈 등의 증세가 있을 때 점차 악화된다.

- 얼굴빛이 창백하지 않으면 부상자의 머리와 어깨를 약간 높여 안정되게 눕힌다.
- 특별히 가온은 하지 말고, 잘 덮어 주어 보온에 힘쓴다.
- 의식을 잃을 수도 있으므로 음료를 주지 않는다.
- 척추손상이 없으면, 점액, 혈액, 토물 배출을 증진시키기 위해 대상자의 머리를 한쪽으로 돌려서 이송한다.

② **하악골 골절**

턱을 움직이면 아래, 윗니가 맞지 않기 때문에 부상자는 음식물을 삼키거나 말을 하기가 곤란하다. 입을 다물 수 없고 침을 흘리게 된다.

척추손상이 없을 때는 턱을 들어 올린 후 붕대로 감고서 억제시킨다.

- 머리를 약간 앞으로 하고, 대상자를 좌위로 하여 이송한다.

③ **척추골 골절(경추, 흉추, 요추 골절)**

척추손상을 잘못 처치하면 하반신 마비 등 불구가 되거나 생명을 잃게 되기도 한다. 부상자의 의식이 있으면 아픈 부위를 묻는데, 목 또는 등의 아픔이 유일한 증세일 때도 있다. 척추골절의 의심이 있는 부상자라면 그의 손가락 또는 발가락을 움직여 보도록 하여 움직이지 못하거나 처치자의 손을 단단히 잡지 못한다면 경추손상을 의심할 수 있다. 손가락은 움직이나 발가락을 뜻대로 움직이지 못한다면 요추손상을 의심할 수 있다.

- 척추골절환자는 일반적으로 충격이 심하므로 충격을 예방한다.
- 척추에 대한 더 이상의 손상을 방지한다. 어떠한 경우라도, 척추골절의 의심이 있는 부상자는 일으켜 앉히거나 세우거나 걷게 해서도 안 되고 업어서도 절대 안 된다. 음료수를 먹이기 위해 대상자의 목을 높이는 것조차도 해서는 안 된다. 이러한 운동은 척추를 더욱 손상시키고 마비나 사망의 원인이 되기도 한다. 경추, 흉추, 요추가 동시에 손상이 있으면 경추의 손상과 같게 처치한다.
- 튼튼한 전신부목 위에 바로 눕혀 필요한 부분에 고임을 대고 삼각건으로 잘 고정한다. 전신부목은 넓이 35cm 이상, 길이는 머리에서 발에 이르고도 10cm 정도 여유 있는 긴 목판을 천 · 담요 등으로 잘 감아서 사용한다. 딱딱한 부목이 없을 때에는 담요를 길게 접어서 사용하되, 머리가 앞으로 굽혀지지 않도록, 4명 정도의 인원이 잘 받쳐 주어야 한다.
- 두부 또는 척추골절환자를 운반할 때는, 흔들리거나 급히 서두는 일이 없도록 조심해야 한다. 가능한 한 구급차를 부르고, 운전기사에게 천천히 조심하여 운전하도록 지시해야 한다.
- 경추골절시에는,
  - 대상자의 목을 신체의 선과 나란히 유지시킨다.
  - 대상자를 전신부목에 얼굴을 위로 보게 하여 똑바로 눕힌다.
  - 전신을 한 단위로 움직이는 것이 중요하다. 척추를 비틀거나 돌리거나 잡아당겨서는 안 된다.
  - 대상자의 양측에 각각 베개, 벽돌, 모래주머니 등의 받침을 대어 머리를 고정시킨다.
  - 대상자가 운반되는 동안 머리의 양측을 고여 계속적으로 고정되도록 한 사람을 할당한다.
  - 경추는 다른 척추에 비해 약한 외력으로 손상당하기 쉽고, 촉진으로 알기가 어려우며, 이를 초기에 사정하지 못하면 생명을 잃거나 사지마비를 초래하기 쉬우므로 각별한 주의를 요한다. 흔히 하악골 골절과 동시에 경추손상이 발생하므로, 하악골 골절시에는 경추손상을 염두에 두고 면밀히 검사해야 한다.
- 흉추 · 요추 골절시에는, 경추골절에서와 같은 처치를 하는 동시에, 대상자를 편평한 부목 위에 눕힐 때 허리의 구부러진 부분을 받쳐 주기 위하여 고임(두께 10cm, 길이 30cm의 담요)을 대어 준다.

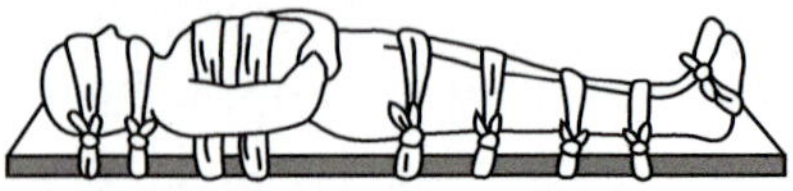

접은 삼각건 11장이 필요하며 두 발을 묶어 널빤지 등에 고정시킨다.

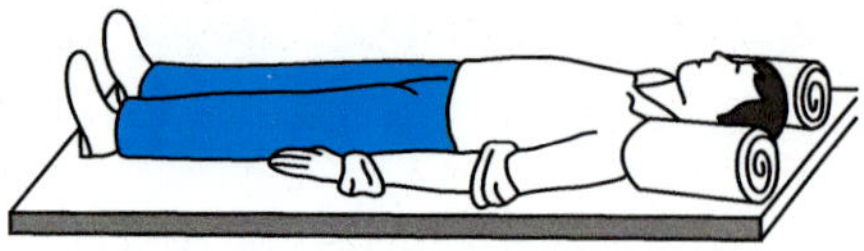

경추손상환자를 이동할 때 한 사람은 환자의 머리를 고정시키도록 한다.

[그림 3-9] 경추골절시 고정법

④ 골반골절

골반골절은 높은 곳에서 추락하거나 교통사고 등의 심한 사고에서 많이 일어나는데, 골반 속에 있는 장 · 혈관 및 방광 · 요도의 손상이 동반되는 경우가 있으므로 소변의 색상 및 배뇨불능 등에도 유의하여야 한다.

- 척추골절환자의 경우와 같이 위를 보고 누워 있는 자세로 전신부목을 하여 묶은 다음, 흔들리지 않게 병원으로 옮긴다.
- 양 무릎, 양 발목을 함께 붕대로 감되, 대상자가 제일 편하다는 자세로 무릎을 구부리거나 혹은 곧게 해 준다. 이 때 불필요하게 움직이는 것을 방지하기 위해, 다리와 부목 사이에 받침(padding)을 대 준다.
- 담요를 접어서 골반둘레를 묶어 주어 고정시켜서 들 것 또는 구급차로 흔들리지 않게 운반한다.
- 폭이 넓은 천 위에 골반부위를 올려놓고, 달아매는 듯한 힘을 가하여 천을 감아서 골반이 중앙에 모이도록 하여 눕혀 두면 좋다.

⑤ 상박골 골절

골절의 일반증세가 나타나며, 특별한 증세로는 견관절 운동과 주관절의 운동도 할 수 없게 된다.

- 주관절을 90° 각도로 구부리고, 어깨로부터 주관절에 이르는 부목을 잘 싸서 팔 바깥쪽에 대고, 삼각건을 골절부위 아래쪽에 대고 부목을 고정한다.
- 삼각건으로 팔걸이를 만들어 목에 걸어 주고, 팔 전체를 가슴에 처매어 고정시킨다.
- 겨드랑이를 고여 주고, 만약, 부목을 구할 수 없으면 삼각건으로 전박을 끌어 올려 팔 전체를 가슴에 붙이고, 붕대를 감아 움직이지 않도록 고정시켜 병원으로 보낸다.

⑥ 주관절 골절

팔꿈치의 변형이 생겨서 심하게 붓고 아플 때는 상박의 골절이나 주관절의 탈구를 의심할 수 있다. 탈구시는 팔꿈치를 타동적으로 굽혀 가면, 팔꿈치에서 탄발성 저항을 느낀다. 대개 주관절을 구부리고 넘어질 때 생기며, 관절부위가 붓고, 아픔으로 팔을 구부렸다 폈다 하지 못한다.

- 대상자가 팔을 편 자세로 있으면 겨드랑이를 많이 고인 다음, 겨드랑이에서 손가락까지 이르는 부목을 손바닥에 대어 준다.
- 만약, 주관절을 구부린 상태로 대상자가 발견되면, 팔 넓이의 붕대로 무리 없이 끌어올리고, 쇄골 · 상박 골절의 경우와 같이 그 팔을 동체에 대고 붕대를 감아 고정시킨다. 절대 구부러진 주관절을 무리하여 펴려고 해서는 안 된다.

⑦ 전박(요골, 척골) 골절

손을 짚고 넘어졌을 때 생기기 쉬우며, 손목 바로 윗부분의 엄지손가락 쪽이 붓고, 때로는 포크와 같은 형태로 되어 그 부위를 누르거나 손목을 움직일 때 아프면 요골하단 골절을 의심한다.

- 부목을 준비할 동안, 대상자는 바로 눕히고 부상 전박은 그의 가슴 위에 걸쳐 놓은 자세가 제일 좋다.
- 주관절로부터 손가락 끝에 이를 만큼의 긴 부목을 두 개를 잘 싸서, 한 개는 손바닥 쪽에, 다른 한 개는 손등 쪽에 대고, 두 개 이상의 삼각건으로 처매어 고정시킨 다음, 손을 주관절보다 약 10cm 정도 높이고 손바닥이 가슴 쪽을 향하는 위치에서 넓은 붕대로 팔을 끌어올려 어깨에 달아맨다.
- 이때 대용부목으로는 잡지, 신문지, 두꺼운 종이 등 그 자리에서 얻을 수 있는 것을 사용한다.

⑧ 수근골 · 중수골의 골절 혹은 좌상

기계나 재목, 그 밖의 무거운 물체에 눌리어 피부가 파괴되고 손뼈가 골절되는 수가 있다. 통증과 마비가 중요한 증세이다.

- 헝겊으로 싼 부목을 손바닥 쪽에 전박의 중간으로부터 손가락 끝까지 닿게 대어 준다. 붕대를 너무 단단히 감지 말고 손이 주관절보다 약 10cm 정도 높고 손바닥이 밑으로 향하도록 맨다.

⑨ 지골 골절

기계 · 재목을 다루다가 또는 전차나 자동차의 문을 닫을 때 흔히 일어날 수 있으며, 그 외에 야구나 배구 등 운동 시에 발생한다. 보통 골절의 일반증세가 나타난다.

- 생명에 위험을 줄 성질의 것은 아니나 잘 낫지 않으면 나아도 모양이 흉하여지기 쉽고, 손가락으로 하는 일에 지장을 가져오는 일이 있으므로 곧 병원에 보내어 치료를 받게 한다. 응급처치를 한 다음 부상된 손은 붕대로 끌어올려 어깨에 처매어 주는 것이 좋다.

⑩ **고관절의 골절**

넘어져서 고관절 부위가 아파서 일어서지 못할 때, 거의 대퇴골 경부골절을 의심할 수 있으며, 흔히 노인들에서 자주 발생한다. 환측의 발은 대개 외전(발끝이 바깥쪽으로 향한 상태)되어 발바닥이 안쪽을 향하고 발끝은 밖으로 벌리고 걷는 위치를 취한다. 다리를 움직이거나 하지의 부착부위를 누르면 심한 통증을 느끼고 서 있거나 걷는 것은 거의 불가능하다.

- 액와에서 발목까지 부목을 대거나 두 다리를 함께 묶는다.
- 가능하면 Thomas splint를 사용하며 들것에 운반한다.

⑪ **대퇴골 골절**

대퇴부의 손상을 입은 후 부상자가 바로 누워서 바닥으로부터 발뒤꿈치를 들지 못

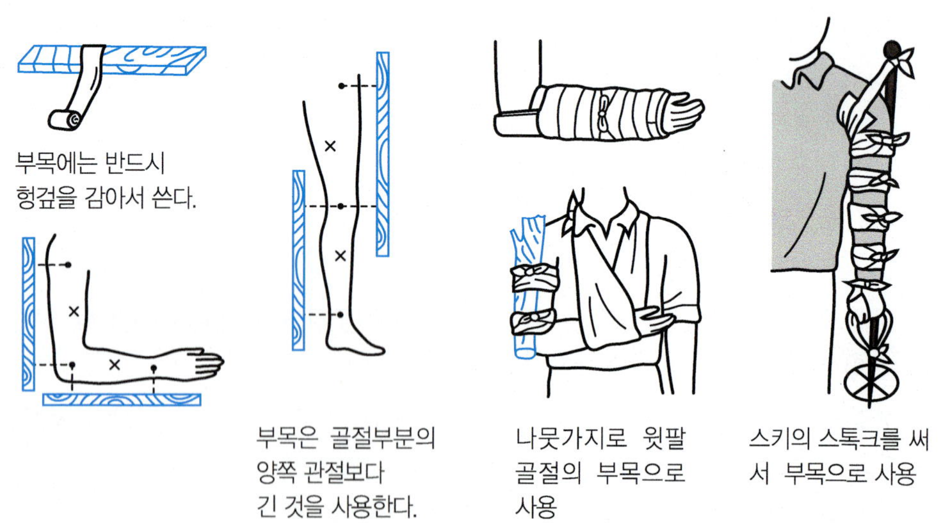

[그림 3-10] 전박 골절, 수근골·중수골 골절, 지골 골절시 고정법

하면 대퇴골 골절을 의심한다. 흔히 발은 바깥쪽으로 삐어져 놓이고 그 발은 혼자 힘으로는 바로 세우지 못하는 때가 많다. 가관절이 생기든지, 다리가 짧아졌다든지 혹은 기형이 되고 부러진 곳에서 말단부는 마비되는 수가 있다. 대퇴골 골절에서는 상지나 하지의 어떠한 다른 골절보다도 한층 더 심한 충격이 일어난다.

- 대상자의 겨드랑이에서 발에 닿고도 남는 부목과 적어도 7개의 삼각건을 준비한다.
- 한 사람으로 하여금 한 손은 발뒤꿈치 밑을, 또 한 손으로는 발을 잡고 천천히 하지를 바른 자세로 돌려 조금 끌어당겨서 그대로 붙잡고 있게 한 후에, 처치자는 7개의 삼각건을 부상자의 허리, 무릎, 발목 밑에 넣고 붕대를 일정한 간격으로 벌려 놓는다.
- 붕대 3개로 부목의 윗부분과 허리를 단단히 잡아매고 나머지로 부목과 부상당한 하지를 잡아맨다. 이때 부상당한 하지를 정상인 다리에 붙여 매어서 더 튼튼하게 할 수도 있다.
- 목판 부목을 발견하지 못한 경우에는 양다리 사이를 잘 고인 뒤에 양쪽 다리를 합쳐서 붕대로 감는다.
- 부목의 겨드랑이 부분에 수건을 대어 준다.
- 충격에 대한 처치를 한다.
- 대상자를 절대 일으켜 세워서는 안 되며, 들것으로 운반한다.

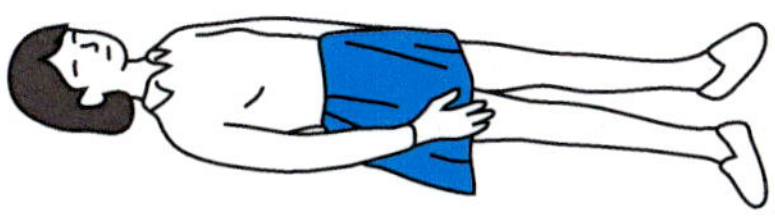

대퇴골은 골절하였을 때는 눕히면 골절한 쪽의 발끝이 바깥을 향하고 있으므로 알 수 있다. 그림은 오른발이 골절되었다.

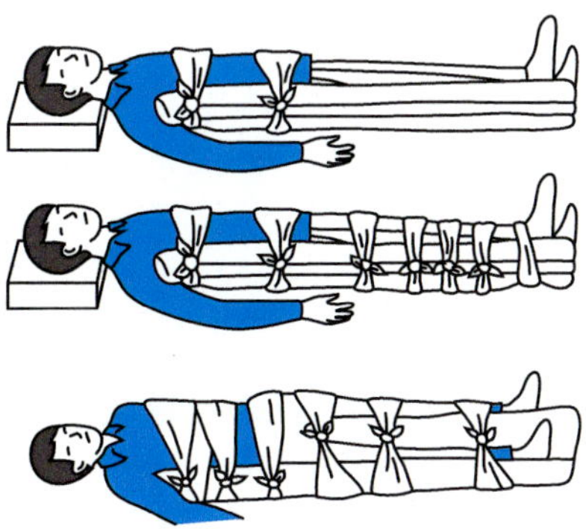

[그림 3-11] 대퇴부 골절시 고정법

⑫ 슬개골 골절

구르던가 딱딱한 곳에 무릎을 부딪혔을 때 생기기 쉬우며, 무릎을 구부리면 아프고 무릎 전체가 현저하게 부어서 슬개골의 압통이 심하고 때로는 골절부분이 만져지기도 한다. 그 밖에 골절의 일반증세가 있으며 4~5주 가량의 안정 및 고정을 요한다. 하지를 곧게 펴고 적어도 넓이 10cm이며 허리에서 발뒤꿈치까지 닿게 충분한 긴 부목을 잘 싸서 하지의 뒤쪽에 댄다.

- 무릎과 발뒤꿈치 아래 고임을 대고 붕대 하나는 슬개골 바로 위쪽에, 다른 하나는 슬개골 바로 아래쪽에 부목과 함께 돌려 매고, 다른 두 개의 붕대로 대퇴부와 하지를 단단히 잡아맨다.
- 무릎이 부어오르기 쉬우므로 둘러 싸매지 말고 남겨 둔다.
- 만약 부목이 없으면 베개나 담요를 대용할 수 있다.

⑬ 하퇴골 골절

경골과 비골이 동시에 골절됐을 때 대개 골절의 일반증세가 나타나나 한 개만 골절시는 기형이 별로 나타나지 않으며 또 발목 바로 위의 골절은 염좌로 잘못 알게 되는 수도 있다.

- 발끝을 힘있게 잡아 땅에서 위로 끌어올리고, 그 밑에 베개나 담요를 집어넣고 무릎위로부터 발끝까지 미치는 부목을 담요나 베개 위에 대고 붕대를 감는다. 만약 담요나 베개가 없으면 양다리 사이에 부드러운 물건을 고이고 양측다리를 한데 매어 고정시킨다.
- 들것에 운반한다.

⑭ 발목의 골절

- 발전체를 베개나 방석 위에 올려놓고 붕대를 감는다.

[그림 3-12] 하퇴골 골절시 고정법

• 만약, 베개가 없으면 발뒤축으로부터 무릎 바로 아래까지 닿은 두 개의 부목을 양쪽에 하나씩 대고 묶어 준다.

• 들것에 운반한다.

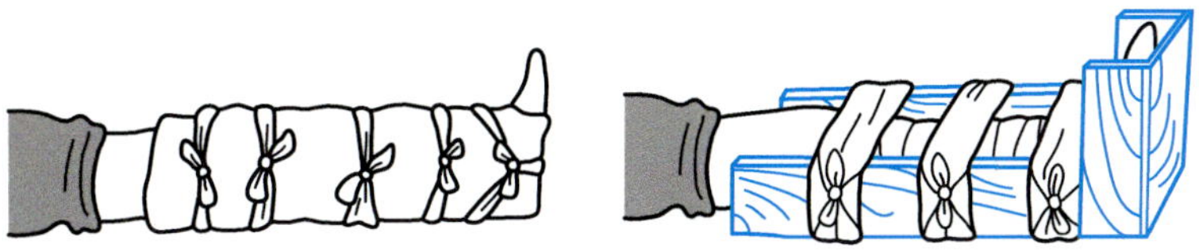

방석 및 마닐라보드, 라면상자 등을
그림처럼 잘라 부목대용으로 사용

[그림 3-13] 발목 골절시 고정법

⑮ **쇄골 골절**

쇄골의 바깥쪽에 가까운 부분이 돌출되어 그 부위를 누르거나 견관절을 움직였을 때 아프면 쇄골 골절이 의심된다. 골절의 일반증세가 나타나며 쇄골을 손끝으로 촉진해 보면 대부분의 경우 골절부위가 만져지며 부상당한 쪽의 팔을 어깨 위로 펴들지 못한다. 부상당한 쪽 어깨가 다른 어깨보다 낮아진다. 부상당한 쪽의 팔은 손이 팔꿈치보다 약간 높게 하여 반대쪽 어깨에 대어 삼각건으로 매고, 다시 팔 전체가 몸에 착 붙게 삼각건으로 묶어 준다.

⑯ **늑골 골절**

골절이 잘 일어나는 부위는 7, 8번의 늑골이며, 보통 옆으로 일어난다. 증상으로는 심한 동통이 있는데, 숨을 들이마실 때와 기침시 더욱 고통이 심하다. 짧고 얕은 호흡을 하며, 늑골의 골절단이 폐를 찌를 경우에는 기침을 할 때 피가 섞인 가래가 나오거나 조그만 혈관이 터져 내출혈(혈흉)이 있다.

• 폐가 자창을 입었을 경우에는, 골절에 대하여는 아무런 처치도 하지 말고, 겨드랑이 및 가슴을 대상자가 호흡을 쉽게 할 수 있을 정도로 고이고 눕혀 두어 안정을 취하게 한다.

• 폐가 상처받지 않았다면, 3개의 삼각건으로 환부를 매어준다. 첫 번째 삼각건은 골절부에 대고 감아 반대편에 고임을 대고 한번 맨 뒤, 대상자로 하여금 숨을 충분히

내뿜게 하고 호흡을 정지시킨 자세에서 붕대를 조른 다음 완전히 맨다. 나머지 두 개의 삼각건은 첫 번 붕대 위 · 아래 측에 같은 방법으로 매어 준다.

- 대상자를 따뜻하게 해 주고 병원으로 옮긴다.

⑰ 비골 골절 및 탈구

대개는 콧날을 주먹으로 맞거나 팔꿈치 등에 받히거나 했을 때 발생된다. 부상시에 국소의 종창이나 상처로 인해 탈구 · 골절 등을 모르고 지나치는 수가 있는데, 자세히 촉진해 보면 움직이는 것을 느끼거나 염발음이 들리는 수도 있다.

비골의 탈구는 1주일 이내라야 정복이 잘 되는데, 일반적으로 종창이 소실될 때까지 기다리다가 국소마취하에 정복하게 되며, 수술 후 강한 탐폰교정을 시행하게 된다. 수술은 2주 이내에 시행하는 것이 좋다.

4) 열 · 냉 손상에 대한 응급처치

(1) 화상(burn)

화상의 원인으로는 태양화상(sun burn), 화염이나 섬광 등에 의한 열화상(thermal burn), 전기화상(electrical burn), 화학화상(chemical burn) 등이 있다.

【화상의 심도에 따른 분류】

① **1도 화상**(상피층에만 국한된 손상) : 홍반과 부종, 동통이 있으며 1주일이 지나면 흉터 없이 치유된다.

② **2도 화상**(상피층과 진피층의 일부까지 손상을 받은 경우) : 진피의 손상정도에 따라 천도(superficial)와 심도(deep second degree)로 구분한다. 수포와 화상상처가 습하고 아프며, 상처는 2~3주일에 걸쳐 치유되나 세균감염에 의한 염증이 발생할 경우 제3도 화상으로 이행되어 피부이식술이 필요하게 되는 수도 있다.

③ **3도 화상**(피부전층이 손상 받은 경우) : 상처는 창백하거나 희며, 화염에 의한 경우는 검거나 가죽 같은 모습을 나타낸다. 동통은 없으며 자연치유될 수 없어 피부이식술이 필요한 경우가 대부분이며, 반드시 비후성 반흔 혹은 구축성 반흔을 남기게 된다.

④ **4도 화상**(지방 및 근육이나 뼈까지 손상을 받은 경우)

【화상의 범위(9법칙, rule of nines)】

전체의 체표면적을 100%으로 보았을 때 전체 체표면적에 대한 화상을 입은 면적의 비율

[표 3-20] 화상의 범위

화상 부위	성인	아동
머리와 목	9%	18%
양팔 각각	9%	9%
앞면의 체간	18%	18%
뒷면의 체간	18%	18%
양다리 각각	18%	14%
회음부	1%	–

【일반적 응급처치】

① 부분적 화상시, 즉 부상부위에 냉찜질(20~30분간) 후 가볍게 포대하는 것이 좋다.

- 통증경감, 수포발생 방지의 목적
- 세면기에 물이 넘쳐 흐르게 하여 그 속에 화상부위를 담그게 하고 이 때 얼음도 넣으면 효과적이다. 이때 수포가 벗겨져 표피가 손상되지 않도록 유의한다.
- 물을 직접 끼얹지 못할 부분은 타올을 냉수에 적셔 여러 차례 교환하여 식힌다.

② 수포가 터지지 않도록 잘 보호하고, 작은 물집은 냉찜질만으로도 잘 치유되나 심한 경우에는 냉찜질 후 병원치료를 받는다. 이때 물집을 바늘로 딴다든가 붕대를 너무 졸라매어 터지게 해서는 안 된다.

③ 흙, 모래로 더렵혀진 화상은 흐르는 물에 잘 씻어 내고 무색인 소독액 치메로살액을 바르고 깨끗한 헝겊으로 살짝 덮어 피부과 또는 외과에서 치료를 받는다. 잘 씻기지 않는 화상부위는 무리하게 씻지 말고 그대로 화상부위를 잘 덮어 의사에게 보인다.

④ 탈지면을 화상부위에 직접대거나 참기름, zinc oil 등을 바르면 미란면에 부착되어 이물질이 되어 이를 제거하기 어렵고 치유가 어렵고 피부이식을 못하게 되는 결과를 초래하므로 병원으로 옮길 때는 ①의 처치 외에는 아무것도 바르지 않는 것이 좋다.

⑤ 약품으로 인한 화상 시에는 즉시 흐르는 물로 30분~1시간 깨끗이 씻어내고 병원진찰을 받도록 한다.

⑥ 20% 이상의 넓은 범위의 화상시에는 대상자를 시트, 큰 타월 등으로 싸매고 일체 연고류 등을 바르지 말고 큰 병원으로 옮긴다.

【병원으로 즉시 후송해야 하는 화상】

① 관절부위 화상
② 안면과 목, 손발, 회음부 화상
③ 호흡기계 손상을 동반한 화상
④ 전기, 화학물질에 의한 화상
⑤ 체표면적의 30%를 초과한 화상
⑥ 체표면적의 10%를 초과한 3도 화상
⑦ 골절이나 주요 연조직 손상을 동반한 화상
⑧ 당뇨, 고혈압 등의 질병이 있는 환자의 화상
⑨ 2세 이하 유아나 60세 이상 노인의 화상

(2) 한냉 손상(cold injury)

동상(frostbite)은 빙점 이하의 기온에 1시간 이상 노출되어 조직이 동결되는 한냉 손상으로 의복이 습기로 젖어지면 더욱 빨리 일어날 수 있다. 단시간 노출된 경우를 제외하고는 대부분 조직이 결손되는 괴저(gangrene)가 생긴다.

그밖에는 침족병[immersion foot=참호족(trench foot)]이 있는데, 이는 젖은 족부를 1~10℃의 기온에 수시간~수일간 노출되어 조직의 동결 없이 생기는 한냉 손상이다.

【일반적 응급처치】

가능한 한 빨리 치료하여 조직의 동결기간을 줄임으로써 조직손상을 줄일 수 있으므로 치료에 앞서 예방이 중요하다.

① 동상부위를 압박하거나 젖은 의복, 양말, 구두 등을 벗긴다.
② 더 이상 저온에 노출되지 않도록 하며 환부를 보온시켜 준다. 열 소모를 줄이고 외부 바람으로부터 체온을 보호할 수 있는 의복, 장갑, 신발류가 필요하다.
③ 감각기능이 저하되어 있으므로 더 이상의 외상을 받지 않도록 한다.
④ 흡연은 니코틴의 혈관수축 때문에 절대 금해야 하며, 음주는 혈관의 확장이 오히려 열 손실을 조장하므로 소량의 음주도 허용해서는 안 된다.
⑤ 대상자를 옮길 때에는 가능한 복와위(prone position) 혹은 앙와위(supine position)를 유지하고, 대상자가 걸어야만 이송이 가능한 경우에는 전문치료소(controlled-therapeutic thawing이 가능한 치료소)에 도달할 때까지 동결된 족부를 가온해서는 안 된다. 일단 재가온한 손상부는 하부에 위치하게 하거나(dependent position)

다시 한냉에 노출시켜서는 절대 안 되기 때문이다.

⑥ 하지의 손상 시 걷지 못하게 하고 마사지는 조직을 손상시키므로 피한다.

⑦ 동상의 예방을 위하여 다음을 교육한다.

- 몸에 밀착되는 의복, 꽉 끼는 구두 등은 될수록 피하고 젖은 의복, 장갑, 신발은 즉시 갈아입는다.
- 장갑, 양말 등의 화학섬유는 피하고 면사나 모사로 된 제품을 사용한다.
- 목욕을 자주하고 규칙적인 운동으로 말초혈관 순환을 원활히 한다.
- 겨울등산 등에 노출 시에는 외부의 바람으로부터 몸을 보호하는 의복, 장갑, 신발류를 착용한다.
- 동상, 동창이 생기기 쉬운 체질인 경우 늦가을부터 손발을 매일 마사지하고 핸드크림을 발라 준다.
- 흡연은 혈관을 수축시키고 음주는 열손실을 조장하므로 추위에 장기 노출시 엄금한다.

5) 출혈(Bleeding · Hemorrhage)에 대한 응급처치

(1) 토혈(hematemesis)

주로 상부소화관 위에서의 출혈이며 구토와 함께 혈액이 나오는데, 거품이 없고 암적색 또는 커피찌꺼기와 같은 모양의 흑갈색이며 가끔 음식물이 함께 섞여 있다.

【일반적인 응급처치】

① 다량의 출혈이 있으면 shock position을 취해 주고 조용히 눕혀서 심신의 안정을 꾀한다. 불필요한 움직임은 쇼크를 촉진할 수 있다.

② 토하는 양이 많을 때에는, 머리를 옆으로 돌려 호흡시에 토물을 흡인하지 않도록 주의한다.

③ 윗부분에 얼음주머니를 대 주어 출혈을 억제하고 대상자에게 안정감을 준다.

④ 반복되는 구토는 재출혈을 일으키게 하고, 입 안의 혈액 냄새로 인해 구토를 일으키기 쉬우므로 입 안을 양치질시켜 준다.

⑤ 의사의 지시가 있을 때까지는 금식시킨다. 단, 소량의 물이나 얼음조각을 물려 주는 정도만 허용한다.

⑥ 일시적으로 토혈이 멈추더라도 토혈을 일으키는 질환은 중요한 것이므로 반드시,

전문의의 정밀한 진찰을 받아서 치료하도록 하는 것이 좋다.

⑦ 토혈 혈액의 성질과 상태, 토혈량, 횟수, 전날 또는 2~3일 전에 먹은 음식물의 관계나, 혈변, 흑변 등의 여부를 의사에게 알리면 진단에 도움이 될 수 있다.

(2) 각혈(hemoptysis)

각혈은 성대 이하의 하기도와 폐실질 병변으로 인한 출혈을 말하며, 대개 갑자기 발생하므로 대상자의 심리적 동요가 크며 각혈로 인한 기도 폐색으로 질식하는 경우도 있다. 각혈은 기침과 함께 나오는 수가 많으며 선홍색으로 거품이나 가래가 섞이는 수도 있고, 가끔 가슴의 중앙부에 근질근질한 느낌이 있거나 혹은 청량감을 수반하는 수도 있다.

각혈을 일으키는 원인 질환은 많으나, 우리나라에서는 아직도 폐결핵, 기관지 확장증, 폐흡충증 등이 흔하며 폐암에 의한 각혈의 빈도도 증가하고 있다.

【일반적인 응급처치】

① 각혈에 의한 기도 폐쇄를 예방한다. 각혈에 의한 최대의 위험은 질식이므로, 대상자가 기침과 함께 각혈을 하면 곧 대상자를 엎드리게 하고, 방바닥이나 침대 위에 누워 있는 대상자이면 머리와 출혈부위를 낮게 하여 출혈한 혈액이 다시 흡인되거나 정상폐로 흡인되지 않도록 흘러내리게 해준다. 각혈은 갑자기 일어나므로 순간적으로 즉각 이런 자세를 취하도록 한다.

② 절대안정이 중요하다. 폐의 안정은 곧 신체의 안정이며 필요 외의 담화도 금하는데, 대개 각혈이 멎은 후에도 4~5일 후 정도는 주의하여야 한다.

③ 각혈을 하는 대상자는 특히 공포와 불안을 느끼므로 정신적인 안식감을 주는 것이 필요하다. 경우에 따라서는 진정제를 투여하기도 한다.

④ 각혈 시 또는 각혈 후에 잦은 기침을 하는 수가 많은데, 기침으로 인한 재출혈을 막기 위해 진해제를 투여한다.

⑤ 각혈한 직후에는 금식한다. 목이 마를 때에는 얼음조각을 입에 물리는 정도로 하고 경과에 따라서 점차 유동식으로 하되 저작운동은 제한한다.

⑥ 변비가 있으면 배변 시 힘을 주게 되어 폐내압을 높이므로 경한 하제를 통하여 통변을 조절한다.

[표 3-21] 토혈과 각혈의 비교

	각 혈	토 혈
전구 증상	기침, 인후자극통	구역, 복부 불쾌감
증상 시작	기침시 출혈	구토시 출혈
출혈의 성상	부분적으로 거품 동반	거품 없음
색깔	선홍색	검붉은색
출혈의 산도	알카리성	산성
함유물	백혈구, 세균, 혈색소를 함유한 대식세포	음식물
과거력	폐질환	알코올중독, 궤양, 간질환
빈혈	드묾	흔함
대변 잠혈반응	음성	양성

(3) 외부출혈

【외부출혈 시 국소적 처치】

① 상처부위 청결을 유지한다. 상처를 덮고 있는 의복을 잘라내고 상처부위를 물이나 식염수를 부어 깨끗이 한다.

② 지혈을 도모한다.

- **직접 압박법** : 출혈 부위에 소독거즈나 깨끗한 천 등을 대고 직접 압박하여 지혈시킨다. 천이 피를 빨아들이면 그 위에 다른 천을 덮는다. 절대로 처음 덮었던 천을 떼어 내지 않는다.
- **간접 압박법(지혈점 압박법)** : 출혈부위로 흘러나오는 도중의 혈관을 손가락으로 압박함으로써, 즉 지혈점을 누름으로써 지혈시킨다.
- **국소 거양법** : 출혈부위를 심장의 높이보다 높게 들어주어 중력의 영향으로 출혈을 최소화시킨다.
- **지혈대 사용법** : 지혈대를 이용하여 상처부위보다 심장에서 가까운 동맥을 완전히 차단시킬 수 있도록 졸라맨다. 지혈대는 신경과 근육을 손상시킬 위험이 있고, 단단히 감지 못하면 정맥혈류만을 차단시키고 동맥혈은 그대로 흘러 더 많은 출혈이 일어날 수 있다.

  ∴ **구체적인 사용법**

  – 지혈대는 넓이 5cm 가량의 천(접은 삼각건이 가장 좋다)을 쓰면 좋다.

  – 천을 두 번 감되, 한 번 감은 다음 느슨하게 매듭을 만든다.

- 지혈봉을 놓고, 그 밑에 처치자의 손가락을 두 개 넣어서 다른 쪽 손으로 지혈봉을 돌려서 죈다.
- 지혈될 때까지 죄면 손가락을 빼고 그 이상은 죄지 않는다.
- 지혈대의 양끝을 지혈봉에 감아서 죈 것이 풀리지 않도록 고정시킨다.

∴ **지혈대 사용시 주의사항**

- 지혈대를 직접 상처에 닿지 않도록 한다.
- 지혈대는 최후수단으로서 쓴다.
- 지혈대는 면적이 넓은 것으로 사용한다. 끈이나 철사 같은 재료는 조직의 괴사를 초래한다.
- 압력은 수축기압보다 약간 높게 감아 준다. 단단히 감지 않으면 정맥혈류만 차단되고 동맥혈은 많이 흐르게 되어 더 많은 출혈이 일어날 수 있다.
- 묶은 시간을 표시한다. 20분 이상 경과 시 신경, 근육의 손상으로 절단의 위험이 있다.
- 묶은 부위를 노출시킨다. 지혈대 위에 붕대를 감거나 의류를 걸치지 않는다.

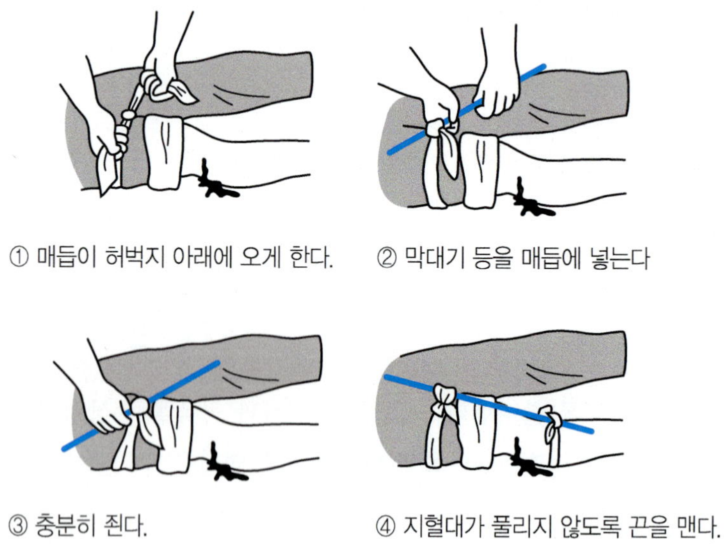

[그림 3-14] 지혈대 사용법

③ 일단 지혈시킨 후 활력증상을 수시로 관찰하면서 이송한다.

6) 중독에 대한 응급처치

【원인】 약물중독의 원인

① 투여방법이 잘못된 경우

② 사용량이 잘못된 경우

③ 다른 약물을 잘못 사용한 경우

④ 대상자의 체질적 조건 등에 의한 경우

⑤ 고의로 독물 또는 의약품을 대량 사용한 경우

【일반적인 응급처치】

① 약물중독이 확실한지 여부와 어떤 종류의 약물을 먹었는지 확인한다.

② 복용 후 2시간 이내로서 아직 위 속에 있다고 생각될 때는 중독약물을 제거해야 한다.

- 환자가 구토를 해 토해내면 2~3컵의 물을 마시게 한다.
- 그 후 다량의 계란 흰자위, 우유, 녹말, 밀가루, 숯가루 등을 먹여서 흡착시킴과 함께 위점막을 보호한다.

[주의]
강산이나 강알칼리에 의한 중독이 의심될 때에는 구토를 유발하지 않고 바로 병원으로 후송한다.

③ 복용 2~3시간 경과 후에는 이미 독물이 장에 도달하여 일반 중독증상이 나타난다. 아직 장관내에 남아 있는 독물이 흡수되지 않도록 흡착제나 사하제를 투여하거나 관장 등을 실시하나, 불가피한 경우 외에는 함부로 실시하지 않는 것이 안전하다.

④ 약물 중독이 의심되는 경우는 가능한 빨리 의사에게 후송하는 것이 중요하다.

7) 눈에 대한 응급처치

(1) 이물(foreign body)

【원인】

① 흙, 모래, 금속핀, 유리조각, 화약가루, 먼지, 티 등

【일반적인 응급처치】

① 작은 이물질의 경우 대개 누도를 통하여 저절로 배출되는 수도 있으므로 절대 눈을 비비지 않도록 한다. 상안검을 비비면 각막 표면에 상처를 낼 수도 있으므로 주의한다.

② 작은 이물은 육안으로 판정이 어려우므로 확대경, 세극 등으로 검사해 확인한다.

③ 각막의 이물은 중요하며, 특히 쇠가루인 경우에는 그날 안과에서 제거해 주어야 한다. 날짜가 경과하면 제거가 어려우며, 주위에 녹이 나서 염증을 일으킬 수 있다.

(2) 좌상(타박상, contusion)

【원인】

① 강타, 충돌 등으로 안구부에 가해지는 강한 힘

안검 및 결막의 출혈, 전방출혈, 안저출혈 등과 망막 황반부의 부종 등의 증상이 보인다. 안검이나 결막의 출혈은 겉보기에는 심해도 출혈이 자연히 흡수되어 아무 장애도 남기지 않으나, 다른 안증상은 표면으로는 발견되지 않지만 오히려 큰 시력장애를 남기는 수가 있으므로 일단 학교에서 냉찜질한 후 안과의사의 진찰을 받게 하는 것이 좋다.

【일반적인 응급처치】

① **결막하 출혈** : 외상, 각종 수술, 급성결막염, 기침, 천식, 고혈압 등으로 소혈관이 파열되어 나타나며, 단순한 안구결막 출혈은 지혈제 투여로 며칠 만에 흡수된다.

② **안검혈종** : 상 안와연을 지나는 큰 혈관이 상하면 혈종이 생기며, 두개저 골절시의 출혈이 유주되어 안검에 생길 수도 있으나, 이때는 이출혈, 비출혈이 따른다. 냉찜질과 지혈제의 투여가 필요하다.

③ **안와혈종** : 안와 내 출혈로 안구가 돌출되며 출혈이 결합조직에 싸여 혈종을 만드는 수가 있으므로, 안구돌출이 언제까지나 낫지 않는 경우에는 혈종제거 수술이 필요하다.

④ **안검기종** : 강타로 인해 안와 골격의 일부가 터져 부비강과 통하여 코를 풀면 눈꺼풀이 부어오르고 비출혈이 따른다. 안정과 압박붕대, 코 안에 탈지면을 삽입하여 두면 수일 내에 없어진다.

⑤ **망막박리** : 안구 강타시(야구공, 권투 등) 망막에 열공이 생겨 갑자기 물체가 굽어져 보이고 박리된 곳과 대응되는 시야의 결손을 보인다. 망막박리는 수술요법으로 치료될 수 있는데, 이 수술은 정밀한 안저검사로 열공을 발견하여 공막 쪽에서 소작기 응고침을 찔러 열공을 태워서 막는 것이며, 수술 후 안정을 취하면 망막하액은 자연히 흡수된다.

(3) 눈의 외상

【원인】

① 약물 등 화학약품으로 인한 외상

② 외부 충격에 의한 외상

【일반적인 응급처치】

① 산 · 알칼리 등 약물로 인한 화학적 안 외상 시, 주위에 있는 깨끗한 물로 즉시 충분히 씻어낸다. 눈을 벌리고 적어도 15분간 눈 속에 있는 화학물이 제거되도록 계속 씻어낸 후, 전문의에게 보낸다.

② **안구 천공성 외상** : 절대로 눈을 만지거나 누르지 않는다. 눈을 외부로부터 보호하기 위하여 금속제로 된 안보호대(eye shield)를 대 주는 것이 좋다. 일반 안대 사용 시 안구 내용물이 돌출될 우려가 있으므로 안대 자체가 안구를 압박해서는 안 된다. 안연고나 스테로이드성 안약류는 절대 점안하지 말고 즉시 안과로 보낸다. 그 이유는 천공부위를 통해 약액이 전방 속으로 들어가기 때문이다. 이때 안압을 상승시킬 수 있는 허리굽히기, 물건들어올리기, 기침 등은 시키지 말아야 한다.

③ 눈 또는 눈꺼풀에서 출혈이 될 때 함부로 누르거나 지혈시키려고 애쓰지 않는다.

④ 각막에 이물이 박혔을 때 눈을 비비거나 섣불리 이물제거를 하려고 하지 말아야 한다. 이 때는 소독된 기계를 사용해야 하며, 세균감염을 방지하기 위해 항생제를 사용해야 하므로 즉시 안과의사의 진찰을 받도록 한다.

⑤ 결막(눈의 흰 부분)의 이물 시는 소독된 면봉 끝으로 주의 깊게 제거하거나, 세안기를 사용하여 눈을 씻어 내거나 한다. 더러운 손수건 등을 사용하지 말 것이며, 각막(검은 부분)에는 닿지 않도록 조심한다. 만일 이물이 제거되면 대상자는 즉시

이물감이 없어지고 통증도 없어지게 되며, 대체로 이때는 그 이상의 치료가 필요하지 않다.

⑥ 결막하 출혈, 안검의 출혈 및 손상 또는 시력장애 등이 있을 때에는, 눈의 손상이 있는가를 알아보기 위해 안과 전문의의 진찰을 받도록 한다.

8) 귀 · 코 · 목 부위에 대한 응급처치

(1) 고막 열상

【원인】

① 급성감염이나 화농성 중이염, 외상 등으로 초래

② 고막의 천공을 방치하거나 적절한 처치를 못하면 귀 감염, 전도성 난청 등의 합병증이 초래

【증상】

① 손상받은 쪽 귀가 잘 안 들리고 멍멍하고 청력이 일시적으로 저하된다. 반대측 귀도 청력이 저하된 느낌이며, 때로는 이명이 들리는 경우도 있다.

② 고막소견상 천공이 있고, 천공 주위에 혈액이 있으나, 염증이 없으면 분비물은 없다.

【일반적인 응급처치】

2차 감염을 방지하는 데 유의해야 한다. 따라서, 귀 세척이나 점이액 등의 사용을 절대하지 않는다. 심하게 코를 푼다든가 귓속으로 물이 들어가는 일이 없도록 하고, 소독솜으로 가볍게 막은 뒤 이비인후과 의사에 보인다.

(2) 기도 이물(air way foreign body)

【원인】

① 기도(air way)란, 비강에서부터 폐에 이르기까지의 호흡경로를 말하며, 어떤 원인에 의해서든 이물질이 존재하는 것을 기도 이물이라 할 수 있다.

【일반적인 응급처치】

① 비강(nasal cavity) 이물

대개 일측성이고, 일측성 비폐색 · 악취 · 비루(rhinorrhea)의 증상을 보이며, 호흡곤란을 일으킬 정도의 응급상황은 거의 없다. 대개 이물제거 및 적절한 항생제 투여로써, 비교적 조기에 치유될 수 있다.

② 하인두 · 후두 이물

이물이 후두에 들어가 성문부에 걸렸을 경우에는 소리의 변동이 있고 쉰 목소리가 되며, 대개는 떡, 고무풍선, 비교적 큰 껌 등이 후두에 걸려 있으므로 흡기성 호흡곤란이 있으며, 호흡불능으로 인해 청색증이 오며 대단히 괴로워하게 되는데, 적절한 응급조치를 취하지 않으면 위험한 상태까지 도달할 수도 있다.

즉시 복부밀쳐내기(하임리히법)(그림 3-15)를 실시한 뒤, 숨을 쉬지 않으면 구강 대 구강 인공호흡을 실시하는데, 대상자 스스로 호흡을 할 수 있을 때까지 계속하면서 구급차를 부르도록 한다.

[복부밀쳐내기(하임리히법)]

- 뒤로부터 대상자를 껴안고 주먹을 명치에 대고 가슴을 양손으로 단숨에 바짝 조른다.
- 이때 폐 안에 남아 있던 공기가 한꺼번에 밀려 나오면서 그 공기의 힘으로 기도 입구를 막고 있는 이물이 떨어지고 공기가 통할만한 틈이 생기게 된다.

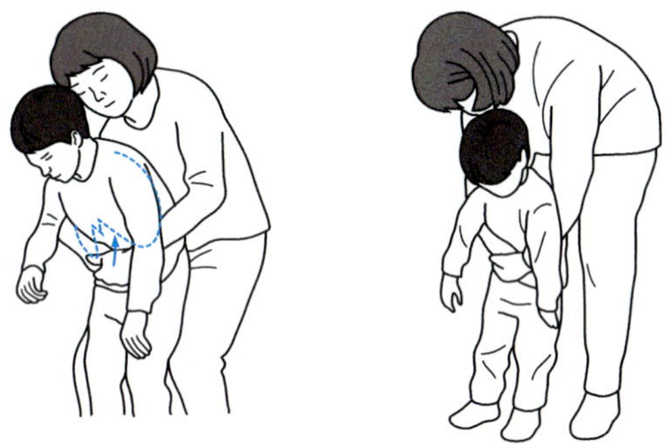

[그림 3-15] 복부밀쳐내기(하임리히법)

③ 식도 이물

- 식도의 경우 가장 많이 걸리는 것은 생선가시와 틀니, 음식조각 등으로, 식도이물의 약 70%가 식도 입구에 걸린다.
- 손가락을 정면으로 넣지 말고 비스듬히 입가 쪽으로부터 넣어, 혀뿌리를 앞쪽으로 끌어내듯이 하면 구토를 유발할 수 있어 이물질을 토하게 된다.

- 식도 입구에 꼭 끼어 있어서 쉽게 토해지지 않더라도, 호흡은 할 수 있으므로 당황하지 말고 의사에게 데려가도록 한다.
- 식도 입구보다 아래쪽에 이물이 걸리면, 이 부분은 식도와 기관이 서로 맞닿아 있기 때문에 기관이 뒤로부터 압박을 받아 좁아지게 되어, 목소리는 나오지만 숨이 막혀 한다. 이때에는 등을 두드려 주거나 엉덩방아를 찧게 하면 대개 이물질은 밑으로 내려가게 되고 숨도 쉴 수 있게 된다.

④ 기관 이물

- 기도에 가장 많이 걸리는 이물은 콩 종류(특히 땅콩)이며, 바늘과 못, 옷핀, 장난감, 연필 뚜껑 등 입에 물고 있던 물체를 삼키는 경우가 많다.
- 이물이 기관 내로 들어가면, 발작적인 기침(spasmodic cough)이 있고 종종 청색증이 동반되기도 한다.
- 기침은 약 30분간 지속된 후 안정되며, 이때 이물은 기도 내 여기저기로 이동할 수 있는데, 많은 경우 최종적으로 우측 기관지에 주로 위치하게 된다.
- 심하게 기침을 하고 숨이 막혀 괴로워할 때는, 이물질이 기관 내로 들어갔다는 판단을 하고, 위쪽으로 되돌려서 빼내는 시도보다는 반대로 아래쪽으로 내려가도록 하여야 한다.
- 대상자의 뒤로부터 양쪽 겨드랑이 밑으로 손을 넣고 안아 올려 방바닥에 부딪치듯 엉덩방아를 찧게 하면, 기관 안에 있던 이물질은 좌우 어느 쪽의 기관지로든 빠지게 되고, 한쪽 폐로 숨을 쉴 수 있게 되므로, 호흡도 편해지고 이물질도 기관지 안에서 움직이지 않게 된다.
- 이상의 처치 후에, 합병증의 예방을 위해 전문의의 진찰을 받게 하며, 기관절개술 · X-선촬영 등 충분한 검사로 확인하여 제거해야 한다.

9) 구강에 대한 응급처치

(1) 치아가 부러진 경우

① 부러진 부분을 버리지 말고 우유나 생리식염수에 담가서 학생과 함께 즉시 치과로 간다. 부러진 조각을 이용하여 임시로 가치를 만들 수 있다.

② 상처에 이물이 있으면 구강 세척을 한다.

(2) 치아가 빠진 경우

① 치아가 완전히 빠졌을 때는 치근막의 세포가 살아 있도록 하기 위하여 치근막이 건조하지 않도록 하는 것이 가장 중요하다. 이를 위하여 우유나 생리식염수에 담그거나, 차선책으로 물에 담그거나, 물도 없으면 입 안의 혀 밑에 보관하여 즉시 치과로 간다.

② 치아가 완전히 빠지지 않고 잇몸에 걸려 있을 때는 원래의 위치에 밀어 넣고 가제나 약솜을 물고 있도록 한다.

(3) 잇몸이 깊게 찢어진 경우

① 찢어진 부위를 압박하여 지혈시키고, 구강에서 떨어져 나간 덩어리들을 조심스럽게 제거하여 흡인을 방지한다.

② 입안을 헹구거나 부드럽게 세척한다.

(4) 발치 후 출혈이 되는 경우

① 발치 부위에 멸균거즈 패드를 대주고, 출혈 부위를 압박하여 지혈시킨다.

② 얼음주머니를 대 준다.

③ 물기 있는 tea bag을 물고 있게 하면, 물고 있는 압력과 차 속의 탄닌산이 지혈을 증진시킨다.

④ 출혈이 계속되면 치과의 진찰을 받도록 한다.

10) 학교 부적응 문제

(1) 학습장애

학습장애(Learning Disorder)란 듣기, 말하기, 읽기, 쓰기, 추론, 또는 수학적 능력의 획득과 사용에 있어서 심각한 어려움을 보이는 이질적인 장애군을 지칭하는 일반적인 용어이다. 이러한 장애들은 중추신경계의 기능장애에 기인하는 것으로 추정되며, 이는 모든 연령에 걸쳐서 나타날 수 있다.

자기조절적 행동, 사회지각 및 사회적 상호작용 등에 있어서의 문제들이 학습장애와 공존할 수 있으나, 그러한 것들이 단독으로 학습장애를 만들어 내는 것은 아니다. 학습장애는 다른 장애조건들(예를 들어, 감각적 결손, 정신지체, 심한 정서혼란)이나 혹은 외부적 요인들(문화적 차이, 불충분하거나 부적절한 교육)과 동시적으로 일어날 수 있지만, 이것들의 결과에 의해 학습장애가 발생한 것은 아니다.

[표 3-22] 용어정의

학습지체 정신지체	원인불명으로 지능지수 IQ가 70 이하로 낮은 아동이나 기질적인 뇌손상을 가진 아동에서 학습성취도가 떨어지는 경우이다.
학습지진	지능이 70~85 정도로 낮은 상태여서 학습을 하는 데 시간이 걸리는, 즉 배우는데 시간이 걸리는 아이들이 해당된다.
학습부진	정상적인 지능지수를 가지고 있고 신경계의 이상이 전혀 없으나 정서적 문제(우울증, 불안증, 강박증)나 사회환경적 요인(가정불화, 빈곤, 결손가정, 스트레스) 때문에 학습성취도가 떨어지지만, 일단 이러한 환경적 정서적 요인들이 제거되거나 치료적 개입을 통해 교정되면 정상적인 학습능력과 학업성취도를 보이는 경우이다.
학습장애	정상적인 또는 정상 이상의 지능지수를 보여 주고 정서적인 혹은 사회환경적인 문제가 없음에도 학업성취도가 떨어지는 아동들로서, 그 이유는 학습과 관련된 뇌기능의 특정영역이 결함을 보이거나 발육지연 또는 장애를 가지고 있기 때문이다. 특수 학습장애라고 불리기도 한다.

【학습장애의 원인】

① **뇌손상에 의한 뇌기능 장애** : 학습장애 아동들 중에는 뇌성마비, 간질, 신경계의 감염, 그리고 뇌손상을 받은 경우가 많으며, 뇌파검사에서 높은 빈도의 비정상 뇌파가 보고되고 있다.

② 뇌의 성숙지연

③ **유전적 요인** : 읽기장애를 가진 부모들의 자녀에서 읽기 능력에 어려움을 보일 가능성이 많고, 난독증을 가진 경우 부모나 형제에서 난독증을 보이는 경우가 34%인 것으로 보고되고 있다.

④ 신경생화학적 요소

⑤ **뇌의 편측화(lateralization)의 불균형** : 읽기장애는 좌반구 기능의 결합으로 인하여 좌반구가 우반구에 대한 우세한 기능을 하지 못하기 때문에 읽기능력이 장해를 보이는 것으로 생각된다.

⑥ **산모의 건강상태** : 흡연, 음주

⑦ 사회 및 환경적 요인

⑧ 기타-알러지, 중이염 등

【학업성취를 위해 필요한 것들】

지능, 학습능력, 집중력, 정서적 안정의 네 가지 요건이 만족되어야 공부를 할 수 있다. 공부를 하는데는 지능이 먼저 뒷받침이 되어야 하지만, 그 외에도 읽기, 쓰기, 시각, 운동, 지각능력, 기억력, 정보처리능력과 같은 학습능력이 필요하다.

또 공부를 하는 내용에 집중을 할 수 있는 능력이 있어야 되며, 우울이나 불안이 없는 상태, 즉 정서적으로 안정되어야 앞의 능력이 충분히 발휘될 수 있다. 여기에 공부에 대한 동기가 부여되었을 때 학업성취가 가능하다.

【학습장애의 예방 및 관리】

① 학습장애 아동의 조기발견이 필요하다.

㉠ **유치원 아동**

- 다른 아동에 비해 말을 늦게 시작하고 발음에 문제가 있다.
- 어휘력 증대가 늦고, 적합한 단어를 찾지 못하는 일이 잦다.
- 숫자, 문자, 요일 등을 익히는 데 어려움을 느낀다.
- 끝 음절이 같은 단어 찾아내기 등을 잘 못한다.
- 극도로 불안하고 주의가 산만하다.
- 또래 아동들과 어울리는 데 문제가 있다.
- 지시를 따르거나 일상적인 일을 수행하는 데 문제가 있다.
- 수수께끼, 그림 그리기, 오리기를 기피한다.

㉡ **초등학교 아동**

- 사실을 기억해내는 속도가 느리다.
- 읽기와 철자법에서 지속적으로 실수를 한다.
- 글자와 소리의 관계를 익히는 속도가 느리다.
- 숫자의 순서를 바꾸어 생각하고 계산부호를 혼동한다.
- 새로운 기술을 익히는 속도가 느리며 기억에 크게 의존한다.
- 충동적이고 기본적인 계획력이 부족하다.
- 지시나 일과를 따르는 데 어려움이 있다.
- 연필을 쥐는 자세가 불안정하다.

② 학습장애 아동의 경우, 아동이 좋아하는 학습형태를 탐구하고 그 형태와 수준에 부응하려는 교사와 환경의 의지가 서로 작용해야 가장 바람직한 해결책을 마련할

수 있다.

③ 학습장애아 지도시 유의할 점은 다음과 같다.

㉠ **적응행동의 생활화** : 구체적 상황에서 구체적인 지시에 의해 상황에 맞는 적응행동을 습득시키는 방법으로 꾸짖기보다는 할 수 있을 때까지 칭찬해 주어 적응행동을 강화시킨다.

㉡ **긴장완화** : 학습하는 주변환경을 익숙하게 하고 자신감을 갖게 하여 이완할 수 있는 분위기를 조성한다.

㉢ **소집단 지도** : 앞으로의 사회참여나 타인과의 공존을 위해서도 또래 소집단 지도가 필요하다.

㉣ **적당한 과제로 유도하기** : 과제거부 아동에는 과제수준을 낮추어 소량으로 부과함으로써 성취감을 느낄 수 있도록 해 준다.

㉤ **평가자와 지도자의 역할** : 좋은 지도자는 아동의 적절한 평가자가 되어야 한다. 아동의 행동에 대하여 반응(평가)하지 않으면 발달촉진의 효과가 약해진다.

(2) 정서 · 행동장애

아동기에는 여러 가지 원인, 특히 부모의 불화, 엄마의 우울증, 아빠의 학대 등의 환경적 스트레스에 반응하여 불안, 우울, 공포, 좌절 등을 경험할 수 있는데, 이러한 감정(또는 정서)상의 어려움이 있는 경우 정서장애라고 할 수 있다. 불안장애, 우울장애 등을 포함하는 포괄적 개념이다.

행동장애란, 정서의 표현방법이 일반인에 비해 편향되어 있거나 과격하게 표현하는 등 자신의 의지로는 통제하기 어려운 상태에 있는 것이며, 그런 행동이 반복하면서 극단적인 표현방법을 통해 사회적인 부적응을 초래하는 경우이다.

'정서장애아'라는 용어는 1940~50년대에는 주로 '사회부적응'으로 사용되다가 심리역동적 이론이 성행하던 1960년대에는 '정서장애'로 용어가 바뀌게 되었으며, 1960년대 말과 1970년대에 '행동장애'로 바뀐 것은, 그 당시 유행하던 행동수정 이론의 인기 때문으로 보고 있다. 행동수정 이론과 심리역동 이론, 그리고 정서장애와 행동장애는 1980년대 이후에도 계속 사용되고 있다.

최근에 이르러 정서 · 행동장애 영역과 관련된 30여개 단체들의 모임인 미국의 국립정신건강 및 특수교육협회(the National Mental Health and Special Education

Coalition)에서 '정서 · 행동장애'라는 용어사용을 제안하였다. 그 후로 현재까지 많은 전문가들이 이 용어를 가장 적절한 용어로 선호하고 있으며, 비록 '정서 · 행동장애'라는 용어가 법적인 공식용어가 아님에도 불구하고 학문적 분야와 교육현장에서 가장 폭넓게 사용되는 용어로 정착되어 가고 있다.

특수교육진흥법 시행령 제9조 제2항에 의거한 '정서장애를 지닌 특수교육대상자' 선정기준은 다음과 같다.

① 지적 · 신체적 또는 지각적인 면에 이상이 없음에도 학습성적이 극히 부진한 자
② 친구나 교사들과의 대인관계에 부정적인 문제를 지니는 자
③ 정상적인 환경 하에서 부적절한 행동이나 감정을 나타내는 자
④ 늘 불안해하고 우울한 기분으로 생활하는 자
⑤ 학교나 개인 문제에 관련된 정서적인 장애로 인하여 신체적인 통증이나 공포를 느끼는 자
⑥ 감각적 자극에 대한 반응, 언어, 인지능력 또는 대인관계에 결함이 있는 자

【정서 · 행동장애의 특성 및 관리】

① 지능과 학업성취

정서 · 행동장애아들의 평균지능은 일반아동의 하위평균인 약 90 정도이며, 상위평균 이상의 지능을 보이는 아동은 비교적 적은 것으로 보고되고 있다. 특히 자폐아동의 경우 지능상의 결함이 매우 심한 것으로 여겨져 왔으나, 최근의 연구들에 의하면 그 분포가 다양한 것으로 나타나고 있다.

정서 · 행동장애아들이 보이는 중요한 특성 중의 하나는 낮은 학업성적이다. 대부분의 정서 · 행동장애아들은 교실에서의 학업활동에 대해서 어려움을 겪는다. 이들은 읽기를 잘 못하고 수학문제를 푸는 데 어려움을 보일 뿐만 아니라 기타 과목들의 학습에도 문제를 보이곤 한다.

정서장애가 심한 아동들은 기초학업기술 외에도 기본적인 자조기술(예:용변기술, 식사기술)조차도 갖추지 못할 수도 있다. 특히 이들 중 많은 아동들이 학습장애를 복합적으로 보이기도 하는데, 이것은 부적절한 행동이 빈약한 학업성취를 초래하거나 빈약한 학업성취로 인해서 부적절한 행동이 나타나기도 하기 때문이다.

② 사회적 · 정서적 특성

정서 · 행동장애아들은 공격적이고 겉으로 드러나는 행동을 보이거나 미성숙하면서도 내부적으로 위축된 행동을 보이는 등의 다양한 사회적 · 정서적 특성을 보인다.

㉠ 정서장애의 가장 보편적인 문제 중의 하나로 품행장애(conduct disorder)를 들 수 있는데, 때리기, 싸우기, 친구 놀리기, 소리지르기, 반항하기, 울기, 기물파괴하기, 강탈하기 등의 행동이 이에 속한다. 이러한 행동은 충동적이거나 잦으면 문제로 여겨야 한다. 이러한 행동들은 전형적인 방법의 훈육을 통해서 변화시키기 어렵다는 특성을 지닌다.

㉡ 그러나 이러한 행동들은 주위환경으로부터 부정적인 반응을 받게 되므로 이로 인해서 상호간에 부정적인 영향을 미치게 되기 때문에 문제를 아동의 행동에만 국한시켜서는 안 되며, 특히 이를 돕기 위해서는 아동의 행동과 환경 내의 다른 사람들의 행동간의 상호작용을 반드시 조사해 보아야 한다.

㉢ 또한, 학교생활 실패와 품행장애 및 청소년 비행은 상당히 높은 관계가 있는 것으로 알려져 있다. 그러므로 외부적으로 드러나는 문제행동을 보이면서 학업성취가 낮은 아동들에 대해서는 각별한 관심과 교육의 필요성이 강조되어야 한다. 이들을 위한 교육지침은 다음과 같다.

- 공격성을 야기하는 주변환경에서 비공격적인 반응을 하는 모델을 보여 준다.
- 아동에게 비공격적인 행동을 연습하거나 역할놀이를 할 수 있는 기회를 제공한다.
- 비공격적인 행동을 할 때 강화해 준다. 차단과 같은 공격성을 나타낼 기회가 없는 벌의 방법을 사용하도록 한다.
- 행동장애 아동의 공격성과 외향적인 행동문제를 과소평가해서는 안 된다. 특히 남아일 경우 아동기 학업실패, 공격성 및 반사회적인 행동은 미래의 사회적 적응이나 정신건강 등에 심한 어두움을 예고하기 때문이다.

㉣ 사회적으로 미성숙하고 위축된 행동을 보이는 아동들은 아동기 발달에 심각한 영향을 미칠 뿐만 아니라, 성인이 된 후에도 정신건강상 좋지 않은 예후를 보이곤 한다. 특히 이들은 정상적인 발달의 특성인 만족스러운 인간관계를 발달시키지 못하기 때문에 사회적으로 고립되어 친구가 거의 없고, 놀이기술 등의 필요한 사회적 기술의 결핍을 보이며, 환상이나 백일몽에 빠지기도 하고, 신체적인 고통을 호소하기도 하며, 초기발달기로 퇴보하여 끊임없는 도움과 관심을 요구

하기도 하고, 아무런 이유 없이 우울증 증세를 보이기도 한다.₩

ⓜ 사회적 위축은 나이에 따라 일시적으로 새로운 관계를 형성해야 하는 상황을 회피하고 싶어하는 등의 가벼운 증세(장애로 판별되지 않음)로부터 소아정신분열증(childhood schizophrenia)이나 자폐증(autism)과 같이 다른 사람과의 상호작용에 대해서 전혀 관심을 보이지 않거나 다른 사람의 상호작용 시도에 반응을 보이지 않는 등의 심각한 증세에 이르기까지 그 정도에 있어서도 다양하게 나타날 수 있다. 중요한 것은 사회적 위축행동은 겉으로 드러나는 공격행동과는 달리 잘 발견되지 않는 경우가 많기 때문에 조기발견을 위해서 교사들의 각별한 관심이 필요하다는 것이다.

ⓗ 자폐(autistic disorder)는 정서 및 행동장애의 일반적인 분류 안에 있는 특정 장애이다. 자폐 아동은 특정 사물(돌, 나뭇잎, 이불, 장난감 등)에 강한 관심을 보이면서도 사람에게는 관심을 보이지 않는다. 다른 사람과 정상적인 관계를 맺지 못하고, 어머니나 다른 아동에게 반응을 하지 않으며, 표정이 단조롭고, 언어발달이 지체되어 있으며, 들은 말을 되풀이하기도 한다.

이러한 행동을 보이는 이유를 행동주의 심리학자들은 사회학습을 받지 못한 것, 즉 지나치게 엄한 부모양육, 바람직한 사회적 반응에 대한 처벌, 소외행동에 대한 긍정적인 보상이 주어지는 것, 사회적 기술의 학습 및 실습기회 부족, 부적절한 행동모델 등과 같은 부적절한 환경에 기인하는 관계로, 이런 요인들을 제거해 주면 행동치료에 효과가 있다.

이외에도 중증의 심한 행동장애 아동이 보이는 행동특성들이 있으나 이는 자폐증적인 아동에게서 주로 나타난다. 경한 아동의 경우 정상학급에 있으면서 필요한 경우 심리치료를 받으면 된다.

③ 과다행동, 충동성, 산만함

정서 · 행동장애아들이 보이는 특성들 중 보편적으로 가장 자주 언급되는 행동은 과다행동(hyperactivity), 산만함(distractability), 충동성(impulsivity)의 세 가지이다.

과다행동(hyperactivity)은 활동의 양이 지나치게 과도하게 나타날 때 사용되는 용어로, 쉬임없이 움직이거나 연령 및 주어진 과제에 비해서 움직임의 양이 부적절한 경우를 뜻한다.

산만함(distractability)이란 과제에 대한 주의집중과 관련된 용어로, 학교활동으로부터 쉽게 방해를 받거나 특정과제에 주의를 기울일 수 없는 경우를 의미한다. 그러나 과다행동과 마찬가지로 산만함을 평가하기 위해서는 아동이나 환경과 관련된 변인들을 반드시 고려해야 한다.

충동성(impulsivity)은 주의 깊은 생각이나 목적 없이 발생하는 행동으로 특징 지워진다. 충동성을 보이는 아동들은 반응하기 전에 생각하지 않고 충동적으로 행동하기 때문에 이들의 행동은 부적절한 경우가 많으며, 특히 수업시간 중 부정확한 반응을 많이 보인다.

위에서 설명한 과다행동, 산만함, 충동성의 세 가지 특성이 한 아동에게서 함께 나타나는 경우에는 과다행동성 주의집중장애(ADHD:attention deficit hyperactivity disorder)로 불려지며, 주로 과제에 대한 주의를 집중함에 있어서 어려움을 보이는 아동들을 묘사하는 용어로 사용되곤 한다.

이러한 행동특성을 나타내는 아동에게 중요한 것은 체계적인 교수와 행동통제 전략이며, 이에 의해서 행동이 향상되고 있음이 교육 현장에서 지속적으로 보고되고 있다는 사실이다. 특히 의학적인 약물치료를 받고 있는 아동의 경우 교사들은 약물치료 자체가 학업 문제를 해결해 주거나 새로운 행동을 가르치는 것이 아님을 인식하고 아동의 직접적인 행동 변화에 대해서 책임의식을 지녀야 한다. 특히 약물복용으로 인한 부작용이나 행동변화를 관찰하여 담당의사나 학부모와 밀접하게 정보를 교환하는 자세를 취하고, 아동의 행동이나 학업문제에 대한 주인의식을 지녀야 한다.

④ 기타 행동적 특성

이외에도 정서 · 행동장애아들이 보이는 행동특성에는 기능적인 목적 없이 동일한 행동을 반복하는 행동(상동행동), 자신을 상해하는 행동(자해행동), 청소년 비행 등 여러 가지가 있다. 특히 청소년들에게서 점점 증가하고 있는 약물복용이나 자살행위는 이들을 교육하는 많은 전문가들의 관심을 받아오고 있다. 특히 음주나 다양한 종류의 약물복용은 신체적 발달과 사회적 적응에 부정적인 영향을 미칠 뿐만 아니라 학교환경에 적응하는 능력에 심각한 손상을 입히는 부작용이 뒤따르곤 한다. 청소년 자살행위 역시 심각한 문제행동으로 여겨지고 있으며, 이와 같은 자살행위는 심한 좌절감이나 우울증과 함께 나타나거나 약물중독이나 알코올중독과 함께 나타나기도 한다. 교사들은 이와 같은 학생들을 발견했을 때 외부의 전문적인 도움을 받는 것이 바람직하지만, 발견하기까지 주의 깊게 관찰해야 한다. 특히 학교나 지역사회로부터 이들이 받을 수 있는 전문적인 도움이란 어떤 것이 있는지 잘 알고 있어야 할 필요가 있다.

【정서 · 행동장애 아동의 교육】

정서 · 행동장애 아동이 적응을 잘 할 수 있도록 하기 위해서는 적절한 사회기술이나 행동을 가르쳐야 하며, 이들의 부적절한 행동을 관리해야 한다. 이에 사용되는 전략은 다음과 같다.

① 관찰학습

주의과정, 파지과정, 운동재생과정, 동기화과정의 4개의 과정을 거쳐 이루어진다고 한다. 이 이론에 따라 부적응 아동에게 사회적 기술을 가르치기 위해서는 먼저 아동의 사회적 기술을 사정한 후 발견된 부적응 행동에 대치되는 바람직한 행동을 택하고, 그 행동을 분석하여 학습하기 쉬운 것부터 아동에게 행동모형으로 주고 주의하게 한 다음, 그를 파지하게 하고 본대로 재생하게 한 후에 강화해야 한다. 파지를 잘 하게 하기 위해서 관찰한 것을 부호화 또는 조직화하게 하거나 상징적 또는 운동적 시연을 해보게 한다.

② 사회적 추리(social reasoning)

대인관계에 적용되는 추리과정으로, 있을 법하고 아동과 관련있는 생활경험이 포함되는 갈등상황을 유발시키고 아동이 스스로 해결해 보도록 하고, 사회적 상호작용 경험과 역할수용 경험을 하게하며 집단토의에 참여하게 하고 도덕성 변별을 강화하고, 상담기술을 가르치는 등의 방법을 사용한다.

③ 행동치료(behavior therapy)

고전적 조건형성, 조작적 조건형성의 원리를 적용하여 임상적 문제를 치료하는 것으로 현대에는 응용행동분석, 신행동주의적 매개적 자극-반응모형, 사회학습이론, 인지적 행동수정 등 다양한 접근법을 포함시킨다. 먼저, 행동의 유형과 강도(행동의 발생빈도 및 지속시간)를 관찰하고 행동에 영향을 미치는 자극을 분석한 후 행동을 유발하지 않는 선행자극을 생활환경 안에 확대 · 보급한다. 행동치료의 기법은 새로운 행동을 가르치는 것과 문제행동을 관리하는 것으로 대별될 수 있는데, 대표적인 것들은 다음과 같다.

㉠ **새로운 행동을 가르치는 기법**

- **행동조성** :시발점부터 도달점에 점진적 접근의 단계를 정하여 도달점 행동에 가까울수록 이를 강화하는 것이다.
- **행동연쇄** : 목표행동을 세분화한 후 앞 또는 뒤에서부터 하나씩 연결하여 점차적으로 강화하는 것이다. 전진형과 후진형 중 후진형이 많이 쓰인다.
- **촉구와 용암** : 촉구는 아동에게 일정한 행동을 하도록 암시하는 것이며, 용암은 촉구를 점차적으로 제거하는 것이다.

㉡ **문제행동을 관리하는 기법**

- **과잉교정** : 바람직하지 못한 행동이 발생할 때 적절한 행동을 반복하게 한다.
- **일시격리** : 부적응 행동시 격리실에 넣거나, 분리막 뒤로 보내거나 복도로 내보내거나 구석에 앉혀 벽을 보게 한다든지 하여 그 행동이 강화되지 못하게 한다.
- **소멸** : 바람직하지 못한 행동에 대한 강화를 중단하여 점차 줄어들도록 한다.
- **혐오치료** : 문제행동을 할 때 혐오자극을 준다.
- **부적연습법** : 부적절한 행동을 지겹도록 반복하게 함으로써 혐오감을 느끼게 한다.
- **홍수법** : 조건자극에 계속해서 노출시킨다.

④ 의미치료(logotherapy)

역설지향 기법으로 "감당할 수 없는 어려움은 닥치지 않는다. 한 번 해 볼 만하다"라는 생각으로, 도전하는 '창조적 행위'를 통해 경험하는 가치에 의해서, 변경할 수 없는 운명에 대해 취하는 태도를 통해서 삶의 의미를 찾는 치료과정이다.

⑤ 합리적 정서치료(RET, rational emotive therapy)

상담자 중심의 치료방법으로 바람직하지 못한 정서적 결과를 비합리적 신념에 의해 유발되는 것으로 보고, 바람직하지 못한 정서적 결과가 재발하지 않게 하기 위해서는 합리적 도전으로 비합리적 신념을 효과적으로 논박해야 한다고 말한다.

⑥ 인간중심치료

내담자 중심의 치료방법으로, 성격이란 정지된 것이 아니라 계속적으로 변화하는 상태이고(Rogers, 1942), 인간은 적극적인 방향으로 동기화될 수 있는 존재이다. 개인은 출생시부터 자기실현화를 위한 경향을 갖고 있어 이것이 유아의 동기가 된다고 본다. 개체가 지각된 현실과 상호작용할 때 그 경험을 자기실현의 요구를 만족시키는지의 기준으로 평가하여 그 기준에 도달하지 않은 것은 가치 없는 것으로 지각하게 된다.

개체는 이 과정을 통해 가치 있는 것으로 평가한 경험에만 관심을 갖고, 부정적으로 평가한 경험은 피하기 시작한다. 타인이 요구하는 것을 선택할 때 경험간에 부조화가 일어나고 여기서 발생하는 자기분열이 부적응 행동의 원인이라고 하며, 상담자가 내담자로 하여금 스스로 자기통찰을 하고, 긍정적이며 적극적인 행동을 할 수 있게 하는 방법이다.

⑦ 정신분석법(psychoanalysis)

부적응 행동을 하는 사람이 무의식적 갈등을 의식화하여 성격의 구조를 재구성하도록 하는 데 있으며, 자유연상과 해석이 주요 기법이고 분석의 주된 대상은 꿈, 전이, 저항이다.

⑧ 심리극(psychodrama)

부적응자가 주연, 보조원이 조연을 맡아 연기를 하면서 부적응자 내면의 공포나 억제된 욕망을 표출케 함으로써 자기의 정서적 문제를 이해하게 하고 새로운 적응기술을 습득하게 한다.

⑨ 놀이치료(play therapy)

아동분석에 근원을 두고 있으며, 한 아동과 한 치료자간의 인간관계가 성립 또는 몇 아동과 한 치료사간의 인간관계가 성립되어 놀이를 통한 치료방법이다.

(3) 신경성 장애

① 신경성 폭식증(Bulimia nervosa)

음식 섭취에 대한 몰두와 불가항력적인 갈망으로 폭식을 하면서, 자발적인 구토나 하제(식용억제제, 이뇨제) 등을 남용하거나 비만에 대한 병적인 공포를 보이는 경우이다. 정확한 원인은 알 수 없으며 신체적, 심리적, 사회문화적 요인과 관련되어 신경내분비 대사성 장애와 관련된다고 본다. 인지행동 기술을 포함한 심리치료, 항우울제 등으로 치료한다.

② 신경성 식욕부진, 거식증(Anorexia nervosa)

음식 섭취를 스스로 통제하고 단식하는 상태로 극도의 체중감소나 표준 체중에서 15% 이상 미달되는 체중을 유지하는 경우이다. 근본적인 원인은 알려지지 않았으며 생리적, 심리적, 가족문화적 요인이 복합적으로 작용한다. 즉, 신경전달물질인 세로토닌의 병리화와 관련된 장애, 불규칙적인 수면 양상, 알코올, 약물남용 등의 생리적 요소와 우울, 관심 결여, 집중력 저하, 자살 경향 등의 심리적 요소 등과 관련된다. 극도의 체중 감소와 무월경, 성적발달 정지, 피부 노화, 모발 상실, 저혈압, 빈혈, 변비, 가늘고 솜털같은 체모, 불면증, 접촉시 동통 등의 신체적 증상이 동반된다. 경구적 섭식을 통하여 정상적인 섭식 행동을 유도하는 행동수정, 영양상태 회복을 위한 영양상담, 정신요법, 가족상담, 집단요법 등으로 치료한다.

11) 희귀 · 난치성질환 학생관리

서울시 교육청(2011)의 희귀 · 난치성 질환 학생관리의 목적은 사회적 무관심과 경제적 부담 등으로 고통이 가중되고 있는 희귀 · 난치성 질환 학생에 대한 의료비 지원으로 대상자와 그 가족의 사회경제적 심리안녕을 도모하는 것이다.

이를 위한 기본방침은 희귀 · 난치성 질환을 앓고 있는 저소득층 가정 학생 파악 및 의료비지원이며, 지원금은 서울특별시 사회복지공동모금회에서 병원으로 입금하는 것을 원칙으로 하고 있다. 세부적인 지원내용은 다음과 같다.

(1) 서울특별시사회복지공동모금회(사회복지법인)와 연계하여 지원

(2) 1인당 의료비(수술비, 입원비, 재활 의료비 등)는 450만원 이내 지원
(※ 단, 지원금은 실제 발생된 의료비의 본인부담금을 기준으로 실비 지원함)

(3) 지원대상자에 한하여 별도의 기타비용(교통비 등 치료와 관련된 제반비용)도 50만원 범위내 지원

5.2 응급 학생 관리

신체 움직임이 활발한 학동기 불의의 사고와 학교생활 중 발생하는 응급환자에 대한 신속하고 체계적인 구급처치 및 의료기관 후송체계가 필요한 실정이다. 따라서 서울시 교육청(2010)은 학교 내 응급환자 발생 시 신속한 응급처치 및 후송체계를 확보, 응급증

상을 보이는 학생에 대하여 적기에 적정 수준의 응급의료를 제공함으로써 학생의 생명과 건강을 보호하고, 증상의 현저한 악화를 방지하며 후유증을 최소화한다는 기본방침을 기반으로 응급환자관리 대책을 마련하고 있다. 또한 교육과학기술부(2011)는 학교 응급의료 관리체계를 만들어 응급 학생 관리를 위한 체계적인 노력을 하고 있다.

1) 응급환자 관리

(1) 학교내 응급환자 관리대책

① 지역사회 보건 · 의료기관과 연계한다.

- 서울응급의료정보센터(http://www.se-emc.or.kr, 1339번)를 통한 상담
- 서울시 소방방재본부(http://fire.seoul.go.kr, 119)를 통한 학생 및 교사 대상으로 응급 처치교육 및 119구급대 출동 등

(2) 응급환자 발생시 대처

① 최초 발견 교직원은 침착하게 상황을 관찰한다. 먼저 상황이 안전한지 확인한다. (다음의 경우는 주의를 요한다. : 감전, 가스누출, 건물붕괴, 화재, 폭력사고, 안전사고로 인한 척추손상 우려 등)

② 응급환자 발생시 보건교사에게 즉시 연락을 취한다. 비의료인의 견지에서 볼 때에도 응급상황으로 생각될 경우에는, 보건교사가 오기까지 기다리지 말고 119 구급대에 곧바로 연락을 취한다.

③ 보건교사가 응급현장에 도착하기 전까지는 교직원이 반드시 계속해서 응급환자를 관찰하고 필요한 도움을 주어야 한다.

④ 응급상황에서 물, 약물 등 경구(입)투여는 삼가한다.

⑤ 불가피한 경우를 제외하고 중증의 부상이나 아픈 학생은 이동시키지 않는다. 2차 손상을 예방하기 위하여 꼭 이동이 필요한 경우는 "목과 등"에 대한 응급처치방법대로 지지 후 이동한다.

⑥ 보건교사는 가능한 신속하게 환자의 활력증상을 측정하고 환자를 사정(査定)한다.

⑦ 필요한 경우 119를 부르거나 병원으로 후송한다.

⑧ 일반차량(승용차)으로 후송시에는 운전자와 관찰자 등 최소 2명 이상이 후송한다(보건교사 동행의 경우 환자 관찰 및 처치를 위하여 보건교사는 운전하지 않도록 한다).

⑨ 담임교사는 가능한 한 빨리 학부모에게 연락하고 학교 관리자에게 구두 보고한다.

⑩ 학부모에게 연락이 되지 않을 경우, 학부모 권한 대행자에게 연락하고 의료기관에 후송한다.

⑪ 교직원은 학부모에게 인계하기 전까지 의료기관에서 학생의 상태를 관찰한다.

⑫ 보건교사는 응급처치 상황을 보건일지 또는 별도의 응급환자 기록지에 기록하고 학교장에게 보고한다.

[119구급대를 불러서 후송해야 하는 경우]

- 〈응급증상 및 이에 준하는 증상〉이 있는 경우 단, 〈응급증상 및 이에 준하는 증상〉 환자를 일반차량으로 후송하여도 상태가 악화되거나 119구급차에 비해 시간이 지연되지 않는다고 판단되는 경우는 예외로 할 수 있다.
- 병원 후송도중 증상이 지속적으로 악화될 우려가 있는 경우
- 후송도중 계속적인 의료처치가 필요한 경우
- 병원까지의 거리가 멀거나 교통정체가 예상되는 경우
- 기타 판단이 모호할 경우 : 1339 또는 119에 전화 문의

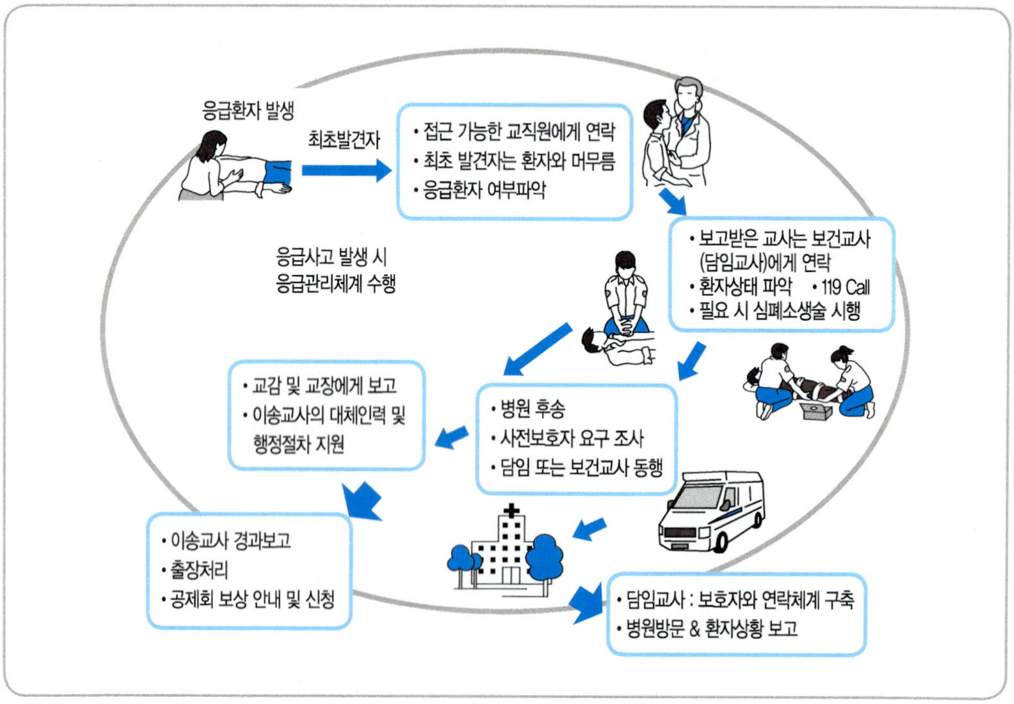

[그림 3-16] 학교 내 응급상황 발생 시 흐름도[자료원 : 교육과학기술부]

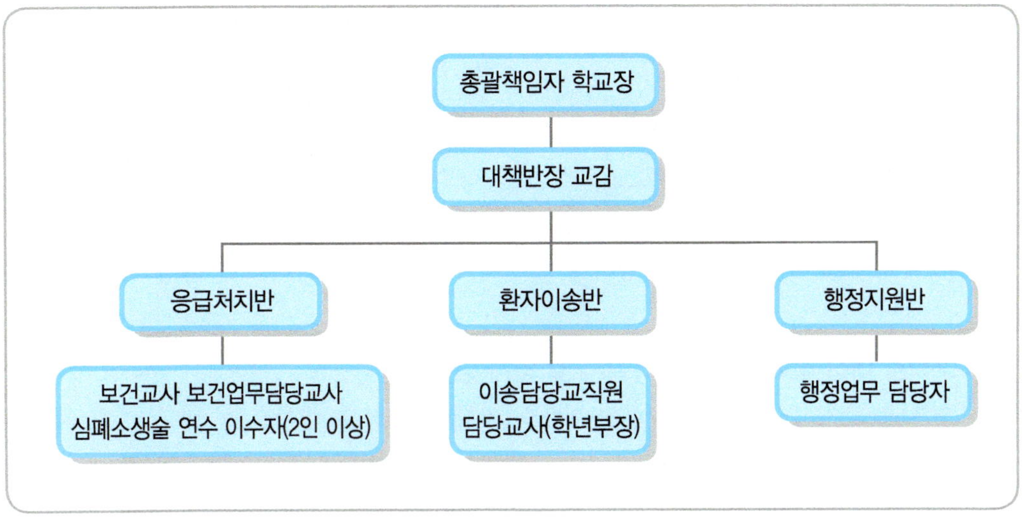

[그림 3-17] 학교 응급상황 관리반 조직도[자료원 : 교육과학기술부]

(3) 학교 심폐소생술 교육

교육부(2014)의 2014년 학생건강증진 기본방향에서 학생 심폐소생술 교육 실시의 기본 방침은 학생 및 교직원을 대상으로 한 학교 심폐소생술 교육을 통해 학생들의 심폐소생술 수행 능력을 강화하여 응급상황 시 학교 구성원의 건강 및 안전을 확보하기 위함이다.

학교 심폐소생술 교육은「학교보건법」제9조의2 개정('13.12.30)으로 모든 학교에서는 모든 학생과 교직원을 대상으로 심폐소생술 교육을 실시하여야 한다(시행:2014.7.1.). 각 시도교육청의『2012년 학교 심폐소생술 교육 실시현황 보고』에 따르면, 전체학교의 86.9%가 연 1회 이상 심폐소생술 교육을 실시하고 있으나, 초등학교 19%, 중학교 52%, 고등학교 38%에서만 전 학년을 대상으로 교육을 실시하고 있고, 학년별로는 초등학교 6학년(92.8%), 중학교 2학년(65.3%), 고등학교 1학년(69.3%)에서 가장 높은 교육 실시율을 나타냈다.

학교 심폐소생술 교육의 추진방향은 다음과 같다.

① 학생 대상 심폐소생술 교육

㉠ 매 2년마다 심폐소생술 실습교육을 통한 학생들의 심폐소생술 수행 능력 강화

- 모든 초 · 중 · 고등학교는 초등학교 6학년 및 중학교 2학년, 고등학교 1학년의 모든 학생을 대상으로 실습을 포함한 심폐소생술 교육 실시

• 모든 초등학교 5학년을 대상으로 한 심폐소생술 이론 교육 실시

초5년	→	초6년	→	중2년	→	고1년
이론		이론 + 실습		이론 + 실습		이론 + 실습

㉡ 학교 교육계획 수립시 반영하여 계획에 따라 연중 효율적으로 운영되도록 추진

② 교직원 대상 심폐소생술 교육실시 및 강사 양성

㉠ 모든 초 · 중 · 고등학교의 학교장은 전체 교직원을 대상으로 한 심폐소생술 교육을 연 1회 이상 실시하되, 외부기관에서 실시하는 각종 연수 · 교육에 심폐소생술에 대한 내용이 포함되어 있을 경우 대체 가능

㉡ 시 · 도교육감은 원활한 학교 심폐소생술 교육을 위해 관내 학교 교직원의 심폐소생술 연수를 위해 행 · 재정적 지원 실시

• 보건(담당)교사, 체육(담당)교사 등에 대해서는 연 1회 이상 심폐소생술을 포함한 응급처치 전문교육을 받을 수 있도록 관련 연수(교육)를 지원하고, 전문교육을 이수한 교원을 학생 대상 심폐소생술 교육 시 강사로 적극 활용

• 교장 · 교감 · 교원의 직무연수과정에 심폐소생술 교육에 대한 내용을 포함하거나 교육청 자체연수를 통해 관내 교직원 대상 심폐소생술 교육을 지원

(4) 학부모 인계원칙

병원 의뢰가 필요한 경우, 〈응급증상 및 이에 준하는 증상〉 등으로 위급하거나 위독할 때를 제외하고는 학부모에게 연락하여 인계함을 원칙으로 한다(가정통신문 등을 통하여 학부모에게 미리 홍보).

[학부모로부터 받아두어야 할 사항]

① 1차 연락자 및 연락번호(주로 부모)
② 학부모 권한 대행자(2차, 3차 연락자) 및 연락번호 : 주로 친 · 인척 및 이웃
③ 유질환자의 경우 학생이 주로 이용하는 병 · 의원명
④ 학부모에게 연락이 안 될 경우, 학교 인근 병원 또는 학생이 주로 이용하는 병원으로 후송하여도 이의를 제기하지 않음을 명시

이를 위해서는 학년 초에 가정통신을 통한 〈학생 건강실태 조사〉시 학교 응급환자 관리체계에 대한 필요사항을 학부모로부터 받아둔다.

(5) 응급처치함 비치

응급처치함은 적절한 물품을 구비하여 쉽게 사용할 수 있는 곳에 보관하고 필요한 경우 과학실이나 체육관 등 고위험 지역에도 비치하며 현장학습시에도 활용할 수 있도록 한다.

(6) 응급의료기관 연락처 확보 및 비치

응급처치 관련 의료기관의 전화번호를 확보하고 보건실 및 각 교무실 벽면에 부착해 둔다. 모든 교직원은 관련 의료기관 전화번호를 숙지하도록 한다.

(7) 보건교사의 부재사유(연수 · 출장 · 기타사유)로 기간제 교사를 확보하지 못한 경우 우선 업무분장에 의한 대행교사를 지정하고 교무업무 분장에 명시

(8) 요양호자의 관리

요양호자에 대한 학생 기록은 개인 인권을 보호하면서도 쉽게 찾을 수 있는 곳에 지정하여 둔다. 이 기록지에는 개별 전화번호, 지정병원 · 투약정보 등 의료정보, 기타 유의사항 등을 포함하여야 한다.

[응급환자 발생시 병원 후송 체계]

① 위급하거나 위독할 경우

- 보건교사 : 응급처치 후 119연락 또는 다른 후송방법 모색
- 환자발생 및 후송방법 보고 : 학교별 보고체계에 따라 보고
- 담임교사 : 부모에게 연락
- 보건교사와 담임교사가 병원으로 후송
- 학생 진료상황을 학교에 보고하고 학부모 위로

② 위급하지 않으나 병원으로 후송할 경우

- 보건교사 : 응급처치 후 담임교사에게 통보
- 환자발생 및 후송방법 보고 : 학교별 보고체계에 따라 보고
- 담임교사 : 부모에게 연락
- 보건교사는 부모가 교의병원을 이용하고자 할 경우 해당병원에 알려 신속하게 치료받을 수 있도록 조치(단, 병원선택은 학부모 의견존중)
- 담임교사가 학부모와 함께 병원으로 후송(보건교사는 다른 응급환자를 위하여 교내에 대기, 학교 내 배움터 지킴이 등 학교 내 보조 인력 활용)

(9) 행정사항

① 병원 후송시 환자 후송교사는 출장 처리

② 교내에서 발생하는 응급환자 후송 관련 비용은 학교회계예산에 편성하여 운영(주차비 · 유류비 등이 출장비를 넘는 경우, 기타 응급진료비 등)

[학교 응급환자의 정의]

질병, 각종 사고 및 재해로 인한 부상이나 기타 위급한 상태로 인하여 즉시 필요한 응급처치를 받지 아니하면 생명을 보존할 수 없거나 심신상의 중대한 위해가 초래될 가능성이 있는 환자 또는 이에 준하는 자를 뜻하며, 구체적으로 응급의료에 관한 법률시행규칙 제2조 제1호에 명시된 응급증상 및 이에 준하는 증상이 있거나 그러한 증상으로 진행될 가능성이 있다고 판단되는 학생

(1) 응급증상

① 신경학적 응급증상 : 급성의식장애, 급성신경학적 이상, 구토 · 의식장애 등의 증상이 있는 두부 손상

② 심혈관계 응급증상 : 심폐소생술이 필요한 증상, 급성호흡곤란, 심장질환으로 인한 급성 흉통, 심계항진, 박동이상 및 쇼크

③ 중독 및 대사장애 : 심한 탈수, 약물 · 알코올 또는 기타 물질의 과다복용이나 중독, 급성 대사장애(간부전 · 신부전 · 당뇨병 등)

④ 외과적 응급증상 : 개복술을 요하는 급성복증(급성복막염 · 장폐색증 · 급성췌장염 등 중한 경우에 한함), 광범위한 화상(외부 신체 표면적의 18% 이상), 관통상, 개방성 · 다발성 골절 또는 대퇴부 척추의 골절, 사지를 절단할 우려가 있는 혈관 손상, 전신마취 하에 응급수술을 요하는 증상, 다발성 외상

⑤ 출혈 : 계속되는 각혈, 지혈이 안 되는 출혈, 급성 위장관 출혈

⑥ 안과적 응급증상 : 화학물질에 의한 눈의 손상, 급성 시력 소실

⑦ 알러지 : 얼굴 부종을 동반한 알러지 반응

⑧ 소아과적 응급증상 : 소아경련성 장애

⑨ 정신과적 응급증상 : 자신 또는 다른 사람을 해할 우려가 있는 정신장애

(2) 응급증상에 준하는 증상

① 신경학적 응급증상 : 의식장애, 현훈

② 심혈관계 응급증상 : 호흡곤란, 과호흡

③ 외과적 응급증상 : 화상, 급성 복증을 포함한 배의 전반적인 이상증상, 골절 · 외상 또는 탈골, 그 밖에 응급수술을 요하는 증상, 배뇨장애

④ 출혈 : 혈관손상

⑤ 소아과적 응급증상 : 소아 경련, 38℃ 이상인 소아 고열(8세 이하의 소아에게 나타나는 증상)

⑥ 산부인과적 응급증상 : 분만 또는 성폭력으로 인하여 산부인과적 검사 또는 처치가 필요한 증상

⑦ 이물에 의한 응급증상 : 귀 · 눈 · 코 · 항문 등에 이물이 들어가 제거술이 필요한 환자

5.3 교직원의 건강문제와 건강관리

성인기 시기의 주요 사망원인인 만성퇴행성질환은 연령증가와 비례적으로 유병률이 증가하고 있으며, 이것은 1차 예방은 어렵지만 역학조사결과 통계적 관련성 및 원인적 관련성에 근거를 둔 위험인자를 제거하거나 피하는 일은 가능해졌다. 따라서, 조기진단을 통한 신속한 치료로 후유증이나 합병증을 최소화하는 것이 중요하다.

1) 고혈압

(1) 원인

① **본태성 고혈압(1차성 고혈압)** : 고혈압 환자의 약 90% 차지하며, 원인이 분명하지 않고 치료가 어렵다. 유발요인은 가족 중에 고혈압 환자가 있을 때, 나이가 먹을수록, 음식을 짜게 먹을수록, 비만할수록, 술 · 담배를 많이 할수록, 스트레스를 많이 받을수록 고혈압으로 진행될 위험성이 높으며, 그 외에 혈압의 증가를 가져오는 요인으로는 경구피임약, 스테로이드 투여 후, 비활동적인 생활습관 등이 있다.

② **속발성 고혈압(2차성 고혈압)** : 당뇨병, 신장병, 내분비계통질환 등 다른 질병에 의해 2차적으로 발생한다.

(2) 관리

고혈압을 치료해야 하는 이유는 고혈압을 가진 사람이 아무런 불편감을 느끼지 못한다 하더라도 고혈압을 조절하지 않고 방치한다면 혈압은 갈수록 악화되어 뇌졸중이나 심장질환 신부전(협심증, 심근경색), 눈 손상(심하면 실명) 등과 같은 심각한 합병증으로 발전하게 되므로 치명적인 합병증을 예방하기 위해 치료해야 하며, 고혈압예방을 위해 적어도 1년에 한 번은 혈압을 측정해 보는 것이다. 고혈압의 약물요법은 의사의 처방에 의하므로 보건교사는 다음과 같은 비약물요법적 접근을 하게 된다.

① **정신요법** : 정신적인 스트레스는 혈압을 상승시키며 치명적 합병증인 뇌졸중이나 심근경색증을 일으키기도 한다.

② **식이요법** : 체중감량을 위한 감식, 저염식, 금주 및 콜레스테롤이 많은 음식을 피하고 야채를 많이 섭취한다. 그리고 피해야 할 음식으로 다음과 같은 것이 있다.

[피해야 할 음식]

- 염장식품 : 오이지, 단무지, 자반, 장아찌, 젓갈
- 훈제식품 : 햄, 소시지, 베이컨
- 과자류 : 포테이토칩, 팝콘, 크래커
- 인스턴트식품 : 라면, 통조림
- 가공식품 : 치즈, 마아가린, 버터, 케찹
- 장류 : 된장, 고추장, 간장
- 자연식품 : 소의 내장류, 조개, 새우, 게, 해삼
- 콜레스테롤이 많은 음식 : 계란노른자, 간, 게, 갈비, 새우, 오징어, 마요네즈, 버터, 생선알 등

③ **운동요법** : 규칙적인 운동을 하여야 하며, 단시간의 격렬한 운동보다는 에어로빅, 걷기, 빨리걷기, 자전거타기, 줄넘기, 계단오르기, 등산 등 유산소 운동이 좋다. 그러나 역기, 단거리 달리기, 다이빙 등은 혈압을 올릴 수 있어 피해야 하며, 하루에 30분~60분 정도씩 1주일에 3~4회 운동이 치료와 예방에 도움이 된다.

④ 고혈압과 비만은 밀접한 관계가 있으므로 체중을 줄이는 것만으로도 경도의 혈압은 내릴 수 있다.

⑤ 심한 음주 및 흡연을 삼가한다.

2) 당뇨

(1) 원인

유전적인 요인이 있으며, 환경적으로는 비만, 감염, 큰 외상이나 수술 후, 잦은 임신, 스트레스, 무절제한 약물 남용(부신피질 호르몬제, 이뇨제 등)을 할 때 생길 수 있다.

(2) 관리

① 식사요법

혈당값을 정상으로 하는 것도 중요하지만 혈액 중의 콜레스테롤 값이나 혈청지질이 정상이고 혈압도 높지 않으며 체중도 정상체중으로 조절되어야 한다. 따라서, 식사요법은 당뇨병 관리의 가장 기본이 되는 방법이며, 올바른 식사요법은 음식을 제한하거나 금지하는 것이 아니라 다양한 음식을 알맞게 먹는 것이다. 일상적인 활동을 하는 경우 열량은 표준체중을 기준으로 하루에 몸무게(kg)당 30칼로리가 적절하며 체중감

소가 필요하면 25칼로리로 하며, 이를 3회로 나누어 적당량씩 배분해 섭취한다.

식사의 구성으로는 탄수화물 60%, 단백질 20%, 지방 20%으로 하는 것이 좋다. 비타민과 무기질은 충분한 양을 섭취하며, 특히 비타민 B군은 당뇨병의 합병증인 신경염의 예방과 치료에 효과적이다. 식단계획을 할 때 각자의 기호에 맞게 식품의 선택을 각 식품군 내에서 자유롭게 교환하여 선택할 수 있도록 한 것이 식품교환표를 이용하여 영양에 관한 전반적인 지식 및 식사요법의 실제를 터득해야 한다.

② 운동요법

30분 이상 지속할 수 있는 중등도 강도의 유산소 운동이 좋다. 운동시간은 근골격의 손상을 예방하기 위해 5~10분간 낮은 강도의 유산소 운동 및 준비운동으로 시작해야 하며, 보다 높은 강도의 본격적인 운동은 24~45분 정도 하는 게 좋다. 운동을 끝낼 때에는 운동후 심장 및 근골격계에 대한 위험성을 줄이기 위해 최소 5~10분 정도 정리운동을 해야 한다. 그리고 체중감소를 목표로 식사요법의 보조요법으로 운동을 할 경우에는 1주일에 5일 이상 운동하고, 인슐린 감수성의 호전 및 혈당조절 등을 위해서는 1주일에 3일 이상, 또는 격일제로 운동하는 것을 권장하고 있다. 운동 후에는 매일 발을 살펴야 하는데, 절개부위가 있는 곳, 물집이나 세균감염의 흔적이 있는 곳 등을 염두에 두고 매일 한 차례는 관찰하도록 하며, 또한 매우 덥거나 추운 환경에서는 운동을 피하도록 하고, 혈당조절이 제대로 되지 않는 기간 동안은 운동을 삼가도록 한다. 운동은 서서히 시작하여 점차적으로 그 강도를 증가시켜야 하며, 과도하거나 이룰 수 없는 목표를 정하지 않는 것이 매우 중요하다.

3) 지방간

(1) 원인

가장 흔한 원인은 술(알코올), 비만과 당뇨 등이며, 지방간 치료의 기본은 금주와 영양상태의 개선이다. 음주로 인해 지방간을 유발하는 정도는 알코올 종류보다는 섭취한 총 알코올량(음주량), 음주기간, 영양상태와 깊은 관계가 있으며, 저단백식과 고지방식을 했을 때 지방간 생성이 악화된다. 그리고 술을 마시지 않는 사람이 비만에 의하여 지방간이 생긴 경우에도 장기간 방치하면 간경화로 발전할 수 있다. 원인불명의 지방간은 남자에게 많으며, 30~40대에 많이 발생한다. 여자의 경우는 50대에 호발한다.

(2) 관리

식이요법의 원칙은 다음과 같다.

① 전체적으로 음식섭취량을 줄이고 정상체중을 유지해야 한다.

② 갈비, 삼겹살, 치킨, 장어, 탕종류, 튀김, 부침개, 잣, 땅콩 등 기름진 음식을 줄인다.

③ 케익, 크림빵, 도넛, 파이, 과자, 사탕, 초콜릿, 아이스크림, 청량음료 등 단음식을 피한다.

④ 신선한 채소, 해조류, 잡곡 등을 충분히 먹는다. 과일은 적당량만 먹는다.

⑤ 생선, 두부, 살코기, 껍질 벗긴 닭고기 등 고단백식을 한다.

⑥ 술은 영양적 가치가 없으면서 열량만(알코올 1그램=7kcal) 있으므로, 술을 자주 마시는 사람은 고혈압이나 뇌졸중의 발병률이 높으므로 음주는 피한다.

4) 골다공증

(1) 원인

유전적 요인을 비롯하여 영양섭취 특히 칼슘섭취의 부족, 운동부족 등이 깊은 관련이 있으며, 이밖에도 호르몬 이상, 위장관의 질환, 스테로이드 등의 약물복용, 술, 흡연 등이 중요한 요인으로 꼽히고 있다.

(2) 관리

골다공증을 완전히 고칠 수 있는 획기적인 치료법은 아직 없으므로 예방이 매우 강조되는 질환이다. 골다공증을 예방하기 위해서는,

첫째, 하루 1,000mg~1,500mg의 칼슘과 비타민 D(간, 간유구, 생선, 계란, 일광욕 등)의 섭취가 매우 중요하다.

둘째, 규칙적인 운동이 꼭 필요하다. 처음에는 체중부담이 적은 수영, 자전거 타기 등으로 시작하다가 익숙해지면 체중이 부과되는 걷기, 조깅, 계단오르기, 에어로빅 등으로 옮겨가면서 강도를 높이는 것이 좋다. 과도하거나 갑작스런 운동은 관절 등에 오히려 해가 될 수 있다.

셋째, 술, 담배, 카페인이 함유된 음식은 골다공증을 촉진시키므로 알코올 섭취를 금하고 금연해야 하며, 카페인이 많이 함유된 커피, 콜라, 홍차 등을 많이 먹지 말아야 한다.

한편, 약화된 뼈를 다시 회복시켜 주는 특수한 치료법은 아직 없다. 따라서, 골다공증에 대한 치료는 더 이상 뼈가 약해지는 것을 막는 데 주로 초점을 맞추고 있다. 규칙적인 운동과 충분한 영양섭취 등 기본적인 치료외에 전문적인 치료제로는 골대사 호르몬인 칼시토닌 제제, 그리고 폐경과 관련된 여성의 골다공증에서 여성호르몬인 에스트로젠을 투여하는 법 등이 있다.

5) 하지정맥류

(1) 원인

다리의 정맥이 늘어나는 원인은 크게 세 가지로, 우선 유전되는 경우이다. 어린 나이에 발생하고 여자에서 임신 전에 생기는 정맥류는 유전에 의한 경우가 많다. 다음으로 임신이 중요한 요인으로 작용하며, 임신 중에는 호르몬의 변화로 정맥이 잘 늘어나고 이때 생긴 정맥의 확장이 출산 후에도 지속되는 경우가 흔하다. 마지막으로 직업적인 발생인데, 오래 서 있거나 무거운 것을 많이 드는 직업, 즉 미용사, 군인, 교사와 슈퍼마켓 종사자들에서 하지의 정맥질환이 많이 발생한다. 이 밖에도 비만, 변비, 일부 운동 등이 원인으로 작용하는 경우도 볼 수 있다.

(2) 관리

정맥류를 비롯한 하지 정맥질환의 관리는 탄력스타킹을 신는 압박요법, 레이저, 혈관경화요법, 수술치료가 있으며, 정맥류의 예방을 위해 가장 중요한 것은 한 자세로 오래 서 있지 않는 것이다. 예를 들어, 교사는 수업시 한 자세로 가만히 서 있지 말고 자주 다리에 힘을 주었다 뺐다 하는 동작을 반복하고, 의식적으로 주변을 돌아다니며 수업을 한다. 다른 방법은 복압이 증가하는 상황을 피해야 하는데, 복압이 증가하는 상황은 윗몸 일으키기, 무거운 것을 드는 일, 변비, 몸에 꽉 끼는 옷을 즐겨 입는 일 등으로 피해야 한다.

제 4 장

학교환경위생관리 및 안전관리

학교는 자라나는 학생들의 삶의 현장으로서 그들의 건강에 중요한 영향을 끼치고 있으며, 학교에서 배운 생활습관이나 가치관은 졸업 후 그들이 살아나가는 데에도 중요한 영향을 끼치게 된다. 근래에 와서는 학교 내에 대기와 수질오염, 소음, 악취 등 비교육적인 요소가 늘어나 학생들의 각종 신체적 · 정신적인 질병을 유발시켜 교육상 막대한 지장을 초래하고 있다.

학생들은 단순히 학교 건물 안에서 공부만 하는 것이 아니고 학교환경과 상호작용하며 생활하므로 학교환경은 위생적, 미적, 그리고 사회적인 면 등 다각적인 측면에서 고려해야 한다. 학교환경을 위생적이고 안전하게 관리하는 것은 학생 자신의 건강을 유지 · 증진시키고, 몸과 마음을 편안히 하도록 해 주며, 학습능률을 향상시켜 준다. 더 나아가, 청결하고 안전한 환경 속에서 유쾌한 학교생활을 영유할 수 있도록 해 준다.

1. 학교환경위생관리

1) 교내환경

(1) 교지

교지(校地)는 교사용 대지와 체육장의 면적을 합한 용지로서 법적 기준면적은 고등학교 이하 각급 학교 설립 · 운영 규정〈개정 2015. 1. 6〉에 명시되어 있다. 통학거리는 30분 정도(초등학교는 도보 시, 중 · 고등학교는 대중교통 이용 시)로 편리하며 안전해야 한다.

또한 공기가 맑으며 통풍이 잘 되고 자연적인 조건이 좋은 지구, 물이 좋아 음용수나 기타 용수를 구하기가 쉽고, 소음 · 매연 · 유해가스 등이 없는 곳, 지대가 경사지고 물이 잘 빠지는 모래가 섞인 땅으로서 지반이 견고한 곳을 교지로서 선택해야 한다.

학교주변 환경이 공장, 번화가, 철도 등의 공해로부터 멀어 한가로워야 하고, 주점 · 극장 · 오락시설 · 도살장 · 전염병원 · 묘지 등 유해한 시설이 없어 학생들이 신체적으로나 사회적으로 건강하게 자랄 수 있도록 교지선정을 하는 것이 이상적이다.

바람직한 교지 마련방법은 지역사회 인구규모 및 발전계획 등을 고려하고, 교육부의 학교 설치기준 및 국토교통부나 소속관청과의 유기적인 연관 하에 체계적으로 계획하는 것이 바람직하다. 그러나 오늘날 무계획적인 도시설계로 인해 당초 계획에 차질이 생겨 학교환경의 악화현상을 초래하는 경우도 있어, 이는 하루속히 시정해야 할 과제이다.

(2) 교사

교사(校舍)를 건축할 때는 선정된 교지 중에서도 높은 대지에 위치하도록 하고, 교실의 방향은 남향 또는 동향이 좋으며 남동향이 가장 이상적이다. 운동장과는 상당한 거리를 두어 소음이 잘 들리지 않아 효과적인 학업이 이루어져야 한다.

건물구조는 고층보다는 단층이 좋으나 면적이 부족하면 2층 정도가 적당하며, 일반교실, 특수교실, 시청각 교실, 도서실, 상담실, 관리용 각실(교장실, 교무실, 숙직실, 창고 등), 보건위생 및 편의시설(보건실, 화장실, 휴게실, 탈의실, 샤워실 등), 실업교과에 따른 실습실 등의 시설을 두어야 한다.

교사는 재해예방에 안전하게 설계되어야 하고 소음이나 악취를 막고 자연채광, 환기, 방한, 방서가 잘 되어야 한다. 지하는 채광이나 환기가 잘 되지 못하므로 수업하는 교실보다는 특수교실로 사용하며, 일반교실 및 과학실험실, 체육관은 남향이나 동향, 미술실은 북향이나 북서향이 이상적이다. 강당은 수용인원이 단시간에 출입할 수 있도록 충분한 수의 출입문이 있도록 한다.

복도의 폭은 360cm가 알맞고 청소 및 안전사고 예방을 위해 문턱은 없어야 한다. 층계는 경사를 40° 이내로 하고, 높이 15~18cm, 너비 25~30cm, 폭 2.5m 정도가 적당하며, 학생들의 추락을 막기 위해서는 난간을 높게 한다.

(3) 교실

학교생활의 대부분을 교실에서 보내는 학생들에게 있어서 교실의 환경관리는 학교보건환경 중 가장 우선적이며, 기본적으로 관리해야 하는 분야이다. 교실의 환경은 학생들의 건강유지 · 증진과 학습능률에도 직접적인 영향을 끼치므로 중요하다.

① 면적과 방향

초 · 중 · 고교 일반교실의 기준면적은 66m²(25명 이하는 45m² 이상)로, 최저면적은 학생 1인당 1.32m²(학급당 학생 수 50명 이하 기준 적용 시)이다. 일본과 미국의 일반교실의 학생 1인당 최저면적은 각각 1.5~2m²와 2.7m²로 규정되어 있어 우리나라 교실이 협소함을 알 수 있다.

교실의 방향은 남향이나 동향이 좋으며, 가장 이상적인 방향은 동남향이다.

② 천장과 벽

천장은 밝은 회색이나 흰색, 미색, 하늘색 등의 경쾌한 빛깔로 무광택 처리가 된 것이 이상적이다. 벽은 아래쪽에 약 1m 가량 합판이나 나무로 된 널빤지를 대는 것이 좋으며 빛이 반사되지 않는 것이 좋고, 콘크리트로 만들었을 경우는 방한에도 주의를 기울여야 한다.

③ 조도와 채광

학생들의 학습효과와 시력보호를 위해 교실 내 적정기준의 조도(인공조명)와 채광(자연조명)이 유지되어야 한다.

교실 내의 조도(인공조명)는 최대조도와 최소조도의 비율이 3대 1을 넘지 않아야 하며 학생들의 책상면 조도(300Lux 이상)와 칠판면의 조도(1,000Lux 이상)가 적정기준을 유지하도록 하여 학생 및 교직원의 시력보호와 쾌적한 면학분위기를 조성하도록 해야 한다. 일반적으로 교실조도가 300Lux 이상이 되기 위해서는 교실 당 40와트 복식 형광등(2개 1조)이 8개 설치되어야 한다. 이상적인 조명조건으로는 충분한 광원과 적절한 광원의 분포, 현휘가 없어야 한다. 조명시설의 노후와 고장이 있을 때에는 즉시 보완하여 학생들의 시력에 영향이 없도록 해야 한다.

교실 내의 채광(자연조명)은 최대조도와 최소조도의 비율이 10대 1을 넘지 않아야 하며, 적절한 조도 유지를 위해 일광을 가리지 않도록 창 가까이 건물이나 높은 수목이 있어서는 안 되며, 가능한 한 채광을 충분히 이용해야 한다. 충분한 채광을 위해 천장 높이는 3.9m, 교실 폭은 7m 이상이어야 하고, 창은 전체 바닥의 1/5 이상이 되어야 하며, 교실 내의 가장 깊은 책상 면에서 하늘이 보여야 한다. 또한, 과도한 조도 차이를 줄이기 위해 창문에 커튼을 부착해 놓아야 한다.

또한, 벽색은 반사광선으로 인한 눈부심을 방지하기 위해, 엷고 밝은 색을 띠게 하고 바닥색은 비교적 어두운 색이 요구된다. 무색투명한 창을 사용하고 채광창과 환기창으로 구별한다.

④ 환기

학교 건축양식에 있어서의 콘크리트 사용 증가, 교실 내 과밀한 학생 수, 외부로부터의 각종 공기오염물질 유입과 악취 등으로 인해 환기에 주의를 기울여야 한다.

실내 환기의 기준이 되는 교실 내 이산화탄소 농도는 1,000ppm(0.1%) 이하로 유지하도록 되어 있으며, 환기조절 기준은 환기용 창 등을 수시로 개방하거나 기계식 환기설비를 수시로 가동하여 1인당 환기량이 21.6m^3/hr 이상이 되도록 하고 있다. 시간당 환기 횟수는 실내 공기용적과 사람 수에 따라 다르게 되며 다음과 같은 식이 성립된다.

$$N = \frac{xV}{v}$$

N : 시간 당 환기 횟수
x : 실내의 사람 수
V : 1인당 환기량
v : 실내 공기 용적

예시) 용적 200m^3의 교실에 30명의 학생이 있는 경우, 시간당 최소 3~4회의 환기가 필요

동절기에는 교실 내 난방기구의 연소과정에서 발생하는 유해가스와 연기 등으로 인해 환기가 불충분하면 두통, 졸음, 집중력 감퇴로 학습능률이 저하하고 호흡기 질환 등 건강상 위해가 우려되므로 신선한 공기와 교환될 수 있도록 매 교시 2회 이상 창문을 열어 환기를 시키며, 교실 내 먼지 등이 발생하지 않도록 환경위생교육과 계몽이 필요하다.

또한, 교실 내 공기오염을 방지하기 위해서 환기시설의 강화와 실내공기 오염발생원의 제거 및 대체, 그리고 교실 환경위생의 법적 규제 및 공공정책의 제도적인 뒷받침이 요구된다.

⑤ 온도와 습도

적절한 실내온도와 습도 유지는 학생들의 학습능률뿐만 아니라 신체적 기능과 정서적 안정감을 도모해 주므로 중요하다. 교실 내 온도는 교실 내 학생들의 호흡, 발한 등에 의한 방열과 냉·난방장치와 복사열, 그리고 외부의 기온에 따라 영향을 받는다.

실내온도는 18~28℃로 하되, 난방은 10℃ 이하에서, 냉방은 26℃ 이상에서 이루어지는 것이 적절하다. 난방온도는 18~20℃, 냉방온도는 26~28℃, 비교습도는 30~80%가 적당하다고 보고 있다. 냉방 시에는 실내외 온도차이가 5~7℃ 이내가 적당하며, 요즘은 냉난방시설을 갖추는 학교 수가 늘어나는 추세이므로 냉난방시설의 안전관리 및 위생관리에도 관심을 기울여야 한다.

⑥ 소음

소음은 원활한 의사소통을 방해하여 교육활동에 직접적인 영향을 주는 요인으로서 학생들의 정신집중을 방해하고 피로와 두통 등을 유발하기도 한다. 소음발생원을 보면 교실 안에서는 말소리, 발소리, 떠드는 소리, 물건의 이동 등이고 교실 밖에서는 공장소음, 건축공사장의 작업소음, 차소리 등을 들 수 있다.

또한, 학교 담장이나 방음벽의 조성과 각 교실(강의실, 음악실, 강당, 운동장 등)의 적절한 배치 등을 통해 소음전파 경로를 차단하고 학교를 건축할 때 흡음 및 차음제를 사용하는 것도 소음을 차단하는 방법이다.

학교보건법시행규칙에 따른 학교 소음기준은 [표 4-1]과 같다.

[표 4-1] 학교 소음기준

<table>
<tr><th colspan="2">구 분</th><th>소음기준</th><th>기준 법령</th></tr>
<tr><td>교사 내</td><td></td><td>55dB</td><td>학교보건법시행규칙 제3조 제1항 제3호 관련 별표 4. '폐기물 및 소음의 예방 및 처리 기준'〈개정 2014. 12. 31〉</td></tr>
<tr><td rowspan="2">학교부지경계로부터 직선거리 50미터 이내의 지역과 정비구역 안의 통학로 중 소음이 가장 높은 지역</td><td>주간
(07:00~18:00)</td><td>65dB</td><td rowspan="2">학교보건법시행규칙 제9조 관련 별표 8. '학습환경 조사항목별 기준(소음)'〈개정 2014. 12. 31〉</td></tr>
<tr><td>야간
(18:00~07:00)</td><td>50dB</td></tr>
</table>

(4) 교구

① 책상과 의자

책상과 의자는 학생들의 자세불량, 체격 불균형, 요통, 피로 및 주의산만 등의 건강 문제를 발생시키므로 학생들의 신체지수에 근거하여 인체공학적 측면을 고려하는 배려 및 관리가 필요하다. 표준규격을 얻기 위해서는 앉은키, 대퇴와 하퇴의 길이를 기준으로 한다.

책상과 의자는 분리되는 것이 좋으며 1인용이 적합하고, 학생의 신장에 따라 알맞은 규격으로 조절해 주어야 하며, 편안한 자세를 유지시켜야 한다. 책상과 의자를 선택할 때의 다음과 같은 기준을 고려하여야 한다.

㉠ **의자의 높이** : 하퇴장(무릎 이하 다리의 길이) – 1.5cm
㉡ **책상의 높이** : 앉은키의 1/3 + 의자의 높이
㉢ **의자의 폭** : 상퇴의 길이
㉣ **책상의 폭** : 가운데 손가락 끝에서 팔꿈치까지의 2배 이상
㉤ **책상과 의자의 세로 길이** : 가로의 2/3 이상

책상과 책상 사이의 거리는 혼자 앉는 의자일 경우는 50cm, 2명 의자일 경우는 60cm가 적당하며, 제일 앞줄의 책상과 칠판 사이의 거리는 2.5~3m 정도가 유지되어야 한다. 책상은 교과의 종류, 조명, 시력과 청력을 배려하여 항상 가동적으로 배치하는 것이 원칙이며, 광선을 좌후방에서 받기 위해 좌석배치는 창면에 대해 40~50° 각도를 가져야 한다.

② 칠판

칠판은 면이 편평하고 반짝거림이 없으며 글씨가 잘 써지고 잘 지워지는 것이 좋다. 고정식과 이동식 칠판을 활용할 수 있으며, 최근에는 빔프로젝터를 활용한 스크린이나 전자칠판 등 첨단 교구가 활용되고 있다.

칠판의 높이는 학생의 하퇴길이에 좌고를 더한 높이를 칠판의 하단으로 하며(바닥에서 70~90cm 지점, 때로는 10cm 낮게 하여 수평시선을 취함), 칠판의 상단은 학생의 손이 닿는 범위로 한다.

(5) 음용수

음용수 관리는 학교 위생관리측면에서 매우 중요하다. 급수시설 · 설비는 항상 위생적으로 관리하여야 하며, 학생 및 교직원에게 공급하는 먹는 물은 수질기준에 적합한 물을 제공하되, 음용으로 사용하는 물의 양은 1일 학생 1인당 최소 2L 이상을 확보해 두어야 한다.

① 수질기준

수질검사 결과 음용수로서 이용되는 기준(먹는물 수질기준 및 검사 등에 관한 규칙 제2조 관련 별표 1. '먹는물의 수질기준'〈개정 2014. 4. 30〉)은 다음과 같다.

- ㉠ **유리잔류염소** : 4.0mg/L 이하
- ㉡ **일반세균** : 1mL 중 100CFU(Colony Forming Unit) 이하
- ㉢ **총 대장균군** : 분변 오염의 지표로서, 100mL(샘물 · 먹는 샘물 및 먹는 해양심층수의 경우에는 250mL)에서 검출되지 않아야 한다.
- ㉣ **경도** : 1,000mg/L(수돗물의 경우 300mg/L, 먹는 염지하수 및 먹는 해양심층수의 경우 1,200mg/L) 이하
- ㉤ **냄새와 맛** : 소독으로 인한 냄새와 맛 이외의 냄새와 맛이 없어야 한다.
- ㉥ **산도** : pH 5.8~8.5
- ㉦ **색도** : 5도 이하
- ㉧ **탁도** : 1NTU(Nephelometric Turbidity Unit) 이하(수돗물의 경우에는 0.5NTU 이하)

만약 부적합 판정 시에는 즉시 급수를 중단하여 원인을 규명 · 보완한 후 재검사를 의뢰하여, 적합판정을 받은 후 먹는 물로 사용해야 한다.

② 수질관리

학교에서 제공되는 먹는 물의 형태는 상수도, 간이상수도, 지하수로 구분될 수 있는데, 수돗물에 대한 불신으로 많은 학교가 정수기 또는 냉 · 온수기를 설치하여 먹는 물을 공급하고 있다. 그러나 정수기의 수질검사, 필터의 교환, 청소 미실시 등 유지관리 소홀로 오히려 먹는 물의 수질을 저하시키고 있는 실정이다.

상수도는 광역자치단체에서 직접 운영하고, 간이상수도는 시 · 군 · 구 · 읍 · 면 등

소규모의 형태로 운영된다. 이는 정수과정을 거친 물로서 그대로 음용해도 된다.

지하수는 학교자체에서 직접 관리하며, 연 4회 이상 수질검사를 의뢰하고, 그 중 연간 1회 이상은 시 · 도 보건환경연구원에 의뢰하여 정밀검사를 받아 안전하고 위생적인 급수관리를 해야 한다.

음용수로 저수조(물탱크)를 이용할 경우는 저수조 청소부실과 수도관 부식으로 인한 오염수 침투, 세균번식과 이물질 투입의 위험 등, 여러 가지 위생학적 문제점이 발생할 가능성이 많으므로, 매월 1회 이상 위생상태를 정기점검하고 매 6개월마다 1회 이상 청소를 실시해야 한다.

안전한 물을 먹기 위해서는 100℃ 이상 15분간 끓여서 먹는 것이 좋으나, 이 경우에도 보온통의 물을 자주 교체하여 변질된 음료수를 먹지 않도록 해야 하고, 온수를 이용할 때 발생될 수 있는 안전사고를 예방하기 위해 학생들에게 안전관리 및 위생지도에 노력하도록 한다.

③ 정수기 관리

정수기나 냉 · 온수기는 지하수를 이용하는 학교 등 부득이한 경우에만 사용하도록 하되, 정수기마다 특성과 성능 · 사용법이 다르므로 제품의 특성을 정확히 알고 사용하고, 관리부주의로 인한 수질오염의 문제가 발생되지 않도록 철저한 위생관리를 한다. 정수기를 장기간 사용하지 않을 때는 필터에 농축되어 있던 오염물질이 일시에 유출될 수 있도록 매일 아침 1~2L 정도 통과시켜 필터에 농축되어 있는 오염물질을 제거한 후 음용하도록 한다. 수명이 지난 필터를 계속 사용하게 되면 정수의 기능이 저하될 뿐 아니라 필터 속에 농축되어 있는 물질들이 영양분으로 작용하여 세균이 다량 번식될 수 있다. 따라서 냉 · 온 정수기의 렌탈 및 기기 구입 시 설치업체에 수질검사, 정기적인 필터교환, 내부소독 등 사후관리를 의무화하여 전문가에 의한 주기적인 위생관리가 필요하다. 학교장은 관리 담당자를 지정하여 주 1회 이상 주기적 청소 · 소독 등의 실시 및 필터교환 등 관리실태를 점검하고 기록하여야 한다. 또한 청소 시 형식적인 외관 청소뿐만 아니라 수도꼭지, 물탱크 등을 소독하고 학생들에게 사용법을 교육하여 사용자의 부주의로 인한 오염을 예방한다.

(6) 화장실

대변기 및 소변기는 수세식으로 하되, 학생 및 교직원이 쉽고 편리하게 이용할 수 있도록 필요한 면적과 변기수를 확보하여야 하며, 대변기인 경우 초등학교 학생 30인당 1개 이상, 그 외의 학교에서는 남자 50인당 1개, 여자 25인당 1개 이상이 적당하다.

화장실을 만들 때 고려할 사항은, 학생들이 쉬는 시간에 사용하므로 쉽게 이용할 수 있는 거리에 있어야 하고 위생적이어야 한다. 또한, 채광과 조명, 환기시설, 방충시설, 안전시설, 수세시설 측면이 고려되어야 한다. 남녀공학인 경우는 성폭력 등으로부터의 안전성도 고려해 주어야 한다.

화장실 출입구는 남자용과 여자용이 구분되도록 따로 설치하되 대변기의 칸막이 안에는 소지품을 두거나 옷을 걸을 수 있는 설비를 해야 하고, 화장실 안에는 손씻는 시설과 소독시설을 갖추어야 한다. 화장실은 주기적으로 청소하고 20% 석회수나 5% Cresol액으로 정기적 소독을 하여 청결한 상태를 유지한다. 악취의 발산과 쥐 및 파리 · 모기 등 해로운 벌레의 발생 · 번식을 방지하도록 화장실의 내부 및 외부를 4월부터 9월까지는 주 3회 이상, 10월부터 다음해 3월까지는 주 1회 이상 소독을 실시하여야 한다.

(7) 청소와 쓰레기 처리

학교환경 중 위생관리 측면에서 가장 중요한 문제가 청소와 쓰레기 처리이다. 학생들에게 청결한 주위환경을 가꾸는 습관을 훈련시키기 위해 청소는 중요하다. 청소의 효율을 위해 청소도구는 가급적 서서 조작할 수 있고 학생 신장을 고려하여 긴 자루가 있는 것으로 교실마다 잘 정비해 두는 것이 좋다.

쓰레기는 종류별로 가연성, 불연성, 재활용품, 음식물 쓰레기 등으로 분리하여 처리하는데, 수거용기는 물을 견뎌내는 재료로 만들어져야 하고 뚜껑이 있어야 하며, 특히 쓰레기 용기에 오염된 물이 흐르지 않도록 주의해야 한다.

쓰레기 용기는 교내 필요한 장소에 충분히 비치되어야 하고, 특히 학교급식실과 실습실의 쓰레기 처리에 주의를 기울여야 한다.

화학실험실 등의 경우는 폐기물 중 인화물, 폭발물, 자연발화, 유리조각으로 인한 안전사고가 일어나지 않도록 유의해서 처리해야 한다. 또한, 학교에서 발생되는 일반폐기물은 지방자치단체 또는 수집 · 운반업자에게 위탁 처리함을 원칙으로 하고, 폐기물 관리법령 등이 정한 바에 따라 적합하게 설치된 소각시설 외에는 교내소각을 금지한다. 무엇보다도 폐기물의 재활용 조치 등 폐기물의 발생을 예방하거나 감량을 위한 노력이 필요하다.

2) 교외환경

교외환경위생관리는 1967년 학교보건법에 의해 제정된 '학교환경위생 정화구역'을 통해, 학교주변에 학생의 학습 및 학교보건위생에 나쁜 영향을 끼친다고 인정하는 행위와 시설을 규제함으로써 학습에 전념할 수 있는 분위기 조성과 올바른 사회 · 심리 · 정신적 발달을 하여 조화로운 인격을 형성할 수 있게 해준다.

(1) 학교환경위생정화구역 설정

학교의 보건 · 위생 및 학습 환경을 보호하기 위하여 교육감은 학교보건법시행령으로 정하는 바에 따라 학교환경위생정화구역을 설정하여야 한다. 정화구역은 절대정화구역과 상대정화구역으로 나누어 설정하고, 절대정화구역은 학교 출입문으로부터 직선거리 50m까지의 지역으로 하고, 상대정화구역은 학교경계선으로부터 200m까지의 지역 중 절대정화구역을 제외한 지역으로 한다.

교육감은 정화구역을 설정하였을 때에 그에 관한 사항을 시장 · 군수 또는 구청장에게 알리고, 그 설정일자 및 설정구역을 고시해야 한다. 또한 특별시장 · 광역시장 · 특별자치시장 · 도지사 · 특별자치도지사 및 시장 · 군수 · 구청장은 환경위생 정화구역 내에 금지행위 및 금지시설이 들어오지 못하도록 하며 필요한 조치사항을 시행한다.

(2) 학교환경위생정화구역 안에서의 금지행위 (학교보건법 제6조 〈개정 2013. 12. 30〉)

누구든지 학교환경위생정화구역 안에서는 아래 ①~⑲에 해당하는 행위 및 시설을 해서는 안 된다. 다만, 상대정화구역 (⑬은 상대정화구역 및 절대정화구역) 안에서는 아래 ②, ⑤, ⑨, ⑪, ⑫, ⑬, ⑭, ⑮, ⑯, ⑰, ⑲에 규정한 행위 및 시설 중 교육감 또는 교육감이 위임한 자가 학교환경위생정화위원회의 심의를 거쳐 학습과 학교보건위생에 나쁜 영향을 주지 않는다고 인정하는 행위 및 시설은 제외한다.

① 「대기환경보전법」, 「악취방지법」 및 「수질 및 수생태계 보전에 관한 법률」에 따른 배출허용기준 또는 「소음 · 진동관리법」에 따른 규제기준을 초과하여 학습과 학교보건위생에 지장을 주는 행위 및 시설

② 총포화약류의 제조장 및 저장소, 고압가스 · 천연가스 · 액화석유가스 제조소 및 저장소

③ 「영화 및 비디오물의 진흥에 관한 법률」 제2조 제11호의 제한상영관

④ 도축장, 화장장 또는 납골시설

⑤ 폐기물수집장소

⑥ 폐기물처리시설, 폐수종말처리시설, 축산폐수배출시설, 축산폐수처리시설 및 분뇨처리시설

⑦ 가축의 사체처리장 및 동물의 가죽을 가공 · 처리하는 시설

⑧ 감염병원, 감염병격리병사, 격리소

⑨ 감염병요양소, 진료소

⑩ 가축시장

⑪ 주로 주류를 판매하면서 손님이 노래를 부르는 행위가 허용되는 영업과 위와 같은 행위 외에 유흥종사자를 두거나 유흥시설을 설치할 수 있고 손님이 춤을 추는 행위가 허용되는 영업

⑫ 호텔, 여관, 여인숙

⑬ 당구장(「유아교육법」 제2조 제2호에 따른 유치원 및 「고등교육법」 제2조 각 호에 따른 학교의 학교환경위생 정화구역은 제외)

⑭ 사행행위장 · 경마장 · 경륜장 및 경정장(각 시설의 장외발매소 포함)

⑮ 「게임산업진흥에 관한 법률」 제2조제6호에 따른 게임제공업 및 같은 조 제7호에 따른 인터넷컴퓨터게임시설제공업(「유아교육법」 제2조 제2호에 따른 유치원 및 「고등교육법」 제2조 각 호에 따른 학교의 학교환경위생 정화구역은 제외)

⑯ 「게임산업진흥에 관한 법률」 제2조 제6호 다목에 따라 제공되는 게임물 시설(「고등교육법」 제2조 각 호에 따른 학교의 학교환경위생 정화구역은 제외)

⑰ 「게임산업진흥에 관한 법률」 제2조 제8호에 따른 복합유통게임제공업

⑱ 「청소년 보호법」 제2조 제5호 가목 7)에 해당하는 업소와 같은 호 가목 8) 또는 9) 및 같은 호 나목 7)에 따라 여성가족부장관이 고시한 영업에 해당하는 업소

⑲ 기타 ①~⑱과 유사한 행위 및 시설과 미풍양속을 해치는 행위 및 시설로서 대통령령으로 정하는 행위 및 시설

(3) 학교환경위생정화구역 안에서의 기타 금지시설 (학교보건법 시행령 제6조 〈개정 2014. 12. 9〉)

유아교육법 제2조 2호의 규정에 의한 유치원과 고등교육법 제2조 각 호의 규정에 의

한 학교의 환경위생정화구역의 경우에는 아래 ②, ④, ⑤, ⑥의 시설을 제외한다.

① 특수목욕장 중 증기탕

② 만화가게

③「체육시설의 설치 · 이용에 관한 법률 시행령」별표 1에 따른 무도학원 · 무도장

④「음악산업진흥에 관한 법률」제2조 제13호에 따른 노래연습장업 시설

⑤ 담배자동판매기

⑥「영화 및 비디오물의 진흥에 관한 법률」제2조 제16호 가목 · 나목 및 라목에 따른 비디오물감상실업, 비디오물소극장업 및 복합영상물제공업의 시설

(4) 학교환경위생정화구역 관리 (학교보건법 시행령 제4조 〈개정 2014. 12. 9〉)

① 설정된 정화구역은 정화구역이 설정된 당해 학교의 장이 관리한다(학교설립예정지의 경우, 학교가 개교하기 전까지는 정화구역을 설정한 자가 관리).

② 학교 간에 정화구역이 서로 중복될 경우에는 그 중복된 구역은 다음에 해당하는 학교의 장이 관리한다.

㉠ 상 · 하급 학교간의 정화구역이 서로 중복될 경우에는 하급학교. 다만, 하급학교가 유치원인 경우에는 그 상급학교

㉡ 같은 급의 학교 간에 정화구역이 서로 중복될 경우에는 학생 수가 많은 학교

③ 학교 간에 절대정화구역과 상대정화구역이 서로 중복될 경우에는 ②의 규정에 불구하고 절대정화구역이 설정된 학교의 장이 관리한다.

(5) 학교환경위생정화구역 표지판 설치

각급학교장 및 유치원장은 유관기관과 협의하여 '학교환경위생정화구역 안내' 표지판을 설치하고, 학생의 학습과 학교보건위생에 나쁜 영향을 주는 행위와 시설 설치를 하지 않도록 지역주민들의 관심을 고취시켜야 한다.

3) 정신적 환경

청소년기를 지내는 학생은 신체적인 성장뿐만 아니라, 정신적인 면에서도 빠른 성장속도를 보여 주는 시기이다. 그러므로 교사들은 단순히 눈에 보이는 신체적 건강에만

관심을 기울이는 것이 아니라, 그들의 정신건강을 위한 교육과 지도, 지속적인 관리와 사랑으로 성인이 되어서도 건전한 한 시민으로 생활하도록 해 주어야 한다.

학령기는 성인이 되는 데 기초가 되므로 이 시기에 적절한 교육과 지도를 통해 일어날 수 있는 여러 가지 정신적인 문제에 대한 처리 및 해결능력을 키워 주어야 한다. 다시 말해, 학교에서의 정신건강의 목적은 학생에게 건강한 정신을 유지할 수 있는 편안하고 건전한 환경을 제공하여, 각 개인의 개성에 적합한 정신발달을 촉진하고 잠재능력을 개발할 수 있도록 하며, 대인관계 또한 원만하게 형성할 수 있는 정신건강을 증진하는 데 있다.

(1) 학교 내 건강한 정신적 환경

① 학생들은 편안하게 이완되어 있다.
② 학생들은 교사와 급우들로부터 자신이 존중받는다는 것을 느낀다.
③ 학생들은 높은 수준의 자존감을 갖는다.
④ 학생들은 상황에 도전한다.
⑤ 학생들은 자신이 성공할 수 있다고 확신한다.
⑥ 학생들은 성공을 경험한다.
⑦ 학생들은 자신의 성공을 통해 적절한 개인적인 만족감을 얻는다.

(2) 건강한 정신적 환경을 위한 학교의 역할

① 학생의 교육적 성숙도를 고려한 교과과정을 마련하고 이에 적응시킨다.
② 가치개념의 확립을 위한 기회와 그에 따른 행위수행의 기회를 제공한다.
③ 특별한 결점에 대한 배려와 약점에 대해 보완하도록 지지해 준다.
④ 학생의 능력개발에 지원이 되는 집단의 사회적 영향력을 활용한다.
⑤ 학생들에게 의사결정할 기회를 주고 책임감과 지도력을 개발시킨다.
⑥ 시청각 보조물, 토의, 독서, 기타 과정 등의 실물로 보다 좋은 생각과 습관을 개발시킨다.
⑦ 바람직한 사회경험을 제공하고 법과 질서에 대한 건전한 관심을 개발시킨다.
⑧ 각 학생들에게 교과목 외 활동에 참여하도록 유도하고 지도한다.
⑨ 각 학생들의 요구에 맞는 교과과정 외 기능을 계발한다.
⑩ 개개 학생들의 성취에 합당한 격려와 성적을 제공한다.
⑪ 학생들이 스스로 돕도록 도와줌으로써 가능한 한 실제적인 도움을 주도록 한다.

⑫ 이해심 많은 청취자가 되어 준다.

⑬ 학교에서 성취에 대한 태도를 얻도록 도와준다.

⑭ 학생의 능력에 대해 건전한 태도를 갖도록 부모를 돕고 그들로 하여금 아이를 더 잘 알도록 돕는다.

⑮ 정서적으로 적응하지 못하는 아이들에 대한 재교육과 극소수의 불량학생을 위해서는 그 학생이 가장 잘 적응할 수 있는 교사나 집단을 찾아본다.

(3) 불건강한 정신적 환경

① 학교폭력

학교폭력은 가해자나 피해자 또는 발생장소가 모두 학교와 관련하여 발생하는 폭력행위로서 그 주체나 대상이 모두 청소년이라는 특징을 가지고 있다. 이 용어는 1995년 '학교폭력예방 시민모임'('청소년폭력예방재단' 창립 이전의 명칭)에서 처음으로 사용되었다.

㉠ 원인

- **개인적 특성** : 성격, 가치관 혼돈, 문화에 대한 이해부족, 정신이상 등
- **사회적 환경** : 도덕윤리의 붕괴, 폭력적인 범죄, 하위문화의 영향, 대중매체의 폭력 보도와 방영, 사회 전반적인 유해환경의 확산 등
- **가정의 문제** : 가족구조의 변화, 가정교육의 기능약화 등
- **학교의 문제** : 인성교육 부족, 과다경쟁과 입시교육 위주의 학교교육 등

㉡ 피해징후

- **가정에서 부모가 발견할 수 있는 폭력징후**
  - 몸에 다친 상처나 멍 자국이 자주 발견되며, 다친 원인에 대해서 그냥 넘어졌거나 운동 중에 다쳤다고 대답한다.
  - 비싼 옷이나 운동화, 안경 등을 자주 망가뜨리거나 잃어버린다.
  - 교과서나 가방, 공책 등에 '죽어라', '죽고 싶다'와 같은 낙서가 적혀있다.
  - 용돈이 모자란다고 하거나 말도 없이 집에서 돈을 집어간다.
  - 갑자기 성적이 떨어지거나 전학을 보내달라고 한다 등.

- 학교에서 교사가 발견할 수 있는 폭력징후
  - 수업시간에 특정학생에게 야유나 험담이 많이 나돈다.
  - 잘못했을 때 놀리거나 비웃는다.
  - 체육시간이나 야외활동시간에 집단에서 떨어져 따로 행동하는 학생이 있다.
  - 자주 지각을 하거나 몸이 아프다는 이유로 결석하는 학생이 있다.
  - 평소보다 어두운 얼굴표정으로 수심이 있고 수업에 열중하지 못한다.

㉢ **대처방법**

- 싸울 때는 주먹 대신 대화로 해결한다.
- 싸움 현장을 멀리하고 본능적으로 위험하다는 느낌이 들면 즉시 피한다.
- 집 근처의 안전한 길과 도움을 받을 만한 장소를 미리 알아둔다.
- 다른 사람이 시비를 걸면 상대하지 않고 일단 자리를 피한다.
- 폭력을 행사하거나 위험한 인물은 즉시 경찰, 부모, 학교에 알린다.
- 유흥업소, 술이나 마약을 접할 수 있는 장소, 의심스러운 장소는 아예 피한다.
- 마약이나 폭력을 행사하는 친구를 사귀지 않는다.
- 폭력예방 캠페인, 마약퇴치 모임, 상담학교 등에 적극 참여한다.
- 주위의 친구나 후배들이 폭력의 희생자가 되지 않도록 공동으로 협력한다.

② 집단따돌림

㉠ **정의** : 집단따돌림이라 함은 두 명 이상이 집단을 이루어 특정인을 그가 속한 집단 속에서 소외시켜, 구성원으로서의 역할수행에 제약을 가하거나 인격적으로 무시 또는 음해하는 언어적 · 신체적인 일체의 행위를 말한다.

㉡ **형태** : 따돌림의 형태는 다양하여 대화거부, 상대방 약점을 들추거나 모함하기, 비난하기, 시비걸기, 그와 가까이 지내는 교우를 괴롭히기, 바보 만들기 등이 있다.

㉢ **대처방안**

- 평상시 학생들의 교우관계를 파악한다.
- 교내의 따돌림 실태를 파악한다.
- 소집단활동으로 이루어지는 특별활동을 강화한다.
- 확인된 피해자의 상담을 통해 원인을 파악한다.
- 학생, 교사, 부모 모두를 대상으로 한 개인과 그의 개성을 존중하는 지속적인 교

육과 분위기를 만든다.

- 집단따돌림은 집단 내 교우관계가 원인이므로 동료 집단적 치료(peer group therapy)를 실시한다.

2. 학교안전관리

1) 학교안전의 개념

초 · 중 · 고등학교 시절의 학생들은 신체적, 정신적으로 불완전한 성장과정에 있기 때문에 다양한 형태의 보건문제를 발생하고 있으며, 이러한 보건문제는 시대와 경제상황의 변화에 따라 매우 다양할 뿐 아니라 시대에 따라 변화하고 있다. 최근 들어서는 학생들의 급성질환과 환경위생문제보다는 만성질환과 학교안전문제가 더욱 중요시 되고 있다(장창곡, 2014). 그러나 학교안전에 대한 인식이 높아짐에도 불구하고 학교활동 중 안전사고는 갈수록 증가하여 2011년에 학교안전공제회가 공제지급액은 37억 5백만원, 8716건이라고 밝히고 있어 경제적 손실은 물론이고 학교생활과 교과수업참여에도 많은 영향을 미치고 있다(이정철, 2012). 학교 안전사고는 교육시설의 설치 · 관리상의 하자 또는 학생이나 교직원의 고의 · 과실로 인하여 학교의 교육활동, 즉 학교내외에서 행하는 교육과 지도 및 보호에 관련된 일체의 행위와 행사(교원의 출장, 출근, 퇴근 및 학생의 등 · 하교 포함) 중에 일어나는 학생 및 교직원의 부상 또는 사망사고를 가리킨다(이정철, 2012). 특히 학령기 아동의 신체적 · 정신적으로 가장 활발하게 성장 발달해야 할 시점의 침해행위로써, 신체적으로 성장 저해를 초래할 뿐만 아니라, 이로 인한 정신적 충격 또한 크다(이명선, 2013).

안전한 학교생활을 위해 학교 내의 각종 시설물이나 주변 환경의 위험성이나 사고여건을 제거해 줌으로써 학교 내에서 생활하는 학생들로 하여금 편안하고 온전하게 학교생활을 누릴 수 있게 해 준다. 이를 위해 학교에서는 안전관리와 안전교육이 필요하다. 학교에서의 '안전관리'는 사고요인이 되는 학교환경을 정비하고, 학생 개개인의 건강 및 행동의 위험을 조기에 발견하며 그 위험요소를 신속하게 제거하여 학생의 안전을 도모하는 데 있다. 그리고 '안전교육'은 학교에서 교육받는 학생들이 안전하게 생활하기 위하여 자신이 외부의 모든 환경에 존재하는 잠재적인 위험요인을 인식 · 제거하고 안전하게 행동할 수 있도록 안전에 필요한 사항을 의식에 내면화하고 이것들을 습관화시켜 일상생활에 적용하여 항상 안전한 행동을 하도록 하는 것이며 불의의 사고가 발생했을 때에도 적절한 대응조치를 취할 수 있도록 하는 것이다.

학생의 안전관리와 안전교육에 대한 법적 근거로는 학교보건법, 아동복지법과 학교안전사고 예방 및 보상에 관한 법률을 들 수 있다.

「학교보건법」

제12조(학생의 안전관리)

'학교의 장의 역할은 학생의 안전사고를 예방하기 위하여 학교의 시설 · 장비의 점검 및 개선, 학생에 대한 안전교육의 실시 등 필요한 조치를 취해야 한다.'

「아동복지법」

제31조(아동의 안전에 대한 교육)

① 아동복지시설의 장, 「영유아보육법」에 따른 어린이집의 원장, 「유아교육법」에 따른 유치원의 원장 및 「초 · 중등교육법」에 따른 학교의 장은 교육대상 아동의 연령을 고려하여 대통령령으로 정하는 바에 따라 매년 다음 각 호의 사항에 관한 교육계획을 수립하여 교육을 실시하여야 한다.

1. 성폭력 및 아동학대 예방
2. 실종 · 유괴의 예방과 방지
3. 약물의 오남용 예방
4. 재난대비 안전
5. 교통안전

② 아동복지시설의 장, 「영유아보육법」에 따른 어린이집의 원장은 제1항에 따른 교육계획 및 교육실시 결과를 관할 시장 · 군수 · 구청장에게 매년 1회 보고하여야 한다.

③ 「유아교육법」에 따른 유치원의 원장 및 「초 · 중등교육법」에 따른 학교의 장은 제1항에 따른 교육계획 및 교육실시 결과를 대통령령으로 정하는 바에 따라 관할 교육감에게 매년 1회 보고하여야 한다.

「학교안전사고 예방 및 보상에 관한 법률」

제8조(학교안전교육의 실시)

① 학교장은 학교안전사고를 예방하기 위하여 교육부령이 정하는 바에 따라 학생 및 교직원에게 학교안전사고 예방 등에 관한 교육(이하 "안전교육"이라 한다)을 실시하여야 한다.

② 학교장은 필요하다고 인정하는 경우에는 교육활동참여자에게 안전교육을 실시할 수 있다.

③ 교육부장관 및 교육감은 안전교육에 필요한 교재를 개발하고 학교장의 요청이 있는 경우 안전교육을 담당할 강사를 알선하는 등 안전교육에 필요한 지원을 하여야 한다.

④ 학교장은 소속 교원 또는 교육활동참여자로 하여금 안전교육을 담당하게 할 수 있다.

학교안전교육의 목표는 스스로 안전하게 행동하는 것을 배우고 익힘으로써 자신과 타인의 생명을 존중하고 질서를 준수하는 바람직한 사회인이 되는 기본적인 소양을 기르는 것이라 볼 수 있다(경기도 교육청, 2013). 또한 학교는 안전사고를 유발할 수 있는 위험요소를 빨리 발견하여 신속하게 제거함과 동시에 사고가 발생되었을 경우 적절한 응급처치와 안전관리를 할 수 있는 체제를 확립하여 학생안전을 확보하는 것이다(서울시 교육청, 2006).

안전교육의 방향은 안전에 관련된 지식, 태도, 기능을 길러주기 위해 안전교육은 학교현장에서 다음과 같은 방향으로 진행되어야 할 것이다(경기도 교육청, 2013).

첫째, 학생들이 일상생활 속에서 스스로의 안전을 도모할 수 있는 바른 습관을 기르고 생명존중의 가치관을 형성하기 위한 것이라야 한다.

둘째, 집중적이며 지속적으로 이루어져야 할 것이다.

셋째, 학생의 발단단계에 따라 교육이 이루어져야 할 것이다.

넷째, 어린이들의 생활패턴과 주기를 중심으로 장소별 사고중심의 접근방법을 채택하여, 각 장소에서 일어날 수 있는 다양한 사고를 중심으로 구성해야 할 것이다.

다섯째, 가정과 연계한 교육이 되어야 할 것이다.

학교급별 안전교육 기준은 아동복지법 시행령 제28조 제1항의 별표3과 같다.

[표 4-1] 학교급별 안전교육 기준

구분		성폭력 및 아동학대 예방 교육	실종·유괴의 예방·방지 교육	약물의 오용·남용 예방 교육	재난대비 안전 교육	교통안전 교육
실시 주기 (총 시간)		6개월에 1회 이상 (연간 8시간 이상)	3개월에 1회 이상 (연간 10시간 이상)	3개월에 1회 이상 (연간 10시간 이상)	6개월에 1회 이상 (연간 6시간 이상)	2개월에 1회 이상 (연간 10시간 이상)
교육 내용	초등 학교 취학 전	1. 내 몸의 소중함 2. 내 몸의 정확한 명칭 3. 좋은 느낌과 싫은 느낌 4. 성폭력 예방법과 대처법	1. 길을 잃을 수 있는 상황 이해하기 2. 미아 및 유괴 발생 시 대처 방법 3. 유괴범에 대한 개념 4. 유인·유괴 행동에 대한 이해 및 유괴 예방법	1. 몸에 해로운 약물 위험성 알기 2. 생활 주변의 해로운 약물·화학 제품 그림으로 구별하기 3. 모르면 먼저 어른에게 물어보기 4. 가정용 화학제품 만지거나 먹지 않기 5. 어린이 약도 함부로 많이 먹지 않기	1. 화재의 원인과 예방법 2. 뜨거운 물건 이해하기 3. 옷에 불이 붙었을 때 대처법 4. 화재 시 대처법 5. 자연재난의 개념과 안전한 행동 알기	1. 차도, 보도 및 신호등의 의미 알기 2. 안전한 도로 횡단법 3. 안전한 통학버스 이용법 4. 날씨와 보행안전 5. 어른과 손잡고 걷기

구분						
교육 내용	초등 학교	1. 성폭력을 포함한 아동학대 개념 2. 성폭력의 위험 상황 3. 성폭력 예방법과 대처법 4. 나와 타인의 권리 인식	1. 길을 잃을 수 있는 상황 이해하기 2. 유괴범에 대한 개념 3. 유인전략 및 위험상황 알기 4. 유괴사고 발생 시 대처법 및 예방법 5. 유괴·유인 상황 목격 시 신고 요령	1. 약물·화학제품의 필요성과 위험성 이해하기 2. 중독·오용·남용의 개념 알기 3. 중독사고의 대처법과 예방법 4. 약물·화학제품 오용·남용의 원인 알기 5. 오용·남용의 대처법과 예방법 6. 올바른 약물·화학제품 사용법	1. 화재의 원인과 예방법 2. 화재 시 대처법 3. 화재 신고 요령 4. 화상 대처법 5. 소화기 사용법 6. 자연재난의 개념과 안전한 행동 알기	1. 안전한 통학로 알기 2. 상황에 따른 안전한 보행법 3. 바퀴 달린 탈것의 안전한 이용법 4. 교통수단의 안전한 이용법 5. 교통법규 이해하기
	중·고등 학교	1. 학대 및 성폭력의 개념 2. 위험상황에 따른 대처법 및 예방법 3. 학대·성폭력 범죄 신고 요령 4. 나와 타인의 권리 존중하기	1. 유인전략 및 위험상황 알기 2. 유괴사고 발생 시 대처법 및 예방법 3. 유괴·유인 상황 목격 시 신고 요령 4. 가출예방 관련 교육	1. 향정신성 물질에 대한 위험성·피해 알기 2. 중독성 물질에 대한 위험성·피해 알기 3. 향정신성 의약품의 피해와 법적 처벌 규정 4. 약물·화학제품 오용·남용의 원인 알기 5. 오용·남용의 대처법과 예방법 6. 올바른 약물·화학제품 사용법	1. 화재의 원인과 예방법 2. 화재 시 대처법 3. 소방기구 사용법 4. 자연재난, 인적 재난 발생 시 행동 방법 5. 재난안내시스템 활용법	1. 자전거의 안전한 이용과 점검 2. 이륜차와 자동차의 물리적 특성 3. 인간 능력의 한계와 위험 예측 4. 교통법규와 사회적 책임 5. 교통사고와 방지 대책
교육 방법		1. 전문가 또는 담당자 강의 2. 장소·상황별 역할극 실시 3. 시청각 교육 4. 사례 분석	1. 전문가 또는 담당자 강의 2. 장소·상황별 역할극 실시 3. 시청각 교육 4. 사례 분석	1. 전문가 또는 담당자 강의 2. 시청각 교육 3. 사례 분석	1. 전문가 또는 담당자 강의 2. 시청각 교육 3. 실습교육 또는 현장학습 4. 사례 분석	1. 전문가 또는 담당자 강의 2. 시청각 교육 3. 실습교육 또는 현장학습 4. 일상생활을 통한 반복 지도 및 부모 교육

2) 학교안전사고의 유형 및 예방관리

학생들이 가장 오랜 시간을 보내는 학교, 안전한 학교생활을 위해서 심리적으로 편안해야 하고 물리적인 안전 역시 기본적으로 중요하다. 사단법인 어린이 안전학교가 밝힌 2013년도 학생사고 약 10만건의 통계를 살펴보면(표 4-2), 체육수업시간 28.4%, 점심시간 18.7%, 휴식 및 청소시간 17.8%로 나타났다. 이로 인한 사고부위는 머리, 발과 손이 60.2%로 과반수 이상을 차지하였다(어린이 안전학교, 2014).

[표 4-2] 2013년 학생사고 통계

• 사고 시간별 (단위 : 건, %)

구분	체육수업	점심시간	휴식시간 및 청소시간	수업시간	학교행사	특별활동	등하교	합계
건수	29,868	19,601	18,698	15,924	9,065	6,024	5,908	105,088
비율	28.4	18.7	17.8	15.2	8.6	5.7	5.6	100

• 사고 부위별 (단위 : 건, %)

구분	머리(두부)	발	손	다리	팔	치아(구강)	기타	흉복부	합계
건수	21,646	21,670	20,517	14,273	12,456	10,466	2,111	1,949	105,088
비율	20.6	20.1	19.5	13.6	11.9	10.0	2.0	1.9	100

'학교안전공제회'가 제시한 2011년 학교 안전사고의 원인으로는 학생부주의, 시설관리, 일반폭행이 높은 비율을 차지하였다(이정철, 2012).

(1) 학교안전사고의 유형

① 청소시간 중

㉠ 형광등, 창문 등 높은 곳을 청소하던 중 책걸상에서 넘어져 부상

㉡ 철제발판 밑을 청소하다가 발판을 발등에 떨어뜨려 부상

㉢ 바닥청소를 하던 막대걸레에 얼굴을 부딪혀 부상

㉣ 장갑을 끼고 변기를 닦던 중 락스가 장갑 안으로 들어가 화상을 입음

② 휴식시간 중

㉠ 교실에서 과격한 놀이를 하다가 부상(말타기, 레슬링, 씨름…)

㉡ 미끄럼틀, 정글짐, 널뛰기, 구름사다리 등 놀이기구에서 놀다 부상

㉢ 계단을 내려가다 발을 헛딛고 넘어져 부상

㉣ 호주머니에서 손을 넣거나 양손이 부자유한 상태에서 넘어져 부상

㉤ 화장실이나 교실바닥의 물기로 인해 미끄러져 부상

㉥ 행사, 수업 등을 위해 이동 중 무질서하게 나오다가 밀려 넘어져 부상

㉦ 점심시간에 배식차를 옮기던 중 손이 끼이는 부상

㉧ 학교를 빠져 나가려고 교문 또는 담을 뛰어넘어가다 부상

③ 체육활동 중

㉠ 승부욕이 앞서 과격한 동작으로 인해 다른 선수와 부딪히거나 넘어져 부상

㉡ 농구골대, 테니스장 롤러 등을 옮기면서 손이나 발이 끼는 부상

㉢ 철봉, 뜀틀, 평균대에서 떨어져 부상(반드시 모래와 매트를 깔고 수업진행)

④ 수학여행, 견학, 기타활동 중

㉠ 해이해진 마음으로 숙소에서 과격한 놀이를 하다가 부상

㉡ 대열을 벗어나 위험한 장소에 들어가서 부상

학생들은 학교 내 · 외적 환경에서 많은 위험요인에 노출될 수 있고, 활동량이 많은 시기이므로 사고위험이 아주 높다. 아무리 주변환경이 안전하다 하더라도 학생이나 교사의 안전의식이 결여되어 있다면 사고가능성을 배제할 수 없다. 사고원인은 주로 안전에 대한 무관심과 부주의로 인한 것이 대부분이다.

따라서, 학생은 물론 교사에게 위험한 장소에서 일어날 수 있는 사고위험에 대한 올바른 인식을 갖고, 안전한 환경을 정비하며, 사고에 대한 바른 처치법을 알고 생활 속에서 실천한다면 사고가능성이나 그에 의한 피해규모나 정도를 최소한으로 줄일 수 있을 것이다.

(2) 학교안전사고 예방관리

① 교내통행안전

㉠ **복도통행안전**

- 뛰지 말고 왼쪽으로 발뒤꿈치를 들고 조용히 걷는다.
- 어깨동무를 하고 다니다가 남을 쓰러뜨리는 일이 없도록 한다.
- 한눈을 팔면서 뒷걸음질하거나 뒤돌아보면서 뛰지 않는다.

㉡ **계단통행안전**

- 계단을 이용할 때 주머니에 손을 넣지 않는다. 어린이 추락사고의 20%를 차지하며 주머니에 손을 넣은 채 계단을 오르내리다가 넘어지면 크게 다치게 된다.
- 계단을 오르내리면서 책을 보거나 음악을 듣지 않는다.
- 계단을 오르내릴 때 뛰지 않으며, 비나 눈이 온 뒤의 계단은 물기로 인해 미끄러지기 쉬우므로 특별히 조심해야 한다.

㉢ **계단난간안전**

- 난간을 이용하여 미끄럼을 타지 않는다.
- 난간사이에 머리를 넣는 일이 없도록 한다.

② 문이나 창문이용 안전

㉠ 문을 열거나 닫을 때, 뒤에 따라 들어오는 사람은 없는지 확인한다.
㉡ 문의 자물쇠가 안전한지 확인한다.
㉢ 창문 밖으로 몸을 내밀지 않는다.
㉣ 창틀은 덜컹거리지 않는지 확인한다.
㉤ 깨진 유리창이 방치되어 있지는 않은지 점검한다.
㉥ 창문 가까이에 책상이나 다른 가구를 배치하지 않도록 한다.
㉦ 2층 이상의 창문에는 안전장치를 설치한다.
㉧ 복도 끝에 비상등의 불이 들어오는지 점검한다.
㉨ 건물의 옥상에 자물쇠가 잠겨져 있는지 점검할 필요가 있다.

㉧ 창문에 매달려 있다가 일어난 사고에 대해 알아보고 토론한다.

㉨ 창문에 보호대와 난간이 없을 경우 안전을 위해 설치를 요청한다. 이때 난간 한 쪽을 개폐식으로 하여 화재 등과 같은 비상시에도 대비하는 것이 좋다.

③ 급식시간안전

㉠ 국이나 밥을 운반할 때는 데지 않도록 면장갑을 끼고 천천히 옮긴다.

㉡ 운반차를 놀이기구처럼 이용하지 않는다.

㉢ 담긴 무거운 통은 두, 세 사람이 함께 들도록 한다.

㉣ 한눈을 팔거나 잡담을 하면서 급식 통을 나르거나 운반차를 밀고 가지 않는다.

㉤ 한꺼번에 많은 사람이 몰려가서 배식을 받지 않는다.

㉥ 국을 담을 때 국물이 손에 닿지 않도록 주의한다.

㉦ 식판이나 그릇, 젓가락이나 포크를 서로 빼앗거나 찌르는 장난을 하지 않는다.

㉧ 식판을 들고 식탁이나 자기자리에 들어갈 때 한눈팔고 걷지 말고, 발에 걸려 넘어지지 않도록 살피면서 간다.

④ 장소별 안전

㉠ 교실안전

- 교실 내의 장난과 심한 행동은 항상 물체의 모서리 등 날카로운 부분에 부딪혀 다칠 수 있으므로 삼간다.
- 교실 내 책상이나 교탁 등 날카로운 부분이 돌출되면 즉시 안전 수리를 위해 담임교사에게 알린다.
- 출입문 이용 시 손발이 틈새에 끼지 않도록 한다.
- 각종 전열기(빔프로젝트, VCR, 컴퓨터, 에어컨, 온풍기, 선풍기, 실물화상기, TV, 녹음기 등)의 이용 시에는 장시간 사용으로 인해 과열되지 않도록 한다.
- 교실 내 콘센트에 전열, 전기 기구를 함부로 꽂지 않으며 사용하지 않는 전기제품은 콘센트를 분리한다.
- 겨울철 온풍기 주변은 항상 청결을 유지하여 화재를 예방하고 자주 환기를 하도록 한다.
- 빠지려고 하는 창문이나 출입문 등은 담임교사에게 연락하여 즉시 수리하도록

조치한다.

- 교실에 금이 가거나 깨진 유리창이 있는지 수시로 점검하며, 깨진 유리는 맨손으로 빼거나 만지지 말고 곧바로 행정실이나 담임교사에게 연락한다.
- 자리를 뜰 때에는 의자를 책상 밑으로 넣는 등 책걸상 주변 정리를 잘하여 통행에 불편을 주지 않는다.
- 뛰어 다니거나 심한 장난을 하지 말고, 특히 안경을 낀 채 심한 장난을 하지 않는다.
- 친구들과 책걸상이나 칼, 연필 등 학용품으로 장난치지 않는다.
- 책상 위에 올라서서 유리창에 기대거나 창틀 위에 올라간다든가 문 난간에 기대어 앉거나 밖으로 몸을 내밀지 않는다.
- 교실 내 각종 학습 시설물에 타격을 가하거나 파손하지 않는다.
- 만약의 사태에 대비해 소화기를 설치하고 평소 사용법을 익힌다.

㉡ 과학실 안전

- 실험실 내에서는 항상 지도교사의 지시에 따르며, 호기심에 의한 개인행동 및 안전 상 위험한 장난을 치지 않는다.
- 과학실에 비치되어 있는 화학약품 등에 함부로 손대지 않는다.
  - 가루, 액체로 된 약품을 함부로 만지거나 맛보지 않기
  - 시약병 입구에 얼굴을 대고 냄새 맡지 않기
  - 화학약품이 피부에 닿았을 때 물로 씻고, 붕산수로 씻기
  - 약품명 스티커가 지워졌거나 없을 경우 선생님께 꼭 확인하기
- 실험 도중 직접 코를 대고 냄새를 맡지 않는다.
- 날카로운 도구의 사용 시 반드시 안전 장갑을 착용한다.
- 전기 기구 및 발화 물질의 취급 시, 위험하다고 생각 될 때는 반드시 지도교사의 도움 및 지시를 따른다.
- 시험관 가열 시에는 시험관 입구가 사람을 향하지 않게 한다.
- 시약병에서 시약을 옮기거나 부을 때는 반드시 라벨을 확인하고 흘리거나 쏟지 않도록 안전한 도구를 사용한다.
- 시약을 묽게 할 때 진한 시약에 물을 함부로 붓지 않으며, 남은 시약은 절대로 다시 넣지 않도록 한다.

- 알코올 램프나 불을 사용하는 실험은 화재, 화상사고에 주의하여 다룬다.
- 유리관을 끼우거나 자를 때는 안전에 특히 유의한다.
- 실험 내용을 충분히 이해한 후 실시하며, 모든 실험은 신중을 기하고 서두르지 않는다.
- 본 수업과 관련 없는 실험도구나 시약은 함부로 만지지 않는다.
- 실험 후 배출된 오 · 폐수는 지도교사의 지시에 따라 농도를 묽게 한 후 오 · 폐수 수거통에 버린다.
- 실험이 끝난 후 사용한 기구는 깨끗이 정리하여 제자리에 갖다 놓는다.

㉢ 미술실 안전

- 조각도의 종류별 칼질 요령, 사용법(칼쥐기, 칼질 방향)을 올바르게 알고 사용할 수 있도록 한다.
- 끝이 날카로운 가위나 칼, 정 등을 신중하게 다룬다.
- 미술 재료는 먹거나 마시거나 피부에 닿아도 해롭지 않은 안전품질 표시가 있는 것을 사용한다.
- 접착제를 사용할 때 눈이나 얼굴에 닿지 않도록 안전하게 다룬다.
- 본드를 사용하거나 니스칠을 할 때, 하고 난 후에는 반드시 환기를 시킨다.

㉣ 특별실 안전

- 휴대용 가스버너는 가능한 한 사용하지 않는다.
- 채칼이나 칼, 가위 등은 안전한 장소에 보관한다.
- 뜨거운 물을 용기에 붓거나 넣을 때 조심한다.
- 뜨겁게 달구어진 후라이팬을 함부로 만지지 않는다.
- 간이 소화기를 비치해 둔다. 만약 음식을 하다가 튀김 기름에 불이 붙거나 작은 불씨가 될 경우 간이 소화기로 뿌린다.
- 톱질할 때 안전하게 한다(나무에 고정해 놓고 톱질하기, 물건을 누르고 있는 손이나 발을 톱날에 너무 가까이 하지 않기).
- 삽을 사용할 때 함부로 휘두르지 않는다.
- 전기기구를 콘센트에 꽂을 때 물에 젖은 손으로 만지지 않는다.
- 전기납땜을 사용할 경우, 불똥이 튀지 않게 조심하고, 녹는 납이 손에 닿지 않도

록 조심한다.

- 페인트, 니스 칠을 할 때 눈에 들어가지 않게 한다.
- 아크릴 사용시 칼로 자를 때 조심해서 사용한다(아크릴 단면에 베이지 않도록 조심하기).
- 도서실이나 자료실의 경우, 책장의 책이 한꺼번에 떨어지지 않도록 책장을 밀거나 매달리지 않는다.
- 컴퓨터실에서의 안전
  - 지도교사의 지시에 따르며 전기시설에 함부로 손대지 않는다.
  - 의자를 빼거나 하는 등의 장난은 치지 않는다.
  - 전기 배선에 걸려 넘어지지 않게 한다.
  - 함부로 컴퓨터를 작동시키거나 취급하지 않는다.
  - 키보드 및 마우스 연결선을 함부로 만지지 않는다.
  - 키보드 판을 심하게 치거나 장난하지 않는다.

ⓜ 화장실에서의 안전

- 습기가 있는 곳의 전기 설비는 방수가 제대로 되어 있지 않으면 감전의 우려가 있으므로 주의한다.
- 항시 물기가 있어서 미끄러지기 쉬우므로 주의를 준다.
- 변기에 담배꽁초를 비롯해 일반 쓰레기를 집어넣어 막히는 일은 없도록 한다.
- 화장실 변기나 휴지통 위에 올라가서 옆 화장실을 들여다보거나 낙서하는 등 짓궂은 장난을 하지 않는다.
- 화장실 출입문을 노크하지 않고 갑자기 열거나 발로차서 열지 않는다.
- 화장실 문 잠금 장치가 제대로 되어 있는지 확인하고 미비한 경우 수리를 요청한다.

ⓗ 체육관이나 운동장 등의 체육장소에서의 안전

- 운동장의 정비와 체육관 내 체육용구 등의 점검을 확실히 행한다.
- 운동 전후에는 종목에 적합한 준비운동과 정리운동 등을 자율적으로 한다.
- 운동할 때는 복장을 단정히 하고 손 · 발톱을 깎는다.
- 운동장 수업 시 실기를 하고 있는 학생을 웃기거나 건드리지 않는다.

- 실기 수업 중에는 항상 체육복을 입고 운동장이나 강당을 벗어날 때는 반드시 지도교사의 허락을 받고 이동한다.
- 경기규칙을 지키고 난폭한 행동을 하지 못하게 한다.
- 기본동작이 미숙하면 여러 가지 부상의 원인이 되므로 점차로 단계를 높여 고도의 기술을 익혀 나간다.

3) 일상생활 속의 안전관리

(1) 교통사고 예방

교통안전교육은 학생들의 수준에 맞추어 실시해야 한다. 초등학생에 위한 교통사고 예방을 위한 보행요령을 제시하면 다음과 같다.

① 학교 다닐 때

㉠ 신호등과 건널목이 가장 적고 공사장 등 위험한 장소가 적은 곳으로 다닌다.

㉡ 학교 갈 때에는 시간을 여유 있게 두고 집을 나서야 한다.

㉢ 항상 사람 다니는 길의 안쪽으로 걷도록 하고 마주 오는 차량을 살핀다.

㉣ 뒤돌아보며 걷거나 장난하지 않으며 앞을 보고 살피며 다닌다.

② 골목길, 주차장 다닐 때

㉠ 좁은 골목에서 차 다니는 길로 나올 때는 앞뒤 좌우를 살펴보며 천천히 걸어 나온다.

㉡ 좁은 골목에 차가 다닐 때는 차가 지나갈 때까지 기다렸다 가야 한다.

㉢ 주차장에서 차들 사이를 빠져나갈 때에는 뛰어나가지 말고 앞뒤 좌우를 살펴 천천히 걸어 나가야 한다.

㉣ 차가 다니는 좁은 골목길이나 주차장에서 공놀이, 자전거, 롤러 스케이트를 타면 안 된다.

③ 횡단보도가 없는 길을 건널 때

㉠ 뛰거나 서두르지 말고 운전자가 잘 보이는 위치에 서서 손을 들어 차를 멈춘다.

㉡ 좌우를 살핀 후 차가 완전히 멈춘 것을 확인하고 천천히 건넌다.

㉢ 길을 다 건넌 다음 손을 흔들어 고마움을 표시한다.

[학교 안전지킴이]

① 학교내

1. 생활안전지킴이
   - 구성원 : 행정실장, 소방관, 교사, 학부모, 자원봉사자, 기타 설비점검전문가
   - 역할 : 학교전기, 소방시설 점검, 학교체육시설 점검, 휴식시간 점검
2. 급식안전지킴이
   - 구성원 : 영양교사, 학부모, 자원봉사자
   - 역할 : 급식자재 점검, 급식실 위생점검, 급식 식자재 업체 점검

② 학교외

1. 교통안전지킴이
   - 구성원 : 학부모(녹색어머니회), 경찰, 모범운전자, 자원봉사자, 교통담당교사
   - 역할 : 등하교시 교통지도, 고통안전예방지도, 학교주변 교통위험 시설점검
2. 유해안전지킴이
   - 구성원 : 학부모, 생활담당교사, 자원봉사자
   - 역할 : 학교주변 유해물점검, 학교주변 유해업소 계도

③ 학교내 · 외

1. 폭력예방지킴이
   - 구성원 : 학부모, 경찰관, 교사, 자원봉사자, 배움터 지킴이
   - 역할 : 학교내외 우범장소 순찰, 교내 외부인 출입통제

[자료원 : 이명선(2008). 학교안전교육 실태와 과제, 서울교육, 여름호, 52-56.]

(2) 낙상사고 예방

낙상사고는 주로 학교에서는 주로 계단이나 난간, 가정에서는 승강기나 고층건물 베란다 등에서 발생된다. 그중 계단과 승강기 사고에 대한 예방책을 보면,

① 계단낙상의 예방

㉠ 계단에 지지대를 촘촘히 세워, 체구가 적은 저학년 학생이 바닥으로 떨어지지 않게 주의한다.

㉡ 계단의 설계시 각각의 발판은 적어도 2~3cm의 눈에 띄는 돌출부나 디딤판 코를 가져야 한다.

② 승강기 낙상의 예방

㉠ 가정이나 학교에서 어린이들에게 승강기 사용방법을 철저히 교육한다.

㉡ 승강기 앞이나 안에서 장난을 하지 못하도록 한다.

㉢ 승강기의 비상시 인터폰으로 연락이 불가능한 어린이는 혼자 타지 않도록 한다.

㉣ 승강기의 정원, 적재 하중을 반드시 지켜 운행하고, 비상정지 버튼은 필요할 때 외에는 절대 만지지 않도록 한다.

(3) 놀이사고 예방

① 놀이터

아이들이 가장 좋아하는 곳이 놀이터이지만 사고 또한 빈번하다. 그러므로 간단한 규칙과 질서의식 교육을 아이들에게 제공하여 사고를 줄이고 예방할 뿐만 아니라, 놀이시설의 안전점검 또한 필수적이다.

② 자전거를 탈 때

안전하게 자전거를 타기 위해서는 학교운동장이나 놀이터 등 차가 다니지 않는 안전한 장소에서 타야 하며, 바지를 입고 무릎 보호대와 팔꿈치 보호대, 헬멧과 운동화를 신는 것이 안전하다. 사람 다니는 길과 차도의 구별이 없는 도로에서 자전거는 오른쪽으로 통행해야 한다.

③ 롤러스케이트를 탈 때

타기 전에 바퀴가 고장나지 않았는지 확인하고, 반드시 헬멧과 무릎, 팔꿈치 보호대를 착용해야 한다. 계단이나 내리막길에서 타는 것은 자제하고 특히 차도에서는 절대 타서는 안 되며, 길을 건널 때에는 롤러 스케이트나 블레이드를 들고 건너야 한다. 또한, 사람이 다니는 길에서는 다른 사람을 다치게 하지 않도록 주의해야 한다.

④ 수영장

수영은 가정에서 뿐만 아니라 학교의 교과과정 일부로 운영하는 학교들이 많아지고 있다. 그러므로 수영장 사고에 대한 예방교육이 필요하다. 수영 전 준비로는 건강한 상태로 수영을 해야 하고, 반드시 준비운동과 샤워 · 용변처리 등은 하고 식사 후 한 시간 후에 물 속에 들어간다.

수영할 때는 혼자 수영하지 않으며, 수상안전반의 감시영역 안에서 안전하게 예정된 시간을 철저히 엄수하며 수영한다. 수영 후에는 수영복을 빨리 벗어 피부에 이상이 생기지 않도록 하고, 깨끗한 물로 전신을 샤워하고 귓속의 물도 반드시 제거하도록 한다.

(4) 화재예방

① 전기화재 예방

㉠ 콘센트에 플러그를 완전히 꼽는다.

㉡ 플러그를 뽑을 때에는 선을 잡아당기지 말고 플러그를 잡고 뽑는다.

㉢ 전선이 꼬이지 않도록 한다.

㉣ 전선의 피복이 손상되지 않도록 한다.

㉤ 전선을 쥐가 갉아서 합선되지 않도록 한다.

㉥ 휴즈는 개폐기에 표시된 용량의 휴즈를 사용한다.

㉦ 전선이 쇠붙이나 움직이는 물체와 접촉되지 않도록 한다.

② 불장난 화재예방

㉠ 폭음탄이나 화약놀이를 하지 않도록 안전지도를 한다.

㉡ 성냥이나 라이터는 가지고 다니지 않도록 단속한다.

[화재 발생시 행동요령] (경기도 교육청, 2013)

① 학생 행동요령

- 화재 발생 즉시 최초 화재 목격자는 "불이야"하고 외치고 비상벨을 누른다.
- 화재 경보 접수 시 선생님의 지시에 의거, 대피로에 따라 지정된 장소로 대피한다.

– 학생들은 소지품을 그대로 두고 한 줄로 이동
– 무질서한 행동은 금지(고함을 지르는 행위, 책상이나 교탁에 숨는 행동, 창문 밖으로 뛰어 내리는 행동 등)
– 대피 시 엘리베이터 이용 금지, 비상구와 비상계단을 이용하여 대피
– 이동 도중 연기에 휩싸이는 경우 손으로 입을 막고 자세를 낮추고 빠르게 이동(뜨겁고 유독한 가스를 마시지 않도록 코와 입을 막음)
– 아래층으로 대피를 못할 경우 옥상으로 대피한 후 구조 요청
– 문 손잡이는 뜨거울 수 있으니 항상 조심

- 대피로가 화염에 쌓여 있어 이동이 불가능할 경우 교실로 되돌아가 문을 닫고 옷이나 양말 등으로 틈새를 막은 후 구조를 요청한다.
- 연기가 새어 들어 올 때에는 낮은 자세로 바닥에 엎드려 짧게 숨을 쉰다.
- 학급에서 화재가 발생하여 소화가 가능하다고 판단되는 경우 소화기로 불을 끈다(중 · 고등학교 대상).
- 소방서에서 건물의 안전여부를 판정 전까지는 절대로 건물에 들어가지 않는다.

② 화재신고방법

- 119로 전화를 한다 – 당황하지 말고 침착하게 전화번호를 누른다.

– 화재상황을 말한다 – 발생 장소, 주요 건축물, 화재 종류 등을 상세히 말한다.

– 주소를 정확하게 말한다 – ㅇㅇ초등학교예요! ㅇㅇ동 ㅇ번지입니다.

☞ 신고 시 유의사항

- 소방서에서 알았다고 할 때까지 전화를 끊지 않는다.
- 공중전화 긴급통화 버튼(빨간색)을 누르면 무료 전화 가능하다.
- 장난 전화를 해서는 안된다.

＊이동 소화기 사용법

- 불이 난 장소로 소화기를 가져온다.
- 바람을 등지고 자리를 잡는다.
- 소화기의 안전핀을 뽑는다.
- 한 손으로 소화기 손잡이를 잡고 다른 한 손으로 호스를 잡는다.
- 호스를 불 방향으로 향하고 손잡이를 힘껏 움켜쥔다.
- 불꽃의 아래를 향하여 빗자루를 청소하듯이 앞에서부터 좌우로 뿌린다.
- 소화기는 잘 보이고 사용하기 편리한 곳에 두되 햇빛이나 습기에 노출되지 않도록 한다.

＊옥내 소화전의 경우

- 두 명 이상의 친구가 준비를 한다.
- 소화전함의 문을 연다.
- 호스가 꼬이지 않도록 하여 화재지점까지 끌고 간다.
- 소화전함에 설치된 밸브를 시계방향으로 연다.
- 밸브가 안 열린다면 적색 버튼을 누른다.

＊옷에 불이 붙은 경우

- 그 자리에 멈춘다.
- 바닥에 엎드려 두 손으로 눈과 입을 가리고 불이 꺼질 때까지 계속 뒹군다.

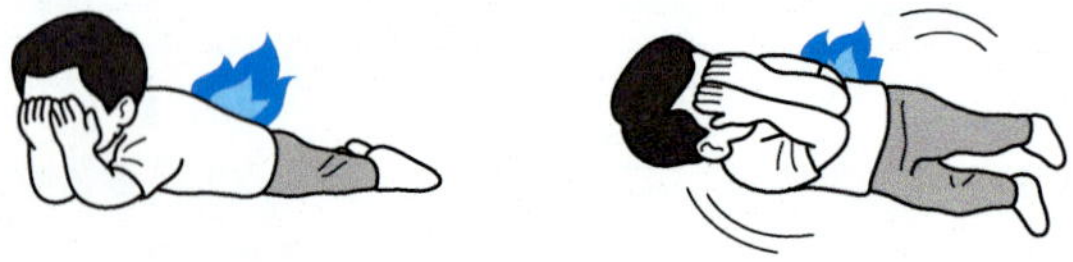

멈춘다 – 엎드린다 – 뒹군다

③ 학교/교사 행동요령

화재 발생, 경보 발령 (화재신고)	화재 비상벨이 울리면 미리 지정된 담당자가 즉시 교내 화재 발생 경보를 발령한다.
화재신고	119에 신고하되, 가능하다면 벨이 울린 지점에 접근하여 화재 발생 여부를 파악한 후 119에 신고한다. * 신고 내용 : 학교명, 주소, 현재의 화재 진행 상태, 부상자 상황
대피 장소로 이동	• 전교생에게 피난 지시(정확한 지시) • 대피 경로의 안전 확보 • 대피 시 반드시 출석부 지참
대피 후의 안전 확보	• 출석부로 인원을 파악하여 대피 못한 학생을 확인 • 안전 여부 확인, 부상자 응급조치, 의료기관 등에 연락
학교 대책 본부 설치	• 교사 시설 등 피해 상황 파악 • 정보 수집, 교육청에 보고 • 외부 기관과의 협조 체제 유지 • 교사 외 피난 장소에서의 대응 • 보호자에게 연락한 후 학생 인계 조치

4) 성폭력

(1) 성폭력의 정의

경기도 교육청(2013)은 성폭력을 강간, 윤간, 강도강간 뿐 아니라 성추행, 언어적 희롱, 음란전화, 성기노출, 어린이 성추행, 아내강간 등 상대방의 의사에 반(反)하여 가하는 성적 행위와 상대방으로 하여금 성폭력에 대한 막연한 불안감이나 공포감을 조성할 뿐만 아니라 그것으로 인한 행동제약을 유발시키는 것도 성폭력으로 보았다. 성폭력의 유형은 [표 4-3]과 같이 접촉성 행위와 비접촉성 행위로 구분하였다.

[표 4-3] 성폭력의 유형구분

구분	내용
접촉성 행위	• 아동에게 성인의 신체를 만지도록 강요하는 행위 • 성기나 항문에 손가락 등 신체의 일부나 도구를 삽입하는 것 • 피해자의 신체(성기, 엉덩이, 가슴, 허벅지 등)를 만지는 행위 • 아동의 구강에 성기를 삽입하거나, 성인이 아동의 성기를 자신의 입으로 자극하는 행위 • 여자아동의 질에 입과 혀를 접촉하거나 가해자가 아동에게 자신의 질에 입이나 성기를 접촉하도록 하는 행위, 성기삽입 등
비접촉성 행위	• 아동에게 성적인 말을 하는 행위 • 아동에게 성기를 노출하는 행위(노출증) • 자위행위를 하는 것을 보여주는 행위 • 아동에게 자위행위를 하도록 유도하는 행위 • 아동의 신체를 훔쳐보는 행위 • 음란전화, 사진이나 책, 영화, 포르노 같은 음란물을 보여 주는 행위 • 아동이 볼 수 있도록 음란물을 방치하는 행위 • 아동을 이용하여 음란물을 제작하는 행위

[자료원 : 경기도 교육청(2013). 행복을 지키는 안전교육 길라잡이]

(2) 성폭력의 발생원인

① 성차별 사회구조

가부장적인 권력구조가 여성을 남성보다 낮은 존재로 인식하고, 일반적으로 성에 있어서 남성은 능동적 · 적극적 · 공격적이고 여성은 수동적 · 소극적 · 순종적일 것을 요구하며, 남녀에게 다르게 적용되는 불평등한 순결 이데올로기는 남성의 성폭력 행위시 용기 있고 남성다운 행동으로 인식하여 남성에게는 성폭력 허용적인 사회분위기다.

② 성교육 부재

가정은 오랜 유교문화의 영향으로 성 욕구를 본능적인 행동으로만 보고 성에 대해서는 모르는 것이 낫다고 보는 관점이 지배적이며, 학교에서는 생물학적인 지식전달 차원, 솔직한 토론식 강의 부재로 오히려 음란물이나 또래집단으로부터의 왜곡된 성 지식 습득이다.

③ 성적 상품화

원조교제(청소년 성매매) 등이다.

④ 음란물의 범람

음란비디오, 음란장치, 인터넷 음란사이트 등이다.

⑤ 기타

성폭력의 잘못된 통념, 낮은 신고율 등이 있다.

(3) 성폭력 예방수칙

① 개인적 측면

㉠ 올바른 이성관을 갖는다.
㉡ 성폭력이 무엇인지 안다.
㉢ 손 한 번 잡는 것, 키스하는 것 등의 작은 것에서부터 자신과 타인의 몸에 대해 본인의 동의 없이 함부로 하지 않아야 한다.
㉣ 평소에도 자기의사를 분명하게 말하는 습관을 기른다.
㉤ 밤에는 어두운 차에 타라고 할 때는 거절한다.
㉥ 내 몸의 주인은 나라는 사실을 명심한다.
㉦ 음란비디오나 인터넷 음란사이트를 보지 않는다.

② 사회적 측면

㉠ 성폭력에 대한 올바른 인식이 필요하다.
㉡ 체계적인 성교육을 실시해야 한다.
㉢ 건전하고 올바른 성문화 정착을 해야 한다.
㉣ 남녀평등 · 인간평등 교육을 실시해야 한다.

ⓜ 사회 전반에 팽배한 폭력문화를 비판 · 쇄신하고, 성 상품화의 효율적 규제방안을 마련해야 한다.
ⓑ 피해자 보호정책과 함께 가해자 재범방지를 위한 프로그램을 개발해야 한다.
ⓢ 긴급한 상황에서 도움을 줄 수 있는 전문기관의 전화번호 홍보를 해야 한다.

③ 학부모 측면
ⓖ 평상시 아이가 성에 대해 호기심을 나타낼 때 회피하지 말고 진지하게 대화한다.
ⓝ 어렵거나 어떤 일이 있을 때는 부모와 이야기를 한다.
ⓓ 속옷 속의 몸에 대해 그 중요성을 교육한다.
ⓡ 자신의 생각이나 느낌을 자연스레 이야기한다.
ⓜ 싫거나 불쾌할 때 정확히 거절할 줄 아는 태도를 가르친다.

④ 학교 선생님 측면
ⓖ 성에 대한 열린 태도를 가지게 한다.
ⓝ 연령에 맞는 학교 성교육 프로그램을 개발 · 실시한다.
ⓓ 학부모 및 지역주민을 대상으로 성폭력 예방교육을 실시한다.
ⓡ 성폭력 피해신고센터 개설 및 활성화한다.
ⓜ 상담교사 활동을 확대한다.
ⓑ 다른 교사들과도 성폭력 예방에 대한 의견교환을 가진다.
ⓢ 성범죄 대응 어플리케이션을 이용해 본다(표 4-4).

[표 4-4] 성범죄 대응 어플리케이션

구분	내 용
다운로드 방법	• 안드로이드 'Play 스토어' 클릭 → '성범죄 대응' 검색 → 동의 및 다운로드 클릭 → 열기
내용	〈의료인용 / 교사 참고용〉 • 아동성폭력의 진단 • 법의학적 평가 • 응급키트 사용법 • 임신과 성병

[자료원 : 경기도 교육청(2013). 행복을 지키는 안전교육 길라잡이]

(4) 성폭력 위기 시 대응방법

① 초기 대응을 빨리 하라!

저항은 처음부터 재빨리 시작하는 것이 좋고, 또 할 수 있는 모든 방법, 즉 도망가기, 소리 지르기, 힘으로 대항하기, 설득하거나 속이거나 핑계를 대는 등 상황에 따라 적절하게 적용한다.

② 소리 지르기!

소리 지르기는 가해자를 순간 멈칫하게 할 수 있어 여성이 도망갈 기회를 잡을 수 있게 해준다. 또 소리를 지름으로써 긴장이나 공포상태에서 어느 정도 벗어날 수 있다.

③ 가해자에게 힘으로 저항하라!

가해자와 맞서 힘으로 싸우는 것은 그에게 상해를 입혀 더 이상 공격하지 못하게 할 때, 또 여성이 도망가거나 도움을 받을 만한 시간을 벌고자 할 때 효과가 있다.

④ 말로서 저항하라!

주위의 도움을 받을 말한 시간을 벌고 또 말하는 동안 도망갈 기회를 엿보거나 가해자가 폭력을 쓰지 않게 할 수 있다는 이점이 있다.

⑤ 호신술과 호신 도구를 사용하라!

호신술을 습득하는 것은 실제적일 뿐만 아니라 정신적으로도 위험에서 벗어날 수 있다는 자신감을 주는 등 큰 힘이 된다. 호신 도구로는 호루라기, 화학스프레이, 가스총 등이 있다.

(5) 성폭력 피해에 따른 일반적 후유증

성폭력 피해는 신체적, 심리적, 경제적, 사회적, 성적 후유증을 겪을 수 있다. 세부 내용은 [표 4-5]와 같다.

(6) 어린이 성범죄의 실태와 후유증

어린이 성범죄는 가장 많이 일어나는 곳은 학교 앞 반경 500m 이내, 시간은 오후 3시

[표 4-5] 성폭력 피해 유형

구분	내 용
신체적 후유증	• 상해, 비뇨기계, 질, 항문부위의 손상 및 동통 • 성기이상 및 조기폐경 우려 • 임신 및 임신중절, 기형아 출산 • 성병, 에이즈 등의 감염 등
심리적 후유증	• 불안 : 성폭력을 당한 피해자는 성폭력 장면을 연상케 하는 사건이나 장면에 대해서 매우 민감한 반응, 사소한 일에도 심하게 놀람 • 강박감 : 하루에도 수십 번 손을 씻거나 목욕함 • 무력감 : 성폭력 피해자는 강제로 성폭력을 당했다는 데에서 오는 무력감 • 우울감 : 본인에게 결함이 있다고 생각하면서 심한 우울증을 겪음 • 수치감 : 성폭력으로 자신의 몸이 더렵혀졌다고 생각하기 때문에 매우 수치스럽게 생각함 • 죄책감 : 때로는 성폭행시 자신이 성적으로 느낀 흥분이나 감정 때문에 죄책감을 더 느낌 • 낮은 자아존중감 및 자기열등감 : 자신의 몸이 더렵혀졌다고 느끼며 대부분 떳떳하지 못하다고 생각 • 적개심, 분노감, 복수심 : 가해자에 대한 적개심과 분노감으로 인한 복수심, 가슴앓이, 자살시도
경제적 후유증	신체적 · 정신적 치료비, 법적 소송으로 진행되었을 때를 말한다. • 소송비, 가해자의 협박과 금전갈취, 수입감소 등
사회적 후유증	• 문제가 장기화될 때 정상적인 사회생활을 유지하기 어렵다. • 등교거부 및 무단결석이 있다. • 가출시도가 있다. • 소문과 협박으로 인한 고통을 겪는다. • 알코올 중독과 약물남용을 한다. • 성폭력 피해자들은 성폭력으로 인한 불안, 우울, 고통을 달래기 위해 알코올 중독에 빠지거나 약물을 남용하는 경우가 많다. • 가족관계 손상 및 이혼 우려가 있다. • 매춘, 노동, 학습의욕 상실의 우려가 있다. • 인간관계 파괴, 행동제약 및 사고의 위축이 있을 수 있다. • 정상적인 남녀관계를 불신할 수 있다.
성적 후유증	• 여성의 경우 : 부부간의 성행위 기피, 불감증, 고통스런 성행위 호소 가능 • 남성의 경우 : 조루증 또는 발기불능 가능 • 아동의 경우 : 친근감을 느끼는 사람에게 유혹적인 행동, 성적 놀이 등

전후, 가해자의 50% 정도는 피해자의 집주변과 학교 인근에서 거주하는 것으로 나타났다.

어린이 성폭력의 피해와 후유증은 일반적인 후유증과 비슷하며 정신적, 신체적, 사회적 후유증으로 나누어 설명할 수 있다.

① 정신적 후유증

㉠ 성폭력이나 성희롱을 당한 비슷한 상황이 될 때 무서워한다.
㉡ 밤에 잘 때 악몽을 꾼다.
㉢ 모든 일에 의욕을 잃는다.
㉣ 자신의 성에 대해 부끄럽게 느낀다.
㉤ 결혼에 대해 부정적으로 생각한다.

② 신체적 후유증

㉠ 이유 없이 머리와 배가 아프다고 한다.
㉡ 소변이 자주 마렵다.
㉢ 식사하기를 싫어 하거나 지나치게 많이 먹는다.
㉣ 옷을 자주 갈아 입거나 자주 씻는다.

③ 사회적 후유증

㉠ 학교 가기가 싫어진다.
㉡ 약한 이성친구를 못살게 굴거나, 모든 이성친구를 적이라고 느낀다.
㉢ 가출을 한다.
㉣ 다른 사람을 성희롱하거나 성폭행하는 사람이 되기도 한다.
㉤ 또래폭력단을 만들기도 한다.

(7) 어린이 성폭력의 사후 대처방안

어린 아이가 성폭력을 당했을 경우 그에 대한 대처방안은 매우 중요하다.

① 위기 대처방안

㉠ 거절할 때, 표정을 분명하게 한다.
㉡ 호루라기를 불어 주위 사람에게 알린다.

㉢ 골목길이라면 주변의 유리창을 깨거나 '불이야'라고 소리친다.

㉣ 아는 사람이라도 원하지 않는 신체접촉은 '싫어요' 또는 '안돼요'라고 분명하게 말한다.

㉤ 적극적으로 대항한다. 물어뜯고, 발로 차고, 할퀸다.

㉥ 남자의 급소를 힘껏 찬다.

㉦ 상대편이 자신의 좋은 뜻을 무시했다고 화를 내더라도 괴로워하지 않는다.

㉧ 항상 자신감 있는 태도와 눈빛을 가지고, 운동을 하여 체력단련을 한다.

㉨ 위험 상황에서의 여러 가지 대응 방법을 생각해 보고, 연습을 해 둔다. 이러한 노력에도 피해를 입었다면, 부모님이나 선생님께 알리고 도움을 청해야 한다.

② 구체적인 성폭력의 사후 대처방안

㉠ 즉시 어른들께 알리고, 48시간 이내에 병원 진찰을 받는다.

㉡ 피해 당시 입었던 옷을 그대로 입고, 씻지도 먹지도 말고 화장실에도 가지 않고, 되도록 그대로 가서 진찰을 받아야 한다.

㉢ 부모님과 선생님께 꼭 알리고 전문상담기관에서 상담을 받는다.

㉣ 성폭력의 피해자도 다른 사람과 같이 훌륭한 삶을 살 수 있다는 확신을 가지도록 해야 한다.

㉤ 범인이 도망치고 있거나 위급한 상황인 경우에는 국번 없이 112로 신고한다.

㉥ 성폭력을 뿌리뽑기 위해서는 반드시 신고하는 것이 필요하다.

㉤ 아픈 친구나 다른 친구를 돕는 것처럼 성희롱이나 성폭력을 당한 친구들을 돕는다.

㉥ 이성친구들에게 성희롱이나 성폭력을 하지 말아야 한다.

㉦ 이성친구들 사이에 예절을 지켜야 한다.

(8) 성폭력 후의 전문적 조치

① 의학적 조치 및 증거채취

㉠ 진단서를 끊고 몸의 상처나 멍든 곳은 반드시 사진으로 찍어 놓는다.

㉡ 강간범이 잡혔을 때 재판에 필요한 증거는 가능한 빨리(24시간 이내) 수집되어야 한다.

ⓒ 성폭력 상담소로 전화하여 가까운 병원을 소개받거나 평소에 잘 아는 산부인과 병원, 남성인 경우는 비뇨기과로 가서 진단서를 떼어 놓는다.

ⓓ 피해자는 반드시 피해를 당했을 때 입은 옷을 그대로 입고, 몸을 씻지 않은 상태에서 병원에 가야 한다.

ⓔ 병원에 가서는 반드시 성폭력 피해자라는 사실을 알리고 필요한 의학적 조치를 받는다. 그렇지 않으면 일반 질병검사만으로 끝나게 된다.

ⓕ 성폭력을 당한 후 시간이 지남에 나타나는 증상에 대한 검사와 처치를 한다(예: 임신, 성병 등).

ⓖ 폭행당한 현장을 그대로 보존해 속옷이나 흉기, 머리카락, 사용한 휴지 등의 증거물을 수집하여 코팅되지 않은 종이 봉투에 넣는다.

② 심리적 조치

ⓐ 혼자 있는 것은 좋지 않으므로 가족이나 친구집으로 피한다.

ⓑ 친구나 가족 등 믿을 만한 사람에게 연락하여 도움을 청한다.

ⓒ 부모나 교사가 지나치게 걱정하는 태도를 보이지 않는다.

ⓓ 아동이 피해사실을 이야기 하면 앞으로는 그런 일이 없도록 보호해 줄 것이라고 안심시킨다.

ⓔ 사건 발생 후 평소 하지 않는 행동을 하거나 불안과 두려움을 나타내면 소아정신과 치료를 받도록 한다.

ⓕ 성폭력의 모든 책임은 가해자에게 있으므로, 자신을 비하하거나 자책하지 않고, 용기를 잃지 않도록 다독거려 준다.

ⓖ 가족이 스트레스를 겪거나 가족관계의 변화가 있을 경우 전문 상담기관을 찾아 함께 상담 받아야 한다.

③ 법률적 조치

ⓐ 증거확보를 해 두어야 한다(예 : 진단서, 다친 부위의 사진, 증거물 등, 의학적 증거채취는 성폭력을 당한 후 48시간 내에 진찰을 받아야만 가능하다).

ⓑ 언제, 어디서, 누가 성폭력을 했는지 피해사실을 자세히 기록한다.

ⓒ 주위의 목격자를 확보하여 고소 시 법정 증인으로 부를 수 있도록 해야 한다.

ⓓ 경찰에 고소, 신고하는 등 법적 조치를 취한다.

※ 고소기간 : 범인을 알게 된 날로부터 1년(고소할 수 없는 불가항력의 사유가 없어진 날로부터 1년)

ⓜ 가해자와 통화할 경우 녹음을 해두고, 휴대폰 문자메시지나 이메일 등은 꼭 저장을 해둔다.

ⓑ **고소절차**(고소장 작성하기)

- 범죄의 발생지나 가해자의 주소지 관할경찰서나 검찰에 제출한다.
- 특별한 형식이 요구되지 않고 범죄사실과 가해자의 인적 사항을 기재하면 충분하다.
- 고소장은 우편으로도 접수가 가능하고, 글을 모르는 경우에는 수사관에게 구두로 진술하여 고소할 수도 있다.
- 고소는 피해자와 법정대리인(친권자의 부모, 후견인)이 할 수 있고, 대리인을 통하여 할 수도 있다.

(9) 성폭력 예방 지도교사로서의 역할과 태도

① 성폭력은 개인의 잘못에 의한 피해가 아니다.

② 성폭력은 일방적으로 가해지는 폭력이고 인권을 침해한 범죄이지, 성관계를 한 것은 아니다.

③ 피해자에게는 잘못이나 책임이 없다.

④ 어린이도 독립적인 인격체라는 입장을 견지한다.

⑤ 남녀 어린이가 함께 있는 자리에서 자연스럽게 성교육과 성폭력 예방교육을 한다.

⑥ 성폭력의 위험성과 여러 유형을 인식시키는 다양한 형태와 교육 프로그램을 어려서부터 제공한다.

(10) 성폭력 예방에 대한 학습내용

① “성폭력을 예방하려면 어떻게 할까?”에 대해서 발표시킨다.

② 다른 사람이 몸을 만지려 하면 “싫어요” “안돼요”라고 크게 소리친다.

③ 가능한 한 빨리 사람들이 많은 곳으로 도망친다.

④ 낯선 사람이 특별한 이유 없이 차를 타라고 하면 절대로 타서는 안 된다.

⑤ 모르는 집에 가게 되면 집 안으로 들어가지 않고 문 밖에서 기다린다.

⑥ 엘리베이터를 모르는 사람과 함께 타지 않는다.

⑦ 먹을 것이나 돈을 주면서 심부름을 시키거나 어디를 가자고 해도 따라가지 않는다.
⑧ 어디를 갈 때는 보호자에게 누구와 어디를 가는지 꼭 알린다.
⑨ 긴급시 연락 가능한 전화번호를 꼭 적어 둔다.
⑩ 내 몸은 소중한 것이며, 특히 수영복 안의 몸 부분은 어느 누구도 마음대로 만질 수 없는 것이다.
⑪ 싫어하는 느낌이 드는 행동을 하는 사람이 있으면 "싫어요" "안돼요"라고 단호하게 말한다.
⑫ 성폭력을 당했을 때는 숨기지 말고 곧바로 선생님께 도움을 청한다(경찰에 신고한다. 산부인과 검진을 받는다. 증거보존).

5) 아동학대

(1) 아동학대에 대한 이해

① 아동학대의 현황

아동학대의 역사는 인류의 역사만큼 오래 자행되었으나, 공적인 영역과 사적인 영역에서 아동학대에 대한 조직화되고 집중적인 노력은 비교적 최근에 나타났다(윤오복, 2004). 아동학대문제연구소는 2005년도 전국 아동학대의 현황보고서에서 아동학대 사례유형별 건수를 파악한 결과 두 가지 이상의 학대가 함께 발생하는 중복학대가 1,710건(36.9%)으로 가장 높은 비율을 차지하였고, 다음으로는 방임 1,635건(35.3%), 정서학대 512건(11.1%), 신체학대 423건(9.1%), 성학대 206건(4.4%), 유기 147건(3.2%)의 순으로 나타났으며, 지난 5년 동안의 아동학대 사례유형별 추이를 파악한 결과, 신체학대는 전체 아동학대 사례에서 차지하는 비율이 낮아진 반면, 방임과 정서학대는 건수 및 전체 아동학대 사례에서 차지하는 비율이 꾸준히 증가하고 있다. 만 7~12세의 피해아동이 전체의 48.7%이고, 학대받는 아동의 과반수가 초등학교에 다니고 있다. 이에 날로 증가하는 아동학대에 대한 관심과 학부모와 교사를 대상으로 한 집중적인 아동학대예방교육 등 적극적인 대책마련이 필요하다.

② 아동학대의 정의

아동학대의 정의는 Kempe(1974)의 보고서 "구타당한 아동 증후군"에서 '아동학대는 부모나 돌보는 사람에 의해 어린 아동에게 가해지는 심각한 손상이며 그 상처가 우연한 사고에 의한 것이 아니라 부모나 양육자의 의도적 행위 및 태만의 결과'라고 정의하고 있다. 그의 논문 발표 이후 아동학대에 관한 인식은 뚜렷이 증가하게 되었고, 그 개념의 폭도 계속해서 확산되고 있다(홍전희, 2003 재인용).

국내에서는 아동학대를 아동 복지에 책임이 있는 사람이 복지를 위협할 정도로 아동에게 가하는 신체, 정신적 상해, 성적 학대 또는 착취, 부당한 대우와 방임 등을 포함하는 것으로 보고 있다(이경혜, 우선혜, 양순옥, 한영란, 이숙, 정승은, 2002). 최근 들어 발효된 우리나라의 2000년 7월에 개정된 아동복지법의 제2조 4항의 아동학대의 정의를 살펴보면 "아동학대라 함은 보호자를 포함한 성인에 의하여 아동의 건강, 복지를 해치거나 정상적 발달을 저해할 수 있는 신체적 · 정신적 · 성적 폭력 또는 가혹행위 및 아동의 보호자에 의하여 이루어지는 유기와 방임을 말한다." 즉 아동에 대한 적극적인 가해행위뿐만 아니라, 소극적 의미의 방임행위까지 아동학대로 명확히 규정하고 있으며, 이는 아동의 신체적 · 심리적 잠재력을 발휘하지 못하도록 막은 모든 행위를 포괄한 것이다.

③ 아동학대의 원인

아동학대는 가정 외에서와 가정 내에서의 학대로 나눌 수 있는데 가정 내에서 이루어지는 자녀학대 유발요인은 일반적으로 가정의 구조적 요인과 개인적 요인으로 나누어 볼 수 있다(아동학대 없는 세상만들기, 2006).

㉠ **가정의 구조적 요인** : 가족의 상호작용이 약함, 올바르지 못한 양육방법, 부 · 모의 실직, 경제적 어려움, 편부 · 편모의 가정, 사회적 고립과 소외 등

㉡ **개인적 요인** : 부모의 그릇된 자녀관 · 양육관 · 훈육관, 어린시절에 학대받은 경험, 부모의 알콜이나 약물중독, 부모의 분노조절이나 역할 등의 미숙, 자녀에 대한 권리의식의 이해부족 등

(2) 아동학대의 유형 및 피해

① 아동학대의 유형

아동학대의 유형은 다음과 같이 구분될 수 있다(이경혜 등, 2002, 경기도 교육청, 2013).

㉠ **신체적 학대** : 아동의 신체에 손상을 주는 학대행위(아동복지법 제17조 제3호)

- 보호자를 포함한 성인이 아동에게 우발적 사고가 아닌 상황에서 의도적으로 신체손상을 입히거나 또는 신체손상을 입도록 한 모든 행위
- 양육자가 아동의 신체에 의도적으로 심한 상처를 주는 것으로 타박상, 화상, 좌상, 골절, 두골 및 복부의 상해 등 간단한 상처에서 의료처치가 필요한 심한 상처까지 그 범위가 다양하다.

㉡ **정서적 학대** : 아동의 신체에 손상을 주는 학대행위(아동복지법 제17조 제5호)

- 보호자를 포함한 성인이 아동에게 행하는 언어적 모욕, 정서적 위협, 감금이나 억제, 기타 가학적인 행위
- 아동의 정서적 양육 및 정상적인 심리사회적 발달이 부정되는 것을 말하며 아동에게 협박과 언어적 공격을 일삼고 심한 수치심과 모욕을 주기도 하고 감금하는 등 적대적이고 거부적인 처우를 가하여 인성발달에 손상을 입히는 행위를 말한다.

㉢ **성적학대** : 아동의 발달상 아직 준비되지 못한 성적활동에 아동을 타의로 관련시키는 것으로 실제적인 성교 뿐 아니라 애무하기, 노출 또는 착취 등이 포함되며 근친상간, 추행, 강간 등이 이루어지기도 한다.

㉣ **방임** : 자신의 보호 · 감독을 받는 아동을 유기하거나 의식주를 포함한 기본적 보호, 양육, 치료 및 교육을 소홀히 하는 방임행위(아동복지법 제17조제6호)

- 보호자가 아동에게 고의적, 반복적으로 아동양육 및 보호를 소홀히 함으로써 아동의 정상적인 발달을 저해할 수 있는 모든 행위
- 신체적 방임과 정서적 방임을 포함한다. 신체적 방임이란 아동의 기본적 요구 즉 의 · 식 · 주 · 위생상태 및 건강관리 등을 제대로 제공하지 않는 것을 말한다. 또한 정서적 방임이란 자녀에 대한 애정, 관심, 지지를 제공하지 않아 아동의 사회 · 교육 · 발달상의 요구를 무시하는 것을 말한다.

㉤ **유기** : 보호자가 아동을 보호하지 않고 버리는 행위

② 아동학대의 증후

아동학대에 대한 신체적 징후와 행동적 징후는 다음과 같다.

㉠ **신체적 학대**

- **신체적 증후** ; 발생 및 회복에 있어 시간차가 있는 상처, 사용된 도구의 모양이

그대로 나타나는 상처, 설명하기 어려운 화상, 골절(복합, 나선형) 또는 절상(입, 눈, 입술, 외음부 등)

- **행동적 증후** ; 어른과의 접촉회피, 부모에 대한 두려움, 집에 가는 것에 대한 두려움, 다른 아동이 울 때 공포를 나타냄, 위험에 대한 지속적인 경계를 보임

ⓛ **정서적 학대**

- **신체적 증후** ; 성장장애, 신체발달 저하, 언어장애 등
- **행동적 증후** ; 행동장애, 정신신경성 반응, 극단적 행동, 발달지연, 자살시도 등

ⓒ **성적 학대**

- **신체적 증후** ; 걷거나 앉는데 어려움, 회음부의 동통과 가려움, 회음부 · 질 · 항문부위의 출혈이나 멍, 십대이전의 성병감염, 임신 등
- **행동적 증후** ; 위축 · 환상 · 유아적 행동, 친한 친구가 없음, 이상한 성적 행동과 지식, 비행, 가출, 성적 모독을 호소함

ⓔ **방임**

- **신체적 증후** ; 지속적인 배고픔, 나쁜 위생상태, 부적절한 옷차림, 의학적 · 치과치료의 부족, 피로, 불안정감, 수업 중 심한 졸음 등
- **행동적 증후** ; 음식을 구걸하거나 훔침, 장기간에 걸친 감독 소홀, 위험한 행동에 대한 감독 소홀, 비행, 도둑질, 학교에 이른 등교와 늦은 하교 등

③ 아동학대의 후유증

아동학대는 아동에게 심각한 후유증이 생기는데, 신체적 학대를 경험한 아동은 단순한 타박상, 골절 등에 그치지 않고 정상적인 생활을 유지할 수 없는 정도의 후유증을 가져와 사망에 이르게 하는 경우도 있다. 그 밖의 후유증의 예로 공격, 파괴적 행동, 과잉 행동, 자학적 행동, 반사회적 행동 및 비행, 자살, 자신감 결여, 자아기능 손상, 위축, 대인관계 기피, 불면증, 급성불안 반응, 심한 공황 상태, 성장 발달 지연, 언어발달의 장애, 집중력 장애, 정신지체 등이 나타난다. 성적 학대를 받은 경우는 성에 관한 부적절한 행동들이 아동에게 나타나게 되는데, 예를 들어 관심 등을 얻기 위한 수단으로 성을 이용하기도 하고, 성에 대한 공포심, 수치심, 혼돈 등 부정적 감정을 경험하기도 한다. 그리고 거식증과 같은 파괴적 행동을 보이기도 한다. 성 학대는 시간경과에 따라 달라진다. 학대 초기에는 수면장애, 신경질, 가해자에 대한 공포심 등의 불안증세가 두드러지며, 나이에 맞지 않는 성적 행동, 관심을 끄는 행동, 지나치게

매달리는 행동, 성에 관한 혼란된 행동, 성적 방종, 고독, 우울, 슬픔 등 자아개념의 손상과 연관된 행동 변화가 나타난다. 학대받은 아동은 성인이 되어서도 불안장애, 우울, 자아존중감 저하 및 자살 행동, 약물남용를 기타 정신과 질환(경계선 인격장애, 다중인격장애), 성 기능장애, 성범죄 등의 문제를 갖게 된다(아동학대 없는 세상만들기, 2006).

(3) 아동학대에 대한 신체사정

의사들을 위한 아동학대 예방 및 치료 지침서(2003)에 따르면 학대 아동이 의료기관을 내원하였을 경우 다음과 같은 기준에 의해 판별을 하도록 권고하고 있다(윤오복, 2004 재인용).

① 피부변화

㉠ 학대받은 아동에서 피부의 손상은 매우 흔한 소견이다.

㉡ 손상의 형태, 손상부위, 사용된 도구, 아동의 연령 등이 피부 변화에 영향을 준다.

㉢ 보통 얼굴, 상치 혹은 엉덩이에 손자국이 그래도 나타나 있는 경우

㉣ 전신이나 허리띠 같이 일직선 모양으로 멍 자국이 나있는 경우

㉤ 손목이나 발목을 따라 돌아가면서 일직선으로 멍이 들은 경우 끈으로 묶어 놓았던 경우를 생각해야 한다.

㉥ 양쪽 입가에 멍이 있는 경우는 입에 재갈을 채웠던 경우이다.

㉦ 이런 자국의 멍은 각각의 시간 단계에 따라 다른 것이 섞여 있는 경우가 많은데 이는 학대가 여러 차례 걸쳐 있었음을 시사한다.

㉧ 피부에 나타난 자국과 멍을 통해 학대유형이나 정도를 판단할 수 있으며, 시간적 경과를 확인할 수 있다.

② 골절

㉠ 어린 연령에서 골절의 경우는 반드시 학대와 연관지어 의심하여야 한다.

㉡ 나선형 골절인 경우는 상지나 하지를 억지로 비튼 경우에 발생할 수 있다.

㉢ 걸음을 걷지 못하는 영아의 경우 이런 나선형 골절은 거의 생기지 않기 때문에 학대를 의심해 볼 수 있다.

③ 화상

㉠ 아동에게 흔히 볼 수 있는 사고로, 특히 18개월에서 5세 사이의 아동에게 많다.

㉡ 화상은 아동의 나이와 화상부위를 고려하는 것이 반드시 필요하다.

㉢ 허벅지 안쪽부위에 담뱃불에 의한 화상의 흔적이 있는 경우, 손이 데지 않는 상황에서 엉덩이와 회음부만 화상을 입는 경우는 특히 뜨거운 물에 아동의 배와 발을 잡고 엉덩이 부분을 집어 넣기 때문에 발생되는 유형이므로, 아동학대에 의한 것으로 판단해야 한다.

④ 안면부 외상

㉠ 학대가 있었던 아동의 많은 수가 눈 주위의 부종이나 수정체 탈구, 망막박리 및 출혈, 전방출혈, 결막하 출혈, 안와골절 등을 입을 수 있다.

㉡ 구타에 의한 비 연골 골절, 반복적인 귀의 외상으로 인한 양배추 모양의 변형, 고막천공 등이 생길 수 있다.

⑤ 두부와 중추신경계 외상

㉠ 아동을 붙잡고 심하게 흔드는 경우 경막하 출혈이 생길 수 있다.

㉡ 이때에는 두개골 골절이나 다른 외상없이 경막하 출혈만 생길 수 있다.

⑥ 흉부와 복부 외상

㉠ 흉부외상에는 흔히 늑골 골절이 생길 수 있다.

㉡ 복부에 구타가 가해지는 경우 내부 장기의 파열이나 출혈이 생길 수 있다.

㉢ 잘 설명되지 않는 여러 차례의 출혈이나 장관의 천공이 있는 경우가 많다.

⑦ 성학대로 인한 외상

㉠ 사춘기 이전의 아동에서 임질이나 매독, 클라미디아, 트리코모나스 포진 등으로 인한 질염, 요도염, 회음부 감염이 있다.

㉡ 요도나 회음부 열상, 타박상이 있다면 성 학대를 고려해 보아야 한다.

(4) 아동학대에 대한 관리방안

학교 재학생 중에 아동학대가 의심되면 학교 보건교사는 아동 및 양육자의 과거력을 조사해야 한다. 과거력에 대한 자료수집은 위험요인을 발견하는 데 도움이 된다. 아동의 외상에 대한 변명이 그럴듯하더라도 의심스러운 부분이 있으면 신고하여야 한다. 아동을 개별적으로 면담하는 것이 좋으며 아동이 걱정하는 내용에 주의를 기울이면서 아동의 발달단계를 고려하여 면담을 실시해야 한다. 아동 면담과 부모면담시 주의해야 할 사항은 [표 4-6]과 같다.

[표 4-6] 아동 · 부모 면담시 주의할 사항

	피해아동면담	부모 · 양육자 면담
고려할 점	• 아동 가까이에 앉아서 눈높이를 맞출 것 • 친밀한 공감대를 형성 • 양육자와 동석하지 않은 상태로 면담 • 아동 발달단계에 적합한 언어로 면담목적을 설명 • 상황을 이야기하는데 아동이 사용하는 그 용어와 단어를 사용 • 질문에 대답할 수 있는 지를 아동에게 질문 • 만일 긴급피난이 필요하다고 생각되면, 아동에게 집을 떠나야 하는 이유를 조심스럽게 설명 • 불명확한 단어나 용어는 아동에게 충분히 설명 • 아동에게 상황이 더욱 어려워질 수도 있다는 사실을 주지시키고, 아동 본인에게는 잘못이 없음을 강조	• 개인적으로 면담을 실시 • 면담의 목적을 설명 • 객관적이 되도록 노력 • 모든 사실이 알려질 때까지 섣불리 판단을 내리지 말 것 • 정직하게 질문에 응답해 줄 것 • 의심되는 학대의 사례를 보고해야 하는 교원의 법적 책임을 알려 줄 것
하지 말아야 할 점	• 아동에게 면담자가 원하는 대답을 암시하는 행동을 하지 말 것 • 아동에게 하기 싫어하는 대답을 강요하는 행동을 하지 말 것 • 아동이 사용하는 단어를 비판하는 행동을 하지 말 것 • 아동으로 하여금 그 상황에 죄의식을 느끼도록 암시하는 행동을 하지 말 것 • 아동에게 신경 쓰지 않고 모르는 사람에게 맡기는 행동을 하지 말 것 • 아동이나 그 상황에 대하여 놀라움이나 두려움을 보이지 말 것 • 아동에게 보상을 제공하지 말 것	• 학대나 유기를 증명해내려고 하지 말 것 • 돌보는 사람과 그 상황에 대하여 분노, 공포, 찬성하지 않는 태도를 보이지 말 것 • 비난하거나 판단하지 말 것 • 상처가 어떻게 생겼는지 설명할 때 반응을 보이지 말 것

아동학대가 의심되면 전화, 우편, PC 통신 또는 경찰에 직접 방문하여 신고할 수 있다. 아동학대는 경찰에 직접 112로 신고하거나 아동학대 예방 및 상담기관, 아동보호전문기관(1391)에 신고할 수 있다. 신고할 때에는 가능한 한 많은 자료(정보)를 알려주는 것이 아동학대를 판단하는데 도움이 되므로 학대부위에 대한 사진을 신고시 첨부하는 것이 좋다.

아동학대 신고시 필요한 내용은 다음과 같다.

1. 아동의 이름, 성별, 나이, 주소, 전화번호
2. 가해자로 의심되는 사람의 이름, 성별, 나이, 주소, 전화번호
3. 신고자와 아동 및 그 가족과의 관계
4. 신고자 이외의 학대사실을 확인해 줄 다른 사람의 이름과 전화번호
5. 아동에게 어떤 일이 일어났으며, 아동이 입은 상처나 피해에 대한 설명
6. 아동이 위험에 처해 있거나 학대를 받고 있다고 생각하는 이유
7. 상황이 급박한 것인지 아닌지에 대한 신고자의 견해

아동학대 예방 및 상담기관이나 경찰에 신고된 학대아동은 적절하고도 필요한 도움을 받게 된다. 심각한 아동학대 사례로서 경찰의 조사가 진행될 때에는 신고자가 제출한 자료 등을 토대로 조사를 진행한다. 조사결과 학대가 아니라는 판정이 나더라도 신고자에게는 불이익이 돌아가지 않는다. 아동학대는 학대행위자의 개인적인 특성과 더불어 사회 환경적인 영향에 의해 유발되므로 분야별 전문가 팀이 함께 개입할 때 아동이 속한 가족 또는 집단시설의 문제가 더욱 쉽게 해결될 수 있다. 사법경찰이 개입하는 경우에, 경찰은 신고를 받은 즉시 현장에 나가 조사를 하게 되며, 아동학대 예방 및 상담기관과 공조하여 수사를 하게 된다. 학대예방 및 상담기관의 전문적 개입에는 신고된 사례가 가정폭력과 관련한 아동학대로 판별되고 사례에 개입하기로 결정되면, 전문상담가와 사회복지사는 분야별 전문가 팀과 함께 학대 가정에 여러 가지 서비스를 제공하게 된다. 이 서비스에는 상담치료 가정방문 재정적 도움을 포함하는 가정지원 서비스, 지역자원 연계프로그램 등이 있다.

아동의 행복한 삶을 위하여 아동학대는 의사에 의해서만 치료될 수 있는 것이 아니다. 의사, 사회복지사, 전문상담가, 법률가, 교사가 함께 팀으로 아동복지를 위하여 일해야 한다. 각 지방자치단체 단위로 아동상담소, 경찰서, 법원, 학교, 사회복지관, 아동과 청

소년복지기관, 종교단체, 언론, 대학관련학과(의학, 간호학, 사회복지학, 아동복지학 등), 의사회, 변호사회가 함께 지도적 사회 연결망을 구축하고 예방과 치료에 대한 총체적인 대처방안을 강구해야 한다(아동학대 없는 세상 만들기, 2006).

(5) 아동학대 관련 처벌(아동복지법 제17조, 제71조)

아동학대 관련처벌은 아동복지법에 의해 처리된다. 관련내용은 [표 4-7]과 같다.

[표 4-7] 아동학대 관련 처벌

관련 내용	처벌 내용
• 아동을 매매하는 행위 • 아동에게 음행을 시키거나 음행을 매개하는 행위	• 10년 이하의 징역 또는 5천만원 이하의 벌금 (제17조1, 2호)
• 아동의 신체에 손상을 주는 학대행위 • 아동에게 성적 수치심을 주는 성희롱, 성폭력 등의 학대행위 • 아동의 정신건강 및 발달에 해를 끼치는 정서적 학대행위 • 자신의 보호 · 감독을 받는 아동을 유기하거나 의식주를 포함한 기본적 보호 · 양육 · 치료 및 교육을 소홀히 하는 방임행위 • 장애를 가진 아동을 공중에 관람시키는 행위 • 아동에게 구걸을 시키거나 아동을 이용하여 구걸하는 행위	• 5년 이하의 징역 또는 3천만원 이하의 벌금(제17조3호부터 8호)
• 정당한 권한을 가진 알선기관외의 자가 아동의 양육을 알선하고 금품을 취득하거나 금품을 요구 또는 약속하는 행위 • 아동을 위하여 증여 또는 급여된 금품을 그 목적 외의 용도로 사용하는 행위	• 3년 이하의 징역 또는 2천만원 이하의 벌금(제17조10호, 11호)
• 공중의 오락 또는 흥행을 목적으로 아동의 건강 또는 안전에 유해한 곡예를 시키는 행위	• 1년 이하의 징역 또는 500만원 이하의 벌금(제17조9호)

[자료원 : 경기도 교육청(2013). 행복을 지키는 안전교육 길라잡이]

6) 학교생활 안전수칙 및 안전사고 발생시 조치

학교생활 안전수칙(어린이 안전학교, 2014). '안전자료실'에 의하면

(1) 선생님 안전수칙

① 실험이나 실습을 하기 전, 안전수칙을 미리 교육시키도록 한다.

② 손 또는 손목을 다치지 않기 위해 가벼운 공을 사용한다.

③ 여러 가지 운동의 규칙이나 안전수칙을 이해하고 준수하는 태도를 기른다.

④ 과격한 운동은 피하고 운동 후 휴식하는 습관을 기르도록 지도한다.

⑤ 운동 중에 다친 아동의 경우 다시 운동을 시작하기 전에 치료가 완전히 끝나도록 한다.

⑥ 폭력으로 인한 사고를 막기 위해 아동의 인간성과 개성을 존중해주고 신체적 학대나 다른 나쁜 행동에 노출되지 않도록 한다.

⑦ 학교 내에서는 반드시 실내화를 신도록 지도한다.

⑧ 학교 기물파손을 점검하여 즉시 수리하도록 한다.

⑨ 학생들의 건강기록부를 체크하여 관리한다.

⑩ 사고발생시 응급체계를 구축하여 놓는다.

⑪ 교외활동 시 학생들을 더 섬세하게 돌보아야 한다.

(2) 학부모님 안전수칙

① 자녀들에게 학교에서 지켜야 할 규칙에 대해 교육하고 수시로 점검한다.

② 건강검진을 주기적으로 하여 선생님에게 알린다.

③ 준비물을 챙길 때 뾰족하거나 위험한 물건을 가져가야 하는 경우 다치지 않게 처리한다.

④ 교외활동이 있을 때에는 눈에 잘 띄고 편안한 복장을 입도록 지도한다.

⑤ 다른 친구들을 배려하고 이해하는 마음을 기를 수 있도록 자녀와 열린 대화를 유지한다.

(3) 학교측(인천시교육청, 2010)

① 학교 안전사고는 사전의 예방교육과 사고발생 시, 초기 응급조치가 중요하므로 평소에 이와 관련한 교육을 주기적으로 실시한다.

② 교육활동 중 예상되는 각종 위험 요인에 대한 안전교육 실시 및 계약상태를 확인한다.

㉠ 차량 이용시 자동차 종합보험 가입 여부

㉡ 수련원 야영장 이용 시 청소년활동진흥법에 의한 보험 가입 여부

㉢ 어린이 놀이시설 안전관리법에 의한 보험 가입 여부

㉣ 숙박시설 이용 시 영업배상책임보험 가입 여부

③ 위험성이 높은 곳에 대해 특별조치를 취한다.

㉠ 베란다, 학교 담장에서 장난 또는 이동 금지 및 안전장치 완비, 고층교실 유리창 청소 금지, 위험한 학교시설 및 설비의 수리 · 보완

④ 학생에게 사적인 지시나 심부름을 시키지 않는다(사고발생 시 민사상 책임).

물론 사고를 예방한다고 해도 완전히 없앨 수 없고, 특히 사고란 예고 없이 발생되는 특성이 있으므로, 사고발생시 즉각적인 조치를 취할 수 있도록 만반의 대비책을 강구해 두어야 한다. 학교안전공제회는 안전사고시 조치사항으로는 다음과 같이 제언하고 있다.

① 재빠른 응급처치 및 병원으로 후송한다(119 긴급연락 및 병원 응급차량 호출 등).

② 신속히 학부모에게 연락한다.

③ 교육활동 담당자는 사고경위서를 작성한다.

④ 사망시는 경찰조사 및 사체검안 또는 사체부검 의뢰를 요구한다.

사고발생시 가장 우선적으로 처리하는 자는 보건교사로서 신속한 응급처치를 1차적으로 하고 2차적으로는 상황에 따라 병원이나 소방서 등을 통한 응급조치와 함께 사고발생 원인 및 상황조사 재발방지 대책마련 등이 뒤따라야 할 것이다. 사고처리에 있어 학교 측의 창구를 단일화(사고담당자 지정)하고 사고처리 관련 사항은 학생의 친권자인 학부모와 직접 협의하도록 한다. 담당교사는 공제급여시스템(www.schoolsafe.or.kr)을 통해 사고발생 내용을 통지한다. 치료 완료 후 공제급여를 청구하며, 공제회 지급 결정은 학부모(보상금 송금, SMS 또는 E-mail 통보)와 학교(공제급여 결정 통보서 송부) 모두에게 알려준다.

7) 학교안전사고의 법적 책임

학교 내 학생과 교직원 안전에 대한 책임의 대부분은 교사와 행정관에게 있으며 책임의 영역은 안전교육, 응급치료, 비상사태, 기록보존, 재난대비, 시설순찰, 현직교육, 교통통제, 버스 수송 안전 등을 포함한다. 최근 학교안전사고가 대부분 대형사고이고 건강보험공단에서 불법행위내용(민법 제750조), 책임무능력자의 감독자 책임(민법 제755조)과 제3자의 구상권(의료보험법 제46조)을 들어 학교나 각 시 · 도 교육감 또는 사립

학교재단을 상대로 구상금 청구소송을 제기한다는 점을 볼 때 더욱 관심을 가져야 할 때이다. 「학교안전사고 예방 및 보상에 관한 법률」은 학교안전사고를 예방하기 위하여 교육부장관 등으로 하여금 학교안전사고 예방을 위하여 필요한 대책을 마련하고, 학생 등에 대하여는 예방교육 강화 및 학생 · 교직원 및 교육활동 참여자가 학교안전사고로 인하여 입은 피해를 신속 · 적정하게 보상하기 위하여 학교안전사고보상공제사업을 실시하는데 필요한 사항을 규정하기 위해 법률로 제정되었다.

(1) 가해학생 및 보호자의 책임

문제를 일으킨 학생과 보호자는 다음 민법 조항에 의거 책임을 지게 된다.

① 고의나 과실로 인한 위법행위로 타인에게 손해를 가한 자로 손해배상의 책임이 있다(민법 제750조).

② 다만 가해학생이 만 14세 미만인 경우 그 행위의 책임을 변식할 지능이 없을 때로 간주되어 배상책임이 없게 되며 형법상의 벌도 받지 않는다(민법 제753조).

③ 가해학생이 만 14세 미만인 경우 그 부모는 법정의무 감독자로서 손해배상 책임을 지게되며(민법 제755조) 가해한 학생이 만 14세인 경우 대부분의 친권자는 그 자녀에 대한 교육을 제대로 하지 못한 일반 불법행위자로서의 손해배상책임을 지게 된다(민법 제913조).

(2) 피해학생의 책임

학교 안전사고 가운데 학생들간에 발생된 사고는 당사자 쌍방간의 과실이 경합하여 발생하거나 학생본인의 부주의나 과실에 의한 경우가 대부분으로, 피해자 학생도 일정 부분 당해 사고에 대한 책임을 지게된다.

(3) 교원의 책임

학교안전사고의 대부분의 경우, 교사의 책임을 묻는 경우가 흔하다. 형법상 교사는 학생을 보호 · 감독할 의무를 지게 되고, 교사의 감독의무는 학교 내에서의 학생의 전 생활관계에 미치는 것이 아니고 학교에서의 교육활동 및 이와 밀접 불가분의 관계에 있는 생활환경에 한하며, 그 의무 범위 내의 생활관계라 하더라도 사고가 학교생활에서 통상 발생할 수 있다는 것이 예측되거나 또는 예측가능성(사고발생의 구체적 위험성)이 있는 경우에 한하여 교장이나 교사는 보호 · 감독의무 위반에 대한 책임을 진다.

[성폭력 범죄로 인한 처벌 시 임용 제한 및 당연 퇴직]

① 「교육공무원법」 제10조의4 및 제43조의2에 따라, 성폭력범죄 행위로 파면 · 해임되거나 100만원 이상의 벌금형이나 그 이상의 형을 선고받아 형이 확정된 사람은 교육공무원으로 임용될 수 없으며, 교육공무원 임용 후에도 위의 결격사유에 해당하게 된 경우 당연 퇴직하여야 함

② 「사립학교법」 제54조의3에 따라 성폭력범죄 행위로 파면 · 해임되거나 100만원 이상의 벌금형이나 그 이상의 형을 선고받아 형이 확정된 사람은 사립유치원의 원장에 임명될 수 없으며, 학생에 대한 신체적 폭력 행위로 파면 · 해임되거나 금고 이상의 형을 선고받은 사람은 교원으로 임명될 수 없음

③ 「사립학교법」 제57조에 따라, 성폭력범죄 행위로 파면 · 해임되거나 100만원 이상의 벌금형이나 그 이상의 형을 선고받아 형이 확정된 사립유치원 교원은 당연 퇴직하여야 함

[자료원 : 경기도 교육청(2013). 행복을 지키는 안전교육 길라잡이]

8) 학교 재난 및 안전관리 체계

경기도 교육청(2014)에서는 학교 재난 실무행동 매뉴얼에서 재난시 학교에서의 재난사고 대응에 대해 다음과 같이 제시하고 있다.

(1) 재난발생시 중점사항

① **냉정하고 의연한 대응** : 학생들의 안전을 확보하기 위한 최선의 대응은 무엇인가 생각하면서 대응

② **관리직의 리더십** : 관리직은 상황을 정확하게 판단하여 강한 리더십 하에 정확한 지시를 한다.

③ **정확한 정보수집 및 정보의 공유** : 현장에 있던 교직원 · 학생들이 정확히 파악한 정보를 정리하여 요점을 문장화하고 교직원간에 정보의 공유를 촉진한다.

④ **조직적인 대응** : 대책본부에서의 결정사항이나 관리직의 지시를 신속히 교직원에게 전달, 학교전체에서 조직으로 대응할 수 있는 체제를 만든다.

⑤ **교육청과의 연계** : 교육지원청 및 도교육청에 신속히 상황보고 및 직원 파견을 요청한다.

⑥ **관계기관의 연계** : 경찰 · 소방서 등 관계기관과 연계하여 지원을 받는다.

⑦ **보호자 · 지역사회의 연계** : 보호자에게 신속, 정확하게 정보제공하고 지역의 유관 기관 등과 협력하여 학생들의 안전 확보 및 원활한 교육활동을 도모한다.

⑧ **통신수단의 확보** : 재난에 의한 통신망의 파손이나 보호자, 보도기관으로부터 문의 쇄도 등에 의해 학교전화를 사용하지 못하는 경우를 대비하여 휴대전화나 전자메일, SNS 활용 등의 비상용 통신수단을 미리 확보해 둔다.

⑨ **보도기관에의 대응** : 관리직으로 창구를 일원화하고 교육청과도 연계하면서 적절한 대응을 한다.

(2) 재난발생시 학생대응 체계도(그림 4-1)

※ 각급학교별 「안전책임관(교감)」 및 「방재재난담당자(행정직원)」 지정
학기초 구성원들의 비상소집체계 및 업무분장 정비

(3) 재난발생시 학교 구성원의 임무와 역할

① 최초발견자

㉠ 119신고 및 생존자 구호조치, 사고현장 보존

㉡ 학교장(인솔책임자)에게 보고

② 대책반장 : 실무자는 학교장

㉠ 학교사고대책반 운영 · 총괄

㉡ 사안 논의 및 사고처리안 결정(해결방안지시)

㉢ 학교운영위원회, 학부모회 사고통지

③ 대책부반장(안전책임관) : 교감

㉠ 학생사안발생시, 사고대책반 운영(교육청보고)

㉡ 보호자에 대한 대응 및 요구사항 논의

④ 현장대응팀 : 학년부장 외

㉠ 구호조치 및 병원후송, 보호자 연락

㉡ 최초 사안 조사 및 정보수집(현장방문)

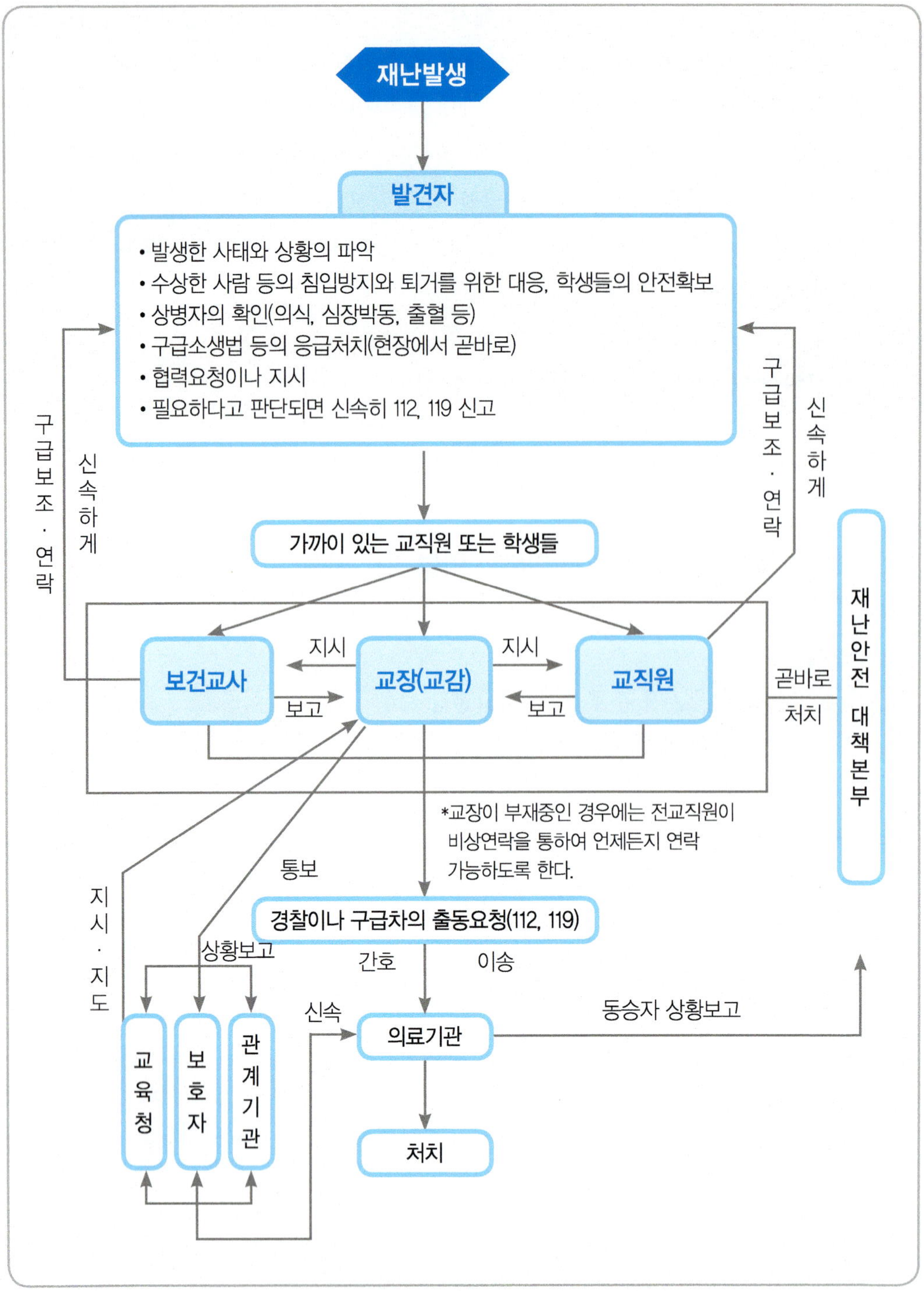

[그림 4-1] 재난발생시 학생대응 체계도

⑤ 교내지원팀 : 교무부장 외

㉠ 비상연락, 학생현황 파악

㉡ 학교운영위원회, 학부모 협조체제 구축

⑥ 행정지원팀 : 행정실

㉠ 기상 · 재난정보 수신 및 전파

㉡ 자연재난 및 화재에 따른 재해발생시, 재난상황보고

㉢ 물적 피해 현황 파악 및 복구

㉣ 학생귀교 대책(이동수단 확보)수립

㉤ 현장이동 지원 및 인적 · 물적 지원 등

(4) 재난안전교육 강화 및 홍보

각급 학교에서는 재난안전 교육자료를 활용하여 주기적인 학생 및 교직원의 안전교육을 실시하고 안전관리에 관한 교육자료 및 홍보자료를 가정에 통신문 발송과 홈페이지에 내용을 탑재하여 지속적으로 홍보하도록 한다.

(5) 철저한 점검 및 대비

인천시 교육청(2010)에서는 재난대응 · 학교안전관리 매뉴얼에서 학생안전사고, 학생건강관리, 자연재해/화재, 교육시설안전관리, 기타 등으로 나누어 점검하도록 권장하고 있다.

1. 학생안전사고(초 · 중등)

등하교 교통안전관리조직 운영 여부

- 어린이 유괴 예방시스템 설치 여부
- 교실문의 개폐시 사고 위험요소
- 교실에 설치된 선풍기 등의 추락 및 누전사고(공회전 등) 위험요소
- 교실, 복도 유리창 청소 등의 사고 위험요소
- 교실, 복도의 사고 위험물 방치 여부
- 가사실의 각종 사고 위험요소(전기, 가스 등)
- 과학실험실의 위험물 및 시건장치 관리 여부
- 옥상 연결 통로 및 출입문의 안전장치 여부

2. 학생건강관리(평생교육)

전염병 예방을 위한 보건교육 및 정기소독 실시 여부

- 손씻기 시설이 학생수에 비례하여 충분히 설치되어 있는지 여부
- 비상약품이 학생수에 비례하여 충분히 구비되어 있는지 여부
- 응급상황에 대처한 응급처치 교육 실시 여부
- 급식시설 · 설비, 기구 등에 대한 청소, 소독 상태
- 급식실 정기소독(4~9월 1회/2개월, 10~3월 1회/3개월) 실시후 소독필증 보관관리 여부
- 조리한 식품(보존식)을 −18℃에서 144시간(6일) 보관관리 여부

3. 자연재해/화재(복지재정)

자연재해(태풍 · 호우 · 대설 등) 위험지역, 방재시설(배수로 등) 관리상태

- 퇴근 후 전기제품 및 전열기 등의 전원차단 여부
- 교실, 복도 등에 전기로 인한 사고 위험요소
- 화재 경보장치 기능유지 및 관리상태
- 소화기(전) 월 1회 이상 점검 및 사용요령 교육 실태
- 재난 취약지구(건물 외곽 등) 순찰 여부
- 미사용 건물 전원 차단 여부
- 건물주변(특히 쓰레기장 주변) 정리정돈 상태

4. 교육시설안전관리(교육시설)

- 체육활동 시설물의 사고 위험요소 방치 여부
- 건축물 기둥, 보 등의 주요 구조부 손상, 균열, 누수, 탈락 확인
- 지반침하 등 구조물 위험성 및 옹벽, 담장, 절개지 안전성 여부
- 건물 옥상의 물탱크, 물건적치 등 과하중 상태
- 계단, 복도 등 대피로 물건 적치 및 변형 확인
- 특정관리대상시설물 관리카드 작성 및 점검사항 기록 여부
- 승강기, 전기시설, 가스시설 등 정기검사 및 안전점검 여부
- 건축물, 각종 시설물 안전관리계획 수립여부 및 이행실태
- 공사현장 가시설물 등 안전조치 및 정리정돈 상태
- 운동부 합숙소 등 안전관리 상태
  - 화재예방 시설물(소화기, 소화전 등) 작동상태
  - 비인가 전열기구 및 위험물품(휴대용가스렌지, 부탄가스 등) 사용여부

5. 기타

매월 4일 『안전점검의 날』 이행 실태

- 실별 일일 보안 및 안전점검일지 사용 실태
- 일과 이후 열쇠관리 상태
- 비상연락망 유지(소방서, 관할지구대 등)
- 점검시기에 사회적 안전문제(성폭력, 신종플루 등)에 대한 대비실태

9) 학교안전관련 해외사례

(1) 일본사례

일본학교안전교육의 특징으로,

첫째, 일본은 1995년 고베대지진과 2011년 동일본대지진 등 큰 재해를 겪으면서 방재교육을 중시하는 학교안전교육이 마련되었다. 이를 계기로 하여 위협에 대비한 방재교육으로부터 지식과 자세를 갖추는 방재교육으로 방향을 전환 및 발전해 왔음을 확인하였다. 특히, 후쿠시마 현에서의 지진 · 해일 및 원자력발전소와 관련한 일련의 사고 발생은 재해안전의 중요성과 방재대책을 재인식하게 되는 전환점이 되었다. 이로 인해 과거 재해발생에 대한 응급조치의 대응 수준에서 벗어나, 보다 더 중 · 장기적이고 근본적인 대책을 마련하는 수준으로 전환해야 한다는 목소리가 높아지고 있다.

둘째, 일본에서 방재교육의 의미는 단순히 '방재'라는 말에 한정되어 재해발생 전에 재해피해를 예방하거나 재해 직후에 응급 대응하는 것만이 아니다. 방재교육이란 '평상시의 사전 준비 → 재해 발생 시 → 복구 · 부흥기 → 복구 후'의 4가지 단계에서 스스로 재난에 적절히 대응해 피해를 경감할 수 있게 하는 소위 '재해 감소'를 위한 지식을 갖추고 판단하고 행동하는 능력을 키우는 교육을 하고 있다.

[자료원 : 이덕난, 소영화(2013). '일본의 안전교육 운영 사례 및 한국교육에 주는 시사점 : 학교방재교육을 중심으로', 2013 세계교육정책 인포메이션, 8호, 1-47]

(2) 독일

독일학교안전교육의 특징으로,

첫째, 예방에 중점을 두었다는 것이다. 안전교육을 위해서 특별히 교과목을 두고 있지는 않지만 사고가 발생할 수 있는 원인을 분석하여 수업시간에 주제로 다루므로 예방해나가는 장기적인 전략을 세우고 있다. 교통교육도 교통규칙을 지키고 안전의식을 고양시키는 점에서 이루어지고 있다. 학교폭력을 예방하기 위해서 학생들이 갈등을 폭력으로 해결하지 않고 말로 해결하는 법을 배우도록 수업시간에 '토론교육'에 많은 비중을 두고 있다. 또 가정폭력 피해자가 학교폭력의 가해자가 되는 경우가 많음을 고려하여 가정폭력을 엄하게 처벌하고 있다.

둘째, 실제적이며 반복되는 안전교육이다. 지속적이고 반복적인 교육을 통하여 사고 발생 시 침착하게 대처할 수 있도록 하고 있다.

셋째, 투명하고 구체적인 안전 시스템의 가동을 통해 비상상황을 준비한다.

만반의 사고 예방책에도 불구하고 사고는 발생할 수 있다. 그러나 체계적인 시스템을 통해 사고 발생 시 대응할 구체적인 메뉴얼을 마련해 둠으로써 피해를 최소화하고자 한다. 책임분야를 사전에 명확하게 규정하여 연습함으로써 사고 발생 시 우왕좌왕하지 않고 서로 간의 소통이나 협력관계가 잘 이루어지도록 하는 것은 매우 중요한 일이다. 특히 '안전 담당 교사'제도가 체계적으로 운영되고 있다.

[자료원 : 홍혜정(2014). 독일 학교의 학생안전관리 및 한국교육에 주는 시사점. 2014 세계교육정책 인포메이션, 7호, 1-31]

제3편 학교보건행정

1. 보건실의 물적 자원관리
2. 의뢰
3. 예산관리
4. 기록과 보고

SCHOOL HEALTH

제 3 편

학교보건행정

학교 보건실은 학생과 교직원의 건강을 관리하고 보건교육의 장소로 이용되는 곳이다. 또한 통상치료 및 응급처치, 건강상담, 보건교사 행정업무 수행, 안정실, 건강평가, 건강증진 등의 역할이 수행되는 곳이며 학생건강관리에 필요한 제장부를 비치하고 관리하는 곳이다.

보건실은 신체적 문제 처치시의 사생활(Privacy) 보호, 정신심리적 건강문제 학생의 상담 등을 위하여 보건교사는 보건실 내부를 처치실, 남녀안정실, 건강상담실, 보건업무실, 수납공간, 건강검사 및 건강증진, 보건교육실 등으로 분리 설치하여 효율적으로 운영하여야 한다.

처치실은 물품과 약품을 비치하고 필요한 처치를 수행하는 공간으로 각종 약품의 변질우려가 있으므로 직사광선을 받지 않도록 한다. 남녀안정실은 휴식을 요하거나 건강에 이상을 느끼는 학생과 교직원이 누워서 안정을 취할 수 있는 공간으로 남녀를 구분하여 설치하고, 보건교사가 가까이에서 관찰할 수 있는 위치여야 하며, 조명이 너무 어둡거나 밝지 않도록 커튼을 이용하든지 간접조명시설을 한다.

건강상담실은 출입구에서 직접 보이지 않도록 스크린이나 칸막이를 사용함으로써 아늑하고 조용한 환경을 마련하고 편히 앉을 수 있는 낮은 높이의 의자를 준비한다. 또한, 보건교사가 안정된 상태에서 정확한 사무처리를 할 수 있는 보건업무실이 확보되어야 한다. 수납공간은 각종 보건관련 공문서, 건강기록부, 보건일지, 상담일지, 보건교육자료, 학생건강실태조사서 등 각종 장부를 관리할 수 있어야 하고 약품 및 소모품을 보관할 수 있는 공간이 확보되어야 한다.

또한 보건교육실은 보건교사가 학생들의 안녕과 건강을 증진하기 위한 지식과 태도 및 기술을 교육하여 자기건강관리 능력을 배양시킬 목적으로 시행하는 교육으로 보건실을 이용하는 학생들에게는 처치를 하면서 대상자에게 해당되는 건강정보를 제공하고 보건실 내 게시물을 통해서도 교육할 수 있는 공간을 확보해야 한다.

보건실은 다음과 같이 설치하도록 한다(학교보건법 제3조, 시행령 2조).

① **위치** : 학생 및 교직원의 응급처치 등이 신속히 이루어질 수 있도록 이용이 쉽고 통풍과 채광이 잘 되는 장소로 배치한다.

② **면적** : 보건실의 면적은 일반교실(66㎡) 규모로 설치한다(학생수 등을 고려하여 학생 및 교직원의 건강관리에 지장이 없는 범위안에서 그 면적을 완화 할 수 있음).

③ 학생 및 교직원의 원활한 건강관리를 위해 학교보건법 시행규칙 제2조(별표2)에 맞는 충분한 시설 · 기구 구비(학생과 교직원의 건강관리와 응급처치 등에 필요한 시설 및 기구, 학교환경위생 및 식품위생검사에 필요한 기구)를 갖추어 하며 보건실은 학생들이 건강상담을 위하여 자유스럽게 출입할 수 있도록 한다.

④ 학교내 의료시설인 점을 고려하여 적정한 실내온도(18℃~28℃)를 유지하기 위하여 반드시 냉 · 난방시설을 갖추도록 한다.

대부분의 학교가 보건실을 설치하고 있으나 일부학교의 경우 학생 이용이 불편한 장소, 채광이 되지 않는 장소, 일반교실(66㎡) 크기 미만 확보, 초 · 중 · 고 2교 이상 겸용 등 시설 · 설비와 학생복지 측면에서 기본적 기능을 수행하기 어려운 상황이다.

경제의 발달과 더불어 사회 전반적으로 환경이 개선되고 있어 보건실을 이용하는 학생과 교직원의 쾌적한 보건실 환경에 대한 요구도가 높으며, 건강증진을 위한 보건실 시설 · 설비의 현대화 필요성 제기되고 있다. 학교보건법시행령 개정 및 학교보건법시행규칙 제정(2002. 4. 18)으로 보건실의 시설 및 기구의 설치 기준을 규정함에 따라, 교육부에서도 법 기준 이상의 현대화된 보건시설 마련으로 보건교육, 건강관리 및 환경위생관리 등 학교보건의 구심점 역할을 수행할 수 있도록 지침을 시달하였다. 보건실 현대화는 학교보건법, 동법시행령, 동법시행규칙에서 정한대로 보건실 면적을 66㎡ 이상으로 설치하고 보건실 내부를 건강상담실, 처치실, 안정실, 보건업무실, 기타 공간으로 구분하며 「보건실에 갖추어야 하는 시설 및 기구의 기준」 이상의 기구를 갖추어 보건실의 기능을 효율화하도록 한 것이다(서울시학교보건진흥원, www.bogun.seoul.kr). 서울특별시 교육청은 2005년 3월 25일 「서울특별시 학교 보건실 시설 및 기구에 관한 규칙(서울특별시교육규칙 제651호)」 공포로 보건실에 갖추어야 하는 시설 및 기구의 기준을 정함으로 2007년까지 각급 학교 자체적으로 보건실 현대화를 위해 보건실 환경 개선 및 현대화된 기자재를 확충하고 보건교육 활성화를 위하여 보건실 옆(부근)에 보건교육실의 설치를 권장하였다(그림 3-1).

또한 보건실의 효율적 운용을 위해 보건교사는 다음의 보건실 이용지침을 따른다.

① 보건실 이용절차를 알린다.

② 개인용 관리카드를 작성한다.

③ 침대 안정시 시간과 이유가 정당하고 명확해야 한다.

④ 학생이 보건실에서의 안정을 요구할 경우, 담임교사나 교과담당 교사에게 의뢰서를 보내어 확인을 받아오도록 한 후 안정시킨다.

⑤ 안정시 경과를 관찰하면서 간호하며, 편안한 분위기에서 안정할 수 있도록 한다.

⑥ 환자의 요양과 필요시 신체사정을 위하여 실내온도는 20~22℃를 유지하도록 한다.

※ 옥외 출입구를 설치하지 못하는 경우 : 수세시설(세면대, 세족대, 싱크대 등)을 처치공간과 가까이 설치하고 수세시설 장소에 보조장을 설치하면 업무의 효율을 높일 수 있다.

[그림 3-1] 서울시 교육청(2007) 보건실 현대화 사업기본 매뉴얼-보건실현대화유형도면

⑦ 보건교사가 보건실을 비우는 것은 흔히 있을 수 있으므로 이를 교사에게 이해시키고, 이러한 경우 관리교사를 정하여 지도하게끔 함으로써 학생들이 안심하고 이용할 수 있도록 배려한다.

1. 보건실의 물적 자원관리

1) 시설 및 기구관리

(1) 시설 및 기구의 기준

보건실에는 학교보건에 필요한 시설 및 기구가 갖추어져 있어야 한다. 이는 학생 및 교직원의 건강관리와 응급처치 등에 필요한 시설 및 기구, 그리고 학교환경위생 및 식품위생검사에 필요한 기구들을 말하며 다음과 같이 구분할 수 있다.

① 일반시설 및 기구
② 환자안정용 기구
③ 건강진단 및 상담용 기구
④ 응급처치용 기구
⑤ 환경위생 및 식품위생검사용 기구
⑥ 기타

보건실에 갖추어야 하는 시설 및 기구의 구체적인 기준은 [표 3-1]에 제시하였다.

(2) 관리요령

① 기준물품의 준비 및 목록 작성

학교보건법 시행규칙에 명시된 보건실 시설 및 기구 기준을 참조하여 목록을 작성하고, 현재의 물품수량 및 사용가능성을 확인한 후 관리전환, 처분, 물품의 취득, 보관 및 수리에 관한 계획을 세운다.

물품의 취득과 보관, 사용관리 전환, 처분 등의 결정은 물품관리관인 학교장이 행하며, 물품취급자인 보건교사는 물품출납원의 지휘감독을 받아 물품의 청구, 반납, 수리, 기타 보관업무를 담당한다.

[표 3-1] 보건실에 갖추어야 하는 시설 및 기구의 구체적인 기준

구 분	기 준
1. 일반시설 및 기구 등	사무용 책상 · 의자, 건강기록부 및 서류 보관장, 약장 · 기기 보관함, 소독(멸균)기, 냉 · 온장고, 물 끓이는 기구, 손전등, 가습기, 수도시설 및 세면대, 냉 · 난방시설, 통신시설, 컴퓨터 · 프린터기, 칠판 · 교육용 기자재 등
2. 환자안정용 기구	침대 · 침구류 및 보관장, 칸막이(가리개), 보온기구 등
3. 건강진단 및 상담용 기구	신장계 · 체중계 · 줄자 · 좌고계, 비만측정기, 시력표 · 조명장치 · 눈가리개 · 시력검사용 지시봉, 색각검사표, 청력계, 혈압계 · 청진기, 혈당측정기, 스톱 워치(stopwatch), 검안경 · 검이경 · 비경, 펜라이트(penlight), 치과용 거울 · 탐침 · 핀셋, 상담용 의자 · 탁자 및 진찰용 의자 등
4. 응급처치용 기구	체온계, 핀셋 · 핀셋통, 가위 · 농반 · 가제통 · 소독접시 · 드레싱카, 부목 · 휴대용 구급기구 · 구급낭 · 들것 · 목발, 세안수수기 · 찜질기 · 켈리(지혈감자), 휴대용 산소기 및 구급처치용 침대 등
5. 환경위생 및 식품위생검사용 기구	통풍건습계, 흑구온도계, 조도계, 가스검지기, 먼지측정기, 소음계 및 수질검사용 기구 등
6. 기타	학생 및 교직원의 보건관리에 필요한 시설 · 기구 등

※ 교육감은 학교의 실정에 따라 환경위생 및 식품위생검사용 기구의 기준을 조정할 수 있다.

[자료원 : 학교보건법시행규칙 제2조 개정 [별표 1] 2008. 8. 4]

② 물품구입 절차

㉠ 구입 또는 수리할 물품내역(재고량, 필요성, 소요량 등)을 파악한다.

㉡ 당해 학년도 학교 교육계획서에 따라 편성된 일상경비 집행계획서(사립학교는 학교비 예산서) 또는 육성회 예산서에 편성된 예산(혹은 집행가능한 예산)이 있는지 확인한다(예산이 없을 경우 사전에 서무책임자와 협의하여 예산확보).

㉢ 물품구입(수리, 운반) 요구서에 구입(수리)할 물품의 명세(품명, 규격, 수량, 단위, 예정단가, 용도 등)를 작성한다.

㉣ 서무과 물품구입 담당자와 서무책임자의 협조(추산)를 받아 결재를 받는다.

㉤ 결재완료된 물품구입 요구서를 서무과에 제출하여 주문하도록 한다(주문시 구입물품의 용도를 자세히 설명).

㉥ 물품이 납품되면 요구한 물품의 규격, 수량, 품질 등을 서무과 담당자와 함께 검수한다.

ⓢ 검수완료 후 물품 검수조서 또는 구입과 지출결의서의 검수란에 확인날인 후 물품을 인수한다.

ⓞ 인수한 물품이 약품인 경우 약품 수불대장에 등재하고, 비품일 경우에는 비소모품출납 및 운영카드(비품대장)에 등재 사용한다(일반소모품일 경우에는 물품대장이나 카드에 등재절차 없이 사용가능).

③ 물품의 보관 및 유지

보건실의 필요물품이 계속 유지될 수 있도록 주기적으로 점검하여 보충하고, 적재적소에 보관 · 배치함으로써 충분히 기능할 수 있도록 관리한다.

㉠ 물품대장을 정확히 기록한다.

㉡ 물품을 깨끗이 사용하고, 사용 후에는 항상 제자리에 두며 안전하게 보관한다.

㉢ 물품의 외부출고시 물품원장에 기록하고 서명한 후 출고하며, 출고대장에 출고일자, 품목, 수량, 사용처, 책임자, 사용책임자 서명 등을 기록한다.

㉣ 정기적으로 물품재고를 점검하며 소모품인 경우 필요시 물품을 주문한다.

㉤ 매 분기별 혹은 월 1회 이상으로 자체점검을 실시하며, 결함이 있을 경우에는 즉시 보고하고 신속한 정비와 보수를 한다.

㉥ 직원조회나 각종 연수시 직원들을 대상으로 물품사용법, 안정성, 현금성 등에 관해 교육시킴으로써 물품관리에 대한 동기를 유발한다.

㉦ 인사이동시 실사하여 인수 · 인계한다.

2) 약품관리

(1) 구급약품 및 치료용 재료

보건실에 비치되는 구급 약품 및 치료용 재료는 전년도 소모내용 및 정도와 학생수를 고려하여 그 내용 및 수량을 조절한다. 또한, 같은 목적의 약이라도 정제, 물약, 연고, 스프레이제 등 다양한 형태의 약품을 구비하도록 한다.

① 외용약

㉠ 소독약

- 알코올(70%) : 자극성이 있으므로 개방성 상처에는 사용 곤란

- **과산화수소수(3%)** : 더럽혀진 환부의 소독
- **포타딘(10%)** : 열상, 화상, 창상의 살균소독
- **크레졸(3~5%)** : 오염물질 및 화장실 소독
- **붕산수(2%)** : 구강 내, 눈 등 점막 세척

㉡ 피부완화제, 소염진통제, 항생제 연고, 항히스타민 연고, 구강용 연고, 안 연고, 글리세린, 암모니아 수 등

② 내복약

소화제, 제산제, 지사제, 하제, 진통제, 해열제, 항히스타민제, 종합 감기약, 구충제, 영양제 등

③ 외상처치용 재료

붕대(대 · 중 · 소), 탄력 붕대, 탈지면, 반창고(면, 비닐), 거즈(2인치, 4인치), 생리식염수, 얼음주머니, 더운물 주머니, 부목(크기별), 파스(접착식, 스프레이식), 안대 등

④ 기타

생리대 등

(2) 관리요령

약품 및 치료용 재료의 관리가 제대로 이루어지면 적시에 필요한 처치를 올바로 시행할 수 있으며, 약품의 남용 및 오용 또한 예방할 수 있다. 구체적인 관리요령은 다음과 같다.

① 냉장고 보관용 백신과 약품은 적정 온도를 유지함으로써 유효성이 떨어지지 않도록 한다.

② 약품 및 재료를 한꺼번에 과량구입하지 않는다. 과량구입으로 인하여 장기간 보관 시 변질 및 손상으로 인해 사용하지 못하는 경우가 있으며, 낭비 혹은 분실의 위험이 있다.

③ 약장 혹은 보관장소는 빛을 차단하고 건조하며 서늘하게 하여 습기, 열, 빛에 노출되지 않도록 한다.

④ 정확한 건강사정과 기록에 근거하여 약품을 사용한다.

⑤ 불소 함유물과 같이 과량 섭취시 독성을 일으킬 수 있는 약품은 특히 잘 간수하고 잠금 장치를 하며 주의표시를 해 둔다.

⑥ 각 병이나 통의 겉면에는 약품명을 정확하게 기입한다.

⑦ 약품사용상 유의사항을 숙지하고, 학생들이 직접 다루지 않도록 하며, 본인에게 직접 투여한다.

⑧ 약물복용을 올바르게 하도록 지도한다. 물 없이 복용하거나 누워서 복용하지 않으며, 더운물과 함께 복용하는 것이 좋다.

2. 의 뢰

학생 및 교직원에게 건강문제가 발생하면 보건교사는 1차적 처치를 시행하며, 만약 2차적 처치나 심층관리가 필요하다고 판단되는 경우에는 보건의료기관에 의뢰하여 해결한다. 보건교사가 학교건강관리를 위한 의뢰활동을 수행하기 위해서는 지역사회 의뢰자원에 대한 세밀한 정보가 있어야 하며 자원활용 능력을 갖추어야 한다.

1) 의뢰준비

(1) 이용가능한 자원을 많이 알아둔다.

(2) 각 기관의 사업목적, 임무, 제한점을 확인한다.

(3) 자원에 대한 참고서류철을 만든다.

① 개인, 공공기관, 사회사업기관, 병 의원, 약국, 치과의원, 환경보건 관련기관 등을 명시한다.

② 자원의 명칭, 주소, 전화번호, 자원이 제공하는 사업의 목적, 임무 등에 관한 자료를 확보한다.

(4) 접촉방법을 파악한다.

① 접촉대상

② 접촉가능 시간

③ 접촉방식 : 전화, 서식, 편지 등

(5) 자원을 이용할 수 있는 대상범위 및 조건을 확인한다.

거주지역, 연령, 경제상태 등

(6) **의뢰방법을 파악한다.**

① 의뢰양식 혹은 서식

② 이용가능 시간 : 진료 시간, 입원가능 시간 등

③ 의뢰절차

④ 의뢰하는 개인 및 기관과의 보고방법 : 보고의 종류, 횟수, 양식

2) 의뢰가 필요한 경우

(1) 응급환자 및 학생의 건강문제를 보건실에서 해결하기 힘들 때

(2) 학부모가 타 기관에 의뢰를 요청할 때

(3) 보건소 등 보건의료기관 및 단체에서 직접 학교로 출장와서 검진하도록 의뢰를 요청하는 경우

(4) 학교 환경위생 정화구역 내 유해업소의 정화를 의뢰하는 경우

3) 의뢰절차

(1) 병원 의뢰가 필요한 경우, 〈응급증상 및 이에 준하는 증상〉 등으로 위급하거나 위독할 때를 제외하고는 학부모에게 연락하여 인계함을 원칙으로 한다.

(2) 의뢰하는 기관의 담당자와 협의하여 관련된 모든 사실을 알아둔다.

(3) 가능하면 사전에 보건교사가 먼저 연락하여 학생이 도착했을 때 불편이 없도록 조치한다.

(4) 학생과 학부모에게 의뢰하는 기관에 대한 정보를 제공하고, 의뢰서를 발급한다.

※ **응급환자 의뢰절차**[자료 : 서울특별시 교육청 2008년도 학교보건기본방향]

(1) 학년 초 가정통신을 통한 〈학생 건강실태 조사〉시 학교 응급환자 관리체계에 대한 필요사항을 학부모로부터 받아둔다.

(2) 학교 내 응급환자 발생시 신속한 응급처치 및 후송체계를 확보하여야 하며, 학교에서의 응급환자 관리대책 수립시 지역사회 보건 · 의료기관과의 연계를 포함하여 구체적이고 포괄적인 대책을 수립해야 한다.

[학부모로부터 받아두어야 할 사항]

① 1차 연락자 및 연락번호(주로 부모)
② 학부모 권한 대행자(2차, 3차 연락자) 및 연락번호 : 주로 친 · 인척 및 이웃
③ 유질환자의 경우 학생이 주로 이용하는 병 · 의원명
④ 학부모에게 연락이 안 될 경우, 학교 인근 병원 또는 학생이 주로 이용하는 병원으로 후송하여도 이의를 제기하지 않음을 명시

(3) 응급환자 관리대책 수립 시 학교실정을 고려 총괄책임자, 처치책임자, 후송책임자 등 교직원 역할을 구체적으로 분담, 명시하여 응급환자 발생시 신속하게 대응하도록 한다.

(4) 응급처치 관련 의료기관의 전화번호를 확보하고 보건실 및 각 교무실 벽면에 부착한다(모든 교직원은 관련 의료기관 전화번호를 숙지).

(5) 행정사항

① 병원 후송 시 환자 후송교사는 출장 처리
② 교내에서 발생하는 응급환자 후송 관련 비용은 학교회계예산에 편성하여 운영(주차비 · 유류비 등이 출장비를 넘는 경우, 기타 응급진료비 등)

[119구급대를 불러서 후송해야 하는 경우]

- 〈응급증상 및 이에 준하는 증상〉이 있는 경우
  단, 〈응급증상 및 이에 준하는 증상〉 환자를 일반차량으로 후송하여도 상태가 악화되거나 119구급차에 비해 시간이 지연되지 않는다고 판단되는 경우는 예외
- 병원 후송 도중 증상이 지속적으로 악화될 우려가 있는 경우
- 후송 도중 계속적인 의료처치가 필요한 경우
- 병원까지의 거리가 멀거나 교통 정체가 예상되는 경우
- 기타 판단이 모호할 경우 : 119에 전화 문의

4) 진료확인

(1) 의뢰 후 의료기관으로부터 마련된 서식에 의한 진료확인서를 받는다.

(2) 진료확인서는 보건실에 보관 관리하며, 요 양호 학생은 특별관리한다.

3. 예산관리

학교보건예산이란, 학교보건사업에 필요한 경비를 일정기간 동안의 예정된 수입과 지출로 표현한 것을 말한다. 학교보건사업을 실시함에 있어 예산확보와 관리는 매우 중요하며 복잡하고 책임 있는 업무이다. 보건교사가 그 해의 학교보건예산을 타당성 있게 충분히 확보하여 질적인 보건사업을 수행하기 위해서는, 학교보건사업의 내용을 구체적으로 계획함으로써 이에 필요한 예산안을 미리 작성하여 예산확보 방안을 마련해야 한다.

한편, 학교보건사업이 좀 더 발전적으로 운영되기 위해서는 보건교육, 보건봉사, 환경관리에 충분한 예산이 배정되어야 한다. 또한, 학생 본인부담금의 수입과 지출은 학생을 위한 재정관리이므로 학교의 서무 주무자가 담당하거나, 직접 금융기관에 입금하여 관리하는 것이 바람직하다.

1) 예산의 중요성

(1) 구체적이고 종합적인 학교보건활동을 계획할 수 있다.

(2) 업무분석이 이루어지므로 업무의 시작과 진행 및 평가에 도움이 된다.

(3) 예산과정은 팀 접근을 조장한다. 즉, 학교보건인력과 행정자를 계획에 참여할 수 있도록 유도한다.

(4) 자원의 적절한 사용을 위한 효과적인 지침이 된다.

(5) 학교보건사업의 질 평가에 도움이 된다.

2) 예산확보

학교예산은 매년 지방자치단체 교육비 특별회계 예산편성 지침을 시 · 도 교육청에 시달하여 소요예산을 편성 · 집행하도록 하고 있다.

학교의 예산은 2010년도부터 품목별 예산에서 사업별 예산제도를 도입하였다(전라북도 교육청, 2011). 사업별 예산 구조는 '정책-단위-세부사업'으로 구성돼 있는데 정책 및 단위사업은 교과부에서 설정하고, 세부사업은 학교 자율적으로 설정해 운영하도록 있으며 항목은 다음과 같다.

(1) **인적자원 운용** : 교직원 보수 등 인적자원 운용 제 사업비
(2) **학생복지/교육격차 해소** : 학생복지 및 교육격차 해소를 위한 제 사업비
(3) **기본적 교육활동** : 표준 교수학습 활동에 직접 투입되는 제 사업비
(4) **선택적 교육활동** : 방과후 학교, 평생 및 직업, 국제교육 등 표준교육활동이 아닌 선택적 교육활동에 소요되는 제 사업비
(5) **교육활동 지원** : 교수학습 간접 교육비로 교육활동 지원 제 사업비
(6) **학교 일반운영** : 학교 기관 및 부서 운영을 위한 제 사업비
(7) **학교시설 확충** : 대규모 수선비, 교실 증·개축 등 시설 사업비
(8) **학교재무 활동** : 목적사업비 반환 및 예비비 관리 등 비사업성 재무활동

이 중 학생복지/교육격차 해소 사업예산에 학교보건관리를 위하여 책정항목은 다음과 같다.

(1) **학생안전관리** : 학생 치료 등 학생 안전관리 관련 제 사업비
(2) **학교환경위생관리** : 학교 학습환경, 시설 등 제반 환경위생 관련 제 사업비(먹는물 관리, 소음측정, 공기질측정, 학교방역관리 등)
(3) **학생건강관리** : 학생 건강진단 등 질병 예방 및 건강증진 관련 제 사업비(학생건강검사, 교의수당 등)
(4) **보건실운영** : 약품 구입 등 보건실 운영 제 사업비

보건교육, 성교육, 학교폭력예방교육, 금연교육 등은 교육활동 지원사업 예산의 재량활동분야에서 책정되어 있다.

3) 예산집행 절차

예산집행 절차상 각급학교에서의 회계관은 학교장이 되며, 자금출납원은 행정주무자 또는 교감이 된다. 그러므로 보건교사는 학교 전체의 예산과 각 항목별 예산내역을 잘 알고 있어야 하며, 예산 담당자와 사전에 충분히 협의하여 적절한 예산배정이 될 수 있도록 해야 한다. 교육부는 2010년 3월부터 공·사립 초·중등학교 재정·회계업무의 효율성과 투명성 제고를 통해 교육수요자에 대한 책무성을 높이기 위하여 에듀파인 학교회계시스템을 도입하였다. 학교회계의 장부, 서식 등은 학교회계(에듀파인) 시스템을

사용하여 작성 · 관리하고 현금출납부는 월별로 학교장의 확인을 받아 비치 · 보관하여야 한다.

4. 기록과 보고

1) 기록

학교보건활동에 있어서의 문서의 기록 및 보관은 대상자의 건강요구에 알맞은 사업을 지속적으로 정확하게 제공하기 위해 필요하다.

(1) 기록의 중요성

① 보건교사의 학교보건사업 활동에 관한 근거자료가 된다.
② 학교보건사업의 계획, 수행, 평가를 위한 정보를 제공한다.
③ 학교보건사업의 중복을 피할 수 있다.
④ 학생 및 교직원의 건강상태에 관한 추가적이면서 계속적인 정보를 제공한다.
⑤ 학생들의 건강문제에 대한 이해를 돕고, 향후 학교보건사업의 방향을 결정하는 기준이 된다.
⑥ 보건교사와 기타 학교 건강관리에 참여하는 교직원 및 보건의료전문가, 학부모, 학교건강위원회 사이의 의사소통수단으로 활용할 수 있다.
⑦ 학교보건사업에 관한 통계자료로서 연구활동에 활용할 수 있다.
⑧ 학생을 위한 교육적 도구로 활용할 수 있다.
⑨ 보고서로서의 가치가 있다.
⑩ 보건교사의 학교보건사업에 관한 법적 증거자료로서 신분의 위협으로부터 보호받을 수 있다.
⑪ 학생 및 교직원의 건강과 관련된 지역사회 보건문제에 대한 이해를 돕는다.

(2) 기록의 원칙

① 정확하게 기록한다.
② 간단명료하나 완전하게 기록한다.

③ 통일성 있게 기록한다.

④ 보건교사는 의학적 진단을 내려 기록하지 않는다.

⑤ 가능한 약어를 사용하지 않으며, 약어 사용시 통용된 약어를 사용한다.

⑥ 활동이 끝난 즉시 기록한다.

⑦ 기록내용에 대한 책임의 의미로, 자신이 기록한 내용에 한해서 기록의 마지막 부분에 서명한다.

(3) 기록체계의 기준

① 기록하기 쉬워야 하며 사업단위별(보건봉사, 보건환경, 보건교육 및 상담, 기타 등)로 구분하여 도표화하고 다른 기관과 대조할 수 있어야 한다.

② 기록의 목적에 부합되어야 하며, 최소한의 시간이 소요되어야 한다.

③ 보건실에 별도의 보관공간을 마련함으로써 필요시 열람 및 기록할 수 있어야 하며, 건강기록부와 같이 비밀보장이 요구되는 경우는 보관 및 열람에 주의한다.

④ 보관기간은 그 기관의 규정에 준하되, 보통은 5년 이내이며, 학생건강기록부는 고등학교 졸업시까지이다.

(4) 기록양식의 종류

학교보건활동에 활용되고 있는 주요 기록양식은 학생건강기록부, 건강검진 통계표, 약품 수불부, 보건일지, 건강상담일지, 보건실 비품대장, 각종 병리검사 대상자 명단 및 결과, 각종 예방접종자 명단, 요양호자 카드 등이 있다. 또한, 보건교사가 자신의 보건활동에 필요하다고 생각하는 경우에는 새로운 기록양식을 개발하여 사용할 수 있다.

① 보건일지

보건일지는 보건교사가 매일의 업무활동을 일별로 기록하여 놓는 양식으로 [표 3-2]는 1994년도 학교보건업무 전산화추진위원회가 고안 · 작성한 것이다. 보건일지에는 당일 학교의 특별한 지시사항, 실천 및 특기사항, 학생들의 건강문제와 처치내용, 건강문제에 대한 통계, 보건교육의 대상과 주제 요양호 학생관리, 환경위생관리 내용, 결석학생 수와 원인을 기록한다.

② 학생건강기록부

학교의 장은 학교보건법 제7조의 규정에 따라 건강검사를 실시했을 때에는 그 결과를 기록한다. 건강검사 내용 중 인적사항과 신체의 발달상황 및 능력은「초 · 중등교육법」제30조의4의 규정에 따른 교육정보시스템을 이용하여 처리하여야 한다. 학교의 장은 건강검사의 실시결과를 작성 · 관리하는 때에는 학생에 대하여는 그 결과를 학생건강기록부로 작성하고, 검진기관이 통보한 자료에 별도검사의 결과를 기재하여 따로 관리하며, 교직원에 대하여는「국민건강보험법」제47조의 규정에 의한 건강검진결과를 관리하여야 한다.

학생건강기록부의 양식은 [표 3-3]과 같고, 전학하는 학생이 있을 때에는 전학하는 학교장에게 건강기록부 전산매체 및 출력서식을 이관하고, 고등학교까지의 상급학교에 진학하는 때에는 진학하는 상급학교의 장에게 이관한다.

학생이 고등학교를 졸업할 때에는 초등학교 1학년부터 고등학교 3학년까지 12년간 계속적으로 기록 · 관리해 온 학생건강기록부 출력물을 본인 또는 보호자에게 교부하되, 고등학교의 장은 학생이 졸업 후에도 건강기록부를 다시 교부받을 수 있도록 전산매체에 이를 저장하여 5년간 보관해야 한다(교육과학기술부, 2009). 학생이 휴학, 퇴학, 사망 및 중 · 고등학교 미 진학시에도 학생건강기록부 전산매체 및 출력물을 5년간 당해학교에 보관해야 한다. 학생건강기록부의 작성방법은 '학교신체검사규칙' 및 '학생건강기록부 등 전산처리 및 관리지침'에 의한다(교육과학기술부, 2009).

③ 가정통신문

가정통신문은 학생의 가정에 보내는 통신문으로서 학생의 건강관리를 위하여 학부모들로부터 의견을 구할 때, 학생의 과거 및 현재병력을 조사할 때, 학교의 보건행사나 건강평가 결과를 알릴 때, 건강관리를 위한 학부모의 협조요청이 있을 때 등 다양한 경우에 활용되는 보건교육 매체의 일종이다.

가정통신문에는 표현하고자 하는 내용이 모두 포함되어야 하며, 중복되지 않도록 하고 읽는 사람의 교육 및 사회환경 수준에 상관없이 누구나 이해할 수 있도록 쉽게 작성한다. 학교보건사업별로 가정통신문의 형식을 미리 작성해 놓고 사용하면 편리하며, 일반적으로 다음과 같은 내용이 포함된다.

㉠ 가정통신문의 제목(예 :가정통신〈신체검사 결과〉)

㉡ 수신인(예 :ㅇㅇㅇ학부모님께)

[표 3-2] 보건일지 예시

보 건 일 지

200 년 월 일 (날씨 온도 ℃ 습도 %)	보건교사	부 장	교 감	교 장

주간계획		실시사항	

	번호	학년 반	성 명	성별	병명(증상)	처치내용	원 인

[표 3-2] 계속

통 계

구분 \ 학년	1		2		3		4		5		6		계		교직원	비 고
	남	여	남	여	남	여	남	여	남	여	남	여	남	여		
복 통																
소화불량																
생 리 통																
두 통																
감 기																
몸 살																
창 상																
타 박 상																
근 육 통																
골절, 염좌																
비 출 혈																
안 질 환																
피부질환																
치 통																
기 타																
계																

교내환경위생		급수 및 교실내외소독		우유급식위생	

결석현황				결석학생 원인분류	
학년	결석생수	계	교직원	병 결	사 고 결
1					
2					
3					
4					
5					
6					
계					

건 강 상 담

상 담 자					상담(진단) 내용	조치(치료) 사항
학년 반	성 명	성별	연령	상담 구분		

비 고	

[표 3-3] 학생건강기록부 예시 [자료원 : 학교건강검사규칙, 2014.3.3]

앞면

학 생 건 강 기 록 부

1. 인적 사항

성명		성별		주민등록번호	-	혈액형	형 Rh ( )	보호자	

학교	학년	반(이수과정/학과)	번호	담임성명

2. 전염병 예방접종

가. 취학 전 예방접종

대상전염병	접종여부					비고
	1차	2차	3차	4차	5차	
디프테리아						
백일해						
파상풍						
홍역						
유행성이하선염						
풍진						
폴리오						
결핵						
일본뇌염						
수두						
B형 간염						

나. 취학 후 예방접종

대상 전염병	학교/학년	접종일자	대상전염병	학교/학년	접종일자
일본뇌염					
디프테리아					
파상풍					

3. 건강검사 실시현황

(뒷면)

가. 신체의 발달상황

구 분		초등학교						중학교			고등학교		
		1	2	3	4	5	6	1	2	3	1	2	3
키 (cm)													
몸무게 (kg)													
비만도	체질량지수												
	상대체중												

나. 신체의 능력

구분		단위	초등학교			중학교			고등학교		
			4	5	6	1	2	3	1	2	3
왕 복 오 래 달리기		회									
오래 달리기–걷기 (초5~고3)	1,000m(초 등)	분:초	공란								
	1,600m(중 · 고/남)	분:초		공 란							
	1,200m(중 · 고/여)	분:초		공 란							
스 텝 검 사		PEI	공란								
앉아윗몸앞으로굽히기		cm	공란								
종합유연성		점									
(무릎대고)팔굽혀펴기(중 · 고)		회		공 란							
윗몸말아올리기		회									
악 력		kg									
50m 달 리 기		초									
제자리멀리뛰기		cm									
체 지 방 률		%									
신체의 능력점수		점									
신체의 능력등급		등급									

다. 건강검진 현황

구분		초등학교						중학교 (1학년)	고등학교 (1학년)
		1학년	2학년	3학년	4학년	5학년	6학년		
건강검진	검진일자		공 란			공 란			
	검진기관		공 란			공 란			
구강검진	검진일자								
	검진기관								

라. 별도검사 현황

검사일자												
검사명												
검사기관												

㉢ 간단한 인사말(예 : 안녕하십니까?)

㉣ 통신의 요지(예 : 금번 본교에서 실시한 ○○○○학년도 신체검사 결과를 알려 드리오니 이상이 있는 학생은 빠른 시일 내에 조치하여 명랑하고 건강한 학교생활이 될 수 있도록 협조해 주시기 바랍니다.

㉤ 발신일자(예 : ○○○○년 ○월 ○일)

㉥ 발신인(예 : ○○○○학교장)

㉦ 회신란 : 회신이 필요한 경우에 절취선 아래에 작성한다.

[가정통신문의 예]

가 정 통 신

학부모님께

지난 수년 전부터 우리나라에 비만인구가 급격히 증가하는 경향을 볼 수 있으며, 이러한 경향은 특히 어린이에게서 더욱 현저하게 나타나고 있습니다. 그것은 어른들의 양적 또는 질적으로 무분별한 식품제공, 과잉보호, 무조건 큰 아이가 건강한 아이라고 하는 잘못된 인식 등 여러 가지 이유로 어린이들을 비만이라는 위험 속에 몰아넣고 있기 때문입니다.

체중과잉과 비만은 외관상으로 아름답지 못하다는 결점 이외에 그로 인하여 생길 수 있는 소위 성인병이라는 각종 질병 때문에 그것을 문제시하고 해결방안을 모색하는 데에 갖는 노력을 기울여야 합니다. 비만과 관련지을 수 있는 질병으로는 당뇨병, 고혈압, 동맥경화증, 암, 담석증 등뿐 아니라 관절염, 신장염, 간질환, 폐질환도 이에 포함되고 상처가 있거나 수술을 했을 때에 회복이 어려운 점도 들수 있습니다. 비만은 심장에 부담을 주며 심장의 비대를 초래하고 혈압을 상승시킵니다. 뚱뚱한 사람의 경우 수술 후 상처회복기간이 길어지고 감염의 위험률도 높아집니다.

5월에 실시한 체격검사 후 비만도 산출결과가 (　　)로 나왔습니다. 체중을 조절하기 위해서는 음식조절과 운동요법 등이 매우 중요한데, 아동이 좋아하는 것에 대해 관심을 가져주시기 바라며, 다음의 운동요법 지침과 식이요법 지침을 참고하셔서 지속적으로 지도해 주시기 바랍니다.

[운동요법 지침]

일단 비만증이 발생된 경우, 비만증 자체에 기인되는 증상인 피로감, 권태감, 무기력 등으로 매사에 게을러지며 이로 인해 비활동적으로 되어 운동량이 감소되고, 비만증은 스포츠 단체 등에 참가시켜 운동하게 하고, 혼자 하는 것보다는 친구들이나 가족과 함께 하는 것이 좋습니다.

① 운동은 개개인의 신체조건에 맞아야 합니다(즉, 평소 운동을 안 했거나 중등도 이상의 비만이라면 심폐기능, 골 관절 근육계 평가가 선행되어야 합니다).

② 규칙적인 운동이 비만증 치료에 중요합니다(주 3회 이상, 1일 30~60분씩).

③ 지속적인 서서히 하는 운동이 효과적(많은 시간에 격심한 운동은 간장이나 근육에 저장되어 있는 글리코겐이 이용되지만, 지속적 운동은 주로 저장지방이 사용되기 때문)입니다. 아울러, 운동은 어느 정도 강한 것으로 지속적으로 시행해야 효과가 있습니다.

④ 자신의 신체조건을 고려치 않은 익숙치 못한 운동이나 갑작스런 격렬한 운동은 심각한 부작용을 초래할 수 있습니다(관절 · 인대손상, 관절염악화, 협심증, 심근경색증).

⑤ 일상생활을 수행하면서도 부담없이 시행할 수 있는 운동을 생활화하는 것이 좋습니다(걷기, 산책, 맨손체조, 계단 오르내리기, 자전거타기).

⑥ 운동은 최대 산소소모량의 50~85%(=최대심박수의 60~90%)의 강도로 멈추는 것이 중요합니다. 단, 1분당 최대심박수는 '220-나이'로 계산합니다.

비만예방은 유아기부터 시작하므로 소아기에 올바른 식사습관을 형성하도록 해야 합니다. 과식뿐 아니라 식사 외에 고칼로리 음식을 자주 먹으면 안 되며 TV를 보느라고 운동부족이 되지 않도록 해야 합니다. 아울러 식사습관에 대한 구체적인 조사를 위하여, 하루종일 음식을 먹는 과정을 일기를 쓰게 하여 자기자신이 또는 전문가의 도움을 받아 자세히 고쳐 나가도록 지속적으로 관심을 가져 주시기 바랍니다(식사습관에 대한 일기를 보건실이나 영양사실에 문의하셔도 언제라도 환영합니다).

[식이요법 지침]

① 목표를 설정하여 자기체격에 맞는 이상적 체중을 산출합니다.

표준체중(kg) = (신장−100)×0.9
비만의 정도(%) = (자신의 체중 − 표준체중)/표준체중×100

♥ **판정** 정상 : 20% 미만, 경도비만 : 20% 이상~30% 미만,
중등도비만 : 30% 이상~50% 미만, 고도비만 : 50% 이상

② 정확한 저울을 구입합니다(보건실에 있는 체중계를 활용하여도 좋습니다).
③ 식사는 반드시 정해진 시간에 같은 장소에서 합니다(아침을 거르지 않습니다).
(생각 없이 무의식 중에 섭취하는 것이 매우 많습니다. 스트레스나 무료함을 먹는 것으로 푸는 습성 또는 문화적 배경으로 모임이나 잔치가 많은 경우 여러 가지 이유가 과식의 원인이 됩니다. 그리고 짧은 기일 내에 빨리 체중을 줄이겠다는 성급한 생각으로 끼니를 거르는 것은 좋지 않으며, 아울러 허기가 져서 다음 때는 한꺼번에 많을 양을 먹기 때문입니다).
④ 천천히 오래 씹는 습관을 들입니다.
⑤ 기름진 음식을 삼가합니다. 고기 · 기름 · 기름에 지진 음식에는 지방이 많이 있습니다(고기는 되도록 살코기가 있는 부위를 선택하고 기름기를 제거하는 습관을 들이도록 해야 합니다).
⑥ 간식선택에 주의해야 합니다. 과자 · 사탕 · 케이크처럼 지방과 칼로리가 많은 음식은 피하고, 과일 · 오이 · 당근 같은 생채소를 먹도록 합니다(어린이들이 잘 먹는 스넥, 포테이토 칩이나 크랙커 등은 기름에 조제된 것이며, 열량이 매우 높습니다).
⑦ 되도록 싱겁게 먹도록 합니다(짜게 먹으면 수분이 몸 안에 보유되므로 음식을 싱겁게 먹어야 합니다).
⑧ 설탕, 꿀, 사탕 등 당분이 많은 음식을 삼가합니다. 예를 들어, 과일통조림보다는 설탕을 넣지 않은 생과일을 먹도록 합니다(수정과, 식혜도 당분의 함량이 높습니다).
⑨ 음료로는 칼로리가 적은 것을 선택합니다. 청량음료나 과일음료는 설탕이 많이 들어있습니다.
⑩ 체중은 1주일에 두 번 정도 같은 시간에 잽니다(아침에 일어나 용변을 본 후).
⑪ 기타, 식사회수는 1일 3~4회로 나누어 소량씩 먹고 식사의 양만을 줄이는 것은 의미가 없으며 칼로리의 양이 줄어들어야 합니다(공복감을 줄이기 위해서는 채소의 섭취를 많이 해야 합니다).

2015. 3

서울○○초등학교장

2) 보고

보고는, 학교보건사업의 분석 및 평가를 위해 요구되며, 보고주기에 따라 일보, 월보, 연보로 구분할 수 있는데, 보건교사는 일보, 월보 및 통계보고를 하도록 되어 있다.

학교보건활동에 관련된 보고서의 종류로는 상위기관인 교육청에 보고하는 것과 상위기관에서 공문서에 의한 보고를 요청하는 보고서 등 많은 종류가 있으며 그 예로 서울특별시 교육청 학교보건 업무 안내에 따른 보고사항은 [표 3-4], [표 3-5]와 같다.

(1) 학교보건 분야

① 학생 건강검사결과 처리현황
② 학생 건강검진 추진실적
③ 학생 건강검진 통계표
④ 학생 별도검사 추진실적
⑤ 학교와 보건소 연계
⑥ 학생 건강관리 사업 전개 실적
⑦ 흡연 · 음주 등 학생 약물 오 · 남용예방 교육실적
⑧ 학교보건실(보건교육실) 설치 현황
⑨ 감염병 발생 현황
⑩ 감염병 발생에 따른 (조치현황/언론취재)보고

(2) 학교 환경위생관리 분야

① 학교 교사 내 환경위생 및 식품위생 점검실적
② 신축학교 점검 실적
③ 대기오염 · 폭염 발생 시 상황보고
④ 학교 먹는 물 관리 현황
⑤ 학교 석면함유 시설 공사 추진 계획
⑥ 학교 석면함유 시설 공사 추진 결과
⑦ 2013.학교환경위생 정화 관련 소송현황
⑧ 학교환경위생정화구역 내 금지행위 및 시설 점검결과
⑨ 학교주변 유해환경 정비추진현황
⑩ 이전 · 폐쇄(무단설치)대상 업소별 정비 계획
⑪ 학교환경위생정화구역내 각종 업소 현황

[표 3-4] 학교보건 분야 보고사항

보고제목	보고기일	보고기관(작성기관)	보고처	보고서식	보고방법
학생 건강검사결과 처리현황	2014.11.25	초·중·고, 특수, 각종학교	지역교육청	서식 1-1 서식 1-2	서면보고(자료집계 시스템)
	2014.12.2	지역교육청	시교육청		
학생 건강검진 추진실적 (구강은 별도서식)	2014.12.9	초·중·고, 특수, 각종학교	지역교육청	서식 2-1 서식 2-2	서면보고(자료집계 시스템)
	2014.12.16	지역교육청	시교육청		
학생 건강검진 통계표	2014.12.9	초·중·고, 각종학교	지역교육청	서식 3-1 서식 3-2	서면보고(자료집계 시스템)
	2014.12.16	지역교육청	시교육청		
학생 별도검사 추진실적	2014.11.15	초등학교(시력) 한국학교보건협회 대한결핵협회	지역교육청	서식 4-1 서식 4-2	서면보고(자료집계 시스템)
	2014.11.25	지역교육청	시교육청		
학교와 보건소 연계 학생 건강관리 사업 전개실적	상반기 2014.06.20 하반기 2014.12.12	초·중·고, 특수, 각종학교	지역교육청	서식 5-1 서식 5-2	서면보고(자료집계 시스템)
	매 반기말	지역교육청	시교육청		
흡연·음주 등 학생 약물 오·남용예방 교육실적	상반기 2014.6.20 하반기 2014.12.12	초·중·고, 특수, 각종학교	지역교육청	서식 6-1 서식 6-2	서면보고(자료집계 시스템)
	매 반기말	지역교육청	시교육청		
학교보건실(보건교육실) 설치 현황	2014.05.10	초·중·고, 특수·각종학교	지역교육청	서식 7-1 서식 7-2	서면보고(자료집계 시스템)
	2014.05.20	지역교육청	시교육청		
감염병 발생 현황	발생즉시	초·중·고, 특수, 각종학교	지역교육청 → 시교육청	-	NEIS보고
감염병 발생에 따른 (조치현황/언론취재) 보고	보고사항 발생시	초·중·고, 특수, 각종학교	지역교육청 → 시교육청	서식 8	서면보고(전자문서)

※ 지역교육청에서는 각급 학교에서 자료집계시스템 등으로 보고를 받고, 시교육청에 각 서식에 따라 보고
[자료원 : 서울특별시 교육청, 2014 학교보건업무지침]

[표 3-5] 학교 환경위생관리 분야 보고사항

<table>
<tr><th>사업명</th><th>보 고 제 목</th><th>보고기일</th><th>보고기관
(작성기관)</th><th>보 고 처</th><th>보고서식
(보고방법)</th></tr>
<tr><td rowspan="5">학교
교사 내
공기 질 등
환경위생
개선</td><td rowspan="2">학교 교사 내 환경위생
및 식품위생 점검실적</td><td>자체 점검시
(즉시)</td><td>초, 중, 고,
특수, 각종</td><td>지역교육청</td><td>서식 1
(서면, NEIS)</td></tr>
<tr><td>2014.06.27
2014.12.05
(누계보고)</td><td>지역교육청
(평생교육건강과)</td><td>시교육청</td><td>서식 2
(서면, NEIS)</td></tr>
<tr><td>신축학교 점검 실적</td><td>2014.06.27
2014.12.22
(누계보고)</td><td>교육시설과
교육시설관리사업소
지역교육청
(학교시설지원과)
학교보건진흥원</td><td>시교육청</td><td>서식 3(서면)</td></tr>
<tr><td rowspan="2">대기오염 · 폭염 발생 시
상황보고</td><td rowspan="2">보고요인
발생즉시</td><td>초 · 중 · 고,
특수, 각종</td><td>지역교육청</td><td rowspan="2">서식 4(서면)
– 대기오염
서식 5(서면)
– 폭염</td></tr>
<tr><td>지역교육청</td><td>시교육청</td></tr>
<tr><td rowspan="2">학교
먹는 물
위생관리</td><td rowspan="2">학교 먹는 물 관리 현황</td><td rowspan="2">매분기 종료
5일전</td><td>초 · 중 · 고,
특수, 각종</td><td>지역교육청</td><td>서식 6-1
(서면, NEIS)</td></tr>
<tr><td>지역교육청</td><td>시교육청</td><td>서식 6-2
(서면, NEIS)</td></tr>
<tr><td rowspan="2">학교 석면
관리</td><td>학교 석면함유 시설 공사
추진 계획</td><td>계획 수립 즉시</td><td>유, 초, 중, 고,
특수 각종</td><td>지역교육청</td><td>서식 7(서면)</td></tr>
<tr><td>학교 석면함유 시설 공사
추진 결과</td><td>공사 완료 즉시</td><td>유, 초, 중, 고,
특수 각종</td><td>지역교육청</td><td>서식 8(서면)</td></tr>
<tr><td rowspan="6">학교환경
위생정화
구역 등
교육환경
보호제도
관리 철저</td><td>2013.학교환경위생 정화
관련 소송현황</td><td>2014.02.25</td><td>지역교육청</td><td>시교육청</td><td>서식 9(서면)</td></tr>
<tr><td>학교환경위생정화구역 내
금지행위 및 시설
점검결과</td><td>정기점검 및
수시 점검 후
5일 이내</td><td>유 · 초 · 중 · 고 · 대</td><td>지역교육청</td><td>서식 10(서면)</td></tr>
<tr><td rowspan="2">학교주변 유해환경
정비추진현황</td><td>매 반기 종료
20일 전</td><td>유 · 초 · 중 · 고 · 대</td><td>지역교육청</td><td>서식 11-1
(서면, NEIS)</td></tr>
<tr><td>매반기 말</td><td>지역교육청</td><td>시교육청</td><td>서식 11-2
(서면, NEIS)</td></tr>
<tr><td>이전 · 폐쇄(무단설치)대상
업소별 정비 계획</td><td>2014.04.25</td><td>지역교육청</td><td>시교육청</td><td>서식 12
(서면)</td></tr>
<tr><td>학교환경위생정화구역내
각종 업소 현황</td><td>2014.06.25</td><td>지역교육청</td><td>시교육청</td><td>서식 13
(서면, NEIS)</td></tr>
</table>

[자료원 : 서울특별시 교육청, 2014 학교보건업무지침]

3) 공문서 관리

공문서란, 행정기관 내부 혹은 상호간에 공무상 작성되거나 시행되는 모든 문서 및 행정기관이 접수한 모든 문서를 말한다. 따라서 육하원칙에 의하여 논리정연하며, 문절은 짧게 하여 불필요한 문구를 지양하고, 긍정문으로 표현한다. 또한 상대적 관점에서 일반인에게 이해되는 문서가 되도록 작성한다.

공문서는 2004년 사무관리규정 및 기록물 관리법 개정에 따라 기안문과 시행문이 하나로 통합되었다. 또한 자필로 자기의 서명을 표시하는 '서명'의 개념을 도입하였고 행정전자문서로 보낼 때에는 전자서명을 하도록 하였다.

(1) 공문서의 작성

① 문서작성의 일반원칙

㉠ **글자** : 쉽고 간단 명료하게, 한글로, 한글맞춤법에 따라, 가로로 작성한다.

㉡ **숫자** : 아라비아 숫자로 기록한다.

㉢ **날짜** : 년, 월, 일 글자를 생략한다(예 : 2014. 12. 31).

㉣ **시분** : 24시간제로 표시한다(예 : 14:00).

㉤ **용지의 크기** : 가로 210mm, 세로 297mm(A4 규격)

㉥ **용지의 색** : 특별한 경우 외에는 흰색용지를 선택한다.

㉦ **용지여백** : 위쪽 3㎝, 왼쪽 2㎝, 오른쪽 1.5㎝, 아래쪽 1.5㎝의 여백을 둔다.

㉧ **글자의 색** : 검은색 또는 푸른색을 사용한다. 단, 도표작성 · 수정 · 주의환기 등을 위하여 다른 색을 사용할 수 있으나, 황색계통 · 보라색 · 담홍색은 복사나 모사전송시 색이 나타나지 않으므로 사용을 자제한다.

정부의 사무관리규정 제7조에 의한 공문서 양식 및 기안작성요령은 [표 3-6]과 같다.

② 문서의 수정

㉠ 수정할 글자 중앙에 두 줄을 그어 원 안의 글자를 알 수 있도록 수정하고, 수정한 자가 그곳에 서명 또는 날인한다.

㉡ 주요한 문서의 내용을 수정, 삭제시는 난의 여백에 수정, 삭제한 글자 수를 표시

[표 3-6] 기안문 및 시행문 양식 예시

<table>
<tr><td>

기 관 명

수신자 ∨○○○
(경 유)
제 목 ∨○○○○○○○

</td></tr>
<tr><td>

1.∨∨○○○……………………………………………………………
……………………○○○. (※ ∨는 1타)
가.∨○○○……………………○○○.
1)∨○○○……………………○○○.
2)∨○○○……………………○○○.
2.∨∨○○○……………………………………………………………
……………………………○○○.
가.∨○○○……………………○○○.
1)∨○○○……………………○○○.

붙임∨∨1.∨○○○……………………○○○∨∨ 끝.

기 관 장 명

수신자 ○○○

</td></tr>
<tr><td>

담당자 교감 교장
시행 학교명–문서번호 ( ) 접수
협조자
우○○○ 주소 ○○○○○○○○○○○○○○○○○○○○○ /
전화 ○○○ 전송 ○○○○○○ / /공개

</td></tr>
</table>

하고 서명 또는 날인한다.

㉢ 시행문을 정정한 경우에는 문서의 여백에 정정한 자수를 표시하고 관인으로 날인한다.

③ 문서의 표시

㉠ **문서의 간인** : 아래에 해당하는 문서가 2장 이상으로 이루어질 때에는 결재인으로 간인을 해야 한다.

- 전후 관계를 명백히 할 필요가 있는 문서
- 사실 또는 법률관계의 증명에 관계되는 문서
- 허가, 인가 및 등록 등에 관계되는 문서

㉡ 금액표시는 아라비아 숫자로 쓰되 괄호를 하고 한글로 기재한다[예 : 금113,560원(금일십일만삼천오백육십원)].

㉢ **문서의 '끝' 표시**

- 본문이 끝나면 1자 띄우고 '끝' 표시를 한다.
- 첨부물이 있을 때 : 첨부물 표시 다음에 1자 띄우고 '끝' 표시를 한다.
- 우측 한계선에서 끝난 때 : 다음줄 왼쪽 기본 선에서 1자 띄우고 '끝' 표시를 한다.

㉣ **제목 표시**

내용에 대한 대명사로서 쉽고 간단하고 명확한 것으로 정하며 문서의 성격을 표시하기 위하여 개최, 조사, 회신, 통보 등을 제목 끝에 표시한다.

㉤ **항목의 구분은 다음과 같이 한다.**

1\. -------------------------------- 첫째 항목

가. ------------------------------ 둘째 항목

1) ---------------------------- 셋째 항목

가) -------------------------- 넷째 항목

(1) ------------------------ 다섯째 항목

(가) ---------------------- 여섯째 항목

㉥ **각 항의 표시 위치 및 띄어쓰기**(※ ∨는 1타)

수신∨∨서울특별시교육장

참조∨∨학교보건과장

제목∨∨보건교육실시 현황보고

∨∨∨∨∨∨1.∨ㅇㅇㅇㅇㅇㅇㅇㅇ

가.∨ㅇㅇㅇㅇㅇㅇㅇㅇ

1)∨ㅇㅇㅇㅇㅇㅇㅇㅇ

가)∨ㅇㅇㅇㅇㅇㅇㅇㅇ

붙임∨∨1.∨ㅇㅇㅇㅇㅇㅇㅇㅇ

2.∨ㅇㅇㅇㅇㅇㅇㅇㅇ∨∨끝.

(2) 공문서의 기안

기안이란, 기관(학교)의 의사를 결정하기 위하여 문안을 작성하는 것을 말한다. 기안이 필요한 경우는 다음과 같다.

① 접수한 문서의 내용을 처리하기 위하여

② 상급자의 지시사항을 처리하기 위하여

③ 순수한 자기 발안으로

④ 법령, 예규, 훈령 등의 근거에 의하여

기안은 다음과 같은 과정으로 준비한다.

① 기안자는 기안에 앞서 안건과 관련된 문제를 파악하고, 관계규정 및 과거 행정선례를 숙지하고 있어야 한다.

② 당해 사항을 기안하는 목적과 필요성을 파악하고 자료를 수집 · 분석하며, 필요한 경우에는 회의 등을 통하여 의견을 청취한다.

③ 기안의 방법을 결정한다. 복잡한 기안의 경우는 초안을 작성하여 논리의 일관성을 해치는 내용이나 빠지는 사항이 없도록 검토한 후 작성한다.

④ 기안자는 당해 업무에 대한 책임의식을 가지고 기안하며, 당해 기관과 수신자의 관계 및 입장을 고려해야 한다.

(3) 공문서의 결재 및 발송

결재는 당해 사안에 대하여 기관(학교)의 의사결정 권한이 있는 사람이 그 의사를 결정하는 행위로서 보조기관의 서명행위와는 구별된다. 사무관리규정 제8조에 의하면 다른 법령에 특별한 규정이 있는 경우를 제외하고는 당해 문서에 대한 결재가 있음으로써 성립되며, 일반문서는 수신자에게 도달함으로써, 공고문서는 공고 후 5일이 경과한 날로부터 효력이 발생한다.

결재의 종류에는 결재, 전결, 대결이 있다.

① 결재

법령의 규정에 의하여 소관사항에 대한 기관의 의사를 결정할 권한을 가진 자(주로 행정기관의 장)가 직접 행하는 결재를 말한다.

② 전결

행정기관의 장으로부터 사무의 내용에 따라 결재권을 위임받은 자가 행하는 결재를 말한다. 위임 전결규정 또는 지방자치단체의 규정에 의하여 이루어진다.

③ 대결

결재권자가 휴가, 출장 기타의 사유로 상당기간 부재중이거나 결재권자가 없는 가운데 긴급한 문서를 처리하여야 할 경우에 그 직무를 대리하는 자가 행하는 결재를 말한다. 이 경우 중요한 문서에 대하여는 결재권자의 후열을 받아야 한다.

공문서의 발송은 우편, 인편, 모사전송, 전신, 전화, 전산망을 통하여 이루어질 수 있으며, 발송절차는 다음과 같은 순서에 의한다.

문서등록대장 등재 → 문서통제(서무실) → 직인 날인 → 발송

※ 모사전송에 의한 발송은 기안문의 취급란에 모사전송의 표시를 하고 보안담당관(서무책임자)의 검토를 받아야 한다.

(4) 공문서의 처리

① 공문을 접수한 후, 당일에 책임자가 적법성의 원칙에 의하여 처리한다.
② 보고공문일 경우에는 내용을 정확히 파악하여 날짜에 늦지 않도록 보고한다.
③ 수신대장과 발송대장을 분류하여 색인목록과 함께 연도별로 철하여 보관한다.
④ 누구든지 쉽게 찾을 수 있도록 일정한 기준에 따라 분류하고, 1매마다 일련번호를 부여하여 기호화한다.

⑤ 공문서는 개인적으로 보관할 수 없으며, 반드시 지정된 곳에 보관해야 한다.

⑥ 법적 보존기간 동안 보관한다.

⑦ 보존연한이 지난 문서는 폐기 처분한다.

4) 학교보건정보시스템

보건교사의 활동에 따른 소요시간 분석결과에 의하면, 실제적인 학교보건업무의 제공보다는 학교보건 통계작성 및 기록지 관리업무에 가장 많은 시간이 소요되고 있는 것으로 나타났다. 이는 전산화로 해결될 수 있는 문제이므로 학교보건정보시스템의 확립은 학교보건업무를 효율적으로 수행하는 데 있어서 필수적인 요소이다. 따라서 보건시스템은 학교보건관리의 체계적인 운영과 업무의 효율성을 제고하여, 업무경감을 이루고 학교보건업무 과정에서 생성되는 수많은 정보를 활용할 수 있는 체계를 제공할 목적으로 만들어졌다. 특히 학교보건관리의 전산화를 통해서 학생 개개인의 건강관리가 용이하고 학교 급간의 연계로 인한 지속적인 건강관리와 보건관리가 가능하도록 구성되어 있다. 또한 학교현장에서 발생하는 보건활동을 중심으로 지역교육청, 시 · 도교육청, 교육부와 인터넷을 통하여 연결되어 실시간으로 업무가 지원되도록 하였다.

(1) 학교보건정보시스템의 개발

1단계로, 교육부에서는 효율적인 학생건강기록부 관리를 위하여 1999년 11월부터 “학생건강기록부 전산화”를 추진하여 건강기록부 작성 · 관리 및 신체검사 기록과 통계를 전산처리하도록 하는 “학생건강기록부 관리시스템(SA:Stand Alone)”을 개발하여 보급하였다.

2단계로, 교육부는 교원업무 경감 및 효율적인 학생건강관리의 체계화를 위하여 교육부 훈령 제584호(1999. 3. 18. 제정)에 근거하여 학생 종합생활기록부와 공유될 수 있는 프로그램인 “초 · 중등학교 종합정보관리 시스템(C/S : Client Server)”을 개발하였다. 2000년 3월부터 생활기록부 · 건강기록부가 CS로 적용되었고, 기존의 초 · 중 · 고등학생의 SA 건강기록부는 CS로 변환하여 초 · 중등종합정보관리시스템으로 통합되어 운영되었다.

3단계로, 이후에 NEIS(National Education Information System : 전국단위 교육행정정보시스템)가 개발되었다. NEIS는 전국의 초 · 중등학교, 시 · 도교육청 및 산하기관, 교육부를 인터넷으로 연결하여, 교육관련 정보를 공동으로 이용할 전산환경을 구축하는 전국 단위의 교육행정정보시스템이다. NEIS는 과거 개별 학교 단위로 관리되던 학생생활기록부, 건강기록부 등의 학사기록을 한 곳에 모아 인터넷으로 통합 관리하고, 학생과 학부모, 교사들이 함께 이용하도록 한 것이 핵심으로 전국 1만여 초 · 중 · 고교와 16개 시 · 도교육청, 교육부 등을 인터넷으로 연결해 교육 관련 정보를 공동 관리하고 여기에는 교무 · 학사는 물론 교원 인사, 시설, 회계, 급여, 급식 등 학교 운영 관련 업무가 27개 영역으로 나뉘어 입력된다. 또한 학교생활기록부 등 학생지도에 필요한 자료가 초등학교부터 고등학교까지 누적 관리되며 학교간 인터넷으로 전달되는 것이다.

그러나 NEIS의 시행을 앞두고 학생 신상자료의 NEIS로 이관, 통합 관리하는 것이 개인의 정보와 인권을 침해할 수 있다는 논란이 일어 NEIS관련 27개 영역 중 인사 등 24개 영역은 기존대로 통합시스템으로 관리하고 교무 · 학사(학교생활기록부), 보건(건강기록부), 입학 · 진학 등 3개 영역은 데이터 베이스(DB) 서버를 16개 시 · 도 교육청별로 두되 학교별 그룹별 독립 서버로 나눠 운영하기로 하였다. 2005년 3월부터 2006년 2월 말까지 서울 · 경기 등 2개 교육청과 132개교에서 새 시스템을 1년간 시험 운영하여 2006년 3월부터 학생 개인의 정보인권 보호를 위해 NEIS에서 교무 · 학사, 보건, 입학 · 진학 등 3개 영역을 분리한 새로운 정보 시스템인 교무업무시스템을 운영하기로 하였다.

NEIS의 특징은 학교보건, 교무학사, 입학, 인사시스템 등 27개의 업무시스템에서 생산되는 모든 정보는 시스템간의 연계를 통하여 공동 활용되어 같은 자료를 2번 이상 입력하는 비효율성을 제거하였다. 예를 들어 건강기록부의 인적사항은 교무학사의 인적사항이 공동 활용되어 건강기록부에서 입력하지 않아도 되고, 중학교에서 고등학교 진학시 입학(진학)시스템에 의하여 고등학교가 확정되면 학생의 기본정보와 함께 건강기록부가 해당 고등학교로 전송되므로, 고등학교에서 초 · 중학교의 정보를 바탕으로 입학시부터 건강기록부를 활용하여 손쉽게 학생의 건강을 관리할 수 있게 하였다.

또한 교무업무시스템으로 분리된 학교보건영역의 여러 업무는 많은 부분을 자동화 하여 그 결과를 보여 주고 있다. 교무업무시스템의 보건영역은 단순히 자료를 입력하는 시스템이 아니라 입력된 자료를 활용하여 새로운 자료를 생성하고 사용자가 이를 활용하여 계획성 있는 보건관리가 가능하도록 해주는 시스템이다.

(2) 교무업무시스템의 보건영역 구성 및 업무 흐름도

교무업무시스템의 보건영역은 기초자료관리, 건강기록부관리, 졸업생건강부관리, 전염병환자관리, 학생현황 및 통계의 5개영역으로 구성되어 있으며, 구체적인 구성은 [그림 3-2]와 같다.

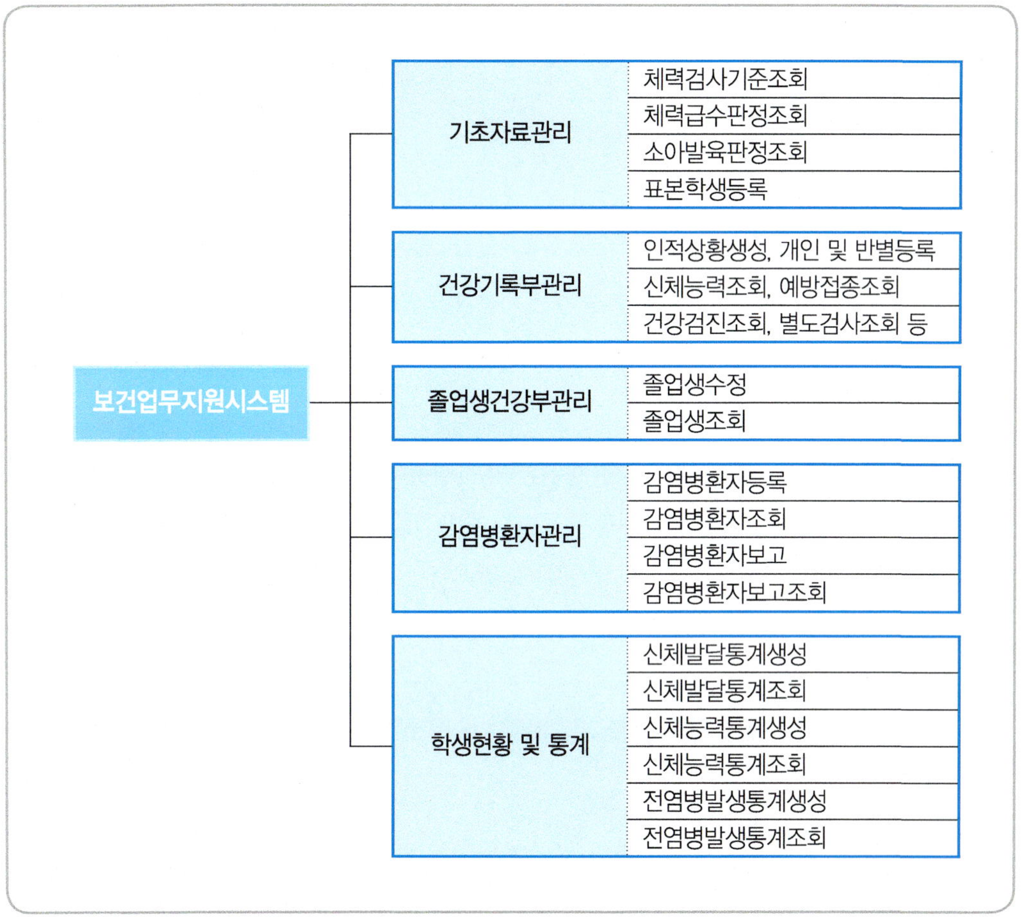

[그림 3-2] 교무업무시스템의 보건영역 구성 및 업무흐름도

① 기초자료관리

기초자료관리는 체력검사기준조회, 체력급수판정조회, 소아발육판정조회, 표본학생등록으로 구성되어 있으며, 업무 화면은 [그림 3-3]과 같다.

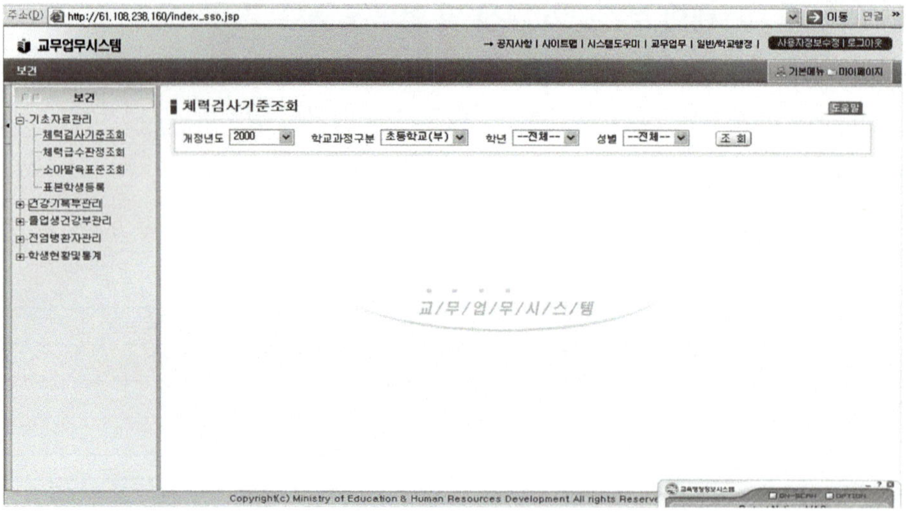

[그림 3-3] 기초자료관리 업무화면

② 건강기록부관리

건강기록부관리는 인적상황생성(갱신), 개인별등록, 개인별조회, 반별등록, 반별조회, 반별출력, 항목별등록, 신체능력등록, 예방접종조회, 신체발달조회, 신체능력조회, 혈액형조회, 별도검사조회로 구성되어 있으며, 업무화면은 [그림 3-4]와 같다.

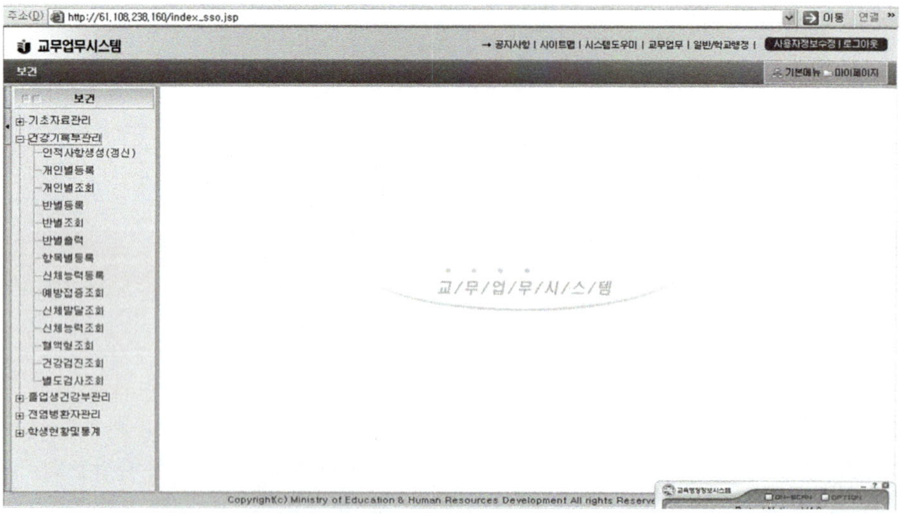

[그림 3-4] 건강기록부관리 업무화면

③ 졸업생건강부관리

졸업생건강부관리는 졸업생수정, 졸업생조회로 구성되었으며, 업무화면은 [그림 3-5]와 같다.

[그림 3-5] 졸업생건강부관리 업무화면

④ 감염병환자관리

감염병환자관리는 감염병환자등록, 감염병환자조회, 감염병환자보고, 감염병환자보고조회로 구성되었으며, 업무화면은 [그림 3-6]과 같다.

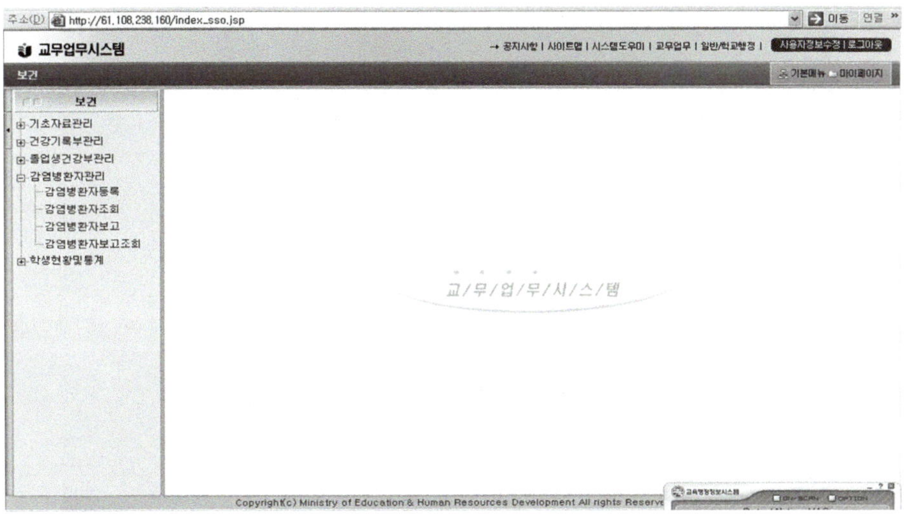

[그림 3-6] 감염병환자관리 업무화면

⑤ 학생현황 및 통계

학생현황 및 통계는 신체발달통계생성, 신체발달통계조회, 신체능력통계생성, 신체능력통계조회, 전염병발생통계생성, 전염병발생통계조회로 구성되었으며, 업무화면은 [그림 3-7]과 같다.

[그림 3-7] 학생현황 및 통계 업무화면

제4편 NEW SCHOOL HEALTH

학교간호과정

1. 학교간호과정의 개요
2. 학교간호의 사정
3. 학교간호사업 계획
4. 학교간호사업 수행
5. 학교간호사업 평가
6. 학교간호과정 사례

SCHOOL HEALTH

제 4 편

학교간호과정

1. 학교간호과정의 개요

학교는 지역사회에 속해 있다. 따라서 학교간호과정은 지역사회간호과정과 동일하게 적용하여 진행할 수 있다.

학교보건의 중요한 핵심인력은 보건교사이고, 그 외 인력으로 학교장, 교직원이 있다. 학교간호과정의 대상은 학생, 교직원, 학부모, 지역사회이다. 학교간호과정은 이 대상들에게 적용하여 각자의 건강문제를 스스로 해결할 수 있는 적정기능수준을 향상시켜 궁극적으로 학교간호의 목표를 달성하도록 할 수 있다. 또한 학교간호과정은 학교현장에서 요구하는 문제를 체계적이고 과학적으로 해결되도록 하고, 보건교사의 전문성과 기술발전을 도모할 수 있을 것이다.

학교간호과정은 사정 · 계획 · 수행 · 평가의 4단계로 구분되고, 이를 세분하면 9단계로 설명할 수 있다.

1) 학교간호 사정단계

(1) 학교간호 문제규명을 위한 자료수집 및 자료분석

(2) 학교보건의 기준 및 지침 확인 및 학교간호 문제확인

(3) 학교간호진단 및 우선순위 설정

2) 학교간호 계획단계

(1) 학교간호사업 목표 설정
(2) 학교간호 간호방법과 수단 선택
(3) 학교간호사업 수행계획 수립
(4) 학교간호사업 평가계획 수립

3) 학교간호 수행단계

(1) 학교간호 사업계획을 수행

4) 학교간호 평가단계

(1) 수행의 성과를 평가

2. 학교간호 사정

1) 자료수집영역

학교간호 문제를 찾기 위한 사정영역은 학교보건사업을 중심으로 크게 학교건강증진 영역, 학교보건교육 영역, 학교보건서비스 영역, 학교환경위생관리 및 안전관리 영역, 학교보건행정 영역, 학교보건조직 영역 등이 포함될 수 있다. 또한 학교간호사업의 진행 실태를 자료수집 할 수 있겠다.

(1) 학교건강증진 영역

시력관리, 구강보건관리, 흡연 · 음주 등의 약물 오남용 예방, 성교육(성건강, 성폭력, 사회적 건강) 척추측만증 관리 등

(2) 학교보건교육 영역

① 중학교 보건교육 내용체계

일상생활과 건강, 질병 예방과 관리, 약물 오남용 및 흡연 · 음주 예방, 성과 건강, 정신건강, 사회와 건강, 사고 예방과 응급처치

② 초등학교 보건교육 내용체계

건강의 이해와 건강생활, 질병 예방과 관리, 사고 예방과 응급처치, 흡연 · 음주 · 약물 오남용 예방, 성과 건강, 정신건강, 사회와 건강

(3) 학교보건서비스 영역

① 학생 및 교직원의 건강평가를 활용

㉠ **학교인구 통계** : 연령, 성별, 결석 및 결근, 전출입 등에 관련된 것

㉡ **보건통계** : 건강기록부 활용

학생 – 감염병예방접종, 신체발달상황, 건강검진 현황, 별도 검사(구강검사, 시력검사, 소변검사 등)

② 건강검사 결과를 활용

㉠ **신체발달상황의 결과**

: 검진기관에서 실시한 결과(초등 1학년 4학년, 중학교 1학년, 고등학교 1학년)

: 당해 학교 교직원이 실시한 결과(초등 2~3학년, 5~6학년, 중학교 2~3학년, 고등학교 2~3학년)

㉡ **건강조사결과**

: 검진기관에서 실시(초등 1학년 4학년, 중학교 1학년, 고등학교 1학년)

: 당해 학교 교직원이 실시한 결과(초등 2~3학년, 5~6학년, 중학교 2~3학년, 고등학교 2~3학년)

㉢ **건강검진결과**

: 검진기관에서 실시(초등 1학년 4학년, 중학교 1학년, 고등학교 1학년)

색각검사는 초4, 중1 실시

혈액검사는 초4, 중1, 고1 중 '경도비만' 이상 실시

혈색소는 : 고1여학생 실시

③ 별도 검사 결과 활용

㉠ **대상** : 검진기관에서 건강검진을 받는 학생(초 1 · 4학년, 중 1학년, 고등 1학년을 제외한 학생)을 제외한 학생

㉡ **종류** : 소변검사 · 결핵검사 · 구강검사 · 시력검사

- **소변검사** : 초등학교 · 중학교 및 고등학교의 학생 중 교육감이 지정하는 학년의 학생(초 2,3,5,6학년, 중 · 고 2,3학년)
- **결핵검사** : 고등학교의 학생 중 교육감이 지정하는 학년의 학생(고 2, 3학년)
- **구강검사 및 시력검사** : 초등학교의 학생과 중학교 및 고등학교의 학생 중 교육감이 지정하는 학년의 학생(초 2,3,5,6 학년, 중 · 고 2,3학년)

④ 감염병 예방관리

⑤ 응급처치 및 간호

⑥ 기타

(4) 학교환경위생 및 식품위생관리 영역

학교 먹는 물 위생관리, 학교 교사 내 공기 질 등 환경위생 개선, 학교환경위생정화구역 등 교육환경보호제도 관리

(5) 학교안전관리 영역

교내 통행 안전, 문이나 창문이용 안전, 급식시간 안전, 교실 안전, 과학실 안전, 미술실 안전, 특별실 안전, 화장실 안전, 성폭력, 아동의 신체적 학대 징후 등의 자료를 활용할 수 있다.

(6) 학교보건행정 영역

① 보건실 시설 · 설비관리 상태

② 보건실 물품관리 상태 : 학생의 건강관리를 위한 기구와 도구(응급처치도구, 검사기구, 간호기구)

③ 보건실 약품관리 상태

④ 학교보건 예산관리 상태

⑤ 학교보건 문서의 기록 및 자료관리(보건일지, 학생건강기록부, 가정통신문, 보건소식지, 공문서)

⑥ 학교보건 정보시스템

(7) 학교보건조직 및 인력

학교보건조직(학교 내의 정규 및 비정규 조직 및 위원회)의 유무와 위원회의 회의 횟수를 자료수집할 수 있고, 학교보건인력의 자료를 활용할 수 있다.

(8) 학교간호과정의 진행 실태

현재 학교간호과정으로 진행하는 각각의 간호진단의 수행 평가 결과물을 활용한다.

〈예〉 신체발달상황 통계 및 비만아동의 건강증진 프로그램, 요양호자 건강유지 증진을 위한 프로그램, 건강검사통계 완성도, 건강검사의 통계에 따른 건강증진 프로그램, 보건실 예산확보를 위한 계획 등

2) 자료수집방법

학교간호문제 사정은 다양한 자료수집방법을 이용할 수 있다.

(1) 기존자료의 활용

학교에서 얻을 수 있는 모든 기록과 자료들이 사정을 위한 정보원으로 유용한 가치를 지니고 있다. 보건일지, 학생건강기록부, 교직원 건강검사 결과표, 학교보건사업과 관련된 공문, 연간보건교육 계획서, 보건실 물품관리대장 등 기존의 활동기록을 예로 들 수 있다.

(2) 직접관찰

보건교사 혹은 담당교사는 학교 내부의 교지, 교사, 먹는 물, 화장실, 쓰레기장 등과 학교 주위의 절대 · 상대 환경위생정화구역과 학교 주위의 지역사회를 직접 다니면서 관찰활동을 통하여 자료를 수집한다.

(3) 참여

보건교사가 학교의 각종 행사에 참여하여 많은 자료를 얻을 수 있다.

(4) 설문조사

새로운 문제에 대한 자료가 필요한 경우에는 학생, 교직원과 학부모들에게 설문조사를 함으로써 자료를 수집할 수 있다.

(5) 면담

담임교사나 상담교사들이 중요한 정보제공자가 될 수 있으며, 또래집단의 가까운 친구들을 면담대상으로 선정할 수 있다. 또한, 학교의 · 치과교의 · 학교약사와 면담을 통하여 자료를 수집할 수 있다.

(6) 공청회

학교 내의 여러 종류의 위원회, 학생회, 학부모회 등의 공청회를 통하여 자료를 수집할 수 있다.

(7) 언론매체

학교신문, 방송, 컴퓨터 등의 언론매체를 통하여 학교보건과 관련된 자료를 수집할 수 있다.

3) 자료 분석

보건교사와 담당교사는 학생과 교직원의 건강관리를 위하여 조직적이고 체계적인 접근이 필요하다. 여러 가지 방법으로 간호사정 후 수집된 자료자체로는 효율적인 활용이 어려우므로 영역별로 분석한다. 보건교사와 담당교사는 수집된 자료를 학교건강증진 영역, 학교보건교육 영역, 학교보건서비스 영역, 학교환경위생 및 식품위생관리 영역, 안전관리 영역, 학교보건조직 및 인력, 학교보건행정, 학교간호과정 진행 상황 등에서 분석할 수 있다. 그 후 보건교사와 담당교사는 분석한 자료를 통하여 학교간호문제, 학교보건문제를 도출할 수 있다.

4) 학교보건 기준 및 지침 확인

자료 분석 후 도출된 학교간호문제는 보건교사가 해결할 문제인지, 아닌지를 규명한다. 따라서 보건교사의 역할과 기능을 파악하여야 하는데, 교육법 · 학교보건법 · 학교건강검사 규칙 등의 학교보건관련법, 교육부 및 관련 교육청의 해당년도 학교보건 업무 방침 등을 사용한다.

5) 학교간호문제 규명

자료수집 및 분석, 학교간호사업의 지침과 기준 확인 후 도출된 학교간호문제는 다음과 같이 구분할 수 있다.

(1) 보건교사가 직접 해결할 수 있는 문제

(2) 보건교사가 학교의, 학교약사, 학교치과의사, 학교한의사 등 다른 보건인력이나 교직원, 학부모에게 의뢰조치 필요한 문제

(3)보건교사가 보건행정담당자(교장, 교감, 주임교사, 서무과장 등)에게 건의조치가 필요한 문제

(4) 보건교사가 처리하지 않을 학교보건문제

6) 학교간호진단

수집된 자료를 분석한 후 최종단계는 간호진단을 내리는 것이다. 간호진단은 사업계획의 방향을 제시한다. 지금까지 간호진단을 위한 몇 가지 분류체계들이 개발되어 왔는데, 그 중 NANDA와 오마하(OMAHA) 시스템이 있다. NANDA의 진단 중에 가족진단에도 적용할 수 있는 진단명이 포함되어 있다고는 하나 이는 개인을 중심으로 한 접근방법으로 가족을 대상으로 한 가족진단을 내리기에는 부족함이 있다(김모임 등, 2002).

그러나 오마하 시스템은 지역사회 간호를 위한 간호진단 도구로 개인과 가족의 요구를 진단할 수 있고 간호중재를 계획하고 개발하는데 활용될 수 있다(Martin & Scheet, 1992). 미국 학교보건간호 현장에서는 오마하 시스템을 적용하고 있고, 한국도 학교보건간호 현장에서 오마하 시스템 적용방안을 모색하고 있다.

따라서 보건교사는 학교간호문제로 규명된 여러 가지 문제들을 관련 있는 것끼리 묶고, 그에 영향을 미치는 선행요인을 규명하여 '원인으로 인한 학교간호문제'의 형식으로 하나의 '학교간호진단'으로 만들 수 있고 또한 오마하 시스템을 적용할 수도 있겠다.

7) 학교간호진단의 우선순위 결정

모든 학교간호진단을 보건교사가 일정기간에 완벽하게 처리할 수는 없기 때문에 학교보건사업의 주기인 연간, 학기 등의 기간에 처리해야 할 학교간호진단의 우선순위를 결정해야 한다. 우선순위의 기준에 따라 우선순위가 높은 것을 먼저 해결해야 한다.

우선순위를 결정하는 방법을 설명하면 아래와 같다.

(1) 학생 및 교직원의 건강문제를 유발할 우려가 있는 것을 먼저 고려해야 한다.
(2) 그 문제가 영향을 주는 범위와 대상자의 취약성을 고려해야 한다.
(3) 학교에서 사용하는 인적 · 물적 자원의 동원가능성 정도를 고려해야 한다.
(4) 법으로 정해져서 학교기관에서 수행해야 할 의무가 있는 문제
(5) 보건교사의 준비도 및 문제해결에 대한 능력
(6) 학교정책과의 연관성

3. 학교간호사업 계획

1) 학교간호사업의 목표설정

목표가 사업이나 일의 방향, 범위 등을 명확히 제시할 수 있어야 사업의 수행계획과 평가계획의 수립을 잘 할 수 있고, 그에 따른 수행과 평가가 수월하게 이루어 질 수 있다. 명확한 목표설정은 학교간호사업의 전체 진행을 위하여 매우 중요하다.

목표는 '무엇' '범위' '누가' '어디서' '언제'의 내용으로 구성되어야 한다. 필요에 따라 일부 항목이 생략될 수 있으나, 언제나 '무엇'과 '범위'는 생략할 수는 없다. '무엇' '범위' '누가' '어디서' '언제'의 의미를 기술하면 다음과 같다.

① 무엇 : 학교간호사업을 통하여 변화되거나 달성되어야 하는 상태나 조건을 의미
② 범위 : 달성하고자 하는 상태나 조건의 양
③ 누가 : 바람직하게 달성되어져야 할 환경의 부분이나 학교간호사업의 대상집단
④ 어디서 : 학교보건사업에 포함될 장소나 지역
⑤ 언제 : 의도된 바람직한 상태 혹은 조건이 수행될 기간이나 때

또한 목표는 일반적 목표와 구체적 목표로 구분할 수 있다. 일반적 목표는 학교보건사업의 결과로 이루어지는 특정한 상태나 조건을 기술한 것이며, 구체적인 목표는 일반적 목표를 달성하기 위한 세부적인 것으로서 일반적 목표의 하위목표에 해당된다. 하위목표를 기술할 때 방법에 갖추어야 하는 네 가지 요소를 설명하면 다음과 같다.

(1) 관련성

현재 학교가 당면하고 있는 긴급한 건강문제와 연관되어야 하며, 상위의 목표인 시·도 교육위원회의 학교보건정책 및 목표와 이어져야 한다.

(2) 실현가능성

실현시킬 수 있는 목표를 설정하라는 뜻이다. 실현가능성은 자원동원가능성과 그 문제의 단순성에 좌우된다.

(3) 관찰가능성

사업이나 일이 성취 및 수행된 결과를 눈으로 보거나 명확히 알 수 있는 것을 의미한다.

(4) 측정가능성

성취된 결과를 숫자로 표할 수 있는 것을 의미한다. 예를 들면 "예방접종률을 40%에서 70%로 증가시킨다"라고 하였을 때 40%, 70% 등의 숫자로 표현된 것은 측정이 가능하다.

2) 학교간호방법 및 수단의 선택

학교간호방법 및 수단은 학교간호업무 활동이라고 할 수 있다.

학교간호방법은 세가지로 간호제공, 보건교육, 관리활동이 있다. 이러한 방법은 간호수단을 통하여 수행된다.

학교간호수단에는 방문활동, 보건실 활동, 의뢰활동, 보건행정가에게 건의, 개인상담, 집단지도, 매체활용, 학교보건조직 및 각종 조직활동 등이 있다.

방법과 수단을 선택하는 절차는 다음 네 가지로 설명된다.

(1) 목표달성을 위한 서로 다른 방법 및 수단을 찾는다.

(2) 문제해결을 위하여 요구되는 자원과 이용 가능한 자원을 조정한다.

(3) 가장 최선의 방법 및 수단을 선정한다.

(4) 구체적인 방법과 수단을 서술한다.

목표달성을 위한 각종 간호수단을 찾아낸 후 기술적, 법적, 경제적, 사회적으로 타당성이 있는지를 따져서 적절한 방법을 선택한다.

(1) **기술적 타당성** : 간호방법 및 간호수단이 기술적으로 가능하고 효과가 있는지를,

(2) **법적 타당성** : 법적으로 받아들여질 수 있는지를,

(3) **경제적 타당성** : 우선 경제적으로 시행가능해야 하고 나아가서는 그 효과가 경제적 측면에서 유용한지를,

(4) **사회적 타당성** : 학생 및 교직원이나 그 밖의 사업대상자들이 그 수단 및 방법을 수용하는지를, 충분히 검토해서 찾아내고 선택한다.

학교간호사업의 구체적인 목표달성을 위하여 이용할 방법과 수단을 결정해야 한다.

3) 학교간호사업 집행계획의 수립

학교간호사업의 목표달성을 위하여 간호방법과 간호수단을 가지고 집행계획을 세운다. 연간계획, 월간계획, 주간계획을 나누어 치밀하게 작성하며, 간호방법 및 간호수단을 언제, 누가, 어디서, 무엇을 가지고 할 것인가를 정하게 된다.

(1) 누가 업무활동을 할 것인가? 어느 사람이 그 업무를 할 것인가? 몇 명이 필요한

[표 4-1] 학교간호사업 연간계획서 예시

보건사업	세부사업		대상	협조 및 실시기관	목표( ) 및 실적( )										비고
					3	4	5	6	7	9	10	11	12	2	
건강관리	1) 건강사정	신체발달상황검사	2,3,5,6	학급담임											
		건강검진	1,4학년	복수병원지원											
		구강검사	전교생	학교치과의											
		문진표 작성	2,3,5,6	학급담임											
		건강조사, 결핵반흔조사	1학년	학급담임											
		교직원 신체검사	교직원	병의원											
		날씬이(비만)아동 조사	주로 비만아	○○보건소											
		요양호자 파악	대상자	학급담임											
		교직원건강조사(설문지)	교직원전체	교직원											
	2) 건강관찰	학생 및 교직원건강관찰	전체	학생 · 교직원											
	3) 건강상담	학생 및 교직원건강상담	전체	학생 · 교직원											
보건실관리	1) 보건실 정 비	약품, 비품구입	보건실	행정실											
		보건실환경 꾸미기	보건실	행정실											
	2) 보건실 운 영	요양호자 상담관리	추천자	학급담임											
		학생 · 교직원 구급처치	전체	학생 · 교직원											
		비만아동관리	비만아	학급담임											
		감염병아동관리	감염병아	학급담임											
		각종검사 이상소견자관리	대상자	학급담임											
		검사결과 안내장 발송	대상자	학급담임											
		보건실 현대화 사업 준수	보건실	행정실											
	3) 예방접종 사 업	BCG 접종사업 안내	1학년	○○보건소											
		홍역예방접종증명서확인	1학년	학급담임											
		일본뇌염, 독감예방 안내문	전교생	학급담임											
보건교육	1) 5 · 6학년 보건교육	일상생활과 건강	5,6학년	학급담임											
		질병예방과 관리	5,6학년	학급담임											
		약물 오남용 및 흡연 · 음주	5,6학년	학급담임											
		성과 건강	5,6학년	학급담임											
		정신건강	5,6학년	학급담임											
		사회와 건강	5,6학년	학급담임											
		사고와 응급처치	5,6학년	학급담임											
	2) 비정규 보건교육	학생안전관리	전교생	학급담임											
		비만관리	비만아	학급담임											
		구강관리	전교생	학급담임											
		손씻기 생활화 방송교육	전교생	학급담임											
		성폭력 예방교육 · 성교육	전교생	학급담임											
		약물오남용 예방교육	전교생	학급담임											
		월별 보건소식 발송	학생 · 학부모	학급담임											
	3) 교직원 연 수	교무업무시스템 연수	전교생	학급담임											
		신체발달상황검사등 연수	전교생	학급담임											
		감염병예방관리	교직원	학급담임											
		성희롱, 양성평등교육	교직원	전교직원											
		학교환경위생관리	교직원	전교직원											

보건사업	세부사업		대상	협조 및 실시기관	목표( ) 및 실적( )										비고
					3	4	5	6	7	9	10	11	12	2	
학교관리	1) 환경위생	정수기지킴이 아동교육	지킴이 16명	정수업체											
		감염병예방을 위한 지원	보건교사	행정실											
		정수기 점검표 작성	정수기 16대	보건교사											
		정수기 수질검사	정수기 16대	영웅환경											
기타	1) 보건실 월별 환경구성		보건교사	청소담당											
	2) 보건교사 회의 참석		보건교사	북부교육청											
	3) 보건실 기구 · 설비 확충		행정실	행정실											
	4) 건강기록부 입력 확인		보건교사	학급담임											
	5) 각종 공문서 보고 및 정리		보건교사	체육부장											
	6) 연간 월간 보건사업계획 · 평가		보건교사	보건교사											
	7) 각종 글짓기, 표어, 포스터 공모전		보건교사	학급담임											

가? 무슨 지식과 기술을 가진 사람이 그 업무를 하도록 할 것인가?

(2) 어디에서 그 업무활동을 할 것인가?

(3) 무엇을 가지고 그 업무활동을 할 것인가? 업무활동을 수행하는 데 필요한 도구와 예산을 계획한다.

(4) 언제 업무활동을 할 것인가? 업무가 언제 시작해서 언제 끝나는지. 각 업무활동 단계마다 시기와 기간을 기록하여 시간표를 작성한다.

4) 학교간호사업 평가계획의 수립

학교간호 평가계획은 학교간호사업을 수행하기 전에 수립되어야 한다. 이는 학교간호 사업을 수행할 때 계획한 기간 동안 그 사업이 잘 되었는지, 또는 무엇을 수정해야 목표에 도달될 수 있는지를 알 수 있게 한다.

평가계획에는 평가시기, 평가방법, 평가자, 평가내용, 평가범주의 내용이 포함된다.

(1) **평가자** : 보건교사 혼자서 평가할 것인지, 평가위원회를 구성할 것인가를 말한다.

(2) **평가시기** : 진단평가, 형성평가, 최종평가로 나눌 수 있다.

(3) **평가방법** : 직접관찰, 직접참여, 면담, 공청회, 언론매체 등
타당성과 신뢰성이 있어야 하며 평가서, 평가질문서, 사업실적표 등

(4) **평가의 범주**

㉠ **체계모형에 따른 평가 범주** :

사업의 목표달성 정도, 투입된 노력, 사업의 진행, 사업의 효율 등의 측면에서

평가할 수 있다.

ⓛ 사업과정에 따른 평가 범주 :

사업의 구조, 과정, 결과에 따라 평가할 수 있다.

4. 학교간호사업 수행

학교간호사업 수행은 학교보건사업과는 달리 보건교사가 대부분 직접 수행하게 되나, 교직원 등 여러 요원들이 참여하기도 한다. 보건교사는 사업수행을 할 때 학교간호의 목적을 알고 학교간호의 기준과 지침에 맞도록 하여야 한다. 학교간호사업을 수행하는 과정에서 보건교사의 역할을 다음과 같이 구분할 수 있다.

(1) 보건교사가 직접 수행하는 업무활동

학교보건교육, 건강평가, 질병예방을 위한 보건관리, 건강상담 및 요양호 학생 관리, 학교환경위생관리(각 학교상황별 차이 있음), 안전관리, 응급처치, 건강증진 등이 있다.

(2) 조정

계획을 상황에 맞추어 집행하는 것을 말한다. 보건교사의 매일의 업무활동의 중복이나 누락없이 목표를 향하여 진행되도록 인력조정과 업무활동 조정을 한다. 또한 상황에 따라 결정되고 조정된 사항에 대한 의사소통을 민첩하게 해 나가야 한다.

(3) 감시

사업의 목표달성을 위해 계획대로 잘 진행이 되어가고 있는지 확인한다. 집행과정에서 목표에 의한 관리를 실천하는 것으로 다음 단계의 평가에 연결된다. 감시내용은 사업의 진도나 수행수준, 수행절차, 수행결과에 이르기까지 미흡한 부분을 파악하고 그 원인이 무엇인지를 찾는다. 감시방법은 계속적인 관찰(점검표 이용), 기록 검사, 물품의 점검, 학생 및 교직원과의 토의, 그 업무담당자와의 상담 등이 이용된다.

(4) 지도 감독

학교간호에 참여한 학생, 교직원 등의 인력의 활동이 정상적으로 이루어지는가를 사정하여 기술적인 조언을 필요로 할 경우 제공하는 것을 말한다. 조정과 감시과정에서 지도감독이 병행되어야 한다.

5. 학교간호사업 평가

학교간호 평가는 사업수행 결과를 파악하고 측정하여 계획단계에서 설정된 간호목표를 달성할 수 있고, 계획과정 중에 수정사항 여부를 알아낼 수 있기 때문에 학교간호과정의 최종단계인 동시에 시작이 되므로 중요하다.

1) 평가내용

학교건강증진 영역, 학교보건교육 영역, 학교보건서비스 영역, 학교환경위생 관리 및 안전관리 영역 등이 있고, 학교보건조직 및 인력, 학교보건행정이 포함될 수 있고, 학교간호사업의 진행 실태 등 많은 것이 있다.

2) 평가시기

(1) 진단평가

요구사정의 한 부분으로 프로그램 개발 이전에 대상자들의 지식, 태도, 또는 행동을 변화시키고 기술을 개발하는 데 있어서 가장 우선적으로 요구되는 것이 무엇인가를 파악하는 데 이용된다.

(2) 형성평가

사업과정 중에 이루어지는 것으로 어떤 프로그램을 실시하면서 중간에 조정할 사항이 있는지를 확인할 목적으로 시행된다.

(3) 최종평가

프로그램을 완전히 마친 후에 이미 시행하였던 프로그램을 그대로 다시 시행할 것인가, 아니면 수정하여 시행할 것인가를 결정하기 위하여 실시된다.

3) 평가자

학교간호의 평가를 보건교사나 평가위원회를 구성하여 평가한다.

4) 평가범주

(1) 사업과정에 따른 평가내용에 초점을 둔 평가의 범주

① 구조평가

㉠ 사업의 목표가 명확하고 구체적이며 측정가능한가,

㉡ 일정, 인력, 예산 등이 각 단계별로 구체적으로 제시되었는가,

㉢ 사업대상의 범위나 규모가 적절한가,

㉣ 사업을 전개할 조직구조, 담당 인력, 물적 자원에 대한 준비는 충분한가, 등에 대해 평가하는 것이다.

② 과정평가

㉠ 참여율, 만족도, 준비자료의 적절성을 평가하는 것이다.

㉡ 사업에 투입될 인적, 물적 자원이 계획대로 실행되고 있는지,

㉢ 사업이 일정대로 진행되는지,

㉣ 사업의 모든 측면은 모니터링되어 사업 속에 환류(feedback)되어 반영되는지를 확인하는 평가과정이다.

③ 결과평가

㉠ 초기에 설정한 단기 및 장기 사업목표가 얼마나 달성되었는가를 평가하는 과정이다.

㉡ 사업의 단기적 효과로서 대상자의 지식, 태도, 신념, 가치관, 기술, 행동의 변화를 측정할 수 있고,

㉢ 장기적 효과로서 이환율, 사망률, 유병률 등의 감소로 측정할 수 있다.

㉣ 사업에 대한 대상자 만족도, 사업담당자의 만족도 등을 평가할 수도 있다.

(2) 체계모형에 따른 평가범주

① 투입된 노력에 대한 평가

㉠ 사업에 투입된 인력과 예산 및 자원을 평가하는 것이다.

㉡ 사업초기에 계획되었던 인력, 자원, 예산에 비하여 실제로 투입된 실적이 어떠한가를 파악하고 그 차이를 분석하며 그 원인을 규명하는 과정이다.

[표 4-2] 사업과정에 따른 평가 범주

구조	장소, 기구, 도구, 물품, 예산 등
과정	만족도, 흥미도, 프로그램참여율, 교재 적절성, 대상자 적절성
결과	지식변화, 행위변화, 사업목표달성 정도

② 사업의 진행에 대한 평가

㉠ 학교간호사업진행의 내용 및 일정이 당초 계획되었던 일정과 진도에 맞추어 수행되었는지를 평가하는 과정이다.

㉡ 학교간호사업진행이 집행계획과 차질이 있다면 그 원인이 어디에 있는지 분석하고 계획변경 여부를 평가한다.

③ 사업의 목표달성 정도에 대한 평가

㉠ 성과 혹은 결과 평가는 목표달성 정도를 평가한다.

㉡ 학교간호사업 초기에 설정된 목표가 일정기간 내에 얼마나 달성되었는가를 평가하는 과정

㉢ 목표수준에 도달하지 못하였다면 그 원인을 규명한다.

④ 사업의 효율에 대한 평가

㉠ 학교간호사업을 수행하는 데 투입된 노력, 즉 인적·물적 자원 등을 비용으로 환산하여 그 사업의 목표달성 정도와 비교함으로써 측정된다.

㉡ 전년도의 효율과 비교하여 평가할 수도 있고, 다른 학교의 효율과 비교하여 평가할 수도 있다.

5) 평가방법

직접관찰, 직접참여, 상담, 공청회, 언론매체, 평가서, 평가질문서, 사업실적표 등이 있다. 평가는 타당성과 신뢰성이 있어야 하는데 타당성은 평가하고자 하는 것을 올바르게 평가하고 있는 것을 의미하고 신뢰성은 평가하고자 하는 기준이 정확한 것인지를 의미한다.

6. 학교간호과정 사례

본 예시는 ○○학교 학교현장실습 사례 중심으로 기술한다.

6.1 학교간호 사정단계

1) 학교간호 자료사정 및 자료분석

(1) 학교인구

① 인구통계

㉠ 교직원 현황

구분	교장	교감	교사	보건교사	행정실	영양사	기능직	과학조교	기타	계
남	1		6		2		2	1	2	50
여		1	32	1	1	1				
계	1	1	38	1	3	1	2	1	2	50

㉡ 학급 및 학생수 현황

구 분		1학년	2학년	3학년	4학년	5학년	6학년	계
학급수		5	5	5	5	6	6	32(1)
학생수	남	67	60	70	69	80	74	420
	여	59	55	59	62	73	77	385
	계	126	115	129	131	153	151	805

※ ( )은 특수 학급을 나타냄

☞ 자료 분석

- 인천 ○○초등학교의 교직원 현황은 교장(남), 교감(여), 특수, 보건, 영양, 원어민교사, 과학실무원, 행정실무원, 특수실무원이 각 1명씩으로 총 50명으로 구성되어 있다. 교사는 남성이 6명, 여성이 32명으로 성비에 있어 5배 이상 차이가 있었다.
- 학급 및 학생 수의 현황은 학년은 1학년부터 6학년까지 구성되어 있으며, 1학년에서 4학년까지는 5개의 학급이고, 5학년과 6학년은 6개의 학급으로 구성되어 있다.
- 6학년에서 2학년으로 갈수록 학급과 정원수가 작아지는 추세를 보이고 있으나 1학년의 정원수가 2학년에 비해 늘어나 입학 정원이 증가한 모습을 알 수 있다.
- 각 학년의 학급별 정원을 살펴보면, 1학년은 반 당 평균 25.2명이고, 2학년은 23명, 3학년은 25.8명, 4학년은 26.2명, 5학년은 25.5명, 6학년은 25.1명으로 전체평균은 한 학급당 25.1명이다.
- 특수학급(학습운영실)은 1학급으로 학급 정원은 현재 8명이고, 전체 학년으로 구성된다.

(2) 학교 보건관리 사업

① 목적

㉠ 학교보건교육 및 보건봉사로 학생건강증진

㉡ 학교보건요원 및 보건위생시설 확보로 건강한 학교육성

㉢ 학교환경위생 정화로 면학분위기 조성

② 기본방향

㉠ 학생들은 하루생활의 대부분을 학교에서 보내며 교직원의 지도아래 정해진 시간표에 따라 학교생활을 하므로, 이들이 건강하고 안전한 생활을 영위할 수 있도록 학교 보건요원의 활동을 강화하고, 보건위생시설을 확충, 개선하여 깨끗하고 명랑한 교육환경 조성

㉡ 보건 및 건강에 대한 정확하고 풍부한 지식을 제공하고, 건강한 생활을 할 수 있도록 자기 건강관리 능력을 길러주며, 신체적 · 정신적 · 사회적으로 건전하고 성숙한 민주시민육성

㉢ 조직적이고 체계적인 보건교육, 보건관리, 쾌적한 교육환경 조성을 위한 활동 전개

등을 통하여, 학생 개개인이 바른 생활태도를 갖고 건강하게 자랄 수 있도록 조성

③ 월별 보건사업 계획

월별	보건관리사항	계 획 내 용
3월	보건실 관리	약품 및 비품구비, 정리(1, 4주) 환경정리정돈(2~4주)
	아동건강관리	구급치료 (1~4주) 건강기초조사-신입생과 재학생 (3~4주) 건강관찰 및 상담 (1~4주) 건강이상자관리-개인별상담카드 (1~4주) 관찰을 통한 건강검사 (1~4주)
	보건교육	성교육-1학년 (1주) 계절적 감염병예방 (4주) 보건소식 (1, 4주) 5학년보건교육 (3주)
	감염병예방관리	감염병예방관리 (2주) 신입생 예방접종 확인 및 관리1 (4주)
	먹는물 관리	수질검사 (2주)
	학교보건통계	학교보건(성교육)위원회 구성 (4주) 보건실 이용통계 (4주)
	학교현장실무실습지도	경인여대간호과 2학년 학교현장실습지도(1~4주)
4월	아동건강관리	건강관찰 및 상담 (1~4주) 건강이상자관리 (1~4주) 건강관찰 및 상담 (1~4주) 건강이상자관리 (1~4주)
	감염병예방관리	봄철 감염병 예방 홍보 (1~4주) 개인위생수칙 강조 및 홍보 (1~4주)
	보건교육	흡연예방방송교육 (2주) 보건교육-5학년 (1, 3, 4주) 성교육-6학년 (1, 4주) CPR-교직원 (4주)
	정기적 건강평가 및 병리검사	신체검사기구 점검 및 확충 (1주) 학생 정서 행동특성 검사 (4주) 소변 검사 (2주)
	학교보건통계	보건실 이용통계 (4주) 건강상담 지도 통계 (2주)
5월	정기적 건강평가와 병리검사	신체검사 실시 요령 및 기록 연수 (1주) 건강기초조사-2~6학년 (1주) 체격검사-2~6학년 (2,3주)

월별	보건관리사항	계 획 내 용
		구강검사-2~6학년 (1~4주) 건강검진-1,4학년 (1~4주)
	아동건강관리	구급치료 (1~4주) 건강관찰 및 상담 (1~4주) 건강이상자관리-개인별상담카드 (1~4주) 관찰을 통한 건강검사 (1~4주) 불소도포 및 구강교육 (4주)
	보건교육	5학년 보건교육 (1,3주)
	현장 학습에 대한 보건 대책	안전지도 및 구급약품 정비 (3주)
	먹는 물 관리	수질검사 (4주)
	학교보건통계	보건실 이용통계 (4주)
6월	아동건강관리	건강검사 결과 처리 (1~4주) 건강 이상자 가정통신문 발송 및 추후 관리 (1~4주) 건강이상자 건강상담카드 관리 (1~4주) 건강기록부 입력 및 확인 (1~4주)
	감염병예방관리	일본뇌염 예방안내 (1~4주) 계절적 감염병 예방안내 (1~4주)
	보건교육	일본 뇌염 및 수인성 질환 예방 (1,2주) 교직원 건강 교육 및 성희롱예방교육 (3주) 보건교육-5 (1,3주) CPR 교육-6 (1주)
	정기적 건강평가와 병리검사	신체검사기구 정리 점검 (4주) 건강검진 및 병리검사결과 추후관리 (4주)
	학교보건통계	보건실 이용통계 (4주)
7월	하절기 보건 대책 수립	감염병 예방 지도 (1~3주) (식중독 및 아폴로 눈병)
	보건교육	개인위생 철저 (1~3주) 하절기 감염병 예방 (1~3주) 보건교육-5 (1,3주) 성교육예방교육 (1,2주)
	학교보건통계	보건실이용통계 (3주) 1학기 학교보건 사업평가 (3주) 건강교육 평가 (3주) 1학기 종합평가 (3주)
9월	학교보건 환경 점검	약품 및 비품정리, 구비, 환경정리 (1~4주)
	아동건강관리	구급치료 (1~4주) 건강상 문제아 상담지도 (1~4주) 검사결과 이상자 추후관리 (1~4주) 관찰을 통한 건강검사 (1~4주)

월별	보건관리사항	계 획 내 용
	보건교육	보건교육-5 (1,3주) 계절적 감염병 예방 (1,3주) 보건소식 (1주)
	학교보건통계	보건소식 (4주)
10월	아동건강관리	현장학습에 따른 안전지도 및 약품관리 (1~4주) 건강 이상자 관리 (1~4주) 불소도포 및 구강교육 (4주)
	보건교육	교직원 건강교육 (2주) 인플렌자 예방교육 (1주) 보건교육-5 (1,3주) 약물교육-5 (1~6주) 보건소식 (1주)
	전염병예방관리	계절적 감염병 예방교육 (1,4주)
	정기적 건강평가와 병리검사	1,4학년 건강검진 추후관리 (4주) 비만관리-중등도, 고도비만아 (3주)
	학교보건통계	보건실 이용통계 (4주) 건강상담 지도 통계 (4주)
11월	아동건강관리	감염병 예방 지도 (1~4주) 교실 환기, 개인위생 습관화 지도 (1~4주) 건강상 문제아 발견 지도 (1~4주)
	보건교육	계절적 감염병 예방교육 (1~4주) 성교육-1~6학년 (1~4주) 보건교육-5 (1,3주)
	학교보건통계	보건실 이용통계 (4주)
12월	아동건강관리	건강기록부 관리-입력 및 확인 (1~2주) 건강이상자 관리 및 상담지도 (1~2주)
	보건교육	겨울방학 중 건강생활 지도 (1~2주)
	학교보건통계	보건실 이용통계 (3주)
2월	아동건강관리	교실환기, 개인위생 습관화 지도 (1~4주) 건강상 문제아 발견 지도 (1~4주)
	2학기 학교보건 사업평가	2학기 학교보건 사업평가 (2주) 건강교육평가 (2주) 금년도 학교보건 종합 평가 (2주) 연간 학교보건 관리 계획의 개선연구 (3주) 신학년도 보건관리 계획 수립 (3주)

☞ 자료 분석

- 3월과 9월의 새 학기에는 학교보건 환경을 점검하고, 아동건강관리와 보건교육은 매월 실시한다. 아동건강관리를 통해 건강상 문제아 상담지도를 하고, 검사결과 이상자 추후관리를 통해 매월 지속적으로 학생건강을 관리한다.
- 정기적인 건강평가와 병리검사는 1학기에는 4~6월에 이루어지고, 2학기에는 10월에 각각 시행한다. 4월 10일에는 소변검사를 시행하고, 5월에는 건강기초조사(2~6학년)와 체격검사(2~6학년), 구강검사(2~6학년), 건강검진(1,4학년)을 시행한다. 10월에는 중등도와 고도 비만아에게 비만관리를 시행한다.
- 감염병 예방관리는 1학기에는 3~4월에는 예방접종과 봄철 감염병 예방을 위해 시행되고, 6월에는 일본뇌염 예방 및 계절병 감염을 예방하기 위해 실시한다. 2학기에는 10~11월에 계절병 감염을 예방하기 실시한다.
- 매월 말에는 한 달간의 보건실 이용 통계를 통해 학교보건통계를 작성한다.

(3) 학교 보건교육

① 학교 보건교육 연간 계획 (2014년도)

학년	영역	차시	주제	활동내용	시간	시기
1학년	보건교육	1	손 씻기	올바른 손 씻기 방법 알기	재량	2014.4.17
	성교육(성폭력)	2	내 몸은 내가 지켜요	좋은 느낌과 싫은 느낌 구별하기	재량	2014.3.12.~14
				상황별 성폭력 예방법 알아보기		2014.11.11~13
	약물오남용 예방교육	1	흡연 피해	흡연이 건강에 미치는 영향 알기	재량	2014.4.7
2학년	성교육(성폭력)	2	내 몸은 내가 지켜요	좋은 느낌과 싫은 느낌 구별하기	재량	2014.7.15
				상황별 성폭력 예방법 알아보기		2014.11.18.~20
	약물오남용 예방교육	2	흡연 피해	흡연이 건강에 미치는 영향 알기	재량	2014.4.7
3학년	성교육(성폭력)	2	성폭력의 예방 및 대처방법 알기	성폭력의 뜻과 대처방법 알기	재량	2014.7.16
				성폭력의 종류와 예방법 알기		2014.11.26.~28
	약물오남용 예방교육	1	흡연 피해	흡연이 건강에 미치는 영향 알기	재량	2014.4.7

학년	영역	차시	주제	활동내용	시간	시기
4학년	성교육 (사회적환경)	2	성폭력이란?	또래 성폭력이란?	재량	2014.7.17
				성폭력 위험상황에서의 대처법 알아보기		2014.12.2.~12.4
	약물오남용 예방교육	1	흡연 피해	흡연이 건강에 미치는 영향 알기	보건	2014.4.7
5학년	성교육 (성건강)	3	혼자서 처리할 수 있어요/ 변화하는 우리 몸	생식기 위생에 대해 알기 남녀의 생식기 구조와 생리현상 (몽정, 월경 등)	재량	2014.9.15.~20 2014.10.13.~18 2014.10.20.~24
	성교육 (사회적환경)	2	성폭력예방	성폭력이란?/내 몸은 내가 지켜요 성상품화	재량	2014.7.18 2014.9.22.~27
	보건교육	10	보건교육	교과	재량	2014.3.~2014.11
	약물오남용 예방교육	2	흡연 피해	흡연이 건강에 미치는 영향 알기	재량	2014.4.7
			약, 이렇게 사용해요	약물 올바로 사용하기	재량	2014.10.27.~31
6학년	성교육 (사회적환경)	3	성폭력예방	사춘기 이해 및 음란물 교육	보건	2014.4.16
				성폭력, 성희롱 발생 시 대처방법 알기		2014.6.30.~7.4
				성 상품화 및 음란물 대처방법		2014.11.10.~14
	약물오남용 예방교육	1	흡연 피해	흡연이 건강에 미치는 영향 알기	재량	2014.4.7
	보건교육	2	심폐소생술	교과	보건	2014.6.2.~6.5

☞ 자료 분석

- ○○초등학교는 보건교육을 체계적 건강교육으로 학교 교육과정에 포함시켜 학년에 적합한 내용을 교육한다. 전체 학년이 성교육과 흡연에 대한 교육을 받는다.
- 비정규 보건교육영역은 가정통신, 학급게시물, ○○보건소식지, 학교방송시간 등을 활용하여 수시로 실시한다.
- 5학년은 재량활동시간에 각각 17시간씩 보건교사가 수업하는 보건교육을 한다. 5학년을 제외한 1~4,6학년은 성폭력예방교육 15차시 학년별로 편성하여 실시(성폭력예방교육 1,2학기 각 3차시), 약물오남용예방교육은 연 2회 특별교육으로 상황에 따라 외부강사 및 담임교사가 수업한다. 4월 7일(보건의 날)에 외부강사가 전체 방송수업으로 흡연에 대한 교육을 시행했다.

- 1학년은 손씻기, 1~4학년은 성교육 2차시, 5학년 성교육 5차시, 6학년 CPR 2차시 보건교사가 실시하고 그 외에는 담임교사가 실시한다.

② 학교 보건교육 실시 현황

㉠ 학교보건교육 실시 계획 –교육부 주요 교육정책 내용

ⓐ 보건교육과정의 체계적인 편성 및 운영 철저
- 초등학교 : 최소한 1개 학년 이상 연간 17차시를 정규교육과정에 편성하여 운영
- 중 · 고등학교 : 가급적 선택과목으로 채택 · 운영하고 선택과목 운영하지 않는 중 · 고등은 최소한 1개 학년 이상 연간 17차시를 정규교육과정에 편성하여 학교 규모에 따라 교과 및 창의적 체험활동시간에 체계적으로 운영하고 보건교육 내용과 시수 등을 확보하여 보건교육이 체계적이며 지속적으로 이루어질 수 있도록 계획 수립하고 지도

ⓑ 보건교사 미 배치교의 보건교육과정 편성 · 운영 및 교육방법
- 초등학교 : 최소한 1개 학년 이상 연간 17차시를 정규교육과정에 편성하여 담임이 체계적으로 운영
- 중 · 고등학교 : 최소한 1개 학년 이상을 대상으로 연간 17차시를 관련교과와 창의적 체험활동시간에 보건교육 내용과 시수 등을 확보하여 체계적이며 지속적으로 이루어질 수 있도록 계획 수립

ⓒ 구체적 실시 계획 및 관련법령
- 보건 과목을 선택하는 중 · 고등학교는 성교육, 금연, 응급심폐소생술, 정신건강 등을 모두 교육과정에 포함하여 실시
- 보건 과목을 선택하지 않은 중 · 고등학교는 학교교육과정에 법령에서 정한 보건교육 내용과 시수 등을 확보하도록 노력하고, 세부적인 사항은 학교의 여건에 따라 학교장이 결정
- 법령과 지침에 의해 학교에서 실시해야 할 보건교육 내용과 시수
  - 성교육 15시간(성폭력 · 성매매 · 성희롱 3시간 반드시 포함)
    * 시도교육청, 교육지원청, 학교평가 지표임

– 금연 · 약물오남용예방(의무)
  * 초 : 연 2회 이상
  * 중등 : 연 1회 이상(교육부 2014 학생건강증진방향)
– 중 · 고등학교 음주 예방교육실시 집중 점검(교내 주류 반입금지 등에 대한 내용포함)
– 응급심폐소생술 교육(학교안전교육의 실시) : 교직원에 대한 교육은 별도 계획 수립, 추진
  * 『학교안전사고 예방 및 보상에 관한 법률』 제8조 및 『동법 시행규칙』 제2조
  * 『학교보건법』 제9조의2 개정('13.12.30), 시행('14.07.01), 2년 주기로 교육실시 – 초5학년 이론, 초6, 중2, 고1 이론+실습
– 질병예방, 신종 감염병예방, 정신건강 등 교육실시

• 아동 · 청소년 대상 학교 폭력 및 성범죄의 증가, 정신건강 문제 등 사회적 현안문제와 관련하여 교육부의 지침 준수 및 각종 국정감사, 각 시도 행정감사 자료 대비

㉡ 학교보건교육 실시 실적

학교명	학교 급별	학교수	평균 수업 시수(학교단위 학급 당 시수)					
			1학년	2학년	3학년	4학년	5학년	6학년
인천○○ 초등학교	초		6	5	5	5	17	7
	중							
	고							

◎ 보건교육 시수 : 학급기준 교과시간 또는 창의적 재량활동(체험활동)시간 이용, 연평균보건수업시수

학년	내용	차시	비고
1학년	구강교육, 손씻기, 성폭력예방(2), 약물오남용(2)	6	
2학년	구강교육, 성폭력예방(2), 약물오남용(2)	5	
3학년	구강교육, 성폭력예방(2), 약물오남용(2)	5	
4학년	구강교육, 성폭력예방(2), 약물오남용(2)	5	
5학년	일상생활과 건강, 질병예방관리, 성건강, 약물오남용, 정신건강, 사고예방과 응급처치	17	
6학년	응급처치, 성폭력예방(4), 약물오남용(2)	7	
총		45	

– 2013년 학년별 정규 보건(성)교육 실시현황

학년	구강교육	약물오남용 및 흡연	성교육	보건교육	계	비고
1학년	4	8	8	4	24	
2학년	5	10	10		25	
3학년	5	10	10		25	
4학년	6	12	12		30	
5학년		2*6=12	5*6=30	10*6=60	102	
6학년		12	24	6	42	
계	20	64	94	70	248	

☞ 자료 분석

- ○○초등학교의 2013년 보건교육 실시 실적은 전 학년 총 248시간 실시했다. 이 중 초등학교의 경우 최소한 1개 학년 이상 연간 17차시를 정규교육과정에 편성하여 운영하도록 한 교육부 지침 사항대로 5학년의 보건교육 차시는 17차시이다.
- 금연 · 약물오남용예방(의무) 교육은 초등학교 지침 연 2회 이상에 기준하여 실시했다.

(4) 학교보건서비스

① 학생의 건강관리

㉠ **학생 건강관찰** : 보건실 방문학생(방문일 : 4월 9일)

ⓐ 건강관찰 결과표

구분 / 성명(번호)	두발상태	손발상태	구강관리	영양상태 (결식여부)	신발청결	기 타	결 과 (10점만점)
김OO	○	○	○	○	○		10
김OO	○	○	○	○	X	은니2개	8
이OO	○	○	○	○	○		10
박OO	○	△	○	○	X		7
김OO	○	○	△	△	○		8
강OO	○	○	△	○	○		9
신OO	○	○	△	○	△		8

구분 / 성명(번호)	두발상태	손발상태	구강관리	영양상태 (결식여부)	신발청결	기 타	결 과 (10점만점)
나OO	○	○	X	○	○	구취	8
박OO	○	○	○	△	X		7
박OO	○	○	△	○	X		7
안OO	○	X	△	○	○	충치1개	7
지OO	X	○	△	○	X	은니1개	5
김OO	○	○	○	○	○		10
장OO	○	X	X	○	X	은니8개	4
김OO	○	○	○	○	X	은니2개	8
조OO	○	○	○	○	X		8
신OO	○	○	X	○	○	충치2개	8
김OO	○	○	○	○	○	은니2개	10
김OO	○	○	X	○	○	충치7개	8
김OO	○	○	X	○	X	충치2개	6

◎결과 : ○점수가 2점, △점수가 1점, X 점수가 0점

ⓑ 평가기준

구분	O (2점)	△ (1점)	X (0점)
두발상태	머리에 비듬이 없고 냄새가 나지 않으며 단정함	머리에 비듬이 없음	머리에 비듬이나 이가 있고 냄새가 남
손발상태	손톱과 발톱이 관리가 되어 있고 표면에 상처나 때가 없고 부드럽고 청결함	손톱과 발톱이 관리가 되어 있음	손톱과 발톱이 관리가 되어 있지 않고 표면에 상처나 때가 있음
구강관리	충치가 없고 치아는 흰색 양치질 하루 3번	충치가 1개 있거나 양치질 하루 2번	충치가 2개 이상 있거나 양치질 하루 1번
영양상태 (결식여부)	하루 3식을 규칙적으로 먹음	하루 2식을 먹음	아침을 거르고 하루 1~2식을 먹음
신발청결	전반적으로 깨끗한 상태	더러움이 눈에 띄지만 전반적으로 단정함	더러움이 심하고 단정하지 못함

◎ 점수가 8~10점 정상, 5~7점 교육, 4점 이하 상담

☞ 자료 분석

- 4월 9일 ○○초등학교 보건실에 방문한 학생들 중 20명의 건강관찰시 8~10점은 13명, 5~7점은 6명, 4점 이하는 1명으로 관찰되었다.

- ○○초등학교의 학생들은 두발상태와 영양상태에 있어서는 대체적으로 양호한 상태로 보였으나, 구강관리와 신발청결에 있어서는 관리가 잘 되고 있지 않는 면을 보였다.
- 특히 구강관리에 있어서는 충치가 있거나 충치를 치료한 경우가 많아 충치예방에 있어 교육과 관리가 필요할 것으로 보인다.

㉡ 건강검사

ⓐ **신체발달 상황** : 전체 학년의 신체발달상황은 키, 몸무게 측정 후 비만도를 산출하여 파악.

- 2014년 키 & 몸무게

학년	성별	키			몸 무 게		
		검사자 수	키 평균	전국 평균	검사자 수	평균	전국 평균
1	남	62	120.1	123.7	62	30.6	27.8
	여	52	118.7	122.4	52	26	26.9
4	남	80	137.9	145.3	80	37.1	40.3
	여	71	139.6	146.7	71	36	39.2

☞ **자료 분석**

- 학생에 대한 정기적인 검사를 통해 질병의 치료 및 예방에 필요한 조치를 취하기 위한 목적으로 취학 후 시행하는 보건서비스이다. 질병 또는 건강문제가 발견된 학생의 경우 추후 건강상담, 치료 및 보호 등의 적절한 대책을 강구한다.
- 위 자료는 학생 건강검사 4개의 항목 신체의 발달상황, 건강조사, 건강검진, 별도의 검사 중 신체의 발달상황에 해당하는 자료이며, 초등학교 2,3,5,6학년을 대상으로 당해학교 교직원에 의해 키, 몸무게, 비만도를 산출하여 파악한다.
- 2014년 키 & 몸무게 현황을 보면 평균 키는 1학년 남학생의 경우, 전국 평균에 비해 3.6cm 더 작은 편이며, 1학년 여학생의 경우 전국 평균에 비해 3.7cm 더 작다. 4학년 남학생의 경우, 전국 평균에 비해 7.4cm 더 작은 편이며, 4학년 여학생의 경우, 전국 평균에 비해 7.1cm 더 작다.
- 평균 몸무게는 1학년 남학생의 경우 전국 평균에 비해 2.8kg 더 많이 나가는 편

이며, 1학년 여학생의 경우 전국 평균에 비해 0.6kg 더 적다. 4학년 남학생의 경우 전국 평균에 비해 3.2kg 더 적은 편이며, 4학년 여학생의 경우 전국 평균에 비해 3.2kg 더 작다. 키와 몸무게에서 1학년 남학생 평균 몸무게를 제외하고 모두 전국 평균에 비해 낮았으며, 1학년 학생에 비해 4학년 학생들의 평균 격차가 더 큰 것으로 나타났다. 아침식사 결식이나 늦은 귀가로 인한 군것질 섭취 증가로 인해 균형 잡힌 영양을 섭취하지 못한 것이 원인으로 보인다.

• 2014년 비만도

구분 학년	재적수			경도비만 (20.0~29.9%)			중증도비만 (30.0~49.9%)			고도비만 (50.0%이상)			저체중			계		
	남	여	계	남	여	계	남	여	계	남	여	계	남	여	계	남	여	계
1	69	69	138	4	3	7	6	8	14	0	0	0	1	5	6	10	11	21
2	62	55	117	1	0	1	2	2	4	0	0	0	2	1	3	3	2	5
3	73	59	132	2	3	5	4	4	8	1	0	1	5	3	8	7	7	14
4	70	64	134	2	4	6	4	1	5	3	0	3	0	1	1	9	5	14
5	79	74	153	2	2	4	5	2	7	4	2	6	3	3	6	11	6	17
6	74	78	152	5	5	10	3	2	5	1	0	1	1	4	5	9	7	16
계	427	399	826	16 4%	17 4%	33 4%	24 6%	19 5%	43 5%	9 2%	2 1%	11 1%	12 3%	17 4%	29 4%	49 11%	38 10%	87 11%

☞ 자료 분석

• 2014년 비만도 현황을 보면 비만도가 정상을 벗어난 경우, 경도비만(20.0~29.9%), 중증도비만(30.0~49.9%), 고도비만(50.0% 이상), 저체중의 4개 항목으로 구분하여 파악한다.

• 전체 학생 중 과체중(경도비만, 중증도비만, 고도비만) 학생은 총 11%이고, 저체중 학생은 총 4%로 과체중 학생이 저체중 학생보다 많은 것으로 나타났다. 아침식사 결식이나 늦은 귀가로 인한 군것질 섭취 증가로 인해 균형 잡힌 영양을 섭취하지 못한 것이 원인으로 보인다.

• 2014년 비만도 현황에서 진단된 문제 학생들은 지속적인 상담 및 건강관찰이 필요하다.

• 각급 학교장은 학생건강검사 비만도 결과 이상자에 대해 담임, 보건교사, 관련 교사 및 가정과 연계한 비만 예방교육 및 비만학생 집중관리 대책을 강구해야 한다.

ⓑ 2014 초1 · 4학년 학생 건강검진 추진 현황

학교 급별	성별	학생 검진율				학생 미검진율		
		검진대상 학생수	검진완료 학생수	검진완료 비율(%)	검진비용	미검진 학생수	미검진 비율(%)	미검진 사유
초1	남	70	70	100%	2,216,800원			
	여	69	68	98.5%		1	1.5%	전출
	계	139	138	100%				
초4	남	70	70	100%	2,105,240원			
	여	64	64	100%				
	계	134	134	100%				

☞ 자료 분석

• 위 자료는 학생 건강검사 4개의 항목 신체의 발달상황, 건강조사, 건강검진, 별도의 검사 중 건강검진에 해당하는 자료이다. 초등학교 1,4학년을 대상으로 적합한 2개 이상 기관을 선정, 체결한 후 실시하며, 검진 기간은 당해 3월 1일-12월 31일까지 기간 중 건강검진 기관에 방문하여 실시한다.

• 근골격 및 척추, 눈, 귀, 콧병, 귓병, 목병, 피부병, 구강, 기관능력, 병리검사 등에 대하여 검사 또는 검진한다.

• 2014 초1 · 4학년 학생 건강검진 추진 현황을 보면 초등학교 1학년의 경우 총 139명의 학생 중 138명의 학생이 건강검진을 완료했으며, 전출로 인한 미검진 학생 1명이 있었다. 초등학교 1학년 검진완료 비율은 100%이다. 초등학교 4학년의 경우 총 134명의 학생 중 134명의 학생이 건강검진을 완료하여 초등학교 4학년 검진완료 비율은 100%이다. 2014년 현재 ○○초등학교 재학 중에 있는 1학년, 4학년 학생 272명의 건강검진이 100% 완료되었다.

ⓒ 학생건강검진 통계표

2014년도
남

학교명 : OO초등학교

기관명 : OO기관, OO기관

구 분			초등학교						합계
			1학년	2학년	3학년	4학년	5학년	6학년	
근 · 골격 및 척추									
눈	시 력	교 정 대 상	8(2)			10(14)			18(16)
		교정한 학생수	5(1)			19(4)			24(5)
	색 각 이 상					1			1
	눈 병								
귀	청 력 장 애		1						1
	귓 병								
콧 병			1			3(1)			4(1)
목 병			1			1			2
피 부 병						2			1
구강	치 아 우 식 증		23(1)			26(5)			49(6)
	치 주 질 환								
	부 정 교 합		1			2(1)			3(1)
기관능력	호흡기 질환								
	순환기 질환								
	비뇨기 질환								
	소화기 질환								
	신경계 질환								
	그 밖의 질환								
혈압	고 혈 압					(1)			(1)
소변	요 단 백					2			2
	요 잠 혈		1			2			3
검 사 인 원			65(4)			56(15)			121(19)
각종 검사	혈액(I)	혈당(식전)							
		총콜레스테롤				2(1)			2(1)
		AST, ALT				2			2
		검사인원				9(4)			9(4)
	혈액(II)	혈 색 소							
		검사인원							
	간 염	B형간염							
		검사인원							
	흉부 방사선	결 핵							
		검사인원							

※ 작성방법

1. 이 통계표는 항목별 질환 또는 이상이 있는 학생 수만 기재
2. 시력의 교정대상 : 안경(콘택트렌즈) 미착용학생 중 어느 한쪽의 나안시력이 0.7 이하인 학생수 기재
3. 시력 교정한 학생수 : 안경(콘택트렌즈) 착용한 학생 기입(안경 착용 후의 시력이 0.7 이하인 학생도 포함)
4. 남, 여 별로 각각 작성

2014년도
여

학교명 : ○○초등학교
기관명 : ○○기관, ○○기관

구 분			초등학교 1학년	2학년	3학년	4학년	5학년	6학년	합계
근 · 골격 및 척추									
눈	시 력	교 정 대 상	15 (6)			9(6)			24(12)
		교정한 학생수				13(1)			13(1)
	색 각 이 상								
	눈 병								
귀	청 력 장 애								
	귓 병								
콧 병			1			5(1)			6(1)
목 병						2			2
피 부 병			3			3			6
구강	치 아 우 식 증		21			24(7)			45(7)
	치 주 질 환								
	부 정 교 합		(1)			6(1)			6(2)
기관능력	호흡기 질환								
	순환기 질환								
	비뇨기 질환								
	소화기 질환								
	신경계 질환								
	그 밖의 질환								
혈압	고 혈 압								
소변	요 단 백		2			1(1)			3(1)
	요 잠 혈		5			4(1)			9(1)
검 사 인 원			64(3)			55(10)			119(13)
각종검사	혈액(I)	혈당(식전)							
		총콜레스테롤				1			1
		AST, ALT							
		검사인원				12			12
	혈액(II)	혈 색 소							
		검사인원							
	간 염	B형간염							
		검사인원							
	흉부 방사선	결 핵							
		검사인원							

※ 작성방법

1. 이 통계표는 항목별 질환 또는 이상이 있는 학생 수만 기재
2. 시력의 교정대상 : 안경(콘택트렌즈) 미착용학생 중 어느 한쪽의 나안시력이 0.7 이하인 학생수 기재
3. 시력 교정한 학생수 : 안경(콘택트렌즈) 착용한 학생 기입(안경 착용 후의 시력이 0.7 이하인 학생도 포함)
4. 남, 여 별로 각각 작성

☞ 자료 분석

- 2014학년도 남학생 학생건강검진 통계표를 보면, 공인색각표에 의한 색각 검사 이상자는 초등학교 4학년 학생 총 1명, 청력계 등에 의해서 오른쪽과 왼쪽의 귀를 각각 구별하여 검사하는 청력검사 이상자는 초등학교 1학년 학생 총 1명, 우식치아, 우식발생위험치아, 결손치아 검사를 포함하는 치아상태검사 이상자는 초등학교 1학년 학생 23명, 초등학교 4학년 학생 26명으로 총 49명, 구내염 및 연조직질환, 부정교합, 구강위생상태 등 검사를 포함하는 구강상태검사 이상자는 초등학교 1학년 학생 1명, 초등학교 4학년 학생 2명으로 총 3명, 혈압계에 의한 수축기 및 이완기 혈압을 측정하는 고혈압검사 이상자는 초등학교 4학년 학생 총 1명으로 나타났다.
- 2014학년도 여학생 학생건강검진 통계표를 보면, 우식치아, 우식발생위험치아, 결손치아 검사를 포함하는 치아상태검사 이상자는 초등학교 1학년 학생 21명, 초등학교 4학년 학생 24명으로 총 45명, 구내염 및 연조직질환, 부정교합, 구강위생상태 등 검사를 포함하는 구강상태검사 이상자는 초등학교 4학년 학생 6명으로 총 6명으로 나타났다.
- 2014학년도 학생건강검진 결과 질환의심자로 선정된 학생들은 정밀검진이 필요하다.
- 2014학년도 학생건강검진 결과 이상자에 대해 담임, 보건교사, 관련교사 및 가정과 연계한 질환 예방교육 및 질환학생 집중관리 대책을 강구해야 한다.

ⓓ 실습학교의 별도검사 결과 관리

별도 검사의 종류 : 소변검사, 시력검사, 구강검사, 결핵검사

- 2014 학생 소변검사 현황

학교 급별	지정 학년별	성별	검사대상 학생수	검사완료 학생수	소변검사 결과				비고
					단백양성	당양성	(단백+당) 동시양성	뇨잠혈	
초	2	남							* 미검자 사유 – 조퇴 1명 – 체험학습 2명 – 결석 4명 총 7명
		여							
		계	132	126	1			3	

학교 급별	지정 학년별	성별	검사대상 학생수	검사완료 학생수	소변검사 결과				비고
					단백양성	당양성	(단백+당) 동시양성	뇨잠혈	
	3	남							
		여							
		계	134	133				4	
	5	남							
		여							
		계	140	140					
	6	남							
		여							
		계	148	147					
	소계	남							
		여							
		계	546	539					

※ 작성요령 : 초1,4 대상으로 기술. 단, 구강검진의 경우, 초 2 · 3 · 5 · 6학년 포함하여 기재

1. 이 통계표는 항목별 질환 또는 이상이 있는 학생 수만 기재
2. 시력의 교정대상은 어느 한쪽의 나안시력이 0.7 이하인 학생 수 기재
3. 남, 여 별로 각각 작성

☞ 자료 분석

- 위 자료는 학생 건강검사 4개의 항목 신체의 발달상황, 건강조사, 건강검진, 별도의 검사 중 별도의 검사-소변검사에 해당하는 자료이며, 초등학교 2,3,5,6학년을 대상으로 학교보건협회 또는 학교장 지정 검사기관에 방문하여 실시한다.
- 2014년 학생 소변검사 현황을 보면 단백양성 검사결과, 초등학교 2학년 학생 중 총 1명의 학생에서 비정상치인 양성이 발견되었다. 1명의 학생은 신장이나 방광, 요도의 질환이 있는 것으로 의심할 수 있으며, 신장이나 방광, 요도에 이상이 없어도 장기간 서서 활동을 한 뒤에는 양성이 나타날 수 있으므로 기상 직후의 소변으로 재검사할 필요가 있다.
- 뇨잠혈 검사결과, 초등학교 2학년 학생 중 3명, 3학년 학생 중 4명, 총 7명의 학생에서 소변으로 혈액이 배설되는 이상이 발견되었다. 7명의 학생은 방광염, 요도염, 사구체신염, 간질성신염, 낭종성 신질환, 혈액응고장애 등이 있을 수 있으므로 추후 검사를 시행해야 한다.

• 2014 시력검사 결과

구분 학년	재적수			나안시력 (0.7이하)			교정시력 (0.7이하)			교정대상			교정 학생수		
	남	여	계	남	여	계	남	여	계	남	여	계	남	여	계
1	69	69	138	8	15	23	3	0	3	11	15	26	6	0	6
2	62	55	117	12	20	32	4	4	8	16	24	40	6	8	14
3	73	59	132	17	21	38	4	5	9	22	26	48	10	10	20
4	70	64	134	10	9	19	10	6	16	20	15	35	23	14	37
5	79	74	153	22	19	41	8	12	20	30	31	61	18	28	46
6	74	78	152	9	15	24	10	22	32	19	37	56	26	45	71
계	427	399	826	78 18%	99 25%	177 21%	39 9%	49 12%	88 11%	118 28%	148 37%	266 32%	89 21%	105 26%	194 23%
비고	◎ 교정 대상자수 : 남:118명, 여:148명 (총 266명) ◎ 교정 학생수 : 남:89명, 여:105명 (총 194명)														

☞ 자료 분석

- 위 자료는 학생 건강검사 4개의 항목 신체의 발달상황, 건강조사, 건강검진, 별도의 검사 중 별도의 검사–시력검사에 해당하는 자료이며, 초등학교 2,3,5,6학년을 대상으로 학교에서 시력표를 이용한 간이측정으로 실시한다.
- 2014 시력검사 결과, 교정 대상자 총 266명은 전문적인 시력검진을 요하는 학생으로 시력장애의 악화를 예방하기 위해 좀 더 정확한 시력검진을 시행해야 한다.
- 교정 대상자 중 남학생은 118명, 여학생은 148명이었다. 교정 학생 중 남학생은 89명, 여학생은 105명으로, 남학생에 비해 여학생의 시력이 더 악화된 것으로 나타났다.
- 교정 대상자는 총 266명이고, 교정 학생은 총 194명으로 전체 교정비율은 72%이다.
- 2014 시력검사 결과, 좀 더 정확한 시력검진을 받아야 하는 아동의 명단을 작성하고, 시력장애의 악화를 예방하기 위한 보건교육을 실시할 필요가 있다.

• 2014 구강검진 결과

학년	반	학생수		치아우식증		치주질환		부정교합	
		남	여	남	여	남	여	남	여
1	1	15	13	8	7			2	3
	2	16	13	6	9			1	1
	3	16	12	11	4			0	0
	4	15	13	9	9			1	1
소계		62	51	34	29	0	0	4	5
전체통계				54.8%	56.9%	0.0%	0.0%	6.5%	9.8%
2	1	13	13	8	10			1	0
	2	13	13	7	8			1	1
	3	12	13	8	6			2	2
	4	13	11	10	4			1	1
	5	14	11	9	7			2	0
소계		65	61	42	35	0	0	7	4
전체통계				64.6%	57.4%	0.0%	0.0%	10.8%	6.6%
3	1	13	12	8	7			1	1
	2	16	12	7	9			1	1
	3	13	14	7	3			1	1
	4	14	13	9	2			1	1
	5	15	13	7	9			2	2
소계		71	64	38	30	0	0	6	6
전체통계				53.5%	46.9%	0.0%	0.0%	8.5%	9.4%
4	1	13	12	6	9			5	3
	2	14	11	7	7			2	3
	3	14	11	8	3			6	3
	4	11	11	5	2			6	2
	5	12	13	7	6		2	5	4
	6	13	11	5	4			8	5
소계		77	69	38	31	0	2	32	20
전체통계				49.4%	44.9%	0.0%	6.5%	41.6%	29.0%
5	1	11	11	5	6			2	2
	2	13	12	7	6			4	2
	3	11	13	5	10			3	3
	4	12	12	6	10			4	4
	5	12	12	5	7			0	3
	6	10	14	6	6			0	5
소계		69	74	34	45	0	0	13	19
전체통계				49.3%	60.8%	0.0%	0.0%	18.8%	25.7%

학년	반	학생수		치아우식증		치주질환		부정교합	
6	1	15	10	8	8			8	5
	2	12	11	8	6			2	3
	3	14	12	8	6			6	5
	4	14	12	7	6			4	3
	5	12	11	5	8			0	6
	6	14	11	10	7			2	4
소계		81	67	46	41	0	0	22	26
전체통계				56.8%	61.2%	0.0%	0.0%	27.2%	38.8%
합계		425	386	232	211	0	2	84	80
전체통계				54.6%	54.7%	0.0%	0.5%	19.8%	20.7%

☞ 자료 분석

- 구강검진은 치료할 치아, 빼야 할 치아, 치료된 치아, 빠진 치아의 개수를 통한 치아질환의 파악, 구강위생상태, 치주질환 유, 무를 통한 잇몸상태, 구강청결도 파악, 부정교합의 유, 무를 통한 치아배열 및 악골 성장상태 등을 평가하는 검사이다.
- 2014년 구강검진 결과, 치아우식증은 남학생 54.6%, 여학생 54.7%였고, 남학생의 경우 2학년이 64.6%로 가장 심각하고, 여학생의 경우 6학년이 61.2%로 가장 심각한 것으로 나타났다. 치주질환은 남학생 0%, 여학생 0.5%였고, 여학생의 경우 4학년 학생 총 2명에서 치주질환이 나타났다. 부정교합은 남학생 19.8%, 여학생 20.7%였고, 남학생의 경우 4학년이 41.6%로 가장 심각하고, 여학생의 경우 6학년이 38.8%로 가장 심각한 것으로 나타났다.
- 2014년 구강검진 결과 이상자는 가정통신문을 발송하여 질환의 상태를 설명하고, 처치를 받을 수 있도록 한다. 치료 후 학교에 통보하며 다음 체질검사에 반영하도록 한다.
- 학생들의 구강보건에 관한 문제는 매우 심각한 상황으로 구강보건교육이 필요하다.

㉢ **학교감염병 관리** – 2014년 ○○초등학교 감염병 예방관리 계획

ⓐ 감염병 예방관리 목적 및 방침

- 목적
  – 감염병 예방 보건 교육 및 관리를 통해 학생의 건강유지, 증진을 도모한다.

– 감염병 예방관리 강화 및 방역당국과의 협조로 신속한 대응체계 확립한다.

• 기본방침

– 법정 감염병이나 전염성이 강한 질환에 이환된 아동의 조기 발견 및 신속한 조치로 환자의 조속한 회복과 타 어린이에게의 전염을 방지하여 건강한 학교생활을 할 수 있도록 한다.

– 감염병 예방을 위한 보건교육 강화 및 감염병 대응체계 구축한다.

학교는 많은 학생들이 밀집해서 공동생활을 하므로 감염병이 발생하면 급속도로 전파되기 때문에 방역기관의 협조로 신속한 대처방안 강구하여 전파방지에 목적이 있다.

– 학교 감염병 발생 시 보고 및 관리 철저

– 학교 예방접종 관리를 통한 감염병 발생 예방

• 중점추진 내용

내 용	대 상	시 기	방 법	비 고
감염병 예방교육	전교생	수시, 유행 시	가정통신문, 방송교육 등을 통해 개인위생관리 등 예방교육실시	법정감염병 및 발생 감염병 등
감염병 아동 관리	감염 아동	연중	• 감염병 이환 아동 등교중지 조치 • 감염 발생 현황 모니터링 (계속) • 확산방지 위한 예방교육 및 홍보 • 등교중지 대장 관리 • neis 기록 관리(담임, 보건)	등교중지처리지침 수립. 수업결손 보충 (교무부장 담당)
예방접종	• 취학전 예방접종 확인 • 취학후 예방접종 : 6학년 TD			
발생 시 보고	• 법정감염병환자 발생 시 신속하게 교육청에 보고 및 보건소 신고 • 비법정감염병인 경우 학급당 2인 이상 발병한 경우 보고 (교과부 감염병 대응메뉴얼) • 집단으로 발병하였거나 전염성이 강한 감염병이 발생한 경우에는 유관기관과 대책협의회를 즉시 구성하여 실태 파악 및 대책강구 • 제1군 감염병 및 홍역, 결핵 환자가 발생 시 관할 보건소에 즉시 신고			
출결처리	• 출석부에 출석인정(출석인정표시 : △)하고, 비고에 등교중지 사유(병명)를 입력한다. 〈나이스–학적–출결관리–출석인정–비고등록(해당일에 병명입력)〉한다.			

• 기대되는 효과

– 학생이 감염병에 이환되는 것을 미리 예방하고 감시한다.

– 학생의 감염병을 조기에 발견하고 신속하게 조치함으로써, 감염병의 확산을 방지한다.

ⓑ 학생 감염병 발생현황

• 인천관내 감염병 발생 현황

2013년 인천 법정감염병 발생 순*초등 : 수두〉수족구〉유행성이하선염(볼거리)

– 법정 감염병 발생 현황 (2013년, 인천)

군	감염병	초등학교		중학교		고등학교		특수학교		계	
		학교수	학생수	학교수	학생수	학교수	학생수	학교수	학생수	학교수	학생수
제1군	A형간염	0	0	0	0	3	3	0	0	3	3
	세균성이질	4	7	3	3	16	106	0	0	23	116
제2군	B형간염	0	0	2	2	0	0	0	0	2	2
	백일해	0	0	1	1	0	0	0	0	1	1
	수두	142	878	43	63	25	34	0	0	210	975
	유행성이하선염	100	174	41	104	34	121	2	3	177	402
	일본뇌염	0	0	0	0	1	1	0	0	1	1
	풍진	1	1	0	0	0	0	0	0	1	1
	홍역	1	1	1	1	1	1	0	0	3	3
제3군	결핵	1	1	8	8	28	33	1	1	38	43
	말라리아	1	1	0	0	1	1	0	0	2	2
	성홍열	24	24	2	2	0	0	0	0	26	26
	수막구균성수막	1	1	0	0	0	0	0	0	1	1
	인플루엔자	56	98	24	71	14	31	0	0	94	200
	쯔쯔가무시병	0	0	1	1	0	0	0	0	1	1
제5군 /지정	급성호흡기감염	1	1	0	0	1	1	0	0	2	2
	기타(법정)	8	13	3	3	1	1	0	0	12	17
	수족구병	136	606	32	53	8	10	0	0	176	669
	엔테로바이러스감염	4	7	0	0	0	0	0	0	4	7
	합계	480	1,813	161	312	133	343	3	4	777	2,472

– 비법정 감염병 발생 현황 (2013년, 인천)

감염병	초등학교		중학교		고등학교		특수학교		계	
	학교수	학생수	학교수	학생수	학교수	학생수	학교수	학생수	학교수	학생수
급성출혈성결막염	5	5	0	0	1	1	0	0	6	6
기타(비법정)	27	47	3	5	1	1	0	0	31	53
뇌수막염	9	9	1	1	0	0	0	0	10	10
무균성수막염	3	5	0	0	0	0	0	0	3	5
옴	1	1	1	10	1	2	0	0	3	13
유행성각결막염	92	336	15	44	9	20	1	1	117	401
소 계	137	403	20	60	12	24	1	1	170	488
합계	137	403	20	60	12	24	1	1	170	488

※ 2012년 법정감염병 발생 (초등) : 수두 〉 인플루엔자 〉 수족구 〉 유행성이하선염

• ○○초등학교의 감염병 발생현황

– 2013년도 본교 감염병 발생현황 (4명)

* 수두 2명 〉 수족구병 1명 〉 볼거리 1명

– 2012년도 본교 감염병 발생현황 (8명)

* 유행성 각결막염 3명 〉 수두 2명 〉 인플루엔자 1명 〉 볼거리 1명 〉 기타 1명

– 2011년도 본교 감염병 발생현황 (15명)

* 수두 14명〉볼거리 1명

– 2013학년도 감염병 관리 대장(교내에서 발생한 법정감염병 종류와 등교 중지 현황)

순	학년반	성명	질환명	발생일	등교중지기간	기타	비 고
1	6-2	김OO	볼거리 (의증)	2013.3.8	2013.3.8.~3.11(2일)	(등교일) 3.12	소견서有 (의증)
2	1-1	노OO	수두	2013.11.11	2013.11.11.~11.15(5일)	(등교일) 11.16	소견서有
3	1-1	최OO	수두	2013.11.25	2013.11.25.~11.29(5일)	(등교일) 11.30	소견서有
4	4-3	박OO	수족구병	2013.8.19	2013.8.19.~8.21(3일)	(등교일) 8.22	소견서有

㉣ 건강문제 관리

ⓐ 보건실 이용실태

〈2013년 월별, 건강문제별, 보건실 이용자수〉

건강문제 \ 월	2	3	4	5	6	7	8	9	10	11	12	계
호흡기계	5	8	5	7	16	10	6	4	1	4	3	69
소화기계	27	50	78	92	90	90	74	91	83	66	52	793
순환기계	0	0	0	0	0	0	0	0	0	0	0	0
정신신경계	10	19	50	42	75	45	40	88	63	67	20	519
근 · 골격계	45	96	185	186	181	142	108	192	180	139	95	1549
피부 · 피하계	38	192	250	359	417	286	192	261	181	159	119	2454
비뇨 · 생식기계	5	3	7	8	4	8	4	7	4	9	8	67
구강 · 치아계	6	11	30	12	16	17	16	21	24	32	18	203
이비인후과계	8	29	48	44	96	37	34	76	54	63	36	525
안과계	11	9	22	48	36	26	19	41	23	43	21	299
기타상담	1	1	23	20	5	2	1	15	2	4	2	76
계	156	418	698	818	936	663	494	796	615	586	374	6554

☞ 자료 분석

- 2013년 월별, 건강문제별 보건실 이용자 수 현황을 보면 보건실 방문이 가장 많은 문제는 피부 · 피하계이며 그다음으로는 근 · 골격계이다. 학령기 아동의 특징으로 아동의 놀이와 활동이 활발한 것이 원인으로 보인다. 아침식사 결식이나 소화에 좋지 않은 음식물을 많이 섭취하여 소화기계에 문제가 있는 학생들도 많았다.
- 월별로는 6월의 이용자수가 가장 많았는데, 3월부터 지속적으로 증가하다가 6월에 가장 많이 발생하고 있고 건강문제별로 가장 많은 문제는 피부 · 피하계이며 그다음으로는 근 · 골격계였다. 5~6월의 야외활동이 많은 시기이며, 활동하기에 좋은 시기로 안전사고예방에 대한 교육이 필요할 것으로 보인다.

〈2013년 3월과 2014년 3월, 건강문제별, 성별〉

건강문제 \ 3월	2013년 3월(3.4~3.31)			2014년 3월(3.4~3.31)		
	남	여	계	남	여	계
호흡기계	3	5	8	8	14	22
소화기계	21	29	50	8	22	30
정신신경계	1	18	19	15	24	39
근골격계	36	60	96	22	35	57
피부피하계	88	104	192	35	42	77
비뇨생식기계	0	3	3	0	1	1
구강치아계	2	9	11	4	7	11
이비인후과계	7	22	29	7	3	10
안과계	5	4	9	4	18	22
기타상담	0	1	1	2	5	7
계	163	255	418	105	171	276

☞ 자료 분석

- 2013년과 2014년 3월, 건강문제별 성별 보건실 이용자수 현황을 보면 2014년의 이용자수가 총 142명 감소하였다.
- 성별로는 남학생이 58명, 여학생이 84명 감소하였다. 건강문제별로는 남학생의 경우 피부피하계의 문제가 53명 감소하고, 여학생의 경우 62명 감소한 것으로 보여 피부피하계의 문제가 가장 감소폭이 큰 것으로 보인다.

ⓑ 요양호자 선발 및 관리 현황

- 목적
  - 건강문제를 가진 학생을 파악하고 개별 면담과 정기적인 건강 상담을 통해 요보호 학생이 학교생활을 안전하게 영위할 수 있도록 돕는다.
  - 지속적인 관리로 응급상황 발생을 예방하고 건강증진을 도모한다.
- 기본방침
  - 학기 초에 전학생들의 건강실태 조사 실시(1차 담임교사, 2차 보건교사)
  - 조사결과 건강이상자를 선정한다.
  - 담임교사는 학습활동 시에 참고하여 요보호, 요주의 아동의 질병 악화를 예방
  - 보건교사는 건강이상자를 선정하여 정기적 상담, 개인 건강상담카드 기록관리

– 개인 신상, 병력 노출되지 않도록 보호하되 기록에는 전화번호, 지정병원, 투약 정보 등 의료 정보, 기타 유의사항 등 포함하여 관리한다.

• 건강이상자–요양호(보호)학생 개념

– 만성질환을 가지고 있거나 신체 허약하여 학교 교육활동 중 건강상 문제가 발생할 가능성이 있어 특별한 주의가 필요한 아동
– 만성질환으로 인하여 3개월 이상의 장기입원 또는 통원치료 등 계속적인 의료적 지원이 필요한 학생
– 기타 학교에서 보호가 필요하다고 인정하는 학생
– 건강이상자 선정 시에는 아래와 같은 경우를 참고로 선정한다.

• 약이나 음식물로 인한 알레르기가 있거나, 병원치료를 자주 받는 경우
• 현재 면역억제제나 호르몬제 치료를 받고 있는 경우
• 심혈관계 질환(심장병, 고혈압)의 진단 및 치료를 받고 있거나, 받았던 학생
• 근육 및 골격계 질환의 치료(교통사고 포함)를 받은 적이 있는 경우
(단, 병결석계를 진단서 첨부하여 학교에 제출한 적이 있는 학생)
• 신장계통의 질환으로 1주일 이상 입원치료 혹은 매일 투약중인 학생
• 간질환으로 의사의 처방하여 약을 복용하고 있는 경우
• 만성소모성질환(결핵, 당뇨 등)으로 규칙적인 치료 및 투약중인 학생
• 뇌수술, 간질, 정서장애, 기타 심한 행동장애(틱장애)가 있는 학생
• 기타 학교생활 전반에 걸쳐 건강상태를 고려하여 운동 제한을 요하는 학생
• 현재 병원치료를 요하는 학생(특히 정신과 약물복용 중이거나 또는 상담중인 학생)이나 그 외 특이질환이나 희귀병 등을 앓고 있는 학생

• 세부추진계획

추진사항	추진 내용	대상	시 기	비 고
건강 실태 조사	건강조사 설문지	2,3,5,6학년	3월	취합 확인 후 건강 상담
	신입생건강기초조사	1학년	3월	
	담임교사 확인된 건강이상자	전학년	4월	
	건강검사 결과 확인	1, 4학년	연중	
건강이상자 선정	건강 실태 조사 확인 같은 증상으로 보건실을 자주 이용하는 어린이 담임교사를 통한 건강이상아 중 선정	전교생	연중	명단 작성 관리
상담 및 관리	정기 상담 및 상태 파악 담임, 학부모 연계 유지	건강이상자	분기별	개인별카드
건강 교육	재량 보건시간 관련 주제 교육	5,6학년	연중	
	특별교육	전학년	연중	
	보건소식지 및 가정통신	전교생	월1회	

• 학생현황(2014)

순번	학년반	학생명	성별	병명	현황
1	2-4	이00	남	선천성심장질환	수술-특이사항 없음
2	2-4	김00	여	Epilepsy 지체장애 (뇌병변 4급)	약물치료 중 후두부우편선트조절장치 삽입(자석, 심한충격 금함-인천성모병원연계)
3	6-5	나00	여	선천성심장질환 폐동맥고혈압	21Mo수술로 2달에 한번 정기검진 (트라클라미 약 복용)
4	3-2	김00	남	아토피 피부질환	목, 눈주위, 팔다리 심함
5	6-4	이00	여	아토피 피부질환	얼굴, 온몸 심함
6	5-4	이00	남	천식	밀폐공간에서 발생 박상현내과-약복용중 현재양호
7	3-2	박00	남	오른쪽 어깨 상완신경손상	목요일마다 치료 오른쪽 팔 들기 어려움
8	6-6	문00	여	Rt 1st finger 선천성기형 수술	성형수술 관리중
9	4-1	김00	남	Epilepsy	
10	3-4	주00	남	자폐성장애 3급 발달장애	약물치료 중

☞ 자료 분석

• 2014학년도 요양호 대상자 현황을 살펴보면 순환기계 2명, 근골격계 2명, 피부피하계 2명, 정신신경계 3명, 호흡기계 1명으로 정신신경계가 가장 많다.

• ○○초등학교 보건실에서는 정기적으로 건강상담을 통해 요양호자 관리를 하고 있다.

㉤ 교직원의 건강문제 관리 현황

ⓐ 현재 ○○초등학교 보건실에서는 교직원을 대상으로 직접적인 건강관리를 하고 있지는 않다. 이전에는 보건실에서 건강검진 및 건강상담과 건강이상자 관리 등을 하였으나, 교직원의 개인 신상 노출문제로 인하여 정기적인 검사를 실시하고 있지 않다.

ⓑ 교직원은 공단에서 송부한 안내문을 토대로 기존 지역가입자와 같은 방식으로 직접 병원에서 검진을 받고, 직접 건강관리를 한다.

ⓒ 보건실에서는 공단에서 보내온 생애주기별 검사 안내 및 암 검진과 같은 안내문을 교직원에게 전달하고 검사 받기를 안내한다.

☞ 자료 분석

• 현재 ○○초등학교 교직원의 건강문제는 개인 신상 노출문제로 보건실에서 총괄적으로 관리하는 형태는 이루어지지 않고 있으나, 공단의 건강검진 안내와 교직원의 자발적, 개별적 건강상담은 이루어지고 있다.

(5) 학교 건강증진

① 신체 발달 점검 후 이상자 관리

㉠ 학생 건강한 체중관리(저체중 · 비만예방) 프로그램

ⓐ 건강한 체중관리 교육 실적

프로그램 명	실시기간	전체학생 대상	일부학생 대상
		실시횟수	실시횟수
비만예방 프로그램	2013년 10월 11일 ~ 2013년 10월 18일 (8일간)	0	1회

• 비만예방 프로그램 교육 일정 (2013)

장 소	○○초등학교 보건실, 운동장
일 시	2013년 10월 11일 ~ 2013년 10월 18일 (8일간)
대 상	5학년 중등도 & 고도비만 학생 10명
	① 5-1 박00(남) 148.2cm, 57.0kg 비만도 34% 중등도비만 ② 5-1 이00(여) 148.3cm, 59.4kg 비만도 41% 중등도비만 ③ 5-3 오00(남) 128.2cm, 37.4kg 비만도 35% 중등도비만 ④ 5-3 홍00(남) 142.9cm, 53.4kg 비만도 42% 중등도비만 ⑤ 5-4 이00(남) 148.3cm, 57.8kg 비만도 36% 중등도비만 ⑥ 5-4 심00(여) 139.2cm, 54.0kg 비만도 57% 고도비만 ⑦ 5-5 조00(여) 141.3cm, 47.4kg 비만도 32% 중등도비만 ⑧ 5-6 김00(여) 145.1cm, 55.8kg 비만도 42% 중등도비만 ⑨ 5-6 이00(남) 161.4cm, 84.8kg 비만도 57% 고도비만 ⑩ 5-6 신00(남) 171.8cm, 95.6kg 비만도 52% 고도비만
차 시	11차시
방 법	직접 간호 제공, 보건 교육, 관리
도 구	① 가정통신문 ② 활동지 ③ 판넬 ④ 컴퓨터(PPT) ⑤ 일기장 ⑥ 동영상

차 시	교육 내용
1	[2013년 10월 11일 금요일, 1-5교시 쉬는 시간, 점심시간, 방과 후] 사전 설문조사, 개별 면담, 교육 일정 안내, 가정통신문 배부
2	[2013년 10월 14일 월요일, 08:30 – 08:50] '비만! 똑바로 알자' 교육, 비만도 계산하기, 체중 · 신장 기록부 작성하기, 스트레칭, 선서문
3	[2013년 10월 14일 월요일, 12:30 – 12:50 점심시간, 1-5교시 쉬는 시간] '나의 비만원인 찾기' 토의, 목표설정하기, 식사섭취량과 활동량 작성방법, 개별면담, 스트레칭
4	[2013년 10월 15일 화요일, 08:30 – 08:50] 스트레칭, 운동 프로그램 (댄스! 댄스! I)
5	[2013년 10월 15일 화요일, 12:30 – 12:50 점심시간, 1-5교시 쉬는 시간] '내가 먹는 식사, 내가 만들어 보아요!' 교육, 일기장 검토, 스트레칭
6	[2013년 10월 16일 수요일, 08:30 – 08:50] 스트레칭, 운동 프로그램 (댄스! 댄스! I)
7	[2013년 10월 16일 수요일, 12:30 – 12:50] 스트레칭, 운동 프로그램 (댄스! 댄스! II), 일기장 검토
8	[2013년 10월 17일 목요일, 08:30 – 08:50] 스트레칭, 운동 프로그램 (댄스! 댄스! II)
9	[2013년 10월 17일 목요일, 12:30 – 12:50] "튼튼한 운동 습관 갖기" 교육, 일기장 검토, 개별상담
10	[2013년 10월 18일 금요일, 08:30 – 08:50] 스트레칭, 운동 프로그램 (댄스! 댄스! II)
11	[2013년 10월 4일 금요일, 12:30 – 12:50] '미래의 나의 모습 그리기' 활동, 일기 및 소감 발표, 수료증 증정

☞ **자료 분석**

- 체격검사 실시 후 비만으로 판정된 아동은 건강관리카드에 등록을 하여 개인별 비만의 정도에 따라 관리방법을 결정 시행한다.
- 경도이상 비만자에 대한 중점관리로 바우처제도 안내를 하여 본인이 원하는 교육을 받음으로서 개인별 잘 실천될 수 있도록 한다.
- 체격검사 후 비만에 관한 가정통신문을 발송하고 비만관리 참여 학생의 체중 변화표 및 협조사항을 가정통신문으로 발송한다.
- ○○초등학교 5학년 중등도 학생과 고도비만 학생 10명을 대상으로 2013년 10월 11일부터 2013년 10월 18일 8일 동안 비만예방 프로그램을 실시하였다.

- 비만교육 프로그램에는 사전 설문조사, 개별 면담, 가정통신문 배부, 비만 교육, 체중 · 신장 기록부 작성하기, 스트레칭, 운동 프로그램, 일기장 작성 사업이 포함되었다.

ⓑ 체중관리(저체중, 비만) 활동 전개 실적

	교육자료 배부 (홈페이지 탑재 포함)	전시회 등 각종행사 개최	건강한 체중관리 프로그램 운영	기타 예방실적
프로그램 명	비만예방안내 가정통신문, 보건소식지, 홈페이지 탑재(5월)		1인 1운동 갖기, 식습관 및 행동습관 변화 기록장 활용	교내예방프로그램 2013년10월11일~18일 (8일간)
실시기간	9~12월		9~12월	
실시 횟수	각 1회		각 1회	

☞ 자료 분석

- ○○초등학교에서는 2013년 학생 건강검사(키, 몸무게, 비만도 등) 실시 – 학생 비만 실태조사를 실시하여 비만아현황을 파악하여 관리대상 아동을 선정하였다.
- 건강(보건)소식지 발행 및 홈페이지 활용하여 정보를 안내하고 교실 및 복도, 실외 게시판을 활용한 비만 관련 정보 게시 운영하였다.
- 비만 정도 특성에 맞는 비만 예방 교육 진행(비만의식 및 행동 변화 강화)하였다.
- 가정과 연계한 학생 비만 예방 관리를 강화하면서 가정통신문, 보건소식지와 같이 배부되거나, 1인 1운동 갖기 프로그램, 기록장 활용처럼 스스로 실천하도록 유도하였다.

(6) 학교 인구의 건강문제 해결을 위한 지역사회의 연계

① 건강검진기관 선정방법 및 기록

건강검진기관 선정을 위한 공고를 학교 홈페이지에 올리고 각 기관에서 서류 제출하면, 검진기관에 직접 방문하여 사전 확인 후 학교 자체 선정 기준에 의거, 학교운영위원회의 심의를 거쳐 선정한다. 검진기관의 제한 사항은 건강검진기본법에 의거한 검진기관으로 검진비용은 매해 보건복지부 고시에 의거한다. 선정기관은 2개 이상으로 제안서를 제출한 검진기관을 비교하여 학교운영위원회에 심의를 거쳐 결정한다.

2) 학교보건의 기준 · 지침 확인 및 학교간호 문제확인

(1) 당 해 년도의 보건교사가 반드시 실시해야 할 각 교육청의 학교보건 관리방안 요약

사업내용	대상	시기	예산액(천원)	비고
• 보건교육과정 운영을 위한 연구학교 운영 및 연수지원			3000	
– 성교육 시범학교 운영	초 1교	연중	3000	
– 창의경영(건강증진)모델학교 운영	초 1교, 중 3교	연중	특교	
– 건강증진 시범학교 및 정책추진학교 운영	사리울중, 민성중	연중		
– 보건업무 겸임교사 연수	초중고 70교	3월		
• 성폭력, 성희롱, 성매매예방을 위한 성교육 활성화			84200	
– 성교육 담당교사 연수		4월	42100	
– 교육과정 속에서 15차시 성교육 실시	초중고 담당교사	연중		
– 성폭력예방 홍보물 제작 및 보급	초중고 전체	2월		
– 성교육, 성문화박람회 개최(예정)	초중고 학생 및 시민	8월	31750	
– 성교육 컨설팅단 조직 및 운영	취약학교	연중	10350	
– 학생건강증진을 위한 교육자료 개발	초중고 전체	6월, 7월		
• 학생정서, 행동 특성검사 실시 및 추후관리	초1,4학년	4월	136232	5회
– 업무발달지원을 위한 담당교사 연수	중1학년, 고1학년			이상
– 학생 정서행동 발달지원을 위한 유관지관 연계체계 구축		3월	6623	
– 관심군학생 유관기관 의뢰조치	담당교사(540명)	연중	2109	
– 유관기관과의 협의회 개최	초중고 전체			
– 자살위험학생 HOT-Line병원 즉각	25개기관	연중		
조치	25개 기관 및 교육지원청	연중		
– 저소득층 학생 치료비 지원	500명, 13개병원	연중		
· 1인당 85~125만원 지원/년	치료 필요한 저소득층 학생	연중	127500	
• 학생건강검사 운영, 관리			비예산	
– 학생건강검사 및 별도검사	초중고 전체	연중		
– 건강검사 표본학교 운영	초10교,중12교,고13교	상반기		
– 건강검사 통계분석 및 만족도 조사	초중고 전체	12월		

사업내용	대상	시기	예산액(천원)	비고
• 학교 감염병 예방관리			4078	
– 기관별(학교, 교육청) 대응체계 확립	초중고 전체	연중		
– 보건(담당)교사 특별연수 실시	초중고 전체	5월	4078	
• 흡연, 음주 등 약물오남용 예방관리			225200	
– 담당교사 직무연수과정 운영	초중고 담당교사	12월	20200	
– 금연교육정보센터교 운영	11교	연중	55000	
– 금연교육 선도학교 운영	65교	연중	130000	
– 흡연예방 홍보, 특화프로그램 지원	5개기관	연중	20000	

(2) 학교간호문제

① 보건교사가 직접 해결할 수 있는 문제

㉠ 학교 감염병 예방관리

㉡ 흡연, 음주 등 약물오남용 예방관리

㉢ 성폭력, 성희롱, 성매매예방을 위한 성교육 활성화

㉣ 학생정서, 행동 특성검사 실시 및 추후 관리

㉤ 학생건강검사 운영, 관리

② 보건교사가 학교의 또는 학교약사 등의 다른 보건인력이나 교직원, 학부모에게 의뢰 조치가 필요한 문제

보건교사가 학교의나 학교약사 등의 다른 보건인력이나 교직원, 학부모에게 의뢰 조치가 필요한 문제인데, 본 학교보건 관리방안에서 해당되는 문제가 없음

③ 보건교사가 보건행정 담당자(교장, 교감, 주임교사, 서무과장 등)에게 건의 및 조처가 필요한 문제

보건교육과정 운영을 위한 연구학교 운영 및 연수지원

④ 그 외 학교보건문제

보건교사가 처리하지 않을 학교보건문제인데, 본 학교보건 관리방안에서 해당되는 문제가 없음

3) 학교간호진단 및 우선순위 설정

(1) 학교간호진단 (학교간호문제 및 관련요인)

학교간호진단 (학교간호문제)	관련요인
1. 올바른 식생활 습관 교육의 필요성	• 아침 결식으로 인해 복통, 구토, 발열, 오한 등의 증상으로 보건실에 오는 학생들이 많다. • 식생활습관 설문 결과 매일 우유나 유제품을 먹는 학생이 적다. • 식생활습관 설문 결과 매일 채소와 과일을 먹는 학생이 적다. • 식생활습관 설문 결과 탄산음료, 청량음료 또는 과자를 매일 먹는 학생이 적다. • 식생활습관 설문 결과 햄버거, 피자 또는 라면을 일주일에 두 번 이상 먹는 학생이 적다.
2. 보건실 이용 교육 필요성	• 학생들이 보건실을 이용할 때 아픈 학생 외에 친구들이 몰려와 소란스럽다. • 아주 조금만 아파도 보건실에 와서 수업에 들어가지 않으려는 학생이 많다. • 보건실에 들어올 때 신발을 신고 들어오는 경우가 종종 있다.
3. 교내, 외 안전사고 위험성	• 2013년도 보건일지 통계에 근거하면 피부 및 피하 외상문제가 전체 보건실 방문자 중 37.4%로 가장 많은 것으로 나타났다. • 체육 시간 이후 피부 및 피하, 근골격계 증상 호소 환자 급증하는 경향이 있다. • 학교 옆 골목에 주정차 금지 표지판이 있음에도 불구하고 많은 차량이 주차되어 있어 안전사고 위험이 크다. • 학생들이 복도와 계단을 다니면서 뛰는 경우가 많이 관찰되었으며, 근골격계 문제로 보건실을 찾는 학생의 대다수가 복도나 계단에서 장난치다가 넘어지거나 부딪힌 경우가 많았다. • 학교 앞 안전구역에 주차문제와 좁은 길로 인해 학생들이 인도로 다니지 않고 차가 다니는 길로 다녀 안전교육이 필요하다. • 본관 1층 외부 창문에 안전망이 설치되어 있지 않다. • 난간이 높지 않고 충분히 발판을 삼을 만한 구조로 되어 있어 추락 위험성이 높다. • 학령기 아동의 발달과정에서 또래관계에서 신체활동의 증가로 사고 위험성이 높다.
4. 학생들 위생불량 문제	• 보건실 방문 학생의 대다수가 손 위생이 전혀 되어 있지 않고, 손을 먼저 씻겨야 한다. • 보건실에서 손을 씻는 학생들의 경우 비누칠을 하지 않거나 올바른 손씻기 방법으로 손을 씻는 경우가 적다. • ○○초등학교는 학생들이 실내화를 신는데 오래 방치한 때가 묻어있는 경우가 많다. • 피부 및 피하 손상으로 보건실에 오는 학생들의 손이 오염되어 있는 경우가 많다. • 옷과 신발이 지저분하고 계절에 맞지 않는 옷을 입은 학생이 많다.

학교간호진단 (학교간호문제)	관련요인
5. 화장실 시설로 인한 불편함	• 화장실 조명이 밝지 못하고 화장실 내부에는 켜지지 않는 칸도 있어, 늦게 하교하는 학생들이나 방과 후 돌봄 교실을 이용하는 학생이 사용하기에 불편할 것으로 예상된다. • 고체 비누가 오래되어 부식되고 검은 때가 묻어 있는 등 불청결한 상태로 인해 볼일을 본 후, 손을 씻는 학생이 적다. • 휴지가 변기 가까이 있지 않고 화장실 외부에 1개 부착되어 있어 학생들의 비뇨기 위생에도 좋지 않을 것으로 예상된다. • 화장실 변기를 사용 후 물을 내리지 않아 용변이 그대로 있는 칸이 많다.
6. 흡연 음주 예방 교육 필요성	• 2014 건강조사에 근거하면 흡연 경험이 있는 학생이 있다. • 2014 건강조사에 근거하면 음주 경험이 있는 학생이 있다. • 또래관계에서의 사회적 유대감 형성을 위해 흡연이나 음주를 할 가능성이 높다.
7. 성교육의 필요성	• 학교 주변에 골목길이 많고 밤에는 조용하고 밝지 않아서 성범죄 위험이 높다. • 성 관련 지식이 부족한 학생이 많으므로 적절한 성교육이 필요할 것으로 예상된다.

(2) 학교간호진단의 우선순위 결정

① 우선순위 측정표

	올바른 식생활 습관 교육의 필요성	보건실 이용 교육 필요성	교내, 외 안전사고 위험성	학생들 위생 불량 문제	화장실 시설로 인한 불편함	흡연 음주 예방 교육 필요성	성교육의 필요성
건강문제 유발 가능성	4	1	5	5	3	4	2
영향 범위와 대상자의 취약성	5	3	5	5	3	1	3
인적 물적 자원동원 가능성	5	3	2	2	2	4	5
학교에서의 수행의무	4	3	4	2	2	3	4
보건교사의 준비도 및 문제해결능력	4	4	3	3	3	4	4
학교정책과의 연관성	4	1	2	4	3	2	4
합계	26	15	20	21	19	18	22

(5점: 아주 높음, 4점: 높음, 3점: 보통, 2점: 낮음, 1점: 아주 낮음)

② 우선순위 설정

순위	학교간호진단	점수(총 30점)
1	올바른 식생활 습관 교육의 필요성	26점
2	성교육의 필요성	22점
3	학생들 위생불량 문제	21점
4	교내, 외 안전사고 위험성	20점
5	화장실 시설로 인한 불편함	19점
6	흡연 음주 예방 교육 필요성	18점
7	보건실 이용 교육 필요성	15점

6.2 학교간호 계획단계

학교간호사업계획으로 간호문제 1순위 "올바른 식생활 습관 교육의 필요성", 그리고, 간호문제 2순위 "성교육의 필요성"에 대한 계획을 기술하고자 한다.

【간호우선순위 문제 1】

1) 학교간호사업의 목표설정

(1) 일반적 목표

○○초등학교 학생들은 올바른 식생활습관을 통해 건강한 생활을 할 수 있다.

(2) 구체적 목표

① 2014년 4월 3일까지 ○○초등학교 5학년 학생들은 배탈의 원인과 증상 및 대처법에 대한 지식 점수 78점에서 점수 90점으로 상승한다.

② 2015년 3월 31일까지 ○○초등학교 5학년 중 아침식사를 규칙적으로 먹는 학생의 비율이 83%에서 95%로 증가한다.

③ 2015년 3월 31일까지 ○○초등학교 5학년 중 매일 우유나 유제품을 먹는 학생의 비율이 53%에서 90%로 증가한다.

④ 2015년 3월 31일까지 ○○초등학교 5학년 중 매일 채소와 과일을 먹는 학생의 비

율이 71%에서 90%로 증가한다.

⑤ 2015년 3월 31일까지 탄산음료, 청량음료 또는 과자를 매일 먹는 학생의 비율이 12%에서 5%로 감소한다.

⑥ 2015년 3월 31일까지 햄버거, 피자 또는 라면을 일주일에 두 번 이상 먹는 학생의 비율이 20%에서 5%로 감소한다.

⑦ 2014년 12월까지 ○○초등학교 5학년 학부모는 가정에서 자녀가 올바른 식생활을 하도록 지도할 수 있다.

⑧ 2014년 12월까지 ○○초등학교 5학년 담임교사는 가정에서 학생들이 올바른 식생활을 하도록 지도할 수 있다.

⑨ 2014년 12월까지 ○○초등학교 5학년 학생들 중 식생활습관 고위험군 학생들의 올바른 식생활습관 이행률이 40%에서 80% 이상으로 향상된다(식생활습관 고위험군 학생 : 건강조사의 식생활습관 항목이 60점 이상으로 전체 학생 중 12.4%가 해당).

2) 학교간호방법 및 수단의 선택

(1) 간호방법

간호 방법	간호 내용
보건 교육	• ○○초등학교 5학년 학생들을 대상으로 배탈의 원인과 증상, 대처법에 대해 사전조사 한다.
	• ○○초등학교 5학년 학생들을 대상으로 배탈의 원인과 증상, 대처법에 대해 교육한다.
	• ○○초등학교 5학년 학생들을 대상으로 보건 수업 후 배탈의 원인과 증상, 대처법에 대해 사후조사 한다.
	• ○○초등학교 5학년 학생들 중 식생활습관 고위험군 학생들을 대상으로 인천 부평구 보건소에서 시행하는 지역아동센터 건강교실에서 식생활관리에 대해 교육한다.
	• ○○초등학교 급식실 벽에 식생활습관 개선을 통한 배탈 예방을 주제로 판넬을 전시하여 교육한다.
관리	• ○○초등학교 5학년 학생들의 식생활습관을 건강조사를 통해 파악한다.
	• 식생활습관 지도가 가정에서도 이루어질 수 있도록 배탈의 원인과 대처법 및 식생활습관 개선 실천 방법 내용의 가정통신문을 배부한다.
	• 식생활습관 지도가 교직원을 통해 이루어질 수 있도록 배탈의 원인과 대처법 및 식생활습관 개선 지도 방법 내용의 안내문과 식생활습관 개선 지도 항목의 내용을 담은 자가 평가표를 배부한다.
	• ○○초등학교 5학년 학생들을 대상에게 식생활습관이 올바르게 개선되는지 자가평가할 수 있도록 일기장을 배부한다.

(2) 간호 수단

간호 수단	간호 내용
컴퓨터 보조	• ○○초등학교 5학년 학생들의 보건 수업을 PPT로 진행한다.
	• ○○초등학교 5학년 학생들의 보건 수업 시 배탈 관련 동영상을 통하여 식생활습관 개선을 통한 배탈 예방의 이해를 돕는다.
	• ○○초등학교 5학년 학생들의 보건 수업 시 소화과정을 쉽게 설명한 동영상(소화송)으로 이해를 돕는다.
	• 인천 부평구 보건소에서 시행하는 지역아동센터 건강교실에서 ○○초등학교 5학년 학생들의 식생활관리 교육 시 PPT로 진행한다.
판넬 자료	• ○○초등학교 5학년 학생들의 보건 수업 시 소화과정에 대한 이해를 돕는다.
	• ○○초등학교 5학년 학생들의 보건 수업 시 소화에 좋은 음식, 소화에 나쁜 음식에 대해 교육하여 배탈의 예방을 돕는다.
	• ○○초등학교 급식실 벽에 식생활습관 개선을 통한 배탈 예방을 주제로 판넬을 전시한다.
설문지	• ○○초등학교 5학년 학생들의 식생활습관을 파악하기 위한 설문조사 시 이용된다(2014년 건강조사 설문지).
	• ○○초등학교 5학년 학생들을 대상으로 배탈의 원인과 증상, 대처법에 대해 사전조사한다.
	• ○○초등학교 5학년 학생들을 대상으로 보건 수업 후 배탈의 원인과 증상, 대처법에 대해 사후조사 한다.
가정통신문	• 식생활습관 지도가 가정에서도 이루어질 수 있도록 배탈의 원인과 대처법 및 식생활습관 개선 실천 방법 내용의 가정통신문을 배부한다.
안내문	• 식생활습관 지도가 교직원을 통해 이루어질 수 있도록 배탈의 원인과 대처법 및 식생활습관 개선 지도 방법 내용의 안내문을 배부한다.
자가평가표	• 식생활습관 지도가 교직원을 통해 이루어질 수 있도록 식생활습관 개선 지도 항목의 내용을 담은 자가 평가표를 배부한다.
일기장	• ○○초등학교 5학년 학생들에게 식생활습관 개선 항목의 내용을 담은 일기장을 배부한다.

3) 학교간호사업 수행계획 수립

일반적 목표 :
○○초등학교 전교 학생들은 올바른 식생활습관을 통해 건강한 생활을 할 수 있다.

구체적 목표:
(1) 2014년 4월 3일까지 ○○초등학교 5학년 학생들은 배탈의 원인과 증상 및 대처법에 대한 지식이 사전 평가점수 74점에서 사후 평가점수 90점으로 상승한다.

해당 수행계획 – 수행계획 ① ~ ④
해당 학교간호 수단 – 보건 교육
해당 학교간호 방법 – 컴퓨터 보조, 판넬 자료, 설문지

[수행계획 ①]

보건 교육 전 ○○초등학교 5학년 학생들이 가진 배탈에 대한 지식 정도를 평가하고 분석한다.

- 대상 : ○○초등학교 5학년
- 기간 : 2014년 3월 30일–4월 1일
- 장소 : 5학년 각 교실
- 도구 : 사전설문지, 컴퓨터, 프린터
- 인력 : 교직 실습생 2명

1. 사전 설문지 계획

학교간호사업	보건 수업 사전 설문지 자료 수집 및 사전 설문지 작성
학교간호 사업내용	초등학교 5학년 학생들의 교과과정을 분석하여 사전 설문지에 들어가기 적합한 내용으로 자료를 수집하고, 설문지를 작성한다.
날짜	2014년 3월 30일

학교간호사업	보건 수업 사전 설문지 검토 및 수정, 보건 수업 사전 설문지 자료 재수집
학교간호 사업내용	사전 설문지에 들어간 내용이 적합한 지 검토하여 수정한다. 사전 설문지에 들어가기 적합한 내용으로 자료를 재수집하고, 설문지에 적용한다.
날짜	2014년 3월 31일

학교간호사업	각 교실로 사전 설문지 배부, 사전 설문지 회수
학교간호 사업내용	보건 수업에 들어가기 이틀 전에 사전 설문지를 배부하고, 회수한다.
날짜	2014년 3월 31일

학교간호사업	사전 설문지 결과 분석
학교간호 사업내용	회수한 사전 설문지를 채점하고 항목별 정답률을 분석한다.
날짜	2014년 3월 31일

학교간호사업	보건 수업 사전 설문지 결과 반영
학교간호 사업내용	보건 수업 계획에서 오답률이 높은 항목에 대한 보완을 한다.
날짜	2014년 4월 1일

〈첨부01〉 사전 설문지 예상안

〈○○초등학교 5학년 보건 수업 사전 설문지 예상안〉

1. 문제 영역별 문항 수 예상안

중요도	문제 영역	문항 수
1	배탈 시 처치방법	4문항
2	배탈의 예방법 *소화가 잘 되는 음식	2문항
3	복통 시 증상	1문항
5	소화과정	1문항
6	각 소화기관의 기능	1문항
4	복통의 원인	1문항
		10문항

2. 문제별 배점 예상안

문제번호	문제영역	배점	환산점수
1	배탈 시 처치방법	1점	10점
2	배탈 시 처치방법	1점	10점
3	배탈 시 처치방법	1점	10점
4	배탈의 예방법	1점	10점
5	배탈 시 처치방법	1점	10점
6	복통 시 증상	1점	10점
7	소화과정	1점	10점
8	각 소화기관의 기능	1점	10점
9	복통의 원인	1점	10점
10	소화가 잘 되는 음식	1점	10점
총 점수		10점	100점

3. 평가방법

문제번호	평가유형
1	시험법-필기시험-선택형-진위형
2	시험법-필기시험-선택형-진위형
3	시험법-필기시험-선택형-진위형
4	시험법-필기시험-선택형-진위형
5	시험법-필기시험-선택형-진위형
6	시험법-필기시험-선택형-선다형
7	시험법-필기시험-선택형-선다형
8	시험법-필기시험-선택형-선다형
9	시험법-필기시험-선택형-선다형
10	시험법-필기시험-선택형-선다형

[수행계획 ②]

○○초등학교 5학년 학생들에게 시행할 보건 수업 계획서를 작성한다.

- 대상 : ○○초등학교 5학년
- 기간 : 2013년 3월 28일-4월 1일
- 장소 : 보건실

- 도구 : 컴퓨터, 프린터
- 인력 : 교직 실습생 2명

1. 보건 수업 지도안 계획

학교간호사업	보건 수업 지도안 자료 수집
학교간호 사업내용	초등학교 5학년 보건 교육과정을 분석하여 보건 수업에 적합한 자료를 수집하고 재구성한다.
날짜	3월 28일

학교간호사업	보건 수업 지도안 작성
학교간호 사업내용	분석한 자료를 바탕으로 보건 수업 지도안을 작성한다.
날짜	3월 29-30일

학교간호사업	보건 수업 지도안 검토 및 1차 수정, 보건 수업 지도안 자료 재수집
학교간호 사업내용	보건 교사께 지도안을 검토 받고, 보완한다. 보건 수업에 적합한 자료를 재수집하여 지도안에 적용한다.
날짜	3월 31일

학교간호사업	보건 수업 지도안 검토 및 2차 수정
학교간호 사업내용	보건 교사께 지도안을 재검토 받고, 보완한다.
날짜	4월 1일

〈첨부02〉 보건 수업 지도안 예상안

1. 도입
   1) 동기유발 – ① 사전설문지 분석결과 설명, 꼭 알아야 할 학습내용 제시
      ② "배가 부글부글거려요" 동영상 시청
      ③ 시청소감 발표
   2) 학습목표 확인 – ① 배탈의 원인과 증상을 설명할 수 있다.
      ② 배탈시 처치법과 배탈의 예방법을 알고 실천할 수 있다.

3) 학습활동 안내 – ① 〈활동1〉 음식물의 몸 속 소화과정을 알아보기
② 〈활동2〉 복통의 원인과 증상을 알아보기
③ 〈활동3〉 배탈이 난 경우 스스로 할 수 있는 대처방법을 배워보기

2. 전개

1) 활동하기

〈활동1〉 음식물의 몸 속 소화과정을 알아보기 – ① 정상적인 소화과정을 PPT로 학습
② 판넬자료를 이용하여 소화과정 학습

〈활동2〉 복통의 원인과 증상을 알아보기
– ① 복통이 발생하는 원인과 증상에 대해 PPT로 학습

〈활동3〉 배탈이 난 경우 스스로 할 수 있는 대처방법을 배워보기
– ① 배탈이 났을 때의 처치방법과 예방법을 PPT로 학습
– ② 소화가 잘 되는 음식 구분

3. 정리

1) 학습정리 및 평가 – ① Quiz(시험법–선택형–진위형) : 소화 과정, 배탈이 났을 때 대처 방안
② 동영상(소화송)을 듣고 마무리
③ 설문지로 평가

2) 차시 예고

[수행계획 ③]

○○초등학교 5학년 학생들에게 배탈의 원인과 증상 및 대처법에 대한 교육을 실시한다.

- 대상 : ○○초등학교 5학년
- 기간 : 2014년 3월 28일–4월 4일
- 장소 : 5학년 각 교실
- 도구 : 컴퓨터, PPT, 동영상, 플래시, 판넬, 시나리오
- 인력 : 교직 실습생 2명

1. PPT 계획

학교간호사업	‘배가 부글부글 거려요’ PPT 자료 수집
학교간호 사업내용	○○초등학교 5학년 보건 교육과정을 분석하여 보건 수업에 적합한 자료를 수집하고 재구성한다.
날짜	3월 28일

학교간호사업	'배가 부글부글 거려요' PPT 작성
학교간호 사업내용	수집한 자료를 바탕으로 PPT를 작성한다.
날짜	3월 29-30일

학교간호사업	'배가 부글부글 거려요' PPT 검토 및 수정
학교간호 사업내용	보건 교사께 PPT를 검토 받고, 보완한다.
날짜	4월 1일

학교간호사업	'배가 부글부글 거려요' PPT를 이용한 보건교육 연습
학교간호 사업내용	PPT를 이용하여 보건교육 연습을 한다.
날짜	4월 2일

학교간호사업	'배가 부글부글 거려요' PPT를 이용한 보건교육
학교간호 사업내용	PPT를 이용하여 보건교육을 한다.
날짜	4월 2-4일

〈첨부03〉 PPT 예상안

1. 도입	
1) 동기유발 – ① 사전설문지 분석결과 설명, 꼭 알아야 할 학습내용 제시	ppt 1
② "배가 부글부글거려요" 동영상 시청	ppt 2
③ 시청소감 발표	ppt 2
2) 학습목표 확인 – ① 배탈의 원인과 증상을 설명할 수 있다.	ppt 3
② 배탈시 처치법과 배탈의 예방법을 알고 실천할 수 있다.	ppt 3
3) 학습활동 안내 – ① 〈활동1〉 음식물의 몸 속 소화과정을 알아보기	ppt 4
② 〈활동2〉 복통의 원인과 증상을 알아보기	ppt 4
③ 〈활동3〉 배탈이 난 경우 스스로 할 수 있는 대처방법을 배워보기	ppt 4
2. 전개	
1) 활동하기	
〈활동1〉 음식물의 몸 속 소화과정을 알아보기	
– ① 정상적인 소화과정을 PPT로 학습	ppt 5,6,7
② 판넬자료를 이용하여 소화과정 학습	ppt 5,6,7

〈활동2〉 복통의 원인과 증상을 알아보기	ppt 8~22
– ① 복통이 발생하는 원인과 증상에 대해 PPT로 학습	
〈활동3〉 배탈이 난 경우 스스로 할 수 있는 대처방법을 배워보기	ppt 23~37
– ① 배탈이 났을 때의 처치방법과 예방법을 PPT로 학습	ppt 38
– ② 소화가 잘 되는 음식 구분	
3. 정리	
1) 학습정리 및 평가	
– ① Quiz(시험법–선택형–진위형): 소화 과정, 배탈이 났을 때 대처방안	ppt 39~46
② 동영상(소화송)을 듣고 마무리	ppt 47
③ 설문지로 평가	ppt 47
2) 차시 예고	ppt 48

2. 동영상1 계획

학교간호사업	'배가 부글부글 거려요' 동영상 자료 수집, 보건교육에 적합한 동영상 선정
학교간호 사업내용	'배가 부글부글 거려요' 동영상을 시청하고 초등학교 5학년 학생에게 적합한 내용인지 확인한다.
날짜	3월 28일

학교간호사업	'배가 부글부글 거려요' 동영상을 이용한 보건교육
학교간호 사업내용	도입단계에서 동영상으로 학생들의 흥미를 유발한다.
날짜	4월 2–4일

〈첨부04〉 동영상 예상안

3. 동영상2 계획

학교간호사업	'소화송' 동영상을 이용한 보건교육
학교간호 사업내용	정리단계에서 동영상을 시청하고 학습내용을 정리한다.
날짜	4월 2-4일

학교간호사업	'소화송' 동영상 자료 수집, 보건교육에 적합한 동영상 선정
학교간호 사업내용	소화송 동영상을 보고 초등학교 5학년 학생에게 적합한지 확인한다.
날짜	3월 28일

〈첨부05〉 동영상 예상안

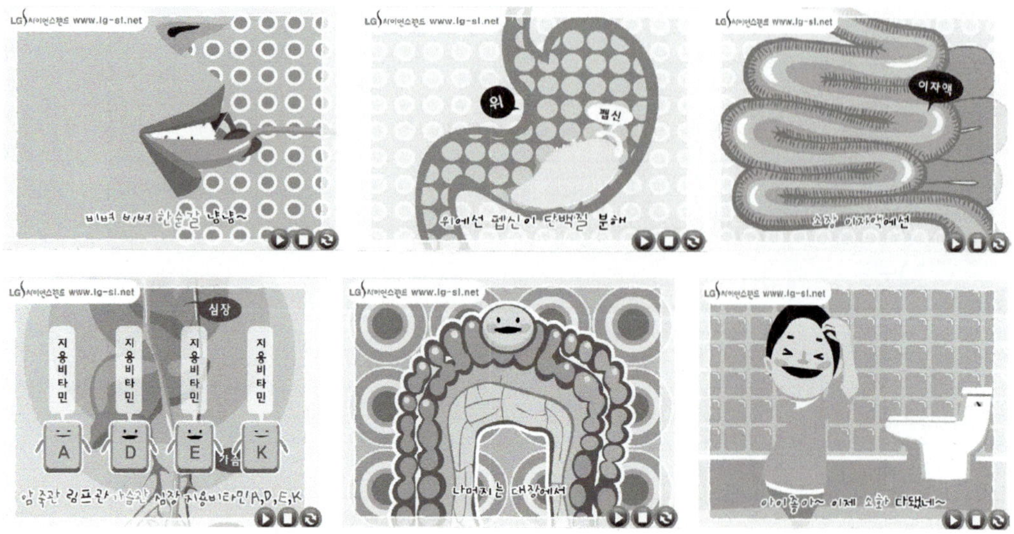

4. 판넬자료1 계획

학교간호사업	소화과정 자료 수집
학교간호 사업내용	소화과정에 관한 자료를 수집하고 판넬자료1에 적합한지 확인한다.
날짜	3월 28일

학교간호사업	소화과정 판넬 제작
학교간호 사업내용	수집한 자료를 바탕으로 소화과정 판넬을 제작한다.
날짜	4월 1일

학교간호사업	소화과정 판넬 이용 보건교육
학교간호 사업내용	판넬을 이용하여 보건교육을 한다.
날짜	4월 2-4일

〈첨부06〉 판넬 예상안

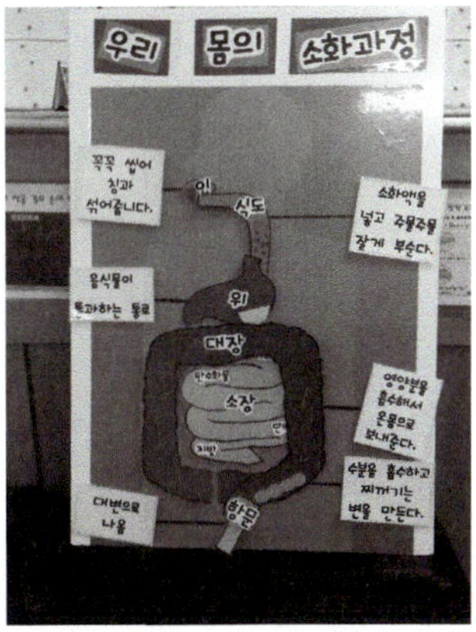

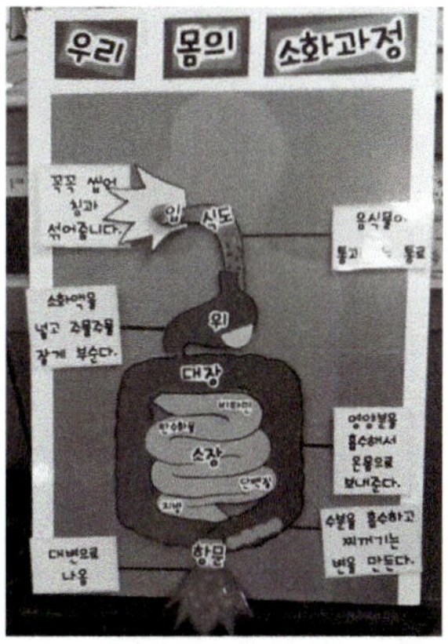

5. 판넬자료2 계획

학교간호사업	소화에 좋은 음식, 나쁜 음식 판넬 자료수집
학교간호 사업내용	소화에 좋은 음식, 나쁜 음식에 관한 자료를 수집하고 판넬자료2에 적합한지 확인한다.
날짜	3월 30일

학교간호사업	소화에 좋은 음식, 나쁜 음식 판넬 제작
학교간호 사업내용	수집한 자료를 바탕으로 소화에 좋은 음식, 나쁜 음식 판넬을 제작한다.
날짜	3월 31일-4월 1일

학교간호사업	소화에 좋은 음식, 나쁜 음식 판넬을 이용한 보건교육
학교간호 사업내용	판넬을 이용하여 보건교육한다.
날짜	4월 2-4일

〈첨부07〉 판넬 예상안

6. 시나리오 계획

학교간호사업	'배가 부글부글 거려요' 시나리오 작성
학교간호 사업내용	'배가 부글부글 거려요' PPT를 바탕으로 시나리오를 작성한다.
날짜	3월 31일

학교간호사업	'배가 부글부글 거려요' 시나리오 검토 및 수정
학교간호 사업내용	보건교사께 '배가 부글부글 거려요' 시나리오를 검토받고 수정한다.
날짜	4월 1일

학교간호사업	'배가 부글부글 거려요' 시나리오 이용한 보건수업 연습
학교간호 사업내용	'배가 부글부글 거려요' 시나리오 이용하여 보건수업 연습을 한다.
날짜	4월 1일-2일

학교간호사업	'배가 부글부글 거려요' 시나리오 이용한 보건수업
학교간호 사업내용	'배가 부글부글 거려요' 시나리오 이용하여 보건수업한다.
날짜	4월 2일-4일

〈첨부08〉 시나리오 예상안

[프리젠테이션 1]
교직 실습생: 안녕하세요 오늘 여러분과 배가 부글부글거려요 라는 주제로 보건수업을 진행할 이혜란 교생선생님입니다. 만나서 반갑습니다(인사). 오늘 보건수업의 주제는 배가 부글부글거려요인데요 배가 부글부글거린 경험이 있어요?
학생:네~
어떤 음식을 먹고 배가 부글부글 거렸는지 얘기해볼까요?
학생: 매운 떡볶이요, 아이스크림이요~
교직 실습생: 맞아요 지금 말한 음식들은 모두 소화가 잘 안되는 복통을 일으킬 수 있는 음식들이에요 배가 부글부글 거렸을 때의 기억을 잘 한번 떠올려 보면서 오늘 수업을 들어보세요~
지금부터 배가 부글부글거려요와 관련된 동영상을 볼텐데 여러분이 배탈이 났을 때를 잘 떠올리면서 한번 봅시다.

[프리젠테이션 2]
교직 실습생: 풍호한테 지금 어떤일이 있었죠?
학생: 배탈났어요
교직 실습생: 맞아요 맵고 짜고 또 상한 음식 이거 어떻게 먹었죠?
학생: 빨리요
교직 실습생: 빨리 먹고, 또 많이 먹었죠? 그래서 결국 어떻게 됐어요. 배탈이 나서 어디를 갔어요?
학생: 보건실이요
교직 실습생: 보건실에 갔죠? 보건실에서 보건선생님이 뭐라 그랬어요?
학생: 부드러운 죽을 천천히 먹으라고 하셨어요.
교직 실습생: 여러분들도 풍호처럼 배탈로 고생하지 않으려면 오늘 수업을 집중해서 들어야겠죠?

[프리젠테이션 3]
교직 실습생: 오늘의 학습목표를 한번 같이 읽어볼까요?
학생: 음식을 먹고 배탈이 났을 때의 원인과 증상을 이해하고, 스스로 할 수 있는 처치방법을 알고 실천할 수 있다.

[프리젠테이션 4]
교직 실습생: 네 이 목표를 달성하기 위해서는 첫 번째 음식물의 몸 속 소화과정을 알아봐야 되요. 두 번째로 복통이 왜 생긴 건지 어떤 증상이 있는 지 알아 볼거고 마지막으로 배탈이 난 경우, 스스로 할 수 있는 대처방법 그리고 배탈이 안나게 하려면 어떻게 해야하는지 공부해봐야 해요.

[프리젠테이션 5-7]
교직 실습생: 여러분 소화에 대해서 다 알고 있나요?
학생: 네
교직 실습생: 네 여러분들이 다 알고는 있지만 각각 소화기관이 어떤 기능을 하는 지에 대해 선생님과 같이 더 자세히 알아 볼 거에요.
우리가 딸기를 먹었어요~ 딸기를 먹죠 입에서는 이 딸기를 어떻게 할까요?
학생: 씹어요
교직 실습생: 씹죠? 꼭꼭 씹어야 되요. 그럼 뭐가 나와요?
학생: 침이요

교직 실습생: 침이 나오죠 침이 어떤 역할을 할까요?
학생: 음식물을 소화시켜요.
교직 실습생: 네 맞아요. 소화액을 분비를 해서 음식물을 잘게 부숴줘요. 그럼 이제 어디로 갈까요?
학생: 식도요
교직 실습생: 그죠 식도로 이동 했어요. 식도는 바로 다음 소화기관과 입을 연결하는 통로에요. 그다음 어디로 가죠? 위에요~ 위에서는 소화액이 나와서 우리가 먹은 음식을 잘게 잘게 부숴줘요. 그래서 음식물을 죽처럼 만들어줘요 자 소장으로 왔어요. 소장에서는 어떤 역할을 할까요?
학생: 영양분을 흡수해요
교직 실습생: 네 이미 소화되기 쉽게 죽 같은 상태로 왔기 때문에 영양분을 흡수해서 온몸으로 보내게 되요. 흡수해서 온몸으로 보냅니다. 그다음은 대장이죠. 대장에서는 음식물 속에 수분을 흡수시켜주죠. 그래서 변을 만들어줘요. 마지막은 우리 다 알고 있죠. 어딜까요?
학생: 항문이요
교직실습생: 네 항문이에요. 항문을 통해서 변이 배설됩니다. 이게 바로 정상적인 소화과정이에요. 그럼 풍호처럼 배탈이 났거나 체했을 때 어떤 과정으로 일어나는지 한번 살펴 볼까요? 우리가 음식을 잘 먹고 꼭꼭 씹어서 잘 넘겨줘야 되는 데 꼭꼭 씹지 않고 넘어가면 토할 수가 있죠? 여기 친구는 몇 번 씹어요?
학생: 30번이요
교직 실습생: 네 30번 이상 씹어야 소화가 잘 되는 상태로 먹는 거예요. 오늘 친구들 이따 점심시간에 한번 30번씩 씹어보기 알았죠?
학생: 네~
교직 실습생: 꼭꼭 씹지 않으면 덩어리가 크겠죠? 그럼 식도를 통과하지 못하고 위로 올라와요. 그게 바로 토하는 거에요. 자 위로 나왔어요. 그럼 또 어디로 나올까요? 아래로 나오죠. 위로 간 음식물은 소화액과 잘 섞이지 못해요. 그럼 그 상태로 소장으로 가고 소장에서는 영양분을 흡수하죠. 그런데 영양분을 흡수하기 쉬운 상태가 아니기 때문에 제대로 흡수하지 못해요. 그러면 대장으로 가서 대장이 수분을 흡수하기도 전에 빨리 이 나쁜 물질을 몸 밖으로 내보내고 싶어해요. 그래서 물기가 많은 변이 나오죠 이게 뭐죠?
학생: 설사요
교직 실습생: 네 설사죠~ 그런데 이런 구토와 설사는 나쁜 게 아니에요 우리가 음식을 잘못 먹었을 경우에 나쁜 걸 위로 아래로 빼주기 때문에 구토와 설사를 하게 내버려둬야 나쁜 음식들이 몸 밖으로 빠져나오겠죠? 다들 이해했나요?
학생: 네

[프리젠테이션 8-19]

교직 실습생: 배탈이 왜 일어나는 지 알아 볼 거예요. 이 그림은 어떨 때 일까요? (그림에 대해 질문하며 학생들이 대답하고 확인하는 방식으로 수업을 진행한다.)

[프리젠테이션 20-22]

교직 실습생: 배탈이 나면 어떤 증상이 있을까요? 배탈의 증상에 대해 배워볼거에요. (클릭)배가 빵빵한 느낌 (클릭)복부팽만감이라고 해요. 뭐라고요?
학생: 복부팽만감!
교직 실습생: (클릭)배가 아프죠. (클릭)복부통증, (클릭)머리가 지끈지끈 (클릭)두통, 구토, 몸이 으슬으슬 추운느낌, (클릭)손과 발이 파랗게 되죠 (클릭)배탈이 나면 온몸의 혈액이 장으로 모이게 되고 손과 발, 머리처럼 장과 멀리 떨어진 부위는 피가 부족해져서 차갑게 되요 (클릭)배가우르르쾅쾅 (클릭)설사에요.

[프리젠테이션 23-29]

교직 실습생: 우리 이제 배가 아플 때 어떻게 해야 하는 지 배워 볼 거예요. 배가 아플 때는 어떻게 할까요? 부드러운 죽을 먹어야 해요. 이 그림에서 30은 뭘까요?(클릭) 음식을 먹을 때 30번이상 씹었는지 속으로 세어봐야겠죠.(그림에 대해 질문하며 학생들이 대답하고 확인하는 방식으로 수업을 진행한다.)

[프리젠테이션 30-37]

교직 실습생: 이번에는 배탈이 나기 전에 미리 예방하는 방법을 알아보겠습니다. 음식을 천천히 꼭꼭 씹어 먹어야 하는 거 다들 잘 알죠? 이 그림은 뭘까요?(그림에 대해 질문하며 학생들이 대답하고 확인하는 방식으로 수업을 진행한다.)

[프리젠테이션 38]

교직 실습생: 그럼 배탈을 예방하기 위해 우리 친구들이 어떤 음식을 많이 먹으면 안되고 어떤 음식은 많이 먹어야 하는 지 알아볼거에요. (판넬을 준비)

(음식 사진이 소화에 좋은 음식인지 나쁜 음식인지 물어보고 틀린 경우 설명을 한다.)

[프리젠테이션 39-46]

교직 실습생: 여러분들 오늘 수업을 잘 집중해서 들었는지 확인해 보는 시간을 가질거에요. 배운 내용을 정리해보는 퀴즈를 풀어볼게요. 문제가 맞으면 머리위로 오를 크게 잘 보이게 들어주고 틀리면 엑스를 크게 그려주세요 알겠죠?

학생: 네

교직 실습생: 1번 배탈이 나면 시계방향으로 문지른다. 맞을까요?

학생: 머리위로 오를 그린다.

교직실습생: 정답은... 오~ 한번 다같이 어떻게 문질러야 되는지 각자 배에 해보세요.

교직 실습생: 2번 배탈이 났을 때는 찬물을 마시고 양말을 벗는다. 맞을까요?

학생: 머리 위로 엑스를 그린다.

교직 실습생: 정답은......(클릭) 엑스~ 배탈이 나면 몸을 따뜻하게 해야한다고 했죠?

교직 실습생: 3번 설사를 하면 물과 음식을 자주 많이 먹어 수분을 보충한다. 맞아요?

학생: 머리 위로 엑스를 든다.

교직 실습생: 정답은....(클릭)엑스~ 설사를 하면 음식을 어떻게 한다고 했죠?

학생: 조금씩 자주 먹어요!!

교직 실습생: 다맞았어요. 여러분들 다들 오늘 수업 열심히 들어 주었네요.

[프리젠테이션 47]

교직 실습생: 마지막으로 소화송 들으면서 오늘 배운 내용을 정리해볼게요. 여러분들 소화송 들어보았나요?

학생: 아니요

(소화송을 듣고 따라 부른다.)

[프리젠테이션 48]

다음시간에는 담배 몸에 해로워요라는 주제로 금연교육을 할거에요. 오늘 수업 열심히 참여해줘서 고맙습니다. 오늘 배운 내용 잊어버리지 말고 생활 속에서 실천해보세요 알겠죠? 수업 마칠게요. 인사합시다.

[수행계획 ④]

보건교육 후 ○○초등학교 5학년 학생들에게 배탈에 대한 지식 정도를 재평가하고 분석한다.

- 대상 : ○○초등학교 5학년
- 기간 : 2014년 3월 31일–4월 5일
- 장소 : 5학년 각 교실
- 도구 : 사후설문지, 컴퓨터, 프린터
- 인력 : 교직 실습생 2명

1. 사후 설문지 계획

학교간호사업	보건 수업 사후 설문지 자료 수집 및 사후 설문지 작성
학교간호 사업내용	초등학교 5학년 학생들의 교과과정을 분석하여 사후 설문지에 들어가기 적합한 내용으로 자료를 수집하고, 설문지를 작성한다.
날짜	3월 30일

학교간호사업	보건 수업 사후 설문지 검토 및 수정
학교간호 사업내용	보건교사께 보건 수업 사후 설문지 검토받고 수정한다.
날짜	3월 31–4월 1일

학교간호사업	각 교실로 사후 설문지 배부, 사후 설문지 회수
학교간호 사업내용	각 교실로 사후 설문지를 배부하고, 사후 설문지를 회수한다.
날짜	4월 2일–4월 4일

학교간호사업	보건 수업 사후 설문지 결과 분석
학교간호 사업내용	보건 수업 사후 설문지 결과를 항목별 분석한다.
날짜	4월 4일–5일

〈첨부09〉 사후 설문지 예상안

〈○○초등학교 5학년 보건 수업 사후 설문지 예상안〉

1. 문제 영역별 문항 수 예상안

중요도	문제 영역	문항 수
1	배탈 시 처치방법	2문항
2	배탈의 예방법(*소화가 잘 되는 음식)	3문항
3	배탈 시 증상	1문항
5	소화과정	1문항
6	각 소화기관의 기능	1문항
4	배탈의 원인	1문항
		4문항

2. 문제별 배점 예상안

문제번호	문제영역	배점	환산점수
1	배탈 시 처치방법	1점	10점
2	배탈의 예방법	1점	10점
3	배탈 시 처치방법	1점	10점
4	배탈의 예방법	1점	10점
5	배탈시 증상	2점	20점
6	소화과정	1점	10점
7	각 소화기관의 기능	1점	10점
8	복통의 원인	1점	10점
9	소화가 잘 되는 음식	1점	10점
총 점수		10점	100점

3. 평가방법

문제번호	평가유형
1	시험법–필기시험–서답형–완결형
2	시험법–필기시험–서답형–완결형
3	시험법–필기시험–서답형–완결형
4	시험법–필기시험–서답형–완결형
5	시험법–필기시험–서답형–완결형
6	시험법–필기시험–서답형–완결형
7	시험법–필기시험–선택형–선다형
8	시험법–필기시험–선택형–선다형
9	시험법–필기시험–선택형–배합형

일반적 목표 :
○○초등학교 전교 학생들은 올바른 식생활습관을 통해 건강한 생활을 할 수 있다.

구체적 목표:
(2) 2015년 3월 31일까지 ○○초등학교 5학년 중 아침식사를 규칙적으로 먹는 학생의 비율이 83%에서 95%로 증가한다.
(3) 2015년 3월 31일까지 ○○초등학교 5학년 중 매일 우유나 유제품을 먹는 학생의 비율이 53%에서 90%로 증가한다.
(4) 2015년 3월 31일까지 ○○초등학교 5학년 중 매일 채소와 과일을 먹는 학생의 비율이 71%에서 90%로 증가한다.
(5) 2015년 3월 31일까지 탄산음료, 청량음료 또는 과자를 매일 먹는 학생의 비율이 12%에서 5%로 감소한다.
(6) 2015년 3월 31일까지 햄버거, 피자 또는 라면을 일주일에 두 번 이상 먹는 학생의 비율이 20%에서 5%로 감소한다.

해당 수행계획 – 수행계획 ⑤
해당 학교간호 수단 – 관리
해당 학교간호 방법 – 판넬

[수행계획 ⑤]

○○초등학교 5학년 학생을 대상으로 건강조사 항목 중 식생활습관에 대한 설문조사를 실시하여 식생활습관 이행률의 변화를 분석한다.

- 대상 : ○○초등학교 5학년
- 기간 : 2015년 3월 14일–2015년 3월 31일
- 장소 : 5학년 각 교실
- 도구 : 컴퓨터, 프린터, 건강조사설문지
- 인력 : 보건교사, 교직 실습생 2명

1. 건강조사설문지 작성

학교간호사업	2015년 건강조사 식생활습관 관련 설문 조사지를 작성한다.
학교간호 사업내용	식생활습관 건강조사 5개 항목을 포함하여 2015년 건강조사 설문지를 작성한다.
날짜	2015년 3월 3–14일

학교간호사업	각 교실로 건강조사 설문지 배부, 건강조사 설문지 회수
학교간호 사업내용	각 교실로 건강조사 설문지를 배부하고, 설문지를 회수한다.
날짜	2014년 3월 15-31일

학교간호사업	건강조사 설문지 결과 분석
학교간호 사업내용	건강조사 설문지를 전체 통계를 작성하고 식생활습관 관련 문항에 대해 별도 통계를 작성한다.
날짜	2014년 4월 1일 – 2015년 3월 31일

〈첨부10〉 건강조사 설문지 예상안

건강조사 식생활관련 문항

1. 아침식사를 규칙적으로 먹는다. (예, 아니오)
2. 매일 우유나 유제품을 먹는다. (예, 아니오)
3. 매일 채소와 과일을 먹는다. (예, 아니오)
4. 탄산음료, 청량음료 또는 과자를 매일 먹는다. (예, 아니오)
5. 햄버거, 피자 또는 라면을 일주일에 두 번 이상 먹는다. (예, 아니오)

일반적 목표 :
○○초등학교 전교 학생들은 올바른 식생활습관을 통해 건강한 생활을 할 수 있다.

구체적 목표:
(7) 2014년 12월까지 ○○초등학교 5학년 학부모는 가정에서 자녀가 올바른 식생활을 하도록 지도할 수 있다.

해당 수행계획 – 수행계획 ⑥
해당 학교간호 수단 – 관리
해당 학교간호 방법 – 가정통신문

[수행계획 ⑥]

○○초등학교 5학년 학생들의 올바른 식생활습관 지도가 가정에서도 이루어질 수 있도록 가정통신문을 배부한다.

- 대상 : ○○초등학교 5학년
- 기간 : 2014년 4월 6-8일
- 장소 : 5학년 각 교실
- 도구 : 컴퓨터, 프린터, 가정통신문
- 인력 : 교직 실습생 2명

1. 가정통신문 계획

학교간호사업	식생활습관 지도 자료 수집
학교간호 사업내용	가정통신문에 적합한 식생활습관 지도 자료를 수집한다.
날짜	4월 6일

학교간호사업	'올바른 식생활습관으로 건강을 지키자!' 가정통신문 작성 및 검토
학교간호 사업내용	'올바른 식생활습관으로 건강을 지키자!' 가정통신문을 작성하고 내용에 오류가 없는지 검토한다.
날짜	4월 7일

학교간호사업	'올바른 식생활습관으로 건강을 지키자!' 가정통신문 배부
학교간호 사업내용	'올바른 식생활습관으로 건강을 지키자!' 가정통신문을 ○○초등학교 5학년 전체 가정으로 배부한다.
날짜	4월 8일

일반적 목표 :
○○초등학교 전교 학생들은 올바른 식생활습관을 통해 건강한 생활을 할 수 있다.

구체적 목표:
(8) 2014년 12월까지 ○○초등학교 5학년 담임교사는 가정에서 학생들이 올바른 식생활을 하도록 지도할 수 있다.

해당 수행계획 – 수행계획 ⑦
해당 학교간호 수단 – 관리
해당 학교간호 방법 – 안내문, 자가평가서

[수행계획 ⑦]

○○초등학교 5학년 학생들의 '올바른 식생활습관 지도'를 위한 안내문 및 자가평가서를 배부한다.

- 대상 : ○○초등학교 5학년 담임교사
- 기간 : 2014년 4월 6-8일
- 장소 : 교무실
- 도구 : 컴퓨터, 프린터, 가정통신문
- 인력 : 교직 실습생 2명, 보건교사 1명

1. 안내문 계획

학교간호사업	식생활습관 지도 자료 수집
학교간호사업내용	안내문에 적합한 식생활습관 지도 자료를 수집한다.
날짜	4월 6일

학교간호사업	올바른 식생활습관 지도 안내문 작성 및 검토
학교간호사업내용	올바른 식생활습관 지도 안내문을 작성하고 내용에 오류가 없는지 검토한다.
날짜	4월 7일

학교간호사업	올바른 식생활습관 지도 안내문 배부
학교간호사업내용	'올바른 식생활습관 지도 안내문을 ○○초등학교 5학년 전체 교직원에 배부한다.
날짜	4월 8일

2. 자가평가서 계획

학교간호사업	식생활습관 지도 자료 수집
학교간호사업내용	자가평가서에 적합한 식생활습관 지도 자료를 수집한다.
날짜	4월 6일

학교간호사업	'올바른 식생활습관 지도' 자가평가서 작성 및 검토
학교간호사업내용	올바른 식생활습관 지도 자가평가서 작성하고 내용에 오류가 없는지 검토한다.
날짜	4월 7일

일반적 목표 :
○○초등학교 전교 학생들은 올바른 식생활습관을 통해 건강한 생활을 할 수 있다.

구체적 목표 :
(9) 2014년 12월까지 ○○초등학교 5학년 학생들 중 식생활습관 고위험군 학생들의 올바른 식생활습관 이행률이 40%에서 80% 이상으로 향상된다. (식생활습관 고위험군 학생 : 건강조사의 식생활습관 항목이 60점 이상으로 전체 5학년 학생 중 12.4%가 해당)

해당 수행계획 – 수행계획 ⑧
해당 학교간호 수단 – 관리
해당 학교간호 방법 – 일기장

[수행계획 ⑧]

○○초등학교 5학년 학생들 중 식생활습관 고위험군 학생에게 '올바른 식생활 습관' 일기장을 배부한다.

- 대상 : ○○초등학교 5학년 중 식생활습관 고위험군 학생들
- 기간 : 2014년 4월 6–8일
- 장소 : 5학년 각 교실
- 도구 : 컴퓨터, 프린터, 일기장
- 인력 : 교직 실습생 2명

1. 일기장 계획

학교간호사업	'올바른 식생활습관' 자료 수집
학교간호 사업내용	일기장에 적합한 식생활습관 자료를 수집한다.
날짜	4월 6일

학교간호사업	올바른 식생활습관 일기장 작성 및 검토
학교간호 사업내용	올바른 식생활습관 일기장을 작성하고 내용에 오류가 없는지 검토한다.
날짜	4월 7일

학교간호사업	'올바른 식생활습관' 일기장 배부
학교간호 사업내용	'올바른 식생활습관으로 건강을 지키자!' 자가평가서를 ○○초등학교 5학년 중 식생활습관 고위험군 학생에 배부한다.
날짜	4월 8일

일반적 목표 :
○○초등학교 전교 학생들은 올바른 식생활습관을 통해 건강한 생활을 할 수 있다.

구체적 목표 :
(9) 2014년 12월까지 ○○초등학교 5학년 학생들 중 식생활습관 고위험군 학생들의 올바른 식생활습관 이행률이 40%에서 80% 이상으로 향상된다. (식생활습관 고위험군 학생 : 건강조사의 식생활습관 항목이 60점 이상으로 전체 5학년 학생 중 12.4%가 해당)

해당 수행계획 – 수행계획 ⑨
해당 학교간호 수단 – 보건 교육
해당 학교간호 방법 – 컴퓨터 보조

[수행계획 ⑨]

○○초등학교 5학년 학생들 중 식생활습관 고위험군 학생들을 대상으로 인천 부평구 보건소에서 시행하는 지역아동센터 건강교실에 교육을 의뢰한다.

- 대상 : ○○초등학교 5학년 학생들 중 건강조사 설문 내 식생활습관 5항목 중 3항목 이상 위험이 있는 학생들
- 기간 : 2014년 4월 6–21일
- 장소 : 5학년 1반 교실
- 도구 : 컴퓨터 매체(PPT)
- 인력 : 교직 실습생 2명, 보건 교사 1명

1. 교육 계획

학교간호사업	지역아동센터 건강교실 자료 검토 및 의뢰서 작성
학교간호 사업내용	지역아동센터 건강교실과 연락하여 자료를 검토하고, 필요한 의뢰서를 작성한다.
날짜	4월 6일

학교간호사업	지역아동센터 건강교실에 의뢰
학교간호 사업내용	지역아동센터 건강교실에 의뢰한다.
날짜	4월 7일

학교간호사업	찾아가는 Total 보건 서비스'인 지역아동센터 건강교실이 개설
학교간호 사업내용	○○초등학교 5학년 1반 교실에 찾아가는 Total 보건 서비스'인 지역아동센터 건강교실이 개설된다.
날짜	4월 21일

4) 학교간호사업 평가계획

학교간호 사업내용	"배가 부글부글 거려요." 보건교육
평가자	교직 실습학생 2명
평가시기	• 2014년 4월 2일 ~ 2015년 3월 31일
평가대상	○○초등학교 5학년 학생, 5학년 중 식생활습관 고위험군 학생, 학부모, 교직원
평가방법	• 구술 시험법 : 형성평가 – 교육 중 질문을 통해 수업 내용을 확인한다. – 교육 중 OX퀴즈를 통해 배탈의 처치법과 예방법에 대해 숙지하였는지 확인한다. • 필기 시험법 : 진단평가, 최종평가, 선택형 중 진위형, 선다형과 서답형 중 단답형, 완결형 혼합 – 사전, 사후 설문지를 통해 우리 몸의 소화과정, 배탈의 원인과 증상 및 대처방법을 숙지하였는지 확인한다. • 자가 평가법 : 교직원 자가평가지, 식생활습관 고위험군 학생 일기장 교직원 자가평가지와 학생 일기장의 점수를 확인해 어느 정도 실천이 되고 있는 지 평가한다. • 1년마다 건강 조사를 주기적으로 시행하여 식생활습관 고위험군 학생의 증감을 확인한다.
평가의 범주	**① 사업의 목표달성 정도에 대한 평가** • 보건교육을 통해 우리 몸의 소화과정에 대해 설명할 수 있는가? • 보건교육을 통해 복통의 원인과 증상에 대해 설명할 수 있는가? • 보건교육을 통해 배탈의 대처방법에 대해 설명할 수 있는가? • 나누어준 자가평가서는 꾸준히 기록하였는가? • 나누어준 일기장은 꾸준히 기록하였는가? **② 사업의 진행에 대한 평가** • 보건교육 사업이 계획한 일정에 맞게 진행되었는가? • 학생들은 교육자료에 흥미와 만족을 느꼈는가? • 가정통신문 배부 사업이 계획한 일정에 맞게 진행되었는가? • 안내문과 자기평가표 사업이 일정에 맞게 진행되었는가? • 일기장 사업이 계획한 일정에 맞게 진행되었는가? • 학생들은 일기장에 흥미와 만족을 느꼈는가? • 건강 조사 설문지 사업이 일정에 맞게 진행되었는가?

③ **투입된 노력에 대한 평가**

- 보건교육 지도안 제작에 있어서 인력, 시간이 적절하게 투입되었는가?
- 보건교육 ppt 제작에 있어서 인력, 시간이 적절하게 투입되었는가?
- 보건교육 판넬자료 제작에 있어서 인력, 경비, 시간, 예산이 적절하게 투입되었는가?
- 사전, 사후검사지 제작과 배부에 있어서 인력, 시간이 적절하게 투입되었는가?
- 보건교육 시나리오 제작에 있어서 인력, 시간이 적절하게 투입되었는가?
- 가정통신문 제작과 배부에 있어서 인력, 시간이 적절하게 투입되었는가?
- 안내문 제작과 배부에 있어서 인력, 시간이 적절하게 투입되었는가?
- 자가평가표 제작과 배부에 있어서 인력, 시간이 적절하게 투입되었는가?
- 일기장 제작과 배부에 있어서 인력. 시간이 적절하게 투입되었는가?
- 건강 조사 설문지 제작과 배부에 있어서 인력, 시간이 적절하게 투입되었는가?

④ **사업의 효율에 대한 평가**

- 투입된 시간(2014/3/31~2014/04/03), 투입된 예산(없음), 투입된 인력(교직 실습학생 2명)에 비하여 목표의 달성(○○초등학교 5학년 학생들은 배탈의 원인과 증상 및 대처법에 대한 지식 점수 78점에서 점수 90점으로 상승한다.)이 어느 정도이며 효율적으로 이루어졌는가?
- 투입된 시간(2014/3/31~2015/03/31), 투입된 인력(교직 실습학생 2명)에 비하여 목표의 달성(○○초등학교 5학년 중 아침식사를 규칙적으로 먹는 학생의 비율이 83%에서 95%로 증가한다.)이 어느 정도이며 효율적으로 이루어졌는가?
- 투입된 시간(2014/3/31~2015/03/31), 투입된 인력(교직 실습학생 2명)에 비하여 목표의 달성(○○초등학교 5학년 중 매일 우유나 유제품을 먹는 학생의 비율이 53%에서 90%로 증가한다.)이 어느 정도이며 효율적으로 이루어졌는가?
- 투입된 시간(2014/3/31~2015/03/31), 투입된 인력(교직 실습학생 2명)에 비하여 목표의 달성(○○초등학교 5학년 중 매일 채소와 과일을 먹는 학생의 비율이 71%에서 90%로 증가한다.)이 어느 정도이며 효율적으로 이루어졌는가?
- 투입된 시간(2014/3/31~2015/03/31), 투입된 인력(교직 실습학생 2명)에 비하여 목표의 달성(탄산음료, 청량음료 또는 과자를 매일 먹는 학생의 비율이 12%에서 5%로 감소한다.)이 어느 정도이며 효율적으로 이루어졌는가?
- 투입된 시간(2014/3/31~2015/03/31), 투입된 인력(교직 실습학생 2명)에 비하여 목표의 달성(햄버거, 피자 또는 라면을 일주일에 두 번 이상 먹는 학생의 비율이 20%에서 5%로 감소한다.)이 어느 정도이며 효율적으로 이루어졌는가?
- 투입된 시간(2014/3/31~2014/12/31), 투입된 인력(교직 실습학생 2명)에 비하여 목표의 달성(○○초등학교 5학년 학부모는 가정에서 학생이 올바른 식생활습관을 통해 건강한 생활을 하도록 지도할 수 있다.)이 어느 정도이며 효율적으로 이루어졌는가?
- 투입된 시간(2014/3/31~2014/12/31), 투입된 인력(교직 실습학생 2명)에 비하여 목표의 달성(2014년 12월 31일까지 ○○초등학교 5학년 교직원은 가정에서 학생이 올바른 식생활습관을 통해 건강한 생활을 하도록 지도할 수 있다.)이 어느 정도이며 효율적으로 이루어졌는가?
- 투입된 시간(2014/3/31~2014/12/31), 투입된 인력(교직 실습학생 2명)에 비하여 목표의 달성(2014년 12월까지 ○○초등학교 5학년 학생들 중 식생활습관 고위험군 학생들의 올바른 식생활습관 이행률이 40%에서 80% 이상으로 향상된다.)이 어느 정도이며 효율적으로 이루어졌는가?

6.3 학교간호 수행단계

날짜	학교 간호 사업 내용	학교 간호수행
3월 28일	• 보건 수업 지도안 자료 수집 • '배가 부글부글 거려요' PPT 자료 수집 • '배가 부글부글 거려요' 동영상 자료 수집 • '소화송' 동영상 자료 수집 • 보건교육에 적합한 동영상 자료 수집	– 보건 수업을 위해 보건 선생님께서 초등학교 5학년 보건 교과서를 주셨다. – 초등학교 5학년 보건 교과서를 근거로 하여 보건 교육 PPT에 들어갈 자료를 수집하였다. – 초등학교 5학년 보건 교과서를 근거로 하여 '배가 부글부글 거려요' 동영상 자료를 수집하였다. – 초등학교 5학년 보건 교과서를 근거로 하여 '소화송' 동영상 자료를 수집하였다. – 초등학교 5학년 수준에 맞는 동영상인가 분석하고 동영상을 선정하였다.
3월 29–30일	• 보건 수업 지도안 작성 • '배가 부글부글 거려요' PPT 작성	– 수집한 자료를 근거로 하여 보건 수업 지도안을 작성하였다. (첨부01) – 수집한 자료를 근거로 하여 보건 수업 PPT를 작성하였다. (첨부02)
3월 30일	• 보건 수업 사전 설문지 자료 수집 및 사전 설문지 작성 • 소화에 좋은 음식, 나쁜 음식 판넬 자료수집 • 보건 수업 사후 설문지 자료 수집 및 사후 설문지 작성	– 보건 수업 사전 설문지에 들어갈 자료를 수집하고 적합한 내 용을 선정하여 사전 설문지를 작성하였다.(첨부03) – 소화에 좋은 음식, 나쁜 음식에 대한 자료를 수집하였다. – 보건 수업 사후 설문지에 들어갈 자료를 수집하고 적합한 내용을 선정하여 사후 설문지를 작성하였다.
3월 31일	• 보건 수업 사전 설문지 검토 및 수정, 보건 수업 사전 설문지 자료 재수집 • 각 교실로 사전 설문지 배부, 사전 설문지 회수 • 사전 설문지 결과 분석 • 보건 수업 지도안 검토 및 1차 수정, 보건 수업 지도안 자료 재수집 • '배가 부글부글 거려요' 시나리오 작성	– 보건 수업 사전 설문지를 검토하고 수정할 부분에 대해 자료를 재수집하여 수정하였다. – 보건 수업 사전 설문지를 OO초등학교 5학년 각 교실에 배부하고 설문조사를 한 후, 설문지를 회수하였다. – 회수한 보건 수업 사전 설문지의 결과를 분석하였다. – 분석한 보건 수업 사전 설문지의 결과를 근거로 하여 보건 수업 지도안 자료를 재수집하였다. – 재수집한 자료와 보건 수업 지도안을 검토하고 분석한 보건 수업 사전 설문지의 결과를 근거로 하여 1차 수정을 하였다. – 보건 수업 시나리오를 작성하였다. (첨부04)

날짜	학교 간호 사업 내용	학교 간호수행
3월 31일 -4월 1일	• 보건 수업 사후 설문지 검토 및 수정	– 보건 수업 사후 설문지를 검토하여 사전 설문 내용을 반영하고, 초등학교 5학년 수준에 적합한 설문 내용으로 수정하였다.
4월 1일	• 보건 수업 지도안 검토 및 2차 수정 • '배가 부글부글 거려요' PPT 검토 및 수정 • '배가 부글부글 거려요' 시나리오 검토 및 수정 • 소화과정 판넬 제작	– 재수집한 자료와 보건 수업 지도안을 검토하고 분석한 보건 수업 사전 설문지의 결과를 근거로 하여 2차 수정을 하였다. – 분석한 보건 수업 사전 설문지의 결과를 근거로 하여 PPT를 검토하고 수정을 하였다. – 분석한 보건 수업 사전 설문지의 결과를 근거로 하여 시나리오를 검토하고 수정을 하였다. – 소화과정에 관한 판넬 자료를 제작하였다.
4월 1-2일	• '배가 부글부글 거려요' 시나리오 이용한 보건수업 연습	– 수정한 시나리오를 바탕으로 보건 수업 연습을 하였다.
4월 2일	• '배가 부글부글 거려요' PPT를 이용한 보건교육 연습	– 수정한 PPT를 바탕으로 보건 수업 연습을 하였다.
4월 2-4일	• '배가 부글부글 거려요' PPT를 이용한 보건교육 • '배가 부글부글 거려요' 동영상을 이용한 보건교육 • '소화송' 동영상을 이용한 보건교육 • 소화과정 판넬 이용 보건교육 • 소화에 좋은 음식, 나쁜 음식 판넬을 이용한 보건교육 • '배가 부글부글 거려요' 시나리오 이용한 보건수업 • 보건 수업 사후 설문지 각 교실로 사전 설문지 배부, 사후 설문지 회수	– ○○초등학교 5학년 보건 수업을 진행하였다. – 보건 수업 사후 설문지를 ○○초등학교 5학년 각 교실에 배부하고 설문조사를 한 후, 설문지를 회수하였다. (첨부05)
4월 4-5일	• 보건 수업 사후 설문지 결과 분석	– 보건 수업 사후 설문지의 결과를 분석하였다.

6.4 학교간호 평가단계

<table>
<tr><td>학교간호 사업내용</td><td>"배가 부글부글 거려요." 보건교육,</td></tr>
<tr><td>평가자</td><td>교직 실습학생 2명</td></tr>
<tr><td>평가시기</td><td>• 2014년 3월 31일 ~ 2014년 4월 4일</td></tr>
<tr><td>평가대상</td><td>○○초등학교 5학년 학생</td></tr>
<tr><td>평가방법</td><td>• 구술 시험법 : 형성평가
– 교육 중 질문을 통해 수업 내용을 확인한다.
– 교육 중 OX퀴즈를 통해 배탈의 처치법과 예방법에 대해 숙지하였는지 확인한다.
• 필기 시험법 : 진단평가, 최종평가, 선택형 중 진위형, 선다형과 서답형 중 단답형, 완결형 혼합
– 사전, 사후 설문지를 통해 우리 몸의 소화과정, 배탈의 원인과 증상 및 대처방법을 숙지하였는지 확인한다.</td></tr>
<tr><td>평가의 범주</td><td>① 사업의 목표달성 정도에 대한 평가
• 보건교육을 통해 우리 몸의 소화과정에 대해 설명할 수 있는가?
→ 교육 중 질문을 통해 우리 몸의 소화과정에 대해 잘 알고 있음을 파악할 수 있었다.
• 보건교육을 통해 복통의 원인과 증상에 대해 설명할 수 있는가?
→ 교육 중 질문을 통해 복통의 원인과 증상에 대해 잘 알고 있음을 파악할 수 있었다.
• 보건교육을 통해 배탈의 대처방법에 대해 설명할 수 있는가?
→ 교육 중 OX퀴즈를 통해 배탈의 대처방법에 대해 잘 알고 있음을 파악할 수 있었다.

② 사업의 진행에 대한 평가
• 보건교육 사업이 계획한 일정에 맞게 진행되었는가?
→ 사전 설문지 프로그램은 자료 분석, 수정, 제작에 2일이 소요되었으며, 배부는 3월 31일에 딱 맞추어 배부되었고, 분석되었다.
→ 보건교육 컴퓨터 보조매체에 필요한 자료수집, 분석, 수정, 제작에 4일이 소요되었으며 계획된 일정에 맞게 진행되었다.
→ 보건교육 시나리오 제작이 일로 계획된 일정에 맞게 진행되었다.
→ 사후 설문지 프로그램은 자료 분석, 수정, 제작에 6일이 소요되었으며, 배부는 계획한 날짜에 딱 맞추어 배부되었고, 분석되었다.
• 학생들은 교육 자료에 흥미와 만족을 느꼈는가?
→ 학생들은 판넬 자료에 흥미를 가지고 수업에 적극적으로 참여하였다.</td></tr>
</table>

③ 투입된 노력에 대한 평가

- 보건교육 지도안 제작에 있어서 인력, 시간이 적절하게 투입되었는가?
  → 보건교육 지도안 제작에 투입된 인력은 총 3명(실습학생 2명, 보건교사 1명)이며, 투입된 시간은 설문조사에 필요한 자료수집, 수정, 배부, 분석에 총 5일이 소요되었고 충분한 시간을 사용하였다.
- 보건교육 ppt 제작에 있어서 인력, 시간이 적절하게 투입되었는가?
  → 보건교육 ppt 제작에 투입된 인력은 총 2명(실습학생 2명)이며, 투입된 시간은 자료수집, 수정에 총 4일이 소요되었고 충분한 시간을 사용하였다.
- 보건교육 판넬자료 제작에 있어서 인력, 경비, 시간, 예산이 적절하게 투입되었는가?
  → 보건교육 판넬 제작에 투입된 인력은 총 2명(실습학생 2명)이며, 투입된 시간은 자료수집, 제작에 총 3일이 소요되었고 투입된 예산은 보건선생님께서 제작에 필요한 모든 재료를 주셨다. 소요된 시간은 총 3일로 충분한 시간을 사용하였다.
- 사전, 사후검사지 제작과 배부에 있어서 인력, 시간이 적절하게 투입되었는가?
  → 보건교육 사전검사지 제작에 투입된 인력은 총 3명(실습학생 2명, 보건교사 1명)이며, 보건선생님께서 150매를 인쇄해 주셨다. 투입된 시간은 설문조사에 필요한 자료수집, 수정, 배부, 분석에 총 2일이 소요되었고 충분한 시간을 사용하였다.
  → 보건교육 사후검사지 제작에 투입된 인력은 총 3명(실습학생 2명, 보건교사 1명)이며, 보건선생님께서 150매를 인쇄해 주셨다. 투입된 시간은 설문조사에 필요한 자료수집, 수정, 배부, 분석에 총 6일이 소요되었고 충분한 시간을 사용하였다.
- 보건교육 시나리오 제작에 있어서 인력, 시간이 적절하게 투입되었는가?
  → 보건교육 시나리오 제작에 투입된 인력은 총 2명(실습학생 2명)이며, 투입된 시간은 제작, 수정에 총 2일이 소요되었고 충분한 시간을 사용하였다.

④ 사업의 효율에 대한 평가

- 투입된 시간(2014/3/31~2014/04/03), 투입된 예산(없음), 투입된 인력(교직 실습학생 2명)에 비하여 목표의 달성(○○초등학교 5학년 학생들은 배탈의 원인과 증상 및 대처법에 대한 지식 점수 78점에서 점수 90점으로 상승한다.)이 어느 정도이며 효율적으로 이루어졌는가?
  → 보건교육 사전 설문조사 결과 지식 점수 평균 78점에서 보건교육 사업을 진행한 후, 사후 설문조사 결과 지식 점수 평균 90점으로 상승하여 목표를 달성하였고 학생들의 지식, 태도, 생각이 변화되었다.

ppt..자료붙임

9. 몸이 많이 피곤할 때
피로
10. 마음이 불안정할 때
11. 변비와 설사 증상이 있을 때
복부팽만감
복부통증
배탈의 증상
설사
머리로 가는 산소가 부족해지기 때문입니다. 온몸의 혈액이 장으로 모이게 되고 그러면 상대적으로 몸의 끝부분에 있는 머리와 손발에는 혈액이 부족해 집니다.
맹장염은 맹장아래 충수돌기라는 곳에 염증이 생긴 것으로 "충수돌기염" 이라고 한다.
배탈이 났을 때 대처하는 방법을 알아봅시다.
배가 아플 때는 부드러운 미음이나 죽을 먹습니다.
음식을 먹을 때는 30번 이상 꼭꼭 씹어 침과 잘 섞이도록 합니다.
설사를 하면 물과 음식은 조금씩 자주 먹습니다.
아픈 배를 문질러 주는 것도 도움이 됩니다.
잠을 푹 자고 피곤하지 않도록 합니다.
배를 덮어주고 양말을 신어 몸을 따뜻하게 합니다.
배탈이 나지 않게 예방하는 방법을 알아봅시다.
1. 음식을 천천히 꼭꼭 씹어먹는 습관을 가진다.
2. 식사 도중 물을 자주 섭취하지 않는다.

5-1 배가 부글부글 거려요
배탈 시 처치 방법
복통 시 증상
복통의 원인과 증상을 이해하고 올바른 처치법을 알아보자.
우리 몸의 정상적인 소화 과정과 배탈 시 소화 과정을 비교해봅시다.
배가 부글부글거려요
우리 몸의 소화과정 알아보기
대변으로 나옴
배탈이 났을 때 우리 몸의 소화과정
설사를 하게됩니다.
1. 밥을 빨리 먹었을 때
2. 돌아다니면서 먹을 때
3. 상한 음식을 먹었을 때
4. 밥을 굶었을 때
5. 차가운 음식을 많이 먹었을 때
6. 매운 음식을 먹었을 때
7. 많은 양을 먹었을 때
8. 기름진 음식을 먹었을 때

6.2 학교간호 계획단계

【간호우선순위 문제 2】

1) 학교간호사업의 목표 설정

(1) 일반적 목표

○○초등학교 전교 학생들은 올바른 성지식을 통해 건전한 생활을 실천할 수 있다.

(2) 구체적 목표

① 2014년 10월 31일까지 ○○초등학교 5학년 중 여학생들은 사춘기 여성의 신체변화와 대처방법에 대한 지식이 사전 평가점수 66점에서 사후 평가점수 90점으로 상승한다.

② 2014년 10월 31일까지 ○○초등학교 5학년 중 남학생들은 사춘기 남성의 신체변화와 대처방법에 대한 지식이 사전 평가점수 70점에서 사후 평가점수 90점으로 상승한다.

③ 2014년 12월 31일까지 ○○초등학교 학생들은 남,여 사춘기 변화에 따른 대처방법 3가지를 말할 수 있다.

④ 2014년 12월 31일까지 ○○초등학교 학생들은 올바른 성지식을 습득할 수 있다.

⑤ 2015년 12월 31일까지 ○○초등학교 학생들은 음란물 노출을 예방한다.

⑥ 2014년 12월 31일까지 ○○초등학교 학생 중 음란물에 노출된 학생들은 건전한 생활을 실천할 수 있다.

⑦ 2014년 12월 31일까지 ○○초등학교 5학년 학부모는 가정에서 학생이 올바른 성지식을 통해 건전한 생활을 하도록 지도할 수 있다.

⑧ 2014년 12월 31일까지 ○○초등학교 교직원은 학생이 올바른 성지식을 통해 건전한 생활을 하도록 지도할 수 있다.

2) 학교간호방법 및 수단의 선택

(1) 간호 방법

간호 방법	간호 내용
보건 교육	• ○○초등학교 5학년 학생들을 대상으로 사춘기 여성의 신체변화와 대처방법에 대해 사전조사 한다.
	• ○○초등학교 5학년 학생들을 대상으로 사춘기 여성의 신체변화와 대처방법에 대해 교육한다.
	• ○○초등학교 5학년 학생들을 대상으로 보건 수업 후 사춘기 여성의 신체변화와 대처방법에 대해 사후조사 한다.
	• ○○초등학교 5학년 학생들을 대상으로 사춘기 남성의 신체변화와 대처방법에 대해 사전조사 한다.
	• ○○초등학교 5학년 학생들을 대상으로 사춘기 남성의 신체변화와 대처방법에 대해 교육한다.
	• ○○초등학교 5학년 학생들을 대상으로 보건 수업 후 사춘기 남성의 신체변화와 대처방법에 대해 사후조사 한다.
	• ○○초등학교 학생들을 대상으로 인천광역시 청소년성문화센터에서 외부강사를 초청하여 성에 대해 방송보건교육을 한다.
	• ○○초등학교 학생들을 대상으로 성대화법 형식을 활용한 질의응답 식 보건교육을 한다.

간호 방법	간호 내용
	• ○○초등학교 학생 중 음란물에 노출된 학생들을 대상으로 교내 위원회에서 외부 전문가(변호사, 경찰관)를 초청하여 성에 대해 보건교육을 한다.
	• ○○초등학교 학생 중 음란물에 노출된 학생들을 대상으로 인천광역시 청소년성문화센터에서 외부강사를 초청하여 소그룹 보건교육을 한다.
관리	• 건전한 생활 지도가 가정에서도 이루어질 수 있도록 자녀 성교육 관련 사춘기 신체변화와 대처방법 및 건전한 생활 실천 방법 내용의 가정통신문을 배부한다.
	• 건전한 생활 지도가 교직원을 통해 이루어질 수 있도록 사춘기 신체변화와 대처방법 및 건전한 생활 지도 방법 내용의 안내문을 배부한다.
	• 매해 11월 첫 주에 음란물 근절 주간으로 캠페인, 시, 포스터 활동을 통해 음란물 노출을 예방한다.

(2) 간호 수단

간호 수단	간호 내용
컴퓨터 보조	• ○○초등학교 5학년 학생들의 보건 수업을 PPT로 진행한다.
	• ○○초등학교 5학년 학생들의 보건 수업 시 사춘기 여성의 신체변화 동영상을 통하여 여성의 신체변화와 대처방법의 이해를 돕는다.
	• ○○초등학교 5학년 학생들의 보건 수업 시 월경과정을 쉽게 설명한 동영상으로 이해를 돕는다.
	• 인천광역시 청소년성문화센터에서 시행하는 외부강사 초청 방송보건교육 시 PPT로 진행한다.
책	• ○○초등학교 5학년 학생들을 대상으로 사춘기 여성의 신체변화와 대처방법에 대해 5학년 보건교과서를 활용하여 교육한다.
	• ○○초등학교 5학년 학생들을 대상으로 사춘기 남성의 신체변화와 대처방법에 대해 5학년 보건교과서를 활용하여 교육한다.
판넬 자료	• ○○초등학교 5학년 학생들의 보건 수업 시 월경과정에 대한 이해를 돕는다.
	• ○○초등학교 5학년 학생들의 보건 수업 시 여성의 생식기관의 명칭과 기능에 대해 교육하여 생리기전의 이해를 돕는다.
	• 매해 11월 첫 주에 음란물 근절 주간으로 캠페인 활동 시 음란물 근절 판넬을 제작하여 활용, 음란물 노출을 예방한다.

간호 수단	간호 내용
설문지	• ○○초등학교 5학년 학생들을 대상으로 보건 수업 전 사춘기 여성의 신체변화, 대처법에 대해 사전조사 한다.
	• ○○초등학교 5학년 학생들을 대상으로 보건 수업 후 사춘기 여성의 신체변화, 대처법에 대해 사후조사 한다.
방송 매체	• ○○초등학교 학생들을 대상으로 인천광역시 청소년성문화센터에서 외부강사를 초청하여 성에 대해 방송보건교육을 한다.
가정통신문	• 건전한 생활 지도가 가정에서도 이루어질 수 있도록 자녀 성교육 관련 사춘기 신체변화와 대처방법 및 건전한 생활 실천 방법 내용의 가정통신문을 배부한다.
안내문	• 건전한 생활 지도가 교직원을 통해 이루어질 수 있도록 사춘기 신체변화와 대처방법 및 건전한 생활 지도 방법 내용의 안내문을 배부한다.

3) 학교간호사업 수행계획 수립

일반적 목표 :
○○초등학교 전교 학생들은 올바른 성지식을 통해 건전한 생활을 실천할 수 있다.

구체적 목표 :
(1) 2014년 10월 31일까지 ○○초등학교 5학년 중 여학생들은 사춘기 여성의 신체변화와 대처방법에 대한 지식이 사전 평가점수 66점에서 사후 평가점수 90점으로 상승한다.
(3) 2014년 12월 31일까지 ○○초등학교 학생들은 남, 여 사춘기 변화에 따른 대처방법 3가지를 말할 수 있다.

해당 수행계획 – 수행계획 ①~④
해당 학교간호 수단 – 보건교육
해당 학교간호 방법 – 컴퓨터 보조, 판넬 자료, 설문지

[수행계획 ①]

보건교육 전 ○○초등학교 5학년 학생들이 가진 성에 대한 지식 정도를 평가하고 분석한다.

- 대상 : ○○초등학교 5학년
- 기간 : 2014년 10월 20일–10월 21일

– 장소 : 5학년 각 교실
– 도구 : 사전설문지, 컴퓨터, 프린터
– 인력 : 교직 실습생 2명

1. 사전 설문지 계획

학교간호사업	보건 수업 사전 설문지 자료 수집 및 사전 설문지 작성
학교간호 사업내용	초등학교 5학년 학생들의 교과과정을 분석하여 사전 설문지에 들어가기 적합한 내용으로 자료를 수집하고, 설문지를 작성한다.
날짜	2014년 10월 20일

학교간호사업	보건 수업 사전 설문지 검토 및 수정, 보건 수업 사전 설문지 자료 재수집
학교간호 사업내용	사전 설문지에 들어간 내용이 적합한 지 검토하여 수정한다. 사전 설문지에 들어가기 적합한 내용으로 자료를 재수집하고, 설문지에 적용한다.
날짜	2014년 10월 20일

학교간호사업	각 교실로 사전 설문지 배부, 사전 설문지 회수
학교간호 사업내용	보건 수업에 들어가기 이틀 전에 사전 설문지를 배부하고, 회수한다.
날짜	2014년 10월 21일

학교간호사업	사전 설문지 결과 분석
학교간호 사업내용	회수한 사전 설문지를 채점하고 항목별 정답률을 분석한다.
날짜	2014년 10월 21일

학교간호사업	보건 수업 사전 설문지 결과 반영
학교간호 사업내용	보건 수업 계획에서 오답률이 높은 항목에 대한 보완을 한다.
날짜	2014년 10월 21일

〈첨부01〉 사전 설문지 예상안

〈○○초등학교 5학년 보건 수업 사전 설문지 예상안〉

1. 문제 영역별 문항 수 예상안

중요도	문제 영역	문항 수
3	사춘기의 정의	1문항
5	여자의 생식기관의 구조와 기능	1문항
1	생리현상에 대한 대처	1문항
4	생리현상에 대한 지식	3문항
2	생리현상과 관련된 단어	3문항
		9문항

2. 문제별 배점 예상안

문제번호	문제영역	배점	환산점수
1	사춘기의 정의	5점	100/8점
2	여자의 생식기관의 구조와 기능	0점	–
3	생리현상에 대한 대처	5점	100/8점
4–1	생리현상에 대한 지식	5점	100/8점
4–2	생리현상에 대한 지식	5점	100/8점
4–3	생리현상에 대한 지식	5점	100/8점
5–1	생리현상과 관련된 단어	5점	100/8점
5–2	생리현상과 관련된 단어	5점	100/8점
5–3	생리현상과 관련된 단어	5점	100/8점
총 점수		40점	100점

3. 평가방법

문제번호	평가유형
1	시험법–필기시험–선택형–선다형
2	시험법–필기시험–선택형–선다형
3	시험법–필기시험–선택형–선다형
4	시험법–필기시험–선택형–진위형
5	시험법–필기시험–선택형–진위형
6	시험법–필기시험–선택형–진위형
7	시험법–필기시험–서답형–완결형
8	시험법–필기시험–서답형–완결형
9	시험법–필기시험–서답형–완결형

[수행계획 ②]

○○초등학교 5학년 학생들에게 시행할 보건 수업 계획서를 작성한다.

- 대상 : ○○초등학교 5학년
- 기간 : 2014년 10월 20일-10월 23일
- 장소 : 보건실
- 도구 : 컴퓨터, 프린터
- 인력 : 교직 실습생 2명

1. 보건 수업 지도안 계획

학교간호사업	보건 수업 지도안 자료 수집
학교간호 사업내용	초등학교 5학년 보건 교육과정을 분석하여 보건 수업에 적합한 자료를 수집하고 재구성한다.
날짜	10월 20일

학교간호사업	보건 수업 지도안 작성
학교간호 사업내용	분석한 자료를 바탕으로 보건 수업 지도안을 작성한다.
날짜	10월 20-22일

학교간호사업	보건 수업 지도안 검토 및 1차 수정, 보건 수업 지도안 자료 재수집
학교간호 사업내용	보건 교사께 지도안을 검토 받고, 보완한다. 보건 수업에 적합한 자료를 재수집하여 지도안에 적용한다.
날짜	10월 22일

학교간호사업	보건 수업 지도안 검토 및 2차 수정
학교간호 사업내용	보건 교사께 지도안을 재검토 받고, 보완한다.
날짜	10월 23일

〈첨부02〉 보건 수업 지도안 예상안

1. 도입
   1) 동기유발 – ① 사춘기 신체변화 비교
      ② 사전조사지 결과 안내
      ③ "엄마가 되기 위한 준비를 해요"동영상 시청(5분)
      ④ 시청소감 발표하기
   2) 학습목표 확인 – ① 여자의 변화하는 몸에 대해 이해할 수 있다.
      ② 월경에 대처하는 방법을 익혀 실천할 수 있다.
   3) 학습활동 안내 – ① 〈활동1〉 여자의 변화하는 몸 이해하기
      ② 〈활동2〉 엄마가 되기 위한 준비
      ③ 〈활동3〉 엄마가 되는 내 몸을 소중하게 관리하기

2. 전개
   1) 활동하기
      〈활동1〉 여자의 변화하는 몸 이해하기
      – ① 남성의 신체적 변화 복습하기
      ② 여성의 신체적 변화를 PPT를 통해 알아본다.
      ③ 여성의 생식기관의 구조와 기능에 대해 알아본다.
      ④ 유방 발달의 단계를 알아본다
      〈활동2〉 엄마가 되기 위한 준비
      – ① 월경의 의미와 기전에 대해 PPT를 통해 학습한다.
      〈활동3〉 엄마가 되는 내 몸을 소중하게 관리하기
      – ① 생리통을 줄이는 방법을 익힌다.
      ② 월경 기간 동안 주의할 점을 알아본다.
      ③ 생식기를 청결하게 관리하는 방법을 알아본다.

3. 정리
   1) 학습정리 및 평가
      – ① 오늘 배운 내용 복습
      ② 학습 성취도를 평가한다.
      ③ 오늘 배운 내용 정리 "소녀에게 보내는 편지"동영상 시청(3분)
   2) 차시 예고

[수행계획 ③]

○○초등학교 5학년 학생들에게 사춘기 여성의 신체변화와 대처방법에 대한 교육을 실시한다.

- 대상 : ○○초등학교 5학년
- 기간 : 2014년 10월 20일-10월 31일
- 장소 : 5학년 각 교실
- 도구 : 컴퓨터, PPT, 동영상, 플래시, 판넬, 시나리오
- 인력 : 교직 실습생 2명

1. PPT 계획

학교간호사업	'엄마가 되기 위한 준비를 해요' PPT 자료 수집
학교간호 사업내용	초등학교 5학년 보건 교육과정을 분석하여 보건 수업에 적합한 자료를 수집하고 재구성한다.
날짜	10월 20일

학교간호사업	'엄마가 되기 위한 준비를 해요' PPT 작성
학교간호 사업내용	수집한 자료를 바탕으로 PPT를 작성한다.
날짜	10월 20-30일

학교간호사업	'엄마가 되기 위한 준비를 해요' PPT 검토 및 수정
학교간호 사업내용	보건 교사께 PPT를 검토 받고, 보완한다.
날짜	10월 30일

학교간호사업	'엄마가 되기 위한 준비를 해요' PPT를 이용한 보건교육 연습
학교간호 사업내용	PPT를 이용하여 보건교육 연습을 한다.
날짜	10월 30일

학교간호사업	'엄마가 되기 위한 준비를 해요' PPT를 이용한 보건교육
학교간호 사업내용	PPT를 이용하여 보건교육을 한다.
날짜	10월 30-31일

〈첨부03〉 PPT 예상안

1. 도입	
1) 동기유발 – ① 사춘기 신체변화 비교	ppt 1
② 사전조사지 결과 안내	ppt 2
③ "엄마가 되기 위한 준비를 해요"동영상 시청(5분)	ppt 2
④ 시청소감 발표하기	ppt 3
2) 학습목표 확인 – ① 여자의 변화하는 몸에 대해 이해할 수 있다.	ppt 3
② 월경에 대처하는 방법을 익혀 실천할 수 있다.	ppt 4
3) 학습활동 안내 – ① 〈활동1〉 여자의 변화하는 몸 이해하기	ppt 4
② 〈활동2〉 엄마가 되기 위한 준비	ppt 4
③ 〈활동3〉 엄마가 되는 내 몸을 소중하게 관리하기	
2. 전개	
1) 활동하기	ppt 5,6,7
〈활동1〉 여자의 변화하는 몸 이해하기	ppt 5,6,7
– ① 남성의 신체적 변화 복습하기	ppt 8~22
② 여성의 신체적 변화를 PPT를 통해 알아본다.	ppt 23~30
③ 여성의 생식기관의 구조와 기능에 대해 알아본다.	ppt 30
④ 유방 발달의 단계를 알아본다	
〈활동2〉 엄마가 되기 위한 준비	ppt 31~35
– ① 월경의 의미와 기전에 대해 PPT를 통해 학습한다.	ppt 36
〈활동3〉 엄마가 되는 내 몸을 소중하게 관리하기	ppt 36
– ① 생리통을 줄이는 방법을 익힌다.	ppt 36
② 월경 기간 동안 주의할 점을 알아본다.	ppt 36
③ 생식기를 청결하게 관리하는 방법을 알아본다.	ppt 36
3. 정리	
1) 학습정리 및 평가	
– ① 오늘 배운 내용 복습	ppt 37
② 학습 성취도를 평가한다.	ppt 38
③ 오늘 배운 내용 정리 "소녀에게 보내는 편지"동영상 시청(3분)	ppt 39
2) 차시 예고	ppt 40

2. 동영상1 계획

학교간호사업	'엄마가 되기 위한 준비를 해요' 동영상 자료 수집, 보건교육에 적합한 동영상 선정
학교간호 사업내용	'엄마가 되기 위한 준비를 해요' 동영상을 시청하고 초등학교 5학년 학생에게 적합한 내용인지 확인한다.
날짜	10월 20일

학교간호사업	'엄마가 되기 위한 준비를 해요' 동영상을 이용한 보건교육
학교간호 사업내용	도입단계에서 동영상으로 학생들의 흥미를 유발한다.
날짜	10월 30–31일

〈첨부04〉 동영상 예상안

3. 동영상2 계획

학교간호사업	'소녀에게 보내는 편지' 동영상 자료 수집, 보건교육에 적합한 동영상 선정
학교간호 사업내용	소녀에게 보내는 편지 동영상을 보고 초등학교 5학년 학생에게 적합한지 확인한다.
날짜	10월 20일

학교간호사업	'소녀에게 보내는 편지' 동영상을 이용한 보건교육
학교간호 사업내용	정리단계에서 동영상을 시청하고 학습내용을 정리한다.
날짜	10월 30–31일

〈첨부05〉 동영상 예상안

4. 판넬자료 계획

학교간호사업	월경과정 자료 수집
학교간호 사업내용	월경과정에 관한 자료를 수집하고 판넬자료에 적합한지 확인한다.
날짜	10월 20일

학교간호사업	월경과정 판넬 제작
학교간호 사업내용	수집한 자료를 바탕으로 월경과정 판넬을 제작한다.
날짜	10월 21일

학교간호사업	월경과정 판넬 이용 보건교육
학교간호 사업내용	판넬을 이용하여 보건교육을 한다.
날짜	10월 30-31일

〈첨부06〉 판넬 예상안

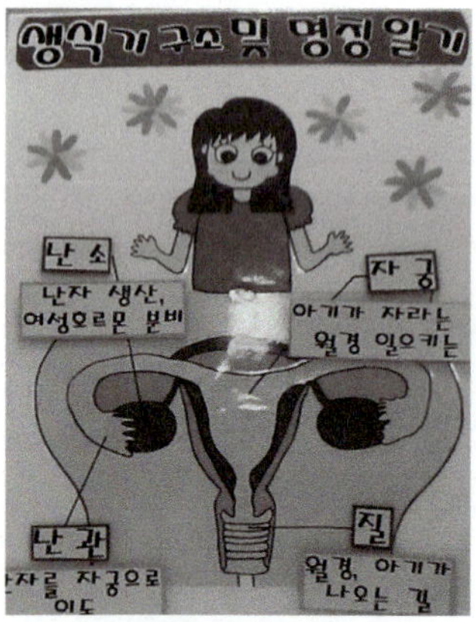

5. 시나리오 계획

학교간호사업	'엄마가 되기 위한 준비를 해요' 시나리오 작성
학교간호 사업내용	'엄마가 되기 위한 준비를 해요' PPT를 바탕으로 시나리오를 작성한다.
날짜	10월 24일

학교간호사업	'엄마가 되기 위한 준비를 해요' 시나리오 검토 및 수정
학교간호 사업내용	보건교사께 '엄마가 되기 위한 준비를 해요' 시나리오를 검토받고 수정한다.
날짜	10월 24일

학교간호사업	'엄마가 되기 위한 준비를 해요' 시나리오 이용한 보건수업 연습
학교간호 사업내용	'엄마가 되기 위한 준비를 해요' 시나리오 이용하여 보건수업 연습을 한다.
날짜	10월 27일-30일

학교간호사업	'엄마가 되기 위한 준비를 해요' 시나리오 이용한 보건수업
학교간호 사업내용	'엄마가 되기 위한 준비를 해요' 시나리오 이용하여 보건수업한다.
날짜	10월 30일-31일

〈첨부07〉 시나리오 예상안

[슬라이드 1]
안녕하세요. 오늘 엄마가 되기 위한 준비를 해요 라는 주제로 보건수업을 진행하게 될 교생선생님 이혜란 선생님입니다.
저번시간에는 아빠가 되기 위한 준비에 대해서 배웠죠? 오늘은 저번 시간에 이어서 사춘기를 맞은 우리 여자 친구들의 변화에 대해 공부해 볼 거에요.

[슬라이드 2]
먼저 선생님이 동영상을 준비했어요. 동영상 속에 나오는 자두에게 어떤 일이 생겼는지 알아보도록 할게요.

[슬라이드 3]
자두에게 어떤 일이 생겼어요? 가슴이 커지고 생리를 시작했죠? 자두는 자신이 병에 걸린 줄 알고 걱정했어요. 또, 보건선생님이 자두에게 생리할 때는 어떻게 해야 한다고 했죠? 몸을 따뜻하게 하고 따뜻한 물이나 차를 자주 마시라고 했어요. 여러분들은 재밌게 봤지만 의외로 자두 같은 여학생들이 많이 있어요. 생리가 무엇인지는 잘 알고 있지만 막상 자신에게 닥치면 당황해서 병에 걸린 것은 아닌지 말 못하는 고민을 하는 친구들이 많아요. 오늘 수업에서는 우리 여자친구들이 많이 걱정하는 생리와

신체변화에 대해서 얘기해보도록 할게요.
그리고 선생님이 우리 0반 친구들에게 해주고 싶은 말이 있어요. 선생님도 초등학생 때 학교에서 성교육을 받았어요. 근데 선생님 때는 여자친구들은 여자친구들끼리 남자친구들은 남자친구들끼리 따로 따로 모여서 수업을 들었어요. 그런데 요즘은 그렇게 따로따로 배우지 않아요. 우리 친구들이 서로의 성에 대해서 알고 달라지는 서로에 대해 이해하기 위해서 같이 수업을 듣는 거에요. 그러니까 남학생, 여학생 모두 오늘 수업을 집중해서 들어야겠죠?

[슬라이드 7]
오늘의 학습목표를 다 같이 읽어볼게요.

[슬라이드 8]
첫 번째로 여자의 변화하는 몸에 대해 알아볼거고 두 번째로 엄마가 되기 위한 준비에 대해 공부해볼거에요. 마지막으로 엄마가 되는 내 몸을 소중하게 관리하는 방법에 대해서 얘기해볼거에요.

[슬라이드 9]
먼저 첫 번째 여자의 변화하는 몸에 대해 얘기해볼게요. 사춘기의 여자는 어떤 신체변화가 나타날까요?

[슬라이드 10]
이 그림은 여자의 생식기관이에요. 사춘기가 되면 생식기관이 성숙하게 되요. 사춘기가 되면 드디어 비로소 생식기관에서 난자를 생산할 수 있어요.

[슬라이드 11]
또 가슴이 발달하게 되죠. 여러분도 아마 지금 이런 과정을 겪고 있을 거에요. 가슴이 자라면서 쑤시고 아프고 가렵게 느껴지도 하는데 이런 현상은 정상이니까 너무 걱정하지 않아도 되요.

[슬라이드 12]
여성의 몸에 이렇게 곡선이 생겨요. 골반이 커지고 허리가 들어가게 됩니다.

[슬라이드 13]
또 팬티에 묻어나오는 냉과 같은 질 분비물이 있어요. 특히 생리 전에는 이 질 분비물이 많아져요.

[슬라이드 14]
생리라고도 하고 월경이라고도 하는 현상이에요. 월경을 시작한 친구도 있고 아직 시작하지 않은 친구도 있을 거에요. 월경은 빨리 시작했다고 좋거나 아직 하지 않는다고 해서 문제가 있는 것이 아니에요. 아직 월경을 하지 않는 친구들은 너무 걱정하지 않아도 되요

[슬라이드 15]
또 이렇게 겨드랑이와 생식기의 털이 자라기 시작하죠.

[슬라이드 16]
이번에는 사춘기에 발달하는 여성의 생식기관에 대해 더 자세히 공부해보도록 할게요.

[슬라이드 18]
지금까지 활동1 여성의 신체발달에 대해 알아봤어요. 이번에는 두 번째 엄마가 되기 위한 준비에 대해 알아볼 거에요. 우리 몸이 엄마가 되기 위해서 어떤 준비를 할까요? 가슴 발달과 월경을 하는 것이 있어요. 먼저 유방이 발달하는 것에 대해 알아볼 거에요.

[슬라이드 19]
여자친구들에게 사춘기의 시작은 가슴이 발달하는 것이에요 처음에 사춘기 전의 어린이의 가슴에서 젖 봉우리가 발달하고 계속 가슴이 발달하면서 어른이 될 때까지 커지게 되요. 보통은 월경을 시작하기 2~3년전부터 서서히 발달합니다. 브래지어는 젖 몽우리가 생기기 시작할 때부터 착용해야 해요. 보통은 초등학교 저학년 때부터 스포츠 브래지어를 착용하기 시작해요.

[슬라이드 20]
이 브래지어는 왜 하는 걸까요? (자세히)결혼해서 아이를 낳으면 아기가 먹을 젖이 생기는 곳이기 때문에 보호하기 위해 유방이 커지기 시작할 때는 건드리면 아프기 때문에. 그러니까 남자 친구들은 장난으로라도 여자 친구들 가슴을 치거나 끈을 잡아당겨서는 안 되겠죠? 활동이 불편하고 보기에도 좋지 않기 때문에

[슬라이드 21]
이번에는 엄마가 되기 위한 준비 두 번째 월경에 대해 알아볼거에요.

[슬라이드 22]
난소에서 한 달에 한번 난자가 배출된다고 했죠. 이 때 자궁은 아기를 보호하기 위해 영양분도 오고 혈액도 와서 통통하게 벽을 만들어요. 그런데 난자와 정자가 만나지 못하게 되면 이 통통했던 자궁벽이 허물어져서 질을 통해 몸 밖으로 나오게 되요. 바로 월경이에요.

[슬라이드 23]
사춘기에 처음 시작한 월경을 처음이라는 의미에서 초경이라고 불러요.

[슬라이드 24]
월경주기는 월경이 시작되는 날로부터 다음 월경이 시작될 때까지를 말해요. 예를 들어볼게요. 10월 1일에 월경을 시작하고 다음 월경을 10월 29일에 했으면 월경주기가 몇 일이에요? 28일이죠. 하지만 지금 우리 친구들처럼 처음 월경을 시작하는 사춘기 때는 월경주기가 불규칙할 수 있어요. 시간이 지나고 어른이 되면 월경주기는 거의 일정하게 규칙적이 되요. 지금 월경을 시작한 친구들은 월경을 한 날짜를 달력에 표시해서 자기 월경주기를 기억하고 있으면 편리하겠죠.

[슬라이드 25]
지금까지 활동1 여성의 신체변화와 활동2 엄마가 되기 위한 준비에 대해 배웠어요. 마지막으로 활동3 엄마가 되는 내 몸을 소중하게 관리하는 방법을 알아볼 거에요. 월경통이 무엇인지 함께 읽어봐요. 이렇게 월경통은 호르몬의 변화 때문에 배가 아픈 것뿐 아니라 머리도 아프고, 가슴도 아프고 다리가 아프기도 하는 등 다양하게 나타나요. 여자친구들은 월경통을 어떻게 이겨내는지 알고 있어야 하고 남자친구들은 여자친구들이 월경통이 있을 수 있다는 것을 이해하고 고생하는 여자친구들을 위해서 배려를 해줘야겠죠.

[슬라이드 26]
월경통을 줄이는 방법에 대해 배워보아요.

[슬라이드 27]
생리통이 있을 때 가장 중요한 것은 몸을 따뜻하게 하는 거에요. 이렇게 따뜻한 차를 마시거나

[슬라이드 28]
따뜻하게 누워있으면 도움이 되요. 여기서는 옆으로 누워있으라고 했는데 굳이 옆으로 누워있지 않아도 자기가 편한 자세로 누워있으면 되요.

[슬라이드 29]
그림처럼 엉덩이를 올리고 엎드려 있는 자세는 혈액순환을 도와주기 때문에 생리통이 줄어들어요.

[슬라이드 30]
칼슘이 풍부한 우유 생선 등을 먹는 것도 자궁을 안정적으로 만들어 줘서 생리통이 줄어들 수 있어요.

[슬라이드 31]
또 이렇게 간단한 체조를 하는 것도 혈액순환을 잘 되게 해줘서 생리통을 줄이는 데 도움이 되요.

[슬라이드 32]
다음은 월경 시에 무엇을 주의해야 할지에 대해 알아볼 거에요.

[슬라이드 33]
활동이 편한 짙은 옷을 입어야 해요. 너무 얇고 밝은 옷을 입으면 생리혈이 새거나 비춰 보일 수 있어요. 그럼 안되겠죠? 그리고 생리기간 중에는 간단히 샤워만 해야 해요. 생리기간에는 질이 열리게 되는데 통목욕을 하게되면 세균이 자궁 내로 들어와서 감염이 될 수 있겠죠? 마찬가지로 생리대를 너무 오랫동안 갈지 않으면 생리대에 묻은 혈액이 부패하면서 세균이 다시 질로 침입할 수 있어요.

[슬라이드 34]
생리를 하는 것은 우리 몸을 많이 피로하게 만드는데 심한 운동을 하면 몸이 더 피로하겠죠? 또 몸에서 생리혈이 빠져나가면서 우리 몸에 피가 부족할 수 있어요 그러니까 영양을 골고루 섭취하고 물과 과일을 많이 먹어 혈액을 보충해 주어야 해요.

[슬라이드 35]
다음은 생식기를 청결하게 관리하는 방법에 대해 알아볼게요.

[슬라이드 36]
잘 듣고 손 들어보세요. 대변을 보고 난 뒤에는 항문을 앞에서 뒤로 닦는 것이 맞다! 아니다 반대로 뒤에서 앞으로 닦아야 한다!
남자친구들은 몸에서 배설물이 빠져나오는 통로가 2개 있어요. 먼저 소변은 앞에 있는 음경을 통해서 나오죠. 대변은 뒤에 있는 항문을 통해서 나와요. 근데 우리 여자친구들은 남자친구들보다 통로가 하나 더 있어요. 앞에는 소변이 나오는 통로, 뒤에는 대변이 나오는 통로가 있는 것은 남자친구들과 똑같아요. 그런데 소변 나오는 곳, 대변 나오는 곳 사이에 또 하나의 통로가 있어요. 바로 생리와 나중에 임신하면 아기가 나오는 통로인 질이 가운데에 있는 거에요. 잘 알겠죠? 그러니까 대변을 보고 난 뒤에 뒤에서 앞에 방향으로 닦으면? 대변이 질이나 소변통로로 들어갈 수 있겠죠? 그러면 당연히 감염이 될 수 있어요. 앞으로는 뒤의 방향으로 닦아야 해요. 또 세균은 습한 환경을 좋아하기 때문에 편하고 통풍이 잘 되는 옷을 입어야 해요. 또 생식기를 씻을 때는 비누를 사용하면 절대 안 되고 물로 매일 씻어 줘야 해요. 질은 약한 산성이기 때문에 세균이 침입하는 것을 막아주는데 염기성인 비누로 씻게 되면 산성이 약해져서 세균이 침입할 수 있어요. 또 흡수가 잘 되는 면 종류 속옷을 매일 갈아입는 것이 좋아요.

[슬라이드 37]
퀴즈를 풀면서 오늘 배운 내용을 정리해보도록 해요.

[슬라이드 38]
나는 늘어났다가 줄어들었다가 하기를 잘해서, 뱃속에서 자란 아기가 엄마 몸 밖으로 나올 때 조금은 덜 힘들 거예요. 나는 자궁과 바깥세상을 연결해 줍니다. 나는 무엇일까요?

[슬라이드 39]
나는 무서운 것이나 병이 아닌데 여자아이들은 처음 나를 보면 무서워해요. 나는 임신을 하지 않았을 경우에 28~32일 주기로 질을 통해 나오는 혈액과 분비물이에요. 나는 무엇일까요?

[슬라이드 40]
항상 따뜻하고 조용하며, 아기가 자라기에 아주 좋은 장소는 어디일까요?

[슬라이드 41]
사춘기 때 여자의 신체적 변화에 대해 말해 볼까요?

[슬라이드 42]
월경 기간 중에 아랫배, 머리가 아프고 허리가 아프거나 가슴이 붓는 증상을 생리통이라고 한다.

[슬라이드 43]
브래지어는 젖 몽우리가 생기기 시작할 때 착용한다.

[슬라이드 44]
월경을 할 때 몸을 청결히 하기 위해 대중목욕탕에 자주 간다.

[슬라이드 45]
마지막으로 동영상을 보면서 오늘 배운 내용을 정리할게요.

[슬라이드 46]
동영상

[슬라이드 47]
다음 시간에는 음란물 예방에 대해 배우겠습니다. 수고했어요.

[수행계획 ④]

보건교육 후 ○○초등학교 5학년 학생들에게 사춘기 여성의 신체변화와 대처방법에 대한 지식 정도를 재평가하고 분석한다.

- 대상 : ○○초등학교 5학년
- 기간 : 2014년 10월 20일-10월 31일
- 장소 : 5학년 각 교실
- 도구 : 사후설문지, 컴퓨터, 프린터
- 인력 : 교직 실습생 2명

1. 사후 설문지 계획

학교간호사업	보건 수업 사후 설문지 자료 수집 및 사후 설문지 작성
학교간호 사업내용	초등학교 5학년 학생들의 교과과정을 분석하여 사후 설문지에 들어가기 적합한 내용으로 자료를 수집하고, 설문지를 작성한다.
날짜	10월 20일

학교간호사업	보건 수업 사후 설문지 검토 및 수정
학교간호 사업내용	보건교사께 보건 수업 사후 설문지 검토받고 수정한다.
날짜	10월 20-10월 21일

학교간호사업	각 교실로 사후 설문지 배부, 사후 설문지 회수
학교간호 사업내용	각 교실로 사후 설문지를 배부하고, 사후 설문지를 회수한다.
날짜	10월 30일-10월 31일

학교간호사업	보건 수업 사후 설문지 결과 분석
학교간호 사업내용	보건 수업 사후 설문지 결과를 항목별 분석한다.
날짜	10월 30일-31일

〈첨부08〉 사후 설문지 예상안

〈○○초등학교 5학년 보건 수업 사후 설문지 예상안〉

1. 문제 영역별 문항 수 예상안

중요도	문제 영역	문항 수
3	여자의 생식기관의 구조	4문항
2	여자의 생식기관의 기능	4문항
1	생리현상에 대한 대처와 지식	4문항
4	생리현상과 관련된 단어	3문항
		15문항

2. 문제별 배점 예상안

문제번호	문제영역	배점	환산
1-1	여자의 생식기관의 구조	1점	100/15점
1-2	여자의 생식기관의 구조	1점	100/15점
1-3	여자의 생식기관의 구조	1점	100/15점
1-4	여자의 생식기관의 구조	1점	100/15점

문제번호	문제영역	배점	환산
2-1	여자의 생식기관의 기능	1점	100/15점
2-2	여자의 생식기관의 기능	1점	100/15점
2-3	여자의 생식기관의 기능	1점	100/15점
2-4	여자의 생식기관의 기능	1점	100/15점
3-1	생리현상에 대한 대처와 지식	1점	100/15점
3-2	생리현상에 대한 대처와 지식	1점	100/15점
3-3	생리현상에 대한 대처와 지식	1점	100/15점
3-4	생리현상에 대한 대처와 지식	1점	100/15점
4-1	생리현상과 관련된 단어	1점	100/15점
4-2	생리현상과 관련된 단어	1점	100/15점
4-3	생리현상과 관련된 단어	1점	100/15점
총 점수		15점	100점

3. 평가방법

문제번호	평가유형
1	시험법-필기시험-서답형-단답형
2	시험법-필기시험-서답형-단답형
3	시험법-필기시험-서답형-단답형
4	시험법-필기시험-서답형-단답형
5	시험법-필기시험-서답형-배합형
6	시험법-필기시험-선택형-배합형
7	시험법-필기시험-선택형-배합형
8	시험법-필기시험-선택형-배합형
9	시험법-필기시험-선택형-진위형
10	시험법-필기시험-선택형-진위형
11	시험법-필기시험-선택형-진위형
12	시험법-필기시험-선택형-진위형
13	시험법-필기시험-서답형-완결형
14	시험법-필기시험-서답형-완결형
15	시험법-필기시험-서답형-완결형

일반적 목표 :
○○초등학교 전교 학생들은 올바른 성지식을 통해 건전한 생활을 실천할 수 있다.

구체적 목표 :
(2) 2014년 10월 31일까지 ○○초등학교 5학년 중 남학생들은 사춘기 남성의 신체변화와 대처방법에 대한 지식이 사전 평가점수 70점에서 사후 평가점수 90점으로 상승한다.
(3) 2014년 12월 31일까지 ○○초등학교 학생들은 남, 여 사춘기 변화에 따른 대처방법 3가지를 말할 수 있다.

해당 수행계획 – 수행계획 ⑤~⑧
해당 학교간호 수단 – 보건교육
해당 학교간호 방법 – 컴퓨터 보조, 판넬 자료, 설문지

[수행계획 ⑤]

보건교육 전 ○○초등학교 5학년 학생들이 가진 성에 대한 지식 정도를 평가하고 분석한다.

– 대상 : ○○초등학교 5학년
– 기간 : 2014년 10월 20일–10월 21일
– 장소 : 5학년 각 교실
– 도구 : 사전설문지, 컴퓨터, 프린터
– 인력 : 교직 실습생 2명

1. 사전 설문지 계획

학교간호사업	보건 수업 사전 설문지 자료 수집 및 사전 설문지 작성
학교간호 사업내용	초등학교 5학년 학생들의 교과과정을 분석하여 사전 설문지에 들어가기 적합한 내용으로 자료를 수집하고, 설문지를 작성한다.
날짜	2014년 10월 20일

학교간호사업	보건 수업 사전 설문지 검토 및 수정, 보건 수업 사전 설문지 자료 재수집
학교간호 사업내용	사전 설문지에 들어간 내용이 적합한 지 검토하여 수정한다. 사전 설문지에 들어가기 적합한 내용으로 자료를 재수집하고, 설문지에 적용한다.
날짜	2014년 10월 20일

학교간호사업	각 교실로 사전 설문지 배부, 사전 설문지 회수
학교간호 사업내용	보건 수업에 들어가기 이틀 전에 사전 설문지를 배부하고, 회수한다.
날짜	2014년 10월 21일

학교간호사업	사전 설문지 결과 분석
학교간호 사업내용	회수한 사전 설문지를 채점하고 항목별 정답률을 분석한다.
날짜	2014년 10월 21일

학교간호사업	보건 수업 사전 설문지 결과 반영
학교간호 사업내용	보건 수업 계획에서 오답률이 높은 항목에 대한 보완을 한다.
날짜	2014년 10월 21일

〈첨부09〉 사전 설문지 예상안

〈○○초등학교 5학년 보건 수업 사전 설문지 예상안〉

1. 문제 영역별 문항 수 예상안

중요도	문제 영역	문항 수
3	사춘기의 정의	1문항
5	남자의 생식기관의 구조와 기능	1문항
1	생리현상에 대한 대처	1문항
4	포경수술에 대한 지식	3문항
2	생리현상과 관련된 단어	3문항
		9문항

2. 문제별 배점 예상안

문제번호	문제영역	배점	환산점수
1	사춘기의 정의	1점	100/9점
2	남자의 생식기관의 구조와 기능	1점	100/9점
3	생리현상에 대한 대처	1점	100/9점
4	포경수술에 대한 지식	1점	100/9점
5	생리현에 대한 지식	1점	100/9점
6	생리현상에 대한 지식	1점	100/9점
7	생리현상과 관련된 단어	1점	100/9점
8	생리현상과 관련된 단어	1점	100/9점
9	생리현상과 관련된 단어	1점	100/9점
총 점수		9점	100점

3. 평가방법

문제번호	평가유형
1	시험법-필기시험-선택형-선다형
2	시험법-필기시험-선택형-선다형
3	시험법-필기시험-선택형-선다형
4	시험법-필기시험-선택형-진위형
5	시험법-필기시험-선택형-진위형
6	시험법-필기시험-선택형-진위형
7	시험법-필기시험-서답형-완결형
8	시험법-필기시험-서답형-완결형
9	시험법-필기시험-서답형-완결형

[수행계획 ⑥]

○○초등학교 5학년 학생들에게 시행할 보건 수업 계획서를 작성한다.

- 대상 : ○○초등학교 5학년
- 기간 : 2014년 10월 20일-10월 23일
- 장소 : 보건실
- 도구 : 컴퓨터, 프린터
- 인력 : 교직 실습생 2명

1. 보건 수업 지도안 계획

학교간호사업	보건 수업 지도안 자료 수집
학교간호 사업내용	초등학교 5학년 보건 교육과정을 분석하여 보건 수업에 적합한 자료를 수집하고 재구성한다.
날짜	10월 20일

학교간호사업	보건 수업 지도안 작성
학교간호 사업내용	분석한 자료를 바탕으로 보건 수업 지도안을 작성한다.
날짜	10월 20-22일

학교간호사업	보건 수업 지도안 검토 및 1차 수정, 보건 수업 지도안 자료 재수집
학교간호 사업내용	보건 교사께 지도안을 검토 받고, 보완한다. 보건 수업에 적합한 자료를 재수집하여 지도안에 적용한다.
날짜	10월 22일

학교간호사업	보건 수업 지도안 검토 및 2차 수정
학교간호 사업내용	보건 교사께 지도안을 재검토 받고, 보완한다.
날짜	10월 23일

〈첨부10〉 보건 수업 지도안 예상안

1. 도입
   1) 동기유발 – ① 사전조사지 결과 분석 안내
      ② 동영상 시청 '풍호'에게 어떤 일이 일어나고 있나요?
      ③ 축수선수들 프리킥 사진 제시
   2) 학습목표 확인 – ① 남자의 변화하는 몸에 대해 이해할 수 있다.
      ② 생리현상에 대처할 수 있는 방법을 알고 실천할 수 있다.
   3) 학습활동 안내 – ① 〈활동1〉 남자의 변화하는 몸 이해하기
      ② 〈활동2〉 아빠가 되기 위한 준비–생리현상 알아보기
      ③ 〈활동3〉 내 몸을 소중하게 관리하기

2. 전개

1) 활동하기

〈활동1〉 남자의 변화하는 몸 이해하기

– ① 사춘기에 대해 복습해보기

② 호르몬의 변화

③ 남자의 신체적 변화

④ 남성의 생식기관의 구조와 기능에 대해 알기

〈활동2〉 아빠가 되기 위한 준비–생리현상 알아보기

– ① 남성의 생리현상에 대해 공부하기

〈활동3〉 내 몸을 소중하게 관리하기

– ① 생리현상에 대처하기

② 포경수술에 대해 알아보기

③ 내 몸 소중하게 관리하기

④ 생리현상에 대한 바른 태도 기르기

3. 정리

1) 학습정리 및 평가

– ① 정리하기 및 다짐하기

② 학습 성취도 확인하기

2) 차시 예고

[수행계획 ⑦]

○○초등학교 5학년 학생들에게 사춘기 남성의 신체변화와 대처방법에 대한 교육을 실시한다.

- 대상 : ○○초등학교 5학년
- 기간 : 2014년 10월 20일–10월 31일
- 장소 : 5학년 각 교실
- 도구 : 컴퓨터, PPT, 동영상, 플래시, 판넬, 시나리오
- 인력 : 교직 실습생 2명

1. PPT 계획

학교간호사업	'아빠가 되기 위한 준비를 해요' PPT 자료 수집
학교간호 사업내용	초등학교 5학년 보건 교육과정을 분석하여 보건 수업에 적합한 자료를 수집하고 재구성한다.
날짜	10월 20일

학교간호사업	'아빠가 되기 위한 준비를 해요' PPT 작성
학교간호 사업내용	수집한 자료를 바탕으로 PPT를 작성한다.
날짜	10월 20-30일

학교간호사업	'아빠가 되기 위한 준비를 해요' PPT 검토 및 수정
학교간호 사업내용	보건 교사께 PPT를 검토 받고, 보완한다.
날짜	10월 30일

학교간호사업	'아빠가 되기 위한 준비를 해요' PPT를 이용한 보건교육 연습
학교간호 사업내용	PPT를 이용하여 보건교육 연습을 한다.
날짜	10월 30일

학교간호사업	'아빠가 되기 위한 준비를 해요' PPT를 이용한 보건교육
학교간호 사업내용	PPT를 이용하여 보건교육을 한다.
날짜	10월 30-31일

〈첨부11〉 PPT 예상안

1. 도입	
1) 동기유발 – ① 사전조사지 결과 분석 안내	ppt 1
② 동영상 시청 '풍호'에게 어떤 일이 일어나고 있나요?	ppt 2
③ 축수선수들 프리킥 사진 제시	ppt 2
2) 학습목표 확인 – ① 남자의 변화하는 몸에 대해 이해할 수 있다.	ppt 3
② 생리현상에 대처할 수 있는 방법을 알고 실천할 수 있다.	ppt 3
3) 학습활동 안내 – ① 〈활동1〉 남자의 변화하는 몸 이해하기	ppt 4
② 〈활동2〉 아빠가 되기 위한 준비–생리현상 알아보기	ppt 4
③ 〈활동3〉 내 몸을 소중하게 관리하기	ppt 4

2. 전개	
1) 활동하기	
〈활동1〉 남자의 변화하는 몸 이해하기	ppt 5,6,7
– ① 사춘기에 대해 복습해보기	ppt 5,6,7
② 호르몬의 변화	ppt 8~22
③ 남자의 신체적 변화	ppt 23~30
④ 남성의 생식기관의 구조와 기능에 대해 알기	ppt 30
〈활동2〉 아빠가 되기 위한 준비–생리현상 알아보기	ppt 31~35
– ① 남성의 생리현상에 대해 공부하기	ppt 36
〈활동3〉 내 몸을 소중하게 관리하기	ppt 36
– ① 생리현상에 대처하기	ppt 36
② 포경수술에 대해 알아보기	ppt 36
③ 내 몸 소중하게 관리하기	ppt 37
④ 생리현상에 대한 바른 태도 기르기	
3. 정리	
1) 학습정리 및 평가	ppt 38
– ① 정리하기 및 다짐하기	ppt 39
② 학습 성취도 확인하기	ppt 40
2) 차시 예고	

2. 동영상 계획

학교간호사업	'아빠가 되기 위한 준비를 해요' 동영상 자료 수집, 보건교육에 적합한 동영상 선정
학교간호 사업내용	'아빠가 되기 위한 준비를 해요' 동영상을 시청하고 초등학교 5학년 학생에게 적합한 내용인지 확인한다.
날짜	10월 20일

학교간호사업	'아빠가 되기 위한 준비를 해요' 동영상을 이용한 보건교육
학교간호 사업내용	도입단계에서 동영상으로 학생들의 흥미를 유발한다.
날짜	10월 30–31일

〈첨부12〉 동영상 예상안

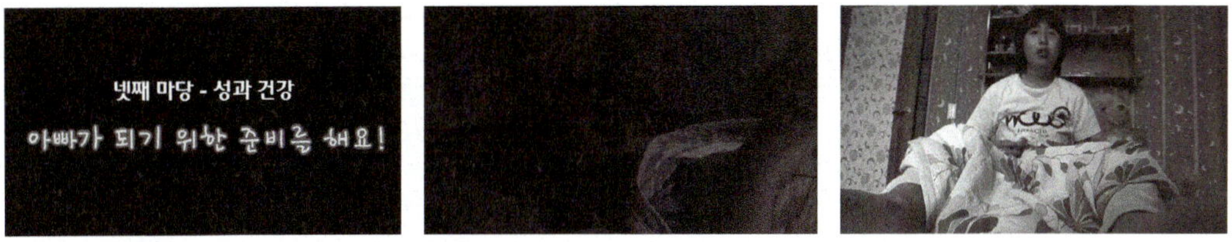

3. 판넬자료 계획

학교간호사업	남성의 생식기관 자료 수집
학교간호 사업내용	남성의 생식기관에 관한 자료를 수집하고 판넬자료에 적합한 지 확인한다.
날짜	10월 20일

학교간호사업	남성의 생식기관 판넬 이용 보건교육
학교간호 사업내용	판넬을 이용하여 보건교육을 한다.
날짜	10월 30-31일

학교간호사업	남성의 생식기관 판넬 제작
학교간호 사업내용	수집한 자료를 바탕으로 남성의 생식기관 판넬을 제작한다.
날짜	10월 21일

〈첨부13〉 판넬 예상안

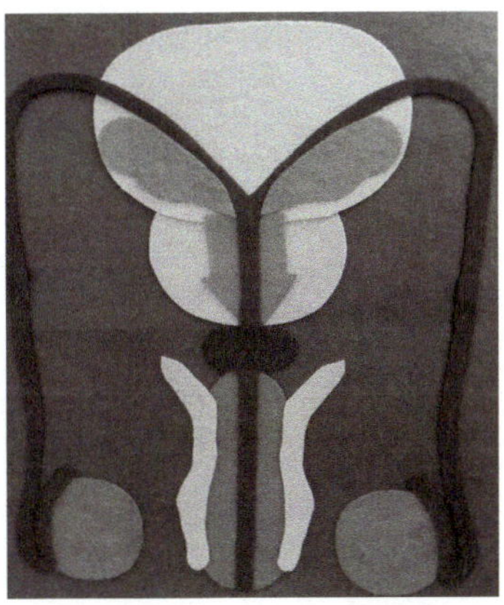

4. 시나리오 계획

학교간호사업	'아빠가 되기 위한 준비를 해요' 시나리오 작성
학교간호 사업내용	'아빠가 되기 위한 준비를 해요' PPT를 바탕으로 시나리오를 작성한다.
날짜	10월 24일

학교간호사업	'아빠가 되기 위한 준비를 해요' 시나리오 검토 및 수정
학교간호 사업내용	보건교사께 '아빠가 되기 위한 준비를 해요' 시나리오를 검토받고 수정한다.
날짜	10월 24일

학교간호사업	'아빠가 되기 위한 준비를 해요' 시나리오 이용한 보건수업 연습
학교간호 사업내용	'아빠가 되기 위한 준비를 해요' 시나리오 이용하여 보건수업 연습을 한다.
날짜	10월 27일–30일

학교간호사업	'아빠가 되기 위한 준비를 해요' 시나리오 이용한 보건수업
학교간호 사업내용	'아빠가 되기 위한 준비를 해요' 시나리오 이용하여 보건수업한다.
날짜	10월 30일–31일

[수행계획 ⑧]

보건교육 후 ○○초등학교 5학년 학생들에게 사춘기 남성의 신체변화와 대처방법에 대한 지식 정도를 재평가하고 분석한다.

- 대상 : ○○초등학교 5학년
- 기간 : 2014년 10월 20일–10월 31일
- 장소 : 5학년 각 교실
- 도구 : 사후설문지, 컴퓨터, 프린터
- 인력 : 교직 실습생 2명

1. 사후 설문지 계획

학교간호사업	보건 수업 사후 설문지 자료 수집 및 사후 설문지 작성
학교간호 사업내용	초등학교 5학년 학생들의 교과과정을 분석하여 사후 설문지에 들어가기 적합한 내용으로 자료를 수집하고, 설문지를 작성한다.
날짜	10월 20일

학교간호사업	보건 수업 사후 설문지 검토 및 수정
학교간호 사업내용	보건교사께 보건 수업 사후 설문지 검토받고 수정한다.
날짜	10월 20–10월 21일

학교간호사업	각 교실로 사후 설문지 배부, 사후 설문지 회수
학교간호 사업내용	각 교실로 사후 설문지를 배부하고, 사후 설문지를 회수한다.
날짜	10월 30일–10월 31일

학교간호사업	보건 수업 사후 설문지 결과 분석
학교간호 사업내용	보건 수업 사후 설문지 결과를 항목별 분석한다.
날짜	10월 30일–31일

일반적 목표 :
○○초등학교 전교 학생들은 올바른 식생활습관을 통해 건강한 생활을 할 수 있다.

구체적 목표 :
(4) 2014년 12월 31일까지 ○○초등학교 학생들은 다양한 보건교육을 통해 올바른 성지식을 습득할 수 있다.

해당 수행계획 – 수행계획 ⑨~⑩
해당 학교간호 수단 – 보건교육
해당 학교간호 방법 – 컴퓨터 보조, 방송매체

[수행계획 ⑨]

○○초등학교 전교 학생들을 대상으로 인천광역시 청소년문화센터에서 외부강사를 초청하여 성에 대해 방송보건교육을 한다.

- 대상 : ○○초등학교 전교 학생
- 기간 : 2014년 10월 20–31일
- 장소 : ○○초등학교 각 교실
- 도구 : 컴퓨터 매체(PPT)
- 인력 : 교직 실습생 2명, 보건교사 1명

1. 교육 계획

학교간호사업	인천광역시 청소년문화센터 자료 검토 및 의뢰서 작성
학교간호 사업내용	인천광역시 청소년문화센터과 연락하여 자료를 검토하고, 필요한 의뢰서를 작성한다.
날짜	10월 20일

학교간호사업	인천광역시 청소년문화센터에 의뢰
학교간호 사업내용	인천광역시 청소년문화센터에 의뢰한다.
날짜	10월 21일

학교간호사업	인천광역시 청소년문화센터 외부강사를 초청하여 방송보건 교육을 시행한다.
학교간호 사업내용	○○초등학교 각 교실에서 방송매체를 통해 보건교육을 시행한다.
날짜	10월 31일

[수행계획 ⑩]

○○초등학교 학생들을 대상으로 성대화법 형식을 활용한 질의응답식 보건교육을 한다.

- 대상 : ○○초등학교 전교 학생
- 기간 : 2014년 10월 20–31일

– 장소 : ○○초등학교 각 교실
– 도구 : 컴퓨터 매체(PPT)
– 인력 : 교직 실습생 2명, 보건교사 1명

1. 교육 계획

학교간호사업	성대화법 형식을 활용한 질의응답식 보건교육 PPT 작성
학교간호 사업내용	성대화법 형식을 활용한 질의응답식 보건교육 계획을 세우고 PPT를 작성한다.
날짜	10월 20일

학교간호사업	성대화법 형식을 활용한 질의응답식 보건교육 리허설
학교간호 사업내용	작성한 PPT를 바탕으로 성대화법 형식을 활용한 질의응답식 보건교육 리허설을 진행한다.
날짜	10월 21일

학교간호사업	성대화법 형식을 활용한 질의응답식 보건교육을 시행한다.
학교간호 사업내용	○○초등학교 각 교실에서 컴퓨터매체를 통해 성대화법 형식을 활용한 질의응답식 보건교육을 시행한다.
날짜	10월 31일

일반적 목표 :
○○초등학교 전교 학생들은 올바른 성지식을 통해 건전한 생활을 실천할 수 있다.

구체적 목표 :
(5) 2015년 12월 31일까지 ○○초등학교 학생들은 ○○초등학교 학생들은 매해 11월 첫 주에 음란물 근절 주간을 통해 음란물 노출을 예방한다.

해당 수행계획 – 수행계획 ⑪~⑬
해당 학교간호 수단 – 관리
해당 학교간호 방법 – 판넬자료, 포스터

[수행계획 ⑪]

○○초등학교 전교 학생들을 대상으로 매해 11월 첫 주에 음란물 근절 주간으로 지정하여 11월 첫 주 월, 화, 수, 목, 금요일 등교시간 오전 8시 20분부터 8시 50분까지 30분 간 음란물 근절 캠페인을 한다.

- 대상 : ○○초등학교 전교 학생
- 기간 : 2014년 10월 20일-2015년 12월 31일
- 장소 : ○○초등학교 교내, 외
- 도구 : 판넬자료
- 인력 : 교직 실습생 2명, 보건 교사 1명, ○○초등학교 학생회 전임원

1. 캠페인 계획

학교간호사업	매해 11월 첫 주를 음란물 근절 주간으로 지정 및 홍보
학교간호 사업내용	매해 11월 첫 주를 음란물 근절 주간으로 지정하고, 교, 내외 음란물 근절 주간 홍보활동을 한다.
날짜	2014년 10월 20일 – 2015년 12월 31일

학교간호사업	음란물 근절 판넬 제작
학교간호 사업내용	음란물 근절 주간 교내, 외 캠페인 활동에 활용하기 위해 음란물 근절 판넬을 제작한다.
날짜	10월 21일 – 10월 31일

학교간호사업	음란물 근절 캠페인 실시
학교간호 사업내용	○○초등학교 교내, 외에서 매해 첫 주 등교시간(오전 8시 20분부터 8시 50분까지)에 음란물 근절 판넬을 이용, 캠페인을 실시한다.
날짜	2014년 11월 3일 – 2015년 11월 6일

〈첨부14〉 판넬 예상안

[수행계획 ⑫]

○○초등학교 전교 학생들을 대상으로 매해 11월 첫 주에 음란물 근절 주간으로 지정하여 음란물 근절 시 백일장을 시행한다.

- 대상 : ○○초등학교 전교 학생
- 기간 : 2014년 10월 20일–2015년 12월 31일
- 장소 : ○○초등학교 강당
- 인력 : 교직 실습생 2명, 보건교사 1명

1. 시 백일장 계획

학교간호사업	매해 11월 첫 주를 음란물 근절 주간으로 지정 및 홍보
학교간호 사업내용	매해 11월 첫 주를 음란물 근절 주간으로 지정하고, 교, 내외 음란물 근절 주간 홍보활동을 한다.
날짜	2014년 10월 20일 – 2015년 12월 31일

학교간호사업	음란물 근절 시 백일장 홍보
학교간호 사업내용	음란물 근절 시 백일장에 대해 교내, 외 학생, 학부모, 교직원들에게 홍보한다.
날짜	10월 21일 – 10월 31일

학교간호사업	음란물 근절 시 백일장 실시
학교간호 사업내용	○○초등학교 강당에서 매해 첫 주 음란물 근절 시 백일장을 실시한다.
날짜	2014년 11월 3일 – 2015년 11월 6일

[수행계획 ⑬]

○○초등학교 전교 학생들을 대상으로 매해 11월 첫 주에 음란물 근절 주간으로 지정하여 음란물 근절 포스터 그리기 대회를 시행한다.

– 대상 : ○○초등학교 전교 학생

– 기간 : 2014년 10월 20일–2015년 12월 31일

– 장소 : ○○초등학교 강당

– 도구 : 포스터

– 인력 : 교직 실습생 2명, 보건교사 1명

1. 교육 계획

학교간호사업	매해 11월 첫 주를 음란물 근절 주간으로 지정 및 홍보
학교간호 사업내용	매해 11월 첫 주를 음란물 근절 주간으로 지정하고, 교, 내외 음란물 근절 주간 홍보활동을 한다.
날짜	2014년 10월 20일 – 2015년 12월 31일

학교간호사업	음란물 근절 포스터 그리기 대회 홍보
학교간호 사업내용	음란물 근절 포스터 그리기 대회에 대해 교내, 외 학생, 학부모, 교직원들에게 홍보한다.
날짜	10월 21일 – 10월 31일

학교간호사업	음란물 근절 포스터 그리기 대회 실시
학교간호 사업내용	○○초등학교 강당에서 매해 첫 주 음란물 근절 포스터 그리기 대회를 실시한다.
날짜	2014년 11월 3일 – 2015년 11월 6일

〈첨부15〉 포스터 예상안

일반적 목표 :
○○초등학교 전교 학생들은 올바른 성지식을 통해 건전한 생활을 실천할 수 있다.

구체적 목표 :
(6) 2014년 12월 31일까지 ○○초등학교 학생 중 음란물에 노출된 학생들은 보건교육을 통해 건전한 생활을 실천할 수 있다.

해 당 수행계획 – 수행계획 ⑭~⑮
해당 학교간호 수단 – 보건교육
해당 학교간호 방법 – 컴퓨터 보조

[수행계획 ⑭]

○○초등학교 학생 중 음란물에 노출된 학생들을 대상으로 교내위원회에서 외부 전문가(변호사, 경찰관)를 초청하여 성에 대해 보건교육을 한다.

- 대상 : ○○초등학교 학생 중 음란물에 노출된 학생들
- 기간 : 2014년 10월 20–31일
- 장소 : ○○초등학교 5학년 1반 교실
- 도구 : 컴퓨터 매체(PPT)
- 인력 : 교직 실습생 2명, 보건교사 1명

1. 교육 계획

학교간호사업	교내위원회 회부 및 외부 전문가 의뢰서 작성
학교간호 사업내용	교내위원회에 회부하여 자료를 검토하고, 필요한 의뢰서를 작성한다.
날짜	10월 20일

학교간호사업	각 외부 전문가(변호사, 경찰관)에 의뢰
학교간호 사업내용	교내위원회를 통해 외부 전문가에 의뢰한다.
날짜	10월 21일

학교간호사업	외부 전문가(변호사, 경찰관)를 초청하여 보건교육을 시행한다.
학교간호 사업내용	○○초등학교 5학년 1반 교실에서 ○○초등학교 학생 중 음란물에 노출된 학생들을 대상으로 보건교육을 시행한다.
날짜	10월 31일

[수행계획 ⑮]

○○초등학교 학생 중 음란물에 노출된 학생들을 대상으로 인천광역시 청소년 성문화센터와 연계하여 외부 강사를 초청하여 성에 대해 보건교육을 한다.

- 대상 : ○○초등학교 학생 중 음란물에 노출된 학생들
- 기간 : 2014년 10월 20-31일
- 장소 : ○○초등학교 5학년 1반 교실
- 도구 : 컴퓨터 매체(PPT)
- 인력 : 교직 실습생 2명, 보건교사 1명

1. 교육 계획

학교간호사업	인천광역시 청소년문화센터 자료 검토 및 의뢰서 작성
학교간호 사업내용	인천광역시 청소년문화센터과 연락하여 자료를 검토하고, 필요한 의뢰서를 작성한다.
날짜	10월 20일

학교간호사업	인천광역시 청소년문화센터에 의뢰
학교간호 사업내용	인천광역시 청소년문화센터에 의뢰한다.
날짜	10월 21일

학교간호사업	외부 강사를 초청하여 보건교육을 시행한다.
학교간호 사업내용	○○초등학교 5학년 1반 교실에서 ○○초등학교 학생 중 음란물에 노출된 학생들을 대상으로 보건교육을 시행한다.
날짜	10월 31일

일반적 목표 :
○○초등학교 전교 학생들은 올바른 성지식을 통해 건전한 생활을 실천할 수 있다.

구체적 목표 :
(7) 2014년 12월 31일까지 ○○초등학교 5학년 학부모는 가정에서 학생이 올바른 성지식을 통해 건전한 생활을 하도록 지도할 수 있다.

해당 수행계획 – 수행계획 ⑯
해당 학교간호 수단 – 관리
해당 학교간호 방법 – 가정통신문

[수행계획 ⑯]

○○초등학교 학생들의 건전한 생활 지도가 가정에서도 이루어질 수 있도록 자녀 성교육 관련 가정통신문을 배부한다.

- 대상 : ○○초등학교 전교 학생
- 기간 : 2014년 10월 20-31일
- 장소 : ○○초등학교 각 교실
- 도구 : 컴퓨터, 프린터, 가정통신문
- 인력 : 교직 실습생 2명

1. 가정통신문 계획

학교간호사업	건전한 생활 지도 자료 수집
학교간호 사업내용	가정통신문에 적합한 건전한 생활 지도 자료를 수집한다.
날짜	10월 20일

학교간호사업	'건전한 생활로 성에 대해 바르게 알자!' 가정통신문 작성 및 검토
학교간호 사업내용	'건전한 생활로 성에 대해 바르게 알자!' 가정통신문을 작성하고 내용에 오류가 없는지 검토한다.
날짜	10월 21일

학교간호사업	'건전한 생활로 성에 대해 바르게 알자!' 가정통신문 배부
학교간호 사업내용	'건전한 생활로 성에 대해 바르게 알자!' 가정통신문을 ○○초등학교 전체 가정으로 배부한다.
날짜	10월 31일

일반적 목표 :
○○초등학교 전교 학생들은 올바른 성지식을 통해 건전한 생활을 실천할 수 있다.

구체적 목표 :
(8) 2014년 12월 31일까지 ○○초등학교 교직원은 학생이 올바른 성지식을 통해 건전한 생활을 하도록 지도할 수 있다.

해당 수행계획 – 수행계획 ⑰
해당 학교간호 수단 – 관리
해당 학교간호 방법 – 안내문

[수행계획 ⑰]

○○초등학교 학생들의 건전한 생활 지도를 위한 안내문을 배부한다.

– 대상 : ○○초등학교 전 교직원

– 기간 : 2014년 10월 20–31일

– 장소 : 교무실

– 도구 : 컴퓨터, 프린터, 가정통신문
– 인력 : 교직 실습생 2명, 보건교사 1명

1. 안내문 계획

학교간호사업	건전한 생활 지도 자료 수집
학교간호 사업내용	안내문에 적합한 건전한 생활 지도 자료를 수집한다.
날짜	10월 20일

학교간호사업	건전한 생활 지도 안내문 작성 및 검토
학교간호 사업내용	건전한 생활 지도 안내문을 작성하고 내용에 오류가 없는지 검토한다.
날짜	10월 27일

학교간호사업	건전한 생활 지도 안내문 배부
학교간호 사업내용	건전한 생활 지도 안내문을 ○○초등학교 전체 교직원에 배부한다.
날짜	10월 31일

4) 학교간호사업 평가계획

학교간호 사업내용	"엄마가 되기 위한 준비를 해요!" 보건교육과 건전한 성교육
평가자	교직 실습학생 2명
평가시기	• 2014년 10월 20일 ~ 2014년 10월 31일
평가대상	○○초등학교 5학년 학생
평가방법	• 구술 시험법 : 형성평가 – 교육 중 질문을 통해 수업 내용을 확인한다. – 교육 중 OX퀴즈를 통해 사춘기 신체변화와 대처하는 방법을 확인한다. • 필기 시험법: 진단평가, 최종평가 – 선택형 중 진위형과 배합형과 서답형 중 단답형, 완결형 혼합 – 사전, 사후 설문지를 통해 사춘기 신체변화와 대처하는 방법을 숙지하였는지 확인한다.

평가의 범주	① 사업의 목표달성 정도에 대한 평가 • 보건교육 사후 평가 점수가 90점 이상 인가? • 보건교육을 통해 사춘기 신체변화에 대해 설명할 수 있는가? • 보건교육을 통해 사춘기 변화에 따른 대처방법 3가지에 대해 설명할 수 있는가? • ○○초등학교 5학년 학부모는 가정에서 학생이 올바른 성지식을 통해 건전한 생활을 하도록 지도할 수 있는가? • ○○초등학교 교직원은 학교에서 학생이 올바른 성지식을 통해 건전한 생활을 하도록 지도할 수 있는가? ② 사업의 진행에 대한 평가 • 보건교육 사업이 계획한 일정에 맞게 진행되었는가? • 학생들은 교육자료에 흥미와 만족을 느꼈는가? • 가정통신문 배부 사업이 계획한 일정에 맞게 진행되었는가? • 음란물 근절 주간 사업이 계획한 일정에 맞게 진행되었는가? ③ 투입된 노력에 대한 평가 • 보건교육 지도안 제작에 있어서 인력, 시간이 적절하게 투입되었는가? • 보건교육 ppt 제작에 있어서 인력, 시간이 적절하게 투입되었는가? • 보건교육 판넬자료 제작에 있어서 인력, 경비, 시간, 예산이 적절하게 투입되었는가? • 사전, 사후검사지 제작과 배부에 있어서 인력, 시간이 적절하게 투입되었는가? • 보건교육 시나리오 제작에 있어서 인력, 시간이 적절하게 투입되었는가? • 가정통신문 제작과 배부에 있어서 인력, 시간이 적절하게 투입되었는가? • 안내문 제작과 배부에 있어서 인력, 시간이 적절하게 투입되었는가? • 음란물 근절 주간 사업을 위한 인력, 시간이 적절하게 투입되었는가? ④ 사업의 효율에 대한 평가 • 투입된 시간(2014/10/20~2014/10/31), 투입된 예산(없음), 투입된 인력(교직 실습학생 2명)에 비하여 목표의 달성(○○초등학교 5학년 중 여학생들은 사춘기 여성의 신체변화와 대처방법에 대한 지식이 사전 평가점수 66점에서 사후 평가점수 90점으로 상승한다.)이 어느 정도이며 효율적으로 이루어졌는가? • 투입된 시간(2014/10/20~2014/10/31), 투입된 예산(없음), 투입된 인력(교직 실습학생 2명)에 비하여 목표의 달성(2014년 12월 31일까지 ○○초등학교 학생들은 다양한 보건교육을 통해 올바른 성지식을 습득할 수 있다.)이 어느 정도이며 효율적으로 이루어졌는가? • 투입된 시간(2014/10/20~2014/10/31), 투입된 예산(없음), 투입된 인력(교직 실습학생 2명)에 비하여 목표의 달성(2014년 12월 31일까지 ○○초등학교 5학년 학부모는 가정에서 학생이 올바른 성지식을 통해 건전한 생활을 하도록 지도할 수 있다.)이 어느 정도이며 효율적으로 이루어졌는가? • 투입된 시간(2014/10/20~2014/10/31), 투입된 예산(없음), 투입된 인력(교직 실습학생 2명)에 비하여 목표의 달성(2014년 12월 31일까지 ○○초등학교 교직원은 학교에서 학생이 올바른 성지식을 통해 건전한 생활을 하도록 지도할 수 있다.)이 어느 정도이며 효율적 으로 이루어졌는가?

6.3 학교간호 수행단계

날짜	학교 간호 사업 내용	학교 간호수행
10/20	• 보건 수업 지도안 자료 수집 • '엄마가 되기 위한 준비를 해요' PPT 자료 수집 • '엄마가 되기 위한 준비를 해요' 동영상 자료 수집, • '엄마가 되기 위한 준비를 해요' 동영상 자료 수집, • 보건교육에 적합한 동영상 자료 수집	– 보건 수업을 위해 보건 선생님께서 초등학교 5학년 보건 교과서를 주셨다. – 초등학교 5학년 보건 교과서를 근거로 하여 보건 교육 PPT에 들어갈 자료를 수집하였다. – 초등학교 5학년 보건 교과서를 근거로 하여 '엄마가 되기 위한 준비를 해요' 동영상 자료를 수집하였다. – 초등학교 5학년 보건 교과서를 근거로 하여 '엄마가 되기 위한 준비를 해요' 동영상 자료를 수집하였다. – 초등학교 5학년 수준에 맞는 동영상인가 분석하고 동영상을 선정하였다.
10/21 –22	• 보건 수업 지도안 작성 • '엄마가 되기 위한 준비를 해요' PPT 작성	– 수집한 자료를 근거로 하여 보건 수업 지도안을 작성하였다.(첨부01) – 수집한 자료를 근거로 하여 보건 수업 PPT를 작성하였다.(첨부02)
10/22	• 보건 수업 사전 설문지 자료 수집 및 사전 설문지 작성 • 여성의 생식기관 판넬 자료수집 • 보건 수업 사후 설문지 자료 수집 및 사후 설문지 작성	– 보건 수업 사전 설문지에 들어갈 자료를 수집하고 적합한 내용을 선정하여 사전 설문지를 작성하였다.(첨부03) – 여성의 생식기관에 대한 자료를 수집하였다. – 보건 수업 사후 설문지에 들어갈 자료를 수집하고 적합한 내용을 선정하여 사후 설문지를 작성하였다.
10/23	• 보건 수업 사전 설문지 검토 및 수정, 보건 수업 사전 설문지 자료 재수집 • 각 교실로 사전 설문지 배부, 사전 설문지 회수 • 사전 설문지 결과 분석 • 보건 수업 지도안 검토 및 1차 수정, 보건 수업 지도안 자료 재수집 • '엄마가 되기 위한 준비를 해요' 시나리오 작성	– 보건 수업 사전 설문지를 검토하고 수정할 부분에 대해 자료를 재수집하여 수정하였다. – 보건 수업 사전 설문지를 ○○초등학교 5학년 각 교실에 배부하고 설문조사를 한 후, 설문지를 회수하였다. – 회수한 보건 수업 사전 설문지의 결과를 분석하였다. – 분석한 보건 수업 사전 설문지의 결과를 근거로 하여 보건 수업 지도안 자료를 재수집하였다. – 재수집한 자료와 보건 수업 지도안을 검토하고 분석한 보건 수업 사전 설문지의 결과를 근거로 하여 1차 수정을 하였다. – 보건 수업 시나리오를 작성하였다. (첨부04)
10/23 –24	• 보건 수업 사후 설문지 검토 및 수정	– 보건 수업 사후 설문지를 검토하여 사전 설문 내용을 반영하고, 초등학교 5학년 수준에 적합한 설문 내용으로 수정하였다.

10/27	• 보건 수업 지도안 검토 및 2차 수정 • '엄마가 되기 위한 준비를 해요' PPT 검토 및 수정 • '엄마가 되기 위한 준비를 해요' 시나리오 검토 및 수정	– 재수집한 자료와 보건 수업 지도안을 검토하고 분석한 보건 수업 사전 설문지의 결과를 근거로 하여 2차 수정을 하였다. – 분석한 보건 수업 사전 설문지의 결과를 근거로 하여 PPT를 검토하고 수정을 하였다. – 분석한 보건 수업 사전 설문지의 결과를 근거로 하여 시나리오를 검토하고 수정을 하였다.
10/27 –28	• '엄마가 되기 위한 준비를 해요' 시나리오 이용한 보건수업 연습	– 수정한 시나리오를 바탕으로 보건 수업 연습을 하였다.
10/28 –30	• '엄마가 되기 위한 준비를 해요' PPT를 이용한 보건교육 연습	– 수정한 PPT를 바탕으로 보건 수업 연습을 하였다.
10/30 –31	• '엄마가 되기 위한 준비를 해요' PPT를 이용한 보건교육 • '엄마가 되기 위한 준비를 해요' 동영상을 이용한 보건교육 • '엄마가 되기 위한 준비를 해요' 동영상을 이용한 보건교육 • 여성의 생식기관 판넬 이용 보건교육 • '엄마가 되기 위한 준비를 해요' 시나리오 이용한 보건수업 • 보건 수업 사후 설문지 각 교실로 사전 설문지 배부, 사후 설문지 회수	– ○○초등학교 5학년 보건 수업을 진행하였다. – 보건 수업 사후 설문지를 ○○초등학교 5학년 각 교실에 배부하고 설문조사를 한 후, 설문지를 회수하였다. (첨부05)
10/31	• 보건 수업 사후 설문지 결과 분석	– 보건 수업 사후 설문지의 결과를 분석하였다.

6.4 학교간호 평가단계

학교간호 사업내용	"엄마가 되기 위한 준비를 해요!" 보건교육과 건전한 성교육
평가자	교직 실습학생 2명
평가시기	• 2014년 10월 20일 ~ 2014년 10월 31일
평가대상	○○초등학교 5학년 학생

평가방법	• 구술 시험법 : 형성평가 – 교육 중 질문을 통해 수업 내용을 확인한다. – 교육 중 OX퀴즈를 통해 사춘기 신체변화와 대처하는 방법을 확인한다. • 필기 시험법 : 진단평가, 최종평가 – 선택형 중 진위형과 배합형과 서답형 중 단답형, 완결형 혼합 – 사전, 사후 설문지를 통해 사춘기 신체변화와 대처하는 방법을 숙지하였는지 확인한다.
평가의 범주	**① 사업의 목표달성 정도에 대한 평가** • 보건교육 사후 평가 점수가 90점 이상 인가? → 보건교육 후 사후 평가지를 통해 5학년 1,2,3반의 평균이 92점으로 목표점수 90 이상에 도달하였다. • 보건교육을 통해 사춘기 신체변화에 대해 설명할 수 있는가? → 교육 중 질문을 통해 사춘기 신체변화에 대해 잘 알고 있음을 파악할 수 있었다. • 보건교육을 통해 사춘기 변화에 따른 대처방법 3가지에 대해 설명할 수 있는가? → 교육 중 질문을 통해 사춘기 변화에 따른 대처방법에 대해 잘 알고 있음을 파악할 수 있었다. **② 사업의 진행에 대한 평가** • 보건교육 사업이 계획한 일정에 맞게 진행되었는가? → 사전 설문지 프로그램은 자료 분석, 수정, 제작에 2일이 소요되었으며, 배부는 10월 20일에 맞추어 배부되었고, 분석되었다. → 보건교육 컴퓨터 보조매체에 필요한 자료수집, 분석, 수정, 제작에 4일이 소요되었으며 계획된 일정에 맞게 진행되었다. → 보건교육 시나리오 제작이 일로 계획된 일정에 맞게 진행되었다. → 사후 설문지 프로그램은 자료 분석, 수정, 제작에 3일이 소요되었으며, 배부는 계획한 날짜에 맞추어 배부되었고, 분석되었다. • 학생들은 교육자료에 흥미와 만족을 느꼈는가? → 학생들은 판넬 자료에 흥미를 가지고 수업에 적극적으로 참여하였다. **③ 투입된 노력에 대한 평가** • 보건교육 지도안 제작에 있어서 인력, 시간이 적절하게 투입되었는가? → 보건교육 지도안 제작에 투입된 인력은 총 3명(실습학생 2명, 보건교사 1명)이며, 투입된 시간은 설문조사에 필요한 자료수집, 수정, 배부, 분석에 총 5일이 소요되었고 충분한 시간을 사용하였다. • 보건교육 ppt 제작에 있어서 인력, 시간이 적절하게 투입되었는가? → 보건교육 ppt 제작에 투입된 인력은 총 2명(실습학생 2명)이며, 투입된 시간은 자료수집, 수정에 총 4일이 소요되었고 충분한 시간을 사용하였다.

<table>
<tr><td rowspan="1">평가의 범주</td><td>
• 보건교육 판넬자료 제작에 있어서 인력, 경비, 시간, 예산이 적절하게 투입되었는가?
→ 보건교육 판넬 제작에 투입된 인력은 총 2명(실습학생 2명)이며, 투입된 시간은 자료 수집, 제작에 총 3일이 소요되었고 투입된 예산은 보건선생님께서 제작에 필요한 모든 재료를 주셨다. 소요된 시간은 총 3일로 충분한 시간을 사용하였다.
• 사전, 사후검사지 제작과 배부에 있어서 인력, 시간이 적절하게 투입되었는가?
→ 보건교육 사전검사지 제작에 투입된 인력은 총 3명(실습학생 2명, 보건교사 1명)이며, 보 건선생님께서 50매를 인쇄해 주셨다. 투입된 시간은 설문조사에 필요한 자료수집, 수 정, 배부, 분석에 총 2일이 소요되었고 충분한 시간을 사용하였다.
• 보건교육 시나리오 제작에 있어서 인력, 시간이 적절하게 투입되었는가?
→ 보건교육 시나리오 제작에 투입된 인력은 총 2명(실습학생 2명)이며, 투입된 시간은 제작, 수정에 총 2일이 소요되었고 충분한 시간을 사용하였다.

④ 사업의 효율에 대한 평가
• 투입된 시간(2014/10/20~2014/10/31), 투입된 예산(없음), 투입된 인력(교직 실습학생 2명)에 비하여 목표의 달성(○○초등학교 5학년 중 여학생들은 사춘기 여성의 신체변화와 대처방법에 대한 지식이 사전 평가점수 66점에서 사후 평가점수 90점으로 상승한다.) 이 어느 정도이며 효율적으로 이루어졌는가?
→ 보건교육 사전 설문조사 결과 지식 점수 평균 66점에서 보건교육 사업을 진행한 후, 사후 설문조사 결과 지식 점수 평균 90점으로 상승하여 목표를 달성하였고 학생들의 지식, 태도, 생각이 변화되었다.
• 투입된 시간(2014/10/20~2014/10/31), 투입된 예산(없음), 투입된 인력(교직 실습학생 2명)에 비하여 목표의 달성(2014년 12월 31일까지 ○○초등학교 학생들은 다양한 보건교육을 통해 올바른 성지식을 습득할 수 있다.)이 어느 정도이며 효율적으로 이루어졌는가?
→ 보건교육과 건전한 성교육을 위한 방송교육, 외부강사 초청 교육 및 음란물 예방을 위한 캠페인을 통해 음란물에 대한 학생들의 의식변화가 이루어지고 음란물 노출로 인한 피해가 발생하지 않았다.
</td></tr>
</table>

ppt 첨부자료

엄마가 되기 위한 준비를 해요!
<사춘기 신체 변화>
누가 남자이고
누가 여자일까요?
알아 맞춰봅시다!
<사춘기 신체 변화>
<사춘기 신체 변화>
女 男
女 男
<사춘기 신체 변화>
<사춘기 신체 변화>
女
男
사전설문지 결과
Q.여자의 생식기관의 명칭과 기능 연결하기
아는 친구 34%
사전설문지 결과
Q.생리현상과 관련된 단어
아는 친구 20%
"엄마가 되기 위한 준비를 해요!"
오늘의 학습목표
1. 여자의 변화하는 몸에 대해 이해할 수 있다.
2. 월경에 대처하는 방법을 익혀 실천할 수 있다.
오늘의 학습활동
사춘기가 되면 남자는
어떤 신체 변화가
나타날까요?
남자의 신체적 변화
변성기
생식기(음경, 고환) 발달
남자의 신체적 변화
생리현상(몽정)
사춘기 때 여자 몸의
변화에는 어떤 것들
이 있을까요?
여자의 신체적 변화
생식기관의 성숙

여자의 신체적 변화
가슴의 발달
여자의 신체적 변화
골반의 발달
여자의 신체적 변화
질 분비물
여자의 신체적 변화
생리현상(월경)
여자의 신체적 변화
겨드랑이와
생식기의 털
여성 생식기관에
대해 배워 볼까요?
난소
난관
자궁
질
가슴이 발달하는 것에
대해 알아봅시다.
★ 젖 몽우리가 생기기
시작할 때
월경은 어떻게
일어나는지 알아볼까요?
월경주기란?
월경통(생리통)이란?
월경을 하는 동안 두통,
복통, 요통, 어지럼증 등이
나타나는 현상이다.

월경통(생리통)을 줄이는 방법에는 무엇이 있을까요?
생리통을 이겨내요~
먼저 따뜻한 물이나 차를 마시고 몸을 따뜻하게 한다.
몸을 따뜻하게 해서 옆으로 누워 있는다.
엉덩이를 위로 들어 올리고 엎으로 있는다.
oo우유
우유나 뼈째 먹는 생선과 같이 칼슘이 풍부한 음식을 섭취한다.
월경통증을 완화시켜주는 간단한 체조를 한다.
월경 시 무엇을 주의해야 할까요?
사워는 하지만 통 목욕은 하지 않는다
생리대는 자주 갈아준다
심한 운동은 하지 않는다
영양을 골고루 섭취한다
생식기를 청결하게 하기 위한 방법은 무엇이 있을까요?
속옷을 자주 갈아입는다(속옷은 면 종류)
Quiz! Quiz!
퀴즈를 풀며 오늘 배운 내용을 정리해보아요.
Quiz!
나는 무서운 것이나 병이 아닌데 여자 아이들은 처음 나를 보면 무서워해요.
나는 임신을 하지 않았을 경우에 28 -32일 주기로 질을 통해 나오는 혈액과 분비물이에요.
월경
항상 따뜻하고 조용하며, 아기가 자라기에 아주 좋은 장소는 어디일까요?
자궁
사춘기 때 여자의 신체적 변화에 대해 말해 볼까요?

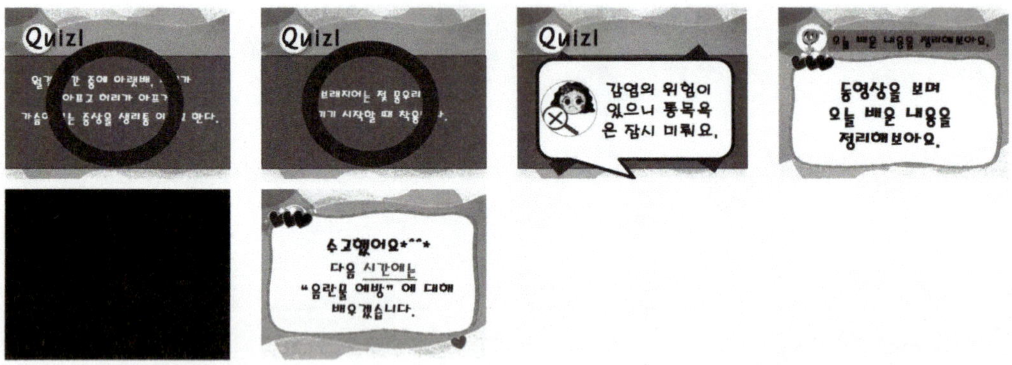
Quiz!
감염의 위험이 있으니 통목욕은 잠시 미뤄요.
오늘 배운 내용을 정리해보아요.
동영상을 보며 오늘 배운 내용을 정리해보아요.
수고했어요*^^*
다음 시간에는 "음란물 예방" 에 대해 배우겠습니다.

NEW SCHOOL HEALTH

부 록

부록1 보건교육 수업계획서

부록2 학교간호과정 사업수행

SCHOOL HEALTH

부록 1

보건교육 수업계획서

일 시		수 업 자		장 소	보건교육실
단 원	질병 예방과 관리	차 시	1/2	교 과 서	–
본시주제	올바른 심폐소생술 방법 익히기				
학습목표	• 심정지시 심폐소생술의 필요성을 설명할 수 있다. • 심폐소생술의 4단계를 올바른 방법으로 실시할 수 있다.				
학습자료	컴퓨터 활용매체(PPT, 동영상), 심폐소생술실습모형, 판넬, 평가지				

단계	학습과정	교수 – 학습 활동		시간	자료(♤) 유의점(♠)
		교사	아동		
도입	분위기 조성	▶ **학생들과 인사나누기** T: 안녕하세요. 저는 오늘 여러분과 함께 수업할 실습 선생님 OOO입니다. 반갑습니다.	S: 안녕 하세요	1"	♠인사로 학생들의 분위기조성과 주의집중을 유도한다.
	학습동기 유발	▶ **학습동기 유발(마음열기)** – '해리포터와 심폐소생술'동영상을 보여준다. T: 동영상을 시청했습니다. 각자의 느낌을 말해볼까요?	S1: 재밌어요! S2: 무서워요	4"	♤동영상 ♠동영상자료를 보여주고 학생들의 흥미를 유발한다.
	본시학습 문제파악	▶ **학습문제 제시** T: 오늘은 어떤 것에 대해 배울 것 같나요? T: 동영상에서처럼 위급한 상황이 닥쳤을 때, 심폐소생술만으로도 생명을 구할 수 있습니다. 따라서, 우리가 심폐소생술을 배워두면 좋겠죠? ▶ 학습활동 안내하기 활동1. 심정지시 심폐소생술의 중요성 알아보기 활동2. 심폐소생술의 4단계와 올바른 방법 알아보기	S: 심폐소생술이요! S: 네.	1"	♤ppt ♠학생들 스스로 오늘 배울 학습목표에 대하여 생각할 수 있도록 한다.
전개	학습문제 해결하기	▶ **활동1: 심정지시 심폐소생술의 필요성을 알아보기** T: 심폐소생술이 뭔지 아는 사람 있나요?	S1: 사고로 심장과 폐가 멈췄을 때 가장 가까이 있는 사람이 흉부를 압박하는 것이요.	10"	♤ppt ♠심폐소생술의 중요성에 대해서 질문함으로써 학생들이 자각하도록 한다.

단계	학습과정	교수 – 학습 활동		시간	자료(♤) 유의점(♠)
		교사	아동		
		T: 심폐소생술의 중요성을 설명한다. – 심장 및 폐의 구조 및 기능	S: 질병이나 사고로 갑자기 심정지가 왔을 때 가장 가까이에 있는 사람이 흉부압박과 인공호흡을 실시하여 심장과 폐가 정상적으로 돌아오게 하는 것임을 안다.		
		T: 깜짝퀴즈1! 심폐소생술의시기? – 심정지시 뇌손상의 변화	S: 4분 이내		
		▶ **활동2. 심폐소생술의 4단계와 올바른 방법 알아보기** ◎ **심폐소생술의 순서 동영상 감상**		16"	♤동영상
		T: 동영상을 통해 심폐소생술의 순서 를 알아봅시다. – '성인 심폐소생술 따라하기'를 시청한다.	S: 네!		
		◎ **ppt를 통한 심폐소생술의 방법 확인**			♤ppt, 실습모형
		T: 화면에 있는 그림은 뭘 하고 있는 걸까요?	S1: 살아있는지 확인해 봐요! S2: 119에 신고해요! S3: 흉부를 압박해요! S4: 인공호흡을 해요!		♠여러 학생들에게 발표기회를 주어 수업참여도를 높인다.
		T: 네, 맞았어요. 그럼 각 단계에서는 어떻게 해야 할까요? 방금 전에 본 동영상을 참고하여 발표해 봅시다. – 소아, 영아, 성인의 단계별 차이점	S1: 양어깨를 가볍게 두드려요. S2: 한사람을 지목해서 신고를 요청해요. S3: 양팔을 쭉 펴고 직각 자세를 유지해요. S4: 손으로 코를 막고 공기 넣어요.		
		T: 깜짝퀴즈2! 4단계에 이후에 가장 중요한 것?	S: 119가 올 때 까지 반복 또는 다른 사람과 교대로 실시하는 것을 안다.		
		T: 깜짝퀴즈3! 흉부압박과 인공호흡을 몇 번 반복한 후에 다시 의식을 확인할까?	S: 5회 반복 후 의식 확인		
		◎ **실습모형으로 심폐소생술 시범 및 실습**	S: 학생들이 직접 실습해봄으로 심폐소생술의 순서와 올바른 방법을 안다.		♤실습모형
		T: 심폐소생술 방법에 대해 시범을 하고 학생들이 직접 실시하도록 한다.	S: 흉부압박의 주의사항을 알고 친구를 대상으로 장난하면 위험함을 안다.		♠학생들이 직접 실습해 보도록 하며 사람에게 장난으로 하지 않도록 한다.
정리	일반화	▶ **학습 정리하기** ◎ **판넬을 통한 요약**		3"	♤판넬
		T: 오늘 배운 내용들을 요약해봅시다.	S: 심폐소생술의 올바른 순서와 방법을 안다.		
	평가	▶ **평가하기** ◎ **평가지를 통한 평가**		5"	♤평가지
		T: 학생들이 평가지를 작성한 후 문제를 같이 풀어 본다.	S: 평가지를 풀어본 후 정답을 확인해 본다.		♠학습이해도와 만족도를 평가한다.
	차시예고	▶ **차시예고** T: 다음 시간은 성폭력 예방 교육으로 우리 주변의 성범죄자에 대하여 알아보겠습니다.	S: 우리 동네 성범죄자 알아본다.		

일 시		수 업 자		장 소	보건교육실
단 원	성폭력의 예방과 대처	차 시		대 상	3학년(5개반)
본시주제	양성평등과 성폭력 예방법				
학습목표	양성평등의 개념에 대해 말할 수 있다. 성폭력의 개념에 대해 말할 수 있다. 성폭력 상황시 대처법에 대해 3가지 이상 말할 수 있다.				
학습자료	PPT, 동영상, 판넬, 활동지1, 활동지2, 평가지				

단계	학습과정	교수 - 학습 활동		시간	자료(♤) 유의점(♠)
		교사	아동		
도입	분위기 조성하기	▶ **학생들과 인사나누기** T: 안녕하세요. 반갑습니다. ▶ **학습동기 유발하기** T: 성폭력이 발생할 수 있는 여러 상황들에 대한 동영상을 시청한 후 느낀 점을 발표해 봅시다. T: 여러분들은 동영상과 같은 상황이 되면 어떻게 해야 할까요?	S: 안녕하세요. S: 부모님께 말씀 드려요. S: 싫다고 말해요.	1" 6"	♤ppt, 동영상 ♠동기유발 자료와 연관지어 학생 스스로 학습목표를 찾을 수 있도록 한다.
	학습문제 파악하기	▶**학습문제 확인하기** T: 오늘 어떤 것에 대해 배우게 될까요? T: 다 같이 학습목표를 읽어봅시다.	S: 성폭력이요. S: 성폭력 예방법이요. S: 학습목표를 읽는다.	3"	
전개	학습문제 해결하기	▶ **학습활동 1) 양성평등의 개념 알아보기** T: 양성평등이란 무엇인가요?	S: 양성평등이란 남자나 여자 어느 한쪽에 부정적인 감정이나 고정관념 없이 평등하게 대하는 것임을 안다.	5"	♤ppt,판넬 ♠설명을 간단·명료하게 하여 학생들의 집중력을 높인다.
		▶ **학습활동 2) 성폭력의 개념 알아보기** T: 성폭력이란 무엇인가요? T: 빙고게임을 통해 성폭력에 대한 의문점들을 알아봅시다.	S: 성폭력이란 상대방이 싫어하는데도 성적인 행위를 하는 것으로 모든 신체적, 언어적, 정신적 폭력을 포함하는 것임을 안다. S: 빙고게임을 통해 성폭력에 대한 올바른 생각을 안다.	10"	♤ppt,판넬, 활동지1 ♠분위기가 어수선해지지 않게 주의한다.

단계	학습과정	교수 – 학습 활동 (교사)	교수 – 학습 활동 (아동)	시간	자료(♤) 유의점(♠)
		▶ **학습활동 3) 성폭력 상황 시 대처방법에 대해 알아보기** T: 활동지를 통해 성폭력 상황 시 대처방법에 대해 알아봅시다.	S: 활동지를 이용한 퀴즈평가 및 요약정리를 통해 성폭력 상황 시 대처 방법에 대해 안다.	10"	♤ppt, 활동지2 ♠대처방법을 실생활에서 실천할 수 있도록 격려한다.
정리	정리	▶ **평가 및 정리하기** T: 얼마나 열심히 공부했는지 지금까지 배운 내용에 대해 평가해봅시다. T: 오늘 배운 내용들을 정리해봅시다.	S: 평가지를 풀어본다. S: 학습한 내용들을 바탕으로 발표를 통해 정리할 시간을 갖는다.	9"	♤ppt, 평가지 ♠평가지를 통해 학생들의 이해정도를 파악하고, 학습내용을 정리하도록 한다.
	차시예고	▶ **차시예고** T: 다음시간에는 충치예방교육을 공부하도록 하겠습니다.	S: 네	1"	

부록 2

학교간호과정 사업수행

학교간호과정 사업내용	수 행

- 대상 : ○○초등학교 5학년 학생들(설문조사는 5학년 1,3반만)
- 기간 : 2014년 9월 22일 ~ 10월 2일까지(총 9일)
- 장소 : ○○초등학교 보건실, 5학년 각 학급
- 도구 : 사전 설문지, 설문 결과지, 프린터, 카메라, 컴퓨터(ppt), 융판 재료(가위, 풀, 색상지, 코팅지)

9월 22일

- '성 상품화와 성매매 예방' PPT 자료 수집 및 분석

- '성 상품화와 성매매 예방' PPT 작성

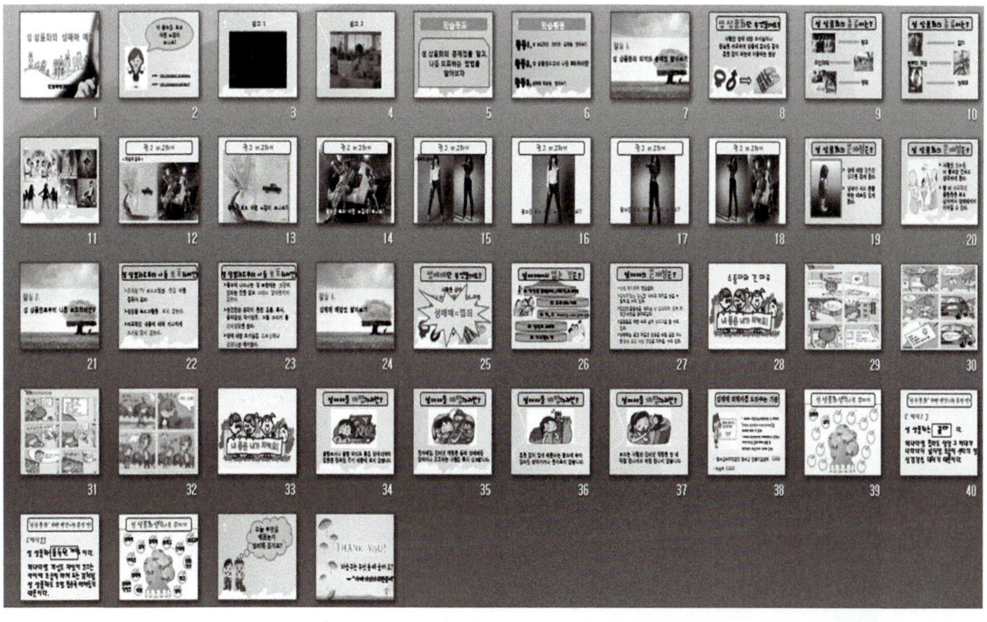

(수집한 자료를 정리하여 성 상품화와 성매매 예방 교육에 사용할 PPT 제작)

수업일시		장소	5학년 교실
학습주제	성상품화와 성매매 예방		
학습목표	성 상품화의 문제점을 알고, 나를 보호하는 방법을 알아보자.		
학습자료	PPT, 동영상, 융판	수업모형	문제해결학습

학습 단계	학습의 흐름	학습 형태	교수 – 학습 활동 교 사	교수 – 학습 활동 아 동	시간 (분)	자료(★)/ 유의점(☞)
도입	동기유발	전체학습	▣ **학습 동기 유발** ㅇ 성상품화 된 광고 동영상(2개)을 보여준다. – 이 광고를 보고 어떤 느낌이 드나요? (과자광고, 커피광고)	– 멋있어요!! – 2PM이다. – 잘생겼어요. – 우와~몸 좋다. – 야해요. – 창피해요.	5	★ PPT, 동영상 (2–4) 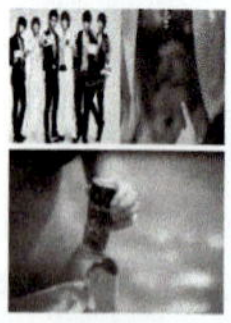
	학습목표 확인 학습활동 안내		▣ **학습 목표 확인** 성 상품화의 문제점을 알고, 나를 보호하는 방법을 알아보자. ▣ **학습 활동 안내** 〈활동1〉 성 상품화의 의미와 문제점 알아보기 〈활동2〉 성 상품화로부터 나를 보호하려면? 〈활동3〉 성매매 예방법 알아보기			★ PPT(5–6) 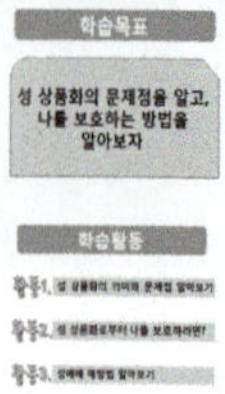
전개1	성 상품화의 의미 알아보기	전체학습	**〈활동1〉 성 상품화의 의미와 문제점 알아보기** ㅇ 성 상품화의 의미에 대해서 알아본다. – 성 상품화란 무엇일까요? : 사람의 성에 대한 호기심이나 관심을 자극하여 상품에 흥미를 끌어 돈을 많이 버는데 이용하는 현상이에요. ㅇ 성 상품화의 종류에 대해서 알아본다. – 광고 – 잡지 – 미인대회 – 컴퓨터 게임 – 영화 – 성매매 – 그 외의 것(아이돌 무대) ㅇ 두 개의 광고 비교하여 느낌 알아보기 – 광고를 보고 어떤 느낌이 드나요?	– 예쁜 여자를 이용해 광고하는 거 예요. – 유명 연예인을 내세워 상품을 많이 팔려고 하는 거예요. – 자동차가 힘이 세요. – 야해요. – 자동차 광고 아니에요. – 단정해요. – 야해요.	3 4 2	★ PPT(8–11) 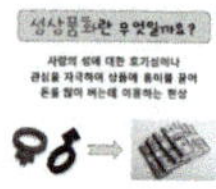  ★ PPT(12–17) 

단계	주제	형태	내용	시간	자료
전개1	성 상품화의 문제점 알아보기	전체학습	ㅇ 성 상품화의 문제점 이야기 해본다. - 성에 대해 잘못된 생각을 갖게 된다. - 남녀가 서로 존중하는 태도를 잃게 된다. - 사람의 외모를 더 중요한 것으로 행각하게 된다. - 좀 더 자극적인 음란물을 보고 싶어져서 성매매까지 이어질 수 있다.		★ PPT(18-19) 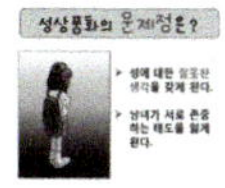
전개2	성 상품화의 예방법 알아보기	전체학습	〈활동2〉 성 상품화로부터 나를 보호하려면? ㅇ 성 상품화로부터 나를 보호할 수 있는 방법을 같이 읽어본다. - 유익한 TV프로그램과 좋은 책을 골라 시청한다. - 성인용 프로그램을 보지 않는다. - 자극적인 내용에 대해 지나치게 호기심 갖지 않는다. - 광고에 나타나는 성 표현에는 과장이 있다는 것을 알고 그대로 받아들이지 않는다. - 불건전한 생각이 들면 운동, 독서, 음악감상, 악기연주, 그림 그리기 등 취미생활을 한다. - 성에 대한 호기심은 부모님이나 선생님과 얘기한다.	4	★ PPT(21-22) 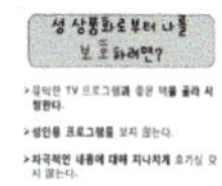 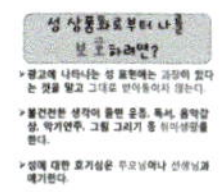
전개3	성매매 예방법 알아보기	전체학습	**〈활동3〉 성매매 예방법 알아보기** ㅇ 성매매의 의미에 대해 알아본다. - 사람을 상대로 돈이나 다른 이익을 얻기 위해 사람의 성을 사고 파는 행위 - 성매매=범죄	1	★ PPT(24) 
			ㅇ 성매매에서 없는 것이 무엇인지 알아본다. - 감정들(사랑하는, 애틋한, 소중한) - 존중하는 마음 - 전, 후(인간관계의 시작도, 과정도 없다.) - 생명의 소중함 - 가치있는 것	1	★ PPT(25) 
			ㅇ 성매매의 문제점에 대해 알아본다. - 성병, 에이즈가 확산된다. - 원하지 않는 임심과 낙태로 아기를 낳을 수 없게 될 수도 있다. - 인간의 존엄성을 해치는 성 중독자가 되어 가정과 사회를 망가뜨린다. - 음란물을 따라 하고 싶어 성폭력을 할 수도 있다. - 성매매는 몸과 마음의 건강을 해칠 뿐만 아니라 평생 동안 나쁜 영향을 가져올 수도 있다.	2	★ PPT(26) 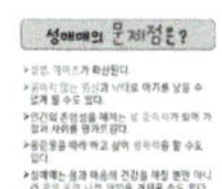

전개3		전체학습	ㅇ 성매매의 예방법에 대해 알아본다. – "소중이의 긴 하루"를 통하여 성매매 예방법으로는 무엇이 있는지 말해본다. – 우리가 만약 소중이라면 어떻게 할까요?	4	★ PPT(만화) (27–31) 
			– 음란도서나 음란 비디오 등은 성에 대하여 잘못된 정보를 주기 때문에 보지 않습니다. – 전자메일, 인터넷, 채팅을 통해 성매매를 권하거나 유혹하는 사람은 즉시 신고합니다. – 돈을 많이 벌게 해준다는 광고에 속아 일터를 찾아가거나 물어보지 않습니다. – 모르는 사람과 인터넷 채팅을 할 때 직접 만나자고 하면 만나지 않습니다.	2	★ PPT(32–35) 
			ㅇ 성매매 피해자를 도와주는 기관 설명하기 – 성매매 피해여성 긴급지원센터(117) – 청소년보호위원회 청소년 긴급지원센터(1388) – 여성부(1366)	1	★ PPT(36) 
정리	요약· 정리 및 평가	전체학습	**〈정리하기〉 학습지활동을 통하여 성 상품화에 대해 정리하기** ㅇ 성 상품화 생각나무 꾸미기 – 두 가지 예를 들어준 후 자신의 생각을 학습지에 적어보도록 한다. (예: 성폭력, 잡지) – 학생들의 의견을 토대로 융판에 적어서 생각을 공유한다.	10	★ PPT(37–41) 
			ㅇ '성 상품화'하면 생각나는 문장 짓기 – 두 가지 예를 들어준 후 자신의 생각을 학습지에 적어보도록 한다. (예: 콜라, 중독된 게임)		★ 융판 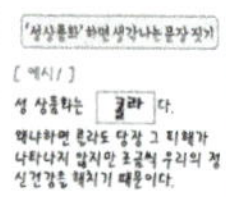
다음 차시 예고			〈다음차시예고〉 ㅇ "다음 시간에는 아빠가 되기 위한 준비에 대해서 공부할거예요."	1	★ PPT(42) 

(교육시간 40분에 맞추고, 5학년 수준에 맞춘 PPT를 중점으로 두고 교육안 작성)

– '성 상품화와 성매매 예방' 사전설문지 작성

〈보건교육 사전 설문지〉

(이 설문지는 '성 상품화와 성매매 예방'에 대해 배우기 전에 여러분이 얼마나 알고 있는지 알아보려고 하는 것입니다. 문제를 잘 읽고 풀어주세요 ^o^)

1. 성 상품화에 대해 옳은 것은? ( )
   ① 성 상품화는 직접적인 신체 접촉만을 말한다.
   ② 사람의 성에 대한 호기심을 자극해 돈이나 이익을 얻으려고 한다.
   ③ 성 상품화는 사람의 외모보다 마음을 중요하게 생각한다.
   ④ 야한 광고나 스팸 메일에서 나오는 내용은 모두 사실이다.

2. 성 상품화의 문제점이 아닌 것은? ( )
   ① 성에 대한 잘못된 생각을 갖게 된다.
   ② 눈요기나 즐거움을 위해 더 자극적인 음란물을 찾게 된다.
   ③ 남녀가 서로 존중하는 태도를 갖게 된다.
   ④ 사람들의 외모가 더 중요하다고 생각하게 된다.

3. 성 상품화로부터 나를 보호하는 방법 중 아닌 것은? ( )
   ① 유익한 TV 프로그램이나 좋은 책을 골라서 본다.
   ② 광고는 좋은 내용이므로 어떤 내용이든 그대로 받아들인다.
   ③ 성에 대한 호기심은 부모님이나 선생님과 얘기한다.
   ④ 성인용 프로그램을 보지 않는다.

4. 다음 보기는 무엇에 대한 설명일까요? ( )

   [보기] • 성 상품화 현상 중 하나이다.
   • 육체적 거래를 통해 사람의 성을 사고파는 행위이다.
   • 이것은 범죄이다.

   ① 성폭력 ② 성 상품화 ③ 성매매 ④ 성희롱 ⑤ 성폭행

5. 성매매의 문제점이 아닌 것은? ( )
   ① 성병, 에이즈가 확산된다.
   ② 몸과 마음의 건강을 해치고, 평생 동안 나쁜 영향을 미친다.
   ③ 원하지 않는 임신과 낙태로 아기를 낳을 수 없게 될 수도 있다.
   ④ 성에 대한 올바른 예절과 윤리를 배우게 된다.

6. 성매매의 예방법으로 옳은 것은? ( )
   ① 돈을 많이 벌게 해준다는 광고를 보면 직접 찾아가본다.
   ② 성매매의 유혹에 빠지려는 친구가 있다면 알고도 모른 척 한다.
   ③ 모르는 사람과 인터넷 채팅을 할 때 직접 만나자고 하면 절대 만나지 않는다.
   ④ 음란도서나 음란 비디오는 올바른 성을 알려주기 때문에 보도록 한다.

모두 수고하셨습니다! ^o^

→ 성 상품화와 성매매 예방에 관하여 자료를 수집하였고 초등학교 5학년에게 맞는 사진을 수집하였다. 성 상품화 관련 동영상은 학생들의 수준에 맞추어서 너무 자극적이지 않고 성 상품화를 대표하는 CF를 수집하였다. 또한 이를 바탕으로 PPT와 학습지도안을 작성하였다.

9월 23일

- PPT 수정(5학년 학생들의 수준을 맞추기 위해서 내용과 활동을 수정하였다.)
- 학습지도안 수정(PPT의 바뀐 내용에 맞추어 수정하였다.)
- 시나리오 작성

《《《《《 활동지 나눠주기 & 받은 후 책상에 뒤집어 놓으라고 말하기 》》》》》

〈슬라이드 1〉

여러분 안녕하세요. 저는 여러분과 '성 상품화와 성매매 예방'에 대해 이번시간에 같이 공부하게 된 OOO선생님입니다.
혹시 우리 친구들은 '성 상품화'와 '성매매'라는 말을 들어본 적이 있나요?
'성 상품화'와 '성매매'는 무엇일까요? 말해 볼 친구?
'성 상품화'란 성을 상품화 한 것이고, '성매매'는 성을 매매 즉 돈을 주고 거래를 한다는 뜻이에요. 정확한 뜻은 앞으로 같이 배워볼 거예요.

〈슬라이드 2-4〉

선생님이 2개의 광고를 보여줄 거예요. 어떤 느낌이 드는지 잘 생각하면서 보도록 합시다.
잘 보았나요? 광고에 누가 나오죠? 2PM과 차태현이 나왔어요. 근데 왜 초콜릿과 커피광고에서 연예인들이 옷을 벗고 야하게 나오는 장면이 더 많은 걸까요?
바로 이런 광고들이 성 상품화를 이용한 광고들이에요.

〈슬라이드 5〉

자, 그래서 오늘의 학습목표는 성 상품화의 문제점을 알고, 나를 보호하는 방법을 알아보자 예요.

〈슬라이드 6〉

우리가 같이 할 활동으로, 첫 번째로는 성 상품화의 의미와 문제점에 대해 알아볼 것이고, 두 번째로는 성 상품화로부터 나를 보호하려면 어떻게 해야 하는지, 성매매의 예방법은 무엇이 있는지 알아볼 거예요.

〈슬라이드 7〉

아까 계속 말했던 성 상품화라는 것이 도대체 무엇인지, 그리고 그에 대한 문제점으로는 무엇이 있는지 알아볼 거예요.

〈슬라이드 8〉

성 상품화의 뜻을 알아보기 전에 성 상품화가 무엇인지 말해볼 친구 있나요? 아까 설명했던 것을 말 해도 좋으니 발표해볼 친구? 네 잘 말했어요.
'성 상품화'란 사람의 성에 대한 호기심이나 관심을 자극하여 상품에 흥미를 끌게 해서 돈을 많이 버는데 이용하는 현상을 말해요. 아까 처음에 봤던 광고 기억나죠? 초코렛을 팔기위해서 남자 아이돌이 상의를 벗고 나왔어요. 그래서 "어 저게 뭐지? 한번 사볼까?" 혹은 "한번 봐볼까?"하게 만들도록 광고를 찍는 것을 성 상품화를 이용한 광고라고 할 수 있습니다. '성 상품화'의 의미를 잘 생각하면서 계속 수업을 듣도록 합시다.

〈슬라이드 9-11〉

그럼 성 상품화의 종류에는 무엇이 있을까요?
아까 봤었던 광고, 미스코리아, 슈퍼모델 등의 미인대회, 자극적인 포스터의 영화, 잡지, 컴퓨터 게임의 야한 캐릭터 그리고 아주 위험한 성매매 등이 있어요. 그 외에도 아이돌들의 무대를 보면 상의를 탈의하거나 짧은 옷을 입고 나와서 공연을 하는 것 또한 성 상품화에 해당됩니다.

〈슬라이드 12-17〉

이번에는 사진으로 된 광고를 보여줄 거예요. 이 광고들을 보고 어떤 느낌이 드는지 생각해보고 말해보도록 합시다. 먼저 이거는 무슨 광고일까요? 네 자동차 광고에요.
첫 번째 사진을 보면 어떤 느낌이 드나요? 자동차가 힘이 좋구나! 하는 생각이 들죠?
그러면 두 번째 사진을 보면 어떤 느낌이 드나요? 전혀 자동차 광고가 아닌 것 같죠? 이게 사람을 홍보하는 것인지 손에 들고 있는 사진기를 홍보하는 것인지 모르겠어요. 분명히 같은 제품을 가지고 광고를 찍었지만 서로 완전히 다른 광고가 되어버렸어요.
두 번째 광고를 봅시다. 두 배우가 무슨 광고를 찍었나요? 청바지 광고를 찍었죠?
첫 번째 사진을 보면 어떤 느낌이 드나요? 단정하고 청순하고 예쁘죠?
그럼 두 번째 사진을 봐볼까요? 이 사진은 어떤 느낌이 드나요? 청바지 광고인데 왜 야하게 찍어야 하는지 모르겠죠? 이 광고 또한 아까 자동차 광고와 마찬가지로 같은 제품을 광고하고 있는 것이지만 서로 완전히 다른 느낌의 광고가 되었어요.
이런 광고들이 바로 성에 대한 호기심이나 관심을 자극하여 상품에 흥미를 끌어 돈을 많이 모으려는 성 상품화를 이용한 광고들입니다.

〈슬라이드 19-20〉

그럼 이러한 성 상품화로 어떤 문제들을 불러오는지에 대해서 알아볼 거예요. 성 상품화로 문제가 될 수 있는 것이 무엇이 있는지 자신의 생각을 말해볼 친구 있나요? 네 많은 것들이 있어요.

- 성에 대한 잘못된 생각을 갖게 된다.
  성에 대해서 올바른 지식이 아닌 어긋난, 잘못된 지식을 머릿속에 심어주게 돼요.
- 남녀가 서로 존중하는 태도를 잃게 된다.
  남자, 여자가 서로 존중하지 않고 막대하게 되기도 하죠.
- 사람의 외모를 더 중요한 것으로 생각하게 된다.
  사람의 마음씨가 아닌 겉모습을 더 중요하게 생각하여, 겉모습만 보고 판단하게 하기도 합니다.
- 좀 더 자극적인 음란물을 보고 싶어져서 성매매까지 이어질 수 있다.
  이번에 약한 것을 봤으니 다음에는 좀 더 강한 것으로, 또 강한 것을 봤으니 이번에는 실제로 해보고 싶다 하는 생각을 들게 하여 성매매까지 이어지게 합니다.
  이렇게 성 상품화는 많은 문제들을 불러옵니다.

〈슬라이드 21〉
그럼 문제가 되는 성 상품화로부터 나는 보호하기 위해서는 어떻게 해야 할지 알아볼까요?

〈슬라이드 22-23〉
- 유익한 TV프로그램과 좋은 책을 골라 시청한다.
  우리 친구들에게 도움을 줄 수 있는 것을 골라서 시청할 수 있도록 합니다.
- 성인물 프로그램을 보지 않는다.
  케이블 채널을 보면 어른들이 보는 채널들이 많은데, 이런 것들에게 호기심을 가지고 한번 봐볼까? 하는 생각은 절대 하지 않도록 합니다.
- 자극적인 내용에 대해 지나치게 호기심 갖지 않는다.
  자극적인 내용을 보고 호기심을 가질 수 있는데, 한번만 보고 절대보지 말자!! 이렇게 생각하면 절대 안돼요. 한번이 두 번이 되고 두 번이 세 번이 되어 결국에는 중독에까지 도달합니다.
- 광고에 나타나는 성 표현에는 과장이 있다는 것을 알고 그대로 받아들이지 않는다.
  광고에는 성에 대한 표현들이 부풀어져 있는 것들이 많아요. 그러니깐 절대 그러한 광고들을 그대로 받아들이지 않도록 합니다.
- 불건전한 생각이 들면 운동, 독서, 음악감상, 악기연주, 그림 그리기 등 취미생활을 한다.
- 성에 대한 호기심은 부모님이나 선생님과 얘기한다.
  예전에 실제로 일어났던 일이에요. 한 친구가 채팅에서 만난 사람과 친해져서 서로 사진을 주고 받다가 상대방이 우리의 소중한 부분의 사진을 원해서 주었는데 이것을 빌미로 협박을 했었던 일이 있었어요. 그러니 성에 대한 호기심은 인터넷과 친구가 아닌 부모님과 선생님과 함께 얘기를 해보도록 합니다.

〈슬라이드 24〉
이렇게 해서 선생님과 성 상품화가 무엇인지, 성 상품화의 문제점과 나를 보호하기 위한 방법까지 알아보았어요. 성 상품화는 무엇이라고 했죠? 성에 대한 호기심이나 관심을 자극하여 상품에 흥미를 끌어 돈을 많이 버는데 이용하는 현상이라고 했죠?(쉽게 한 번 더 설명) 성 상품화 중 아주 위험한 것이 하나 있다고 했는데 기억나나요? 바로 '성매매'라는 것이에요.

〈슬라이드 25〉
성매매란 무엇일까요?
사람을 상대로 돈이나 다른 이익을 얻기 위해 사람의 성을 사고 파는 행위를 말해요. 말그대로 돈으로 성을 사고 파는 것 이예요. 그리고 여기서 꼭 알아두어야 하는 것은 성매매는 바로 범죄행위라는 것을 알아둬야 합니다. 성매매는 뭐라구요? 그렇죠 범죄행위에요.

〈슬라이드 26〉
이러한 성매매에는 없는 것들이 있어요. 우선 감정들(사랑하는, 애틋한, 소중한) 없고, 서로 존중하는 마음, 인간관계의 시작과 과정이 없어요. 여기서 인간관계란 친구관계를 말하는 거예요. 학기 초에 친구를 사귀려면 먼저 다가가서 말을 걸고 과정이 있는데, 성매매에는 이러한 과정들이 없어요. 하는 또한 생명의 소중함도 없고 가치 있게 생각하는 것도 없어요.
성매매에 없는 것들은 무엇이라구요?

〈슬라이드 27〉

범죄행위인 성매매의 문제점에는 무엇이 있을까요? 0반 친구들의 생각을 들어볼까요?

성병, 에이즈가 확산됩니다. 성병이란 잘못된 성으로 인하여 걸리는 질병인데 이 중 에이즈는 후천적 면역 결핍증으로 면역력이 점점 약해져서 서서히 죽어가는 병이에요. 예전에는 어른들만 걸리는 질병이었지만 요즘은 10대들도 걸릴 수 있는 무서운 질병 중 하나입니다. 원하지 않는 임신과 낙태로 아기를 낳을 수 없게 될 수도 있어요. 또한 인간의 존엄성을 해치는 성 중독자가 되어 가정과 사회를 망가뜨립니다. 음란물을 보고 '어 나도 한번 따라해볼까?'해서 따라했다가 성폭력을 할 수도 있고, 성매매로 인하여 몸과 마음의 건강을 해칠 뿐만 아니라 평생 동안 나쁜 영향을 가져올 수도 있습니다. 지금 알아본 것과 같이 성매매는 참 무서운 범죄행위에요.

〈슬라이드 28〉

무서운 성매매도 예방법은 있어요. 예방법을 알아보기 전에 '소중이의 긴 하루'라는 만화를 보면서 내가 소중이라면 그 상황에서 어떻게 할 것인지 생각하면서 보도록 하고, 예방법이 무엇인지 같이 공부해 보도록 합시다.

〈슬라이드 29-32〉

만화설명

만약에 우리가 만화에서 나온 소중이의 상황과 같은 일이 생긴다면 어떻게 하면 좋을까요?

네 친구들이 다양한 의견을 얘기해 주었어요. 모두 다 정답이 될 수 있는 말을 해주었어요. 우리가 소중이의 상황일 때 친구들이 말해 준 것처럼 행동하면 좋지만, 우선 이러한 상황을 만들지 않도록 하는 것이 중요하겠죠?

〈슬라이드 33-36〉

소중이와 같은 상황이 되지 않기 위해서는 어떻게 하면 좋을까요?

성매매를 예방하기 위해서는

- 음란도서나 음란 비디오 등은 성에 대하여 잘못된 정보를 주기 때문에 보지 않습니다.
  모두가 아는 야동 있죠? 그런 것들은 우리 친구들에게 좋은 정보를 주지 않아요. 그리고 이런 것은 접하다보면 정신건강이 좋지 못하여 올바른 생각을 할 수 없게 돼요.
- 전자메일, 인터넷 채팅을 통해 성매매를 권하거나 유혹하는 사람은 즉시 신고합니다.
- 돈을 많이 벌게 해준다는 광고에 속아 일터를 찾아가거나 물어보지 않습니다.
  밥도 주고 잠도 재워주고 돈도 준다고 해서 전봇대에 붙은 광고에 혹하면 안돼요. 그 사람들은 절대 이유 없이 밥 주고 잠 재워주고 돈 주고 이러지 않아요.
- 모르는 사람과 인터넷 채팅을 할 때 직접 만나자고 하면 만나지 않습니다.
  직접 만나서도 안되고 이런 채팅을 해서도 안됩니다.

〈슬라이드 37〉

만약에 아주 만약에 우리에게 무슨 일이 생기면 부모님과 선생님께 먼저 말씀을 드리고 우리를 도와줄 수 있는 기관에 연락을 하도록 합니다. 여기 전화번호 보이죠? 1388, 여기로 전화하면 어려움에 빠진 우리를 도와줄 수 있으니 꼭 전화를 하도록 합니다.

〈슬라이드 38〉
여기까지 해서 선생님과 성 상품화와 성매매에 대해서 공부를 해보았어요. 많이 어려울 수도 있지만 중요한 내용이기 때문에 꼭 머릿속에 기억을 해두고 있도록 합시다.
성 상품화는 무엇이라고 했었죠? 사람의 성에 대한 호기심과 관심을 자극해서 제품에 흥미를 끌도록 하여 우리가 물건을 사게 하는 것이에요. 간단하게 생각하면 성을 상품화 한다라고 생각하면 되는거예요. 성매매는 무엇이라고 했죠? 돈을 주고 사람의 성을 사고 파는 행위라고 했어요. 그리고 성매매는 범죄행위라고도 했었어요.
자 그럼 오늘 공부한 내용을 정리해보면서 활동학습지를 풀어볼 거예요. 아까 선생님이 나눠준 학습지 있죠? 학습지를 한번 같이 봅시다. 학습지를 보면 비어있는 사과나무가 보이죠? 빈칸에 '성 상품화'를 생각하면 어떤 것이 떠오르는지 빈칸을 채워보도록 해요. 예를 들어서 성폭력, 잡지 등이 있어요.

〈슬라이드 39–40〉
그 밑을 보면 빈칸이 있죠? 여기에는 '성 상품화'하면 생각나는 문장을 지어보는 거예요. 선생님이 예를 들어볼게요.
먼저 성 상품화는 콜라다. 왜냐하면 콜라도 당장 그 피해가 나타나지 않지만 조금씩 우리의 정신건강을 해치기 때문이다. 이렇게 쓰면 되는 거예요. 성 상품화는 이것이다. 왜냐하면 이렇기 때문이다. 이런 식으로 쓰면 되는 거예요. 아시겠죠? 시간은 5분을 주도록 하겠습니다.
그리고 다한 친구들은 위에 써있는 '성 상품화란'을 읽어보도록 하세요.

〈슬라이드 41〉
다했나요? 그럼 친구들이 생각나무에 무엇을 썼는지 발표를 하면 선생님은 생각나무를 채워보도록 하겠습니다. 세 친구만 발표를 해볼게요. 친구들이 발표를 잘하면 5–O 스티커 판에 스티커가 많이 붙여지겠죠? 한 친구당 2개씩만 말해보도록 합시다.
우리 친구들의 생각으로 채워진 나무에요. 다른 친구들도 발표한 세 친구처럼 잘 채워 넣었나요?
그럼 이번에는 문장 짓기를 발표해 볼 거예요. 이거는 두 친구만 발표를 해봅시다.

〈슬라이드 42〉
여기까지 해서 모든 활동이 끝이 났습니다. 오늘 무엇에 대해서 배웠나요?
네, 성 상품화와 성매매에 대해 공부를 배웠어요. 성 상품화는 사람의 성에 대한 호기심과 관심을 이용하여 물건을 파는 것을 말했고, 성매매는 돈을 주고 사람의 성을 사고 파는 범죄행위라고 했어요.
오늘 배운 내용들을 잘 기억하고 있다가 우리의 몸을 스스로 보호할 수 있는 5–O 친구들이 되도록 합시다.

〈슬라이드 43〉
다음 시간에는 '아빠가 되기 위한 준비'에 대해서 공부를 할 거에요. 그럼 다음 시간까지 모두 건강하게 잘 지냅시다. 감사합니다.

(PPT의 순서에 따라 5학년 수준에 맞는 단어를 선택하여 시나리오를 작성하였다.)

– 사전설문지 통계 및 분석

〈보건교육 사전 설문지 – 통계 및 분석〉

(OO초등학교 5학년을 대상으로 보건교육을 실시하기 전에 대표로 두 반(5–1, 5–3)에 사전 설문을 실시하였다.)

1. 성 상품화에 대해 옳은 것은?

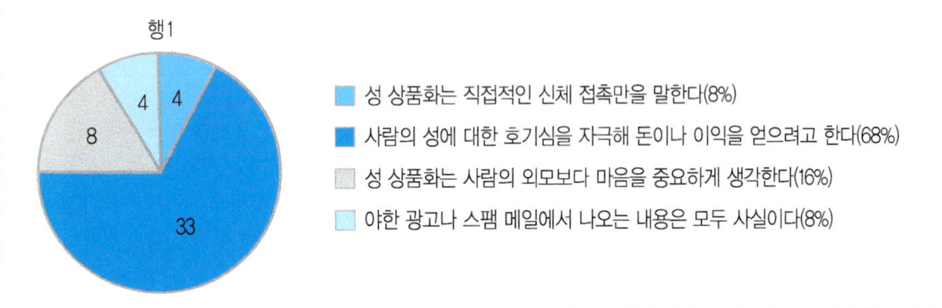

이 문제의 답은 '사람의 성에 대한 호기심을 자극해 돈이나 이익을 얻으려고 한다.'로 총 68%의 학생들이 정답을 맞혀 절반 이상의 학생들이 성 상품화에 대한 전반적인 내용을 알고 있는 것으로 나타났다. 오답에서는 '성 상품화는 사람의 외모보다 마음을 중요하게 생각한다.'는 선택지가 16%로 오답률이 가장 높았다. 따라서 보건교육 시 오답 문항의 내용을 다시 짚어주어야 할 것으로 보인다.

2. 성 상품화의 문제점이 아닌 것은?

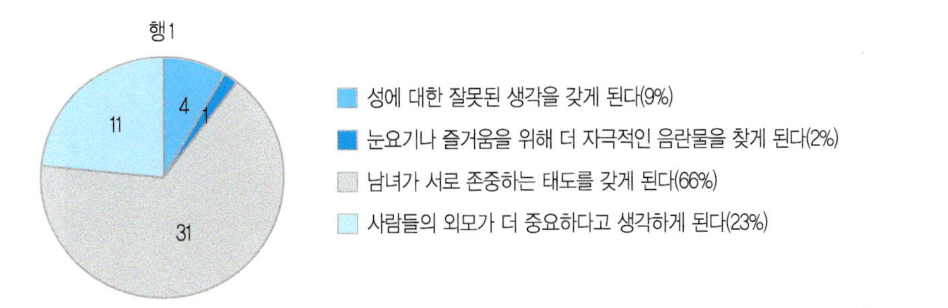

이 문제의 답은 '남녀가 서로 존중하는 태도를 갖게 된다.'로 총 66%의 학생들이 정답을 맞혔다. 가장 오답률이 높았던 문항은 '사람들의 외모가 더 중요하다고 생각하게 된다.'(23%)로 많은 학생들이 외모를 우선시하게 되는 것을 성 상품화의 문제점이 아니라고 생각했다. 따라서 보건교육 시 성 상품화의 문제점을 설명하면서 학생들이 이해하기 쉽도록 부연 설명을 해주어야 할 것으로 보인다.

3. 성 상품화로부터 나를 보호하는 방법 중 아닌 것은?

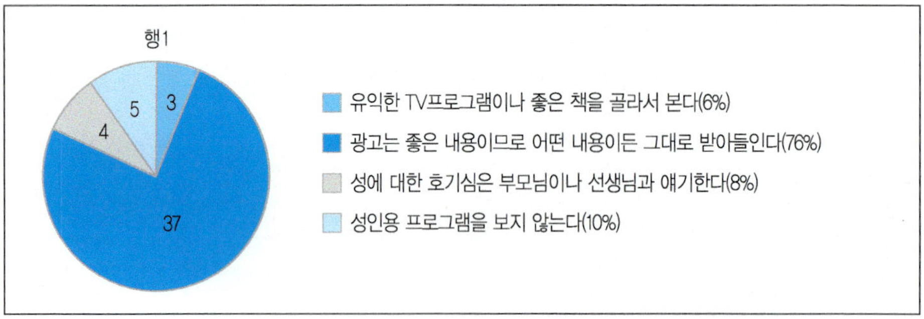

이 문제의 답은 '광고는 좋은 내용이므로 어떤 내용이든 그대로 받아들인다.'로 총 76%의 학생들이 정답을 맞혔다. 오답에서는 '성인용 프로그램을 보지 않는다.'가 10%로 다른 오답에 비해서는 비율이 높았지만 그 차이는 미미했다. 비교적 많은 학생들이 정답을 맞혔으나 성 상품화에 대한 잘못된 대처방법을 알고 있는 학생들도 적지 않기 때문에 보건교육 시 학생들이 생각하는 성 상품화의 대처방안을 먼저 묻고 나서 자세한 설명을 해주는 것이 필요할 것이다.

4. 다음 보기는 무엇에 대한 설명일까요?

[보기]
- 성 상품화 현상 중 하나이다.
- 육체적 거래를 통해 사람의 성을 사고파는 행위이다.
- 이것은 범죄이다.

이 문제의 답은 '성매매'로 총 82%의 학생들이 정답을 맞혔으며 대부분의 학생들이 성매매의 뜻을 알고 있는 것으로 보인다. 하지만 다른 단어들과 뜻을 정확히 구분할 수 있어야 하기 때문에 보건교육 시 학생들이 생각하는 성매매가 무엇인지 먼저 듣고, 정확한 뜻을 설명해주어야 할 것으로 보인다.

5. 성매매의 문제점이 아닌 것은?

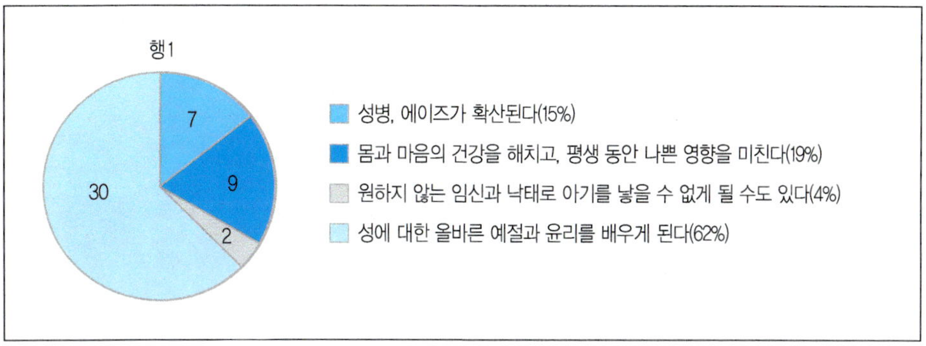

이 문제의 답은 '성에 대한 올바른 예절과 윤리를 배우게 된다.'로 총 62%의 학생들이 정답을 맞혔다. 다른 문제들에 비해 오답이 차지하는 비율이 높았다. 특히 '몸과 마음의 건강을 해치고, 평생 동안 나쁜 영향을 미친다.'와 '성병, 에이즈가 확산된다.'는 선택지는 각각 19%, 15%를 차지하였다. 따라서 보건교육 시 성매매의 뜻에 대해 정확히 알려주고, 모르는 단어는 그 의미가 무엇인지 설명을 하여 수업 내용에 대한 학생들의 이해를 도와야 할 것으로 보인다.

6. 성매매의 예방법으로 옳은 것은?

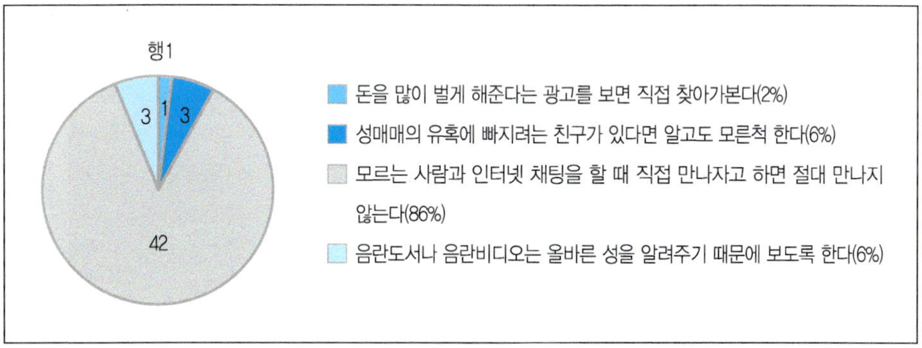

이 문제의 답은 '모르는 사람과 인터넷 채팅을 할 때 직접 만나자고 하면 절대 만나지 않는다.'로 총 86%의 학생들이 정답을 맞힌 것으로 나타났다. 이 문제는 다른 문제에 비해 오답이 차지하는 비율이 낮았다. 따라서 보건교육 시 설명을 하기 전에 학생들이 알고 있는 성매매의 예방법을 물어 부족한 부분을 중점적으로 설명해야 할 것이다.

– 보건교육 사전연습(수업에 들어가기 전에 처음부터 끝까지 실전과 같이 준비를 하고 가상의 수업을 진행해보았다.)

9월 24일

- 융판 제작(융판을 꾸미기 위해서 사과나무의 형상의 그림을 융판 위에 올려붙였다. 나무에는 사과그림 6개를 코팅하여 수성펜으로 학생들의 의견을 적을 수 있도록 붙여놓았다.)
- 성 상품화와 성매매 예방 교육 실시(5-1, 5-3)

9월 25일 – 성 상품화와 성매매 예방 교육 실시(5-2, 5-4)

9월 26일 – 성 상품화와 성매매 예방 교육 실시(5-5, 5-6)
– 학습활동지 분석

〈성 상품화 사후 평가지(성 상품화 생각나무 꾸미기, 문장 짓기)〉

1. 성 상품화 생각나무 꾸미기

→ 이 활동은 수업 내용을 모두 배운 후 한 것으로 성 상품화 하면 생각나는 것을 대체적으로 수업 시간에 배운 내용으로 기재하였다. 성 상품화의 종류나 성 상품화를 봤을 때의 느낌을 가장 많이 적었고, 그 외에 창의적인 답변들도 있었다.

2. '성 상품화'하면 생각나는 문장 짓기

(학생들의 의견 중 중복되는 것을 제외하고 창의적인 답변을 선정하였다.)

- 성 상품화는 프린트된 종이 이다.
  → 왜냐하면 깨끗한 백지 같은 마음이 더럽혀지기 때문이다.
- 성 상품화는 과일 이다.
  → 왜냐하면 과일은 맛있지만 오래 두면 점점 썩기 때문이다.
- 성 상품화는 화장품 이다.
  → 왜냐하면 화장품은 누구나 예쁘게 하는 것이지만 계속 하면 피부가 안 좋아지기 때문이다.
- 성 상품화는 굴착기 이다.
  → 왜냐하면 굴착기가 땅을 부시는 것처럼 성 상품화도 우리의 마음을 부시기 때문이다.
- 성 상품화는 운동 이다.
  → 왜냐하면 운동을 안 하다 보면 지금은 별 문제가 생기지 않지만 나중에는 몸이 안 좋아 지기 때문이다.
- 성 상품화는 햇빛 이다.
  → 왜냐하면 햇빛을 보면 눈을 가리는 것과 같이 성 상품화의 잡지를 보면 보기 좀 이상해 눈을 가리기 때문이다.
- 성 상품화는 감염병 이다.
  → 왜냐하면 점점 어느 회사 제품을 홍보하려고 하나하나 퍼지고 있기 때문이다.
- 성 상품화는 비누 이다.
  → 왜냐하면 비누를 비빌수록 거품이 나는 것처럼 점점 가까워질수록 피해가 커지기 때문이다.
- 성 상품화는 충치 이다.
  → 왜냐하면 조금씩 천천히 심해지고, 아파지고, 괴로워지기 때문이다.
- 성 상품화는 습관 이다.
  → 왜냐하면 성 상품화는 습관처럼 계속 보게 되기 때문이다.
- 성 상품화는 수면제 이다.
  → 왜냐하면 잠이 안 올 때 수면제를 먹으면 좋지만 계속 먹게 되면 죽기 때문이다.
- 성 상품화는 악마 이다.
  → 왜냐하면 순수한 사람들을 꼬드겨서 상품을 사게 하고, 성에 대해 이상하게 생각할 수 있기 때문이다.
- 성 상품화는 욕 이다.
  → 왜냐하면 처음에는 재미있지만 계속 들으면 싫기 때문이다.
- 성 상품화는 바이러스 이다.
  → 왜냐하면 바이러스처럼 우리의 정신건강을 해치기 때문이다.
- 성 상품화는 독감 이다.
  → 왜냐하면 성 상품화는 독감 바이러스 같이 유행하기 때문이다.

- 성 상품화는 동전 이다.
→ 왜냐하면 동전의 앞뒤가 다른 것처럼 앞은 그냥 광고이지만 뒤는 돈벌이와 흑심이 있기 때문이다.
- 성 상품화는 늪 이다.
→ 왜냐하면 늪에 빠지면 서서히 빠져나오기 힘든데 그것처럼 성 상품화도 서서히 빠져 나오지 못하기 때문이다.
- 성 상품화는 이기적 이다.
→ 왜냐하면 돈을 벌려고 이기적으로 행동하는 사람들 때문에 다른 사람이 피해를 보기 때문이다.

REFERENCE

참고문헌

강승호 외 4인(2000). 현대 교육평가의 이론과 실제. 양서원.

강원도 교육청(2002). 학교보건 실무편람. 강원도 교육청.

건강관리부 종합검진실(2002). 2001년도 고등학교 1학년 신체검사 사업결과 보고서.

경기도 교육청(2013). 행복을 지키는 안전교육 길라잡이.

경기도 교육청(2014). 학교 재난 실무행동 매뉴얼.

교육과학기술부 http://www.mest.go.kr/

교육과학기술부(2009). 학생건강기록부 전산처리 및 관리지침 개정안

교육과학기술부(2010), 2010년도 학교보건, 급식 기본방향

교육과학기술부(2011), 학교감염병 예방관리매뉴얼

교육과학기술부(2011), 학교에서의 응급의료관리체계

교육부(2014). 2014년 학생건강증진 기본방향

구본술 · 김재찬 · 양한남(1988). 도시 초 · 중 · 고 학생 시력저하 및 굴절이상에 관한 보건 조사. 한국학교보건학회지, 1(1).

국민의료보험관리공단. 1998년도 건강진단결과분석.

김모임, 조원정, 김의숙, 정영숙, 강혜영, 이정렬(2002). 대상자 중심의 지역사회간호학. 현문사.

김승영 · 민병무(1998). 소아근시 발생연령에 따른 근시진행. 대한안과학회지, 39(4), 99~105.

김시한 · 김상민(1977). 학동 근시의 원인에 관한 조사. 대한안과학회지, 18, 45~50.

김영란(1997). 건강증진/보건교육. 도서출판 정담.

김영임 · 이시백 · 정연강(1997). 보건교육. 한국방송대학교 출판부.

김재찬 · 구본술(1988). 도시 학동의 시력장애와 근시의 실태 및 원인에 관한 연구. 대한

안과학회지, 165~181.
김정혜 · 이수경(2001), 보건교육의 이론 및 실제, 도서출판 정담.
김화중 · 윤순녕(1998). 지역사회 간호학. 수문사.
김화중 · 윤순녕 · 전경자(1999). 학교보건과 간호. 서울: 수문사.
남정걸(1993). 교육실습의 이론과 실제. 교육과학사.
남철현(1998). 보건교육 및 건강증진. 계축문화사.
남철현 · 신유선 · 윤석옥 · 이지현 · 김이순 · 김복용 · 김정순 · 황연자 · 권수자 · 황미혜 · 강영미(2000). 실무중심 학교보건. 계축문화사.
남해성(2002). 지역사회 건강증진사업의 접근전략. 지역보건연구회, 1~11.
대한간호협회(2005). 보건교육사를 위한 보건교육의 이론과 실제. 대한간호협회 보건교육사 교육과정 자료집.
대한보건협회(1998). 보건학 종합학술대회 자료.
민혜영(2008). 학교보건 패러다임의 변화. 3-19, 지역사회간호의 새로운 패러다임. 지역사회간호학회 동계학술대회 자료집.
박경희(2004). 소아. 청소년 비만예방을 위한 학교 및 지역사회 중재. 가정의학회지, 25(7), 519-526.
박노예(1993). 보건교육. 수문사.
박병일 · 박영걸 · 이홍수 · 채규원(1987). 학동의 시력 및 굴절상태에 대한 연구. 대한안과학회지, 20, 120~128.
박형종, 김공현, 김광기(1997) 보건교육-계획, 행동이론, 평가를 중심으로-. 신광출판사.
법제처 http://www.moleg.go.kr/
법제처(2014). 감염병의 예방 및 관리에 관한 법률
변창진 외 4인(2000). 교육평가. 학지사.
보건간호사회(2003). 제2회 보건교육경연대회. 보건간호사회.
보건복지부 한국보건사회연구원(2005). 새국민 건강증진종합계획수립, 정책보고서.
보건복지부(2000). '흡연의 감소와 사회경제적 비용분석 및 흡연율 감소전략' 세미나 자료.
보건복지부(2006). 국민건강영양조사 제3기(2005):아동 및 청소년의 건강수준 및 보건의식행태.
보건복지부(2011). 제3차 국민건강증진종합계획(2011-2020).
보건복지부(2014). 학교흡연예방교육사업 안내지침

비출혈시 자세 http://www.nlm.nih.gov/medlineplus/ency/imagepages/8897.htm
사무관리 규정(일부개정 2006. 3. 29 대통령령 제19413호)
사무관리규정 시행규칙(일부개정 2006. 3. 29 행정자치부령 제324호)
서문자 · 박영임 · 유재순 · 김인자(2000). 건강증진과 건강교육. 수문사.
서미경 외(2006). 새국민건강증진종합계획수립. 한국보건사회연구원.
서미경 · 주경식 · 최은진 · 문병윤 · 손애리 · 주승재(1999). 국민건강증진을 위한 보건교육. 홍보사업 전략개발, 한국보건사회연구원, 보건복지부.
서울시 교육청(2014). 2014학년도 학교보건업무지침
서울특별시 강동교육청(2002). 학교보건관리기준.
서울특별시 교육청 http://www.sen.go.kr/
서울특별시 교육청(2010). 2010년도 학교보건 기본 업무.
서울특별시 학교보건진흥원(2007). 학교보건실 현대화 사업기본 매뉴얼
신유선, 이지현, 김이선, 김복용, 김정순, 강영미, 김영희, 이가언, 정인숙(2005). 보건교육. 수문사.
아동안전관리교육협회 http://www.4usafe.com
아동학대 없는 세상만들기 http://user.chollian.net/~enoch65/
아동학대문제연구소 http://www.1391.or.kr/
어린이 안전 학교 http://www.go119.org/
윤순녕 · 이갑순 · 이홍자 · 신용애 · 김춘미 · 최정명 · 현혜진 · 김정희(2000), 건강증진, 수문사.
윤오복(2004). 아동학대에 대한 소아병동 간호사의 인식 및 경험실태. 이화여자대학교 석사학위논문.
이갑순(1998). 개정판 건강교육. 현문사.
이건세(2001). 건강증진사업에서 주민참여 전략 및 실제. 지역보건연구회 건강증진 세미나 자료, 1~14.
이경혜, 우선혜, 양순옥, 한영란, 이 숙, 정승은(2002). 가족건강간호학. 신광출판사.
이경화 · 고진영 · 최병연 · 정미경 · 박숙희(2004). 효과적인 교수-학습을 위한 교육심리학. 교육과학사.
이덕난, 소영화(2013). '일본의 안전교육 운영 사례 및 한국교육에 주는 시사점 : 학교방재교육을 중심으로', 2013 세계교육정책 인포메이션, 8호, 1-47

이명선(2008). 학교안전교육 실태와 과제, 서울교육, 여름호, 52-56.
이민재(1987). 연령변화에 따른 근시의 진행정도. 대한안과학회지.
이송희 · 김창현 · 김미선 · 박성인 · 박병규(1977). 학동의 굴절상태. 대한안과학회지, 18, 51~58.
이숙종 외 5인(2000). 아동복지의 이해. 학문사.
이용환 · 김민환(1990). 교육방법과 교육공학. 재동문화사.
이재옥 · 김재호(1980). 서울시내 학동의 시력이상에 대한 추적조사. 대한안과학회지, 21, 15~18.
이정철(2012). 학교생활 중 안전사고 발생에 관한 분석연구, 한국사회안전학회지, 8(2), 225-237.
이창섭(2004). 학교에서의 안전사고 예방. 자격연수 자료집.
인천광역시 교육청(2013). 2013년도 학교 환경관리 기본방향. 평생교육체육과.
인천광역시(2013). 학교 보건관리 기본방향.
인천시 교육청(2010). 재난 · 대응 학교안전관리 매뉴얼.
장석민 등(1997). 초 · 중등학교 안전 · 보건교육 체계화 연구. 한국교육개발원.
장창곡(2001). 건강한 학교만들기 모형개발, 한국학교보건학회지, 14(1), 39~46.
장창곡(2014). 학교보건의 새로운 패러다임 : 건강증진학교, 대한보건연구, 40(4), 133-139.
전라북도 교육청(2011), 2011년도 학교회계 예산편성 기본지침
전시자 외 4인(2000). 성인간호학. 서울:현문사.
정문희 외(2014). 쉽게 배우는 보건의약 관계법규. 계축문화사.
정문희, 소외숙, 방인혜, 유광수, 박정희, 강경숙, 김은주, 류현숙(2002). 보건교육. 정문각.
정문희 외(2013). 새로운 학교보건. 계축문화사.
정문희 외(2014). 신개념 보건교육학. 계축문화사.
정영숙, 이정렬, 이규영(2004). 학교보건(개정3판). 서울:현문사.
정영숙 · 이정렬(2000). 학교보건. 현문사.
조재갑 · 박명두, · 김승호(1983). 시력저하요인의 고찰. 대한안과학회지, 24(4).
지역보건연구회(2001). 건강증진의 이론과 실제. 계축문화사.
지역사회간호학회(2006). 개정 국민건강증진 종합계획 2010의 주요 내용, 2006년도 지

역사회간호학 교수 동계워크샵 자료집.

지혈대사용법. 두산백과사전 http://100.naver.com/100.nhn?type=image&media_id=488756&docid=143093

질병관리본부 http://www.cdc.go.kr

질병관리본부(2008). '08년도 학교전염병표본감시체계 활성화 방안 마련. 2월 18일 보도자료

질병관리본부(2013). 제9차(2013)청소년건강행태온라인조사

질병관리본부(2014). 2013년도 학교감염병 표본감시 연간보고서

질병보건통합관리시스템 http://is.cdc.go.kr

청소년세계 http://www.youth.co.kr/

초 · 중등 1급 보건교사 자격연수 전공과정(2005). 서울대학교 간호대학.

크레듀원격연수원(2002). 성교육 · 성당담 교육자료.

통계청 http://www.kostat.go.kr

통계청(2014). 인구동태통계.

학교건강검사규칙 〈개정 2014. 3. 3〉

학교보건법 〈일부개정 2013. 12. 30〉

학교보건법시행규칙 〈개정 2008. 8. 4〉

학교보건법시행령 〈타법개정 2014. 12. 9〉

학교응급환자관리(교사연수용). http://www.sganghyeon.ms.kr/progam/notice/notice_

한국금연운동협의회 http://www.kash.or.kr

한국금연운동협의회(2000). 흡연과 건강.

한국마약퇴치운동본부(1998). 마약 없는 밝은 사회, 13.

한국보건교육협의회, 대한보건협회(2006). 보건교육사 교육교재. 한국보건교육협의회, 대한보건협회 보건교육사 교육과정 자료집.

한국음주문화연구센터(2001). 한국의 음주문화와 알코올 문제예방 및 치료 · 재활. 심포지엄 자료집.

한국형사정책연구원(1995). 청소년의 약물남용실태에 관한 연구: 술. 담배를 중심으로.

한양대학교 환경 및 산업의학연구소(2000). 학교보건 및 교내 환경위생 개선방안에 관한 연구(교육부 정책과제).

홍전희(2003). 아동학대의 실태와 대처방안. 명지대학교 사회복지대학원 석사학위논문.

홍혜정(2014). 독일 학교의 학생안전관리 및 한국교육에 주는 시사점. 2014 세계교육정책 인포메이션, 7호, 1-31

황보선 외 11인(1994). 보건교육의 이론과 실제. 수문사.

황연자(2002). 학교보건교육 및 간호. 현문사.

Dale E.(1969) Audio-visual methods in teaching. NY : Holt, Rinehart & Winston.

Dielman, T. E. (1992). School-based research on the prevention of adolescent alcohol use and misuse:Methodological issues and advances.

download.html?tmode=notice&mode=download&cfgkey=19&no=470&fcount=

http://2010.hp.go.kr/

http://infoschool.pe.kr/htm_1/wbi_2.htm

http://www.moleg.go.kr/

http://www.youth.co.kr/chunginfo_all.htm

J.M. Keller · 송상호(1999). 매력적인 수업설계. 교육과학사.

Kemp, J. E. & Smellie, D. C.(1989). Planning, Producing, and Using Instructional Media. New York : Harper & Raw Publisher.

Martin K. S.& Scheet N. J. (1992). The OMAHA System: Application for Community Health Nursing Philadelphia: W.B. Saunders

Perry, C. L., Griffin, G., Myrray, D. M.(1985). Assessing Needs for youth health promotion, Prev Med, 14, 379~393.

www.cdc.gov/HealthyYouth/CSHP/

INDEX

찾아보기

ㄱ

ㅁ

ㅂ

❖ 공저자 소개

- **황 승 숙**(경인여자대학교 간호학과)
- **한 명 화**(목포과학대학교 간호과)
- **김 지 미**(동남보건대학교 간호학과)
- **김 미 혜**(신성대학교 간호학과)
- **최 선 하**(강릉원주대학교 간호학과)
- **이 정 애**(경복대학교 간호학과)
- **전 미 영**(건국대학교 간호학과)
- **유 인 영**(전주대학교 간호학과)
- **조 정 민**(성신여자대학교 간호대학)
- **이 선 혜**(경남과학기술대학교 간호학과)
- **김 영 미**(전남과학대학교 간호학과)
- **이 영 미**(한양대학교 간호학 박사)

제5판 새로운 **학교보건** 값 27,000원

2002년 8월 20일 제1판1쇄 발행
2009년 2월 28일 제3판1쇄 발행
2011년 2월 28일 제4판1쇄 발행
2015년 2월 25일 제5판1쇄 발행

공저자 : 황승숙 · 한명화 · 김지미 · 김미혜
최선하 · 이정애 · 전미영 · 유인영
조정민 · 이선혜 · 김영미 · 이영미
발행인 : 주 영 일
발행처 : **계 축 문 화 사**

서울특별시 종로구 통일로12길 16-17
우편번호 : 110-091
TEL : 735-2257 · 738-9746
FAX : 723-9025
E-mail : gyechuk@hanmail.net
홈페이지 : http://gyechuk.co.kr
1973. 10. 31 등록번호 제300-1973-8호
ISBN 978-89-5629-365-3 93510